电路与电子技术教程

宿文玲　主　编
刘　芳　陈井霞　张　莉　张义嘉　徐　斌　副主编

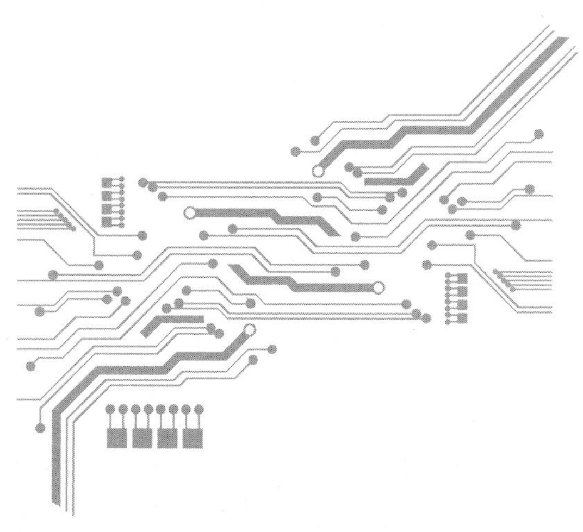

清華大学出版社
北京

内 容 简 介

本书分为 4 篇，共 20 章。第 1 篇为电路分析基础，包括第 1～6 章，主要内容有电路的基本概念、基本定律和基本分析方法、一阶暂态电路的基本概念和分析、正弦交流电路的基本概念和分析、三相交流电路的相关概念和计算、安全用电的基本常识以及磁路和变压器的相关概念。第 2 篇为模拟电子技术，包括第 7～13 章，主要内容有半导体二极管及其应用电路、半导体三极管及其放大电路、场效应管及其放大电路、集成运算放大电路、放大电路中的反馈、信号的运算和处理电路，以及直流电源的相关概念。第 3 篇为数字电子技术，包括第 14～18 章，主要内容有数字逻辑电路基础、逻辑代数基础、组合逻辑电路、时序逻辑电路以及可编程逻辑器件的相关概念、分析和计算。第 4 篇为常用电子元器件及测量仪器，包括第 19～20 章，主要内容有常用电路、电子元器件和常用电子测量仪器。第 1～17 章每章最后一节为 Multisim 软件的仿真实例，既可以作为课内的仿真实验，也可以作为真实实验前的电路模拟。各章均附有习题及参考答案。为了便于教学，本书还提供了电子教案。

本书可作为高等院校电子信息工程、电气、通信和计算机及其相关专业的教材，也可作为从事电子技术相关工作的技术人员学习的参考书。

图书在版编目(CIP)数据

电路与电子技术教程/宿文玲主编. —北京：清华大学出版社，2021.12(2024.2重印)
ISBN 978-7-302-58675-3

Ⅰ. ①电… Ⅱ. ①宿… Ⅲ. ①电路理论－高等学校－教材 ②电子技术－高等学校－教材 Ⅳ. ①TM13 ②TN01

中国版本图书馆 CIP 数据核字(2021)第 140022 号

责任编辑：王剑乔
封面设计：刘 键
责任校对：刘 静
责任印制：宋 林

出版发行：清华大学出版社
网 址：https://www.tup.com.cn，https://www.wqxuetang.com
地 址：北京清华大学学研大厦 A 座 **邮 编**：100084
社 总 机：010-83470000 **邮 购**：010-62786544
投稿与读者服务：010-62776969，c-service@tup.tsinghua.edu.cn
质量反馈：010-62772015，zhiliang@tup.tsinghua.edu.cn
课件下载：https://www.tup.com.cn，010-83470410
印 装 者：三河市铭诚印务有限公司
经 销：全国新华书店
开 本：185mm×260mm **印 张**：23.75 **字 数**：602 千字
版 次：2022 年 1 月第 1 版 **印 次**：2024 年 2 月第 3次印刷
定 价：69.00 元

产品编号：092759-01

前言

PREFACE

学好电路与电子技术，能够培养高校电子信息工程、电气、计算机及通信专业学生扎实的电学理论基础、实践动手能力和综合设计应用能力。本书全面讲解了电路与电子技术的相关知识，编者精心策划书中的内容及实例，在编写过程中，参考了大量的优秀教材，充分吸收新概念、新理论和新技术，力求处理好先进性和适用性的关系，处理好教材内容变化和基础内容相对稳定的关系；力求重点突出，理论联系实际；力求逻辑清晰、论述严谨、内容充实、图文并茂。

本书共4篇，20章。包括电路分析基础；模拟电子技术；数字电子技术；常用电子元器件及测量仪器。为了便于教学，本书提供电子教案。

书中每章都列有很多例题，以帮助读者学习和理解课程内容，尽快掌握分析方法，提高分析能力。各章均附有习题，习题附有参考答案，有的习题是帮助读者巩固本章学习，有的是为了引导读者扩展相关知识。教师可使用这些习题，再辅以适量的实验课，使学生不仅掌握电路与电子的相关理论知识，而且能够加以应用，提高动手实践的能力。

本书的目标是通过介绍电路理论和分析方法、模拟电子电路和数字电子技术的分析与设计方法，使学生获得必要的电路分析和电子技术的基本理论、基本方法和基本技能，为学习后续课程及从事与专业有关的电路、电子技术以及计算机技术工作打下坚实的基础。

本书可作为高等院校和职业院校相关专业的教材，也可作为从事电子技术工作的相关技术人员的参考书。

本书由宿文玲担任主编并负责全书的内容编排等工作，由刘芳、陈井霞、张莉、张义嘉和徐斌担任副主编。其中，第1、3、8、10、11章由宿文玲编写，第2、6、13、16、18章由刘芳编写、第4、5、7、9、12章由陈井霞编写，第14章由张莉编写，第15、19、20章由张义嘉编写，第17章由徐斌编写。在此感谢黑龙江财经学院、黑龙江东方学院和哈尔滨广厦学院等院校的教师和领导对本书编写、修改和出版的支持，对他们致以诚挚的谢意！

本书由刘志凯教授负责审阅，刘教授认真、仔细地审阅了全书，提出了许多宝贵的意见和建议。在此，编者表示诚挚的感谢。

书中若有疏漏之处，敬请广大教师和读者批评、指正。

编　者

2021年8月

PREFACE

目录

CONTENTS

第1篇　电路分析基础

第 2 篇 模拟电子技术

第 3 篇　数字电子技术

第 4 篇 常用电子元器件及测量仪器

第1篇 电路分析基础

随着生产的发展和技术的进步，电能作为最主要的能源，在现代化工农业生产和交通运输业中获得越来越广泛的应用；而家用电器的发展使电能的应用深入到人们生活的各个方面。电能从生产、传输到应用，经过发电机、变压器、输电线、用电设备等，形成一个复杂的电路或系统，所以电路对于电能的应用来说是十分重要的；此外，把输入信号变换或“加工”成所需要的输出，即信号处理（例如信号放大电路、滤波电路、编码/译码电路等），也需要形形色色的各种电路实现。

电路问题主要分为两大类：一是电路的分析，按已给定的电路结构及参数分析和计算电路中的电流、电压、功率等各物理量；二是电路的综合，按给定的电气特性要求实现一个电路，即确定电路的结构以及组成电路的元器件类型和参数。

本书第1篇为电路分析基础，包括第1～6章，主要内容有电路的基本概念、基本定律和基本分析方法、一阶暂态电路的基本概念和分析、正弦交流电路的基本概念和分析、三相交流电路的相关概念和计算、安全用电的基本常识以及磁路和变压器的相关概念。

电路的基本概念和基本定律

本章主要介绍电路的基本概念和基本定律，主要包括：电路及电路模型、电路的基本物理量等基本概念，欧姆定律、基尔霍夫电流定律和基尔霍夫电压定律，以及常见理想电路元件的基本知识。

1.1 电路的基本概念

1.1.1 电路和电路模型

1. 电路

电路是电流所流经的路径，或称电子回路，是由电气设备和元器件按一定方式连接起来的通路。图 1-1-1 是一个最简单的实际电路，该电路由导线将干电池、开关和灯泡连接起来，当开关闭合时，便有电流流过灯泡，即干电池提供电能，使灯泡发光，实现能量的转换。

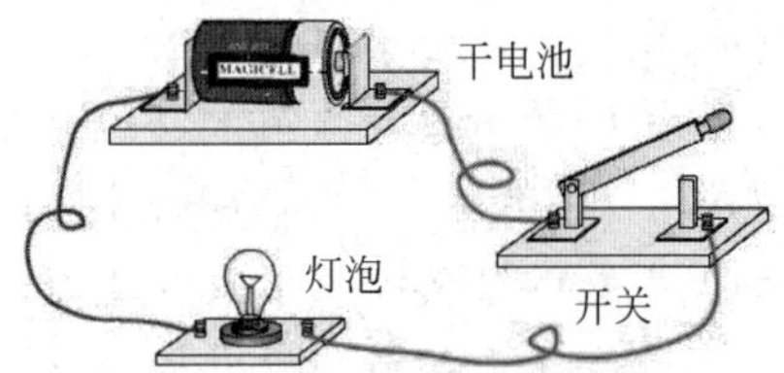

图 1-1-1 简单的实际电路

2. 电路的组成

通过图 1-1-1 可知，一个电路主要由电源、负载、辅助设备以及连接导线组成，电源（供能元件）是为电路提供电能的设备和器件，如电池、发电机等；负载（耗能元件）是使用或消耗电能的设备或器件，如灯泡、电炉等常用电器；辅助设备是用来实现对电路的控制、分配、保护及测量，使电路能够正常工作的装置，如开关、熔断器等；连接导线用来把电源、负载和其他辅助设备连接成一个闭合回路，起着传输电能的作用。

3. 电路模型

实际电路的种类繁多，用途各异，组成电路的元器件也形形色色，为了便于对实际的复杂问题进行分析和计算，常常按照电路元器件的主要性质将其理想化，把实际的电气器件相应看成电源、电阻、电感与电容等有限的几种理想电路元件。例如，主要是消耗电能的电阻器、白炽灯、电烙铁、电炉等实际电器用电阻元件来近似表示；将提供电能的设备，如电池、发电机等用电源模型来表示。

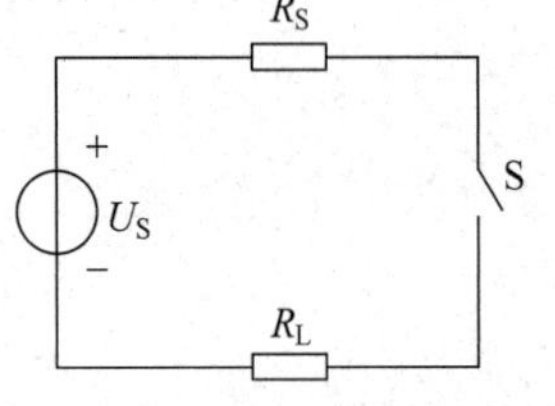

图 1-1-2 简单的实际电路的电路模型

由理想元件构成的电路称为实际电路的电路模型，简称为电路图，图 1-1-2 就是图 1-1-1 实际电路的电路模型，图中 U_S

和 R_S 表示干电池(实际电压源)，S 表示开关，R_L 表示灯泡。

理想元件性质单纯，可以用数学式子精确描述它的性质，因而可以方便地建立由电路元件组成的电路模型的数学关系式，用数学的方法来分析计算电路，从而掌握电路的特性。任何实际电路都可以用电路模型表示，电路模型中的理想元件要用特定的图形符号来表示，国家标准对其有统一的规定，使用时要遵守国家标准。表 1-1-1 所示为几种常用的标准电路图形符号。

表 1-1-1　常用的标准电路图形符号

名　称	符　　号	名　称	符　　号
固定电阻		可调电阻	
固定电容		电解电容	+
电感		变压器	
开关		熔断器	
接地	或	导线	(相连)　(不相连)
理想电压源	+ U_S −	理想电流源	I_S

在电路中，电源或信号源的电流或电压是电路的输入信号，统称为激励；由激励在电路各部分产生的电流或电压是电路的输出信号，统称为响应。

1.1.2　电路的基本物理量

1. 电流

导体中的自由电荷在电场力的作用下做有规则的定向运动就会形成电流。电流既有大小又有方向，其实际方向规定为正电荷流动的方向，其大小用电流强度来度量，通常将电流强度简称为电流。

电流可分为两类：一类是大小和方向均不随时间改变的电流，称为恒定电流，简称为直流，简写为 DC；另一类是大小和方向都随时间变动的电流，称为变动电流，其中一个周期内电流的平均值为零的变动电流称为交变电流，简称为交流，简写为 AC。

电流的大小等于单位时间内通过导体横截面的电量。对于直流电流，定义电流为

$$I=\frac{Q}{t} \tag{1-1-1}$$

对于交流电流，定义电流为

$$i=\frac{\mathrm{d}q}{\mathrm{d}t} \tag{1-1-2}$$

式(1-1-1)、式(1-1-2)中，q、Q 是时间 t 内流过导体横截面的电量。电流的国际单位是安培，简称安，符号为 A。常用的电流单位还有千安(kA)、毫安(mA)、微安(μA)，它们的换算关系如下：

$$1\mathrm{kA}=10^3\mathrm{A},\quad 1\mathrm{mA}=10^{-3}\mathrm{A},\quad 1\mu\mathrm{A}=10^{-3}\mathrm{mA}=10^{-6}\mathrm{A}$$

2. 电压

在电路中,电荷之所以能定向移动,是由于有电场力作用,电压就是表示电场力做功本领的物理量。若电场力将正电荷 q 从电路中的 a 点沿电源外电路移动到 b 点所做的功为 W,则 a、b 两点间的电压 u 大小定义为

$$u=\frac{\mathrm{d}W}{\mathrm{d}q} \tag{1-1-3}$$

电场力恒定的电压称为直流电压,用 U 表示,此时:

$$U=\frac{W}{q} \tag{1-1-4}$$

电压的实际方向规定从高电位指向低电位,即电位降的方向。电压的国际单位是伏特,简称伏,符号为 V。常用的电压单位还有千伏(kV)、毫伏(mV)、微伏(μV),它们的换算关系如下:

$$1\mathrm{kV}=10^3\mathrm{V},\quad 1\mathrm{mV}=10^{-3}\mathrm{V},\quad 1\mu\mathrm{V}=10^{-3}\mathrm{mV}=10^{-6}\mathrm{V}$$

电压是指电路中两点之间的电压,所以有时用双下标表示电压,如 u_{ab},前一个下标 a 代表正电荷运动的起点,后一个下标 b 代表正电荷运动的终点,电压的方向则由起点指向终点。

在电源内部,非静电场力将单位正电荷从电源内部由负极移动到正极所做的功定义为电源的电动势,用符号 e(或 E)表示,电动势的国际单位也是 V,方向由负极指向正极。

3. 参考方向

在分析电路时,一般很难事先判断电流或电压的实际方向,因此,通常可任意选择一个方向作为电流或电压的正方向,称为参考方向,并在电路图上标注出来;根据参考方向和某一时刻求得的电流或电压数值的正负,便可判断出此时电流或电压的实际方向。若求得的电流或电压数值为正,则电流或电压的实际方向与参考方向一致;若求得的数值为负,则实际方向与参考方向相反。

注意:电流或电压的实际方向一般不标注在电路图上,以免与参考方向混淆。

电路中每一个元件电流和电压的参考方向均可任意选择,如果假设电流从高电位端流经电路元件到达低电位端,则称该元件的电流和电压为关联参考方向;反之,则称为非关联参考方向。关联参考方向下,原物理学中学过的欧姆定律、功率等公式保持不变,即

$$U=IR \tag{1-1-5}$$

$$P=UI \tag{1-1-6}$$

而非关联参考方向下,则需要在公式中加上负号,即

$$U=-IR \tag{1-1-7}$$

$$P=-UI \tag{1-1-8}$$

这样才不会因参考方向的任意选择而影响结果的正确性。

【例 1-1-1】 电路如图 1-1-3 所示,已知电流 $I=-5\mathrm{A}$,电阻 $R=10\Omega$,判断元件电流和电压之间是关联参考方向还是非关联参考方向,并求出元件两端的电压 U。

【解答】 电流 I 从电阻 R 的低电位端("－"端)流经电阻元件 R 到达高电位端("＋"端),因此是非关联参考方向,所以欧姆定律要加上负号,即

$$U=-IR$$

带入数据,求得电阻 R 两端的电压:

$$U=-(-5)\times 10=50\mathrm{V}$$

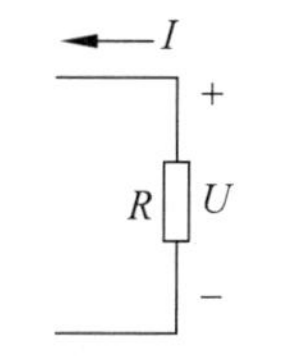

图 1-1-3　例 1-1-1 图

电压 U 的结果为正，说明参考方向与实际方向相同。

4. 电位

在电路中任选一点 O 作为参考点(一般一个电路只能选择一个参考点)，其电位就是参考电位，则电路中某点 A 到参考点之间的电压就称作这一点相对于该参考点的电位。电位的符号用大写字母 U 加下标表示，即

$$U_A = U_{AO} + U_O \tag{1-1-9}$$

通常将零电位点作为参考点，用符号"⊥"表示。电力工程上常常选地作为参考点，即认为地电位为零；而在电子线路中，则选一条特定的公共线作为参考点，这条线也叫"地线"，通常与电源负极相连。

【例 1-1-2】 计算如图 1-1-4(a)和(b)所示电路中各点电位以及 ac 之间的电压 U_{ac}。

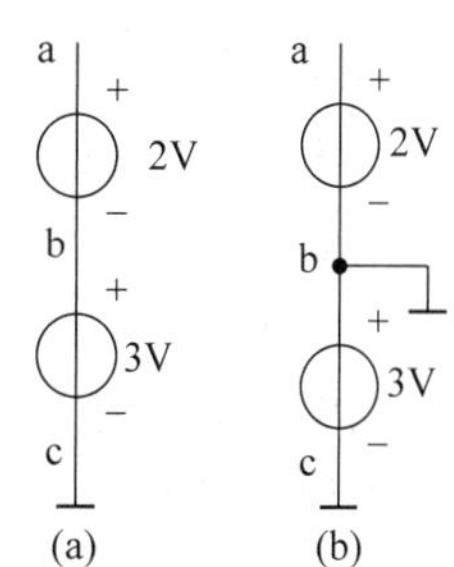

图 1-1-4　例 1-1-2 图

【解答】 对于图(a)：因为选择 c 点为参考点，所以 c 点电位为零，求得

$$U_c = 0\text{V}$$

$$U_a = U_{ac} + U_c = U_{ab} + U_{bc} = 5\text{V}$$

$$U_b = U_{bc} + U_c = 3\text{V}$$

ac 之间的电压 U_{ac} 为

$$U_{ac} = 5\text{V} = U_a - U_c$$

对于图(b)：因为选择 b 点为参考点，所以 b 点电位为零，求得

$$U_b = 0\text{V}$$

$$U_a = U_{ab} + U_b = 2\text{V}$$

$$U_c = U_{cb} + U_b = -3\text{V}$$

ac 之间的电压 U_{ac} 为

$$U_{ac} = 5\text{V} = U_a - U_c$$

从例 1-1-2 的计算结果可以得出如下结论。

(1) 电路中各点的电位随参考点选择的不同而发生变化(即与参考点有关)，但电路中任意两点之间的电压(电位差)不随参考点的不同而改变(即与参考点无关)。

(2) 电压与电位的关系是：电路中两点之间的电压等于这两点间的电位差。

【例 1-1-3】 电路如图 1-1-5 所示，已知电阻 $R_1 = 10\Omega$，$R_2 = 6\Omega$，$R_3 = 8\Omega$，电压源电压 $U_1 = 8\text{V}$，$U_2 = 16\text{V}$，求开关 S 断开和闭合时 b 点和 c 点的电位。在画电路时，为了简化起见，电压源通常不画出，而是以电位的形式标出，图 1-1-5(b)为图 1-1-5(a)简化画法的电路。

【解答】 开关 S 断开时，由图 1-1-5(b)可知，电路由一条支路 abcd 构成，其中 a、d 两点的电位 $U_a = -8\text{V}$、$U_d = 16\text{V}$ 已知，可任意选择某一已知电位点作为参考点，利用两点间的电压等于这两点间的电位差即可求得 b、c 点的电位。假设电流 I 的参考方向与 U_{ad} 相同，则有

$$I = U_{ad}/(R_1 + R_2 + R_3) = (-8 - 16)/(10 + 6 + 8) = -1\text{A}$$

$$U_c = U_{cd} + U_d = IR_3 + U_d = -1 \times 8 + 16 = 8\text{V}$$

$$U_b = U_{bc} + U_c = IR_2 + U_c = -1 \times 6 + 8 = 2\text{V}$$

开关 S 闭合时，a、d 两点的电位 $U_a = -8\text{V}$，$U_d = 16\text{V}$，均没变，$U_c = 0\text{V}$，电流 I 只流过电阻 R_1 和 R_2，则有

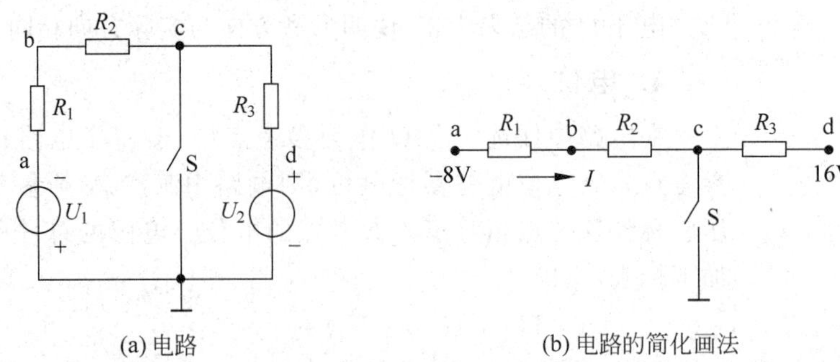

(a) 电路　　(b) 电路的简化画法

图 1-1-5　例 1-1-3 图

$$I=U_{ac}/(R_1+R_2)=(-8)/(10+6)=-0.5\text{A}$$

$$U_b=U_{bc}+U_c=IR_2+U_c=-0.5\times 6=-3\text{V}$$

5. 功率

当电流流过负载时，电流要做功，并将电能转化为光能、热能、机械能等其他形式的能量。电流所做的功是电能转化为其他形式能量的量度，用 w(或 W)表示。

$$w=u\cdot q=uit \quad 或 \quad W=U\cdot q=UIt \tag{1-1-10}$$

功的国际单位是焦耳，简称焦，符号为 J。

电流在单位时间内所做的功称为功率，用 p(或 P)表示。

$$p=\frac{w}{t}=ui \quad 或 \quad P=\frac{W}{t}=UI \tag{1-1-11}$$

功率的国际单位是瓦特，简称瓦，符号为 W。实际生活中功率常以千瓦时(kW·h)为单位，俗称的一度电即 1kW·h=3 600 000W·s。

注意：由于 I、U 引入了参考方向，所以应用计算公式时也要加上正、负号。如果 I、U 为关联参考方向，公式取正号；反之，公式取负号。如果功率的计算结果为正，说明该元件消耗功率，即将电能转化为其他形式的能量，该元件起负载的作用；如果功率的计算结果为负，说明该元件产生功率，即将其他形式的能量转化为电能，该元件起电源的作用。

【例 1-1-4】 电路如图 1-1-6 所示，已知电压源电压 $U_1=4\text{V}$，$U_2=12\text{V}$，电阻 $R=10\Omega$，计算各电路元件的功率，并判断各元件起电源作用还是负载作用。

【解答】 假设电路中的电流 I 的参考方向如图 1-1-6 所示，电阻 R 两端的电压 $U_R=U_2-U_1=8\text{V}$，因为 U_R 与电流 I 为关联参考方向，利用电阻的欧姆定律求得电流：

$$I=U_R/R=8/10=0.8\text{A}$$

电阻 R 的功率为

$$P_R=U_RI=8\times 0.8=6.4\text{W}$$

求得 $P_R>0$，说明电阻 R 消耗功率，起负载的作用。

因为 U_1 和 I 为关联参考方向，则电压源 U_1 的功率为

$$P_1=U_1I=4\times 0.8=3.2\text{W}$$

求得 $P_1>0$，说明电压源 U_1 消耗功率，起负载的作用。

因为 U_2 和 I 为非关联参考方向，则电压源 U_2 的功率为

$$P_2=-U_2I=-12\times 0.8=-9.6\text{W}$$

求得 $P_2<0$，说明电压源 U_2 产生功率，起电源的作用。

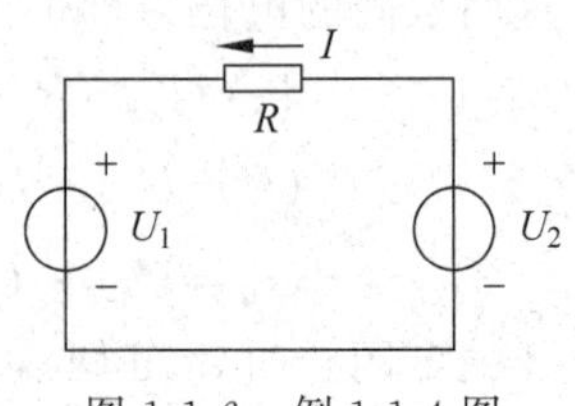

图 1-1-6　例 1-1-4 图

1.1.3　电路的工作状态

根据电源与负载之间连接方式的不同,电路有通路、开路和短路三种不同的工作状态。

1. 通路(有载)状态

通路就是电路各部分连接成闭合回路,负载中有电流流过。在这种状态下,电源端电压与负载电流的关系可以用电源外特性确定,根据负载的大小,又分为满载、轻载、过载3种情况。负载在额定功率下的工作状态称为额定工作状态或满载;低于额定功率的工作状态称为轻载;高于额定功率的工作状态称为过载。由于过载很容易烧坏电器,所以一般情况不允许出现过载。

2. 开路(断路)状态

开路就是电源两端的电路在某处断开,电路中没有电流通过,电源不向负载输送电能。对于电源来说,这种状态叫空载。开路状态的主要特点是:电路中的电流为零,电源端电压和电动势相等。

3. 短路(捷路)状态

如果外电路被阻值近似为零的导体接通,这时电源就处于短路状态,而电源的内阻一般都很小,因而短路电流可能达到非常大的数值,电源有烧毁的危险,必须严格防止,避免发生。有时,在调试电子设备的过程中,将电路的某部分短路,是为了使与调试过程无关的部分没有电流通过而采取的一种方法。

1.2　电路的基本定律

电路通常包含各种不同类型的元件,而且任一时刻电流和电压的变化也千差万别,因此在进行电路分析计算时就需要用到基尔霍夫定律。基尔霍夫定律分为基尔霍夫电流定律(Kirchhoff's Current Law,KCL)和基尔霍夫电压定律(Kirchhoff's Voltage Law,KVL),它们适用于各种不同元件构成的电路,也适用于任一瞬间任何变化的电流和电压,因而称为分析电路的基本定律。

在介绍基尔霍夫定律之前,首先介绍支路、节点、回路和网孔等基本概念。

1. 支路

由一个或多个元件依次串联在一起构成的无分支电路称为支路,每个支路流过的电流称为该支路的支路电流。图1-2-1电路中有3条支路:支路bad、支路bd、支路bcd,其中支路bad和支路bcd称为有源支路,支路bd称为无源支路;在同一支路里,各个元件流过的电流是相等的;各支路对应的支路电流为I_1、I_2、I_3。

2. 节点

3条或3条以上支路的连接点称为节点。图1-2-1中有2个节点:b点和d点。

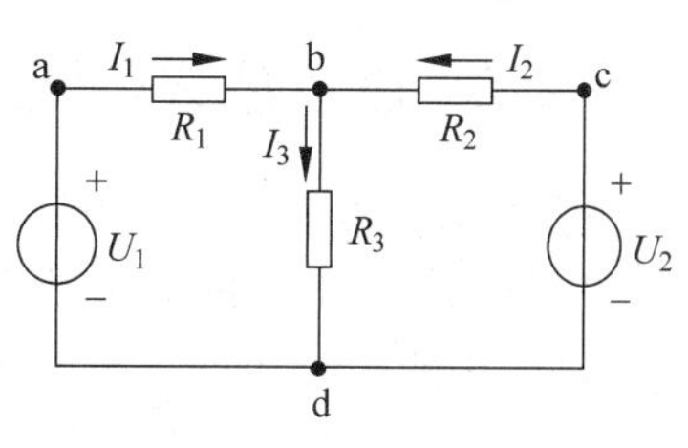

图1-2-1　3个支路的电路

3. 回路

电路中任意的闭合路径称为回路。图1-2-1中有3个回路:badb、bcdb、abcda回路。

4. 网孔

中间无支路穿过的回路称为网孔(网孔内没有元件),也称为独立回路。图 1-2-1 中有 2 个网孔:badb 回路、bcdb 回路。

1.2.1 基尔霍夫电流定律(KCL)

基尔霍夫电流定律又称为节点电流定律,它是用来确定电路中某一节点上各支路电流之间的关系。其基本思想是:电路中任一个节点上,在任一时刻,流入节点的电流之和等于流出节点的电流之和。其数学表达式为

$$\sum I_{\text{入}} = \sum I_{\text{出}} \tag{1-2-1}$$

在列基尔霍夫电流方程之前,先要设定电流的参考方向,然后根据计算结果的正负来确定电流的实际方向。例如,图 1-2-1 中,各支路电流的参考方向已选定,对节点 b 应用基尔霍夫电流定律可得

$$I_1 + I_2 = I_3$$

将上式进行变形,可得到

$$I_1 + I_2 - I_3 = 0$$

该表达式反映了基尔霍夫电流定律的另一种表达方式,即在任一时刻,电路中任一节点上所有支路电流的代数和恒为零。其数学表达式为

$$\sum I = 0 \tag{1-2-2}$$

同理,对节点 d 列基尔霍夫电流方程,可得

$$-I_1 - I_2 + I_3 = 0 \quad \text{或} \quad I_1 + I_2 = I_3$$

与节点 b 的基尔霍夫电流方程一致。可见,对于两个节点的电路,独立的基尔霍夫电流方程只有一个。可以证明,对于具有 n 个节点的电路,可以列出 $n-1$ 个独立的基尔霍夫电流方程。

基尔霍夫电流定律还可以推广应用到一个闭合面。例如,图 1-2-2 所示电路,闭合面内包含 3 个节点 A、B、C,根据基尔霍夫电流定律可以列出各个节点的基尔霍夫电流方程。

节点 A: $I_A = I_{AB} - I_{CA}$

节点 B: $I_B = I_{BC} - I_{AB}$

节点 C: $I_C = I_{CA} - I_{BC}$

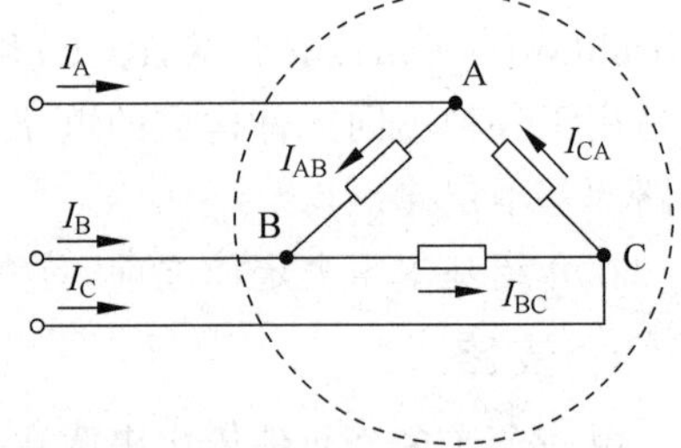

图 1-2-2 闭合面(广义节点)

将 3 个节点的基尔霍夫电流方程等号两侧分别相加,得

$$I_A + I_B + I_C = 0$$

由此可见,闭合面可以看成一个广义节点,在任一时刻,通过电路中任一闭合面(广义节点)上所有支路电流的代数和恒为零。

1.2.2 基尔霍夫电压定律(KVL)

基尔霍夫电压定律用来确定回路中各段电压间的关系。其基本思想是:在任何一个闭合回路中,各元件上电压降的代数和等于电动势的代数和,即从一点出发绕回路一周回到该点时,各段电压的代数和恒等于零。其数学表达式为

$$\sum U = 0 \tag{1-2-3}$$

在列基尔霍夫电压方程之前，先要设定电压的参考方向，然后根据计算结果的正负来确定电压的实际方向。例如，图1-2-1中，各支路电流的参考方向已选定，假设各回路均取逆时针的绕行方向，当电压参考方向与回路绕行方向一致时，电压变量前取正；相反，取负。对回路badb应用基尔霍夫电压定律可得

$$-I_1R_1+U_1-I_3R_3=0$$

对回路bcdb应用基尔霍夫电压定律可得

$$I_2R_2-U_2+I_3R_3=0$$

对回路abcda应用基尔霍夫电压定律可得

$$-I_1R_1+U_1-U_2+I_2R_2=0$$

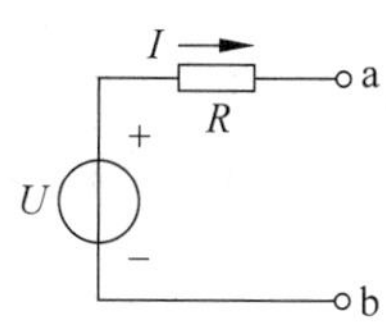

图1-2-3　开口电路

由以上3式可见，回路abcda的基尔霍夫电压方程不是独立的。可以证明，对于具有n个节点，k条支路的电路，可以列出$k-(n-1)$个独立的基尔霍夫电压方程。通常针对各个网孔列基尔霍夫电压方程，得到的就是独立的方程。

基尔霍夫电压定律可以推广应用到任意假想的闭合回路，即开口电路。例如，在图1-2-3所示电路中，ab段支路并未画出，可以假设端口a、b间的电压为U_{ab}，列出基尔霍夫电压方程如下：

$$U_{ab}-U+IR=0$$

【例1-2-1】 电路如图1-2-4所示，已知$U_S=10V$，$I_S=6A$，$R_1=5\Omega$，$R_2=3\Omega$，求电压源U_S的输出电流I和电流源I_S的端电压U。

【解答】 电路由3条支路(支路1：U_S，支路2：R_1，支路3：I_S和R_2)构成，包含2个节点(节点a和节点b)，2个网孔(网孔Ⅰ：支路1和支路2构成，网孔Ⅱ：支路2和支路3构成)。

利用欧姆定理求得电阻R_1流过的电流为

$$I_{ab}=U_S/R_1=10/5=2A$$

对节点a列KCL方程，求得

$$I=I_{ab}-I_S=2-6=-4A$$

对网孔Ⅱ列KVL方程，求得

$$U=I_SR_2+I_{ab}R_1=6\times3+2\times5=28V$$

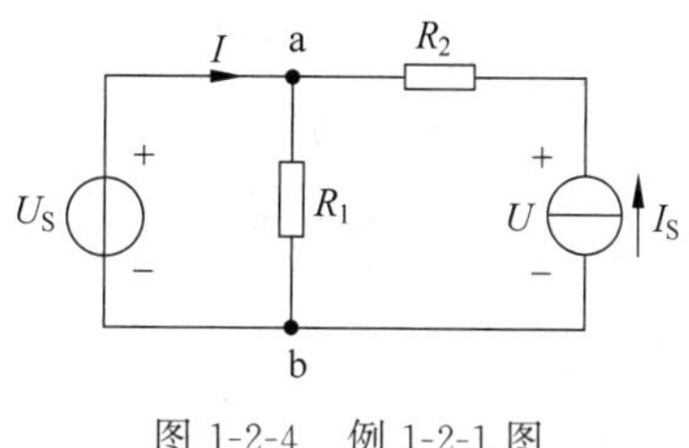

图1-2-4　例1-2-1图

1.3　电路的理想元件

电路模型是由各种理想元件组成的，而理想元件是实际电气器件的理想化模型，它突出了实际电气器件的主要电磁特性，而忽略其次要因素。组成电路常用的理想元件有电阻元件、电感元件、电容元件、电压源、电流源和受控源。

1.3.1　电阻元件

电阻元件是突出耗能性质的理想化元件。用来描述电阻元件特性的基本参数称为电阻，用字母R表示，电阻的国际单位是欧姆，简称欧，符号为Ω，其他单位还有千欧(kΩ)、兆欧(MΩ)等，它们的关系为

$$1M\Omega=10^6\Omega,\quad 1k\Omega=10^3\Omega$$

元件两端的电压和流过该元件的电流之间的关系称为该元件的伏安特性。电阻元件两端的电压与电流的比值如果为常数,则称为线性电阻元件;如果比值改变,则称为非线性电阻元件。

在关联参考方向下,线性电阻的阻值 R 是一个正常数,它遵循欧姆定律,即

$$u=Ri \quad \text{或} \quad U=RI \tag{1-3-1}$$

电流流过电阻元件时,其消耗的功率为

$$p=ui=i^2R=\frac{u^2}{R}>0 \quad \text{或} \quad P=UI=I^2R=\frac{U^2}{R}>0 \tag{1-3-2}$$

式(1-3-2)说明电阻元件始终消耗电能,所以电阻元件又称为耗能元件。

1.3.2 电感元件

工程上带有线圈的电器突出其通过电流会产生磁场能的性质,可以抽象成电感元件。用来描述电感元件特性的基本参数称为电感,用字母 L 表示,电感的国际单位是亨利,简称亨,符号为 H,其他单位还有毫亨(mH)、微亨(μH)等,它们的关系为

$$1\text{H}=10^3\text{mH}=10^6\mu\text{H}$$

当线性电感元件两端电压 u 与流过电感元件的电流 i 为关联参考方向时,其伏安特性为

$$u_{\text{L}}=L\frac{\text{d}i}{\text{d}t} \tag{1-3-3}$$

在直流电路中,电流 i 恒定,因此其变化率为 0,$u_{\text{L}}=0$,电感元件可视为短路。电感元件上的功率为

$$p=u_{\text{L}}i=Li\frac{\text{d}i}{\text{d}t} \tag{1-3-4}$$

当 i 数值增大时,$p>0$,说明随着 i 数值增加,电感元件将吸收电源电能并转换为磁场能量储存起来;反之,当 i 数值减小时,$p<0$,说明随着 i 数值减小,电感元件将储存起来的磁场能量转换为电能输出,电感元件起电源作用。由此可见,电感元件是一种储能元件,它不消耗电能,只是进行能量的转换。

1.3.3 电容元件

电容元件是从实际电容器抽象出来的理想元件,它突出电容器两端加上电压会产生电场并储存电场能的性质。用来描述电容元件特性的基本参数称为电容,用字母 C 表示,电容的国际单位是法拉,简称法,符号为 F,其他单位还有毫法(mF)、微法(μF)、皮法(pF)等,它们的关系为

$$1\text{F}=10^3\text{mF}=10^6\mu\text{F}=10^{12}\text{pF}$$

当流过电容元件的电流 i 与加在电容两端的电压 u 为关联参考方向时,其伏安特性为

$$i_{\text{C}}=C\frac{\text{d}u}{\text{d}t} \tag{1-3-5}$$

在直流电路中,电压 u 恒定,因此其变化率为 0,$i_{\text{C}}=0$,电容元件可视为开路。电容元件上的功率为

$$p=ui_{\text{C}}=Cu\frac{\text{d}u}{\text{d}t} \tag{1-3-6}$$

当 u 数值增大时,$p>0$,说明随着 u 数值增加,电容元件将吸收电源电能并转换为电场能量,电容元件处于充电状态;反之,当 u 数值减小时,$p<0$,说明随着 u 数值减小,电容元件将储存起来的电场能量转换为电能输出,电容元件处于放电状态。使用电容元件时,需要知道其

电容容量和额定电压值。

1.3.4　电压源

电压源是以电压的形式向电路提供电能的理想化电路元件。

1. 理想电压源

如果电压源的内阻为零,则电源将向外电路提供一个恒定不变的电压,称为理想电压源,简称恒压源,电路符号如图 1-3-1 所示。

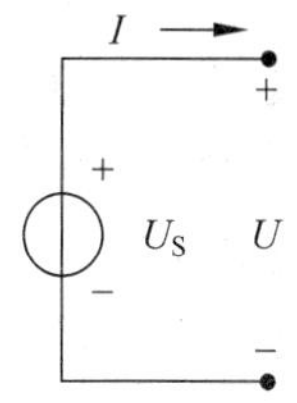

图 1-3-1　理想电压源

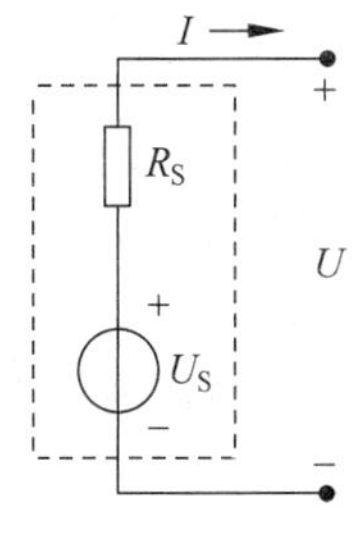

图 1-3-2　实际电压源

理想电压源的伏安特性为

$$\begin{cases} U = U_S \\ I \text{ 由 } U_S \text{ 和外电路共同决定} \end{cases} \tag{1-3-7}$$

由此可知,理想电压源的端电压是确定的,与流过的电流无关;理想电压源的电流是任意的,取决于端电压和它连接的外电路。

2. 实际电压源

实际电压源(简称电压源)的内阻不为零,因此可以用理想电压源和内阻 R_S 串联的模型来表示,如图 1-3-2 所示。

实际电压源的伏安特性为

$$U = U_S - IR_S \tag{1-3-8}$$

电流流过电压源时,在内阻上消耗的功率为

$$P = I^2 R_S = \frac{(U_S - U)^2}{R_S} \tag{1-3-9}$$

1.3.5　电流源

电流源是以电流的形式向电路提供电能的理想化电路元件。

1. 理想电流源

如果电源的内阻无穷大,电源将向外电路提供一个恒定不变的电流,称为理想电流源,简称恒流源,电路符号如图 1-3-3 所示。

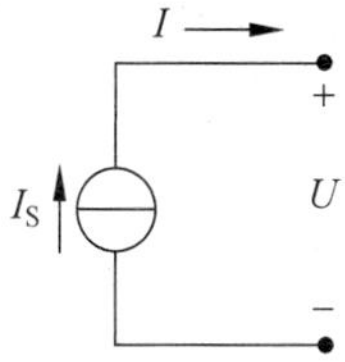

图 1-3-3　理想电流源

理想电流源的伏安特性为

$$\begin{cases} I = I_S \\ U \text{ 由 } I_S \text{ 和外电路共同决定} \end{cases} \tag{1-3-10}$$

由此可知,理想电流源向外电路提供一个恒定的电流;理想电流源的电压是任意的,取决于理想电流源的电流和它连接的外电路。

2. 实际电流源

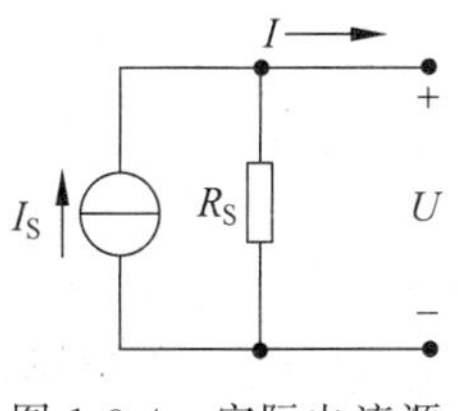

图 1-3-4　实际电流源

实际电流源(简称电流源)的内阻不是无穷大,因此可用理想电流源和内阻 R_S 并联的模型来表示,如图 1-3-4 所示。

实际电流源的伏安特性为

$$I = I_S - \frac{U}{R_S} \tag{1-3-11}$$

电流流过电流源时,在内阻上消耗的功率为

$$P=(I_S-I)^2R_S=\frac{U^2}{R_S} \tag{1-3-12}$$

【例 1-3-1】 电路如图 1-3-5 所示，已知电阻 $R_S=10\Omega$，电流源电流 $I_S=2\text{A}$，电压源电压 $U_S=30\text{V}$，计算各个电源发出的功率。

【解答】 电流源、电压源、电阻是串联关系，所以整个电路流过的电流就是电流源的电流 I_S；根据图 1-3-11 中假设的参考方向，电阻两端的电压 U_R 和流过的电流 I_S 是非关联参考方向，利用电阻的欧姆定律，求得

$$U_R=-I_SR_S=-2\times10=-20\text{V}$$

电流源两端的电压 U 由外电路决定，求得

$$U=U_R+U_S=-20+30=10\text{V}$$

电流源的端电压 U 与电流 I_S 是关联参考方向，则功率为

$$P=U\cdot I_S=10\times2=20\text{W}$$

电压源的电压 U_S 与流过的电流 I_S 是非关联参考方向，则功率为

$$P=-U_S\cdot I_S=-30\times2=-60\text{W}$$

图 1-3-5　例 1-3-1 图

所以，电流源发出－20W 的功率（即消耗 20W 的功率），电压源发出 60W 的功率（即产生 60W 的功率）。

1.3.6　受控源

电压源的电压和电流源的电流不受外电路的控制而独立存在，这类电源称为独立电源。此外，在许多由电子器件构成的功能放大电路中，将会遇到另一类电源，其电压源的电压或电流源的电流受控于电路中其他部分的电压或电流，当控制电压或电流等于零时，受控电压或电流也等于零，这类电源称为非独立电源或受控源。

实际电路中，受控源可分为电压控制的电流源（VCCS）、电流控制的电流源（CCCS）、电压控制的电压源（VCVS）和电流控制的电压源（CCVS）4 种类型，电路模型如图 1-3-6 所示。

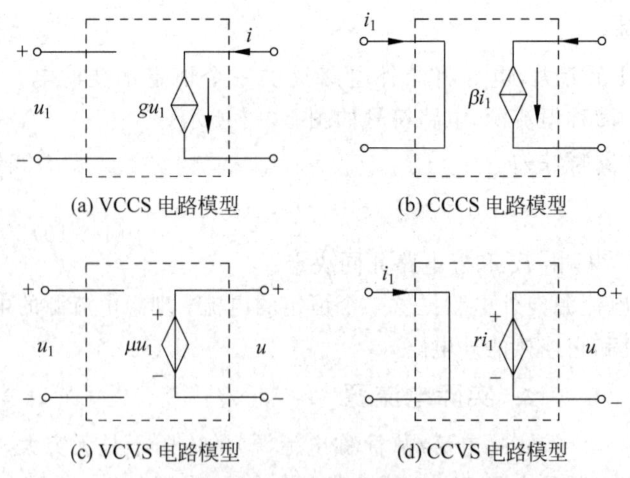

(a) VCCS 电路模型
(b) CCCS 电路模型
(c) VCVS 电路模型
(d) CCVS 电路模型

图 1-3-6　受控源电路模型

图 1-3-6 中的系数 μ、r、g 和 β 都是常数，受控源的符号用菱形表示。在使用时，控制量（u_1、i_1）及受控源的方向或极性要在电路中标出，并标明它们之间的关系表达式。

1.4　基尔霍夫定律的 Multisim 仿真实例

Multisim 是 Interactive Image Technologies 公司推出的以 Windows 为基础的仿真工具，适用于板级的模拟/数字电路板的设计工作。它包含了电路原理图的图形输入、电路硬件描述语言输入方式，具有丰富的仿真分析能力。

本书采用 Multisim 10 版本进行各章中的仿真实验。下面简要介绍 Multisim 10 软件的使用方法。

启动 Multisim 10 后，将出现图 1-4-1 所示的主界面。

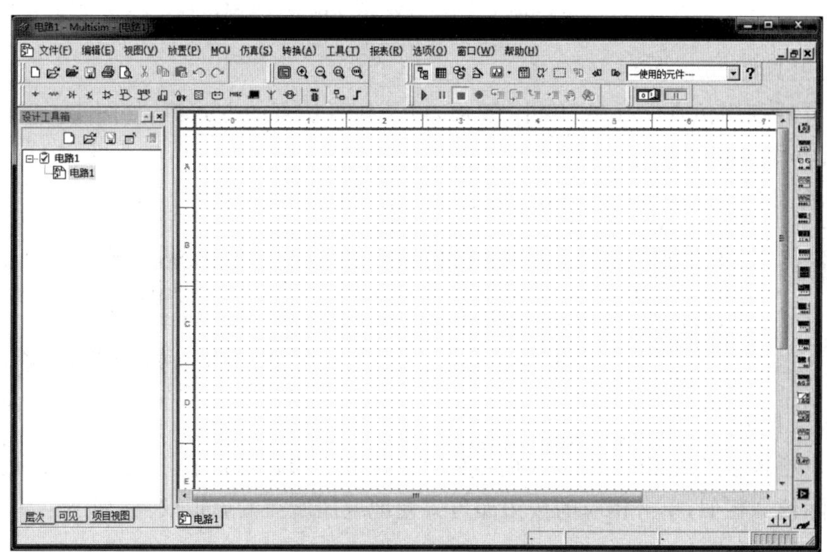

图 1-4-1　Multisim 10 主界面

主界面由标题栏、菜单栏、各种工具栏、设计工具箱、电路输入窗口、滚动条、状态栏等组成，可以实现电路图的输入、编辑，并根据需要对电路进行相应的观测和分析。

1. 菜单栏

Multisim 10 的菜单栏包括文件(File)、编辑(Edit)、视图(View)、放置(Place)、MCU、仿真(Simulate)、转换(Transfer)、工具(Tools)、报表(Reports)、选项(Options)、窗口(Window)和帮助(Help)。操作方法同大多数 Windows 平台上的应用软件一致，可以实现 Multisim 10 软件的所有操作。

2. 工具栏

Multisim 10 提供多种工具栏，方便用户直接使用软件的相应功能。通过视图(View)菜单中的工具栏(Toolbars)命令可以很方便地打开或关闭相应的工具栏。

1) 标准工具栏

标准工具栏包含常见的文件操作和编辑操作，如图 1-4-2 所示。

2) 主要工具栏

主要工具栏完成对电路从设计到分析的全部工作，是 Multisim 10 的核心工具栏，如图 1-4-3 所示。

图 1-4-2　标准工具栏

图 1-4-3　主要工具栏

3）元件工具栏

元件工具栏用于取用元件构成电路图，如图 1-4-4 所示。

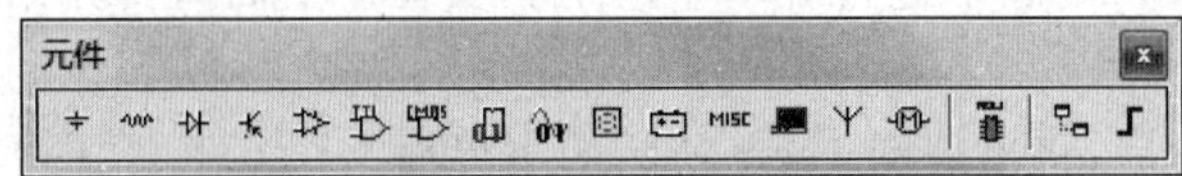

图 1-4-4　元件工具栏

4）仿真工具栏

仿真工具栏控制仿真的开始、停止、暂停，以及执行仿真的方式等，如图 1-4-5 所示。

5）仿真开关工具栏

仿真开关工具栏控制仿真的开始、结束和暂停，如图 1-4-6 所示。

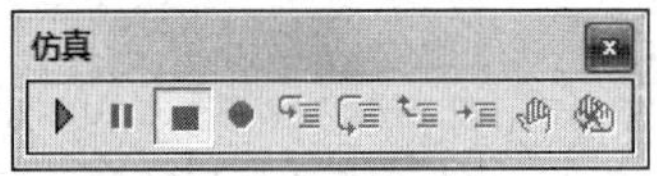

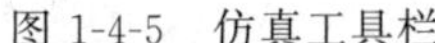
图 1-4-5　仿真工具栏

图 1-4-6　仿真开关工具栏

6）仪器工具栏

仪器工具栏放置了 Multisim 10 为用户提供的所有虚拟仪器仪表，它们的连接和操作方式与实验中的实际仪器相似，单击相应的按钮即可方便地取用所需的虚拟仪器，如图 1-4-7 所示。

7）视图工具栏

视图工具栏提供了全屏、放大、缩小等视图显示方式，如图 1-4-8 所示。

图 1-4-7　仪器工具栏

图 1-4-8　视图工具栏

3. 数字万用表的使用

数字万用表可以测量交直流电压、电流和电阻，可以以有效值的形式显示电压或电流值，也可以以分贝的形式显示。数字万用表的图标如图 1-4-9(a)所示，双击图标打开操作面板，如图 1-4-9(b)所示，单击"设置"按钮打开图 1-4-9(c)所示的"万用表设置"对话框，设置万用表的电气参数和显示参数。

在进行电路仿真时，数字万用表的两个端子"＋""－"与测试点连接；双击数字万用表图标，其操作面板中的按钮"A""V""Ω""dB"分别是测量电流、电压、电阻和分贝值；单击按钮"～"或"—"分别是测量交流或直流。

4. 双踪示波器的使用

双踪示波器是电路测试中使用最为广泛的仪器之一，不仅可以测量信号波形的幅值、频率或周期，还可以对比两个信号波形的异同，从而为电路分析提供数据。

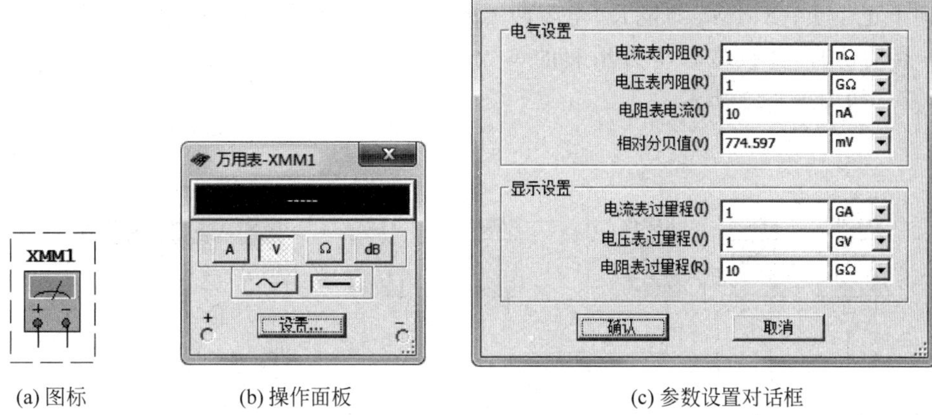

(a) 图标　　(b) 操作面板　　(c) 参数设置对话框

图 1-4-9　数字万用表

在进行电路仿真时，双踪示波器的通道 A 和通道 B 的"+"端子可以分别接电路中的一个测试点，"−"端子接电路地；触发信号(Ext Trig)"+"端子接外部触发信号，"−"端子接电路地。双击示波器图标，打开操作面板，可以对时间轴、通道 A、通道 B 的显示单位及触发信号的形式等参数进行设置，以得到清晰可靠的波形和准确的数据。

5. 基尔霍夫定律仿真

基尔霍夫定律的内容详见本书 1.2 节。

1）仿真目的

验证基尔霍夫电流定律和基尔霍夫电压定律。

2）仿真过程

(1) 利用 Multisim 10 软件绘制图 1-4-10 所示的基尔霍夫仿真电路图。

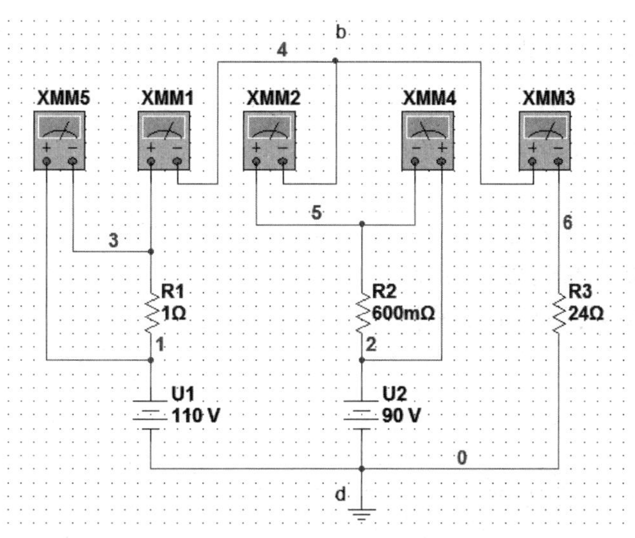

图 1-4-10　基尔霍夫仿真电路图

(2) 设置数字万用表 XMM1、XMM2、XMM3 为直流电流表，XMM4、XMM5 为直流电压表。其中，XMM1 测量 R_1 支路的电流 I_1，流入节点 b；XMM2 测量 R_2 支路的电流 I_2，流入节点 b；XMM3 测量 R_3 支路的电流 I_3，流出节点 b；XMM4 测量 R_2 电阻两端的电压 U_{R2}，参考方向下正上负；XMM5 测量 R_1 电阻两端的电压 U_{R1}，参考方向下正上负。

(3) 启动仿真，并读取各个万用表的读数，$I_1=14\text{A}$，$I_2=-10\text{A}$，$I_3=4\text{A}$，$U_{R1}=14\text{V}$，$U_{R2}=-6\text{V}$，如图 1-4-11 所示。

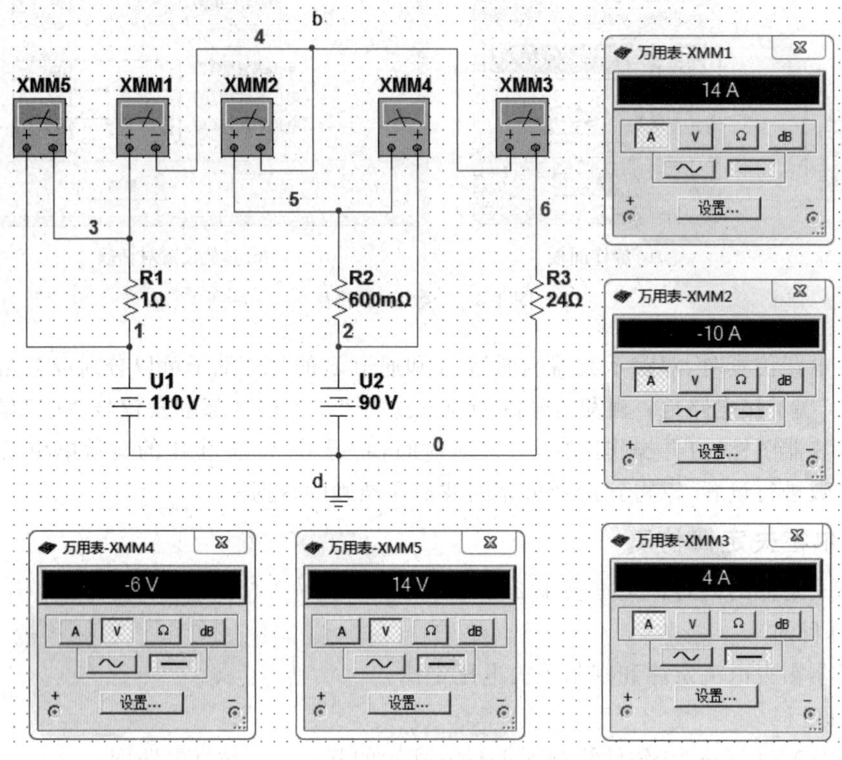

图 1-4-11　测量结果

(4) 根据直流电流表的读数可以得出 $I_1+I_2=I_3$，即流入节点 b 的电流之和(I_1+I_2)等于流出节点 b 的电流之和(I_3)，验证了基尔霍夫电流定律 $\sum I_{入}=\sum I_{出}$。

(5) 根据直流电压表的读数，对于由电阻 R_1 和 R_2、电源 U_1 和 U_2 构成的回路，设顺时针方向为绕行方向，则有

$$U_{R1}-U_{R2}+U_2-U_1=14-(-6)+90-110=0\text{V}$$

由计算结果可知，电路中任一回路沿规定方向绕行一周时，回路中各段电压的代数和恒为零，验证了基尔霍夫电压定律 $\sum U=0$。

习题 1

1-1　电路如题 1-1 图所示，分别计算开关 S 断开和闭合时 A 点的电位。

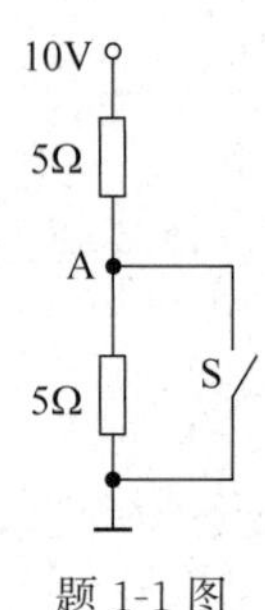

题 1-1 图

1-2　根据题 1-2 图所示 U、I 和 U_S 的参考方向，写出三者的关系式。

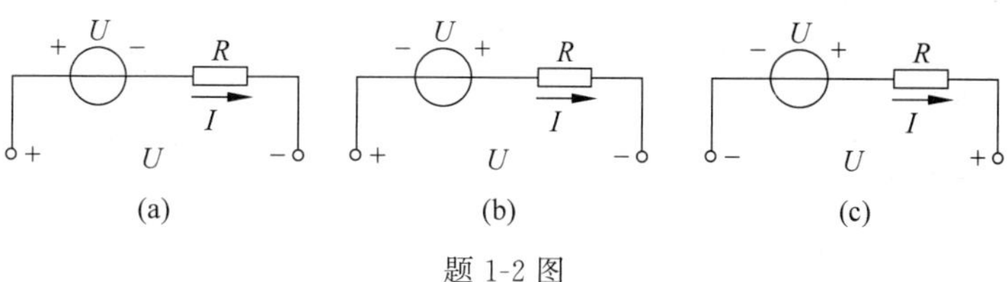

题 1-2 图

1-3　根据题 1-3 图中给定的参考方向，求 U 或 I。

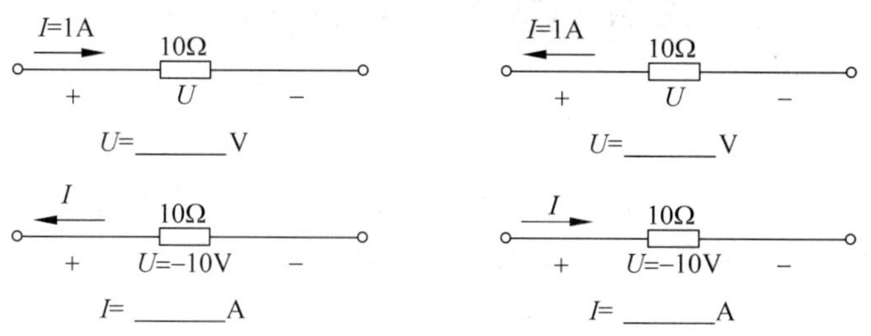

题 1-3 图

1-4　已知题 1-4 图中各元件发出功率 12W，求各元件的电流 I 或电压 U。

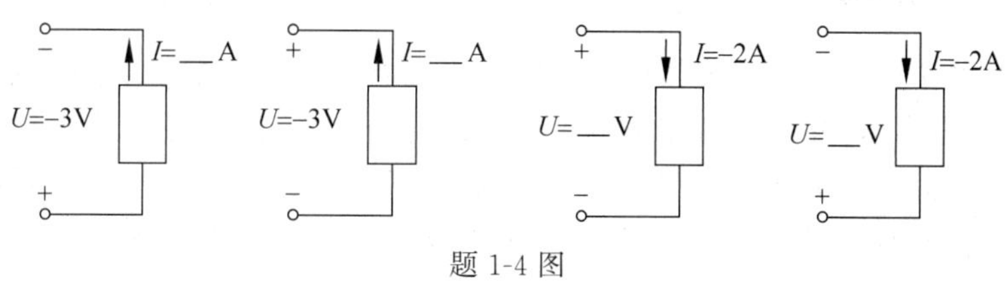

题 1-4 图

1-5　一个 100kΩ、10W 的电阻，使用时电流不得超过多少？

1-6　按题 1-6 图中给出的电压和电流的参考方向及数值，计算元件的功率，并说明是吸收功率还是发出功率。

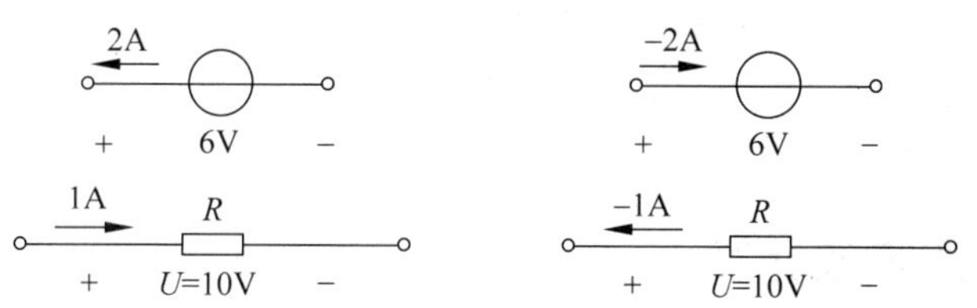

题 1-6 图

电路的基本分析方法

本章主要介绍电路的等效概念以及等效变换原理，利用支路电流法、网孔电流法、节点电压法、叠加原理和戴维南定理等方法分析电路的过程。

2.1 电路等效

2.1.1 等效的概念

通过引出一对端钮与外电路连接的网络常称为二端网络，二端网络中电流从一个端钮流入，从另一个端钮流出，这样一对端钮形成了网络的一个端口，故二端网络也称为“单口网络”或“一端口网络”。根据二端网络内部是否含有电源，通常分为无源二端网络和有源二端网络两类。内部不含有电源的叫作无源二端网络，内部含有电源的叫作有源二端网络。通常用一个具有两个端子的方框来表示二端网络，如图 2-1-1 所示。

如果一个二端网络的伏安特性与另一个二端网络的伏安特性完全相同，即两个二端网络的端电压和端电流完全相同，则称这两个二端网络对外电路或端子是互相等效的。应用电路的等效概念可以进行电阻、电感和电容的等效计算，以及电源的等效变换，使电路得到简化。

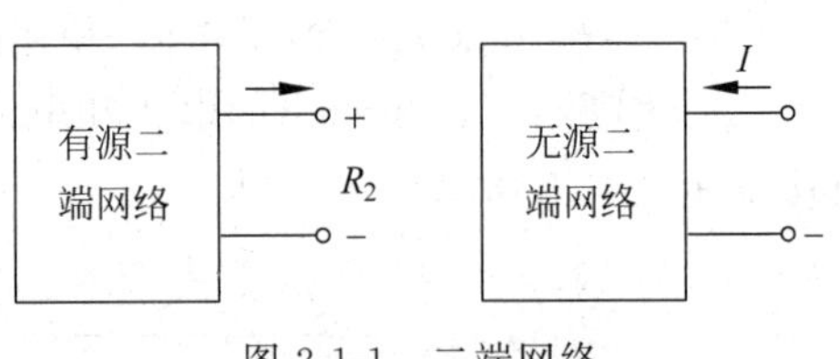

图 2-1-1 二端网络

2.1.2 电阻的等效计算

1. 电阻的串联

两个或两个以上的电阻首尾相连，形成一条无分支的电路，这种连接方式称为电阻的串联，如图 2-1-2(a)所示。串联电阻可以用一个等效电阻来代替，如图 2-1-2(b)所示。

串联电路的特点如下。

(1) 电路中各处的电流相等。

(2) 电路两端的总电压等于各个部分电路两端的电压之和。

(3) 串联电路的总电阻等于各个电阻之和，即

$$R=\frac{U}{I}=\frac{U_1+U_2}{I}=\frac{U_1}{I}+\frac{U_2}{I}=R_1+R_2 \tag{2-1-1}$$

两个串联电阻上的电压分别为

$$\begin{cases} U_1 = R_1 I = \dfrac{R_1}{R_1 + R_2} U \\ U_2 = R_2 I = \dfrac{R_2}{R_1 + R_2} U \end{cases} \tag{2-1-2}$$

电阻串联可以起到分压的作用，串联电阻上分配的电压与电阻成正比，式(2-1-2)称为分压公式。

2. 电阻的并联

将两个或两个以上的电阻元件依次并接在两个共同的端点之间，使每个电阻承受相同的电压，这种连接方式称为电阻的并联，如图 2-1-3(a)所示。并联电阻可以用一个等效电阻来代替，如图 2-1-3(b)所示。

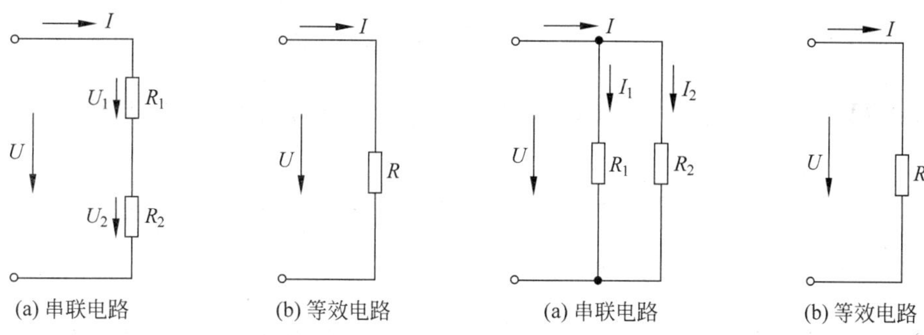

(a) 串联电路　(b) 等效电路

图 2-1-2　两个电阻的串联电路

(a) 串联电路　(b) 等效电路

图 2-1-3　两个电阻的并联电路

并联电路的特点如下。

(1) 电路中各支路两端的电压相等。

(2) 电路中的总电流等于各支路的电流之和。

(3) 并联电路总电阻的倒数等于各个电阻的倒数之和，即

$$\frac{1}{R} = \frac{I}{U} = \frac{I_1 + I_2}{U} = \frac{I_1}{U} + \frac{I_2}{U} = \frac{1}{R_1} + \frac{1}{R_2} \tag{2-1-3}$$

或

$$R = \frac{R_1 R_2}{R_1 + R_2} = R_1 // R_2 \tag{2-1-4}$$

两个并联电阻上的电流分别为

$$\begin{cases} I_1 = \dfrac{U}{R_1} = \dfrac{R_2}{R_1 + R_2} I \\ I_2 = \dfrac{U}{R_2} = \dfrac{R_1}{R_1 + R_2} I \end{cases} \tag{2-1-5}$$

可见，电阻并联可起到分流的作用，并联电阻上分配的电流与电阻成反比，式(2-1-5)称为分流公式。

3. 电阻的混联

电路中既有电阻的串联又有电阻的并联称为电阻的混联，如图 2-1-4 所示。在分析计算时，需分清哪些电阻串联，哪些电阻并联，逐步进行化简。

在图 2-1-4(a)中，计算 a、b 两端的等效电阻时，应先将 R_2 和 R_3 串联，再和 R_1 并联，即

$R=(R_2+R_3)R_1/(R_1+R_2+R_3)$。

在图 2-1-4(b)中，计算 a、b 两端的等效电阻时，应先将 R_2 和 R_3 并联，再和 R_1 串联，即 $R=R_2R_3/(R_2+R_3)+R_1$。

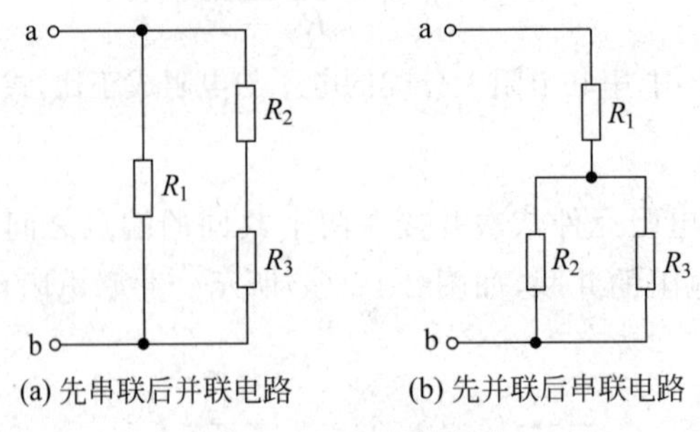

(a) 先串联后并联电路　　(b) 先并联后串联电路

图 2-1-4　电阻的混连

【例 2-1-1】 电路如图 2-1-5 所示，已知 $R_1=60\Omega$，$R_2=30\Omega$，$R_3=15\Omega$，计算 a、b 两端的等效电阻。

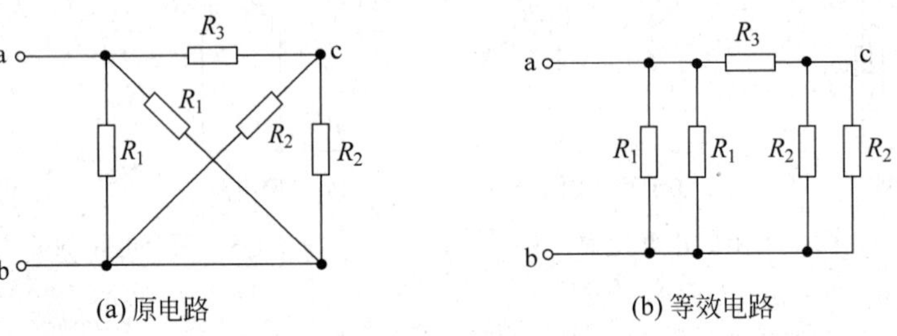

(a) 原电路　　(b) 等效电路

图 2-1-5　例 2-1-1 图

【解答】 由电路图可知，b、c 两点间的等效电阻是两个 R_2 电阻并联，即

$$R_{bc}=R_2//R_2=15\Omega$$

a、b 两点间的等效电阻是 R_3 和 R_{bc} 两个电阻串联，再与两个 R_1 电阻并联，即

$$R_{ab}=(R_3+R_{bc})//R_1//R_1=15\Omega$$

2.1.3　电源的等效变换

1. 理想电压源

多个理想电压源串联，可以等效为一个理想电压源，其电压等于串联的理想电压源电压的代数和。图 2-1-6(a)所示的 3 个理想电压源的串联电路，可以等效为图 2-1-6(b)所示的 1 个理想电压源，其中 $U_S=U_{S1}+U_{S2}-U_{S3}$。

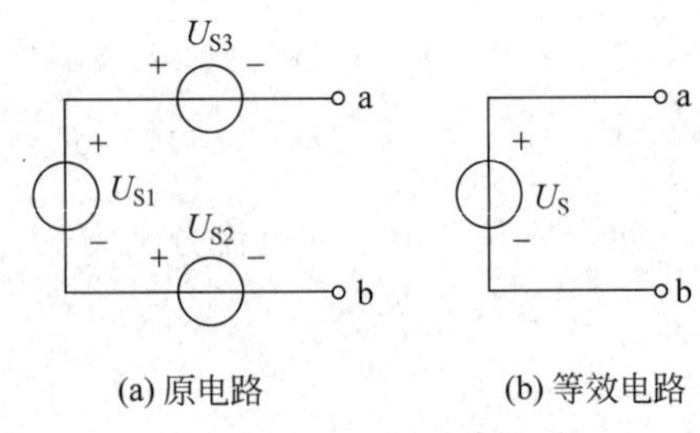

(a) 原电路　　(b) 等效电路

图 2-1-6　理想电压源串联

理想电压源与其他电路元件(不包括理想电压源)并联，等效为该理想电压源。

2. 理想电流源

多个理想电流源并联，可以等效为一个理想电流源，其电流等于并联的理想电流源电流的代数和。图 2-1-7(a)所示的 3 个理想电流源的并联电路，可以等效为图 2-1-7(b)所示的 1 个理想电流源，其中 $I_S=I_{S1}+I_{S2}-I_{S3}$。

理想电流源与其他电路元件(不包括理想电流源)串联，等效为该理想电流源。

3. 电压源与电流源的等效变换

本书1.3节中介绍了电压源和电流源的电路模型以及其伏安特性，通过比较两者的伏安特性方程可知，如果两者的内阻相同，并且满足 $U_S=I_SR_S$，则电压源与电流源对外电路的作用是等效的。图2-1-8所示的电压源与电流源的等效变换关系如下。

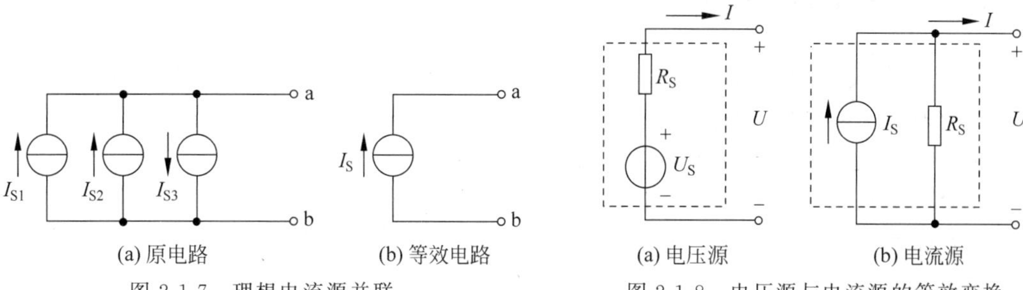

(a) 原电路　(b) 等效电路

图2-1-7　理想电流源并联

(a) 电压源　(b) 电流源

图2-1-8　电压源与电流源的等效变换

若一个电压为 U_S、串联电阻为 R_S 的电压源等效为电流源时，此电流源的定值电流 $I_S=U_S/R_S$，方向由 U_S 的负极指向正极，电阻 R_S 由串联变为并联，如图2-1-8(b)所示。

反之，把一个电流为 I_S、并联电阻为 R_S 的电流源等效为电压源时，此电压源的定值电压 $U_S=I_SR_S$，电压源 U_S 的正极为 I_S 箭头方向，电阻 R_S 由并联变为串联，如图2-1-8(a)所示。

应用电源等效变换时，要注意以下事项。

(1) 电源等效变换是对外电路等效变换，在电源内部不等效。

(2) 只有实际电压源和实际电流源之间可以等效变换，理想电压源和理想电流源之间不能等效变换。

(3) 在变换过程中，电压源电压的方向与电流源电流的方向要一致。

【例2-1-2】 电路如图2-1-9(a)所示，已知 $I_S=3A$，$U_1=30V$，$U_2=12V$，$R_1=30\Omega$，$R_2=20\Omega$，$R_3=12\Omega$，$R_4=10\Omega$，$R_5=40\Omega$，计算电阻 R_2 上的电流 I。

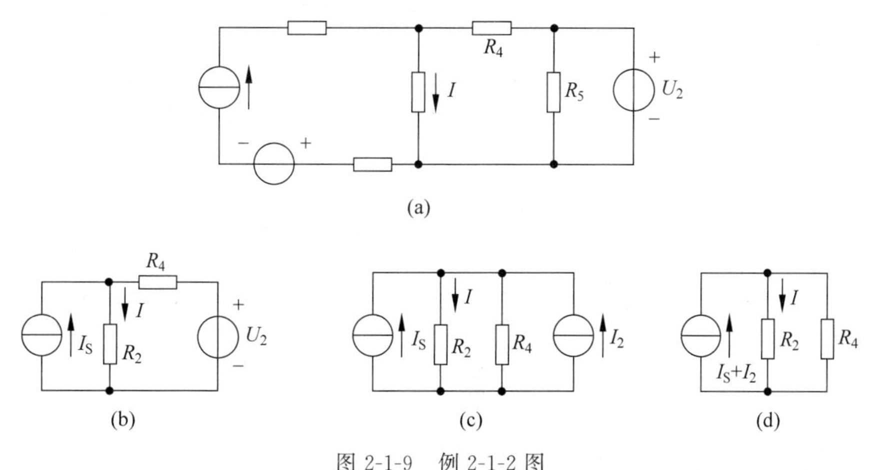

图2-1-9　例2-1-2图

【解答】 根据理想电源的等效原理，将与 I_S 串联的元件、与 U_2 并联的元件去掉，得到等效电路(见图2-1-9(b))，再将电压源等效为电流源(见图2-1-9(c))，其中：

$$I_2=U_2/R_4=1.2A$$

根据理想电流源的等效原理，两个理想电流源(I_S、I_2)的并联等效为一个电流源(I_S+

I_2)，如图 2-1-9(d)所示。

最后根据电阻的分流公式，求得

$$I=(I_S+I_2)R_4/(R_2+R_4)=(3+1.2)\times 10/(20+10)=1.4\text{A}$$

2.2 支路电流分析法

分析、计算复杂电路的各种方法中，最基本的是支路电流法。支路电流法的基本思想是：以各支路电流为未知量，通过应用基尔霍夫电流定律和电压定律分别对节点和回路列出所需要的方程组，而后解出各支路电流。

用支路电流法计算电路的具体步骤如下。

(1) 确定电路节点个数 n 和支路个数 k，并在电路图中标出各支路电流的参考方向和各个回路的绕行方向。

(2) 应用基尔霍夫电流定律列出 $n-1$ 个独立的 KCL 方程。

(3) 应用基尔霍夫电压定律列出 $k-(n-1)$个独立的 KVL 方程(通常针对各个网孔列 KVL 方程)。

(4) 联立所有列写的方程，代入数据，即可求解出各支路电流，进而求解电路中的电压、功率等。

【例 2-2-1】 电路如图 2-2-1 所示，已知 $U_1=40\text{V}$，$U_2=20\text{V}$，$R_1=10\Omega$，$R_2=5\Omega$，$R_3=2\Omega$，求各支路电流。

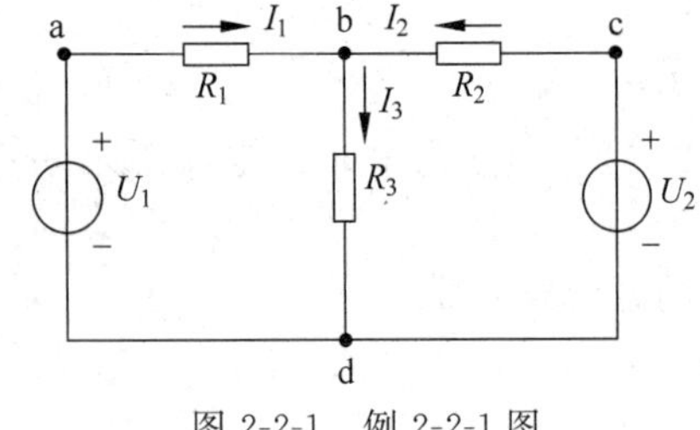

图 2-2-1 例 2-2-1 图

【解答】 (1) 电路包含 3 条支路(支路 bad、支路 bd、支路 bcd)和 2 个节点(节点 b、节点 d)，假设各支路电流的参考方向如图 2-2-1 中的 I_1、I_2、I_3，并假设各个网孔的绕行方向为顺时针方向。

(2) 对节点 b 列出独立的 KCL 方程为

$$I_1+I_2-I_3=0$$

(3) 对各个网孔列出独立的 KVL 方程为

网孔 abda： $I_1R_1+I_3R_3-U_1=0$

网孔 bcdb： $-I_2R_2+U_2-I_3R_3=0$

(4) 将数据代入上述 3 个方程式构成的方程组，联立求解，即可得到各个支路电流。即由方程组：

$$\begin{cases} I_1+I_2-I_3=0 \\ 10I_1+2I_3-40=0 \\ -5I_2+20-2I_3=0 \end{cases}$$

求得

$$I_1=3\text{A},\quad I_2=2\text{A},\quad I_3=5\text{A}$$

【例 2-2-2】 电路如图 2-2-2(a)所示，计算支路电流 I。

【解答】 (1) 将实际电流源等效变换为实际电压源，假设各支路电流的参考方向如图 2-2-2(b)所示，并假设各个网孔的绕行方向为顺时针方向。

(2) 对节点 A 列出独立的 KCL 方程为

$$I_1=I_2+I$$

(3) 对各个网孔列出独立的 KVL 方程为

左侧网孔： $6I_1+6I_2-24=0$

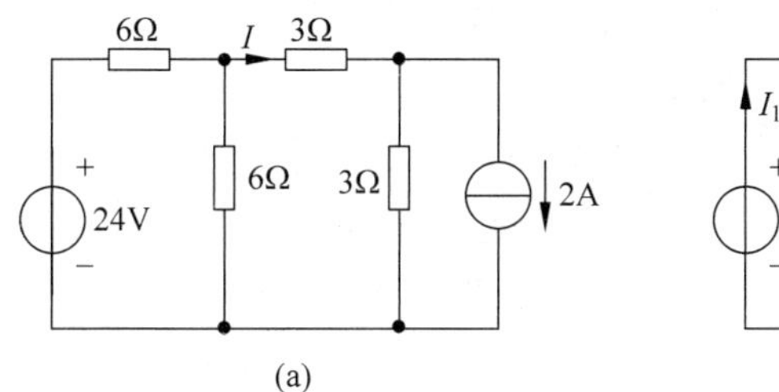

(a)

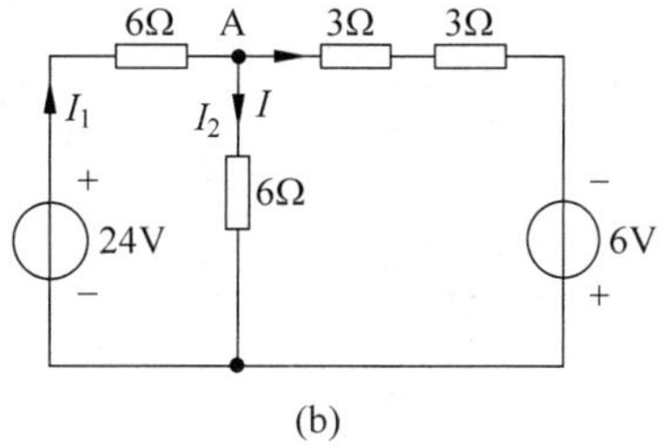

(b)

图 2-2-2　例 2-2-2 图

右侧网孔：　　　　$-6I_2+3I+3I-6=0$

(4) 联立求解由上述 3 个方程式构成的方程组，得到支路电流：

$$I=2\text{A}$$

注意：对于线性电路，应用支路电流法时，电路内不能含有压控元件构成的支路，因为这种支路的电压无法通过电流来表达，从而也就无法从 KVL 方程中消去该支路的电压。另外，当遇到电路(不管是线性还是非线性)包含仅由实际电流源构成的支路时，需要利用电源等效变换的方法将该电流源变换为电压源，再用支路电流法进行计算。

2.3　网孔电流分析法

2.2 节介绍的支路电流分析法是以支路电流为未知量的，对所有的网孔列出基尔霍夫电压方程，对所有的独立节点列出基尔霍夫电流方程，然后解联立方程组，得到各支路电流，再进一步求解其他电量。显然，这种分析方法适用于求解支路数比较少的电路，为此，本节介绍一种新的分析方法，称为网孔电流分析法，简称网孔法。网孔法的基本思想是：以各网孔电流为未知量，通过应用基尔霍夫电压定律对各个网孔列出所需要的方程组，而后解出各网孔电流。

用网孔法计算电路的具体步骤如下。

(1) 将电路中所有的实际电流源等效为实际电压源。

(2) 假设各个网孔电流的参考方向。

(3) 针对各个网孔列出 KVL 方程。

(4) 解联立方程组得到各个网孔电流，然后根据网孔电流的参考方向求出各支路电流，再进一步求解其他电量。

【例 2-3-1】　电路如图 2-3-1 所示，利用网孔法求解各支路电流。

【解答】　(1) 假设两个网孔电流 I_a、I_b 的参考方向如图 2-3-1 所示。

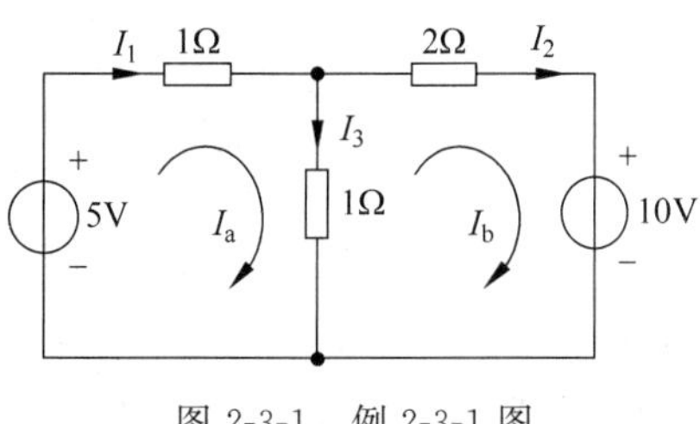

图 2-3-1　例 2-3-1 图

(2) 列出网孔 KVL 方程为

网孔 a：　　$(1+1)I_a-I_b=5$

网孔 b：　　$-I_a+(1+2)I_b=-10$

(3) 解联立方程组，求得网孔电流为

$$I_a=1\text{A},\quad I_b=-3\text{A}$$

各支路电流分别为

$$I_1=I_a=1\text{A},\quad I_2=I_b=-3\text{A},$$

$$I_3=I_a-I_b=4\text{A}$$

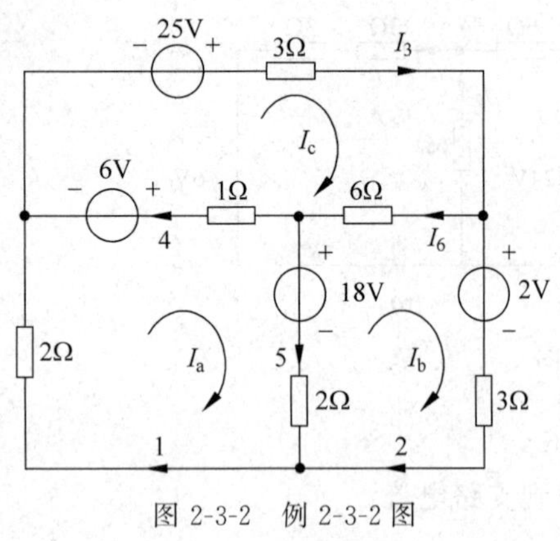

图 2-3-2 例 2-3-2 图

【例 2-3-2】 用网孔法求图 2-3-2 所示电路中各支路电流。

【解答】 (1) 假设各个网孔电流 I_a、I_b、I_c 的参考方向如图 2-3-2 所示。

(2) 列出网孔 KVL 方程为

网孔 a：$(2-1+2)I_a-2I_b-I_c=6-18$

网孔 b：$-2I_a+(2+6+3)I_b-6I_c=18-12$

网孔 c：$-I_a-6I_b+(1+3+6)I_c=25-6$

(3) 解联立方程组，求得网孔电流为

$$I_a=-1\text{A},\quad I_b=2\text{A},\quad I_c=3\text{A}$$

各支路电流分别为

$$I_1=I_a=-1\text{A},\quad I_2=I_b=2\text{A},\quad I_3=I_c=3\text{A}$$

$$I_4=I_c-I_a=4\text{A},\quad I_5=I_a-I_b=-3\text{A},\quad I_6=I_c-I_b=1\text{A}$$

2.4 节点电压分析法

节点电压分析法简称节点法，其基本思想是：以参考节点以外的其他节点的电压为未知量，通过应用基尔霍夫电流定律对所有独立节点列出所需要的方程组，而后解出各节点电压。

用节点法计算电路的具体步骤如下。

(1) 将电路中所有的实际电压源等效为实际电流源。

(2) 假设某个节点为参考节点，其节点电压为 0；然后假设其他各个节点的节点电压。

(3) 针对除参考节点以外的其他所有节点列出 KCL 方程。

(4) 解联立方程组得到各个节点电压，再进一步求解其他电量。

【例 2-4-1】 电路如图 2-4-1(a)所示，已知 $R_1=12\Omega$，$R_1'=8\Omega$，$R_2=10\Omega$，$R_3=10\Omega$，$U_{S1}=100\text{V}$，$U_{S2}=100\text{V}$，$I_{S3}=5\text{A}$，各支路电流参考方向如图 2-4-1(a)所示，求各支路电流。

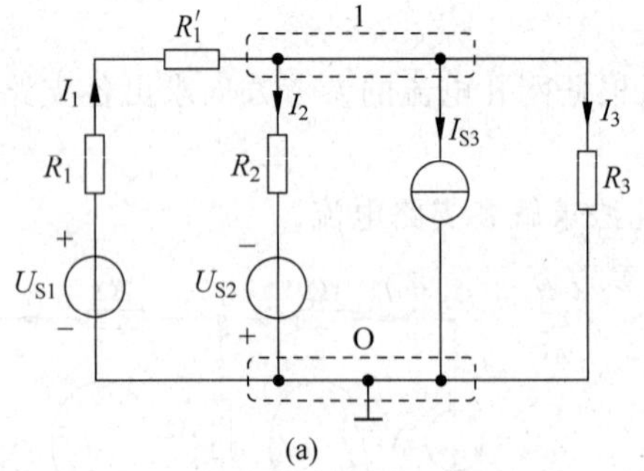

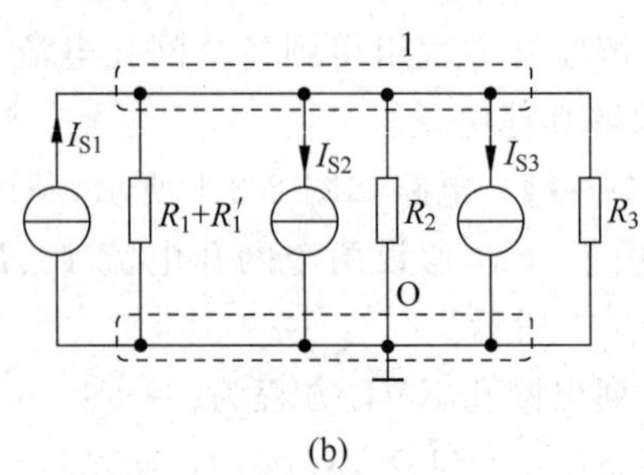

图 2-4-1 例 2-4-1 图

【解答】 (1) 将电路中所有的实际电压源等效为实际电流源后如图 2-4-1(b)所示，其中 $I_{S1}=U_{S1}/(R_1+R_1')=5\text{A}$，$I_{S2}=U_{S2}/R_2=10\text{A}$。

(2) 以点 O 为参考节点，设节点 1 的节点电压为 U_1。

(3) 列出节点 1 的 KCL 方程为

$$I_{S1}-I_{S2}-I_{S3}=\frac{U_1}{R_1+R_1'}+\frac{U_1}{R_2}+\frac{U_1}{R_3}$$

（4）代入数据，求得节点 1 的电压 $U_1=-40\text{V}$，根据图 2-4-1(a)可求得各支路电流为

$$I_1=(U_{S1}-U_1)/(R_1+R_1')=7\text{A},\quad I_2=(U_1+U_{S2})/R_2=6\text{A},\quad I_3=U_1/R_3=-4\text{A}$$

【例 2-4-2】 电路如图 2-4-2 所示，已知 $U_S=6\text{V}$，$I_1=5\text{A}$，$I_2=2\text{A}$，$R_1=1\Omega$，$R_2=2\Omega$，求节点①、②的电压和电压源 U_S 上的电流 I。

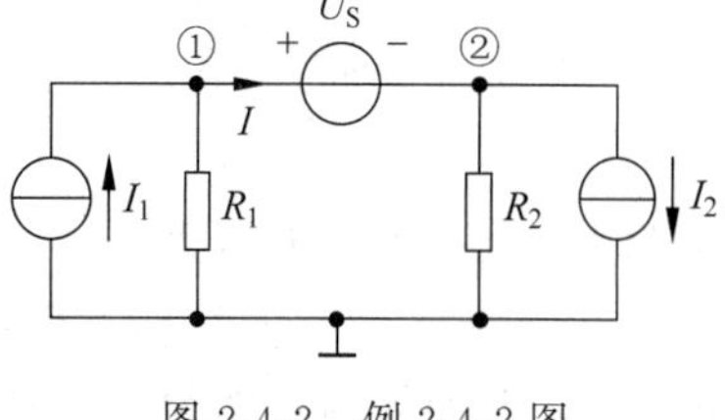

图 2-4-2　例 2-4-2 图

【解答】（1）本题中 6V 电压源是理想电压源，无法等效为电流源，因此应增加理想电压源的电流 I 建立节点 KCL 方程。

（2）选择地点作为参考节点，其节点电压为零；节点①的电压为 U_1，节点②的电压为 U_2。

（3）列出节点 KCL 方程为

节点①：　　$U_1/R_1+I=I_1$

节点②：　　$U_2/R_2-I=-I_2$

补充方程为

$$U_1-U_2=6$$

（4）解联立方程组，求得

$$U_1=4\text{V},\quad U_2=-2\text{V},\quad I=1\text{A}$$

2.5　叠加原理

完全由线性元件、独立电源或线性受控电源组成的电路称为线性电路。叠加定理是线性电路的基本特性，可表述为：在线性电路中，任一支路的电压与电流，都是各个独立电源单独作用下，在该支路中产生的电压与电流的代数之和。

所谓电源单独作用，就是将其他电源除去，即理想电压源视为短路，定值电压为零；理想电流源视为开路，定值电流为零；所有电阻应保留在电路中。

【例 2-5-1】 电路如图 2-5-1(a)所示，已知 $U_S=10\text{V}$，$I_S=2\text{A}$，$R_1=6\Omega$，$R_2=2\Omega$，$R_3=4\Omega$，求电阻 R_3 上的电流、电压和功率，假设电阻 R_3 上的电流和电压采用关联参考方向。

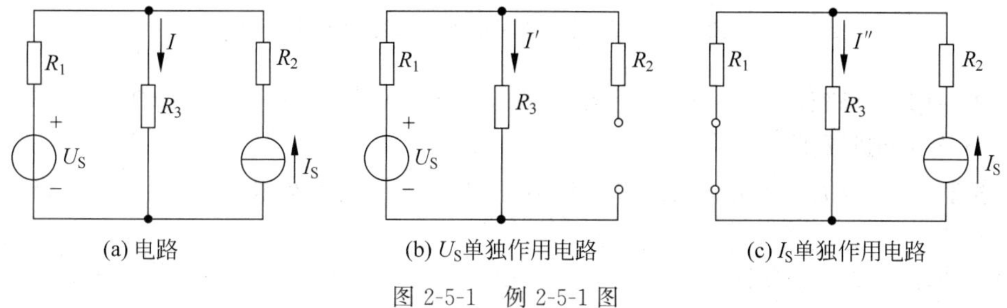

图 2-5-1　例 2-5-1 图

【解答】（1）当电压源 U_S 单独作用时，电路如图 2-5-1(b)所示，在电阻 R_3 上产生的电流为

$$I'=U_S/(R_1+R_3)=10/(6+4)=1\text{A}$$

在电阻 R_3 上产生的电压为

$$U' = I'R_3 = 1 \times 4 = 4\text{V}$$

(2) 当电流源 I_S 单独作用时,电路如图 2-5-1(c)所示,在电阻 R_3 上产生的电流为

$$I'' = I_S R_1/(R_1 + R_3) = 2 \times 6/(6+4) = 1.2\text{A}$$

在电阻 R_3 上产生的电压为

$$U'' = I''R_3 = 1.2 \times 4 = 4.8\text{V}$$

(3) 根据叠加原理,在电阻 R_3 上产生的电流为

$$I = I' + I'' = 1 + 1.2 = 2.2\text{A}$$

在电阻 R_3 上产生的电压为

$$U = U' + U'' = 4 + 4.8 = 8.8\text{V}$$

在电阻 R_3 上消耗的功率为

$$P = UI = 8.8 \times 2.2 = 19.36\text{W}$$

注意:

(1) 叠加原理只能用来计算电路的电流和电压,不能用来计算功率,因为功率是电流、电压的二次函数,不符合线性原理。

(2) 叠加原理中 U、I 的叠加是指各个分电压、分电流的代数和。若各个分电压、分电流的方向与总电压、总电流的方向一致,叠加时取"+"号;否则,取"−"号。

2.6 戴维南定理和诺顿定理

戴维南定理的基本内容为:任何一个线性有源二端网络,如图 2-6-1(a)所示,对外电路而言,可以用一个理想电压源与电阻串联的实际电压源来等效,如图 2-6-1(b)所示;其中理想电压源的定值电压 U_0 等于原有源二端网络的开路电压 U_{ab},如图 2-6-1(c)所示,而串联电阻 R_0 等于原有源二端网络中所有独立电源去除后的等效电阻 R_{ab},如图 2-6-1(d)所示。

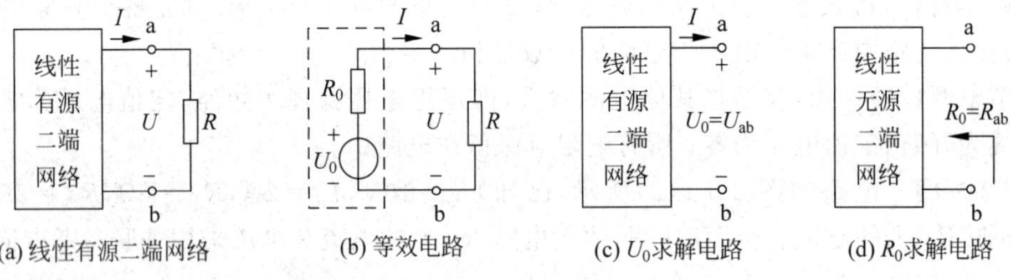

图 2-6-1 应用戴维南定理等效化简电路

【例 2-6-1】 电路如图 2-6-2(a)所示,已知 $U_1 = 12\text{V}$,$U_2 = 9\text{V}$,$R_1 = 3\Omega$,$R_2 = 6\Omega$,$R_3 = 9\Omega$,用戴维南定理求支路电流 I。

【解答】 (1) 将 R_3 支路从电路中划分出来,其余部分可等效化简为如图 2-6-2(b)所示的电压源。

(2) 根据图 2-6-2(c)所示电路计算 U_0,求得

$$U_0 = U_{ab} = (U_1 - U_2)R_2/(R_1 + R_2) + U_2 = (12 - 9) \times 6/(3+6) + 9 = 11\text{V}$$

(3) 根据图 2-6-2(d)所示电路计算 R_0,求得

$$R_0 = R_{ab} = R_1 R_2/(R_1 + R_2) = 3 \times 6/(3+6) = 2\Omega$$

(4) 根据图 2-6-2(b)所示电路计算 I,求得

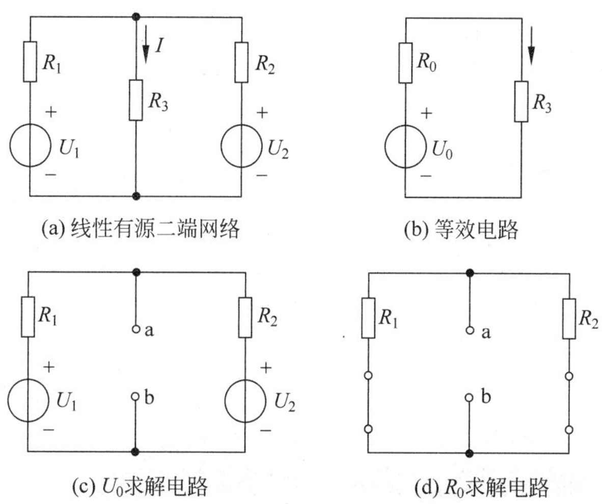

(a) 线性有源二端网络　(b) 等效电路

(c) U_0求解电路　(d) R_0求解电路

图 2-6-2　例 2-6-1 图

$$I = U_0/(R_0 + R_3) = 11/(2+9) = 1\text{A}$$

若把线性有源二端网络用一个等效的电流源代替，则称为诺顿定理。诺顿定理的基本内容为：任何一个线性有源二端网络，对外电路而言，可以用一个理想电流源与电阻并联的实际电流源来等效；其中理想电流源的定值电流 I_0 等于原有源二端网络的短路电流 I_{ab}，而并联电阻 R_0 等于原有源二端网络中所有独立电源去除后的等效电阻 R_{ab}。

诺顿定理研究的对象也是线性有源二端网络，其内容表述为：任何线性有源二端网络 N，就端口特性而言，可以等效为一个理想电流源和一个电阻相并联的形式。其中，理想电流源的电流等于二端网络 N 端口处的短路电流 I_S；并联电阻 R_0 等于二端网络 N 中所有理想电源作用为零时二端口间的等效电阻。

2.7　电路分析方法的 Multisim 仿真实例

1. 叠加定理仿真

叠加定理的内容详见本书 2.5 节。

1) 仿真目的

验证叠加定理。

2) 仿真过程

(1) 利用 Multisim 10 软件绘制图 2-7-1 所示的叠加定理仿真电路图，该电路有两个独立电源(电压源 V1、电流源 I1)共同作用。

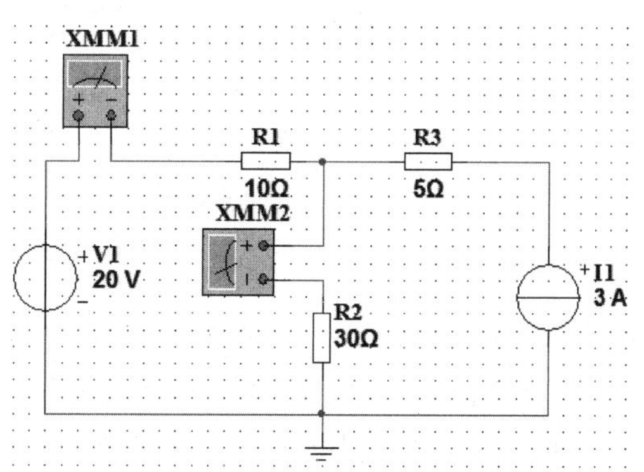

图 2-7-1　叠加定理(共同作用)仿真电路图

(2) 设置数字万用表 XMM1、XMM2 为直流电流表。其中，XMM1 测量 R_1 支路的电流；XMM2 测量 R_2 支路的电流。

(3) 启动仿真，读取各个万用表的读数，如图 2-7-2 所示。

(4) 修改或重新绘制叠加定理电路，让电压源 V1 短路，电流源 I1 单独作用，电路如图 2-7-3(a)所示。启动仿真，读取各个万用表的读数，如图 2-7-3(b)所示。

(5) 修改或重新绘制叠加定理电路，让电流源 I1 短路，电压源 V1 单独作用，电路如

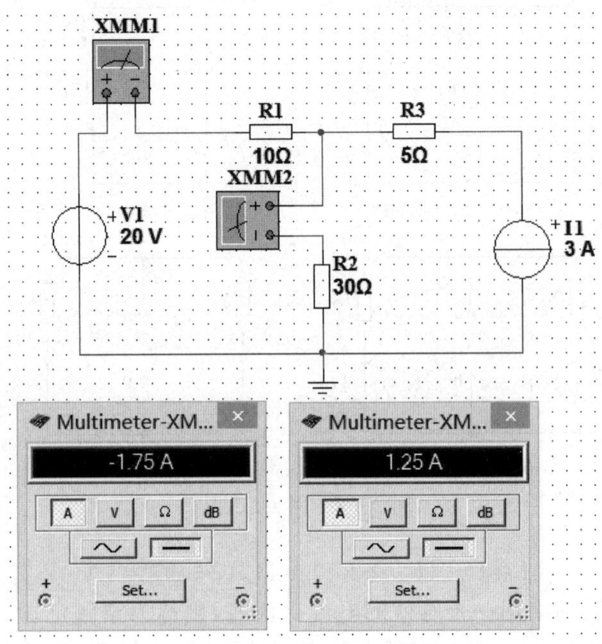

图 2-7-2　叠加定理(共同作用)测量结果

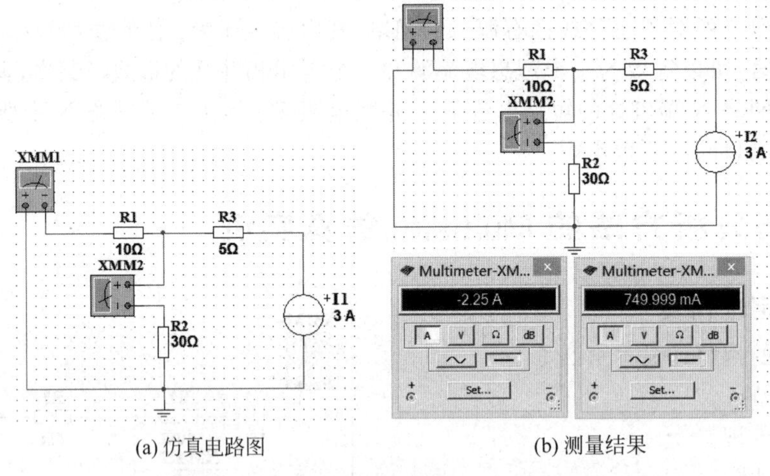

(a) 仿真电路图　　(b) 测量结果

图 2-7-3　叠加定理(电流源 I1 单独作用)

图 2-7-4(a)所示。启动仿真,读取各个万用表的读数,如图 2-7-4(b)所示。

(6) 电压源 V1 和电流源 I1 共同作用下 R_1 支路的电流为－1.75A,R_2 支路的电流为 1.25A;而电压源 V1 和电流源 I1 单独作用下 R_1 支路的电流为－2.25＋0.5＝－1.75A,R_2 支路的电流为 0.75＋0.5＝1.25A。

忽略误差,测量和计算的结果验证了叠加定理。

2. 戴维南定理仿真

戴维南定理的内容详见本书 2.6 节。

1) 仿真目的

验证戴维南定理。

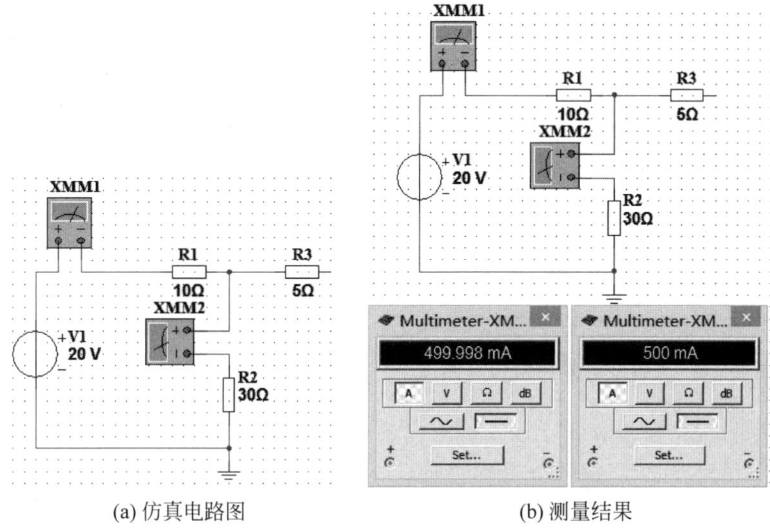

(a) 仿真电路图　　　　(b) 测量结果

图 2-7-4　叠加定理(电压源 V1 单独作用)

2）仿真过程

(1) 戴维南电路如图 2-7-5 所示,利用戴维南定理求电阻 R_5 上的电流。

(2) 利用 Multisim 10 软件绘制戴维南定理仿真电路图；启动仿真进行测试,读取万用表的读数,如图 2-7-6 所示。

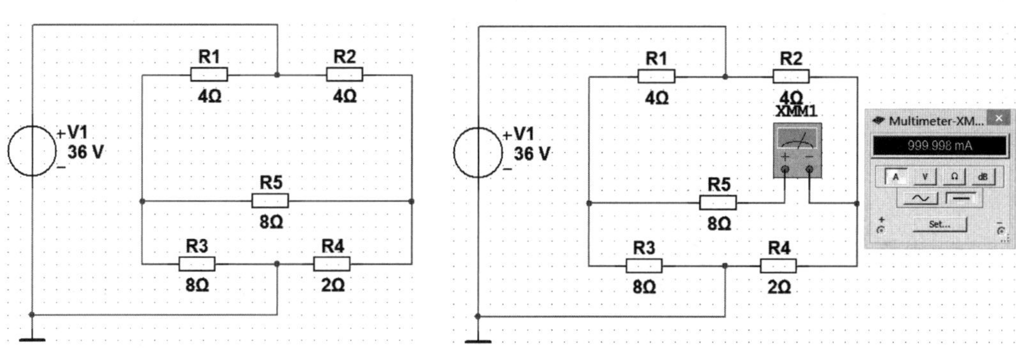

图 2-7-5　戴维南定理电路图　　　　图 2-7-6　戴维南定理电路仿真测试

(3) 利用 Multisim 10 软件绘制测试戴维南等效电源的仿真电路图；启动仿真进行测试,读取万用表的读数,如图 2-7-7 所示。

(4) 利用 Multisim 10 软件绘制测试戴维南等效内阻的仿真电路图；启动仿真进行测试,读取万用表的读数,如图 2-7-8 所示。

(5) 利用 Multisim 10 软件绘制测试应用戴维南定理的仿真电路图；启动仿真进行测试,读取万用表的读数,如图 2-7-9 所示。

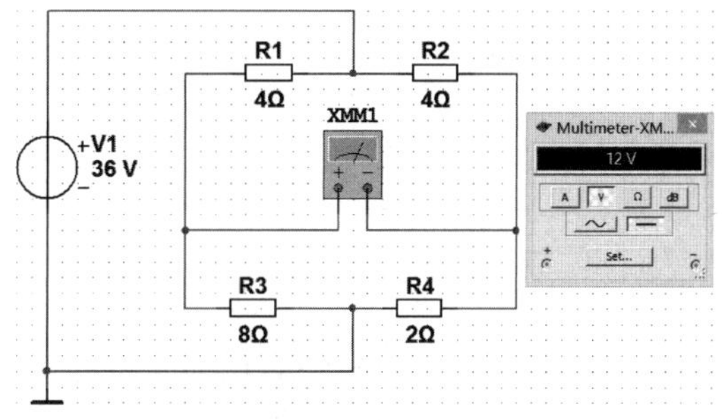

图 2-7-7　戴维南等效电源仿真测试

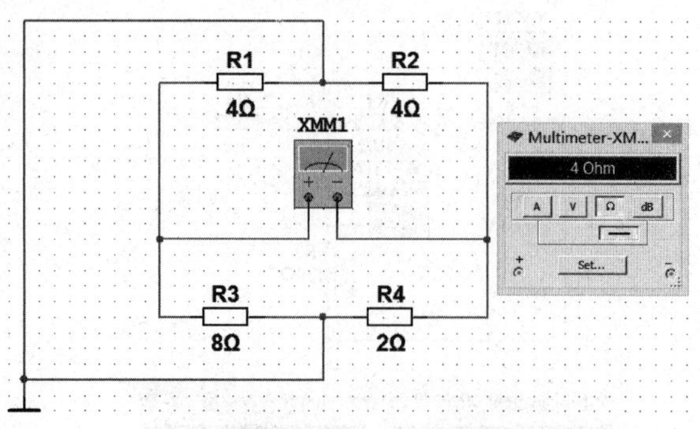

图 2-7-8　戴维南等效内阻仿真测试

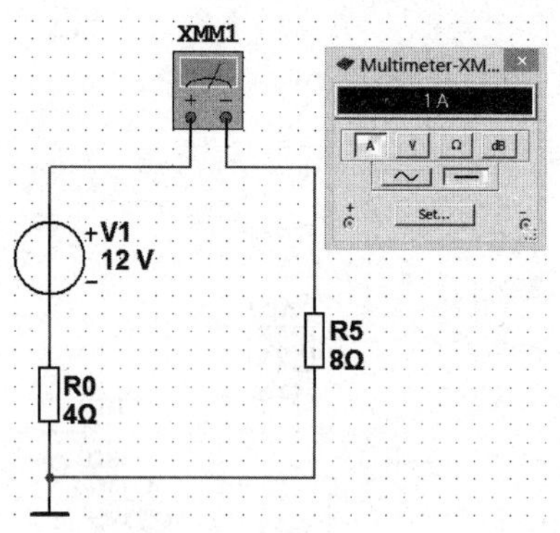

图 2-7-9　读取万用表的读数

习题 2

2-1　求题 2-1 图所示电路的等效电阻 R_{ab}。

2-2　电路如题 2-2 图所示，a、b 两点间开路，试求 U_{ab}。

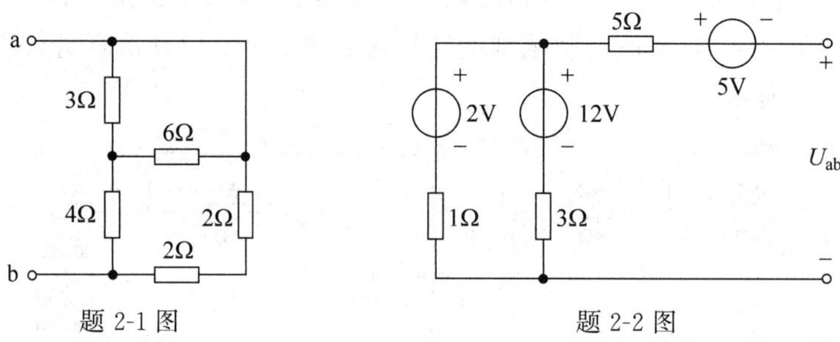

题 2-1 图　　　　题 2-2 图

2-3　电路如题 2-3 图所示，试用电源等效变换的方法计算电流 I。

2-4　电路如题 2-4 图所示，用支路电流法计算各支路电流，并检验功率是否平衡。

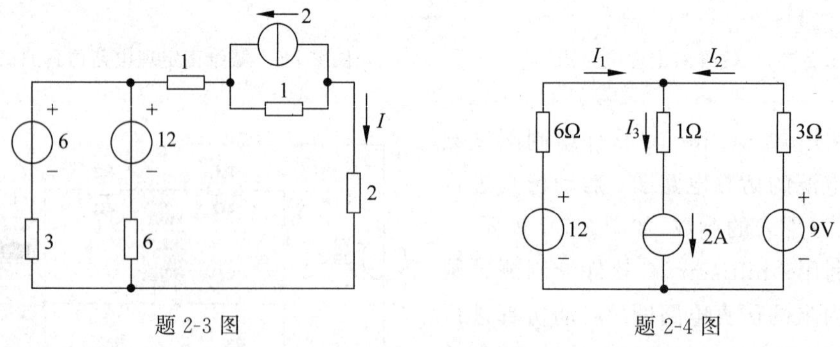

题 2-3 图　　　　题 2-4 图

2-5　电路如题 2-5 图所示，已知支路电流 $I_2=0$，求电压源 U_{S1} 的值。

2-6　电路如题 2-6 图所示，已知 $R_1=3\Omega$，$R_2=6\Omega$，$R_3=6\Omega$，$R_4=2\Omega$，$I_{S1}=3\text{A}$，$U_{S2}=12\text{V}$，$U_{S2}=10\text{V}$，各支路电流参考方向如图所示，利用节点电压法求各支路电流。

2-7　电路如题 2-7 图所示，已知 $U_{S1}=100\text{V}$，$U_{S2}=25\text{V}$，$I_{S1}=2\text{A}$，$R_1=R_2=50\Omega$，$R_3=25\Omega$，求节点电压 U_1 和各支路电流 I_1、I_2 和 I_3。

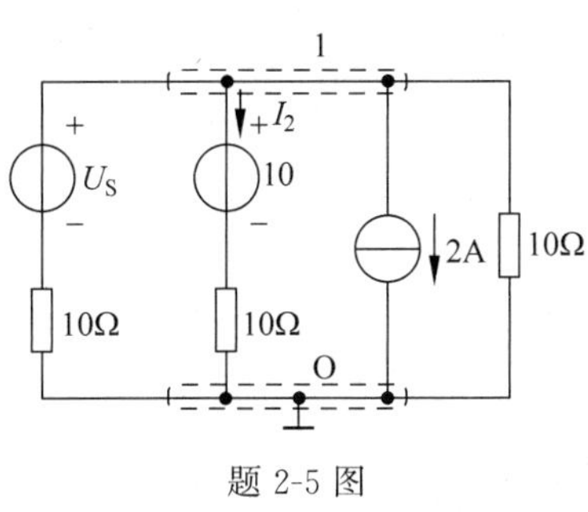

题 2-5 图

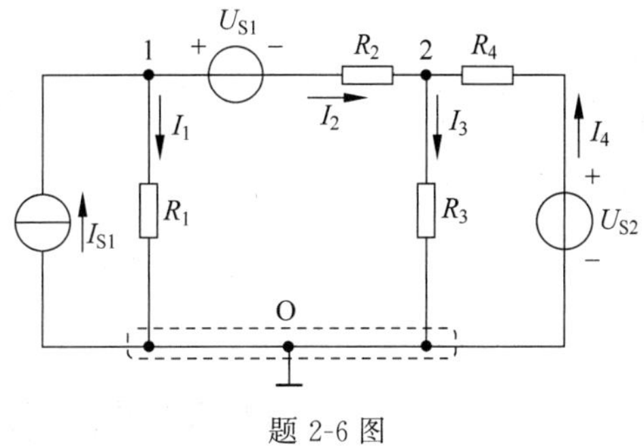

题 2-6 图

2-8　电路及参数如题 2-8 图所示，用网孔法求各支路电流。

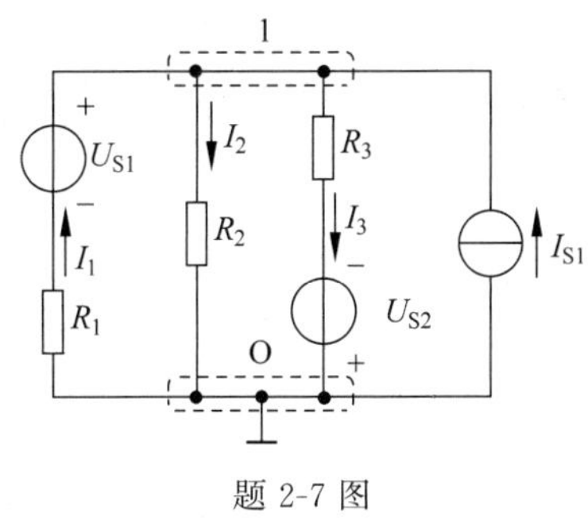

题 2-7 图

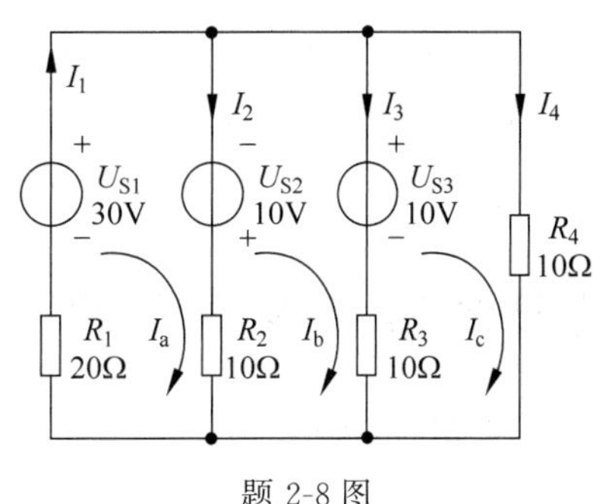

题 2-8 图

2-9　电路如题 2-9 图所示，求支路电流 I_1 和 I_2。

2-10　求如题 2-10 图所示电路的戴维南等效电路。

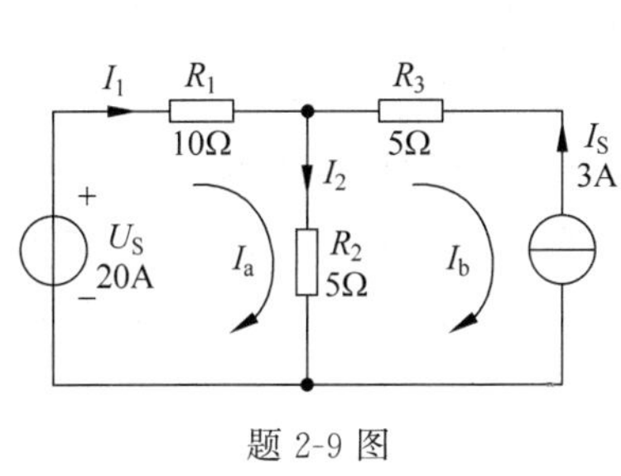

题 2-9 图

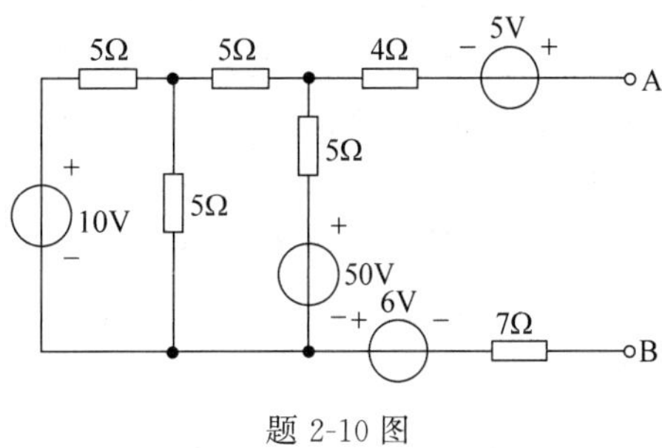

题 2-10 图

2-11　电路如题 2-11 图所示，已知 $U_S=12V$，$I_S=8A$，$R_1=5\Omega$，$R_2=3\Omega$，试用叠加定理求电路中的电流 I。

2-12　用叠加定理求题 2-12 图所示二端网络的端口电压电流关系。

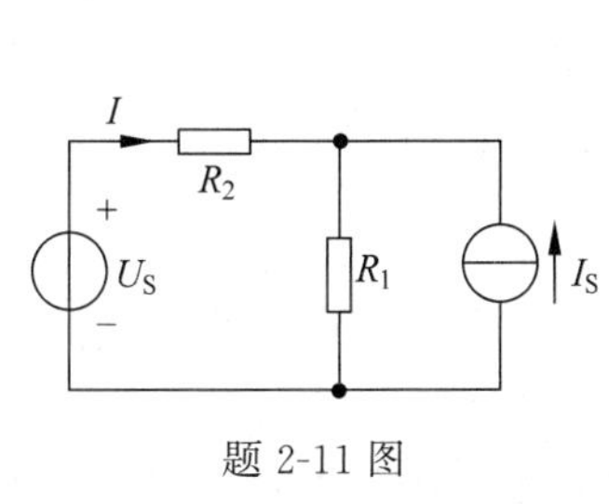

题 2-11 图

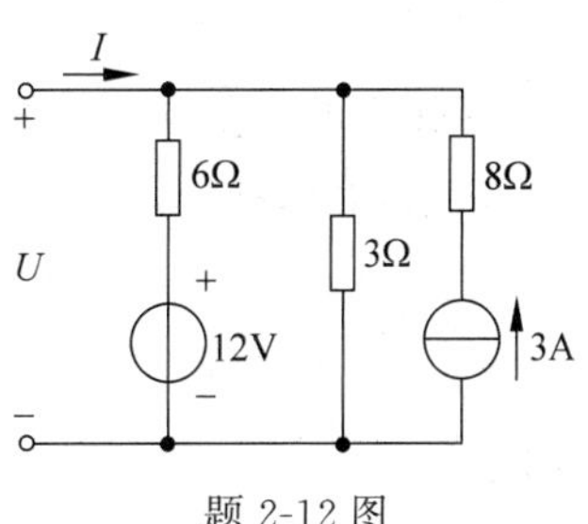

题 2-12 图

电路的暂态分析

本章主要介绍动态电路的过渡过程和换路定律，并对一阶 RC 电路和 RL 电路的过渡过程进行了理论分析，同时对一阶电路的全响应和三要素分析法进行了介绍，最后对二阶电路进行了简要的介绍。

3.1 过渡过程与换路定律

3.1.1 过渡过程

第 1、2 章讨论的线性电路中，当电源电压(激励)为恒定值或做周期性变化时，电路中各部分电压或电流(响应)也是恒定的或按周期性规律变化的，即电路中响应与激励的变化规律完全相同，电路的这种工作状态称为稳定状态，简称稳态。但是，在实际电路中，经常遇到电路由一个稳态向另一个稳态的变化，在这个变化过程中，如果电路中含有电感、电容等储能元件时，这种状态的变化需要经历一个时间过程，这个时间过程称为过渡过程。

含有储能元件(也称为动态元件)L 或 C 的电路称为动态电路。

电路产生过渡过程的原因既有外部因素也有内部因素，电路的接通或断开、电路参数或电源的变化、电路的改接等都是外因，能引起电路过渡过程的所有外因统称为换路；而电路中含有的储能元件——电感或电容，是产生过渡过程的内因。动态电路的过渡过程实质是储能元件的充、放电过程。

3.1.2 换路定律

为方便电路的分析，通常认为换路在瞬间完成，记为 $t=0$ 时刻，并且用 $t=0_-$ 表示换路前的终止时刻，用 $t=0_+$ 表示换路后的初始时刻。由于电容内部的能量与其电压有关 $\left(W_C=\frac{1}{2}Cu_C^2\right)$，电感的能量与其电流有关 $\left(W_L=\frac{1}{2}Li_L^2\right)$，而能量是不能跃变的，即电容上的电压 u_C 不能跃变，电感中的电流 i_L 也不能跃变(假设电容电流 i_C 和电感电压 u_L 为有限值)，这个基本原则对换路前后的电路也适用。因此，可以得到

$$\begin{cases} u_C(0_+)=u_C(0_-) \\ i_L(0_+)=i_L(0_-) \end{cases} \tag{3-1-1}$$

式(3-1-1)称为换路定律。

换路定律说明，在换路前后，电容上的电压 u_C 和电感中的电流 i_L 不能跃变，其值具有连

续性；但对于电路中其他的电压、电流，在换路瞬间是可以突变的。

3.1.3　过渡过程初始值的计算

通常将 $t=0_+$ 时刻的电压、电流值称为过渡过程的初始值，用 $f(0_+)$ 表示。一般可以按照如下步骤计算过渡过程的初始值。

(1) 先求 $t=0_-$ 时刻的 $u_C(0_-)$ 或 $i_L(0_-)$。这一步要用 $t=0_-$ 时刻的等效电路进行求解，此时电路尚处于稳态，若电路为直流电源激励，则电容开路，电感短路。

(2) 根据换路定律确定 $u_C(0_+)$ 或 $i_L(0_+)$。

(3) 以 $u_C(0_+)$ 或 $i_L(0_+)$ 为依据，应用欧姆定律、基尔霍夫定律以及直流电路的分析方法确定电路中其他电压、电流的初始值。这一步要用 $t=0_+$ 时刻的等效电路进行求解，此时电容等效为电压值是 $u_C(0_+)$ 的电压源，电感等效为电流值是 $i_L(0_+)$ 的电流源。

3.2　一阶 RC 电路的暂态分析

仅含有一个独立动态元件的电路，描述其电压、电流的方程是一阶微分方程，称其为一阶动态电路。当电路中仅含有一个电容和一个电阻时，称为最简 RC 电路。如果不是最简，则可以把该动态元件以外的电阻电路进行等效变换，从而变换为最简 RC 电路。

3.2.1　一阶 RC 电路的零输入响应

所谓零输入响应，是指换路后电路没有外加激励，仅由储能元件的初始储能引起的响应。

图 3-2-1 所示电路中，原先开关 S 打在 1 位，直流电源 U_S 通过电阻 R_1 给电容 C 充电，充电完毕电路达到稳态时，电容 C 相当于开路；$t=0$ 时刻，开关 S 由 1 位打向 2 位进行换路，此时电容 C 通过电阻 R 放电，放电完毕后电路进入新的稳态。显然，换路后发生的是一阶 RC 电路的零输入响应。

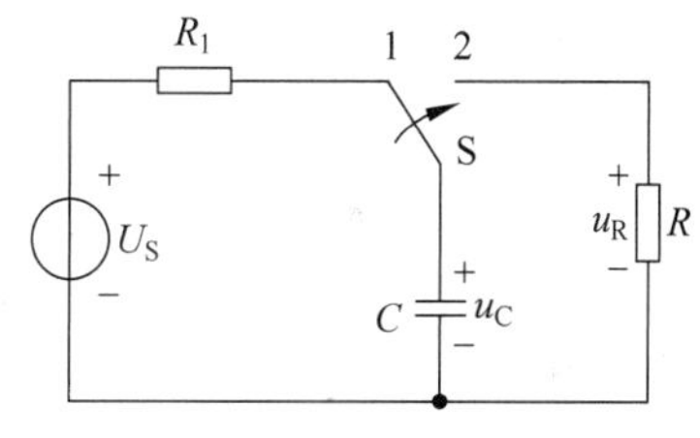

图 3-2-1　一阶 RC 电路的零输入响应

1. 电压、电流的变化

图 3-2-1 所示电路中，换路后(即 $t \geqslant 0$)电容电压 u_C 的微分方程为

$$RC\frac{\mathrm{d}u_C}{\mathrm{d}t}+u_C=0 \quad (t \geqslant 0)$$

求得微分方程的解为

$$u_C(t)=U_S \mathrm{e}^{-\frac{1}{RC}t} \quad (t \geqslant 0) \tag{3-2-1}$$

从式(3-2-1)可以看出，换路后电容电压 u_C 从初始值 U_S 开始，按照指数规律递减，直到最终 $u_C \to 0$，电路达到新的稳态。

2. 时间常数

式(3-2-1)中，令 $\tau=RC$，则 τ 称为 RC 电路的时间常数。当 R 的单位为 Ω(欧姆)，C 的单位为 F(法拉)时，τ 的单位为 s(秒)。于是，式(3-2-1)可写为

$$u_C(t)=u_C(0_+)\mathrm{e}^{-\frac{t}{\tau}} \quad (t\geqslant 0) \tag{3-2-2}$$

式(3-2-2)为一阶 RC 动态电路零输入响应时电容电压 u_C 变化规律的通式。

时间常数 τ 是表征动态电路过渡过程进行快慢的物理量。τ 越大，过渡过程进行得越慢；反之，τ 越小，过渡过程进行得越快。由表达式 $\tau=RC$ 可以看出，RC 电路的时间常数 τ 仅由电路的参数 R 和 C 决定，R 是指换路后电容两端的等效电阻。当 R 越大时，电路中放电电流越小，放电时间就越长，过渡过程进行得就越慢；当 C 越大时，电容储存的电场能量越多，放电时间也就越长。需要注意的是，在电子设备中，RC 电路的时间常数 τ 很小，放电过程经历不过几十毫秒甚至几微秒；但在电力系统中，高压电力电容器放电时间比较长，可达几十分钟，因此，在检修具有大电容的高压设备时，一定要让电容充分放电以保证安全。

3.2.2 一阶 RC 电路的零状态响应

所谓零状态响应，是指电路在零初始状态下(动态元件的初始储能为零)仅由外部施加的激励所产生的响应。

图 3-2-2 所示电路中，电容 C 原来未充电，即电容为零初始状态。$t=0$ 时开关 S 闭合，RC 串联电路与电源 U_S 连接，电源 U_S 通过电阻 R 对电容 C 充电，直到最终充电完毕，电路达到新的稳态。这便是一阶 RC 电路的零状态响应。零状态响应的实质是储能元件的充电过程。

以电容电压 u_C 为变量，可以列出换路后电路的微分方程为

$$RC\frac{\mathrm{d}u_C}{\mathrm{d}t}+u_C=U_S \quad (t\geqslant 0)$$

求得微分方程的解为

$$u_C(t)=U_S\left(1-\mathrm{e}^{-\frac{1}{RC}t}\right) \quad (t\geqslant 0) \tag{3-2-3}$$

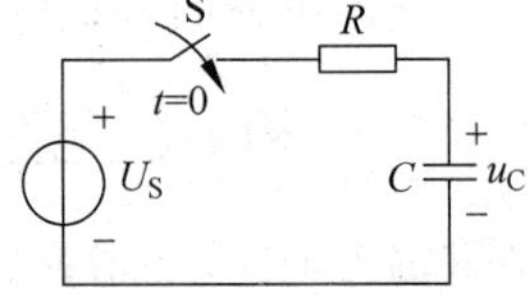

图 3-2-2 一阶 RC 电路的零状态响应

式(3-2-3)中的 U_S 是换路后电路达到新稳态时 u_C 的值，即 $u_C(\infty)=U_S$，于是式(3-2-3)可写为

$$u_C(t)=u_C(\infty)\left(1-\mathrm{e}^{-\frac{1}{RC}t}\right) \quad (t\geqslant 0) \tag{3-2-4}$$

式(3-2-4)即为一阶 RC 动态电路零状态响应时电容电压 u_C 变化规律的通式。

3.3 一阶 RL 电路的暂态分析

当电路中仅含有一个电感和一个电阻时，称为最简 RL 电路。如果不是最简，则可以把该动态元件以外的电阻电路进行等效变换，从而变换为最简 RL 电路。

3.3.1 一阶 RL 电路的零输入响应

图 3-3-1 所示电路中，开关 S 打在 1 位时，电路已达到稳态，电感中电流等于电流源电流 I_S，电感中储存能量 $W_L=\frac{1}{2}LI_S^2$。$t=0$ 时，开关 S 由 1 位打向 2 位进行换路，电流源被短路，电感 L 与电阻 R 构成串联回路，电感 L 通过电阻 R 释放其中的磁场能量，直到全部释放完毕，电路达到新的稳态。显然，换路后电路的过渡过程属于 RL 电路的零输入响应。

以电感电流 i_L 为变量，列出换路后电路的微分方程：

$$\frac{L}{R}\frac{\mathrm{d}i_L}{\mathrm{d}t}+i_L=0 \quad (t \geqslant 0)$$

求得微分方程的解为

$$i_L(t)=I_S e^{-\frac{R}{L}t}=i_L(0_+)e^{-\frac{t}{\tau}} \quad (t \geqslant 0) \qquad (3\text{-}3\text{-}1)$$

式(3-3-1)即为一阶 RL 电路零输入响应时电感电流 i_L 的变化通式。其中，$\tau=L/R$ 称为 RL 电路的时间常数，单位是 s(秒)。

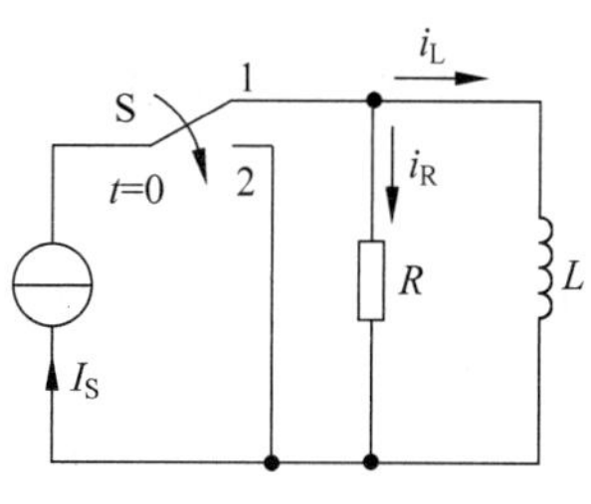

图 3-3-1　一阶 RL 电路的零输入响应

有了电感电流 $i_L(t)$的解析式，可以进一步求出电感电压 u_L 的解析式，即

$$u_L(t)=L\frac{\mathrm{d}i_L(t)}{\mathrm{d}t}=-RI_S e^{-\frac{R}{L}t}=-RI_S e^{-\frac{t}{\tau}}$$

3.3.2　一阶 RL 电路的零状态响应

图 3-3-2 所示电路中，开关 S 转换前，电感电流为零，即 $i_L(0_-)=0$，电感为零初始状态。开关 S 由 1 打向 2 后，电流源与电感接通，电感内部开始储能，直至储能完毕，电路进入新的稳态，电感相当于短路。显然，换路后电路发生的过渡过程是 RL 电路的零状态响应。

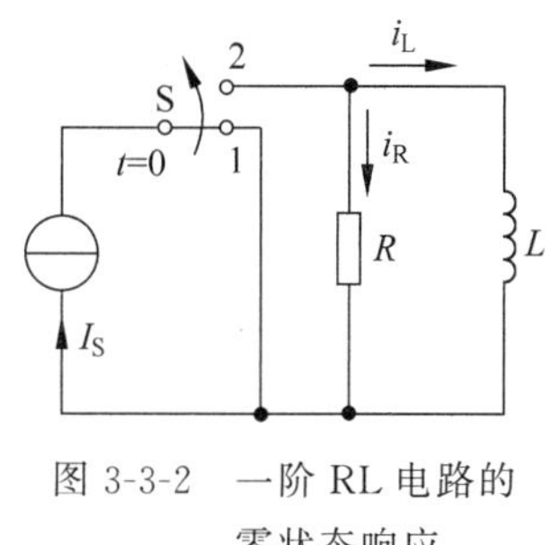

图 3-3-2　一阶 RL 电路的零状态响应

以电感电流 i_L 为变量，列出换路后电路的微分方程：

$$\frac{L}{R}\frac{\mathrm{d}i_L}{\mathrm{d}t}+i_L=I_S \quad (t \geqslant 0)$$

求得微分方程的解为

$$i_L(t)=I_S\left(1-e^{-\frac{R}{L}t}\right)=i_L(\infty)\left(1-e^{-\frac{t}{\tau}}\right) \quad (t \geqslant 0) \qquad (3\text{-}3\text{-}2)$$

式(3-3-2)即为一阶 RL 电路零状态响应时电感电流 i_L 的变化通式。以此为依据，可进一步求出电路中其他电压、电流的变化规律(即解析式)。

3.4　一阶电路的全响应及三要素法

3.4.1　一阶电路的全响应

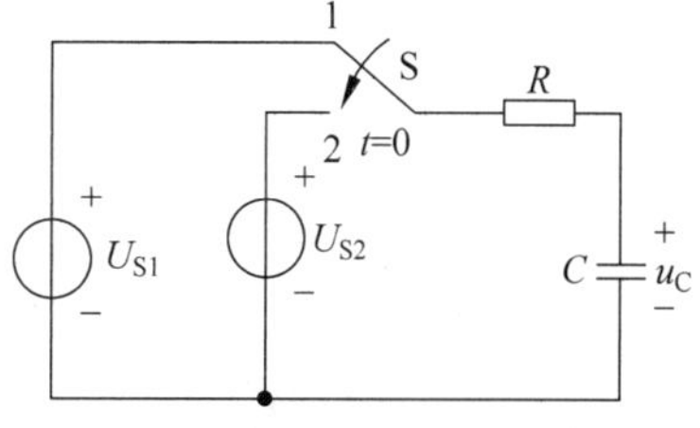

图 3-4-1　一般 RC 电路的全响应

换路后由储能元件和独立电源共同引起的响应称为全响应。图 3-4-1 所示电路中，开关 S 接在 1 位时已达到稳定状态，$u_C(0_-)=U_{S1}$，电容为非零初始状态；$t=0$ 时开关 S 打向 2 位进行换路，换路后继续有电源 U_{S2} 作为 RC 串联回路的激励，因此，$t \geqslant 0$ 时电路发生的过渡过程是全响应。

利用求解微分方程的方法可以求得电容电压 u_C 全响应的变化通式为

$$u_C(t)=u_C(0_+)e^{-\frac{t}{\tau}}+u_C(\infty)\left(1-e^{-\frac{t}{\tau}}\right) \quad (t \geqslant 0) \qquad (3\text{-}4\text{-}1)$$

式(3-4-1)还可写为

$$u_C(t)=u_C(\infty)+[u_C(0_+)-u_C(\infty)]e^{-\frac{t}{\tau}} \quad (t \geqslant 0) \qquad (3\text{-}4\text{-}2)$$

可见，全响应是零输入响应与零状态响应的叠加，或稳态响应与暂态响应的叠加。

3.4.2 一阶电路的三要素法

由前面的分析可知，只含有一个储能元件或等效为一个储能元件的线性电路，无论电路是简单还是复杂，无论电路属于哪种类型，电路响应都可由暂态分量和稳态分量叠加而成，其一般表达式为

$$f(t)=f(\infty)+A\mathrm{e}^{-\frac{t}{\tau}}$$

式中：$f(t)$是暂态响应电流或电压；$f(\infty)$是稳态分量(即稳态值)；τ是电路的时间常数；A是待定系数，由初始条件决定。若已知初始条件$f(0_+)$，将其代入一般表达式，则

$$A=f(0_+)-f(\infty)$$

那么

$$f(t)=f(\infty)+[f(0_+)-f(\infty)]\mathrm{e}^{-\frac{t}{\tau}} \tag{3-4-3}$$

这说明，不论组成一阶电路的元件和结构形式如何，只要确定了电路的初始值$f(0_+)$、稳态值$f(\infty)$和时间常数τ这三个要素，则应用式(3-4-3)就可求出电路的稳态响应。这种由$f(0_+)$、$f(\infty)$和τ三个要素直接得到电路响应的方法称为三要素法。三要素法的一般步骤如下。

(1) 确定初始值$f(0_+)$。

(2) 确定稳态值$f(\infty)$，一般根据换路后的直流电路求得。

(3) 确定时间常数τ，对RC电路，$\tau=RC$，对RL电路，$\tau=L/R$。

注意：式中的R是指断开储能元件(L或C)所形成的二端网络，除去电源作用(理想电压源短路，理想电流源开路)后，从输入端看进去的等效电阻。

(4) 根据三要素法通式(3-4-3)，求得电路的暂态响应。

【例3-4-1】 电路如图3-4-2所示，开关S断开时已处于稳定状态，在$t=0$时将开关S合上，试用三要素法求$t\geqslant0$时的$i(t)$、$u_R(t)$和$u_L(t)$。

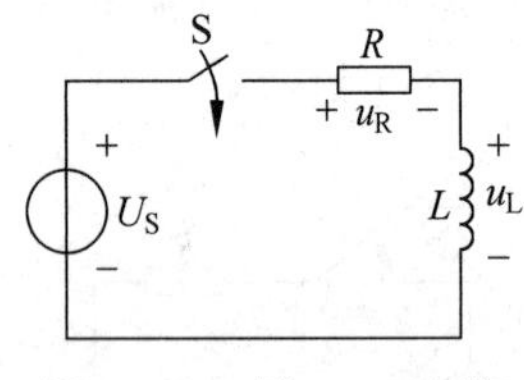

图3-4-2 例3-4-1电路

【解答】 开关S闭合前，电路电流i为零，电感L上没有储存能量。在输入信号电压源U_S的激励下，电路从开关S断开时稳定状态过渡到开关S闭合后另一种稳定状态，电路响应属于零状态响应。

(1) 确定初始值：

$$i(0_+)=i(0_-)=0,\quad u_R(0_+)=0,\quad u_L(0_+)=U_S$$

(2) 确定稳态值：

$$i(\infty)=U_S/R,\quad u_R(\infty)=Ri(\infty)=U_S,\quad u_L(\infty)=0$$

(3) 确定时间常数：

$$\tau=L/R$$

(4) 根据三要素法通式求电路响应：

$$i(t)=i(\infty)+[i(0_+)-i(\infty)]\mathrm{e}^{-\frac{t}{\tau}}=\frac{U_S}{R}\left(1-\mathrm{e}^{-\frac{Rt}{L}}\right)$$

$$u_R(t)=u_R(\infty)+[u_R(0_+)-u_R(\infty)]\mathrm{e}^{-\frac{t}{\tau}}=U_S\left(1-\mathrm{e}^{-\frac{Rt}{L}}\right)$$

$$u_L(t)=u_L(\infty)+[u_L(0_+)-u_L(\infty)]\mathrm{e}^{-\frac{t}{\tau}}=U_S\mathrm{e}^{-\frac{Rt}{L}}$$

注意：三要素法是求解暂态响应$i_L(t)$和$u_C(t)$最方便快捷的方法，但并不是求解所有暂态响应的最简方法。在求解出$i_L(t)$或$u_C(t)$后，电感可视为电流源，定值电流$i_S=i_L(t)$，电

容可视为电压源，定值电压 $u_S=u_C(t)$，然后利用第2章线性电路的基本分析方法可求解出 $i_C(t)$、$u_L(t)$、$i_R(t)$和 $u_R(t)$。

3.5 二阶电路的暂态分析

在一阶电路中，仅包含一个独立的动态元件，它可以吸收独立源提供的能量加以储存，它储存的能量也可以通过电阻回路进行释放。

在二阶电路中，由于存在两个独立的动态元件，两者均可以一定的形式储存能量和释放能量，但两者在动态过渡过程中存在能量交互的现象，即两个动态元件交互地释放和吸收能量，在响应信号波形上体现为一定的振荡现象。二阶电路的能量交互现象所遵循的规律取决于具体电路结构和元件参数的配置。

在数学上，二阶电路的输入—输出方程表现为二阶线性微分方程；在物理结构上，二阶电路包含两个独立的动态元件，可以是一个电感与一个电容、两个电感或两个电容。需要注意的是，电路是否为二阶电路不能仅根据包含动态元件的数量来判断。若电路中包含一个电感与一个电容，则电路必为二阶电路；若电路中包含多个电容或多个电感，则需根据相互之间连接关系来判断，若经串、并联后可合并为一个电容或电感，则电路为一阶电路；若经串、并联简化为最简形式后仍存在两个独立的电容或电感，则电路为二阶电路；若独立电容或电感数大于两个，则电路为高阶电路。

包含一个电容元件与一个电感元件的RLC串联电路和RLC并联电路是最基本的二阶电路。任意RLC串联电路由一对串联的电感、电容与一个含源电阻网络组成，其电路模型如图3-5-1(a)所示；将含源电阻网络经戴维南定理等效，可以得到RLC串联电路的通用模型，如图3-5-1(b)。而任意RLC并联电路由一对并联的电感、电容与一个含源电阻网络组成，其电路模型如图3-5-2(a)所示；将含源电阻网络经诺顿等效，可以得到RLC并联电路的通用模型，如图3-5-2(b)所示。

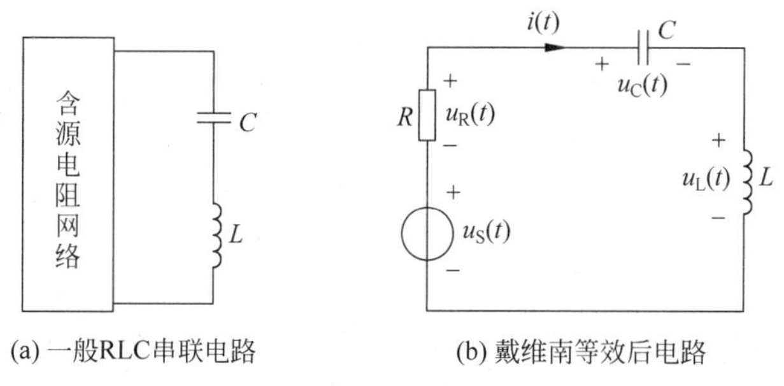

图3-5-1 RLC串联电路的一般模型

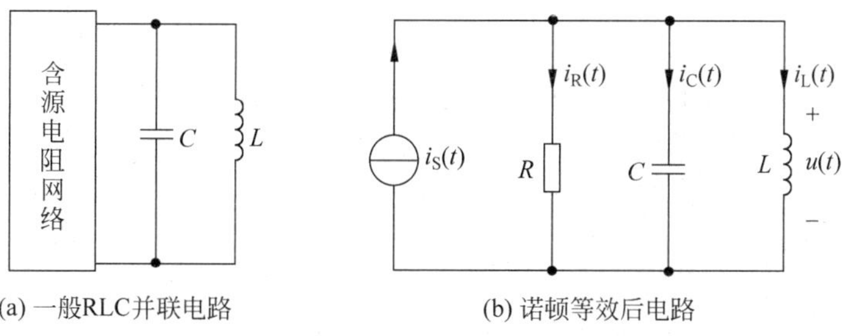

图3-5-2 RLC并联电路的一般模型

二阶电路暂态过程的分析方法与一阶电路没有差别，但二阶电路的时域分析只能采用微分方程来分析。

对图 3-5-1(b)所示的 RLC 串联电路，根据 KVL 列出电路方程：

$$u_R(t)+u_C(t)+u_L(t)=u_S(t) \tag{3-5-1}$$

由于 $i(t)=C\dfrac{du_C(t)}{dt}$，所以 $u_R(t)=i(t)R=RC\dfrac{du_C(t)}{dt}$，$u_L(t)=L\dfrac{di(t)}{dt}=LC\dfrac{d^2u_C(t)}{dt^2}$。

将上述关系代入式(3-5-1)并整理，得到 RLC 串联电路的输入—输出方程：

$$LC\frac{d^2u_C(t)}{dt^2}+RC\frac{du_C(t)}{dt}+u_C(t)=u_S(t) \tag{3-5-2}$$

对图 3-5-2(b)所示的 RLC 并联电路，根据 KCL 列出电路方程：

$$i_R(t)+i_C(t)+i_L(t)=i_S(t) \tag{3-5-3}$$

由于 $u(t)=L\dfrac{di_L(t)}{dt}$，所以 $i_R(t)=\dfrac{u(t)}{R}=\dfrac{L}{R}\dfrac{di_L(t)}{dt}$，$i_C(t)=C\dfrac{du(t)}{dt}=LC\dfrac{d^2i_L(t)}{dt^2}$。

将上述关系代入式(3-5-3)并整理，得到 RLC 并联电路的输入—输出方程：

$$LC\frac{d^2i_L(t)}{dt^2}+\frac{L}{R}\frac{di_L(t)}{dt}+i_L(t)=i_S(t) \tag{3-5-4}$$

在式(3-5-2)和式(3-5-4)二阶微分方程的基础上，根据初始条件和激励信号即可求解 RLC 串联电路和 RLC 并联电路的零输入响应和零状态响应。

【例 3-5-1】 二阶电路如图 3-5-3 所示，$u_C(0_-)=15\text{V}$，$i_L(0_-)=0$，求 $u_C(t)$和 $i_L(t)$。

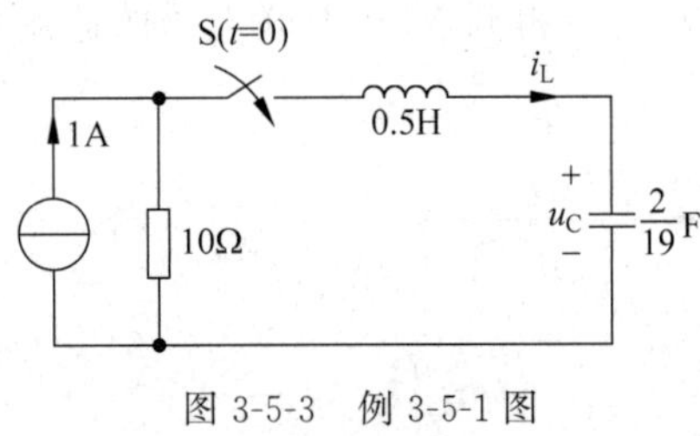

图 3-5-3　例 3-5-1 图

分析：要求出 $u_C(t)$和 $i_L(t)$，必须建立关于 $u_C(t)$和 $i_L(t)$的微分方程，确定 $u_C(0_+)$、$du_C(0_+)/dt$ 和 $i_L(0_+)$、$di_L(0_-)/dt$。

【解答】 $u_C(0_+)$和 $i_L(0_+)$的确定与一阶电路相同。而 $du_C(0_+)/dt$ 和 $di_L(0_-)/dt$ 可以用下式确定：

$$\left.\frac{du_C}{dt}\right|_{t=0_+}=\frac{i_C(0_+)}{C},\quad \left.\frac{di_L}{dt}\right|_{t=0_+}=\frac{u_L(0_+)}{L}$$

由于 $u_C(0_+)=u_C(0_-)=15\text{V}$，$i_L(0_+)=i_L(0_-)=0$，所以在 $t=0$ 时刻，电感用 $i_L(0_+)$的电流源替代，在此电流源为零，相当于开路；电容可以用 15V 的电压源替代，因此 $i_C(0_+)=0$，$u_L(0_+)=-5\text{V}$，故

$$\left.\frac{du_C}{dt}\right|_{t=0_+}=0,\quad \left.\frac{di_L}{dt}\right|_{t=0_+}=-10$$

由图 3-5-3 所示的二阶电路，由 KVL 得到关于 u_C 的微分方程：

$$\begin{cases}\dfrac{d^2u_C(t)}{dt^2}+20\dfrac{du_C(t)}{dt}+19u_C(t)=190\\ u_C(0_+)=15\text{V}\end{cases}$$

初始条件$\left.\dfrac{du_C}{dt}\right|_{t=0_+}=0$，得微分方程的两个特征根：

$$s_1=-10+\sqrt{100-19}=-1 \quad 和 \quad s_2=-10-\sqrt{100-19}=-19$$

根据“全解＝通解＋特解”可得

$$u_C(t)=(k_1\mathrm{e}^{-t}+k_2\mathrm{e}^{-19t})+10$$

由初始条件确定：$k_1=95/18, k_2=-5/18$，所以有

$$u_C(t)=\left(\frac{95}{18}\mathrm{e}^{-t}-\frac{5}{18}\mathrm{e}^{-19t}\right)+10$$

同样思路可得

$$i_L(t)=-\frac{95}{18}\mathrm{e}^{-t}+\frac{95}{18}\mathrm{e}^{-19t}$$

3.6　一阶 RC 电路的 Multisim 仿真实例

动态电路是指至少包含一个储能元件(电感或电容)的集中参数电路。当动态电路的结构或参数发生变化时，会产生过渡过程，使电路改变原来的工作状态，转变到另一种工作状态。动态电路任意时刻的响应与激励与全部过去状态有关。下面利用 Multisim 10 软件，进行一阶 RC 电路的仿真实验。

1. 仿真目的

一阶 RC 电路在零输入响应下输出波形的观察和测量。

一阶 RC 电路在零状态响应下输出波形的观察和测量。

2. 仿真过程

(1) 利用 Multisim 10 软件绘制图 3-6-1 所示的一阶 RC 仿真电路图。

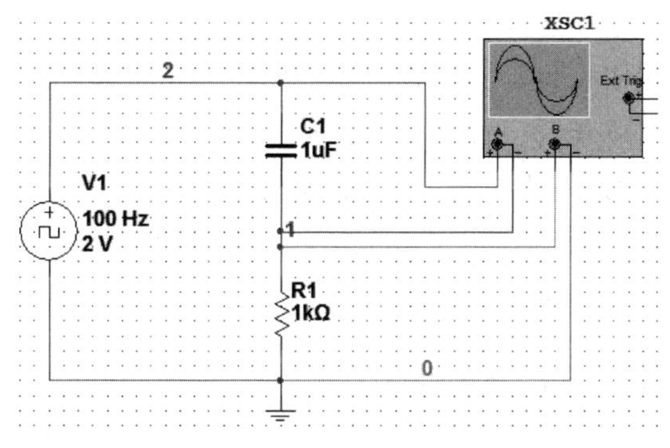

图 3-6-1　一阶 RC 仿真电路图

(2) 设置电容 $C_1=1\mu\mathrm{F}$，电阻 $R_1=1\mathrm{k}\Omega$，为了方便观测，并能同时模拟出零输入和零状态响应，选用频率为 100Hz、占空比为 50%、幅值为 2V 的方波信号作为激励源 V1；示波器 XSC1 的 A 通道测量电容 C_1 两端电压的波形，B 通道测量电阻 R_1 两端电压的波形。

(3) 为了便于观测示波器上的不同曲线，可将 B 通道连线改为另一种颜色，具体操作方法如下：右击对应的连接导线，在弹出的快捷菜单中选择 Segment Color 命令，在弹出的对话框中选择需要的颜色即可。

(4) 电路搭建完成后单击“仿真”按钮，此时双击示波器，在弹出的 Oscilloscope-XSC1 对话框中分别修改显示时基(Timebase)及通道 A(Channel A)、通道 B(Channel B)的数据，直至

曲线显示清晰、便于观察，如图 3-6-2 所示。

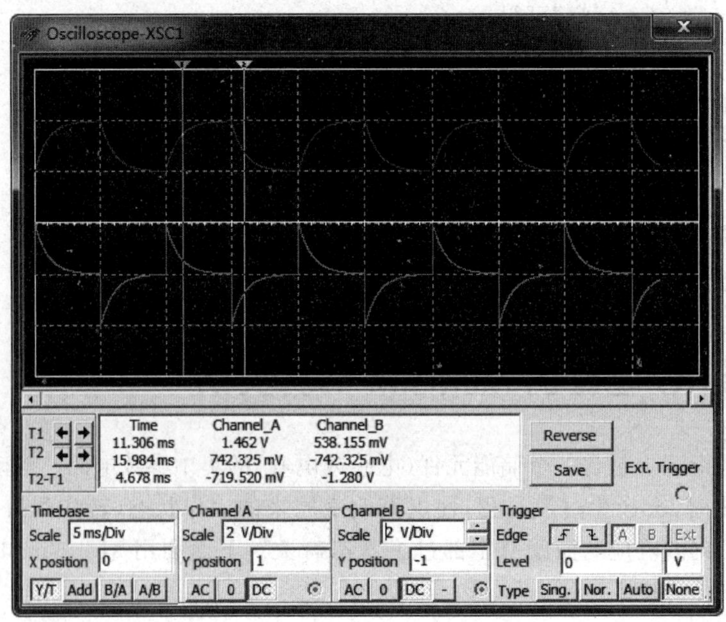

图 3-6-2　示波器波形显示

由图 3-6-2 可见，测量线 1 测量的是零状态响应下某时刻电容 C_1 和电阻 R_1 两端的电压值，而测量线 2 测量的是零输入响应下某时刻电容 C_1 和电阻 R_1 两端的电压值。

习题 3

3-1　电路如题 3-1 图所示，$t=0$ 时开关 S 闭合，试写出电路的时间常数 τ 的表达式。

3-2　电路如题 3-2 图所示，已知 $U_S=20\text{V}$，$R_1=R_2=1\text{k}\Omega$，$C=0.5\mu\text{F}$，开关 S 闭合时电路处于稳态。$t=0$ 时开关 S 打开，求 S 打开后，u_C 和 i 的变化规律（即解析式）。

3-3　一个 RL 串联电路，已知 $L=0.5\text{H}$，$R=10\Omega$，通过的稳定电流为 2A。当 RL 支路短接后，求 i_L 下降到初始值的一半时所需要的时间。

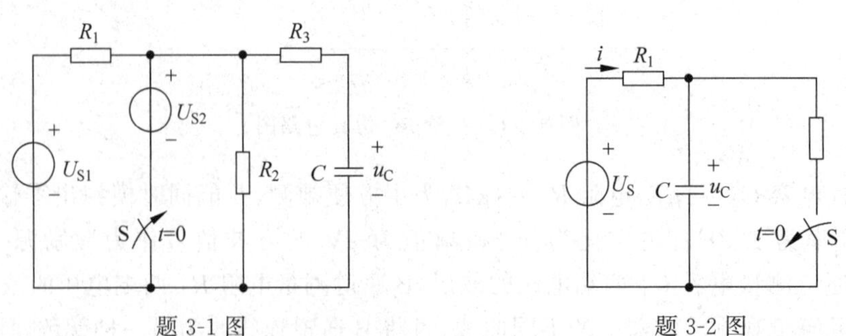

题 3-1 图　　题 3-2 图

3-4　电路如题 3-4 图所示，已知 $U_{S1}=3\text{V}$，$U_{S2}=5\text{V}$，$R_1=R_2=5\Omega$，$L=0.05\text{H}$，开关 S 打在 1 时，电路处于稳态。$t=0$ 时，S 由 1 打向 2 后，求 $i_L(t)$、$i_1(t)$和 $u_L(t)$。

3-5　电路如题 3-5 图所示，已知 $U_{S1}=5\text{V}$，$U_{S2}=4\text{V}$，$R_1=20\Omega$，$R_2=10\Omega$，$R_3=10\Omega$，$L=$

20mH，开关 S 打在 1 时，电路处于稳态。$t=0$ 时，S 由 1 打向 2，求 $i_L(t)$ 和 $i_1(t)$。

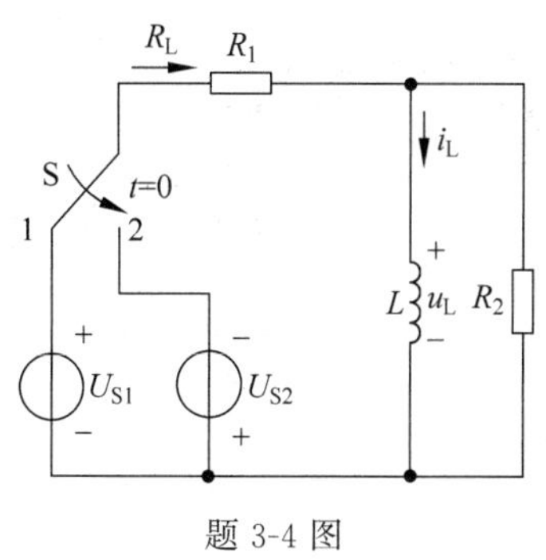

题 3-4 图

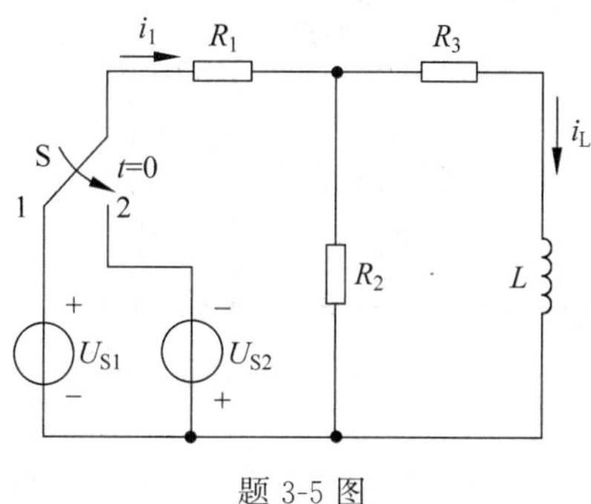

题 3-5 图

3-6 电路如题 3-6 图所示，已知 $U_S=12V$，$R_1=3k\Omega$，$R_2=6k\Omega$，$R_3=2k\Omega$，$C=5\mu F$，开关 S 打开已久，$t=0$ 时，S 闭合。试用三要素法求开关闭合后 u_C、i_C、i_1 和 i_2 的变化规律（即解析式）。

3-7 电路如题 3-7 图所示，开关转换前电路已处于稳态，$t=0$ 时，开关 S 由 1 位接至 2 位，求 $t\geqslant0$ 时（即换路后）i_L、i_2、i_3 和电感电压 u_L 的解析式。

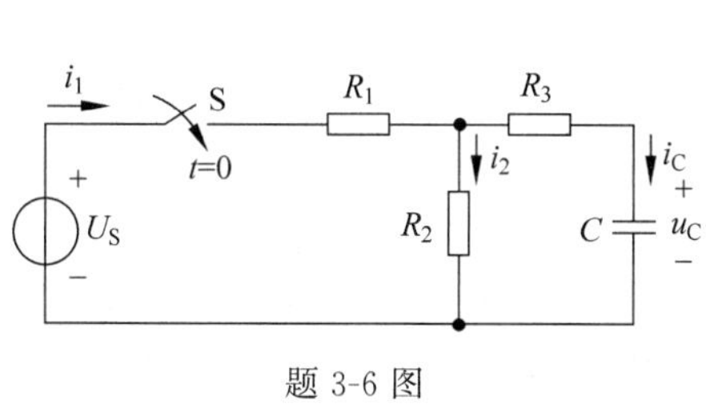

题 3-6 图

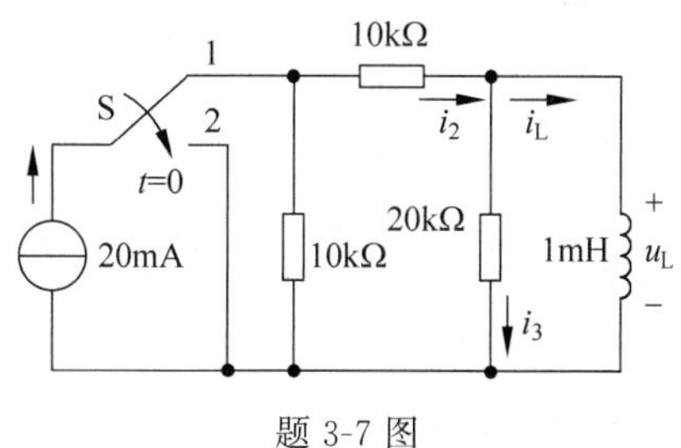

题 3-7 图

3-8 电路如题 3-8 图所示，设开关 S 闭合前已处于稳定状态，在 $t=0$ 时将开关 S 闭合，试求 $t=0$ 瞬间 u_C、i_1、i_2、i_3、i_4 的初始值。

3-9 电路如题 3-9 图所示，试确定在开关 S 由位置 1 合向位置 2 后的电压 u_R、u_L、u_C 和电流 i_R、i_L、i_C 的初始值。设开关 S 由 1 合向 2 前电路已处于稳态。

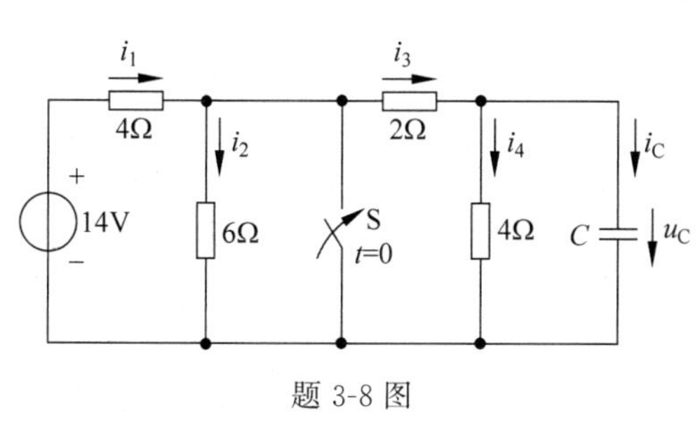

题 3-8 图

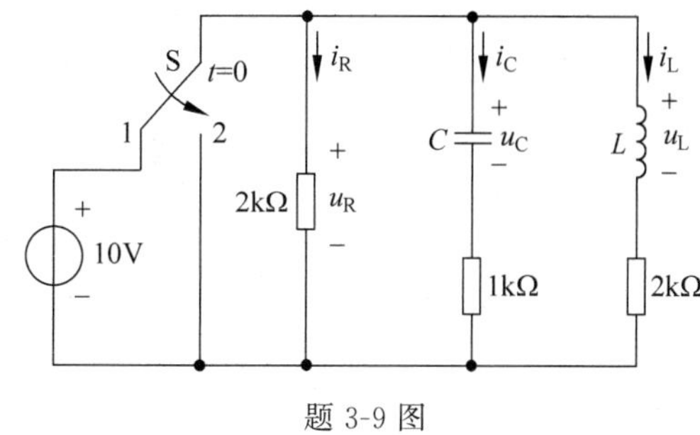

题 3-9 图

3-10 电路如题 3-10 图所示，开关 S 在位置 1 时电路处于稳定状态，在 $t=0$ 时将开关 S 置于位置 2，试求 $t=0$ 瞬间的 i_1、i_2、i_L 的初始值。

3-11 电路如题 3-11 图所示，已知开关 S 断开时电路已处于稳定状态，$U_S=5V$，$I_S=1A$，$C=40\mu F$，$R_1=R_2=50\Omega$，在 $t=0$ 时将开关 S 闭合，试求 $t\geqslant0$ 时的 $i(t)$ 和 $u_C(t)$。

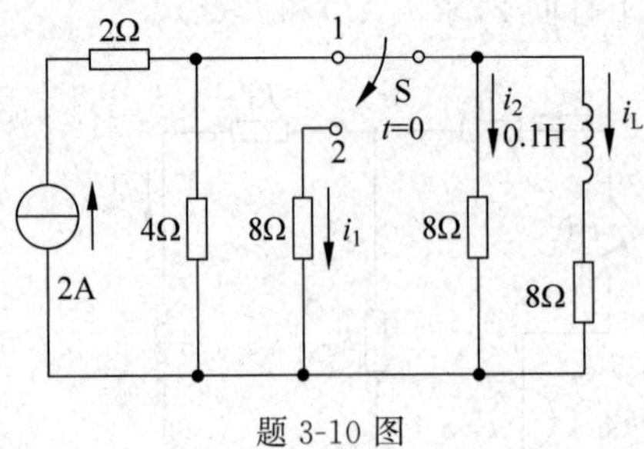

题 3-10 图

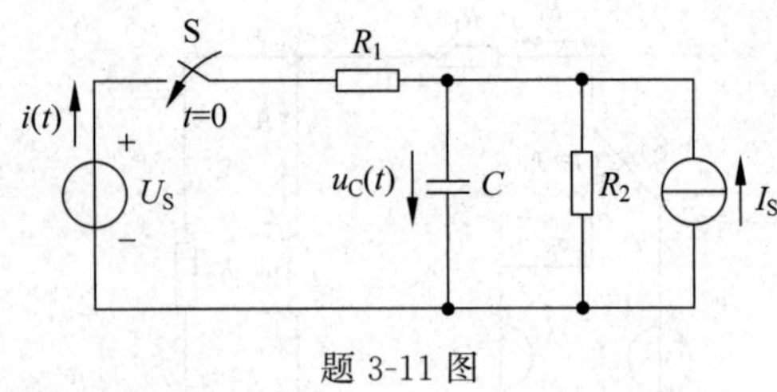

题 3-11 图

正弦交流电路

本章主要介绍正弦交流电路的基本概念、相量表示法，电阻 R、电感 L 和电容 C 在交流电路中的伏安特性及功率计算，正弦交流电路的分析计算，以及串联谐振的相关知识。

4.1 正弦交流电路的基本概念

在生产和日常生活中应用最多的是正弦交流电，即随时间按正弦规律变化的电流(或电压)，例如发电机通过电网向人们提供的大多是正弦交流电，很多仪器仪表产生和传输的也是正弦信号(电流或电压)，所以研究正弦交流电具有极其重要的意义。

正弦交流电有两个重要的特点。首先，几个同频率的正弦电流(或电压)之和或之差仍是同频率的正弦交流电。正弦电流(或电压)对时间的导数或积分也是同频率的交流电。更重要的是，任意波形的电流(或电压)都可以分解为一系列不同频率的正弦电流(或电压)。这样，利用线性电路的叠加特性，可以在研究正弦交流电的基础上，利用线性叠加的方法，得到任意周期性波形电路的有关规律。

正弦交流电路的物理现象比直流电路复杂，除了电阻消耗电能之外，还有电容中的电场能量和电感中磁场能量的变化。电感和电容元件中的电流、电压关系不是一般的代数关系，而是导数和积分关系，因而描述具有电容或电感的电路的数学关系式是微分方程或微分—积分方程(或方程组)。为了研究正弦交流电路，必须寻找适宜的数学工具和分析方法。

4.1.1 正弦交流电路的参考方向

本书第 1、2 章分析了直流电路，其特点是电动势、电压及电流的大小和方向都是不变的。在图 4-1-1(a)所示典型电路中，电流总是从正极流出，经负载流回负极，方向和大小均不变。正弦电压和电流是按照正弦规律随时间周期性变化的。在图 4-1-1(b)所示正弦交流电路中，在正半周，电源 A 端为正极，B 端为负极，电流 i 从 A 端流出，经负载由 B 端流回电源，如实线箭头所示；在负半周，电源 A 端为负极，B 端为正极，电流 i 从 B 端流出，经负载由 A 端流回电源，如虚线箭头所示；其电流、电压波形如图 4-1-2 所示。其表达式为

$$i = I_{\mathrm{m}}\sin(\omega t + \psi_{\mathrm{i}}), \quad u = U_{\mathrm{m}}\sin(\omega t + \psi_{\mathrm{u}})$$

由于正弦交流电压和电流的方向是周期性变化的，在电路图上所标的方向是指它们的假定正方向(也称参考方向)，交流电在某一瞬间的实际方向与假定正方向一致时，其值为正；反之为负。

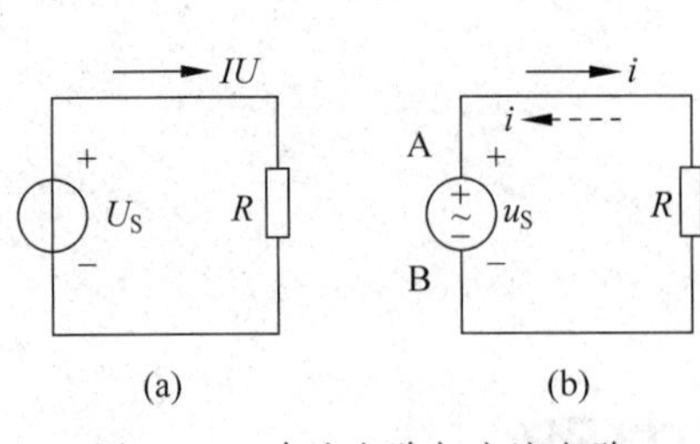

图 4-1-1　直流电路与交流电路

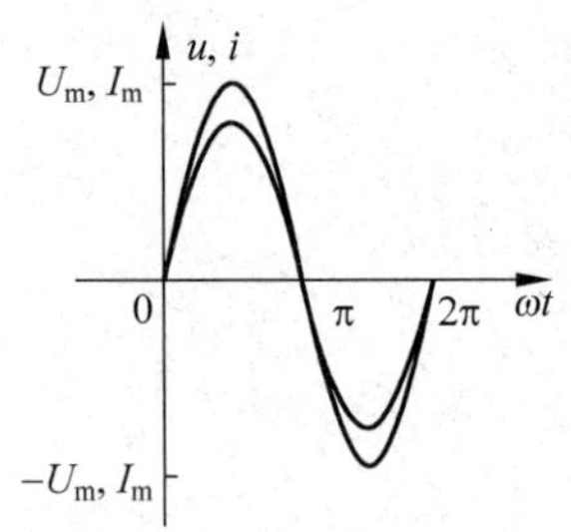

图 4-1-2　正弦电压和电流波形

4.1.2　正弦量的三要素法

正弦电动势、正弦电压和正弦电流等统称为正弦量。正弦量既可以用数学解析式表示，也可以用波形图表示。例如，某一交流电流的解析式为

$$i = I_{\mathrm{m}} \sin(\omega t + \psi_{\mathrm{i}}) \tag{4-1-1}$$

其对应的波形如图 4-1-3 所示。

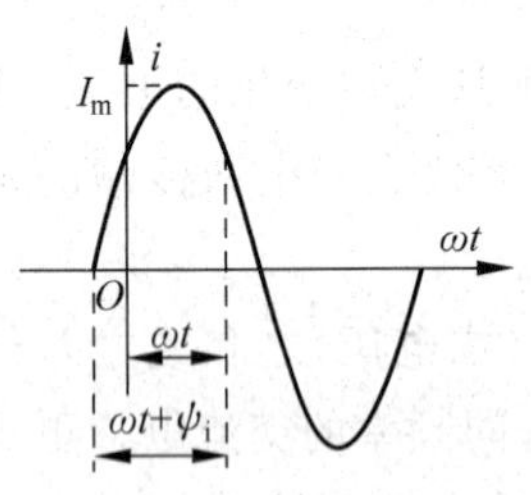

图 4-1-3　正弦量的波形图

从式(4-1-1)中可见，每个正弦量由三个要素决定，分别为振幅值、角频率和初相位。

1. 振幅值

正弦量在某一瞬间的数值称为瞬时值，用小写字母 e、u 和 i 表示。最大的瞬时值称为振幅值，简称振幅，用加下标 m 的大写字母 E_{m}、U_{m} 和 I_{m} 表示。

瞬时值是随时间变化的，不能用来表示正弦量的大小；振幅值只是特定瞬间的数值，不能反映电压和电流做功的效果，所以也不用它表示正弦量的大小。正弦量的大小在工程上规定用有效值来表示，有效值用大写字母 E、U 和 I 表示，正弦量的有效值等于它的振幅值除以$\sqrt{2}$。平时所说的交流电的数值如 380V 或 220V 都是指有效值，用交流电流表和交流电压表测量的数值也是有效值。

2. 角频率

正弦量循环变化一周的时间简称为周期，用 T 表示，单位为秒(s)；正弦量在单位时间内变化的周期数称为频率，用 f 表示，单位为赫兹(Hz)，简称赫。由定义可知，周期和频率互为倒数，即

$$T = 1/f \quad 或 \quad f = 1/T \tag{4-1-2}$$

我国电网交流电的频率统一为 50Hz，习惯上称为“工频”。

角频率表示在单位时间内正弦量所经历的弧度，用 ω 表示，单位为弧度/秒(rad/s)。显然，周期、频率和角频率都是表示正弦量变化快慢的物理量，且它们之间有以下关系：

$$\omega = 2\pi f = 2\pi/T$$

3. 初相位

在式(4-1-1)中，电角度 $\omega t + \psi_{\mathrm{i}}$ 代表了正弦交流电的变化进程，称为相位或相位角。当$t=0$ 时的相位 ψ_{i} 称为初相位或初相角。一般$|\psi_{\mathrm{i}}| \leqslant \pi$，相位与初相位通常用弧度表示，但工程上也可以用度表示。

在同一个电路中，正弦交流电的电压 u 和电流 i 的频率是相同的，但其相位不一定相同，例如：

$$u = U_m \sin(\omega t + \psi_u), \quad i = I_m \sin(\omega t + \psi_i)$$

它们的初相位分别为 ψ_u 和 ψ_i，则它们之间的相位差为$(\omega t + \psi_u) - (\omega t + \psi_i) = \psi_u - \psi_i$。即等于它们的初相位之差，且不随时间变化。所以任意两个同频率的正弦量在相位上的差值称为相位差，用字母 φ 表示，即 $\varphi = \psi_u - \psi_i$。

相位差的物理意义在于表示两个同同频率正弦量随时间变化步调上的先后。

当 $\varphi = 0$ 时，波形如图 4-1-4(a)所示，即 u 和 i 同相。

当 $\varphi > 0$ 时，波形如图 4-1-4(b)所示，u 总是比 i 先经过零值和正的最大值，即 u 在相位上超前于 i 一个 φ 角，或 i 滞后于 u 一个 φ 角。

当 $\varphi = 180°$时，波形如图 4-1-4(c)所示，即 u 和 i 反相。

当 $\varphi = 90°$时，波形如图 4-1-4(d)所示，即 u 和 i 正交。

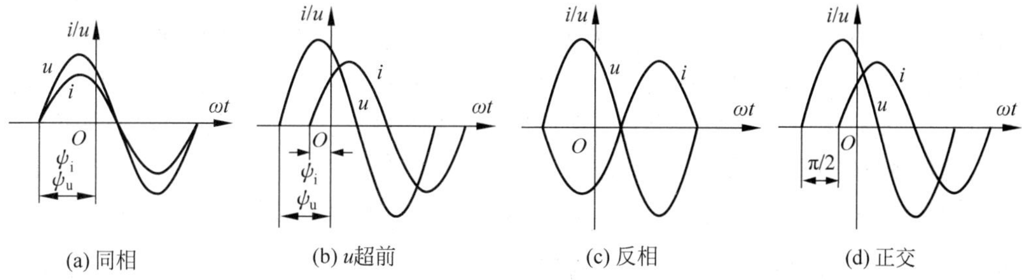

图 4-1-4　正弦量的相位关系

【例 4-1-1】 已知正弦电压的频率为 50Hz，初相位为 π/6rad，由交流电压表测得电源开路电压为 220V。求该电源电压的振幅、角频率，并写出其瞬时值表达式。

【解答】 因为 $f = 50\text{Hz}, \psi_u = \pi/6\text{rad}, U = 220\text{V}$，所以有

$$\omega = 2\pi f = 2\pi \times 50 = 314\text{rad/s}$$

$$U_m = \sqrt{2}U = \sqrt{2} \times 220 = 311\text{V}$$

电源电压瞬时值表达式为

$$u(t) = U_m \sin(\omega t + \psi_u) = 311\sin(314t + \pi/6)\text{V}$$

【例 4-1-2】 已知正弦交流电压和电流分别为 $u = 110\sin(100t + \pi/3)\text{V}$ 和 $i = 5\sin(100t + \pi/6)\text{A}$，求 u 和 i 之间的相位差，并判断它们的相位关系。

【解答】 两个正弦量的初相位分别为 $\psi_u = \pi/3$ 和 $\psi_i = \pi/6$，u 和 i 之间的相位差为

$$\varphi = \psi_u - \psi_i = \pi/3 - \pi/6 = \pi/6$$

即电压超前电流 π/6。

4.2　正弦交流电的相量表示法

前面采用了三角函数式和波形图来表示正弦交流电，若用这两种表示方法对交流电路进行分析和计算很不方便，为此，在工程中常采用相量图和复数的相量式表示正弦量，这种表示方法称为正弦量的相量表示法。

4.2.1　相量图

相量图就是用一个有向线段来表示正弦量。用来表示正弦量的有向线段称为相量。用相

量表示正弦量 i 时，相量的长度等于正弦量的幅值 I_m，它和 x 轴正方向之间的夹角等于正弦量的初相位 ψ，相量以 ω 角速度按逆时针方向旋转，如图 4-2-1 所示。这样，这个旋转相量任何时刻在纵轴 y 上的投影就等于这个正弦量在同一时刻的瞬时值。

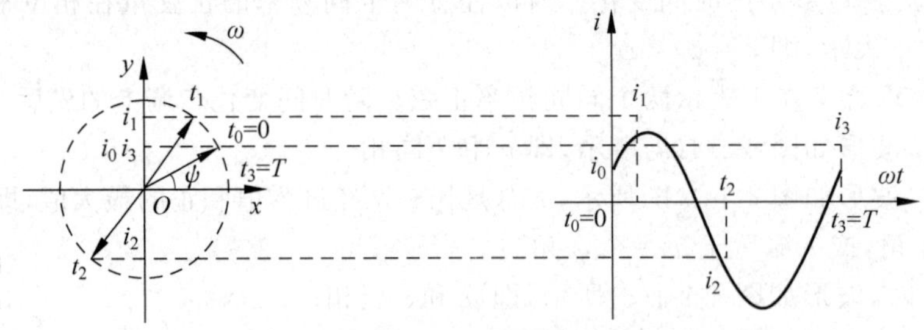

图 4-2-1　用旋转有向线段来表示正弦量

按图 4-2-1 所示的方法画旋转矢量来表示正弦电量也很麻烦。由于在正弦稳态电路中，分析计算的正弦量都是同频率的正弦量，因此，在正弦量的三要素中，只有最大值(或有效值)及初相位是待求量，而且这两个量均表现在相量图的初始位置。因此，通常只用处于初始位置(即 $t=0$ 的位置)的相量来表示一个正弦量，它反映了正弦量的幅值和初相位，在正弦量最大值符号的顶部加一圆点，表示此相量以 ω 的角频率逆时针方向旋转，这样用相量就可以表示出正弦量的三要素。例如，图 4-2-2(a)中的 $\dot{U}_m$ 可以表示正弦电压 $u=U_m\sin(\omega t+\psi_u)$，$\dot{U}_m$ 称为最大值相量。由于在计算中常使用正弦量的有效值，有时为了方便起见，常将相量的长度用有效值表示，称为有效值相量，用 $\dot{U}$ 表示，如图 4-2-2(b)所示，此时，它在纵轴上的投影就不能代表正弦量的瞬时值了。

将若干同频率的正弦量按其大小和相位画在同一个相量图中，能清晰地表示出各个正弦量的大小和相位关系。例如图 4-2-3 中，电压相量 $\dot{U}$ 比电流相量 $\dot{I}$ 超前 φ 角，也就是正弦电压 u 比正弦电流 i 在相位上超前一个 φ 角。

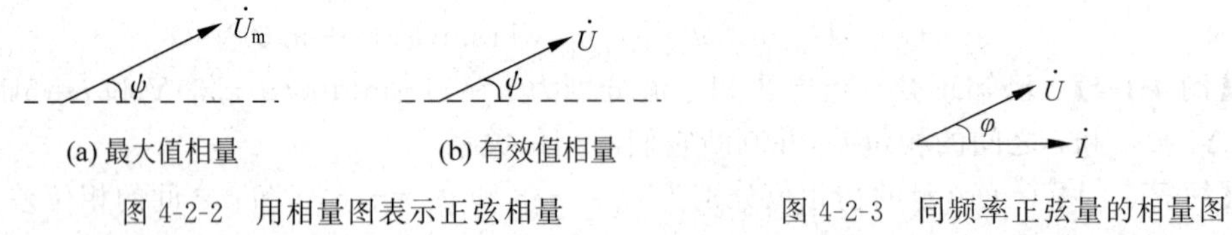

(a) 最大值相量　(b) 有效值相量

图 4-2-2　用相量图表示正弦相量

图 4-2-3　同频率正弦量的相量图

为了分析方便，通常把初相位为零时的相量称为参考相量，以便与其他相量比较相位关系。

引入相量表示正弦量以后，同频率的正弦量相加减，可以转换成相量的加减运算，相量相加可以通过平行四边形法则或多边形法则作图求得。平行四边形法则适用于两个相量之和或之差的求解，即以两相量为边，作平行四边形，其对角线就是两相量之和，如图 4-2-4 所示。多边形法则适用于两个以上相量的加减，具体作法是，先画出某一相量 $\dot{A}$，然后将其余相量依次首尾相接地画出，最后将相量 $\dot{A}$ 的首段与最后一个相量的尾端相连，构成的相量 $\dot{R}$ 就是所求的和相量，如图 4-2-5 所示。

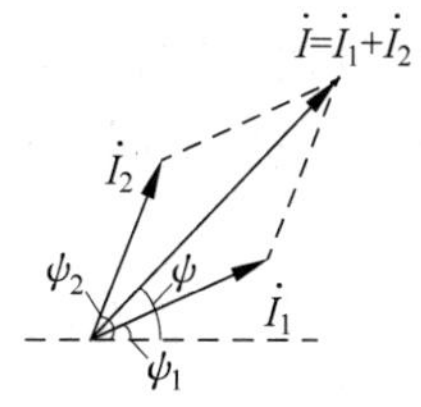

图 4-2-4　平行四边形法则求和

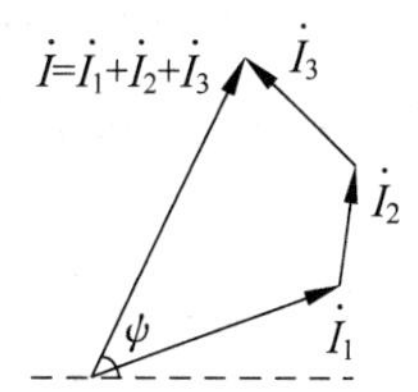

图 4-2-5　多边形法则求和

4.2.2　相量式

有向线段既可以用几何作图表示，也可以用复数表示。例如，将有向线段 A 放入复数平面，如图 4-2-6 所示，横轴为实轴，用 $+1$ 表示，以 $+1$ 为单位；纵轴为虚轴，用 $+\mathrm{j}$ 表示，以 $+\mathrm{j}$ 为单位。有向线段 A 的长度为 r，与实轴正方向的夹角为 ψ，r 在实轴上的投影 a 称为复数的实部，r 在虚轴上的投影 b 称为复数的虚部，则有向线段 A 用复数的代数形式可表示为

$$\dot{A}=a+\mathrm{j}b \tag{4-2-1}$$

有向线段 A 的长度 r 在复数平面中称为模，线段 A 与实轴正方向的夹角 ψ 在复数平面中称为辐角，它们与实部和虚部的关系为

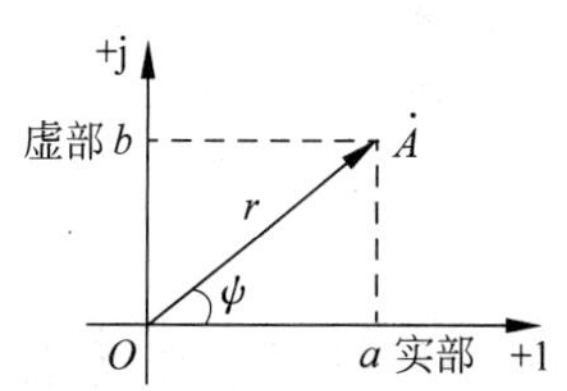

图 4-2-6　复数平面的有向线段

$$r=\sqrt{a^2+b^2},\quad \psi=\arctan\frac{b}{a}$$

因为

$$a=r\cos\psi,\quad b=r\sin\psi$$

所以复数 $\dot{I}$ 可以用三角式表示为

$$\dot{A}=r\cos\psi+\mathrm{j}r\sin\psi \tag{4-2-2}$$

根据欧拉公式（$\mathrm{e}^{\mathrm{j}\psi}=\cos\psi+\sin\psi$），又可以将式(4-2-2)改写成：

$$\dot{A}=r\mathrm{e}^{\mathrm{j}\psi} \tag{4-2-3}$$

和

$$\dot{A}=r\underline{/\psi} \tag{4-2-4}$$

式(4-2-3)和式(4-2-4)分别称为复数的指数式和极坐标式。

既然可以用复数表示有向线段，因此也可以用复数表示正弦电量。为与一般复数相区别，把表示正弦电量的复数也称为相量。

设正弦电压为

$$u=U_{\mathrm{m}}\sin(\omega t+\psi_{\mathrm{u}})$$

用相量表示时，只要将复数的模等于正弦量的最大值或有效值，其辐角等于正弦量的初相位，就可以得到正弦电压相量的 4 种表达式，即

$$\dot{U}_{\mathrm{m}}=a+\mathrm{j}b=U_{\mathrm{m}}(\cos\psi+\mathrm{j}\sin\psi)=U_{\mathrm{m}}\mathrm{e}^{\mathrm{j}\psi}=U_{\mathrm{m}}\underline{/\psi}$$

$$\dot{U}=c+\mathrm{j}d=U(\cos\psi+\mathrm{j}\sin\psi)=U\mathrm{e}^{\mathrm{j}\psi}=U\underline{/\psi}$$

相量的 4 种表达式可以互相转换，在相量运算中，加减法用代数式，乘除法用指数式或极坐标式较为方便。

值得指出的是，引入相量图和相量式仅仅是用相量表示正弦电量的一种方法。正弦量不等于相量。用复数表示正弦电量是一种数学变换，因此相量(相量图和相量式)只是分析正弦稳态电路的一种数学工具，而且，相量只适用于同频率的正弦量，不同频率的正弦量以及非正弦电量都不适用。

【例 4-2-1】 试写出 $u_1=220\sqrt{2}\sin(314t-150°)$，$u_2=-220\sqrt{2}\sin(314t-30°)$的相量式。并计算 $u=u_1+u_2$，画出 u、u_1、u_2 的相量图。

【解答】 用相量表示正弦量：

$$\dot{U}_1=220\angle-150°=220\left(-\frac{\sqrt{3}}{2}-\mathrm{j}\,\frac{1}{2}\right)$$

$$\dot{U}_2=220\angle 180°-30°=220\angle 150°=220\left(-\frac{\sqrt{3}}{2}+\mathrm{j}\,\frac{1}{2}\right)$$

$$\dot{U}=\dot{U}_1+\dot{U}_2=220\left(-\frac{\sqrt{3}}{2}-\mathrm{j}\,\frac{1}{2}\right)+220\left(-\frac{\sqrt{3}}{2}+\mathrm{j}\,\frac{1}{2}\right)$$

$$=-220\sqrt{3}=-380=380\angle 180°$$

将相量还原为基本表达式：

$$u=380\sqrt{2}\sin(314t+180°)=-380\sqrt{2}\sin 314t$$

相量图如图 4-2-7 所示。

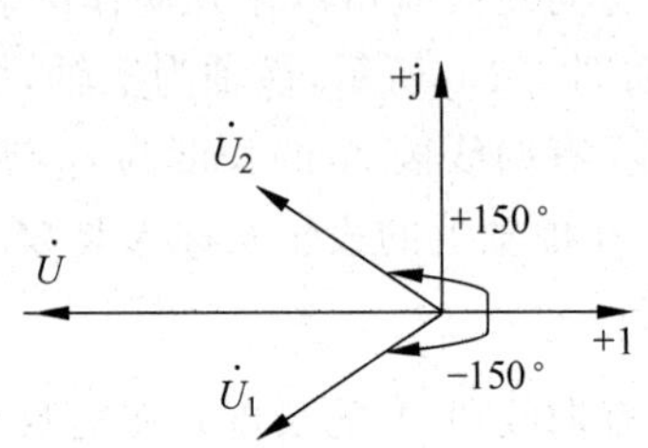

图 4-2-7　例 4-2-1 相量图

4.3　正弦交流电路中 *R*、*L*、*C* 元件规律

消耗电能的电阻(R)、储存电能的电容(C)、将变化电能转化为磁场能并储存起来的电感(L)是正弦交流电路中不可缺少的理想电路元件。

4.3.1　电阻元件 *R*

图 4-3-1(a)是一个具有线性电阻元件的正弦稳态电路。在正弦电压 u 的激励下，电路中产生的电流为 i，u、i 取关联参考方向。假设电流为参考正弦量：

$$i=I_\mathrm{m}\sin\omega t$$

由欧姆定律可知：

$$u=Ri=RI_\mathrm{m}\sin\omega t=U_\mathrm{m}\sin\omega t \tag{4-3-1}$$

其中，

$$U_\mathrm{m}=RI_\mathrm{m}$$

或

$$\frac{U_\mathrm{m}}{I_\mathrm{m}}=\frac{U}{I}=R \tag{4-3-2}$$

若用相量表示电压与电流的关系，则为

$$\dot{U}=U\mathrm{e}^{\mathrm{j}0°}\quad \dot{I}=I\mathrm{e}^{\mathrm{j}0°}$$

$$\frac{\dot{U}}{\dot{I}}=\frac{U}{I}\mathrm{e}^{\mathrm{j}0°}=R$$

或

$$\dot{U}=R\dot{I} \tag{4-3-3}$$

由此可见,在电阻元件的正弦稳态电路中,电流为正弦量时,电压是与电流同频率、同相位的正弦量,在数值上,它们的瞬时值、有效值或最大值以及相量关系均符合欧姆定律。电流与电压的相量电路图如图 4-3-1(b)所示,相应的正弦量的波形图和相量图如图 4-3-1(c)、(d)所示。

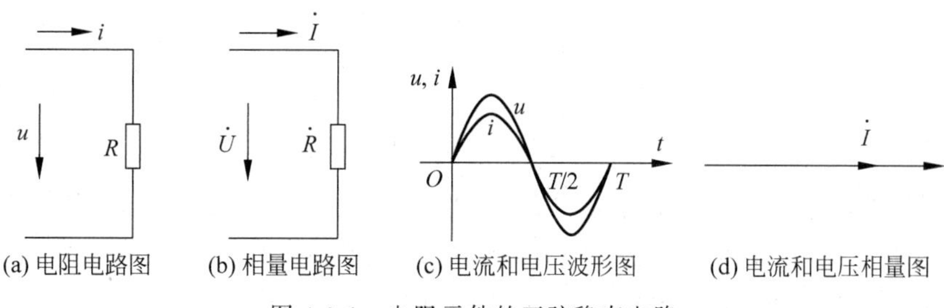

图 4-3-1　电阻元件的正弦稳态电路

因交流电路中电压和电流都是变化的,所以它们的乘积即电阻所消耗的电功率也是随时间而变化的,此功率称为瞬时功率,用小写字母 p 表示,即

$$p=ui=U_{\mathrm{m}}I_{\mathrm{m}}\sin^2\omega t=\frac{U_{\mathrm{m}}I_{\mathrm{m}}}{2}(1-\cos2\omega t)=UI(1-\cos2\omega t) \tag{4-3-4}$$

其变化曲线如图 4-3-2 所示,它的大小也是随时间做周期性变化的,在电流变化一个周期的时间内,瞬时功率出现两次最大值,但是瞬时功率 $p>0$,说明电阻总是吸收功率,并把电能全部转换为热能。

由于瞬时功率是随时间变化而变化的,测量和计算都不方便,所以在工程实际中常采用平均功率(瞬时功率在一个周期内的平均值),用大写字母 P 表示,即

$$\begin{aligned}P&=\frac{1}{T}\int_0^T p\,\mathrm{d}t=\frac{1}{T}\int_0^T UI(1-\cos2\omega t)\,\mathrm{d}t\\&=UI=I^2R=\frac{U^2}{R}\end{aligned} \tag{4-3-5}$$

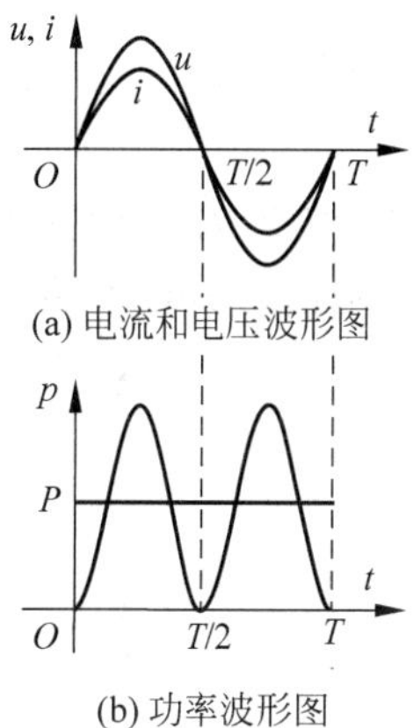

图 4-3-2　电阻元件的功率波形图

由于平均功率是实际消耗的功率,故又称为有功功率。交流用电设备上标注的功率值都是指有功功率。

【例 4-3-1】 把额定电压为 220V、功率为 60W 的灯泡接到频率为 50Hz,电压有效值为 220V 的正弦电源上,问电流是多少?若保持电压不变,电源频率变为 5000Hz,则电流又是多少?

【解答】 根据式(4-3-5)可求得电流:

$$I=P/U=60/220\approx0.27\mathrm{A}$$

因为灯泡是电阻负载,电阻值与频率无关。所以改变电源频率,电压有效值不变,电流的有效值也保持不变,仍为 0.27A。

4.3.2　电感元件 L

图 4-3-3(a)是一个具有线性电感元件的正弦稳态电路。在正弦电压 u 的激励下,电路中产生的电流为 i,u、i 取关联参考方向。假设电流为参考正弦量:

$$i = I_m \sin\omega t$$

由电感元件的伏安特性可知：

$$u = L\frac{\mathrm{d}i}{\mathrm{d}t} = \omega L I_m \cos\omega t = \omega L I_m \sin(\omega t + 90°) = U_m \sin(\omega t + 90°) \tag{4-3-6}$$

其中，

$$U_m = \omega L I_m$$

或

$$\frac{U_m}{I_m} = \frac{U}{I} = \omega L \tag{4-3-7}$$

由此可见，在电感元件的正弦稳态电路中，电流为正弦量时，电压是与电流同频率、相位超前电流 90°的正弦量；在数值上，电压的有效值或最大值与电流的有效值或最大值之比值为 ωL，称为电感元件的感抗，简称感抗，用 X_L 表示，即

$$X_L = \omega L = 2\pi f L \tag{4-3-8}$$

式中：L 的单位为亨(H)；f 的单位为赫兹(Hz)；X_L 的单位为欧姆(Ω)。

若用相量表示电压与电流的关系，则为

$$\dot{U} = U\mathrm{e}^{\mathrm{j}90°}, \quad \dot{I} = I\mathrm{e}^{\mathrm{j}0°}, \quad \frac{\dot{U}}{\dot{I}} = \frac{U}{I}\mathrm{e}^{\mathrm{j}90°} = \mathrm{j}X_L$$

或

$$\dot{U} = \mathrm{j}X_L \dot{I} \tag{4-3-9}$$

式(4-3-9)表明电感元件电压与电流的相量之比为复数，在相位上电压超前电流 90°。电感元件电流与电压的相量电路图如图 4-3-3(b)所示，相应的正弦量的波形图和相量图如图 4-3-3(c)、(d)所示。

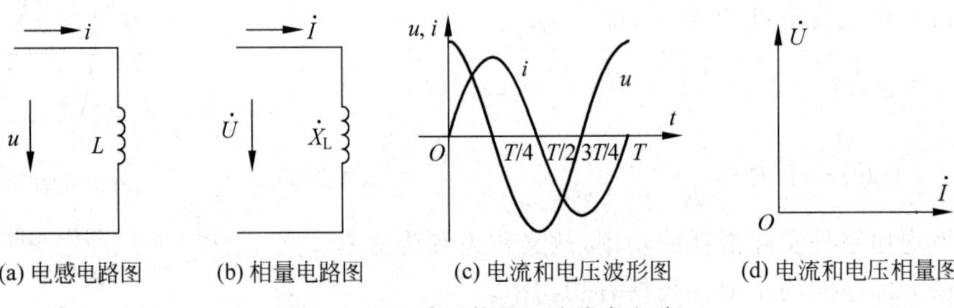

图 4-3-3　电感元件的正弦稳态电路

电路的瞬时功率：

$$p = ui = U_m I_m \sin(\omega t + 90°)\sin\omega t = 2UI\sin\omega t\cos\omega t = UI\sin 2\omega t \tag{4-3-10}$$

其变化曲线如图 4-3-4 所示，它是幅值为 UI、角频率为 2ω 且随时间变化的正弦量。

在电流的第一个和第三个 1/4 周期内，由于 u 和 i 方向相同，故 $p>0$，电感从电源吸取电能并把它转换成磁场能量；在电流的第二个和第四个 1/4 周期内，由于 u 和 i 方向相反，故 $p<0$，磁场能量又被转换成电能送回电源，这是一种可逆的能量转换过程。在理想的电感元件电路中，只有电源的电能与电感的磁场能量连续的往复转换，而没有电能的消耗，这一点可以从电路的平均功率即有功功率看出，因为电感元件电路的有功功率：

$$P=\frac{1}{T}\int_0^T p\,\mathrm{d}t=\frac{1}{T}\int_0^T UI\sin 2\omega t\,\mathrm{d}t=0 \tag{4-3-11}$$

从图 4-3-4 的功率波形也容易看出，电路的平均功率值为零。而电路中电源的电能与电感的磁场能量相互转换的能量用无功功率 Q_L 来衡量。规定无功功率等于电感元件瞬时功率的幅值，因而电感元件的无功功率为

$$Q_L=UI=I^2X_L \tag{4-3-12}$$

其单位为乏(var)。

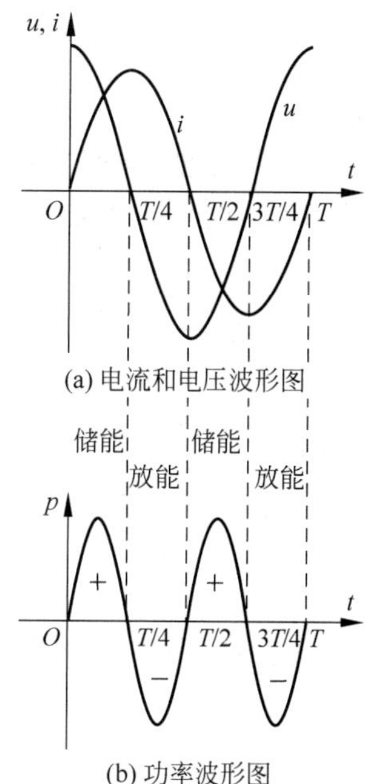

(a) 电流和电压波形图

(b) 功率波形图

图 4-3-4 电感元件的功率波形图

【例 4-3-2】 某电感元件的电感 $L=10\mathrm{mH}$，若将它接至工频、220V 的电源上，其初相角为 60°，求电路中的电流 i、感抗 X_L 及无功功率 Q_L。

【解答】 由式(4-3-8)可得

$$X_L=2\pi fL=2\times3.14\times50\times0.01=3.14\Omega$$

因为$\dot{U}=220\angle 60^\circ\mathrm{V}$，由式(4-3-9)可得

$$\dot{I}=\frac{\dot{U}}{\mathrm{j}X_L}=\frac{220\angle 60^\circ}{3.14\angle 90^\circ}=70\angle -30^\circ\mathrm{A}$$

所以

$$i=70\sqrt{2}\sin(314t-30^\circ)\mathrm{A}$$

由式(4-3-12)可得

$$Q_L=UI=220\times70=15400\mathrm{var}$$

4.3.3 电容元件 C

图 4-3-5(a)是一个具有线性电容元件的正弦稳态电路。在正弦电压 u 的激励下，电路中产生的电流为 i，u、i 取关联参考方向。假设电压为参考正弦量：

$$u=U_m\sin\omega t$$

由电容元件的伏安特性可知：

$$i=C\frac{\mathrm{d}u}{\mathrm{d}t}=\omega CU_m\cos\omega t=\omega CU_m\sin(\omega t+90^\circ)=I_m\sin(\omega t+90^\circ) \tag{4-3-13}$$

其中，

$$I_m=\omega CU_m$$

或

$$\frac{U_m}{I_m}=\frac{U}{I}=\frac{1}{\omega C} \tag{4-3-14}$$

由此可见，在电容元件的正弦稳态电路中，电压为正弦量时，电流是与电压同频率、相位超前电压 90°的正弦量；在数值上，电压的有效值或最大值与电流的有效值或最大值之比值为 $1/\omega C$，称为电容元件的容抗，简称容抗，用 X_C 表示，即

$$X_C=\frac{1}{\omega C}=\frac{1}{2\pi fC} \tag{4-3-15}$$

式中：C 的单位为法(F)；f 的单位为赫兹(Hz)；X_C 的单位为欧姆(Ω)。

若用相量表示电压与电流的关系，则为

$$\dot{U}=U\mathrm{e}^{\mathrm{j}0^\circ}\quad \dot{I}=I\mathrm{e}^{\mathrm{j}90^\circ}\quad \frac{\dot{U}}{\dot{I}}=\frac{U}{I}\mathrm{e}^{-\mathrm{j}90^\circ}=-\mathrm{j}X_\mathrm{C}$$

或

$$\dot{U}=-\mathrm{j}X_\mathrm{C}\dot{I} \tag{4-3-16}$$

式(4-3-16)表明电容元件电压与电流的相量之比为复数，在相位上电流超前电压 90°。电容元件电流与电压的相量电路图如图 4-3-5(b)所示，相应的正弦量的波形图和相量图如图 4-3-5(c)、(d)所示。

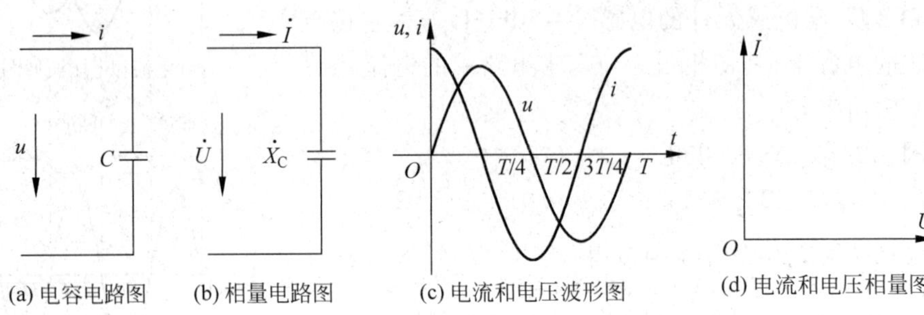

(a) 电容电路图　(b) 相量电路图　(c) 电流和电压波形图　(d) 电流和电压相量图

图 4-3-5　电容元件的正弦稳态电路

电路的瞬时功率：

$$\begin{aligned}p&=ui=U_\mathrm{m}I_\mathrm{m}\sin(\omega t+90^\circ)\sin\omega t\\&=2UI\sin\omega t\cos\omega t=UI\sin2\omega t\end{aligned} \tag{4-3-17}$$

其变化曲线如图 4-3-6 所示，它也是幅值为 UI、角频率为 2ω 且随时间变化的正弦量。

在电流的第一个和第三个 1/4 周期内，由于 u 和 i 方向相同，故 $p>0$，电源对电容充电，电容从电源吸取电能并把它转换成电场能量；在电流的第二个和第四个 1/4 周期内，由于 u 和 i 方向相反，故 $p<0$，电容放电，电场能量又被转换成电能送回电源，这是一种可逆的能量转换过程。在理想的电容元件电路中，只有电源的电能与电容的电场能量连续的往复转换，而没有电能的消耗，所以电容元件电路的有功功率：

$$P=\frac{1}{T}\int_0^T p\,\mathrm{d}t=\frac{1}{T}\int_0^T UI\sin2\omega t\,\mathrm{d}t=0$$

与电感元件电路类似，在电容元件电路中，衡量电容元件转换能量的规模用无功功率 Q_C 表示，定义为瞬时功率的幅值，即

$$Q_\mathrm{C}=UI=I^2X_\mathrm{C} \tag{4-3-18}$$

为了同电感元件电路的无功功率相比较，同样设电流为参考正弦量：

$$i=I_\mathrm{m}\sin\omega t$$

则有

$$u=U_\mathrm{m}\sin(\omega t-90^\circ)$$

瞬时功率为

$$p=ui=-UI\sin2\omega t$$

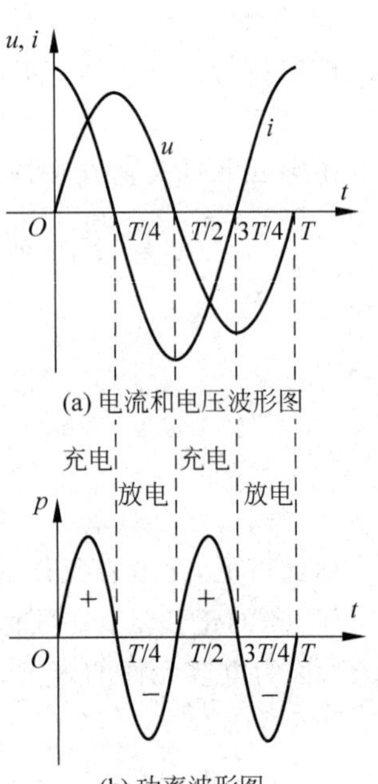

(a) 电流和电压波形图

(b) 功率波形图

图 4-3-6　电容元件的功率波形图

因而,电容元件电路的无功功率为

$$-UI=-I^2X_C$$

由此可见,当正弦稳态电路同时存在电感元件和电容元件时,电感元件吸收能量的时刻正是电容元件释放能量的时刻,可见电感元件和电容元件无功功率的性质相反。为了区分电路的无功功率是电感性还是电容性,规定电路的无功功率用 Q 表示,电感性无功功率取正值,即 $Q=Q_L$;电容性无功功率取负值,即 $Q=-Q_C$。

【例 4-3-3】 将一个 10μF 的电容元件接至工频 220V 的电源上,求电路中的电流 I、容抗 X_C 及无功功率 Q_C、Q。

【解答】 由式(4-3-15)可得

$$X_C=\frac{1}{2\pi fC}=\frac{1}{2\times 3.14\times 50\times 10\times 10^{-6}}\approx 318.5\Omega$$

由式(4-3-14)可得

$$I=\frac{U}{X_C}=\frac{220}{318.5}\approx 0.69\text{A}$$

由式(4-3-18)可得

$$Q_C=UI=220\times 0.69=151.8\text{var}$$

因为电路的无功功率为电容性,所以有

$$Q=-Q_C=-151.8\text{var}$$

4.4　正弦交流电路的分析

4.4.1　阻抗和导纳

正弦交流电路在同一频率的正弦电源激励下处在稳态的线性时不变电路。正弦交流电路中的所有电压、电流都是与电源同频率的正弦量。电路中基本元件的伏安关系以及基本定律均可用相量形式表示,为了分析电路方便,引入复阻抗、复导纳的概念。

在串联参考方向下,R、L、C 基本元件的伏安关系的相量形式为

$$\dot U_R=R\dot I_R,\quad \dot U_L=\text{j}\omega L\dot I_L,\quad \dot U_C=\frac{1}{\text{j}\omega C}\dot I_C \tag{4-4-1}$$

因而把正弦稳态时的电压与电流相量之比定义为该原件的复阻抗(Complex Impedance),简称阻抗,记为 Z,即 $Z=\dfrac{\dot U}{\dot I}$。所以电阻、电感、电容的阻抗分别为

$$\begin{cases}Z_R=R\\ Z_L=\text{j}\omega L\\ Z_C=\dfrac{1}{\text{j}\omega C}=-\text{j}\dfrac{1}{\omega C}\end{cases} \tag{4-4-2}$$

这样,R、L、C 基本元件伏安关系的相量形式可归结为

$$\dot U=Z\dot I \tag{4-4-3}$$

式(4-4-3)称为欧姆定律的相量形式,其中电压相量和电流相量为关联参考方向。

复阻抗得的倒数定义为复导纳(Complex Admittance),记为 Y,简称导纳,即

$$Y=\frac{1}{Z}=\frac{\dot{I}}{\dot{U}} \tag{4-4-4}$$

因此，R、L、C 基本元件伏安关系的相量形式也可归结为

$$\dot{I}=Y\dot{U} \tag{4-4-5}$$

式(4-4-5)为欧姆定律的另一个相量形式。

对于仅含线性电阻、电感、电容等元件，但不含独立源的一端口网络 N_0，如图 4-4-1(a)所示，在正弦电源激励下，稳态时，可以定义该一端口网络的复阻抗为

$$Z\overset{\text{def}}{=\!=}\frac{\dot{U}}{\dot{I}}=|Z|\angle\varphi_z \tag{4-4-6}$$

式中：$\dot{U}$、$\dot{I}$ 分别为端口的电压、电流的相量，$\dot{U}=U\angle\theta_u$，$\dot{I}=I\angle\theta_i$。

复阻抗的符号如图 4-4-1(b)所示。Z 的模值 $|Z|$ 称为阻抗的模，辐角 φ_z 称为阻抗角，$|Z|=\frac{U}{I}$，$\varphi_z=\theta_u-\theta_i$。阻抗 Z 的复数形式为 $Z=R+\mathrm{j}X$，其实部 $\mathrm{Re}[Z]=|Z|\cos\varphi_z=R$，称为等效电阻；虚部 $\mathrm{Im}[Z]=|Z|\sin\varphi_z=X$，称为等效电抗。

对于单个原件，电阻的阻抗虚部为零，实部即为 R；电感的阻抗实部为零，虚部为 ωL，用 X_L 表示，即 $X_L=\omega L$，称为电感的电抗，简称感抗；电容的阻抗实部为零，虚部为 $\frac{1}{\omega C}$，用 X_C 表示，即 $X_C=\frac{1}{\omega C}$，称为电容的电抗、简称容抗。显然，阻抗、电抗具有电阻的量纲。

复导纳的符号如图 4-4-1(c)所示。定义一端口网络的复导纳：

$$Y=\frac{1}{Z}=\frac{\dot{I}}{\dot{U}}=\frac{I}{U}\angle\theta_u-\theta_i=|Y|\angle\varphi_Y \tag{4-4-7}$$

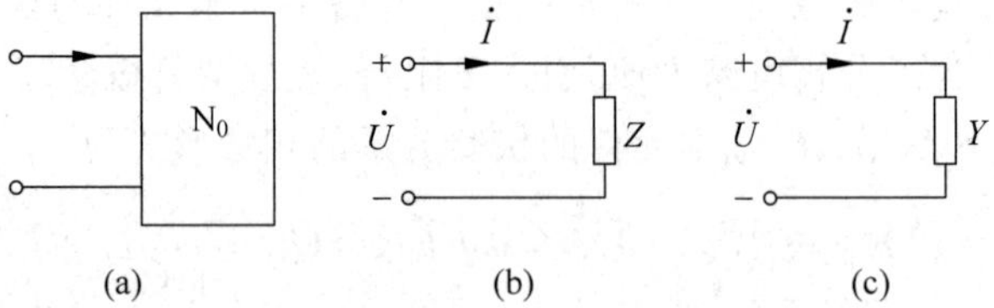

(a)　(b)　(c)

图 4-4-1　一端口网络的复阻抗、复导纳

Y 的模 $|Y|$ 称为导纳的模，辐角 φ_Y 称为导纳角。$|Y|\frac{I}{U}$，$\varphi_Y=\theta_i-\theta_u$。$Y$ 也可以表示为复数形式 $Y=G+\mathrm{j}B$，其实部 $\mathrm{Re}[Y]=|Y|\cos\varphi_Y=G$，称为等效电导；虚部 $\mathrm{Im}[Y]=|Y|\sin\varphi_Y=B$，称为等效电纳。

对于 R、L、C 元件，它们的导纳分别为

$$\begin{cases}Y_R=G=\frac{1}{R}\\ Y_L=\frac{1}{\mathrm{j}\omega L}=-\mathrm{j}\frac{1}{\omega L}=-\mathrm{j}B_L\\ Y_C=\mathrm{j}\omega C=\mathrm{j}B_C\end{cases} \tag{4-4-8}$$

电阻 R 的导纳实部即为电导 $G=\dfrac{1}{R}$，虚部为零；电感的导纳实部为零，虚部为 $B_L=\dfrac{1}{\omega L}$，称为电感的电纳，简称感纳；电容的导纳实部为零，虚部为 $B_C=\omega C$，称为电容的电纳，简称容纳。显然，导纳、电纳具有电导的量纲。

注意：虽然阻抗和导纳是复数，但它们不是相量，所以不代表任何正弦量。

一般情况下，由式(4-4-6)定义的阻抗 Z 又称为一端口网络 N_0 的等效阻抗、输入阻抗或驱动点阻抗，它的实部和虚部都是外施正弦激励角频率 ω 的函数，此时 $Z(j\omega)=R(\omega)+jX(\omega)$。

$Z(j\omega)$的实部 $R(\omega)$称为电阻分量，它不一定完全由网络中的电阻所确定，一般来说是网络中各元件参数是频率的函数；$Z(j\omega)$的虚部 $X(\omega)$称为电抗分量，它们之间的关系可以用图 4-4-2 所示的阻抗三角形来表示。

当不同频率的正弦激励作用于一端口网络 N_0 时，阻抗可能出现三种情况。

(1) $X>0,\varphi_z>0$，称阻抗 Z 为感性阻抗，阻抗角大于零表示其电流滞后电压 φ_z 角。

(2) $X<0,\varphi_z<0$，称阻抗 Z 为容性阻抗，阻抗角小于零表示其电流超前电压 φ_z 角。

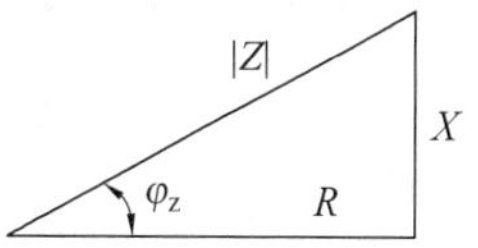

图 4-4-2　$Z(j\omega)$的实部和虚部关系图

(3) $X=0,\varphi_z=0$，称阻抗 Z 为电阻性阻抗，阻抗角等于零表示其电流与电压同相。

N_0 中有受控源时，可能会有 $\mathrm{Re}[Z(j\omega)]<0$ 或$|\varphi_z|>90°$的情况发生。

【例 4-4-1】 电路如图 4-4-3(a)所示，已知电压源的电压 $u_S=50\sqrt{2}\cos(1000t+30°)$V，$R=20\Omega,L=15\text{mH},C=100\mu\text{F}$，求电路中的电流及各元件两端的电压。

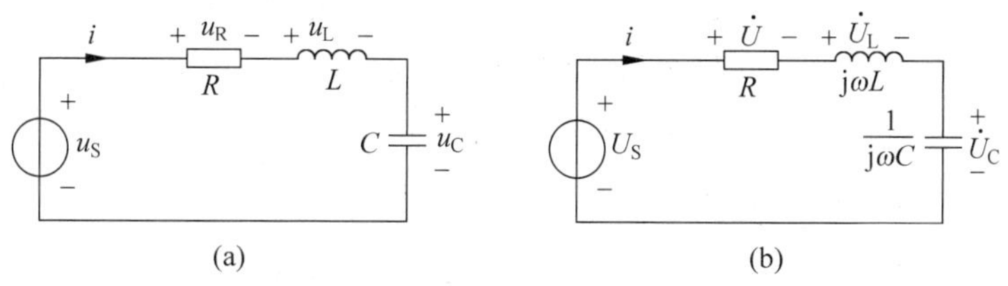

图 4-4-3　例 4-4-1 图

【解答】 首先将图 4-4-3(a)所示的电路用图 4-4-3(b)所示的相量形式的电路来表示，即 $\dot{U}_S=50\underline{/30°}$V，$Z_R=R=20\Omega$，$Z_L=j\omega L=j15\Omega$，$Z_C=1/(j\omega C)=-j10\Omega$。

根据 KVL 的相量形式有

$$\dot{U}_S=\dot{U}_R+\dot{U}_L+\dot{U}_C=Z_R\dot{I}+Z_L\dot{I}+Z_C\dot{I}$$

则有

$$\dot{I}=\frac{\dot{U}_S}{Z_R+Z_L+Z_C}=\frac{50\underline{/30°}}{20+j15-j10}=2.43\underline{/15.96°}\text{A}$$

各元件两端的电压相量分别为

$$\dot{U}_R=R\dot{I}=48.6\underline{/15.96°}\text{V}$$

$$\dot{U}_L=j\omega L\dot{I}=36.35\underline{/105.96°}\text{V}$$

$$\dot{U}_C=-j\frac{1}{\omega C}\dot{I}=24.3\underline{/-74.04°}\text{V}$$

各电压、电流的相量如图4-4-4所示，可以一目了然地看出各电压、电流间的相位关系。

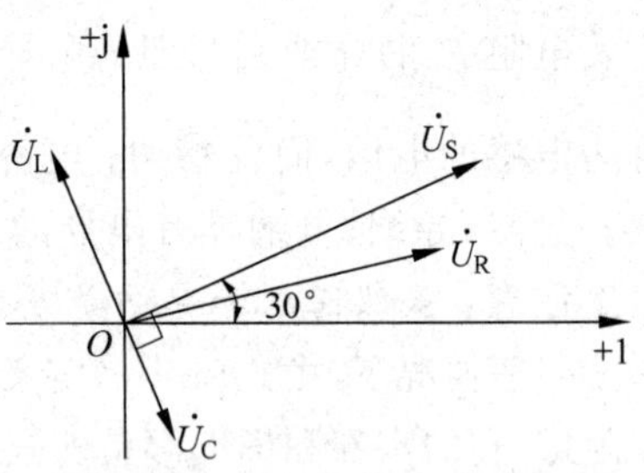

图4-4-4 电压、电流的相量图

由任何回路写出来的KVL方程，用相量图表示出来都将是一个封闭的多边形，且各相量依次首尾相接，这也是验证电路计算正确与否的一种方法。同理，电路中任一点的KCL方程在相量图中也将构成一个封闭的多边形。

一个时域形式的正弦交流电路，在用相量模型表示后，与直流电阻电路的形式完全相同，只不过这里出现的是阻抗或导纳和用相量表示的电源、电压、电流。

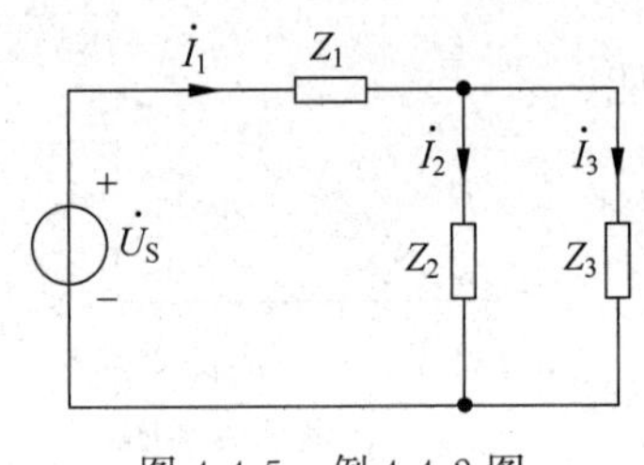

图4-4-5 例4-4-2图

【例4-4-2】 电路如图4-4-5所示，已知$\dot{U}_S=100\underline{/0^\circ}\text{V}$，$Z_1=10\Omega$，$Z_2=5\underline{/45^\circ}\Omega$，$Z_3=(6+\text{j}8)\Omega$，求$\dot{I}_1$、$\dot{I}_2$、$\dot{I}_3$。

【解答】 因为Z_2、Z_3为并联连接，所以

$$Z_{23}=\frac{Z_2Z_3}{Z_2+Z_3}=\frac{5\underline{/45^\circ}\times(6+\text{j}8)}{5\underline{/45^\circ}+(6+\text{j}8)}$$

$$=2.25+\text{j}2.47=3.34\underline{/47.71^\circ}\Omega$$

Z_1与Z_{23}为串联连接，所以

$$Z_{123}=Z_1+Z_{23}=10+2.25+\text{j}2.47$$

$$=12.5+\text{j}2.47=12.5\underline{/11.4^\circ}\Omega$$

则

$$\dot{I}_1=\frac{\dot{U}_S}{Z_{123}}=\frac{100\underline{/0^\circ}}{12.5\underline{/11.4^\circ}}=8\underline{/-11.4^\circ}\text{A}$$

由分流公式得

$$\dot{I}_3=\frac{Z_2}{Z_2+Z_3}\dot{I}_1=\frac{5\underline{/45^\circ}}{5\underline{/45^\circ}+6+\text{j}8}\times 8\underline{/-11.4^\circ}\text{A}=2.67\underline{/-16.82^\circ}\text{A}$$

根据KCL，有

$$\dot{I}_2=\dot{I}_1-\dot{I}_3=(8\underline{/-11.4^\circ})-(2.67\underline{/-16.82^\circ})\text{A}=5.35\underline{/-8.6^\circ}\text{A}$$

或

$$\dot{I}_2=\frac{Z_3}{Z_2+Z_3}\dot{I}_1=\frac{6+\text{j}8}{5\underline{/45^\circ}+6+\text{j}8}\times 8\underline{/-11.4^\circ}\text{A}=5.35\underline{/-8.6^\circ}\text{A}$$

4.4.2 电路的相量图

电路的相量图是由各支路中的电流相量和电压相量在复平面上组成的。利用电路的相量图可以对电路进行分析和计算，这一点在例4-4-1中已经学过。画相量图时要注意把各节点上的支路电流相量画在一起，这些相量应满足KCL，并利用相量求和平移法，把它们画成首尾相连的封闭多边形。把各回路中的支路电压画在一起，使之满足KVL，同样画成首尾相连的封闭多边形。一般电路并联时，以并联电路共同的电压为参考相量；电路串联时，以串联电路共同的电流为参考相量。

【例 4-4-3】 已知 RLC 串联电路，感抗大于容抗，试定性地画出其相量图。

【解答】 对于如图 4-4-3(a)所示的 RLC 串联电路，取电流相量 $\dot{I}$ 为参考相量，令其初相为零并画成水平方向。

根据 RLC 的电压与电流的相量形式，R 两端的电压与电流相同；L 两端的电压超前电流 90°，故可画出图 4-4-6(a)所示的相量图。由于感抗大于容抗，因此 U_L 大于 U_C，呈感性，即 $\varphi=\theta_u-\theta_i>0$。

由于 KVL 中求电压代数和与电压的次序无关，因此可得图 4-4-6(b)所示的相量图。其电压相量 $\dot{U}$ 与电流相量 $\dot{I}$ 的相位保持不变。由图 4-4-6 可知，尽管相量图不是唯一的，但其电压相量 $\dot{U}$ 与电流相量 $\dot{I}$ 的相位关系是唯一的。

由图 4-4-6(a)可得到图 4-4-7 所示的相量图(U_L 大于 U_C)。该相量图由于电压相量构成直角三角形关系，称其为电压三角形。

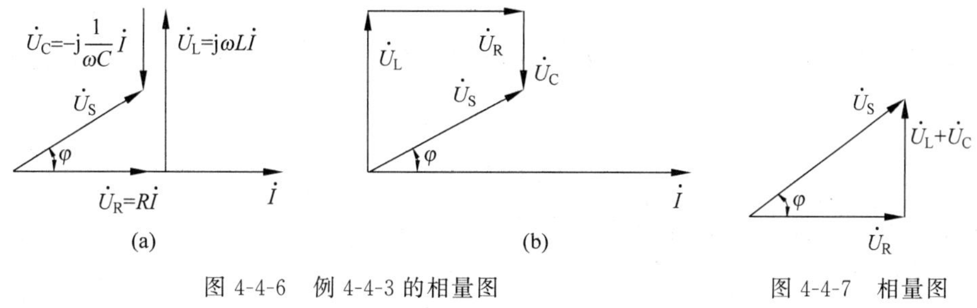

图 4-4-6　例 4-4-3 的相量图　　　图 4-4-7　相量图

【例 4-4-4】 电路如图 4-4-8(a)所示，在求解正弦稳态电路中的某些参数时，已知 $\dot{U}$ 与 $\dot{I}$ 相同，$\omega=10^3$ rad/s，有效值 $U_R=6$V，$U_L=8$V，$I=3$A，求 R、L、C。

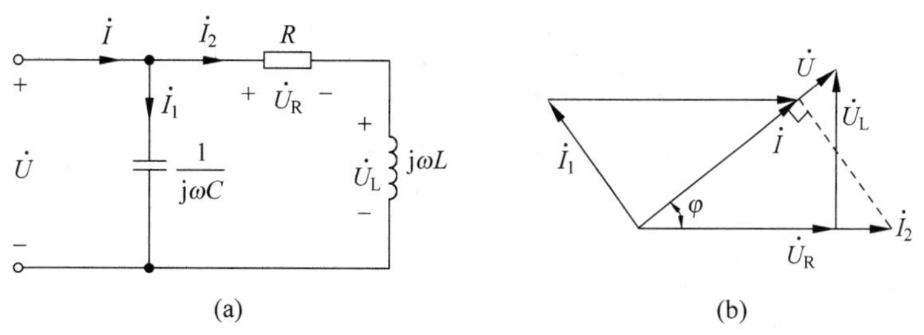

图 4-4-8　例 4-4-4 图

【解答】 设 $\dot{I}_2$ 初相为零，以 $\dot{I}_2$ 为参考相量画出相量图，如图 4-4-8(b)所示。其中 $\dot{U}_R$ 与 $\dot{I}_2$ 同相，$\dot{U}_L$ 超前 $\dot{U}_R$ 90°，$\dot{U}=\dot{U}_R+\dot{U}_L$，而 $\dot{I}_1$ 超前 $\dot{U}$ 90°，$\dot{I}=\dot{I}_1+\dot{I}_2$ 且与 $\dot{U}$ 同相。

由相量图的几何关系，得

$$U=\sqrt{U_R^2+U_L^2}=\sqrt{6^2+8^2}\approx 10\text{V}\qquad \varphi=\arctan\frac{U_L}{U_R}=\arctan\frac{8}{6}\approx 53.13^\circ$$

$$I_2=\frac{I}{\cos\varphi}=\frac{3}{\cos 53.13^\circ}\approx 5\text{A}\qquad I_1=I\tan\varphi=3\times\frac{8}{6}=4\text{A}$$

$$R=\frac{U_R}{I_2}=\frac{6}{5}=1.2\Omega\qquad L=\frac{U_L}{\omega I_2}=\frac{8}{10^3\times 5}=1.6\text{mH}$$

$$C=\frac{I_2}{\omega U}=\frac{4}{10^3\times10}=400\mu\text{F}$$

4.4.3 用相量法分析 RLC 串联电路

图 4-4-9 RLC 串联电路

如图 4-4-9 所示，当电路两端加正弦交流电压时，电路中各元件将流过同一频率的正弦电流，同时各元件两端分别产生同一频率的电压，设参考方向如图示。

根据基尔霍夫电压定律得 $u=u_R+u_L+u_C$。用相量法可表示为

$$\dot{U}=\dot{U}_R+\dot{U}_L+\dot{U}_C=R\dot{I}+jX_L\dot{I}-jX_C\dot{I}=\dot{I}[R+j(X_L-X_C)] \tag{4-4-9}$$

则可得 RLC 串联电路中电压、电流相量关系为

$$\frac{\dot{U}}{\dot{I}}=R+j(X_L-X_C)=R+jX=Z \tag{4-4-10}$$

复阻抗的极坐标形式为 $Z=|Z|\angle\varphi_z$，其中 $|Z|=\sqrt{R^2+(X_L-X_C)^2}$，$\varphi_z=\arctan\dfrac{X_L-X_C}{R}$。

由以上分析可知：

(1) RLC 串联电路中电压、电流大小关系为 $|Z|=U/I$。

(2) RLC 串联电路中相位关系为 $\varphi_z=\varphi_u-\varphi_i$。

(3) RLC 串联电路中电压电流相量关系为 $Z=\dfrac{\dot{U}}{\dot{I}}$。

4.4.4 用相量法分析 RLC 并联电路

如图 4-4-10 所示，当电路两端加正弦交流电压时，电路中各元件将流过同一频率的正弦电流，设参考方向如图示。

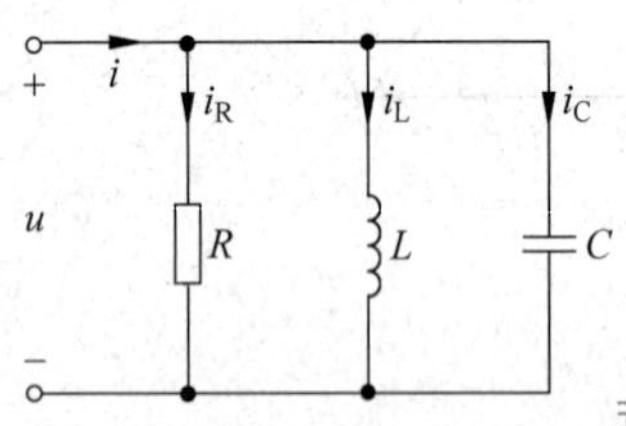

图 4-4-10 RLC 并联电路

根据基尔霍夫电流定律得 $i=i_R+i_L+i_C$。用相量法可表示为

$$\dot{I}=\dot{I}_R+\dot{I}_L+\dot{I}_C=\frac{\dot{U}}{R}+\frac{\dot{U}}{j\omega L}+\frac{\dot{U}}{-j\dfrac{1}{\omega C}}$$

$$=\dot{U}[G+j(B_C-B_L)] \tag{4-4-11}$$

式中：B_L 为感纳；B_C 为容纳。则可得 RLC 并联电路中电压、电流相量关系为

$$\frac{\dot{I}}{\dot{U}}=G+j(B_C-B_L)=G+jB=Y \tag{4-4-12}$$

复导纳的极坐标形式为 $Y=|Y|\angle\varphi_Y$，其中 $|Y|=\sqrt{G^2+(B_C-B_L)^2}$，$\varphi_Y=\arctan\dfrac{B_C-B_Y}{G}$。

由以上分析可知：

（1）RLC 并联电路中电压电流大小关系为$|Y|=I/U$。

（2）RLC 并联电路中相位关系为$\varphi_Y=\varphi_i-\varphi_u$。

（3）RLC 串联电路中电压电流相量关系为$Y=\dfrac{\dot{I}}{\dot{U}}$。

4.4.5　正弦稳态电路的分析计算

由于正弦稳态电路基本定律的相量形式与直流线性电阻基本定律的时域形式是完全对应的，因此直流线性电阻电路的各种电路定律和基本分析方法（等效变换法、电路方程法、电路定理法）完全适用于正弦稳态电路的分析。需要注意的是，用相量法对正弦稳态电路分析和计算时，其各支路的电压、电流必须用相量$\dot{U}$、$\dot{I}$表示，元件参数R、L、C及它们的组合必须用阻抗或导纳表示，而计算则用复数运算。

用相量法分析正弦稳态电路所采取的一般步骤如下。

（1）画出与时域电路相对应的相量形式的电路模型。

（2）选择适当的分析方法求解待求相量。

（3）将求得的相量变换为时域响应。

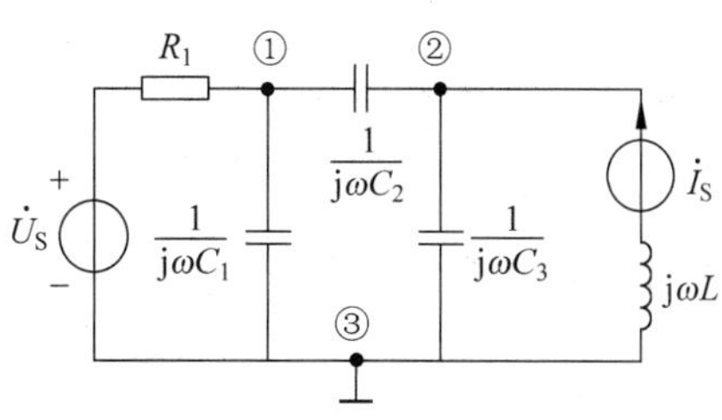

图 4-4-11　例 4-4-5 图

【例 4-4-5】　电路如图 4-4-11 所示，试列出其节点电压方程。

【解答】　电路中共有三个节点，取节点③为参考节点，其余两节点的节点电压相量分别为$\dot{U}_1$、$\dot{U}_2$。根据节点电压方法可列出节点电压方程为

$$\begin{cases}Y_{11}\dot{U}_1+Y_{12}\dot{U}_2=\dot{I}_{S1}\\Y_{21}\dot{U}_1+Y_{22}\dot{U}_2=\dot{I}_{S2}\end{cases}$$

式中：$Y_{11}=\dfrac{1}{R_1}+j\omega C_1+j\omega C_2$；$Y_{21}=-j\omega C_2$；$Y_{12}=-j\omega C_2$；$Y_{22}=j\omega C_2+j\omega C_3$；$\dot{I}_{S1}=\dfrac{\dot{U}_S}{R_1}$；$\dot{I}_{S2}=\dot{I}_S$。

所以图 4-4-11 所示电路的节点电压方程的相量形式为

$$\begin{cases}\left(\dfrac{1}{R_1}+j\omega C_1+j\omega C_2\right)\dot{U}_1-j\omega C_2\dot{U}_2=\dfrac{\dot{U}_S}{R_1}\\-j\omega C_2\dot{U}_1+(j\omega C_2+j\omega C_3)\dot{U}_2=\dot{I}_S\end{cases}$$

4.5　正弦交流电路中的谐振

电阻元件R、电感元件L、电容元件C构成的电路，电压和电流的相位差各不相同。因此，在含有R、L和C的正弦电路中，由于电路参数的不同，电压和电流的相位差（后续称为阻抗角）可能大于零、小于零或等于零。若调节电路的参数R、L、C和电路频率f满足一定的条件，使阻抗角$\varphi=0$，电路中电感与电容的作用就会互相抵消，使电路总电压与总电流同相，从

而使整个电路呈现电阻性，电路发生谐振现象。

4.5.1 RLC串联交流电路的物理参数

RLC串联交流电路如图4-5-1所示，由于L和C都具有阻抗性质，所以串联电路与电阻串联电路的性质类似，物理参数主要是电压、电流，只是表达形式不同。

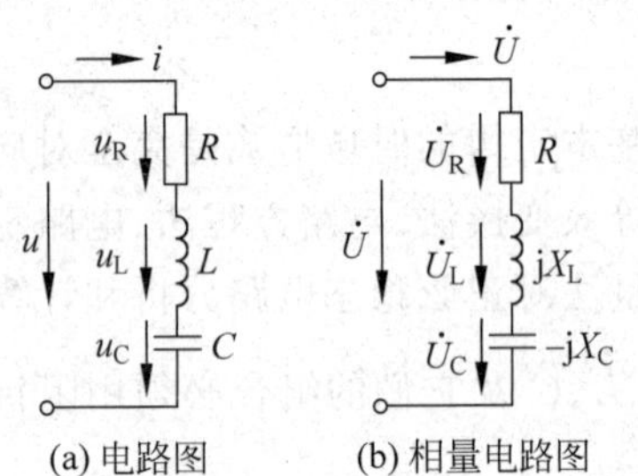

(a) 电路图　(b) 相量电路图

图4-5-1　RLC串联交流电路

1. 正弦电流

如图4-5-1所示，正弦电流瞬时值表达式为

$$i = I_{\mathrm{m}} \sin\omega t$$

R、L、C元件上的电流值都相同，都可以用正弦交流电流表示方法来描述。用I表示有效值，I_{m}表示最大值，$\dot{I}$为复数形式，即

$$I = I_{\mathrm{R}} = I_{\mathrm{L}} = I_{\mathrm{C}}$$

2. RLC元件的电压降

RLC串联电路中，R、L、C元件的电压降遵循相量欧姆定律和基尔霍夫定律KVL。R、L、C上的电压降分别为

$$U_{\mathrm{R}} = U_{\mathrm{Rm}} \sin\omega t = R I_{\mathrm{m}} \sin\omega t \tag{4-5-1}$$

$$U_{\mathrm{L}} = U_{\mathrm{Lm}} \sin(\omega t + 90^\circ) = X_{\mathrm{L}} I_{\mathrm{m}} \sin(\omega t + 90^\circ) \tag{4-5-2}$$

$$U_{\mathrm{C}} = U_{\mathrm{Cm}} \sin(\omega t - 90^\circ) = X_{\mathrm{C}} I_{\mathrm{m}} \sin(\omega t - 90^\circ) \tag{4-5-3}$$

R、L、C元件串联形成的是二端元件，根据KVL定律，则加在两端的电压u为

$$u = u_{\mathrm{R}} + u_{\mathrm{L}} + u_{\mathrm{C}} \tag{4-5-4}$$

$$\dot{U} = \dot{U}_{\mathrm{R}} + \dot{U}_{\mathrm{L}} + \dot{U}_{\mathrm{C}} \tag{4-5-5}$$

3. 复阻抗和电抗

1）复阻抗

在RLC串联电路中，有

$$\dot{U}_{\mathrm{R}} = R\dot{I}_{\mathrm{R}},\quad \dot{U}_{L} = \mathrm{j}\omega L\dot{I}_{\mathrm{L}} = \mathrm{j}X_{\mathrm{L}}\dot{I}_{\mathrm{L}},\quad \dot{U}_{\mathrm{C}} = \frac{-\mathrm{j}\dot{I}_{\mathrm{C}}}{\omega C} = -\mathrm{j}X_{\mathrm{C}}\dot{I}_{\mathrm{C}}$$

并且有

$$\dot{I} = \dot{I}_{\mathrm{R}} + \dot{I}_{\mathrm{L}} + \dot{I}_{\mathrm{C}}$$

则有

$$\dot{U} = R\dot{I} + \mathrm{j}\omega L\dot{I} - \mathrm{j}\frac{1}{\omega C}\dot{I} = \dot{I}\left[R + \mathrm{j}\left(\omega L - \frac{1}{\omega C}\right)\right]$$

令

$$Z = R + \mathrm{j}\left(\omega L - \frac{1}{\omega C}\right)$$

则有

$$\dot{U} = \dot{I}Z \tag{4-5-6}$$

式(4-5-6)即为欧姆定律的相量形式，定义Z为RLC串联电路的复阻抗，单位为欧姆(Ω)。

2）电抗

复阻抗 Z 由实部 R 和虚部 $\mathrm{j}[\omega L-1/(\omega C)]$两部分组成，其中：

$$X_L=\omega L,\quad X_C=1/(\omega C)$$

令

$$X=\omega L-\frac{1}{\omega C}=X_L-X_C \tag{4-5-7}$$

式中：X 称为电抗，单位为欧姆(Ω)，RLC 电路中电抗 X 值可表达电路的性质，由它可判断 RLC 电路是电阻性、电感性还是电容性电路，在交流电路中得到广泛应用。

复阻抗 Z 是一个复数，其模 $|Z|$ 称为阻抗，表示复阻抗的大小，单位为欧姆(Ω)；辐角 φ 称为阻抗角。复阻抗可以根据电路参数计算，即

$$|Z|=\sqrt{R^2+X^2}=\sqrt{R^2+(X_L-X_C)^2}=\sqrt{R^2+\left(\omega L-\frac{1}{\omega C}\right)^2}$$

$$\varphi=\arctan\frac{X_L-X_C}{R}=\arctan\frac{2\pi fL-\dfrac{1}{2\pi fC}}{R} \tag{4-5-8}$$

也可以根据电路电流和电压计算，即

$$|Z|=\frac{U}{I}$$

$$\varphi=\psi_u-\psi_i \tag{4-5-9}$$

4.5.2　RLC 串联电路的性质

根据阻抗角 φ 的不同取值，可将电路划分为电感性、电容性和电阻性三种性质。

当 $\varphi>0$ 时，说明电压 u 比电流 i 超前 φ 角，对串联电路 $X_L>X_C$，$U_L>U_C$，电路中电感的作用大于电容的作用，故称为电感性电路(简称感性)。电感性电路的相量图如图 4-5-2 所示。

当 $\varphi<0$ 时，说明电压 u 比电流 i 滞后 $|\varphi|$ 角，对串联电路 $X_L<X_C$，$U_L<U_C$，电路中电容的作用大于电感的作用，故称为电容性电路(简称容性)。电容性电路的相量图如图 4-5-3 所示。

当 $\varphi=0$ 时，说明电压 u 与电流 i 同相，对串联电路 $X_L=X_C$，$U_L=U_C$，电路中电感的作用与电容的作用相互抵消，故称为电阻性电路(简称阻性)，电路的这种现象称为谐振。电阻性电路的相量图如图 4-5-4 所示。

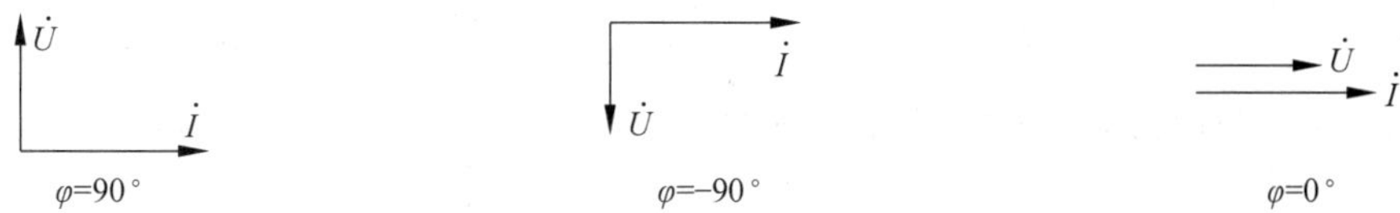

图 4-5-2　电感性电路的相量图　　图 4-5-3　电容性电路的相量图　　图 4-5-4　电阻性电路的相量图

4.5.3　RLC 串联电路中的功率计算

1. 瞬时功率 p

由正弦电流 i 和电压 u 的瞬时值相乘，所求得的功率为瞬时功率，即

$$p=ui=UI[\cos\varphi-\cos(2\omega t+\varphi)] \tag{4-5-10}$$

2. 平均功率 P

在一个周期内电路消耗的平均功率(即有功功率)为

$$P=\frac{1}{T}\int_0^T p\,\mathrm{d}t=\frac{1}{T}\int_0^T [UI\cos\varphi-UI\cos(2\omega t-\varphi)]\,\mathrm{d}t=UI\cos\varphi \tag{4-5-11}$$

有功功率也就是电阻元件上所消耗的功率,即

$$P=U_{\mathrm{R}}I=UI\cos\varphi \tag{4-5-12}$$

式中：$\cos\varphi$ 称为功率因数；φ 称为功率因数角,它是描述 RLC 交流电运行状态能量转换的重要技术指标；φ 的大小决定有功功率。

3. 无功功率 Q

若 RLC 交流电路呈容性或感性时,衡量能量转换的无功功率为

$$Q=Q_{\mathrm{L}}-Q_{\mathrm{C}}=(U_{\mathrm{L}}-U_{\mathrm{C}})I=UI\sin\varphi \tag{4-5-13}$$

4. 视在功率 S

在 RLC 电路中电压和电流有效值的乘积定义为视在功率,即

$$S=UI \tag{4-5-14}$$

视在功率的单位是伏安(V·A)或千伏安(kV·A)。工程上用视在功率衡量供电设备的额定容量,常标注在设备的铭牌上。

5. 功率因数 $\cos\varphi$

在 RLC 串联电路中,电源供给的总功率既有被电阻消耗的有功功率,也有电感和电容转换能量需要的无功功率,这样就存在电源功率利用的问题。为反映此问题把有功功率与视在功率的比值定义为功率因数,用 λ 表示,即

$$\lambda=\frac{P}{S}=\cos\varphi \tag{4-5-15}$$

一般的用电设备都属于电感性负载,因而电路的功率因数往往都是比较低的,这样就使得发电设备的利用率较低,并且增大了线路上的功率损耗和电压降。解决这两个问题的常用方法就是在感性负载两端并联大小适当的电容器来提高功率因数。

【例 4-5-1】 将电阻 $R=8\Omega$,电感 $L=25.5\mathrm{mH}$ 的线圈接在电压 $u=220\sqrt{2}\sin(314t+30°)\mathrm{V}$ 的电源上,求：(1)复阻抗 Z；(2)电路电流 i；(3)线圈的有功功率 P、无功功率 Q、视在功率 S。

【解答】 (1) $Z=R+\mathrm{j}\omega L=8+\mathrm{j}314\times25.5\times10^{-3}=8+8\mathrm{j}=8\sqrt{2}\angle45°\Omega$

(2) 选定电压与电流为关联参考方向,而 $\dot{U}=220\angle30°\mathrm{V}$,有

$$\dot{I}=\frac{\dot{U}}{Z}=\frac{220\angle30°}{8\sqrt{2}\angle45°}=13.75\sqrt{2}\angle-15°\mathrm{A}$$

所以有

$$i=27.5\sin(314t-15°)\mathrm{A}$$

(3)

$$P=UI\cos\varphi=220\times13.75\sqrt{2}\times\cos45°\approx3025\mathrm{W}$$

$$Q=UI\sin\varphi=220\times13.75\sqrt{2}\times\sin45°\approx3025\mathrm{W}$$

$$S=UI=220\times13.75\sqrt{2}\approx4278\mathrm{V\cdot A}$$

4.5.4 RLC 串联电路的谐振

由 RLC 串联电路可知，其复阻抗：

$$Z=R+\mathrm{j}(X_L-X_C)=R+\mathrm{j}\left(\omega L-\frac{1}{\omega C}\right)=|Z|\angle\varphi$$

如果满足条件：

$$X_L=X_C \quad 或 \quad \omega L=\frac{1}{\omega C}$$

则有 $\varphi=0$，$|Z|=R$，电路为电阻性电路，电路的总电压与总电流同相，通常把此时电路的工作状态称为谐振。RLC 串联谐振时电路的谐振角频率 ω_0 和谐振频率 f_0 分别为

$$\begin{cases}\omega_0=\dfrac{1}{\sqrt{LC}}\\ f_0=\dfrac{1}{2\pi\sqrt{LC}}\end{cases}\tag{4-5-16}$$

由式(4-5-16)可见，谐振角频率 ω_0 或谐振频率 f_0 仅取决于电感和电容这两个参数，而与电阻和外加的电压无关，所以谐振频率又称为电路的固有振荡频率，并且其值唯一。

谐振现象是电路中的一种重要的现象，一方面它在无线电与电工技术中有着广泛的应用；另一方面，在电力系统中如果发生谐振，则会使电力系统受到严重的破坏。研究谐振的目的在于认识这种客观现象及特征，利用它有利的一面，防止它有害的一面。

4.5.5 RLC 并联电路的谐振

图 4-5-5 所示为 RLC 并联电路，是另一种典型的谐振电路，分析方法与 RLC 串联谐振电路相同，其等效复导纳：

$$Y=Y_R+Y_L+Y_C=\frac{1}{R}-\mathrm{j}\frac{1}{\omega L}+\mathrm{j}\omega C=G+\mathrm{j}\left(\omega C-\frac{1}{\omega L}\right)=|Y|\angle\varphi$$

当复导纳 Y 的虚部为零时，即

$$\omega C=\frac{1}{\omega L}$$

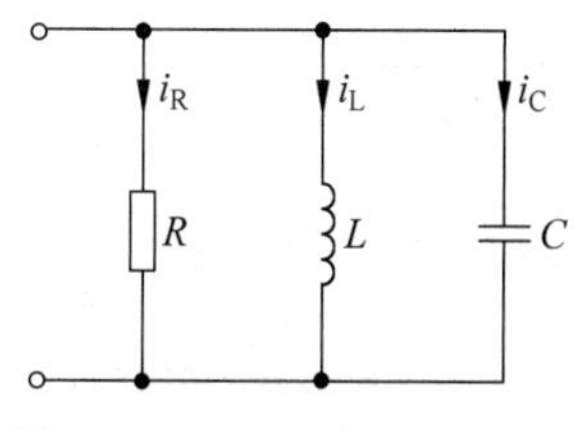

图 4-5-5 RLC 并联谐振电路

则有 $\varphi=0$，$|Y|=G=1/R$，电路为电阻性电路，电路的总电压与总电流同相，通常把此时电路的工作状态称为谐振。RLC 并联谐振时电路的谐振角频率 ω_0 和谐振频率 f_0 分别为

$$\begin{cases}\omega_0=\dfrac{1}{\sqrt{LC}}\\ f_0=\dfrac{1}{2\pi\sqrt{LC}}\end{cases}\tag{4-5-17}$$

4.6 RLC 串联谐振电路 Multisim 仿真实例

在正弦交流电路中，RLC 串联电路在一定条件下会发生谐振，下面利用 Multisim 10 软件，进行 RLC 串联谐振电路的仿真实验。

1. 仿真目的

RLC 串联电路中，谐振频率的观察和测量。

RLC 串联谐振时，输入信号和输出信号波形的观察与测量。

RLC 串联电路中，谐振频率幅频特性和相频特性的观察。

2. 仿真过程

(1) 利用 Multisim 10 软件绘制图 4-6-1 所示的正弦交流仿真电路图。

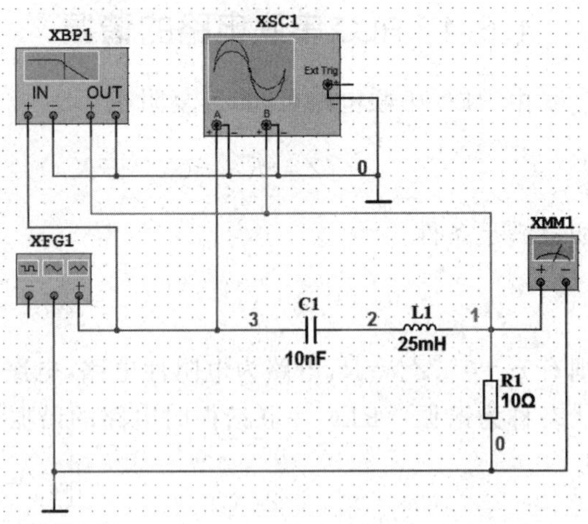

图 4-6-1　RLC 串联谐振仿真电路图

(2) 设置电容 $C_1=10\text{nF}$，电感 $L_1=25\text{mH}$，电阻 $R_1=10\Omega$；函数发生器 XFG1 的波形为正弦波，频率为 1kHz，振幅为 1V；数字万用表 XMM1 设置为交流电压表。

(3) 调整函数发生器 XFG1 的正弦波频率，分别观察示波器的输出电压波形和电压表的电压，使示波器的输出电压最大或电压表输出最高，记录下 XFG1 中的正弦波频率，如图 4-6-2 所示。示波器 XSC1 的波形如图 4-6-3 所示，其中幅度大的为输入波形，幅度小的为输出波形，两者同相位，说明电路呈阻性，发生了串联谐振，此时 XFG1 中的频率即为谐振频率。

图 4-6-2　正弦波频率设置界面

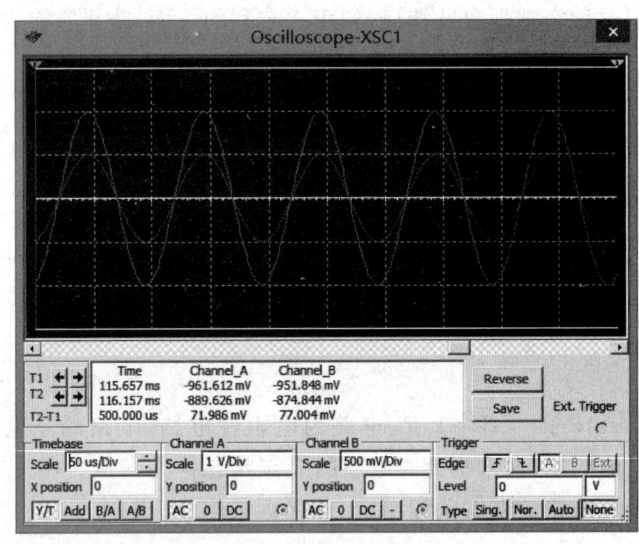

图 4-6-3　谐振时输入、输出电压波形($f=10.0625\text{kHz}$)

(4) 当函数发生器 XFG1 的正弦波频率高于谐振频率时，电路呈现电感性，波形如图 4-6-4 所示。

(5) 当函数发生器 XFG1 的正弦波频率低于谐振频率时，电路呈现电容性，波形如图 4-6-5 所示。

(6) 谐振电路的频率特性可以使用波特图仪或交流分析法进行观察。

① 波特图仪法：双击波特图仪 XBP1，幅频特性如图 4-6-6 所示，相频特性如图 4-6-7 所示。

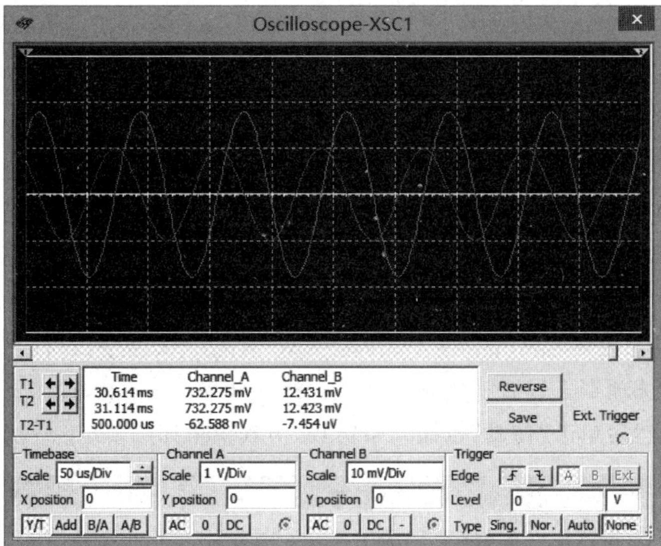

图 4-6-4　感性时输入、输出电压波形($f=12$kHz)

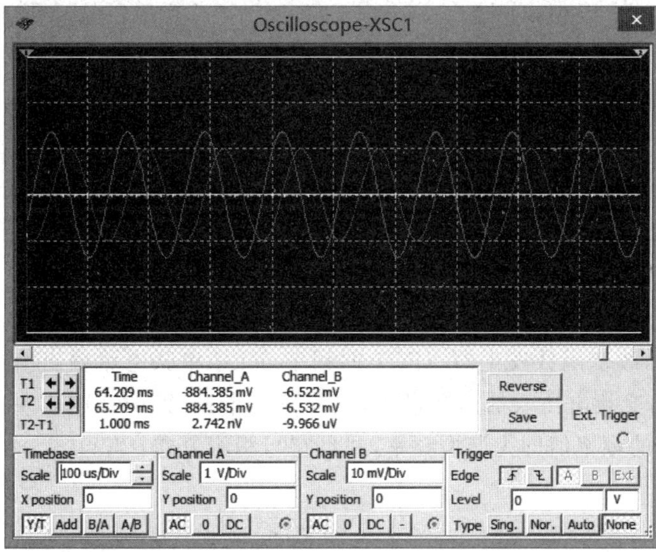

图 4-6-5　容性时输入、输出电压波形($f=8$kHz)

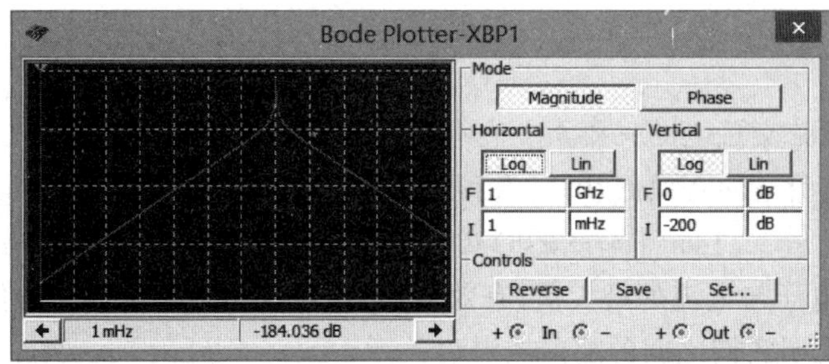

图 4-6-6　幅频特性

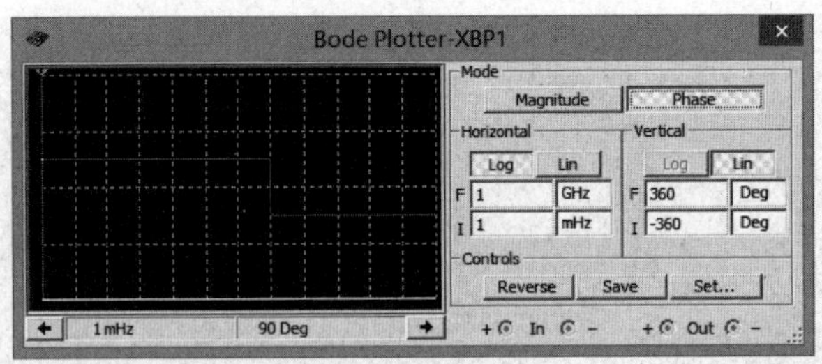

图 4-6-7　相频特性

② 交流分析法：选择 Simulate→Analysis→AC Analysis 命令，在打开的对话框中设置如下参数：频率参数选项卡下设置开始频率 1kHz，终止频率 100kHz，输出选项卡下设置 V3 变量为待分析变量；然后单击"仿真"按钮开始仿真，仿真结果如图 4-6-8 所示。

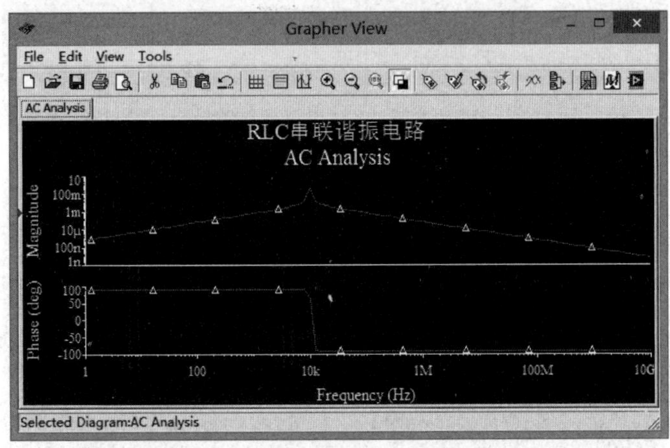

图 4-6-8　交流分析的幅频、相频特性

通过仿真实验，改变函数发生器 XFG1 的频率，RLC 串联电路输出信号的幅度也随之改变；在某一频率下，交流电压表的读数最大，电路发生谐振，此时 XFG1 中的频率值以及幅频特性中尖峰所对应的频率值即为谐振频率，并且它与利用公式：

$$f_0=\frac{1}{2\pi\sqrt{LC}}$$

计算得到的谐振频率值相等。

习题 4

4-1　什么是正弦交流电的三要素？它有哪些表示方法？请举例说明。

4-2　什么是交流电的有效值、瞬时值和最大值？

4-3　交流电压 $u=311\sin(314t+\pi/6)\text{V}$ 加于某电路，通过电路的电流 $i=14.14\sin(314t-3\pi/4)\text{A}$。求：(1)电压与电流的最大值、有效值、角频率、频率、周期和初相位；(2)电压和电流之间的相位差，并说明它们之间的超前或滞后关系。

4-4　已知正弦电压和电流为 $u(t)=311\sin(314t-\pi/6)\text{V}$，$i(t)=-14.14\sin(314t+\pi/3)\text{A}$，求正弦电压与电流的振幅、有效值、角频率、频率、周期和初相位。

4-5　已知正弦电压的振幅为100V，$t=0$时的瞬时值为10V，周期为1ms。试写出该电压的解析式。

4-6　频率为50Hz的正弦电压的最大值为14.14V，初始值为−10V，试写出该电压的解析式。

4-7　若已知两个同频正弦电压的相量分别为$\dot{U}_{m1}=50\angle 30°\text{V}$，$\dot{U}_{m2}=-100\angle -150°\text{V}$，其频率$f=100\text{Hz}$。(1)写出$u_1$、$u_2$的表达式；(2)求$u_1$与$u_2$的相位差。

4-8　已知$u_1=20\sin(\omega t+20°)\text{V}$，$i=30\sin(\omega t+30°)\text{A}$，$u_2=30\sin(\omega t+30°)\text{V}$。求：(1)$u_1/i$；(2)$u_1+u_2$及其相量图。

4-9　电路如题4-9图所示，已知$i(t)=5\sqrt{2}\sin(100t+20°)\text{A}$。求电压$u_R(t)$、$u_L(t)$和$u_S(t)$的相量。

4-10　电路如题4-10图所示，已知$u(t)=5\sqrt{2}\sin(10\pi t+20°)\text{V}$。求电流$i_R(t)$、$i_C(t)$和$i_S(t)$的相量。

4-11　电路如题4-11图所示，已知电流$i(t)=1\sin(10^7 t+90°)\text{A}$，$R=100\Omega$，$L=1\text{mH}$，$C=10\text{pF}$。求：(1)电路的复阻抗$Z$；(2)电压$u_R(t)$、$u_L(t)$、$u_C(t)$和$u_S(t)$的解析式及相量式，并画出相量图；(3)电路功率$P$、$Q$、$S$。

4-12　在RLC串联的正弦电路中，已知$R=1\text{k}\Omega$，$L=10\text{mH}$，$C=0.02\mu\text{F}$，电容两端电压$u_C(t)=20\sin(10^5 t-40°)\text{V}$，如题4-11图所示，求电流$\dot{I}$和电源电压$\dot{U}_S$。

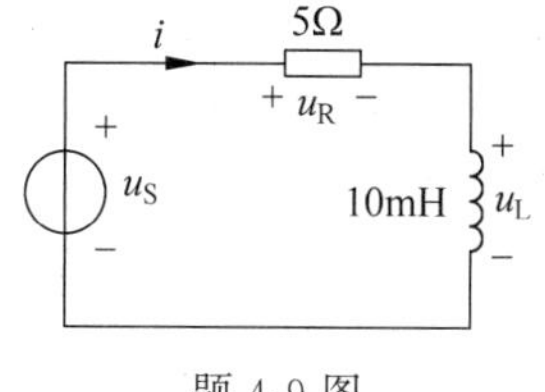

题4-9图

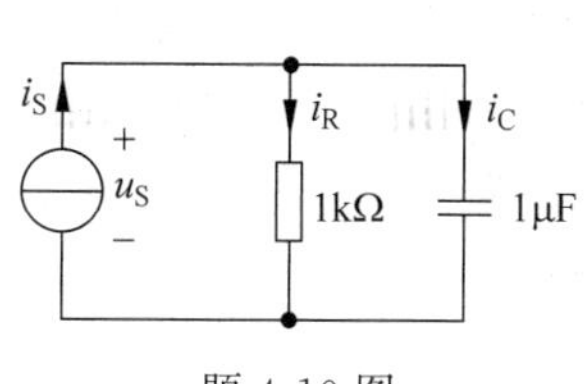

题4-10图

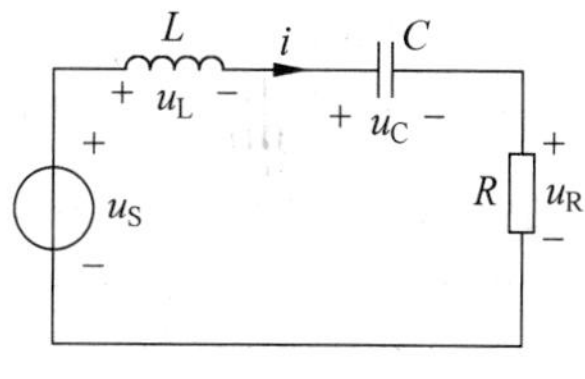

题4-11图

三相交流电路及安全用电常识

本章主要介绍三相交流电路中的三相电源及其连接方式，三相电源和负载的连接方式，三相电路的分析计算和功率的计算，以及有关安全用电的相关常识。

5.1 三相电源

第4章研究的正弦交流电路，每个电源都只有两个输出端钮，输出一个电流或电压，习惯上称这种电路为单相交流电路。但在工农业生产中常会遇到多相制的交流电路，多相制电路是由多相电源供电的电路，按相的数目来分，有两相、三相、六相等。目前世界上工农业和民用电力系统的电能几乎都是由三相电源提供的，日常生活中所用的单相交流电也是取自三相交流电的一相。

三相交流电源是三个单相交流电源按一定方式进行的组合。由三个振幅相等、频率相同、相位彼此相差120°的三个单相正弦电源组合而成的电源称为对称三相正弦电源，其中的每个单相正弦电源分别称为A相、B相和C相电源。按照各相电压经过正峰值的先后次序，若顺序为A-B-C-A时，称为正序；若顺序为A-C-B-A时，称为负序。若以A相电压相量$\dot{U}_a$作为参考相量，则正序时三个单相电源电压的相量表达式为

$$\dot{U}_a = U\angle 0^\circ,\quad \dot{U}_b = U\angle -120^\circ,\quad \dot{U}_c = U\angle 120^\circ \tag{5-1-1}$$

它们的相量图和波形图分别如图5-1-1(a)、(b)所示。

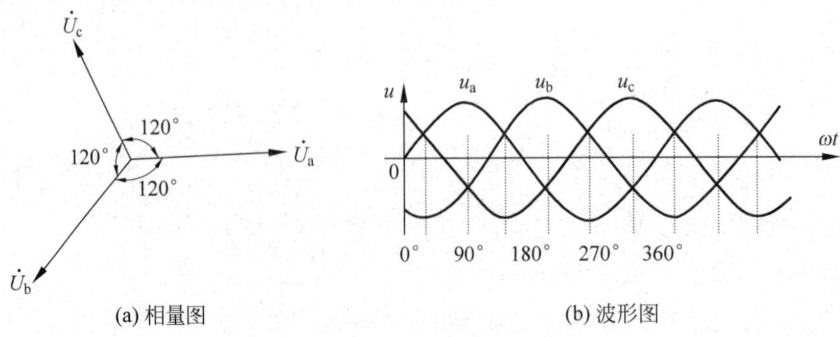

图5-1-1 对称三相电源的相量图和波形图

5.2 三相电源的连接

三相发电机的绕组共有 6 个端子，在实际应用中连接成两种最基本的形式，即星形连接和三角形连接，从而以较少的出线为负载供电。

5.2.1 星形连接

将三相电源中各个绕组（AX、BY、CZ）的末端 X、Y、Z 连在一起，组成一个公共点 N，对外形成 A、B、C、N 四个端子，这种连接形式称为三相电源的星形连接（也称Y连接），如图 5-2-1(a)所示。

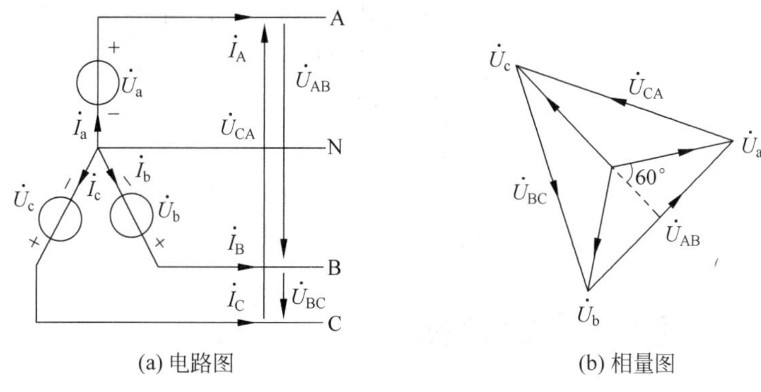

图 5-2-1　三相电源的星形连接

从三相电源的始端 A、B、C 引出的导线称为端线或火线；从中点 N 引出的导线称为中线或零线。流出端线的电流称为线电流，而每一绕组中的电流称为相电流。显然，图 5-2-1(a)中 $\dot{I}_A$、$\dot{I}_B$、$\dot{I}_C$ 为线电流，而 $\dot{I}_a$、$\dot{I}_b$、$\dot{I}_c$ 为相电流。端线与端线间的电压称为线电压，依相序分别为 $\dot{U}_{AB}$、$\dot{U}_{BC}$、$\dot{U}_{CA}$；每相绕组两端的电压称为相电压，分别记为 $\dot{U}_a$、$\dot{U}_b$、$\dot{U}_c$。由图 5-2-1(a)可知，星形连接时，线电流与相电流相等，即

$$\dot{I}_A = \dot{I}_a, \quad \dot{I}_B = \dot{I}_b, \quad \dot{I}_C = \dot{I}_c \tag{5-2-1}$$

在图 5-2-1(a)所示电路中，根据相量形式的 KVL 得

$$\dot{U}_{AB} = \dot{U}_a - \dot{U}_b, \quad \dot{U}_{BC} = \dot{U}_b - \dot{U}_b, \quad \dot{U}_{CA} = \dot{U}_c - \dot{U}_a \tag{5-2-2}$$

若选相电压 $\dot{U}_a$ 为参考相量，则可做出对称三相电源线电压和相电压的相量图，如图 5-2-1(b)所示。从图中可以看出：三相电源做星形连接时，线电压是相电压的$\sqrt{3}$倍，相位超前对应的相电压 30°。若用 U_L 表示线电压的有效值，用 U_P 表示相电压的有效值，则有

$$U_L = \sqrt{3} U_P \tag{5-2-3}$$

由图 5-2-1(b)所示相量图可以看出，三个线电压与相电压一样，也具有对称性。它们满足：

$$\begin{cases} \dot{U}_a + \dot{U}_b + \dot{U}_c = 0 \\ \dot{U}_{AB} + \dot{U}_{BC} + \dot{U}_{CA} = 0 \end{cases} \tag{5-2-4}$$

需要强调一点，三个相电压只有在对称时它们的和才为零，不对称时它们的和不为零，而

不论对称与否,三个线电压之和均为零。

因为三相电源的相电压对称,所以在三相四线制的低压配电系统中,可以得到两种不同数值的电压,即相电压 220V 与线电压 380V。一般家用电器及电子仪表用 220V,动力及三相负载用 380V。

5.2.2 三角形连接

对称三相电源可以采用三角形连接(又称△连接),它是将三相电源各相的始端和末端依次相连,再由 A、B、C 引出三根端线与负载相连,如图 5-2-2 所示。

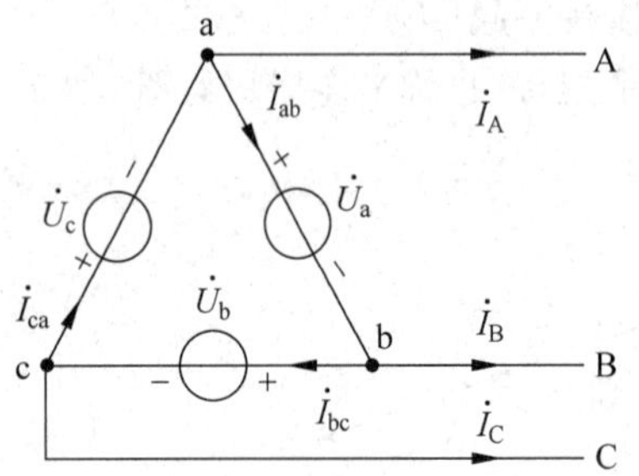

图 5-2-2 三相电源的三角形连接

三相电源做三角形连接时,其线电压和相电压相等,线电流等于相电流的$\sqrt{3}$倍,相位滞后对应的相电流 30°。

需要注意的是,三相电源做三角形连接时必须严格按照每一相的末端与次一相的始端连接,这样即使在负载断开时电源绕组内也无电流;如果三相电压不对称,或者虽然对称,但有一相接反,此时即使外部没有负载,闭合回路内仍有很大的电流,这将使绕阻过热,甚至烧毁。

5.3 三相电源和负载的连接

目前,我国电力系统的供电方式均采用三相三线制或三相四线制。用电用户实行统一的技术规定:额定频率为 50Hz,额定线电压为 380V,相电压为 220V。电力负载可分为单相负载和三相负载,三相负载又有星形连接和三角形连接。结合电源系统,三相电路的连接主要有以下几种方式。

1. 单相负载

单相负载主要包括照明负载、生活用电负载及一些单相设备。单相负载常采用三相中引出一相的供电方式。为保证各个单相负载电压稳定,各单相负载均以并联形式接入电路。在单相负荷较大时(如大型居民楼供电),可将所有单相负载平分为三组,分别接入 A、B、C 三相电路,以保证三相负载尽可能平衡,提高安全供电质量及供电效率。

2. 三相负载

三相负载主要是一些电力系统及工业负载。三相负载的连接方式有Y形连接和 △ 形连接。当三相负载中各相负载都相同,即 $Z_A = Z_B = Z_C = Z = |Z|\angle\varphi$ 时,称为三相对称负载,否则,即为不对称负载。因为三相电源也有两种连接方式,所以它们可以组成以下几种三相电路:三相四线制的Y-Y连接,三相三线制的Y-Y连接、Y-△连接、△-Y连接和△-△连接等。

【例 5-3-1】 某三相四线制系统中,若三相负载分别为 $Z_A = 220\Omega$,$Z_B = 440\Omega$,$Z_C = 110\Omega$,额定电压为 220V,三相电源电压 $U_L = 380V$,试计算各负载上的电压、电流和中线电流。

【解答】 由于电路是三相四线制系统,每相负载的电压 $U_P = 220V$。设 A 相电压 $\dot{I}_A$ 为参考正弦量,则有各负载上的电压为

$$\dot{U}_a = 220\angle 0^\circ V,\quad \dot{U}_b = 220\angle -120^\circ V,\quad \dot{U}_c = 220\angle 120^\circ V$$

各负载上的电流为

$$\dot{I}_a=\frac{\dot{U}_a}{Z_A}=\left(\frac{220\angle 0^\circ}{220}\right)\text{A}=1\angle 0^\circ\text{A}$$

$$\dot{I}_b=\frac{\dot{U}_b}{Z_B}=\left(\frac{220\angle -120^\circ}{440}\right)\text{A}=0.5\angle -120^\circ\text{A}$$

$$\dot{I}_c=\frac{\dot{U}_c}{Z_C}=\left(\frac{220\angle 120^\circ}{110}\right)\text{A}=2\angle 120^\circ\text{A}$$

中线电流为

$$\dot{I}_N=\dot{I}_a+\dot{I}_b+\dot{I}_c=1\angle 0^\circ+0.5\angle -120^\circ+2\angle 120^\circ\text{A}=1.32\angle 100.9^\circ$$

5.4　三相电路的计算

5.4.1　对称三相电路的分析与计算

三相电路就是由三相电源和三相负载连接组成的系统。三相电源和三相负载都有星形(Y)接法和三角形(△)接法两种连接方式。因此,三相电源与三相负载按不同的组合连接方式,可以组成Y-Y、Y-△、△-Y和△-△四种三相电路。

当三相电路的三相电源对称、三相输电线阻抗相等、三相负载对称时,则称为对称三相电路。对称三相电路的计算属于正弦稳态电路的计算,在前面章节中所用的相量法也可用于对称三相电路的分析。

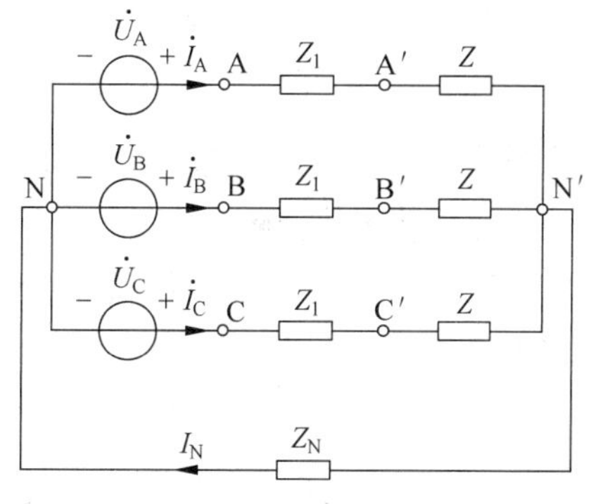

图 5-4-1　Y-Y型三相电路图

1. Y-Y连接对称三相电路的计算

前面章节的学习中,我们已经知道三相电源一般不采用三角形连接方式,因此我们以典型的Y-Y型三相电路(见图 5-4-1)为例,学习对称三相电路的计算。图中,Z_1 为端线阻抗,Z_N 为中线阻抗。

因为电路结构具有节点少的特点,应用节点电压法,设 N 为参考节点,可以写出节点电压方程为

$$\left(\frac{3}{Z+Z_1}+\frac{1}{Z_N}\right)\dot{U}_{N'N}=\frac{\dot{U}_A}{Z+Z_1}+\frac{\dot{U}_B}{Z+Z_1}+\frac{\dot{U}_C}{Z+Z_1}\tag{5-4-1}$$

对于对称三相电路,$\dot{U}_A+\dot{U}_B+\dot{U}_C=0$,所以可解得 $\dot{U}_{N'N}=0$,中线电流 $\dot{I}_N=0$。

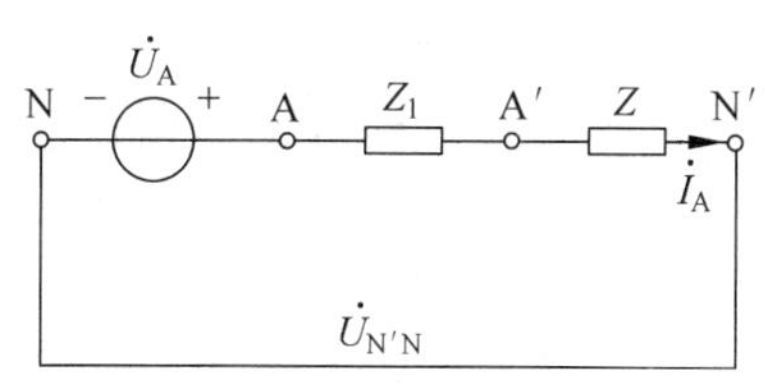

图 5-4-2　一相计算电路

由此可见,Y-Y型连接的对称三相电路中,无论中线阻抗为何值,负载中点 N′和电源中点 N 之间的电压恒为零,因此各相独立,彼此无关,并且相电流是对称的。根据这一特点,可将Y-Y型连接的对称三相电路简化成一相进行计算,如图 5-4-2 所示。

此时 N 和 N′用短路线连接,与原三相电路中 Z_N 的取值无关。求出任一相的电流、电压后,其他两相的电流、

电压可依次按对称顺序写出。各相电流等于线电流，分别为

$$\dot{I}_A = \frac{\dot{U}_A}{Z + Z_1} \tag{5-4-2}$$

$$\dot{I}_B = \frac{\dot{U}_B}{Z + Z_1} = \alpha^2 \dot{I}_A \tag{5-4-3}$$

$$\dot{I}_C = \frac{\dot{U}_C}{Z + Z_1} = \alpha \dot{I}_A \tag{5-4-4}$$

$$\dot{I}_N = \dot{I}_A + \dot{I}_B + \dot{I}_C \tag{5-4-5}$$

【例 5-4-1】 对称三相电路如图 5-4-1 所示，已知线路阻抗 $Z_1 = (4 + \mathrm{j}2)\Omega$，负载阻抗 $Z = (6 + \mathrm{j}8)\Omega$，线电压为 380V，求负载中各相电流和线电压。

【解答】 因为线电压为 380V，所以相电压：

$$U_P = U_L / \sqrt{3} = 380/\sqrt{3} = 220\mathrm{V}$$

设$\dot{U}_A = 220\underline{/0°}\mathrm{V}$，则由一相计算电路（见图 5-4-2）可得线电流为

$$\dot{I}_A = \frac{\dot{U}_A}{Z + Z_1} = \frac{220\underline{/0°}}{10 + \mathrm{j}10} = 15.56\underline{/-45°}\mathrm{A}$$

$$\dot{I}_B = \dot{I}_A\underline{/-120°} = 15.56\underline{/-165°}\mathrm{A}$$

$$\dot{I}_C = \dot{I}_A\underline{/120°} = 15.56\underline{/75°}\mathrm{A}$$

由于负载为Y接法，负载的相电流等于线电流。

负载的相电压为

$$\dot{U}_{A'N'} = \dot{I}_A Z = 15.56\underline{/-45°} \times (6 + \mathrm{j}8) = 155.6\underline{/8.13°}\mathrm{V}$$

负载的线电压为

$$\dot{U}_{A'B'} = \sqrt{3}\dot{U}_{A'N'}\underline{/30°} = 269.5\underline{/38.13°}\mathrm{V}$$

$$\dot{U}_{B'C'} = \alpha^2 \dot{U}_{A'B'} = 269.5\underline{/-81.87°}\mathrm{V}$$

$$\dot{U}_{C'A'} = \alpha \dot{U}_{A'B'} = 269.5\underline{/158.13°}\mathrm{V}$$

2. 对称三相电路的主要分析步骤

对称三相电路中的负载可能有多组，而且有的还是△连接，且输电线路的阻抗不为零。图 5-4-3 所示为Y-△连接三相电路，应该首先将三角形对称负载等效变换成星形，构成Y-Y连接电路，然后将电源的中点与负载的中点短接起来，再归为一相进行分析和计算。其具体步骤如下。

(1) 将△连接的对称三相负载，应用△-Y 等效变换公式，变换成对称的Y连接三相负载，即

$$Z_Y = \frac{Z_\triangle}{3} \tag{5-4-6}$$

(2) 将负载的中点与电源中点短接，取一相电路进行分析和计算，如图 5-4-4 所示。

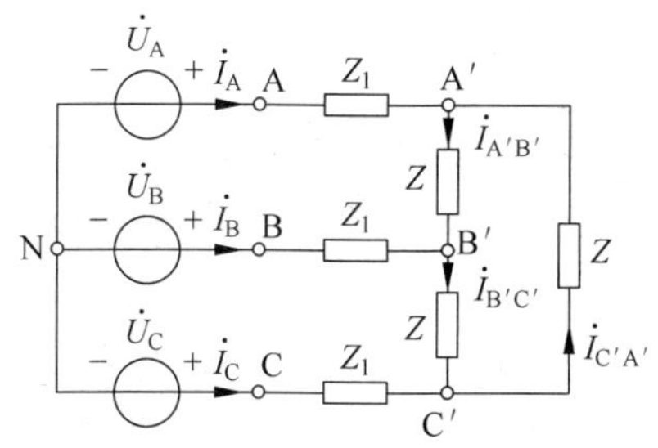

图 5-4-3　Y-△型三相电路

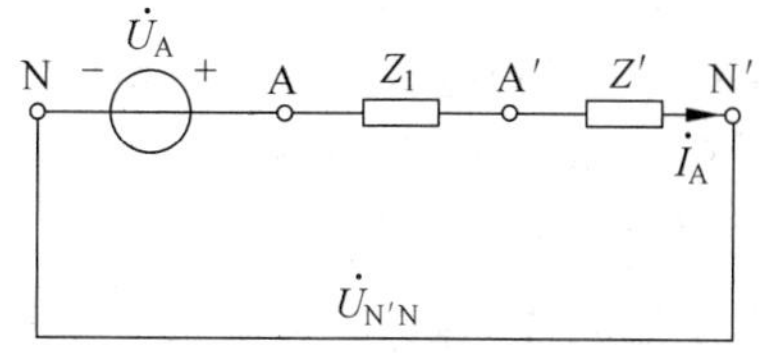

图 5-4-4　一相计算电路

(3) 求出等效Y连接三相负载时的线电流(此即△连接的线电流)。

(4) 根据△连接的相电流与线电流的关系求出相电流。

(5) 求出△连接的对称三相负载的相电压(即线电压),以及原电路中的其他待求量,并可根据对称性求出其他两相的电压、电流。

对于任何一个不加说明的对称三相电源或负载,都可以把它看成是Y连接,方便电路分析。而对于△连接的对称三相电源,也可将电源等效变换为Y连接的电源。

综上所述,对称三相电路都可以采用一相计算电路进行分析和计算。

【例 5-4-2】 对称三相电路如图 5-4-3 所示,已知:$Z_1=(3+j4)\Omega$,$Z=(19.2+j14.4)\Omega$,对称线电压 $U_{AB}=380V$,求负载的相电流和线电压。

【解答】 该电路可以变换成对称的Y-Y连接三相电路,变换后的负载 Z'为

$$Z'=\frac{Z}{3}=(6.4+j4.8)\Omega$$

令 $\dot{U}_A=220\angle 0°V$。根据图 5-4-4 所示的一相计算电路有

$$\dot{I}_A=\frac{\dot{U}_A}{Z'+Z_1}=\frac{220\angle 0°}{6.4+j4.8+3+j4}=17.1\angle -43.2°A$$

此电流为等效Y连接的线电流,也是△连接负载的线电流。对于△连接负载的相电流,可根据公式计算得

$$\dot{I}_{A'B'}=\frac{\dot{I}_A}{\sqrt{3}}\angle 30°=9.9\angle -13.2°A$$

根据对称性可写出:

$$\dot{I}_{B'C'}=\alpha^2\dot{I}_{A'B'}=9.9\angle -133.2°A$$

$$\dot{I}_{C'A'}=\alpha\dot{I}_{A'B'}=9.9\angle 106.8°A$$

由图 5-4-3 所示的△连接负载电路,线电压与相电压相等,有

$$\dot{U}_{A'B'}=\dot{I}_{A'B'}Z=9.9\angle -13.2°\times(19.2+j14.4)=237.6\angle 23.7°V$$

根据对称性可写出:

$$\dot{U}_{B'C'}=\alpha^2\dot{U}_{A'B'}=237.6\angle -96.3°V$$

$$\dot{U}_{C'A'}=\alpha\dot{U}_{A'B'}=237.6\angle 143.7°V$$

5.4.2 不对称三相电路的分析与计算

在三相电路中，只要三相电源或三相负载有一相不对称，则称此三相电路为不对称三相电路。一般情况下，三相电源都是对称的，所谓的不对称三相电路主要指三相负载不对称。实际工作中不对称三相电路大量存在，例如，在低压配电网中有许多单相负载，如电灯、电风扇、电视机等，难以把它们配成对称情况；又如对称三相电路发生故障，如某一条输电线断线，或某一相负载发生短路或开路，它就失去了对称性，成为不对称三相电路；还有一些电气设备正是利用不对称三相电路的特性工作的。

对于不对称三相电路的分析计算，原则上与复杂正弦稳态电路的分析计算相同。在这种情况下，由于各组电压、电流不对称，上一小节介绍的归结为一相的计算方法已不适用。本小节只简要介绍由于负载不对称而引起的一些特点。

图 5-4-5 所示为Y-Y连接三相电路，三相电源是对称的，相电压为 $\dot{U}_A$、$\dot{U}_B$、$\dot{U}_C$，三相负载不对称，其导纳分别为 Y_A、Y_B、Y_C。根据节点分析法可以求得两个中点间的电压为

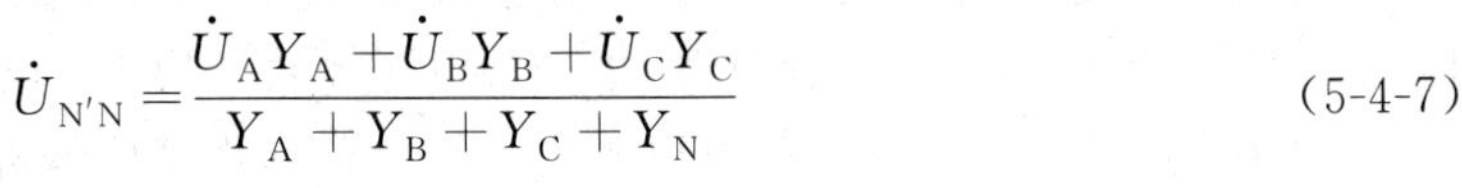

$$\dot{U}_{N'N}=\frac{\dot{U}_A Y_A+\dot{U}_B Y_B+\dot{U}_C Y_C}{Y_A+Y_B+Y_C+Y_N} \tag{5-4-7}$$

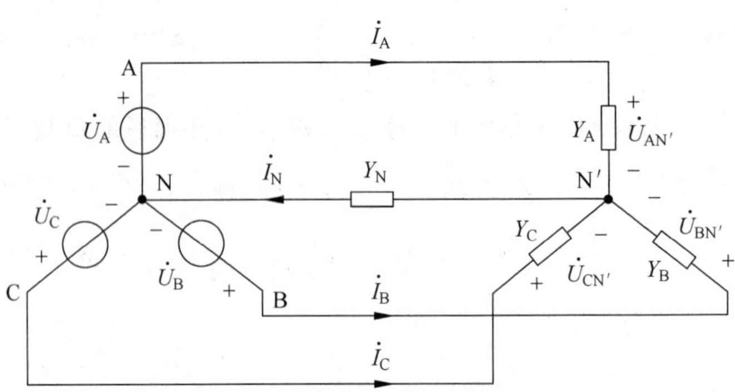

图 5-4-5 不对称星形连接负载电路图

由于负载不对称 $Y_A \neq Y_B \neq Y_C$，显然 $\dot{U}_{N'N} \neq 0$，即 N′和 N 点电位不同了，这种现象称为中点位移。

此时负载各相电压为

$$\begin{cases}\dot{U}_{AN'}=\dot{U}_A-\dot{U}_{N'N}\\ \dot{U}_{BN'}=\dot{U}_B-\dot{U}_{N'N}\\ \dot{U}_{CN'}=\dot{U}_C-\dot{U}_{N'N}\end{cases} \tag{5-4-8}$$

根据电源电压对称及上式可定性地画出此电路的电压相量(见图 5-4-6)，图中的 $\dot{U}_{N'N}$ 是任意设定的。从这个相量图中可以看出中点位移越大，负载相电压的不对称情况越严重，从而造成负载不能正常工作，甚至损坏电气设备。另外，负载变化，中点电压也要变化，各相负载电压也都跟着改变。

如果 $Z_N=0$，则可强使 $\dot{U}_{N'N}=0$，尽管负载不对称，但在这个条件下，可使各相保持独立性，各相的工作互不影响，因而各相可以分别独立计算。这时负载各相电流为

$$\begin{cases}\dot{I}_A = Y_A \dot{U}_{AN'} \\ \dot{I}_B = Y_B \dot{U}_{BN'} \\ \dot{I}_C = Y_C \dot{U}_{CN'}\end{cases} \tag{5-4-9}$$

中线电流为

$$\dot{I}_N = Y_N \dot{U}_{N'N} = \dot{I}_A + \dot{I}_B + \dot{I}_C = 0 \tag{5-4-10}$$

所以三相星形连接照明负载都装设中线，中线的作用就在于使星形连接的不对称负载的相电压对称。为了保证负载的相电压对称，不让中线断开。因此，总中线内不准接入熔断器和闸刀开关。

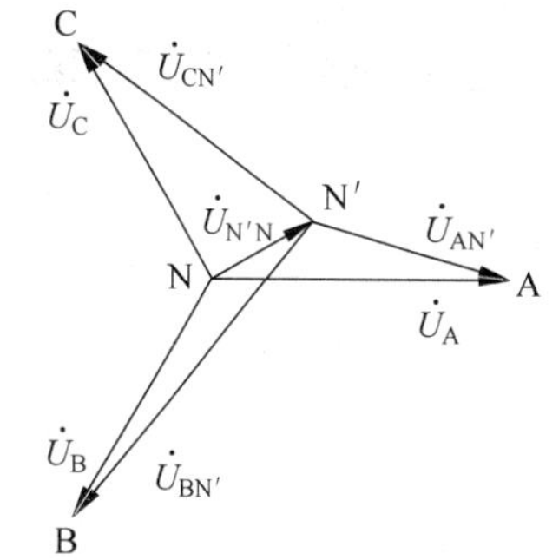

图 5-4-6　不对称星形连接负载的相量图

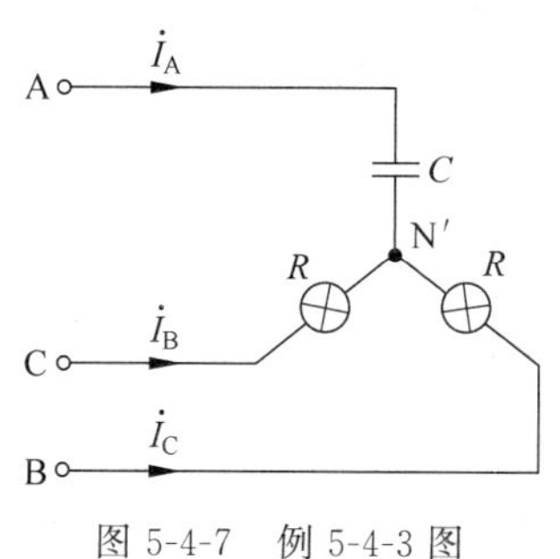

图 5-4-7　例 5-4-3 图

【例 5-4-3】 如图 5-4-7 所示，电路是一个相序测定器，图中 A 相接入电容器，B、C 相接入瓦数相同的灯泡。设 $1/(\omega C)=R=1/G$，电源是对称电压，如何根据两个灯泡承受的电压确定相序？

【解答】 根据两个中点间的电压公式，其中点电压 $\dot{U}_{N'N}$ 为

$$\dot{U}_{N'N} = \frac{\mathrm{j}\omega C \dot{U}_A + G\dot{U}_B + G\dot{U}_C}{\mathrm{j}\omega C + 2G}$$

令 $\dot{U}_A = U_P\angle 0°$V，代入给定的参数后，有

$$\begin{aligned}\dot{U}_{N'N} &= \frac{\mathrm{j}U_P\angle 0° + U_P\angle -120° + U_P\angle 120°}{\mathrm{j}+2} \\ &= (-0.2 + \mathrm{j}0.6)U_P \\ &= 0.63U_P\angle 108.4°\end{aligned}$$

由式负载各相电压公式得 B 相灯泡承受的电压力 $\dot{U}_{BN'}$ 为

$$\begin{aligned}\dot{U}_{BN'} &= \dot{U}_B - \dot{U}_{N'N} = U_P\angle -120° - (-0.2 + \mathrm{j}0.6)U_P \\ &= 1.5U_P\angle -101.5°\end{aligned}$$

所以

$$U_{BN'} = 1.5U_P$$

类似的，C 相灯泡承受的电压 $\dot{U}_{CN'}$ 为

$$\begin{aligned}\dot{U}_{CN'} &= \dot{U}_C - \dot{U}_{N'N} = U_P\angle 120° - (-0.2 + \mathrm{j}0.6)U_P \\ &= 0.4U_P\angle 133.4°\end{aligned}$$

所以

$$U_{CN'} = 0.4U_P$$

根据上述结果可以判断：若电容器所在的相为 A 相，则灯泡较亮的一相为 B 相，较暗的一相为 C 相。

5.5 三相电路的功率

三相电路的总功率等于三相负载各相的功率之和,即

$$P = P_A + P_B + P_C \tag{5-5-1}$$

对于三相对称负载,各相电压、电流大小相等,阻抗角相同,所以各相的有功功率是相等的,即

$$\begin{aligned} P &= P_A + P_B + P_C = U_A I_A \cos\varphi_A + U_B I_B \cos\varphi_B + U_C I_C \cos\varphi_C \\ &= 3U_P I_P \cos\varphi \end{aligned} \tag{5-5-2}$$

式中：U_P 是相电压的有效值；I_P 是相电流的有效值；φ 是 U_P 与 I_P 的相位差；$\cos\varphi$ 是功率因数。由于设备铭牌中给出的电压、电流均是指额定线电压 U_N 和额定线电流 I_N,所以无论是Y连接还是△连接,三相有功功率的常用计算公式都可以表示为

$$P_N = 3U_P I_P \cos\varphi = 3\frac{U_N I_N}{\sqrt{3}}\cos\varphi = \sqrt{3}U_N I_N \cos\varphi \tag{5-5-3}$$

同理,三相电路的无功功率为

$$Q = Q_A + Q_B + Q_C = 3U_P I_P \sin\varphi = \sqrt{3}U_N I_N \sin\varphi \tag{5-5-4}$$

三相电路的视在功率为

$$S = \sqrt{P^2 + Q^2} = \sqrt{3}U_N I_N \tag{5-5-5}$$

5.6 安全用电常识

安全用电包括人身安全和设备安全,人身安全是指从事电气工作和电气设备操作使用过程中人员的安全,设备安全是指电气设备及其附属设备的安全。电气事故有其特殊的严重性,当发生事故时,不仅损坏用电设备,而且可能引起人员触电伤亡、火灾或爆炸等严重事故,因此必须十分重视安全用电问题。

5.6.1 电流对人体的危害

触电可分为电击和电伤两种。电击是指电流通过人体,使体内器官和神经系统受到损害,肌肉收缩、呼吸停止以致死亡,其危险性极大,应防止；电伤是指由于电弧或保险丝熔断时飞溅起的金属沫等对人体外部的伤害,其危险虽不及电击严重,但也不可忽视。

研究表明,50～60Hz 的工频电流对人体危害最严重,致命电流为 0.05A。当人体通电时间越长,体重越小,则致命电流越小。根据 0.05A 的致命电流和 800～1000Ω 的人体电阻计算出的致命危险电压为 40～50V,因此,我国规定工频安全电压的上限值为 50V(有效值)。根据不同的场合,工频安全电压一般分为 42V、36V、24V 和 6V。直流安全电压的上限值为 120V。

5.6.2 触电方式

人体触电方式一般分为与带电体直接接触、与储能元件接触和与正常时不带电导体接触。

图 5-6-1 所示为几种常见的与带电体接触的情况。其中,图 5-6-1(a)所示人体承受线电压最危险,图 5-6-1(b)表示中线接地的单线触电,人体承受相电压也十分危险,图 5-6-1(c)表示中线不接地的单线触电,当绝缘不好时,通过火线与地的电容形成通路,也有危险。因此,工作时必须避免触及火线。

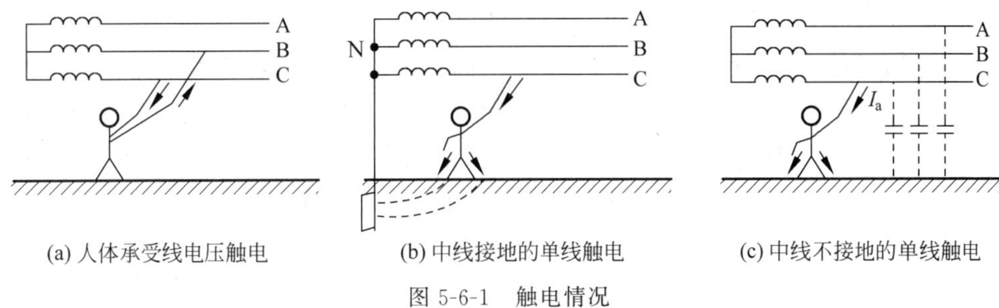

图 5-6-1　触电情况

对含有大量储能元件的设备来说，断电后元件中仍残存着大量的电能，此时直接触摸储能元件是非常危险的。为了防止触电，应对储能元件进行放电后才能接触。

触电的另一种情况是人体接触到正常工作时并不带电的部分。例如，电子仪器的金属外壳、电烙铁的铁柄以及电机、变压器的金属外壳等，它们在正常情况下是不带电的，但由于这些电器和仪器在使用中绝缘可能会损坏造成导体与金属外壳相碰，人体一旦接触到它们的外壳，相当于接触到火线，同样也会产生触电事故，许多触电事故都是由这种情况造成的，为此需要采取一些预防措施，以免事故的发生。

5.6.3　保护措施

防止人身触电最常用的技术措施为接地保护和接零保护。

接地保护就是把电动机等电力设备的金属外壳通过导线接到接地体（又称接地装置）上，接地装置对周围土壤的接地电阻很小（规定应不大于 4Ω），远远小于人体电阻，所以即使接触了带电的金属外壳，也几乎没有电流流过人体，从而保证了人身安全。

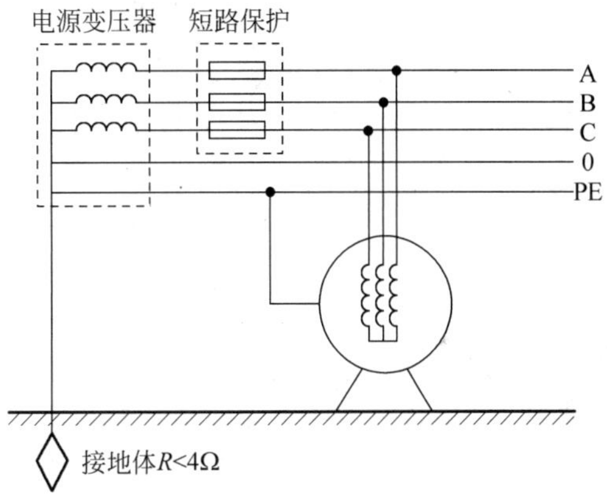

图 5-6-2　接零保护

接零保护的原理如图 5-6-2 所示，供电变压器副边的中线接到接地体。其中一根中线作为电源的零线，另一根中线作为保护零线 PE 与用电设备的外壳直接相接，供电变压器配有短路保护。当发生一相绝缘损坏与外壳相碰时，该相电源通过机壳和中线形成短路，熔断器能迅速熔断，切断电源，从而消除机壳带电的危险，起到保护的作用。

在同一配电系统中，一般只采用同一种保护措施，因为若采用两种保护措施而设备距离很近，当保护接地设备发生一相与外壳相碰时，接地保护设备与接零保护设备外壳之间有危险电压，容易造成触电事故。采取接地保护或接零保护后，可避免和防止部分触电事故，但不可因此而麻痹大意，为防患未然，还必须遵守电气安全操作规程，执行电气技术安全制度。

5.7　三相交流电路的 Multisim 仿真实例

1. 仿真目的

验证有中线情况下，负载对称和不对称三相电路中各相负载的情况。

验证无中线情况下，负载对称和不对称三相电路中各相负载的情况。

2. 仿真过程

(1) 利用 Multisim 10 软件绘制图 5-7-1 所示的对称三相四线制仿真电路。交流电流表 XMM1、XMM2、XMM3、XMM4 分别测量三相和中线的电流。注意，电源选择 Sources→POWER_SOURCES→THREE_PHASE_WYE，设置参数为 220V/50Hz，灯泡选择 Indicators→VIRTUAL_LAMP→LAMP_VIRTUAL，设置参数为 220V/100W。

(2) 利用 Multisim 10 软件绘制图 5-7-2 所示的对称三相三线制仿真电路。交流电流表 XMM1、XMM2、XMM3 分别测量三相的电流。

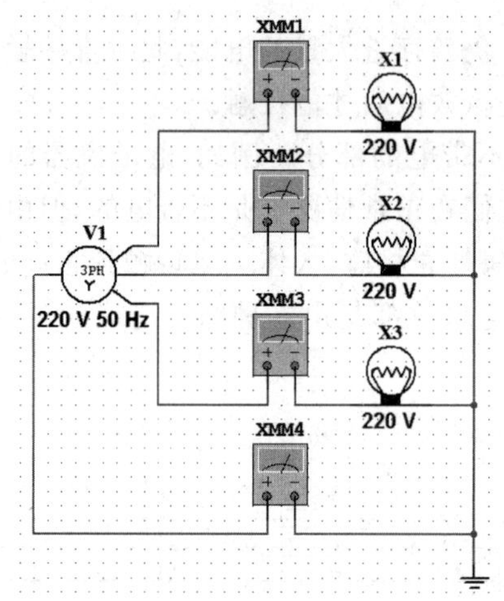

图 5-7-1　对称三相四线制仿真电路

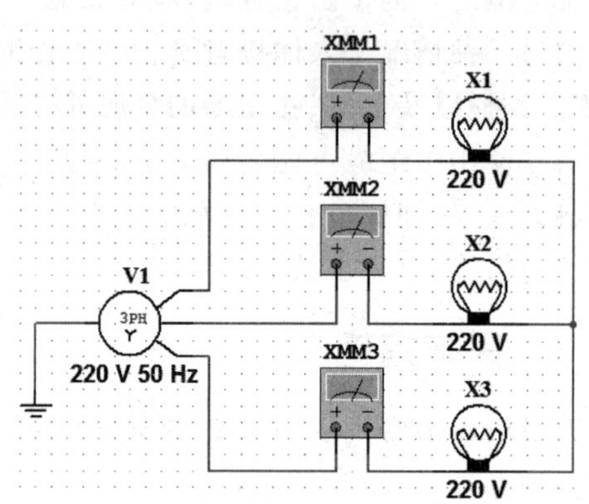

图 5-7-2　对称三相三线制仿真电路

仿真结果：读取电流表的读数，两种情况下三相负载中的电流相等，皆约等于 455mA，中线电流为约等于零(忽略误差)。所以，对于对称负载的三相电路，在正常工作情况下，不管是否加中线，三相负载中的电流或电压都没有发生变化，即中线不起作用，可去掉。

(3) 利用 Multisim 10 软件绘制图 5-7-3 所示的第一相短路的三相四线制仿真电路。交流电压表 XMM1、XMM2 分别测量第二、三相的电压。运行仿真，电路正常工作；闭合开关 J1，使第一相负载短路，仿真结果如图 5-7-4 所示。可见，对于有中线的三相电路，发生短路的一相的熔断器 U1 被烧断，灯泡不亮，其余两相正常工作，负载电压有效值约为 220V。

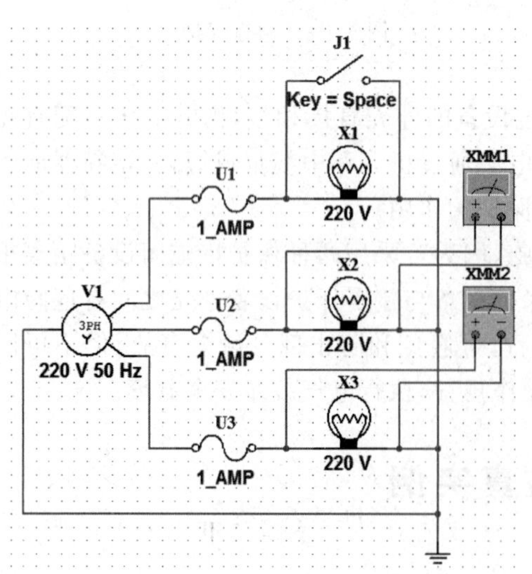

图 5-7-3　一相短路的三相四线制仿真电路

(4) 利用 Multisim 10 软件绘制图 5-7-5 所示的第一相短路的三相三线制仿真电路。交流电压表 XMM1、XMM2 分别测量第二、三相的电压。运行仿真，电路正常工作；闭合开关 J1，使第一相负载短路，仿真结果如图 5-7-6 所示。可见，对于无中线的三相电路，其余两相的灯泡全部烧毁，负载电压有效值约为 380V，即非故障两相受到严重影响，不能正常工作。

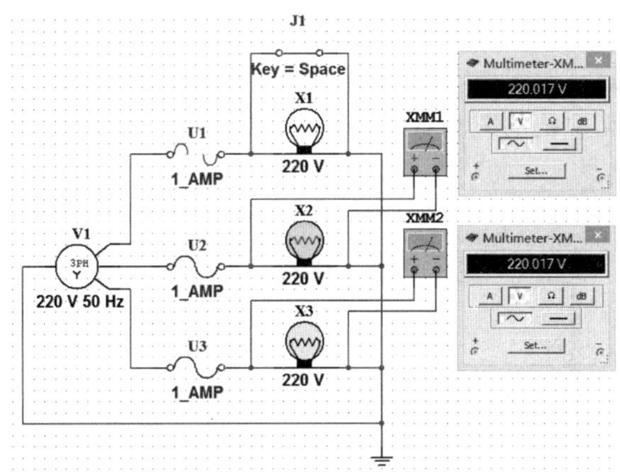

图 5-7-4　一相短路的三相四线制电路仿真结果

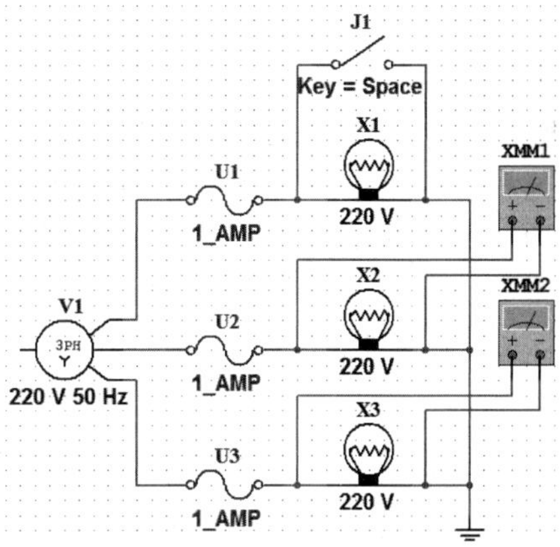

图 5-7-5　一相短路的三相三线制仿真电路

（5）利用 Multisim 10 软件绘制图 5-7-7 所示的第一相断路的三相四线制仿真电路。交流电流表 XMM1 测量中线的电流，示波器显示各负载的电压波形。运行仿真，电路正常工作，中线电流为零，各相负载的电压波形正常；打开开关 J1，使第一相负载断路，仿真结果可见，对于有中线的三相电路，除发生断路的一相无输出外，其余两相正常工作，负载电压有效值约为 220V；但由于负载不对称，所以中线电流不为零，约为 430mA。各负载电压波形如图 5-7-8 所示。

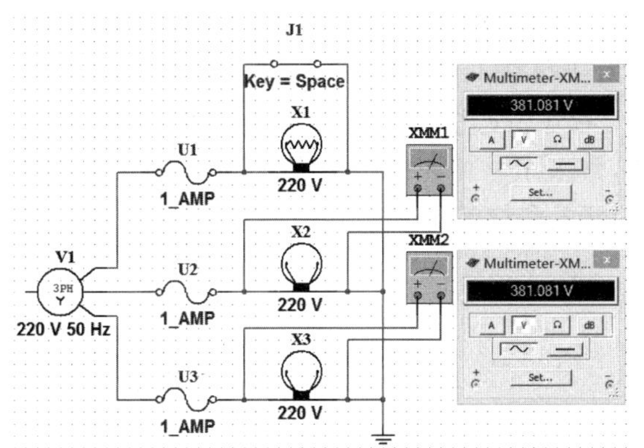

图 5-7-6　一相短路的三相三线制电路仿真结果

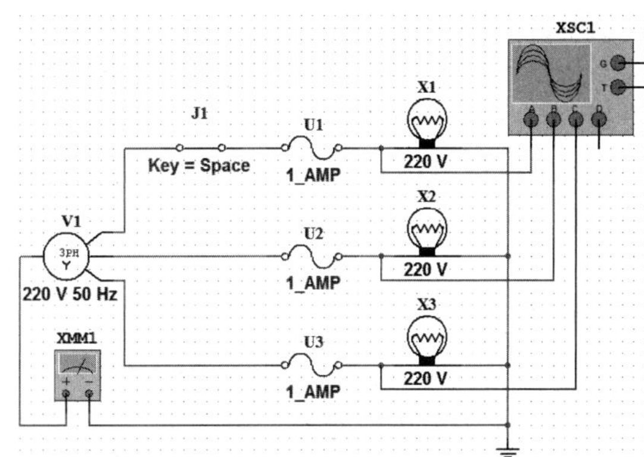

图 5-7-7　一相断路的三相四线制仿真电路

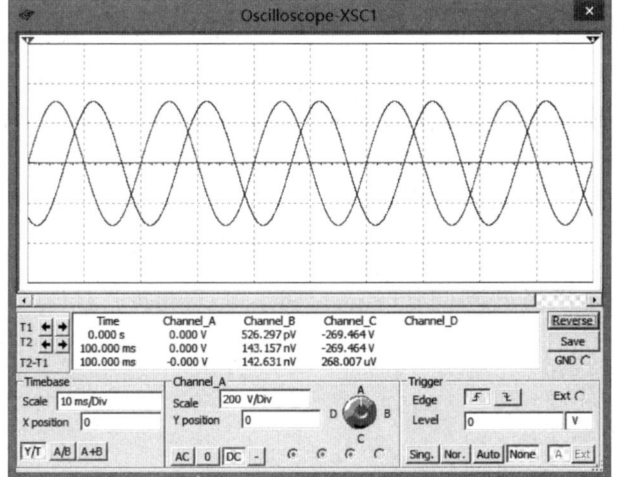

图 5-7-8　一相断路的三相四线制电路负载电压波形

(6) 利用 Multisim 10 软件绘制图 5-7-9 所示的第一相断路的三相三线制仿真电路。示波器显示各负载的电压波形。运行仿真,电路正常工作,各相负载的电压波形正常;打开开关 J1,使第一相负载断路,仿真结果可见,对于无中线的三相电路,除发生断路的一相外,其余两相灯泡虽然也闪烁,但负载电压有效值变小,约为 190V 左右,不能正常工作。各负载电压波形如图 5-7-10 所示。

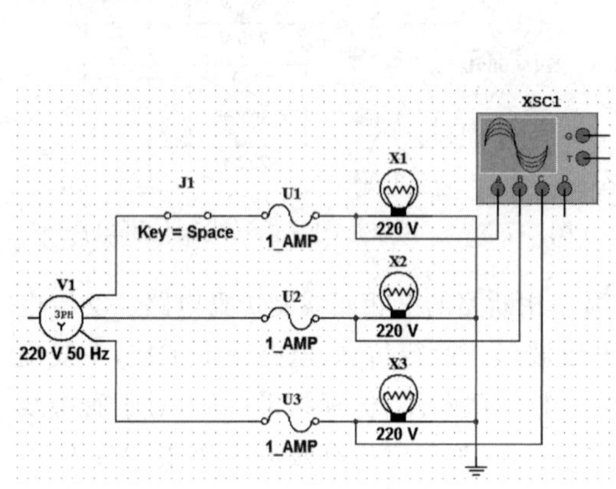

图 5-7-9　一相断路的三相三线制仿真电路

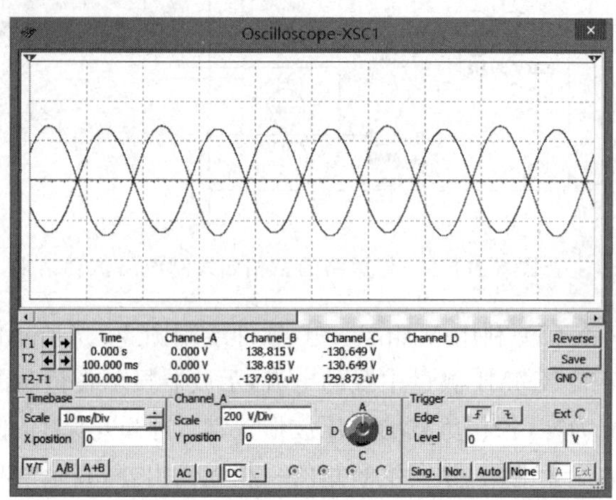

图 5-7-10　一相断路的三相三线制电路负载电压波形

从图 5-7-3～图 5-7-10 的仿真结果可以看出,对于负载不对称的三相电路,若采用三相三线制,则各相之间相互影响,会导致不能正常工作;若采用三相四线制,则各相之间互不影响。所以实际应用中对于电源为星形接法的三相电路,常采用三相四线制接法,即必须加中线,同时为了保证负载可以正常工作,在中线上不能安装开关和熔断器。

习题 5

5-1　星形连接的对称三相电源,设线电压为 $u_{AB}=380\sqrt{2}\sin(\omega t-60°)$V,试写出相电压 u_A 的表达式。

5-2　一对称三相电源,已知相电压 $\dot{U}_a=100\angle-150°$V,求相电压 $\dot{U}_b$、$\dot{U}_c$,并画出相量图。

5-3　有 220V、100W 的电灯 66 个,应如何接入线电压为 380V 的三相四线制电路?求负载在对称情况下的总线电流。

5-4　有一三相对称负载,其每相的电阻 $R=8\Omega$,感抗 $X_L=6\Omega$,如果将负载连成星形,接于线电压 $U_L=380$V 的三相电源上,试求相电压、相电流和线电流。

5-5　有一三相对称负载,其每相的电阻 $R=8\Omega$,感抗 $X_L=6\Omega$,如果将负载连成三角形,接于线电压 $U_L=380$V 的三相电源上,试求相电压、相电流和线电流。

5-6　在三相四线制电路中,线电压 $\dot{U}_{AB}=380\angle0°$V,三相负载对称,为 $Z=10\angle60°\Omega$,求各相电流。

第6章 磁路与变压器

本章主要介绍磁路的基本概念和基本定律，互感现象，同名端的判断，以及理想变压器的基本知识。

6.1 磁路的基本概念与基本定律

6.1.1 磁路的基本概念

1. 磁路

磁路是用强磁材料构成的，在其中产生一定强度的磁场的闭合回路。磁路一般含有磁的成分，例如永久磁铁、铁磁性材料以及电磁铁，但也可能含有空气间隙和其他物质；它又是一种模型，用以研究含有用来导磁的铁芯的电磁器件，在这些器件中利用磁路在其中获得所需的磁场。磁路一般由通过电流以激励磁场的线圈(有些场合也可用永磁体作为磁场的激励源)、由软磁材料制成的铁芯，以及适当大小的空气隙组成。

由于铁磁材料是良导磁物质，所以它的磁导率大，能把分散的磁场集中起来，使磁力线绝大部分经过铁芯而形成闭合磁路，如图 6-1-1 所示。图 6-1-1(a)是四极直流电动机的磁路，图 6-1-1(b)是变压器铁芯线圈的磁路，电流 I 通过 N 匝线圈所产生的磁通 Φ 几乎全部集中通过铁芯闭合。磁路是磁通通过的闭合路径。

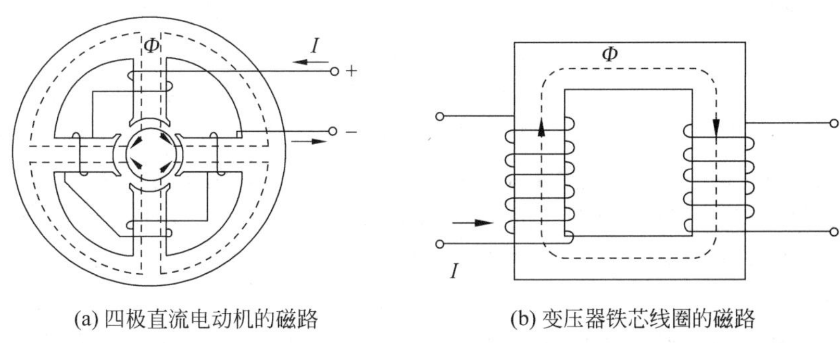

(a) 四极直流电动机的磁路　　(b) 变压器铁芯线圈的磁路

图 6-1-1　磁路

2. 磁场的基本物理量

1）磁感应强度 B

磁感应强度 B 表示磁场内某点磁场强弱与方向的物理量。大小可以通过垂直于磁场方向单位面积的磁力线数目表示，方向用右手螺旋定则确定，单位是特斯拉(T)。

2）磁通 Φ

在均匀磁场中，磁通 Φ 等于磁感应强度 B 与垂直于磁场方向的面积 S 的乘积，即 $\Phi=BS$，单位是韦伯(Wb)。垂直穿过单位面积的磁感线数反映了此处的磁感应强度 B 的大小，所以磁感应强度 B 又称为磁通密度。

3）磁场强度 H

磁场强度是一个矢量，通过它可以表达磁场与产生该磁场的电流之间的关系。一般通电线圈内的磁场强弱不仅与所通电流的大小有关，而且与线圈内磁场介质的导磁性能有关，可以由安培环路定律表示为$\oint H\,\mathrm{d}l=\sum I$，即磁场强度沿任一闭合路径 l 的线积分等于此闭合路径所包围的电流的代数和。磁场强度 H 的国际单位是安培/米，符号为 A/m。

4）磁导率 μ

磁导率 μ 用来表示物质导磁性能的物理量。某介质的磁导率是指该介质中磁感应强度和磁场强度的比值，即 $\mu=B/H$，单位为亨/米(H/m)。真空的磁导率 $\mu_0=4\pi\times10^{-7}$ H/m。

为了便于比较不同磁介质的导磁性能，常把它们的磁导率 μ 与真空的磁导率 μ_0 相比较，其比值称为性对磁导率，用 μ_r 表示，即 $\mu_r=\mu/\mu_0$。

3. 磁性材料与磁滞回线

1）磁性材料

自然界中的物质分为磁性材料(铁、钴、镍及其合金)和非磁性材料(铜、铝、空气等)两大类。磁性材料的导磁能力很强，而非磁性材料的导磁能力很差，因此，在具有高导磁性能材料的铁芯线圈中，通入不大的励磁电流，便可产生足够大的磁通和磁感应强度，具有励磁电流小、磁通大的特点。磁性材料的这种高导磁性能被广泛应用于电气设备中。

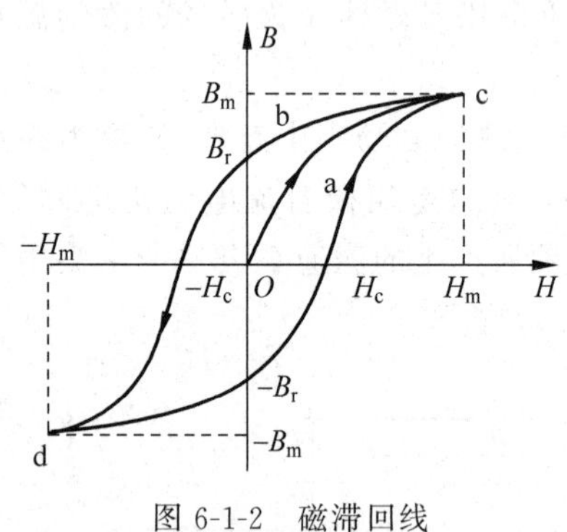

图 6-1-2　磁滞回线

2）磁滞回线

磁滞回线表示磁场强度周期性变化时，强磁性物质磁滞现象的闭合磁化曲线，它表明了强磁性物质反复磁化过程中磁化强度 M 或磁感应强度 B 与磁场强度 H 之间的关系，如图 6-1-2 所示。首先磁芯的磁感应强度 B 将沿初始磁化曲线增大，当磁化曲线达到 c 点时，磁感应强度 B 达到最大值 B_m。减小电流使磁场强度 H 由 H_m 逐渐减小，B 将沿曲线 b 下降；当 $H=0$ 时，仍有剩余磁感强度 B_r；当磁场强度逐渐由零反向降至 $-H_c$ 时，磁感应强度由 B_r 减小到零，H_c 称为矫顽力；磁场强度 H 继续反向降至 $-H_m$ 时，磁感应强度 B 由零反向降至 $-B_m$，磁化状态由图中的 c 点到达 d 点。此后，当使 H 由 $-H_m$ 逐渐变至 H_m 时，磁感应强度 B 则由 $-B_m$ 沿曲线 a 逐渐变至 B_m。在上述过程中，H-B 平面上表示磁化状态的点的轨迹形成一个对原点对称的闭合曲线，称为磁滞回线。

磁滞回线是铁磁性物质和亚铁磁性物质的一个重要的特征，顺磁性和抗磁性物质则不具有这一现象。

6.1.2　磁路的基本定律

1. 磁路欧姆定律

图 6-1-3 所示为一个线圈匝数为 N 的均匀磁路铁芯，通有电流 I、闭合磁路的平均长度为

L、截面积为 S、材料的磁导率为 μ，铁芯中的磁场强度为 H，磁感应强度为 B。

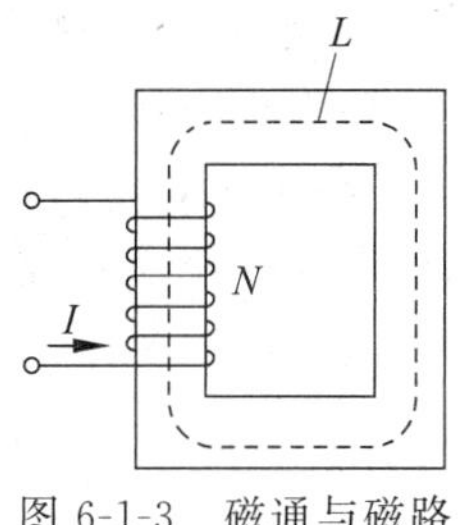

图 6-1-3　磁通与磁路

由于磁路截面处处相同，故铁芯中的磁通为 $\Phi = BS = \mu HS$。

根据安培环路定律 $\oint H\mathrm{d}l = \sum I$，得 $H = NI/L$，式中线圈匝数与电流乘积称为磁通势，用字母 F 表示，即 $F = NI$，磁通势的单位是安培(A)。

由上面分析可得

$$\Phi = \mu HS = \frac{NI}{L/\mu S} \tag{6-1-1}$$

如果线圈中的铁芯换上导磁性能差的非磁性材料，而磁通势 NI 仍保持不变，那么，由于非磁性材料的磁导率很小，磁路中的磁通将变得很小。可见，磁通的大小不仅与磁通势有关，还与构成磁路的材料和尺寸有关。

仿效直流电路中电阻对电流起阻碍作用的分析方法，在磁路中也有磁阻 R_{m} 对磁通 Φ 起阻碍作用，根据推导，磁阻可用下式来决定：

$$R_{\mathrm{m}} = \frac{L}{\mu S} \tag{6-1-2}$$

即

$$\Phi = BS = \frac{NI}{L/\mu S} = \frac{F}{R_{\mathrm{m}}} \tag{6-1-3}$$

式中，如果将 Φ、F、R_{m} 分别视作与电路中的电流 I、电动势 E、电阻 R 相类似，则上式就和电路的欧姆定律相似，称为磁路欧姆定律。

2. 磁路基尔霍夫定律

磁力线是闭合的，因此磁通是连续的。对于磁路中任一闭合面、任一时刻穿入的磁通必须等于穿出的磁通；在一个有分支的磁路中的节点处取一闭合面，磁通的代数和为零，这就是磁路基尔霍夫第一定律。

如图 6-1-4 所示为一分支磁路，在节点 A 处作一闭合面，若设穿入闭合面的磁通为正，穿出闭合面的磁通为负，则有

$$-\Phi_1 - \Phi_2 + \Phi_3 = 0 \tag{6-1-4}$$

即

$$\sum \Phi = 0 \tag{6-1-5}$$

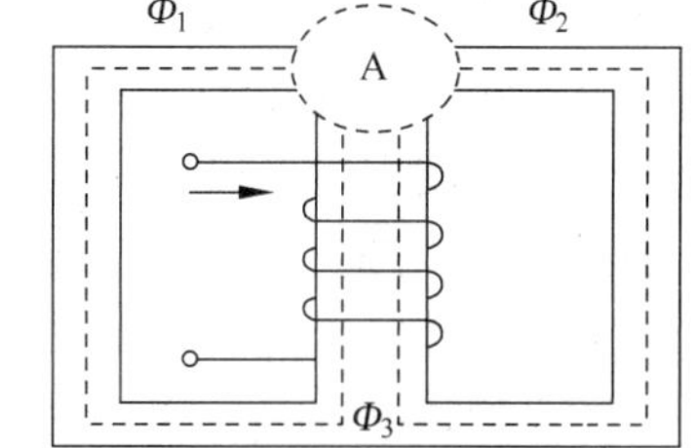

图 6-1-4　分支磁路

式(6-1-5)与电路的基尔霍夫电流定律相似。

此外，考虑到在磁路的任一闭合路径中，磁场强度与磁通势的关系应符合安培环路定律，故有

$$\sum NI = \sum HL \tag{6-1-6}$$

式(6-1-6)与电路中的基尔霍夫电压定律相似，称为磁路基尔霍夫第二定律。当磁通势与路径方向一致时，将其取正，反之取负。

6.2　互感现象及同名端

6.2.1　互感现象

由电磁理论可知，当线圈中通有变化的电流时，就会在线圈内建立起变化的磁场，产生变

化的磁通，变化的磁通与线圈各匝交链而使线圈自身具有磁链，磁链的变化会在线圈两端产生感应电压，这种由于线圈自身磁链的变化而在其自身两端产生感应电压的现象叫作自感现象。此外，对于含有多个线圈的电路来说，还存在着互感现象，所谓互感现象，是指载流线圈之间通过彼此的磁场相互联系的物理现象，也称磁耦合。图 6-2-1(a)所示为两个有互感的载流线圈，载流线圈中的电流 i_1 和 i_2 称为施感电流，线圈的匝数分别为 N_1 和 N_2。根据两个线圈的绕向、施感电流的参考方向和两线圈的相对位置，按右手螺旋定则可以确定施感电流产生的磁通方向和彼此交链的情况。线圈 1 中的电流 i_1 产生的磁通设为 Φ_{11}，参考方向如图 6-2-1 所示，在穿越自身的线圈时，所产生的磁通链（简称磁链）设为 Φ_{11}，称为自感磁链；Φ_{11} 中的一部分或全部交链线圈 2 时产生的磁链设为 Φ_{21}，称为互感磁链。同样，线圈 2 中的电流 i_2 也产生自感磁链 Φ_{22} 和互感磁链 Φ_{12}（图 6-2-1 中未画出），这就是两线圈彼此耦合的情况。把这两个靠近的载流线圈称为耦合线圈。

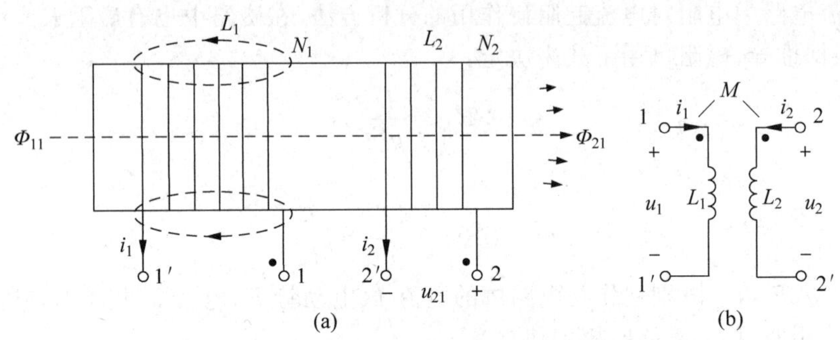

图 6-2-1 两个线圈的互感

6.2.2 互感线圈的同名端

具有互感的线圈，同一瞬间极性相同的端子叫作同极性端，又叫作同名端。由于线圈被同一磁通交链，故同名端是确定的。

对于相对位置和线圈绕向确定的互感线圈的同名端，可以借助右手螺旋法则来判断，即假定给互感线圈同时通以电流，且电流与磁通的方向符合右手螺旋定则，当各电流产生的磁通相互加强时（即方向相同），则电流流进或流出的端子为同名端。同名端可用相同的符号标记，如“·”或“*”等。由此可判断出图 6-2-1(a)所示的两互感线圈，1、2 或 1′、2′为同名端，图中是用“·”标出的，如图 6-2-1(b)所示，图中的 M 称为互感系数，简称互感，单位是亨利(H)。

图 6-2-2 中画出了几组实际绕向和相对位置不同的互感线圈。

在绘制电路图时，为了简便起见，常常不绘出线圈的绕向，而用电感元件的符号代替，同时在相应端钮上标出同名端的标记即可，如图 6-2-3 所示。

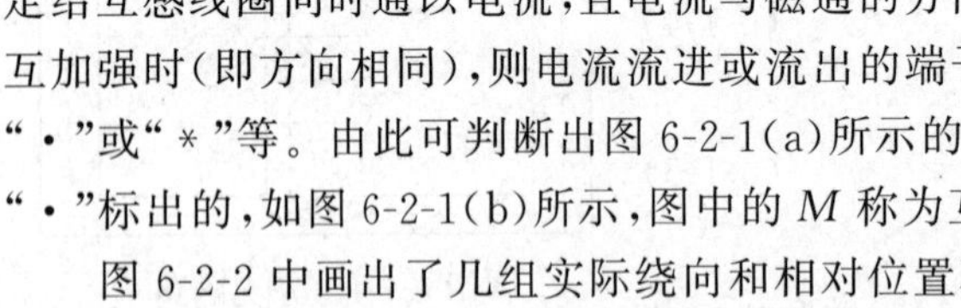

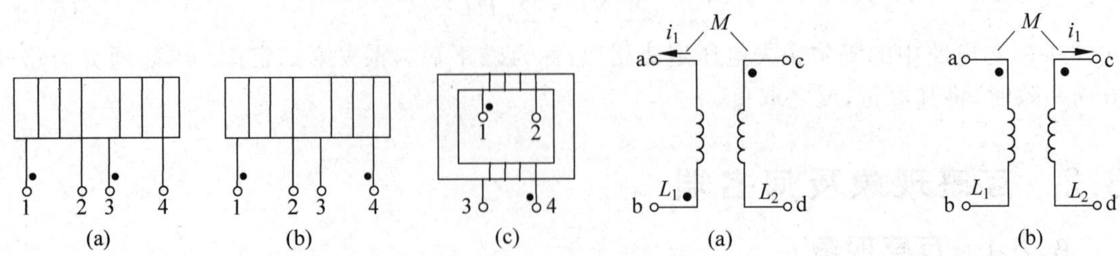

图 6-2-2 互感线圈的同名端

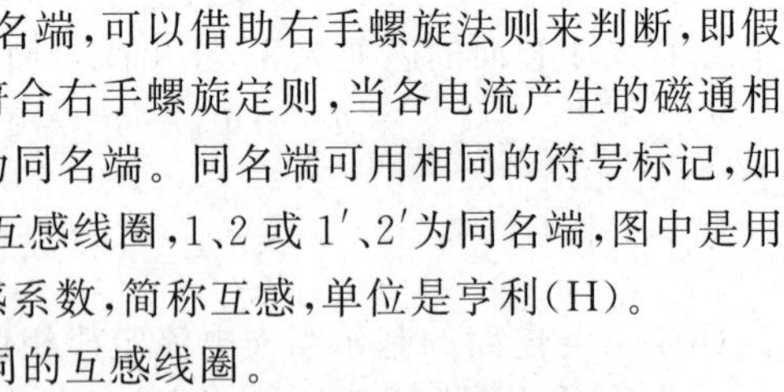

图 6-2-3 互感线圈的同名端

6.2.3 耦合系数

两个耦合线圈的电流所产生的磁通，一般情况下，只有部分磁通相互交链，彼此不交链的那部分磁通称为漏磁通。两耦合线圈相互交链的磁通越大，说明两个线圈耦合得越紧密，通常用耦合系数 k 表示两个线圈耦合的紧密程度。

耦合系数 k 表达式为

$$k=\frac{M}{\sqrt{L_1 L_2}} \tag{6-2-1}$$

由于漏磁通，耦合系数 k 总是小于 1。k 值大小取决于两个线圈的相对位置及磁介质的性质。k 值越大，表明漏磁通越小，两线圈之间的耦合越紧密。$k=1$ 时，称为全耦合。

6.2.4 互感电压

由互感原理可知，对于发生互感的线圈，每个线圈中的电流除了在其自身两端产生自感电压外，同时还在与其发生互感的线圈中产生互感电压。以图 6-2-1(b)为例，线圈 L_1 中电流 i_1 产生的自感电压为 u_{L1}，产生的互感电压为 u_{21}；线圈 L_2 中电流 i_2 产生的自感电压为 u_{L2}，产生的互感电压为 u_{12}。因此，电感 L_1 和 L_2 的端电压 u_1 和 u_2 是自感电压与互感电压叠加的结果。自感电压前的"＋""－"号可直接根据自感电压与产生它的电流是否为关联方向确定，关联时取"＋"号，非关联时取"－"号。互感电压前得"＋""－"号的正确选取是写出耦合电感端电压的关键，选取原则可简明地表述如下：如果互感电压的"＋"极端子与产生它的电流流进的端子为一对同名端，则互感电压前取"＋"号，反之取"－"号。

【例 6-2-1】 图 6-2-4 所示的互感电路中，同名端标记如图所示。已知 $L_1=L_2=0.05\text{H}$，$M=0.025\text{H}$，$i_1=2.82\sin(1000t)\text{A}$，试求自感电压 u_{L1} 和互感电压 u_{21}。

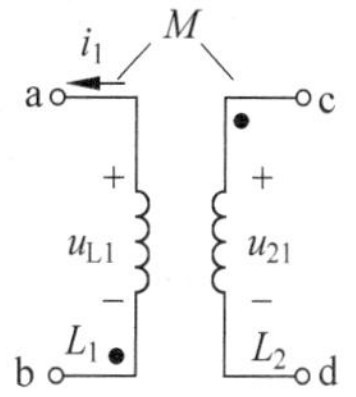

图 6-2-4　例 6-2-1 图

【解答】 选取自感电压 u_{L1} 和互感电压 u_{21} 参考方向如图 6-2-4 所示。由于 u_{L1} 与 i_1 参考方向相反，u_{21} 的"＋"极端子与产生它的电流 i_1 流进的端子是同名端，所以可得

自感电压为 $$u_{L1}=-L_1\frac{\mathrm{d}i_1}{\mathrm{d}t}$$

互感电压为 $$u_{21}=M\frac{\mathrm{d}i_1}{\mathrm{d}t}$$

其相量形式为

自感电压为 $$\dot{U}_{L1}=-\mathrm{j}\omega L_1\dot{I}_1$$

互感电压为 $$\dot{U}_{21}=-\mathrm{j}\omega M\dot{I}_1$$

由题可得

$$\dot{I}_1=\frac{2.82}{\sqrt{2}}\angle 0^\circ=2\angle 0^\circ\text{A}$$

自感抗： $$\omega L_1=1000\times 0.05=50\Omega$$

互感抗： $$\omega M=1000\times 0.025=25\Omega$$

则自感电压、互感电压的相量形式为

$$\dot{U}_{L1} = -j\omega L_1 \dot{I} = -j50 \times 2\angle 0^\circ = 100\angle -90^\circ \text{V}$$

$$\dot{U}_{21} = j\omega M \dot{I}_1 = j25 \times 2\angle 0^\circ = 50\angle 90^\circ \text{V}$$

于是可得自感电压、互感电压的解析式为

$$u_{L1} = 100\sqrt{2}\sin(1000t - 90^\circ)\text{V}$$

$$u_{21} = 50\sqrt{2}\sin(1000t + 90^\circ)\text{V}$$

6.3 变压器

变压器是一种静止的交流电器,它可以把某一电压值的交流电转换成同一频率的另一电压值的交流电。在实际应用中,除了用变压器改变电压之外,还可以用来变换电流(例如变流器、大电流发生器等)和变换阻抗(例如电子线路中的输入变压器、输出变压器)。基于变压器的多种功能,它在电力系统的输电和配电以及电子技术、测绘技术和计算机技术诸方面都得到广泛的应用。

6.3.1 变压器的基本结构

常用变压器都是由铁芯和绕在铁芯上的两个或两个以上的线圈(又叫绕组)组成。普通两绕组变压器的示意图和符号如图 6-3-1 所示。通常把变压器与电源相接的一侧称为“一次侧”“原边”(或称初级、原方等),凡与原边相联系的各量都冠以“原边”两字,并在符号下侧标注 1 字,如原边绕组匝数为 N_1,原边电压为 U_1……凡与负载相接的一侧称为“二次侧”“副边”(或称次级、副方等),凡与副边相联系的各量都冠以“副边”两字,并在符号下侧标注 2 字,如副边绕组匝数为 N_2,副边电压为 U_2……

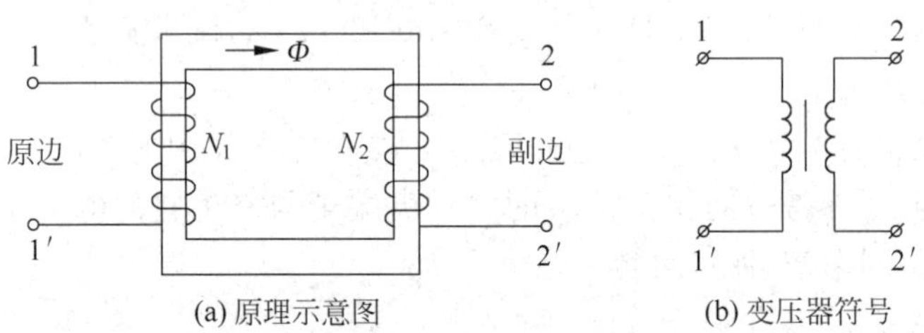

(a) 原理示意图　(b) 变压器符号

图 6-3-1　铁芯变压器原理示意图和符号

6.3.2 变压器的工作原理

图 6-3-2 所示的是变压器的原理图。

当原绕组接上交流电压 u_1 时,原绕组中便有电流 i_1 通过。原绕组的磁动势 N_1i_1 产生的磁通绝大部分通过铁芯而闭合,从而在副绕组中感应出电动势。如果副绕组接有负载,那么副绕组中就有电流 i_2 通过。副绕组的磁动势 N_2i_2 也产生磁通,其绝大部分也通过铁芯而闭合。因此,铁芯中的磁通是一个由原、副绕组的磁动势共同产生的合成磁通,它称为主磁通,用 Φ 表示。主磁通穿过原绕组和副绕组而在其中感应出的电动势分别为 e_1 和 e_2。此外,原、副绕组的磁动势还分别产生漏磁通 $\Phi_{\sigma1}$ 和 $\Phi_{\sigma2}$(仅与本绕组相连),从而在各自的绕组中分别产生漏磁电动势 $e_{\sigma1}$ 和 $e_{\sigma2}$。

由变压器的电磁关系可以看出,当电功率从变压器的原绕组输入时,虽然原、副绕组没有

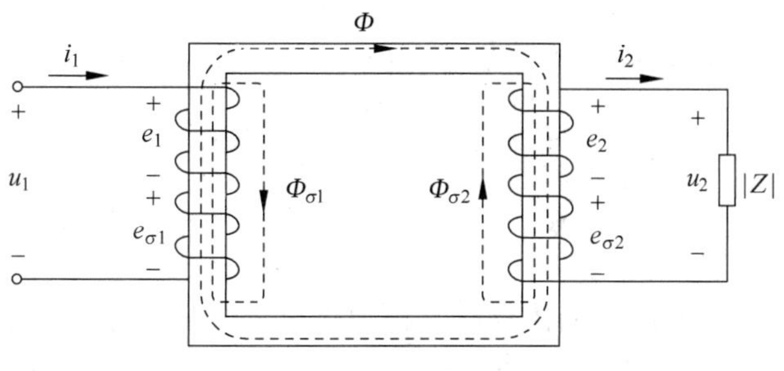

图 6-3-2　变压器的原理图

电的联系，但是利用磁通作为媒介，通过电磁感应，将电功率传输到副绕组，从而实现了电压变换、电流变换及阻抗变换。

6.3.3　理想变压器

理想变压器是从实际的变压器抽象出来的理想化模型，它是一种全耦合变压器，认为其耦合系数 k 等于 1。图 6-3-3 所示为理想变压器的电路模型。

理想变压器的电压、电流方程是一个仅与变比 n 有关的代数方程。根据图 6-3-3 所示参考方向和同名端列出的代数方程为

$$\frac{u_1}{u_2}=\frac{N_1}{N_2}=n \quad 或 \quad u_1=nu_2 \tag{6-3-1}$$

$$\frac{i_1}{i_2}=\frac{N_2}{N_1}=\frac{1}{n} \quad 或 \quad i_1=\frac{1}{n}i_2 \tag{6-3-2}$$

其中，$n=N_1/N_2$ 为一个正实数，称为理想变压器的变比，N_1 和 N_2 分别为原边和副边的匝数。

理想变压器还具有阻抗变换作用。如图 6-3-4 所示，若在理想变压器的副边接有一阻抗 Z_L，则从原边看进去的输入阻抗 Z_i 为

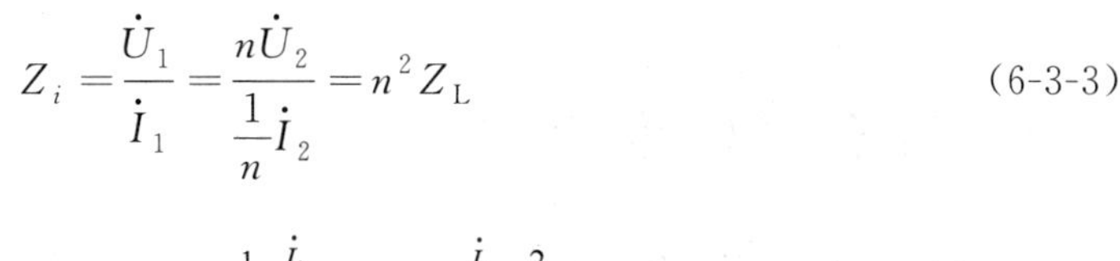

$$Z_i=\frac{\dot{U}_1}{\dot{I}_1}=\frac{n\dot{U}_2}{\frac{1}{n}\dot{I}_2}=n^2Z_L \tag{6-3-3}$$

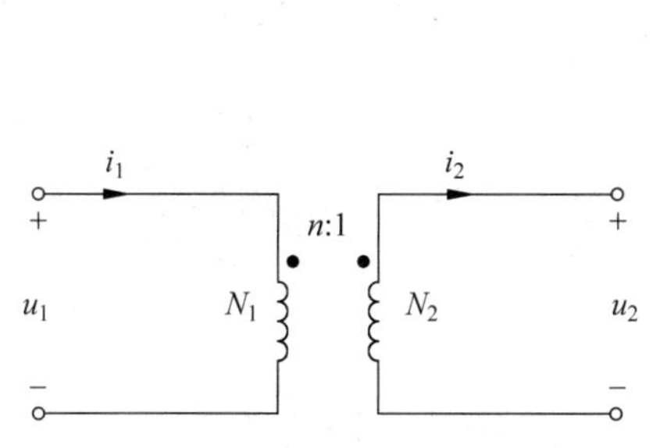

图 6-3-3　理想变压器的电路模型

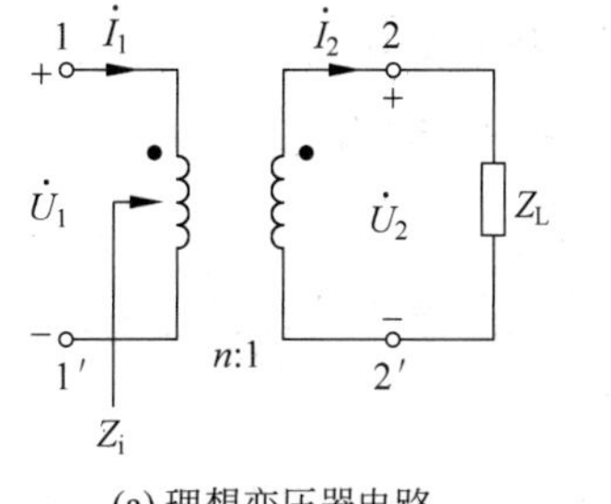

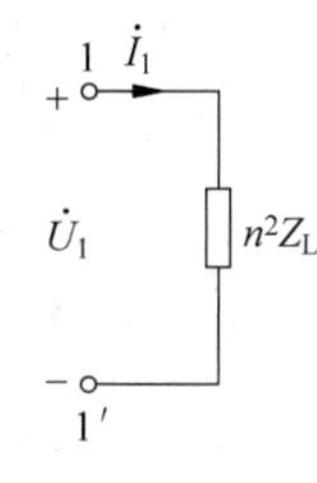

图 6-3-4　理想变压器的阻抗变换

【例 6-3-1】　图 6-3-5 所示理想变压器，匝数比为 1∶10，已知 $u_S=10\sin(10t)\,\text{V}$，$R_1=1\Omega$，$R_2=100\Omega$。求 u_2。

【解答】　由图 6-3-5 所示可以列出电路 KVL 方程：

$$R_1 i_1 + u_1 = u_S, \quad R_2 i_2 + u_2 = 0$$

根据理想变压器电压、电流的变比关系，有

$$u_1 = -\frac{1}{10} u_2, \quad i_1 = 10 i_2$$

代入数据可解得

$$u_2 = -5u_S = -50\sin(10t)\text{V}$$

【例 6-3-2】 图 6-3-6 所示是晶体管收音机功率放大电路的等效二端网络。已知该二端网络的等效内阻为 R_O，作为负载的扬声器电阻为 R_L，为了使扬声器获得最大功率，此时变压器的变比 n 应为多少。

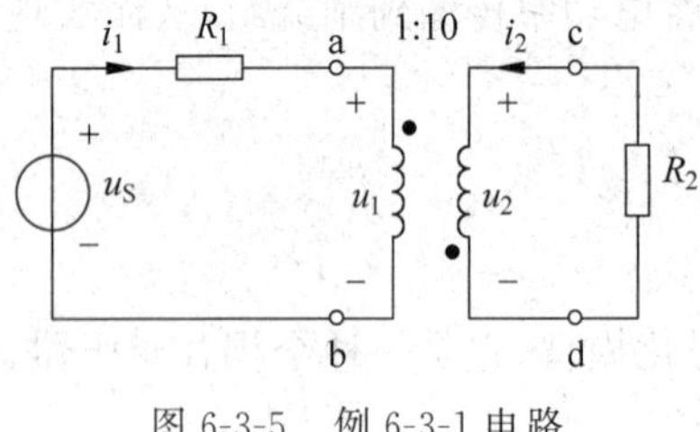

图 6-3-5　例 6-3-1 电路

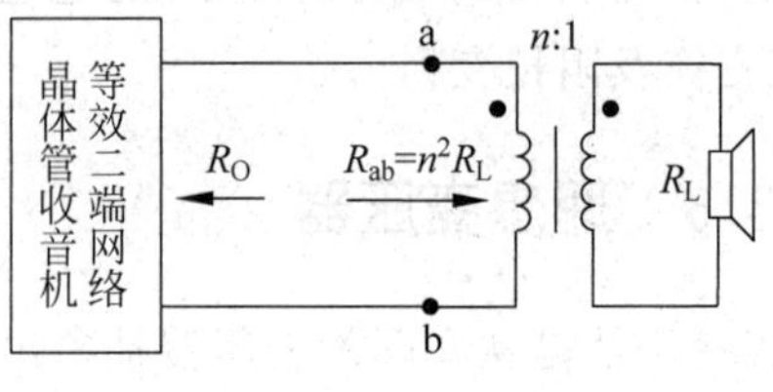

图 6-3-6　例 6-3-2 电路

【解答】 将负载电阻 R_L 等效到 a、b 端口电阻 R_{ab}：

$$R_{ab} = n^2 R_L$$

此时电阻 R_{ab} 上获得的功率为

$$P_{R_{ab}} = \left(\frac{U_S}{R_O + R_{ab}}\right)^2 R_{ab}$$

当 $R_O = R_{ab} = n^2 R_L$，即 $n = \sqrt{\dfrac{R_O}{R_L}}$ 时，功率取得最大值，此时：

$$P_{max} = \frac{U_S^2}{4R_O} = \frac{U_S^2}{4R_{ab}}$$

6.4　变压器电路的 Multisim 仿真实例

变压器可以实现升压或降压变换，也可以进行电流变换，下面利用 Multisim 10 软件进行变压器降压和电流变换的仿真实验。

1. 仿真目的

验证变压器的电压变换和电流变换作用。

2. 仿真过程

（1）利用 Multisim 10 软件绘制图 6-4-1 所示的变压器降压仿真电路图。设置变压器的变比为 10∶1；交流电压表 XMM1 和 XMM2 分别测量输入和输出的交流电压值；示波器 XSC1 的通道 A 测量输入信号的波形，通道 B 测量输出信号的波形。

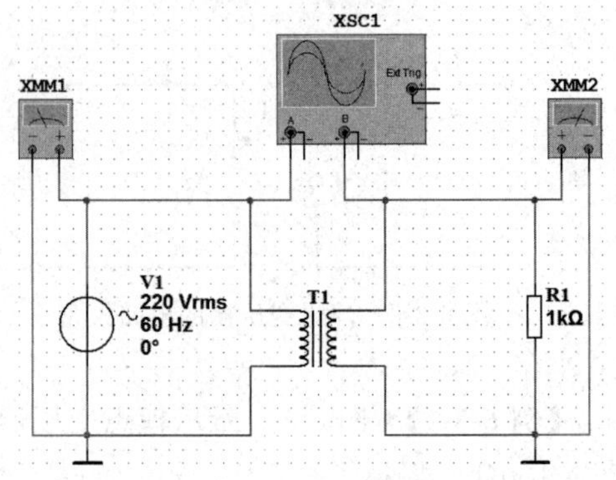

图 6-4-1　变压器降压仿真电路

(2) 启动仿真,测得输入、输出交流电压如图 6-4-2 所示,忽略误差,近似满足 $U_1:U_2=N_1:N_2$;输入、输出电压波形如图 6-4-3 所示。

图 6-4-2　输入、输出交流电压测试结果

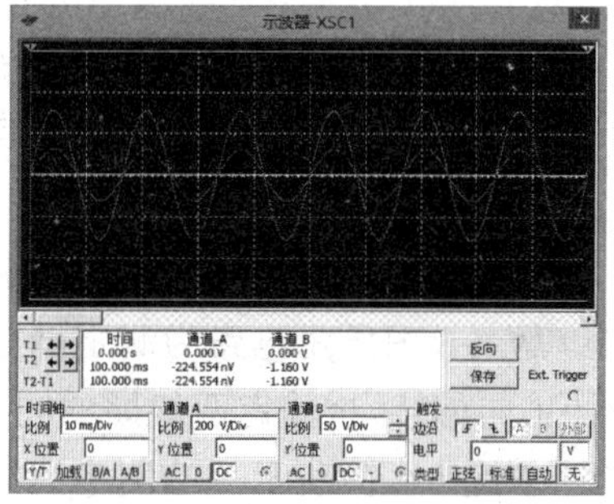

图 6-4-3　输入、输出电压波形

(3) 利用 Multisim 10 软件绘制图 6-4-4 所示的变压器电流变换仿真电路图。设置变压器的变比为 10∶1;交流电流表 XMM1 和 XMM2 分别测量输入端和输出端的交流电流值;示波器 XSC1 的通道 A 测量输入信号的波形,通道 B 测量输出信号的波形。

(4) 启动仿真,测得输入、输出交流电流如图 6-4-5 所示,忽略误差,近似满足 $U_1:U_2=I_2:I_1$;输入、输出电压波形如图 6-4-6 所示。

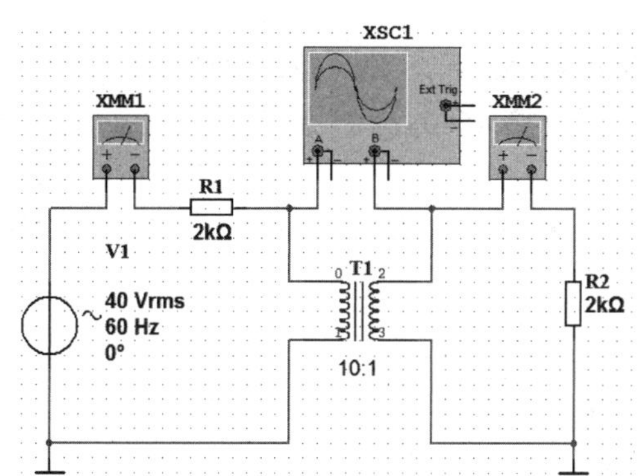

图 6-4-4　变压器电流变换仿真电路

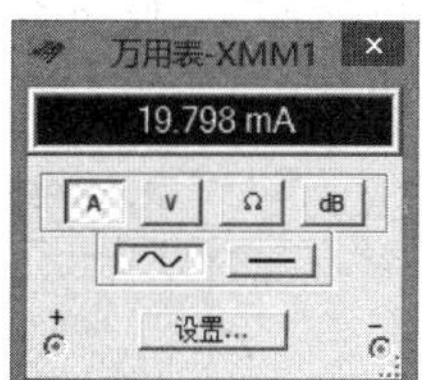

图 6-4-5　输入、输出交流电流测试结果

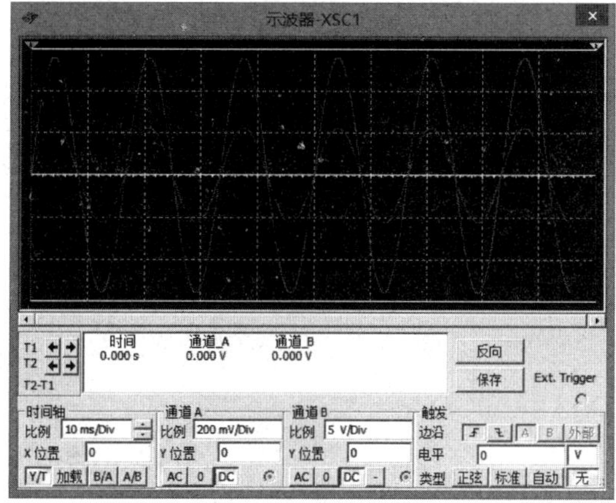

图 6-4-6　输入、输出电压波形

习题 6

6-1　由于线圈自身磁链的变化而在其自身两端产生感应电压的现象叫作________现象，载流线圈之间通过彼此的磁场相互联系的物理现象叫作________现象，也称磁耦合。

6-2　理想变压器的初级侧线圈的匝数为 N_1，次级侧线圈的匝数为 N_2，则该变压器的变比为________，初级端电压 u_1 和次级端电压 u_2 的电压比为________。

6-3　题 6-3 图所示电路为测定耦合电感同名端的一种实验电路。在开关 S 闭合瞬间，电压表指针正向偏转，试确定两线圈的同名端。若电压表的指针反向呢？

6-4　求题 6-4 图所示二端网络的等效电阻 R_{ab}。

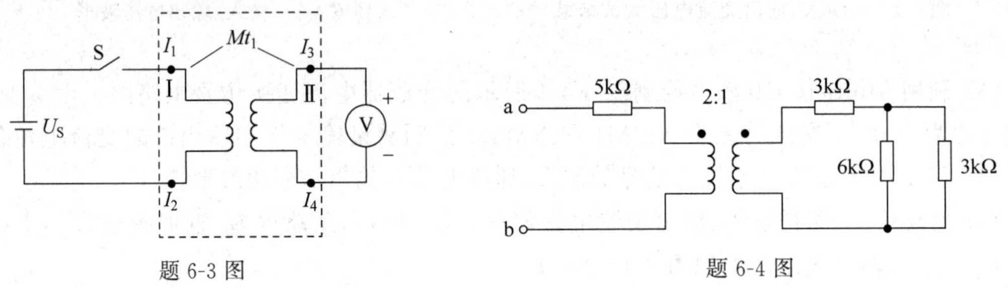

题 6-3 图　　题 6-4 图

6-5　某晶体管收音机的输出变压器的原绕组匝数 $N_1=240$ 匝，副绕组匝数 $N_2=80$ 匝，原接有电阻为 8Ω 的扬声器，阻抗是匹配的。现在要改接 4Ω 的扬声器，若输出变压器原绕组匝数不变，问副边绕组的匝数应如何变动？

6-6　电路如题 6-6 图所示，欲使负载电阻 $R_L=8\Omega$ 获得最大功率，求理想变压器的变比 n 和负载电阻获得的最大功率。

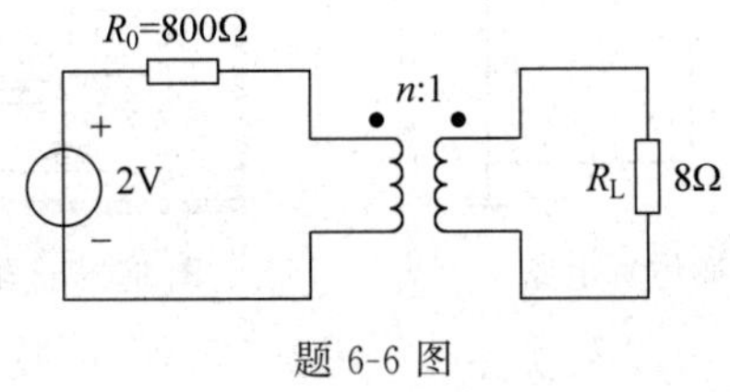

题 6-6 图

模拟电子技术

模拟电子技术是一门研究对模拟信号进行处理的模拟电路的学科。它以半导体二极管、半导体三极管和场效应管为关键电子器件，包括运算放大电路、功率放大电路、反馈放大电路、信号运算与处理电路、信号产生电路、电源稳压电路等。

本篇包括第 7～13 章，主要内容有半导体二极管及其应用电路、半导体三极管及其放大电路、场效应管及其放大电路、集成运算放大电路、放大电路中的反馈、信号的运算和处理电路，以及直流电源的相关概念。

半导体二极管及其应用电路

本章主要介绍半导体以及半导体二极管及各种特殊二极管的基础知识，半导体二极管构成的各种应用电路的分析。

7.1 半导体基础知识

物质的导电性能取决于原子结构。导体一般为低价元素，原子中最外层轨道上的电子（价电子）数目较少，极易挣脱原子核的束缚成为自由电子参与导电，所以导体呈现较好的导电性能。绝缘体一般为高价元素，最外层电子数目接近八个，受原子核的束缚力很强，极不容易摆脱原子核的束缚成为自由电子，因而导电性能极差。导电性能介于导体和绝缘体之间的物质称为半导体。使用最多的半导体材料是硅(Si)和锗(Ge)，它们都是四价元素，原子最外层轨道上有四个电子，既不像导体那样极易挣脱原子核的束缚成为自由电子，又不像绝缘体那样被原子核束缚很紧，因而导电性能介于两者之间。

7.1.1 本征半导体

用半导体材料制作半导体器件时，半导体要高度提纯将之制成晶体，这种纯净的、具有晶体结构的半导体称为本征半导体。

本征半导体的晶体结构中，原子按一定的规律整齐排列，由于原子间的距离很近，最外层电子（价电子）不仅受到所属原子核的吸引，还受到相邻原子核的吸引。这样，每一个原子的每一个价电子都与相邻原子的一个价电子组成一个电子对，为相邻原子所共有，构成共价键结构。

共价键结构使原子最外层因具有八个电子而处于较为稳定的状态。但共价键对电子的约束毕竟不像绝缘体那样紧，当温度升高或受到光照射时，共价键中的部分价电子因获得能量而挣脱共价键的束缚成为自由电子，这种现象称为激发。价电子在挣脱共价键束缚成为自由电子后，在共价键中留下一个空位，称之为空穴。每形成一个自由电子，就留下一个空穴，即在本征半导体中，自由电子和空穴总是相伴而生，成对出现的，并且两者的数目相等。原子是电中性的，而自由电子带负电，所以，可以认为空穴带正电。

在外电场的作用下，一方面带负电荷的自由电子做定向移动，形成电子电流；另一方面价电子会按电场方向依次填补空穴，产生空穴的定向移动，形成空穴电流。把能够运动的、可以参与导电的带电粒子称为载流子，因而半导体中有自由电子和空穴两种载流子参与导电，这是半导体导电方式最主要的特点，也是半导体和导体在导电原理上的显著区别。

在本征半导体中，一方面由于热激发，自由电子-空穴对不断产生；另一方面，自由电子在运动过程中又会不断地与空穴重新结合而使自由电子-空穴对消失，这个过程称为复合。在一定温度下，自由电子-空穴对的产生和复合都在不停地进行，最终达到一种动态平衡，使半导体中载流子的浓度维持一定的水平。理论证明，本征半导体的载流子浓度随着温度的升高近似地按指数规律增加。因此，温度对半导体的导电性能影响很大。

7.1.2　掺杂半导体

在本征半导体中，由于热激发而产生的自由电子和空穴的数目是很少的，所以其导电性能很差。但是，如果在本征半导体中掺微量的杂质元素，使半导体中的自由电子或空穴的数目大量增加，就可以极大地改善半导体的导电性能。半导体根据所掺杂质元素的不同，可分为N型半导体和P型半导体。

1. N型半导体

如果在硅(或锗)晶体中掺入微量的五价元素磷(或砷、锑等)，由于其数目很少，故整个晶体结构基本不变，只是某些位置上的硅原子被磷原子取代。磷原子的五个价电子中有四个与相邻的硅原子形成共价键结构，多出的一个价电子受原子核束缚很小，在室温下就可以激发成为自由电子，磷原子也因此变成带正电荷的离子。磷原子由于可以提供自由电子而称为施主离子。掺入五价元素的半导体中，自由电子由两部分组成，一部分是杂质元素提供的，另一部分是半导体激发产生的；空穴只是半导体激发产生的；所以自由电子的浓度远远大于空穴的浓度，故自由电子称为多数载流子，简称多子；空穴称为少数载流子，简称少子。这种半导体称为N型半导体。

2. P型半导体

如果在硅(或锗)晶体中掺入微量的三价元素硼(或铝、铟等)，每一个硼原子与相邻的硅原子形成三个共价键，同时形成一个空穴，在室温下就可以吸引邻近原子的价电子来填充，使硼原子变成带负电荷的离子。硼原子由于可以吸引价电子而称为受主离子。掺入三价元素的半导体中，空穴由两部分组成，一部分是杂质元素提供的，另一部分是半导体激发产生的；自由电子只是半导体激发产生的；所以空穴的浓度远远大于自由电子的浓度，故空穴称为多数载流子，简称多子；自由电子称为少数载流子，简称少子。这种半导体称为P型半导体。

不论是N型半导体还是P型半导体，由于原子核内、外的正、负电荷数目相同，就整体而言为电中性的。多子的数目取决于掺杂浓度，它对掺杂半导体的导电性能产生直接的影响。少子的数目虽然很少，但它们对温度非常敏感，将对半导体的性能产生非常重要的影响。

综上所述，半导体具有以下特点。

(1) 半导体中存在两种载流子——自由电子和空穴。

(2) 在本征半导体中掺微量杂质可以控制半导体的导电能力和参加导电的主要载流子的类型。

(3) 环境的改变(如温度、光照)对半导体性能有很大的影响。

7.1.3　PN结及其单向导电性

1. PN结的形成

如果在一块晶体的两边分别掺入不同的杂质使之分别形成P型半导体和N型半导体，由于交界面两侧载流子浓度差别很大，故多数载流子将向对方区域扩散，形成多数载流子的扩散运动。这样，在交界面的P型半导体和N型半导体的两侧分别形成一个带负电的离子层和一个带正电的离子层，从而在交界面上形成一个空间电荷区。由于空间电荷区的形成，产生由N区指向P区的电场，称为内电场。内电场的存在阻挡了多数载流子的扩散运动而有利于少数载流子向对方区域飘移(形成少数载流子的漂移运动)。刚开始时，扩散运动占优势，漂移运动很弱，空间电荷区很窄，内电场很小；随着扩散运动的进行，空间电荷区逐渐变宽，内电场逐渐加强，阻碍扩散运动的作用增强，同时漂移运动也随着内电场的增强而增强，最后，扩散运动和漂移运动达到动态平衡，从而形成稳定的空间电荷区，即PN结。由于空间电荷区没有载流子存在，形成高阻区，也常称为耗尽层或阻挡层。一般情况下，空间电荷区的宽度仅几微米。

2. PN结的单向导电性

1）PN结外加正向电压

当电源的正极接P区，负极接N区时，称PN结外加正向电压，此时PN结处于正向偏置。外加正向电压产生的电场称为外电场，其方向与内电场相反，外电场削弱了内电场，使空间电荷区变窄，增强了多子的扩散运动，削弱了少子的漂移运动。大量的多子通过PN结形成较大的正向电流，PN结处于正向导通状态，呈现的电阻很小，此电阻称为PN结的正向电阻。

2）PN结外加反向电压

当电源的正极接N区、负极接P区时，称PN结外加反向电压，此时PN结处于反向偏置。外电场的方向与内电场的方向一致，增强了内电场，使空间电荷区变宽，增强了少子的漂移运动，形成反向电流。但由于少子浓度很低，在一定温度下浓度基本不变，所以反向电流不仅很小，而且即使增加反向电压，其大小也基本保持不变，故称为反向饱和电流，此时PN结处于反向截止状态，呈现的电阻很大，称为PN结的反向电阻，高达几百千欧以上。

综上所述，PN结外加正向电压，处于导通状态；PN结外加方向电压，处于截止状态，即PN结具有单向导电性。PN结的单向导电性可以用PN结伏安特性理论方程来描述，即

$$i = I_S\left(e^{\frac{u}{U_T}} - 1\right) \tag{7-1-1}$$

式中：I_S为反向饱和电流的大小；$U_T = KT/q$称为温度电压当量，其中K为玻尔兹曼常数，T为热力学温度，q为电子的电量，当温度为300K(室温)时，$U_T \approx 26\text{mV}$；i和u是PN结的电流和电压，方向为正向电流和电压的方向。

3. PN结的击穿

当加在PN结的反向电压超过某一数值(U_{BR})时，反向电流会急剧增加，这种现象称为反向击穿。PN结的反向击穿通常可分为雪崩击穿和齐纳击穿两种情况。

不论是哪种情况的反向电击穿，只要PN结不因电流过大产生过热而烧毁，反向电击穿与反向截止两种状态都是可逆的。

4. PN结的电容效应

当PN结外加电压变化时，空间电荷区的宽度将随之变化，即耗尽层的电荷量随外加电压而改变，这种现象与电容器的充/放电过程相同，耗尽层宽窄变化所等效的电容称为势垒电容C_b；PN结的扩散区内，电荷的积累和释放过程与电容器的充放电过程相同，这种电容效应称为扩散电容C_d。PN结的结电容数值一般很小，故只有在工作频率很高的情况下考虑PN结的结电容作用。

7.2　半导体二极管

7.2.1　半导体二极管的基本结构

在 PN 结的两端接上电极引线并用管壳密封就构成半导体二极管。从 P 型半导体引出的电极称为阳极或正极，从 N 型半导体引出的电极称为阴极或负极，二极管一般用字母 D 表示，其电路符号如图 7-2-1 所示。二极管具有单向导电性，规定正向电流的方向从阳极流向阴极。

二极管的种类很多，分类方法也不同，按制造所用材料分类，主要有硅二极管和锗二极管；按用途分类，主要有普通二极管、整流二极管、开关二极管、稳压二极管等；按其结构分类，主要有点接触型二极管、面接触型二极管和平面型二极管。

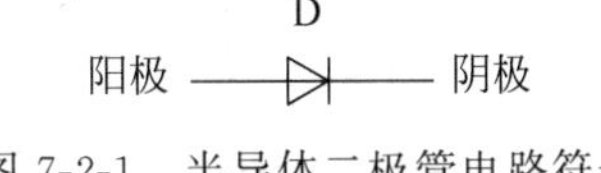

图 7-2-1　半导体二极管电路符号

点接触型二极管如图 7-2-2(a)所示，其 PN 结面积很小，只能通过较小的电流(几十毫安以下)，但结电容小，适用于高频(几百兆赫兹)电路，故多用于高频信号检波、混频以及小电流整流电路中。面接触型二极管如图 7-2-2(b)所示，其 PN 结面积大，所以允许通过较大的电流(几百毫安至几安)，但结电容大，只能用于低频整流电路中。平面型二极管如图 7-2-2(c)所示，PN 结面积小的平面二极管常用在脉冲电路中作为开关管用，结面积较大的平面二极管常用于大功率整流电路中。

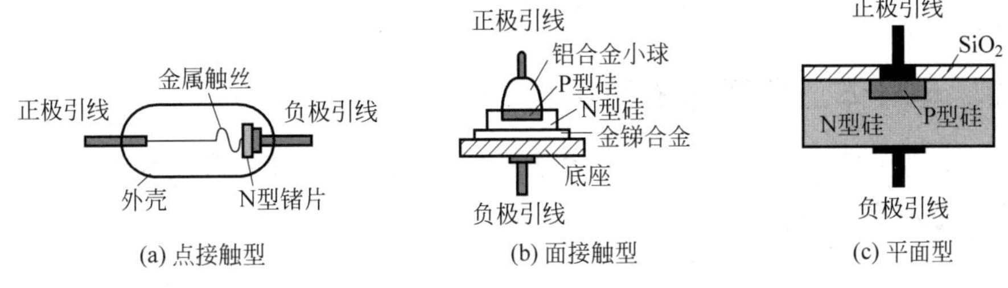

图 7-2-2　半导体二极管的结构

7.2.2　半导体二极管的伏安特性

半导体二极管的伏安特性是指二极管阳极和阴极之间的电压 U 与流过二极管的电流 I 之间的关系曲线。图 7-2-3 是硅二极管和锗二极管的实测伏安特性曲线。

1. 正向特性

二极管外加的正向电压很小时，外电场不足以克服内电场对多数载流子扩散运动的阻碍作用，因而正向电流约为零，这一区域称为死区。当正向电压增加到某一数值时，内电场被削弱，正向电流增长很快，该电压称为开启电压，也叫作门槛电压，用 U_{on} 表示。硅管的 U_{on} 约为 0.5V，锗管约为 0.1V。当正向电压超过 U_{on} 后，内电场被大大削弱，电流将随正向电压的增大按指数规律增大，二极管呈现出很小的电阻。硅管的正向导通电压为 0.6～0.8V(常取 0.7V)，锗管为 0.1～0.3V。

2. 反向特性

二极管外加反向电压时，PN 结反向偏置，电流很小，且反向电压在较大范围内变化时反向电流值基本不变，称为反向饱和电流，此时二极管处于截止状态。当反向电压增加到某一数值时(一般为几十伏，高的可达数千伏)，二极管被击穿，此时，二极管处于击穿状态。普通二极

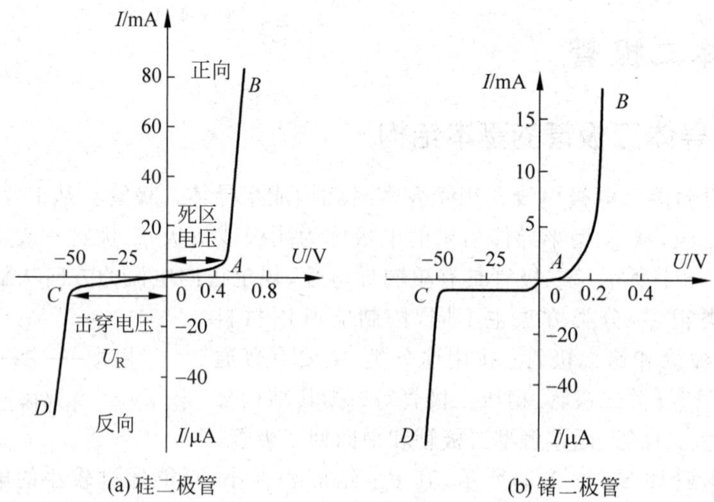

(a) 硅二极管 (b) 锗二极管

图 7-2-3 二极管伏安特性曲线

管往往因击穿过热而烧毁。

3. 温度特性

二极管的特性对温度十分敏感，温度升高时，正向特性曲线往左移，反向特性曲线往下移。一般规律是：在同一电流下，温度每升高 1℃，正向压降减少 2～2.5mV；温度每升高 10℃，反向饱和电流约增加一倍。

7.2.3 半导体二极管的主要参数

半导体二极管的特性除用伏安特性曲线表示外，还可以用以下参数表示。

1. 最大整流电流 I_{Fm}

最大整流电流 I_{Fm} 是指二极管长期工作时允许通过的最大正向平均电流。它主要取决于 PN 结的结面积大小，当流过二极管的正向平均电流超过此值时，会烧毁 PN 结。

2. 反向击穿电压 U_{BR}

反向击穿电压 U_{BR} 是指二极管反向击穿时的电压值。击穿时，反向电流急剧增加，二极管的单向导电性被破坏，甚至因过热而烧毁。

3. 最高反向工作电压 U_{Rm}

最高反向工作电压 U_{Rm} 是指保证二极管不被反向击穿时的最高反向工作电压。通常约为反向击穿电压的一半。使用时，加在二极管上的实际反向电压不能超过此值。

4. 最大反向工作电流 I_{Rm}

最大反向工作电流 I_{Rm} 是指在二极管上加最高反向工作电压时的反向电流。此值越小，单向导电性能越好。

5. 最高工作频率 f_M

最高工作频率 f_M 是指保证二极管具有良好单向导电性能的最高频率。它主要由 PN 结的结电容大小决定。

6. 二极管的直流电阻 R_D

二极管两端的直流电压与流过二极管的电流之比称为二极管的直流电阻。

7. 二极管的交流(动态)电阻 r_D

二极管两端的电压在某一确定值(工作点 Q)附件的微小变化与流过二极管的电流产生的微小变化之比称为二极管的交流(动态)电阻。

7.2.4　特殊二极管

1. 稳压二极管

稳压二极管是一种用特殊工艺制造的面接触型半导体硅二极管,简称稳压管。电路符号如图 7-2-4(a)所示,其伏安特性曲线如图 7-2-4(b)所示。稳压管的正向伏安特性与普通二极管相同,反向伏安特性与普通二极管相比有两个差别:一是反向击穿电压较低,只要采取适当措施限制通过稳压管的电流,保证稳压管不因过热而烧毁,其反向击穿就是可逆的;二是稳压管的反向伏安特性很陡,这样,在反向击穿电压下,当流过稳压管的电流在较大范围内变化时,稳压管两端的电压变化很小,因而具有稳压作用。稳压管就是利用这一特性工作的。

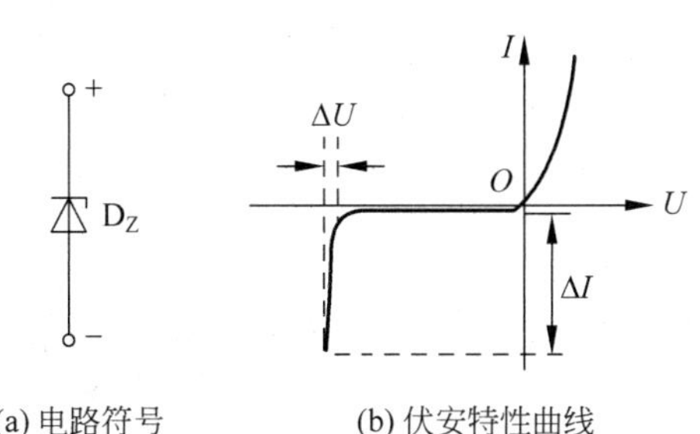

(a) 电路符号　　(b) 伏安特性曲线

图 7-2-4　稳压二极管

稳压二极管的主要参数如下。

1) 稳定电压 U_Z

稳定电压指稳压管正常工作时两端的电压,也就是它的反向击穿电压。由于制造工艺的原因,对于同一种型号的稳压管,U_Z 有一定的分散性,因此一般都给出其范围。例如型号 2CW14 的稳压管的 U_Z 为 6～7.5V,但对于某一只稳压管,对应于某一工作电流,就有一个确定的稳定电压值。

2) 稳定电流 I_Z

稳定电流是保证稳压管正常稳压的最小工作电流,电流低于该值时稳压效果变差。

3) 最大耗散功率 P_{ZM} 和最大稳定电流 I_{ZM}

当稳压管工作在稳压状态时,管子消耗的功率等于稳定电压 U_Z 与流过稳压管电流的乘积,该功率将转化为 PN 结的温升。最大耗散功率 P_{ZM} 是在 PN 结温升允许的情况下的最大功率,一般为几十毫瓦至几百毫瓦;由表达式 $P_{ZM}=U_Z I_{ZM}$ 即可确定最大稳定电流 I_{ZM}。

4) 动态电阻 r_Z

动态电阻指稳压管的两端电压变化量与流过稳压管电流变化量的比值。稳压管的反向伏安特性曲线越陡,则动态电阻越小,稳压特性越好。

由稳压管的伏安特性和参数可知,稳压管可工作在导通、截止和反向击穿状态,反向击穿状态也是稳压状态,反向击穿电压也是稳压管的稳定工作电压。

【例 7-2-1】 在图 7-2-5 所示电路中,已知输入电压 $U_I=12$V,稳压管 D_Z 的稳定电压 $U_Z=6$V,稳定电流 $I_Z=5$mA,额定功耗 $P_{ZM}=90$mW,试问输出电压 U_O 能否等于 6V。

【解答】 稳压管正常稳压时,其工作电流 I_{DZ} 应满足 $I_Z<I_{DZ}<I_{Z\max}$,而

$$I_{Z\max}=\frac{P_{ZM}}{U_Z}=\frac{90}{6}=15\text{mA}$$

即 $5\text{mA}<I_{D_Z}<15\text{mA}$。

设电路中 D_Z 能正常稳压,则 $U_O=U_Z=6$V。由图 7-2-5 可求出:

$$I_{D_Z}=I_R-I_L=\frac{U_I-U_Z}{R}-\frac{U_Z}{R_L}=\frac{12-6}{1}-\frac{6}{3}=4\text{mA}$$

I_{D_Z} 不在 5～15mA 的范围内，因此不能正常稳压，U_O 将小于 U_Z。若要电路能够稳压，则应减小 R 的阻值。

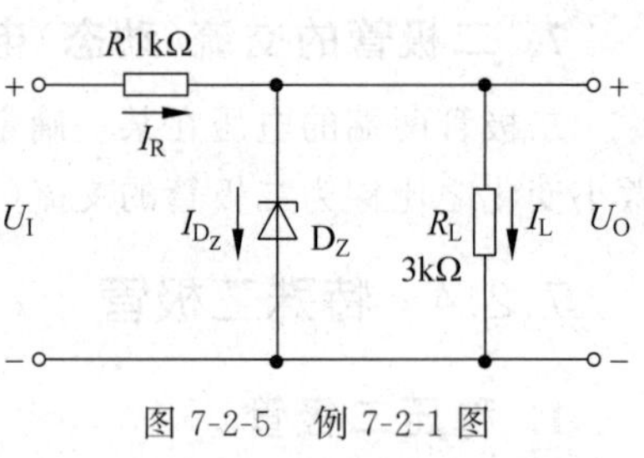

图 7-2-5　例 7-2-1 图

2. 发光二极管

发光二极管是一种将电能转换成光能的半导体器件，其基本结构是一个 PN 结，采用砷化镓、磷化镓等半导体材料制造而成的。它的伏安特性与普通二极管类似，但由于材料特殊，正向导通电压较大，约为 1～2V。当发光二极管正向导通时就会发光。

发光二极管(Light Emitting Diode，LED)具有工作电压低、工作电流小、发光均匀稳定、响应速度快等优点，常用作指示灯、七段显示器、矩阵显示器等显示器件。图 7-2-6(a)所示为发光二极管的电路符号。

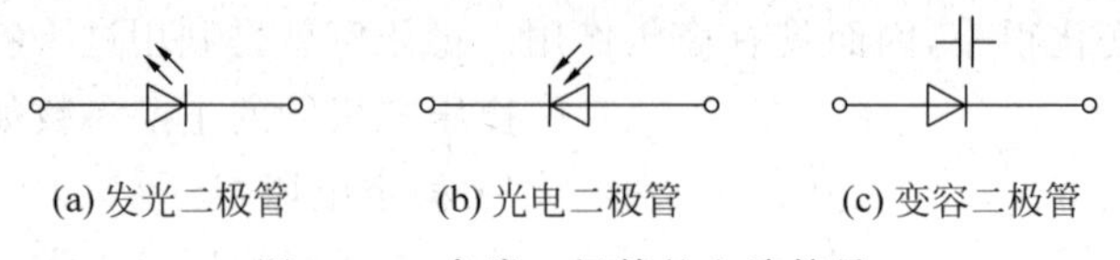
(a) 发光二极管　(b) 光电二极管　(c) 变容二极管

图 7-2-6　各类二极管的电路符号

3. 光电二极管

光电二极管又称光敏二极管，是一种能将光信号转换为电信号的半导体器件，其基本结构是一个 PN 结，但管壳上开有一个窗口，使光线可以照射到 PN 结上。光电二极管工作在反偏状态下，无光照时，与普通二极管一样，其反向电流很小，称为暗电流；有光照时，其反向电流随光照强度的增加而增加，称为光电流。

光电二极管与发光二极管可用于构成红外线遥控电路。图 7-2-6(b)所示为光电二极管的电路符号。

4. 变容二极管

变容二极管是利用 PN 结的势垒电容随外加反向电压变化而变化的特性制成的。变容二极管工作在反偏状态下时，PN 结结电容的数值随外加电压的大小而变化。

变容二极管在高频电路中得到广泛应用，可用于自动调谐、调频、调相等。图 7-2-6(c)所示为变容二极管的电路符号。

7.3　半导体二极管应用电路

7.3.1　二极管伏安特性的建模

1. 理想模型

理想模型就是将二极管看作一个开关，二极管外加正向电压时导通，其两极之间视为短路，相当于开关闭合；二极管外加反向电压时截止，其两极之间视为开路，相当于开关断开。

2. 恒压模型

恒压模型就是将二极管看作一个直流电压源和开关的串联，二极管导通时，开关闭合，其工作电压恒定，不随工作电流变化，典型的导通电压值 U_D 为 0.7V(硅管)或 0.3V(锗管)；二

极管外加电压小于 U_D 时截止，开关断开。

分析二极管电路的关键是判断二极管是处于导通状态还是截止状态。导通时，用理想模型分析，$U_D=0$；用恒压模型分析，$U_D=0.7V$ 或 $U_D=0.3V$；截止时，两种模型均视为开路。

7.3.2　限幅电路

当输入信号电压在一定范围内变化时，输出电压随输入电压做相应变化；而当输入电压超出该范围时，输出电压保持不变，这种电路就是限幅电路。

通常将输出电压 u_O 保持不变的电压值称为限幅电平，当输入电压高于限幅电平时，输出电压保持不变的限幅称为上限幅；当输入电压低于限幅电平时，输出电压保持不变的限幅称为下限幅。二极管限幅电路有串联、并联、双向限幅电路。

【例 7-3-1】　在如图 7-3-1(a)所示的电路中，设二极管的导通电压忽略，已知 $u_I=10\sin\omega t$ V，$E=5$V，试画出 u_O 的波形。

【解答】　当 $u_I>E$ 时，二极管 D 导通，$u_O=E=5$V；当 $u_I<E$ 时，二极管 D 截止，$u_O=u_I$。

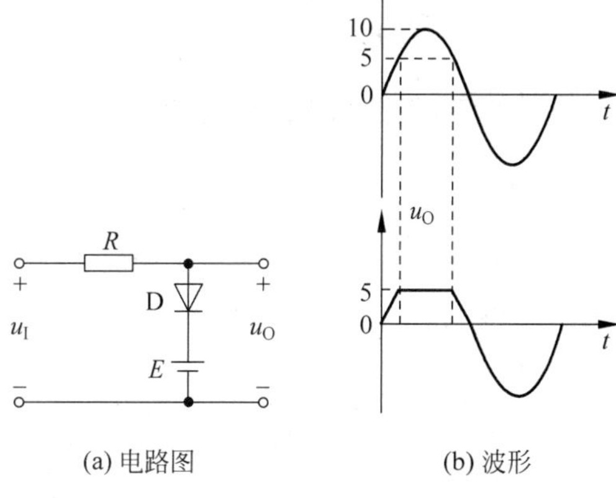

(a) 电路图　　(b) 波形

图 7-3-1　例 7-3-1 图

根据以上分析可画出的波形如图 7-3-1(b)所示。

【例 7-3-2】　在图 7-3-2(a)所示电路中，已知两只二极管的导通压降 U_{on} 均为 0.7V，试画出输出电压 u_O 与输入电压 u_I 的关系曲线(即电压传输特性)。

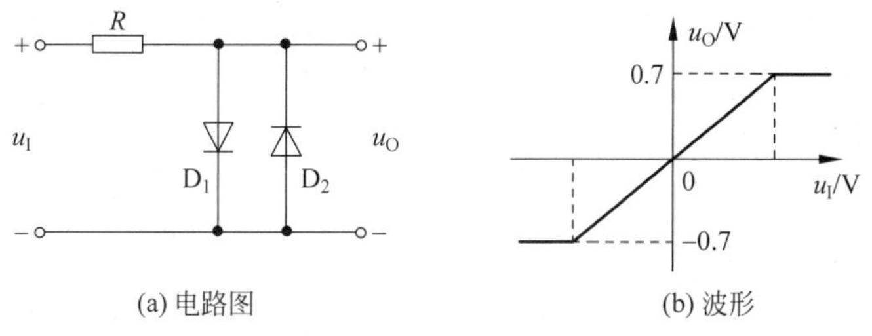

(a) 电路图　　(b) 波形

图 7-3-2　例 7-3-2 图

【解答】　此题中二极管不能视为理想二极管。图 7-3-2(a)中两只二极管 D_1、D_2 方向相反，所以当 $u_I\geqslant 0.7V$ 时，D_1 导通，D_2 截止，$u_O=U_{on}=0.7V$；当 $u_I\leqslant -0.7V$ 时，D_1 截止，D_2 导通，$u_O=-U_{on}=-0.7V$；当 $-0.7V<u_I<0.7V$ 时，D_1、D_2 均截止，相当于开关断开，$u_O=u_I$，u_O 与 u_I 成正比例关系。

由以上分析可画出 u_O 与 u_I 的关系曲线，如图 7-3-2(b)所示。该电路为一个双向限幅电路，D_1、D_2 的接法使 u_O 的大小限在 $-0.7\sim+0.7V$。

7.3.3　逻辑运算(开关)电路

在开关电路中，一般把二极管看成理想模型，即二极管导通时两端电压为零，截止时两端电阻为无穷大。在图 7-3-3(a)所示电路中只要有一路输入信号为低电平，输出即为低电平，仅当全部输入为高电平时，输出才为高电平，这在逻辑运算中称为“与”逻辑运算。在图 7-3-3(b)所示电路中，当只要有一路输入信号为高电平，输出即为高电平，仅当全部输入为低电平时，输出才为低电平，这种运算称为“或”逻辑运算。

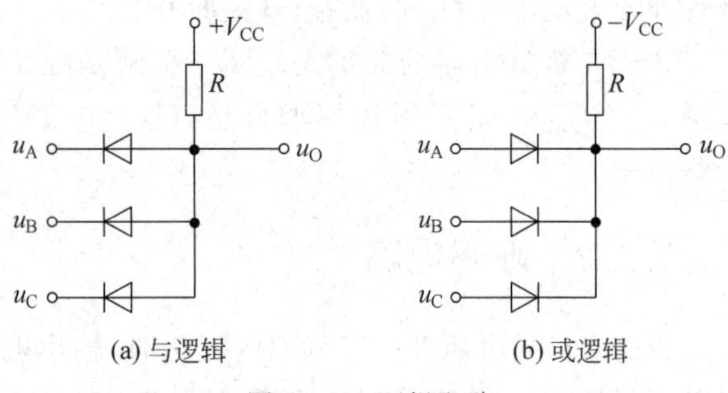

图 7-3-3　逻辑电路

7.3.4 整流电路

所谓整流，就是利用二极管的单向导电性，将交流电压变成单方向的脉动直流电压。

如图 7-3-4(a)所示，电路中采用了 $D_1 \sim D_4$ 四只二极管，并且接成电桥形式。电路还可以有其他画法，如图 7-3-4(b)、(c)所示。

工作原理分析：当 u_2 为正半周时，D_1、D_2 导通，D_3、D_4 截止；当 u_2 为负半周时，D_2、D_4 导通，D_1、D_3 截止，即在 u_2 的一个周期内，负载 R_L 上均能得到直流脉动电压 u_O，故称为全波整流电路。所有波形如图 7-3-4(d)所示。

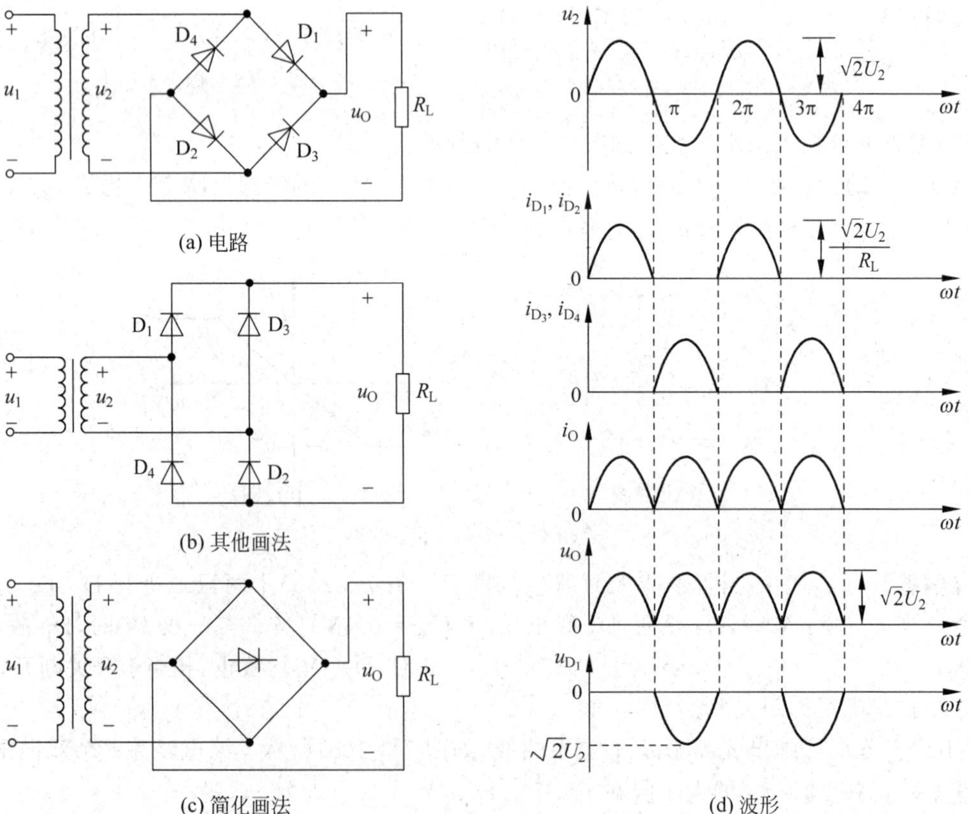

图 7-3-4　整流电路

7.4　半导体二极管应用电路 Multisim 仿真实例

1. 二极管限幅电路仿真

二极管限幅电路的内容详见本书 7.3 节。

1）仿真目的

测试双向限幅电路输出电压与输入电压的关系。

2）仿真过程

（1）利用 Multisim 10 软件绘制图 7-4-1 所示的二极管双向限幅电路仿真电路图，该电路的输入交流信号 V1＝10sin2000πt V，直流电源 V2＝V3＝3V，二极管 D1、D2 的导通电压约为 0.65V。

（2）双踪示波器 XSC1 的通道 A 测量输入信号波形，通道 B 测量输出信号波形，并设置合适的示波器参数。

（3）启动仿真，观察输入信号和输出信号的波形，如图 7-4-2 所示。

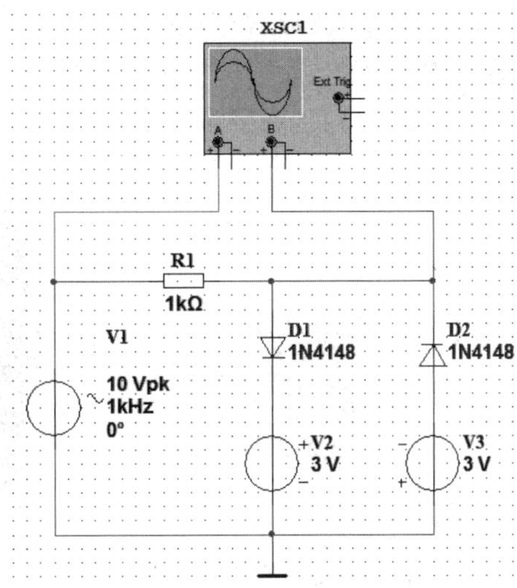

图 7-4-1　二极管双向限幅电路仿真电路图

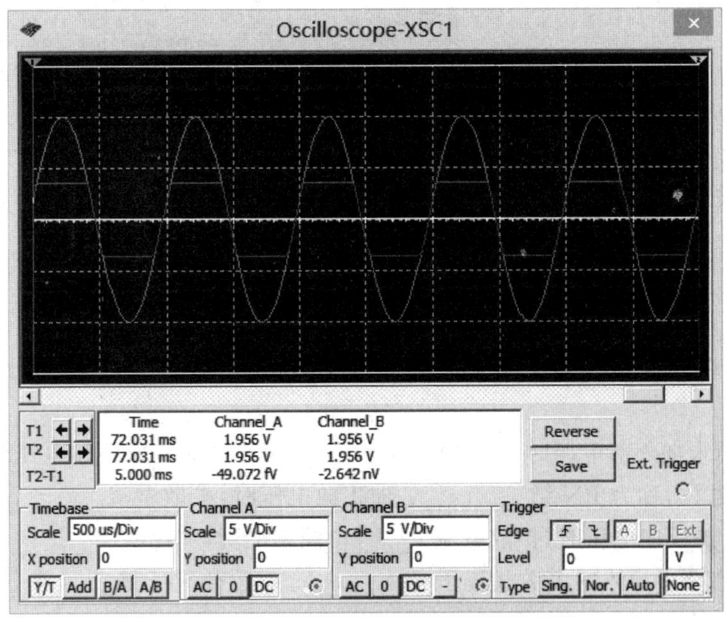

图 7-4-2　双向限幅电路测量波形

根据测量波形所示，电路实现了对输入信号进行双向限幅的作用。

2. 稳压二极管稳压电路仿真

稳压二极管稳压原理的内容详见本章 7.2 节。

1）仿真目的

验证稳压管的稳压作用。

2）仿真过程

（1）利用 Multisim 10 软件绘制图 7-4-3 所示的稳压二极管稳压电路仿真电路图，该电路的输入交流信号 V1=10sin2000πtV，二极管 D1 的稳定电压为 5V。

（2）双踪示波器 XSC1 的通道 A 测量输入信号波形，通道 B 测量输出信号波形，并设置合适的示波器参数。

（3）启动仿真，观察输入信号和输出信号的波形，如图 7-4-4 所示。

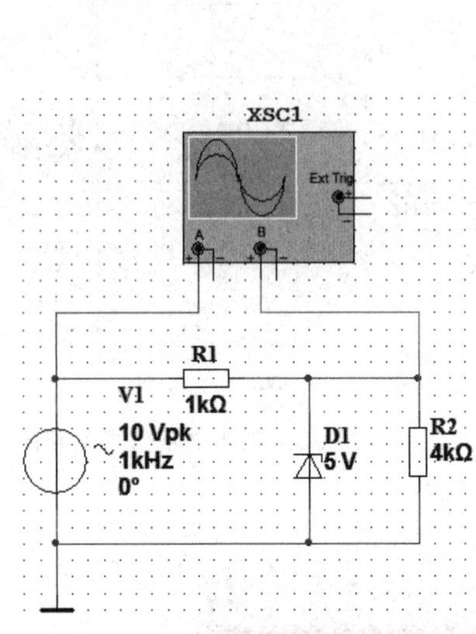

图 7-4-3　稳压二极管稳压电路仿真电路图

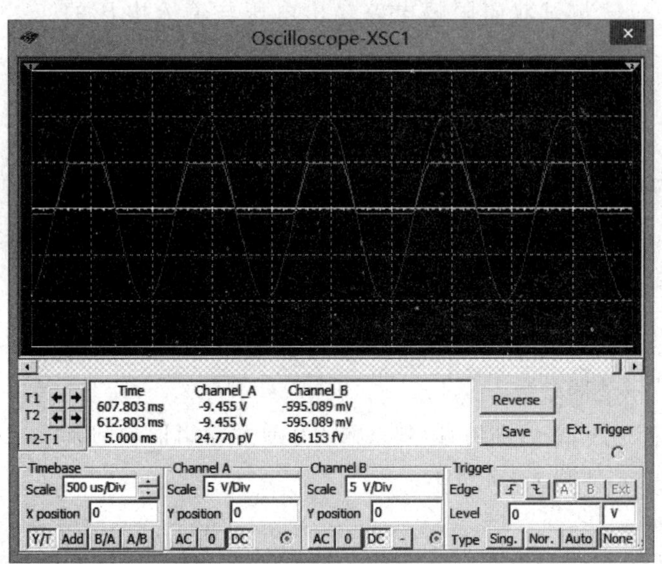

图 7-4-4　稳压电路测量波形

根据测量波形所示，电路实现了对输入信号进行稳压的作用。

习题 7

7-1　本征半导体是________，其载流子有________和________两种，两种载流子的浓度________。

7-2　PN 结未加外部电压时，扩散电流________漂移电流；当外加电压使 PN 结的 P 区电位高于 N 区电位，称为 PN 结________；加正向电压时，扩散电流________漂移电流，其耗尽层________；加反向电压时，扩散电流________漂移电流，其耗尽层________。

7-3　P 型掺杂半导体的多数载流子是________，少数载流子是________；N 型掺杂半导体的多数载流子是________，少数载流子是________。

7-4　现有两只稳压管，它们的稳定电压分别为 5V 和 9V，正向导通电压均为 0.7V。问：(1)将它们并联，可得到几种稳压值？各为多少？(2)将它们串联，可得到几种稳压值？各为多少？

7-5　设输入电压 $u_I=5\sin\omega t$V，且二极管为理想二极管，画出题 7-5 图中各电路的输出电压 u_O 波形。

7-6　在题 7-6 图所示电路中，输入电压 $u_I=8\sin\omega t$V，已知两只二极管的导通压降均为

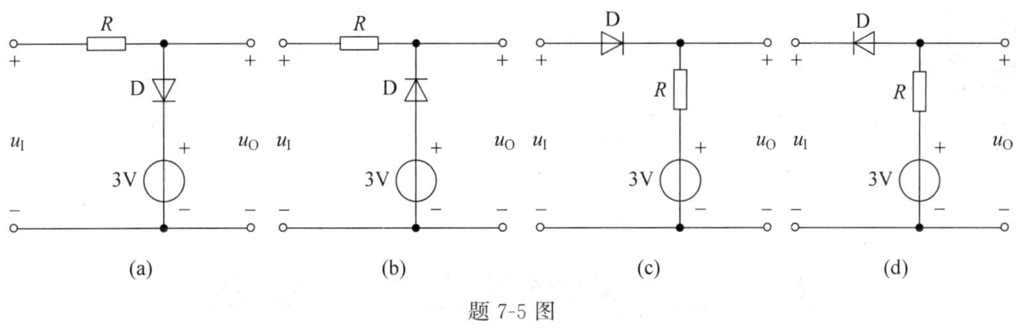

题 7-5 图

0.7V,试画出输出电压 u_O 与输入电压 u_I 的关系曲线(即电压传输特性)。

7-7 判断题 7-7 图中二极管的工作状态(正向导通、反向截止、反向击穿),并求出 A、B 两端电压。设所有的二极管均为理想二极管。

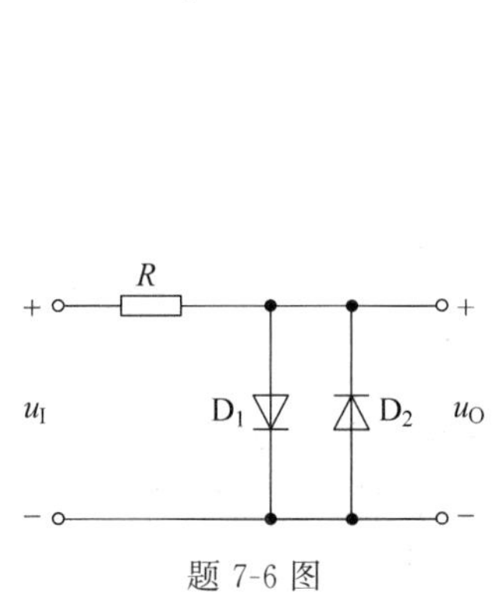

题 7-6 图

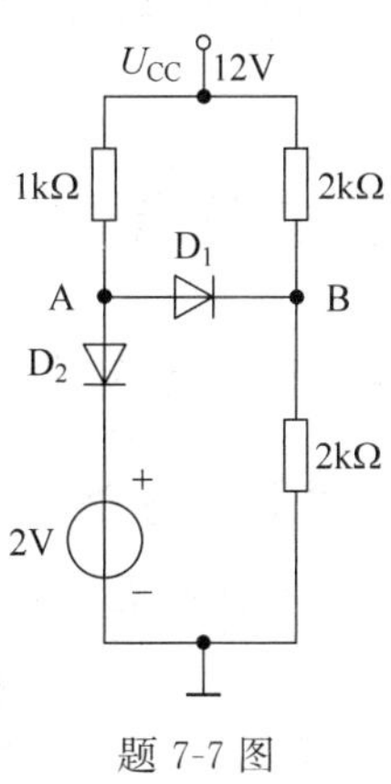

题 7-7 图

7-8 在如题 7-8 图所示电路中,已知 $U_1=220\text{V}$,$N_1=4400$ 匝,$N_2=200$ 匝,试求 U_2 和 U_O。如果 $R_L=20\Omega$,求 I_O(二极管视为理想二极管)。

7-9 稳压管参数为 $U_Z=10\text{V}$,$I_{Z\max}=15\text{mA}$,接入如题 7-9 图所示的电路中。当 $U_I=25\text{V}$,$R_L=10\text{k}\Omega$,$R_1=7.5\text{k}\Omega$ 时,判断流过稳压管的电流是否超过 $I_{Z\max}$?

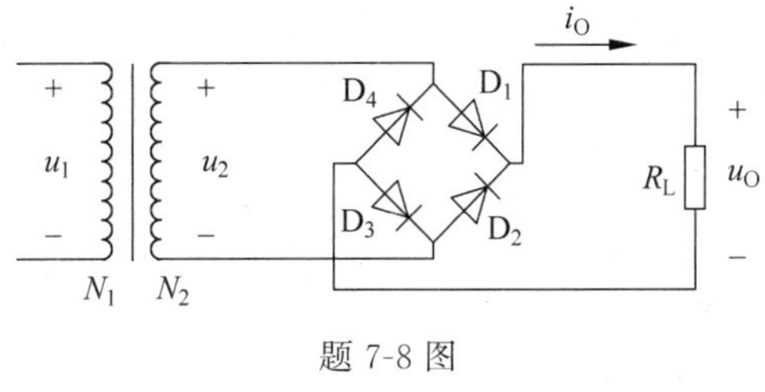

题 7-8 图

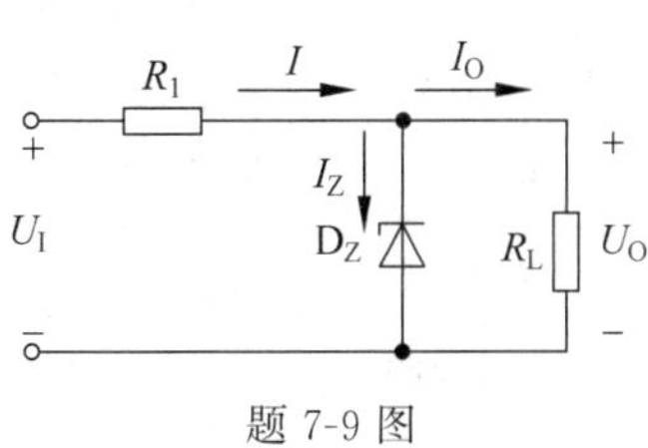

题 7-9 图

半导体三极管及其放大电路

本章主要介绍了半导体三极管及其放大电路，主要包括：三极管的相关知识，共发射极放大电路、共集电极放大电路和共基极放大电路及其分析，放大电路静态工作点的稳定性问题，多级放大电路的特点和作用，功率放大电路及放大电路的频率特性等相关知识。

8.1 半导体三极管

8.1.1 半导体三极管的分类及基本结构

1. 半导体三极管的分类

半导体三极管也称三极管、双极型晶体管、晶体三极管，是一种控制电流的半导体器件。三极管的种类很多，按照内部结构可分为 NPN 型和 PNP 型，按照所用材料可分为硅管和锗管，按照功率可分为小功率管(频率小于 0.5W)、中功率管(频率介于 0.5～1W)和大功率管(频率大于 1W)，按照工作频率可分为低频管、高频管和超频管，按照工艺可分为扩散型管、合金型管和平面型管，按照安装方式可分为插件三极管和贴片三极管等。

2. 半导体三极管的基本结构

根据不同的掺杂方式，在同一块半导体上制造出三个掺杂区，形成两个 PN 结，就构成了三极管。两个 PN 结把整块半导体分成三部分，中间部分是基区，两侧部分是发射区和集电区。发射区与基区之间的 PN 结称为发射结，集电区与基区之间的 PN 结称为集电结，对应三个区引出的电极分别称为基极、发射极和集电极，分别用 b、e 和 c 表示。NPN 型和 PNP 型三极管结构示意图及电路符号，如图 8-1-1 和图 8-1-2 所示。

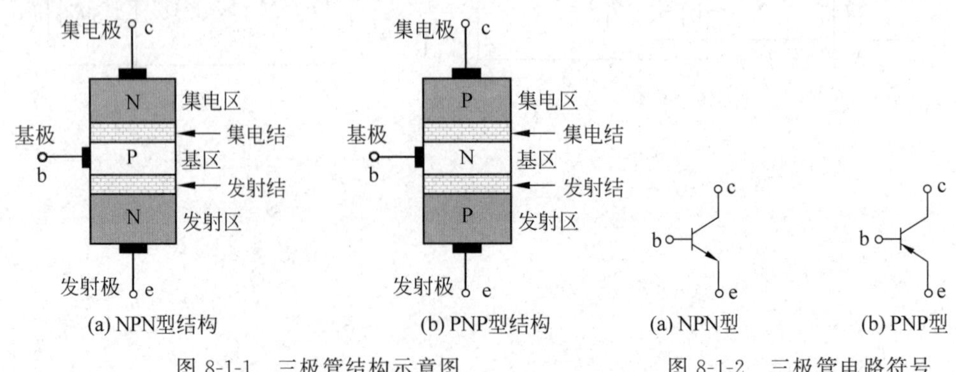

图 8-1-1　三极管结构示意图

图 8-1-2　三极管电路符号

就结构而言，半导体三极管的集电区和发射区是同一类型的杂质半导体，由于它们具有不同掺杂浓度，结的结构也不同，并不是对称的，所以使用时集电极和发射极不能互换使用。

NPN 型和 PNP 型三极管的电路符号也很相似，通过箭头的方向来区分。NPN 型三极管箭头是从基极流向发射极，PNP 型三极管箭头是从发射极流向基极。

8.1.2 半导体三极管电流放大的工作原理

半导体三极管是放大电路的核心元件，它能够控制能量的转换，将输入的任何微小变化不失真地放大输出。本节主要以 NPN 型三极管为例讲解三极管的工作原理、特性及其放大电路。所得的结论同样适用于 PNP 型三极管，只不过两者所需工作电压的极性相反，产生的电流方向相反。

1. 半导体三极管内部载流子的运动

当 3 个电极上加上如图 8-1-3 所示的工作电压时，三极管的发射结处于正偏状态（由电源 E_B 确定），集电结处于反偏状态（由电源 E_C 和 E_B 共同确定，$E_C>E_B$）。正偏的 PN 结有利于多数载流子的扩散运动，反偏的 PN 结有利于少数载流子的漂移运动，所以三极管内部同时存在两种载流子的运动。为了容易理解三极管的放大工作原理，我们主要考虑从发射区出来的多数载流子的运动，忽略少数载流子的运动，少数载流子运动产生的电流将在后面介绍。

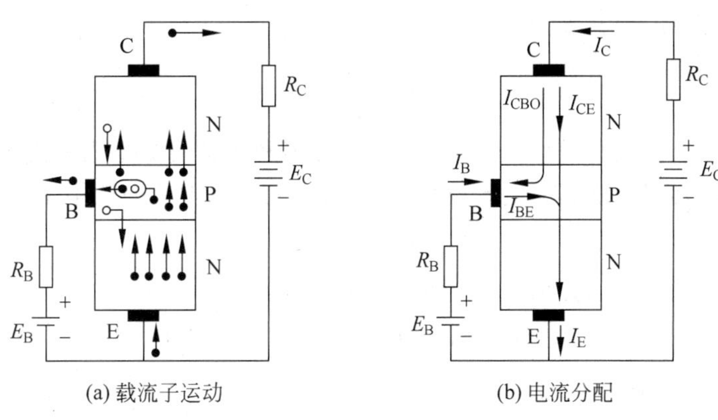

图 8-1-3 载流子运动规律

三极管外加电源作用时多数载流子在三极管内部的运动如图 8-1-3(a)所示，由图可知：

(1) 自由电子从发射区大量扩散到基区的同时，电源的负极向发射区补充自由电子，维持发射区的自由电子浓度不变，从而在发射极上形成向外的电流 I_E（注意，自由电子定向运动的方向与电流的方向相反），称为发射极电流或射极电流。

(2) 基区中因复合而消耗的空穴由基极外加的电源补充（电源正极虽然不能向基区注入空穴，但其可以将自由电子从基区中拉出来，拉出一个自由电子就相当于补充了一个空穴），从而在基极上形成向内的电流 I_B，称为基极电流。

(3) 到达集电区的自由电子被集电极外接电源正极拉出，从而形成向内的电流 I_C，称为集电极电流。

显然，基极、集电极和发射极电流的大小与载流子运动的规模成正比，且满足：

$$I_E = I_B + I_C \tag{8-1-1}$$

NPN 型三极管内部多数载流子（自由电子）的运动及其在 3 个电极上引发的电流可以用

图 8-1-3(b)表示。

如果是 PNP 型三极管,为确保三极管处于放大的工作状态,也就是发射结正偏,集电结反偏,其 3 个电极上所加电压正好与 NPN 管的工作电压相反,内部多数载流子(空穴)的运动及其在 3 个电极上引发的电流与 NPN 型三极管的分析类似。

2. 半导体三极管的电流放大系数

当三极管中的工作电压满足发射结正偏、集电结反偏时,多数载流子在发射区到集电区的运动过程中将形成一种较为稳定的比例分配关系,即一部分在基区复合掉,其余的进入集电区。考虑到各电极上所产生的电流大小与载流子的运动规模成正比,故可以用宏观上可测的电极电流关系来描述载流子在运动过程中的比例分配关系,即定义三极管共发射极连接时的直流电流放大系数(倍数)为

$$\bar{\beta}=\frac{I_C}{I_B} \tag{8-1-2}$$

式(8-1-2)表明,三极管只要满足发射结正偏、集电结反偏的条件,其集电极电流就与基极电流成正比关系,比值为 $\bar{\beta}$。

对于已经制成的三极管而言,I_C 和 I_B 的比值基本是定值,因此,在调节 U_{BE} 使 I_B 变化时,I_C 也将随之变化,它们的变化量分别用 ΔI_B 和 ΔI_C 表示。ΔI_C 与 ΔI_B 的比值称为共发射极交流电流放大系数,用 β 表示,即

$$\beta=\frac{\Delta I_C}{\Delta I_B} \tag{8-1-3}$$

I_B 微小的变化会引起 I_C 较大的变化,这体现了基极电流对集电极电流的控制作用,即三极管是一种电流控制元件,其具有电流放大作用,可以用基极电流的微小变化去控制集电极电流较大的变化。

当三极管工作在放大状态时,$\bar{\beta}\approx\beta$,由式(8-1-2)可得

$$I_E=I_B+I_C=I_B+\beta I_B=(1+\beta)I_B \tag{8-1-4}$$

考虑到三极管的 $\bar{\beta}$ 通常较大(能够达到几十甚至上百),而 I_B 较小,故有

$$I_E\approx I_C \tag{8-1-5}$$

式(8-1-5)在后续三极管放大电路的分析计算中会经常使用。

3. 半导体三极管的结构特点

为了提高三极管的电流放大能力,即提高 β 值,三极管的结构上需要满足如下特点。

1) 发射区掺杂浓度高

发射区的掺杂浓度越高,其中含有的多数载流子的数量就越多,在发射结正偏程度相同的情况下,从发射区扩散出去的多数载流子的数量就越大,从而有利于其后运动过程中的比例分配。

2) 基区掺杂浓度应尽可能低一些,且尽可能做得薄一些

基区掺杂浓度低和基区较薄都可以有效减小自由电子和空穴的复合概率,从而使更多的自由电子到达集电结的表面。

3) 集电结的结面积尽可能大一些

在集电结反偏程度相同的情况下,集电结的结面积越大,越有利于自由电子(仍以 NPN 管为例)通过集电结而到达集电区。

4. 半导体三极管判别方法

三极管工作时需要在 3 个电极上加外电压，同时电极上也会出现相应的电流。电极上电压和电流的基本关系总结如下。

(1) 电压关系。

要使三极管具有放大作用，必须确保三极管的发射结正偏、集电结反偏，即 3 个电极上的电位应满足如图 8-1-4 所示的关系。

① NPN 管满足 $V_C > V_B > V_E$，且 V_{BE} 要超过死区电压(硅为 0.5V，锗为 0.1V)。

② PNP 管则正好相反，需满足 $V_E > V_B > V_C$，但 V_{BE} 同样要超过死区电压。

(2) 电流关系。

三极管的电流关系如图 8-1-5 所示，NPN 型三极管的基极和集电极电流流入三极管，发射极电流流出三极管；PNP 型三极管的基极和集电极电流流出三极管，发射极电流流入三极管。数学关系上，两种三极管都要满足式(8-1-1)。

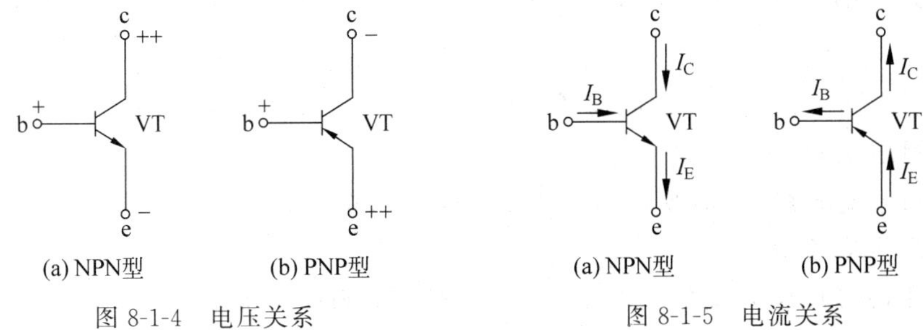

图 8-1-4 电压关系　　图 8-1-5 电流关系

根据上述特点，当三极管工作在放大状态时，就可以通过 3 个引脚上的电压或者电流关系来判别三极管的类型和引脚等信息，具体方法如下。

(1) 分析电压关系。

① 根据电位大小分析引脚：NPN 管电位关系为 $V_C > V_B > V_E$，PNP 管电位正好相反。

② 根据集电极电位的大小分析类型：集电极电位最高为 NPN 管，最低为 PNP 管。

③ 根据发射结电压 $|V_{BE}|$ 分析材料：$|V_{BE}| = 0.6 \sim 0.7\text{V}$，是硅管；$|V_{BE}| = 0.2 \sim 0.3\text{V}$，是锗管。

(2) 分析电流关系。

① 根据电流流向分析类型：两输入一输出为 NPN 管，一输入两输出为 PNP 管。

② 根据电流大小分析引脚及 β：$I_E > I_C > I_B$，$I_E = I_B + I_C = (1+\beta) I_B$，$I_C = \beta I_B$。

8.1.3 半导体三极管的连接方式

三极管是一种三端口器件，在构成放大电路时有 3 种连接方式，或者称为连接组态，即共发射极(用 CE 表示)、共集电极(用 CC 表示)和共基极(用 CB 表示)，具体连接方式如图 8-1-6 所示。

无论放大电路采用何种连接方式，为了使三极管有放大作用，都必须保证三极管的发射结正偏、集电结反偏。

8.1.4 半导体三极管的特性曲线

三极管特性曲线是用来描述三极管外部电流与电压的关系。三极管有 3 个电极，有输入

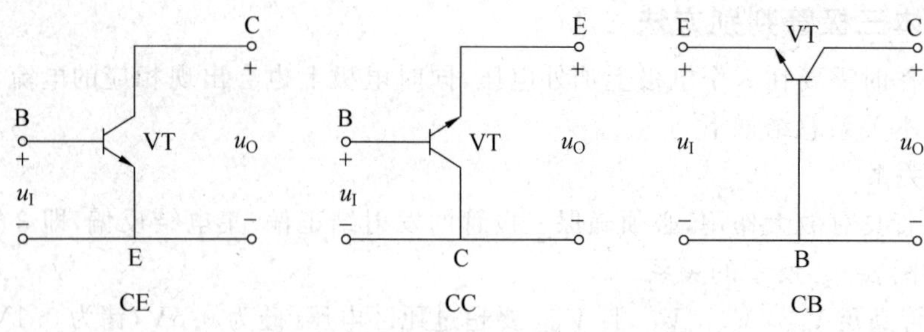

图 8-1-6　三极管的 3 种连接方式

特性和输出特性之分。下面以应用最广泛的共发射极接法讨论输入/输出特性曲线。

1. 输入特性曲线

所谓输入特性，是指在输出电压一定的情况下，输入电流与输入电压之间的相互关系。共射极连接方式的输入特性描述了输入电流 i_B 随输入电压 v_{BE} 的变化规律，具体定义如下：

$$i_B = f(v_{BE})\Big|_{v_{CE}=\text{常数}} \tag{8-1-6}$$

共射极连接方式的输入特性曲线可以通过图 8-1-7 所示电路进行测试。

(1) 通过电源 E_C 确定一个 v_{CE}。

(2) 通过改变电源 E_B 而改变 v_{BE}，改变一次 v_{BE} 就测量一次 i_B。

(3) 重复步骤(2)。

(4) 将测得的电压、电流值在坐标(v_{BE}，i_B)平面上画点并连接成曲线。

图 8-1-8 为 NPN 型硅管共射极连接时的输入特性曲线。

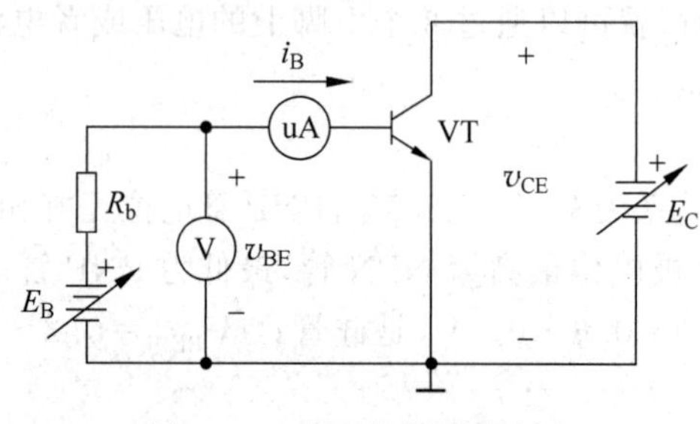

图 8-1-7　输入特性测试电路

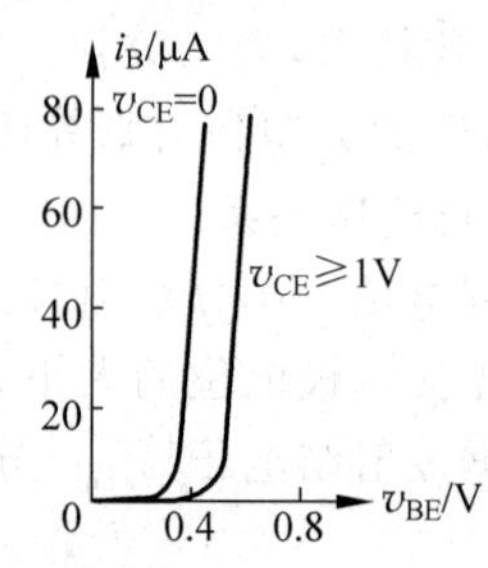

图 8-1-8　输入特性曲线

(1) 因为发射结是一个 PN 结，i_B 与 v_{BE} 的关系就是发射结上的电压与电流的关系，所以输入特性曲线类似于 PN 结的伏安特性曲线。

(2) 当 v_{BE} 较小(硅管低于 1V)时，v_{CE} 越大，集电结的反偏程度增大，收集电子的能力增强，即在相同条件下到达集电区的电子数增加，因而在基区复合的电子数相应减少，故 v_{CE} 越大 i_B 越小，对应的输入特性曲线向右移动。

(3) 当 v_{CE} 达到一定值(硅管约 1V)后，v_{CE} 继续增加，曲线的变化趋势仍是向右移动，但右移的位置非常小，近似可以看成不变。因为当 v_{CE} 达到一定值后，反偏的集电结收集电子的能力已经足以把能够到达集电区的电子拉入集电区，只要保持 v_{CE} 不变，从发射区扩散出来的电子数目就不会变化，到达集电区的电子数目也不会增加，基极电流也就维持基本不变。

(4) 通常情况下，输入特性曲线往往只需要绘出较为典型的一条曲线即可。例如，对于 NPN 型硅管，常用 $v_{CE} \geqslant 1V$ 时的曲线来描述输出特性曲线。

2. 输出特性曲线

所谓输出特性，是指在输入电流一定的情况下，输出电流与输出电压之间的相互关系。共射极连接方式的输出特性描述了输出电流 i_C 随输出电压 v_{CE} 的变化规律，具体定义如下：

$$i_C = f(v_{CE})\Big|_{i_B=\text{常数}} \tag{8-1-7}$$

共射极连接方式的输出特性曲线可以通过如图 8-1-9 所示电路进行测试，步骤如下。

(1) 通过电源 E_B 确定一个 i_B。

(2) 通过改变电源 E_C 而改变 v_{CE}，改变一次 v_{CE} 就测量一次 i_C。

(3) 重复步骤(2)。

(4) 将测得的电压、电流值在坐标(v_{CE}，i_C)平面上画点并连接成曲线。

图 8-1-10 所示为 NPN 型硅管共射极连接时的输出特性曲线。

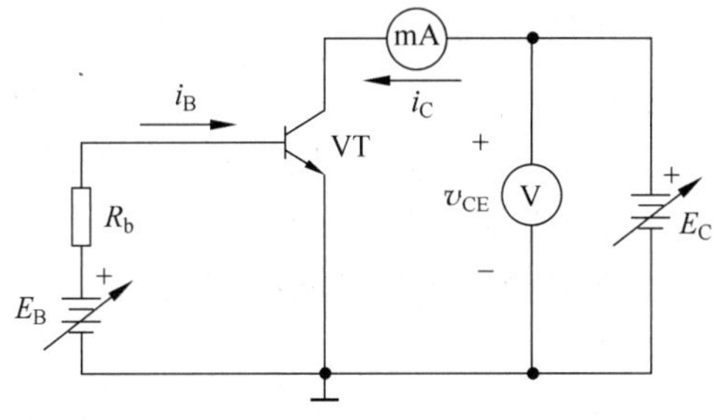

图 8-1-9　输出特性测试电路

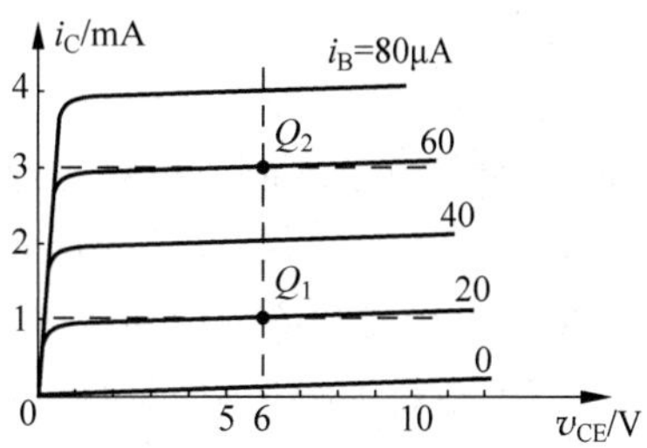

图 8-1-10　输出特性曲线

(1) 单条输出特性曲线，其变化可分为以下两段。

① v_{CE} 较小时，i_C 随 v_{CE} 增加而增加。这是因为 v_{CE} 较小时，随着 v_{CE} 的增大，集电结的反偏程度增加，集电区收集电子的能力随之增加，即到达集电区的电子数增多。

② 当 v_{CE} 达到一定值后，i_C 便稳定下来，不再随 v_{CE} 增加而增加。因为 v_{CE} 继续增加而达到一定值后，使集电结的反偏程度足够大，集电区收集电子能力足够强，足以将能够到达集电区的电子都拉入集电区而形成集电极电流，故 v_{CE} 再增加，虽然集电区收集电子的能力仍在增加，但只要发射区扩散出来的电子数目不变，集电极电流就不会再增加，即满足 $i_C=\beta i_B$。

(2) 当 i_B 取不同值时，可以测量得到多条输出特性曲线，把它们绘于同一个坐标平面，就可以得到如图 8-1-10 所示的典型的输出特性曲线图。配合图中垂直参考线看，当 v_{CE} 一定时，i_B 越大 i_C 也就越大，所以曲线随着 i_B 增加向上变化。

(3) 在图 8-1-10 中，$i_B=0$ 这条输出特性曲线实际上几乎是与横轴重合的，所以一般情况下画三极管的输出特性曲线时，往往不需要专门强调画出这条曲线。

8.1.5　半导体三极管的三个工作区

1. 三个工作区的划分

可把三极管的输出特性曲线划分为三个工作区，三极管的三个工作区分别是截止区、放大区和饱和区，如图 8-1-11 所示。接下来分别对三个工作区进行分析说明。

1) 截止区

截止区是指 $i_B=0$ 这条输出特性曲线下方的区域。此时发射结没有正偏，发射区中多数载流子的扩散运动仍然受到抑制而不能扩散出来，即不能形成前面所述的多数载流子运动，所以集电极电流 i_C 非常小（近似为零），可以忽略。三极管进入截止区的条件是：发射结和集电结都反偏。

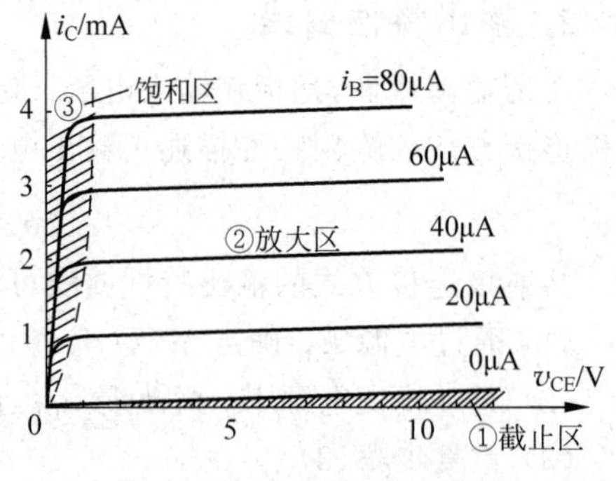

图 8-1-11　三极管的工作区

2）放大区

放大区是指输出特性曲线中变化较为平缓的这段区域。在放大区，集电极电流和基极电流成比例关系，即 $i_C=\beta i_B$，常把这种关系称为一种控制关系，即在放大区，基极电流对集电极电流存在控制作用。三极管进入放大区的条件是：发射结正偏、集电结反偏。

3）饱和区

饱和区是指输出特性曲线中 v_{CE} 较小时对应的这段区域。在饱和区中，由于集电结反偏程度不够，其收集电子的能力不强，虽然 i_B 增加，但 i_C 增加不多，两者之间没有 β 倍的控制关系。但随着 v_{CE} 的增加，集电结的反偏电压增加，收集电子能力增强，i_C 会随之增加。三极管饱和时的集射电压通常称为饱和压降，用 v_{CES} 表示，如果是深度饱和，该值约为 0.2～0.3V。三极管进入饱和区的条件是：发射结和集电结都正偏。

2. 三个工作区的特点总结

以 NPN 型硅三极管为例，表 8-1-1 总结了三极管三个工作区的进入条件和特点。

表 8-1-1　三极管工作区的特点

工作区（工作状态）		截止区（截止状态）	放大区（放大状态）	饱和区（饱和状态）
进入条件		发射结反偏 集电结反偏	发射结正偏 集电结反偏	发射结正偏 集电结正偏
特点	i_C	$i_C\approx 0$（小）	$i_C=\beta i_B$（中）	$i_{CS}<\beta i_B$（大）
	v_{CE}	$v_{CE}=V_{CC}$（大）	$v_{CES}<v_{CE}<V_{CC}$（中）	$v_{CE}\approx 0$（小）
电压关系		++ − VT +	++ + VT −	+ ++ VT −
开关特性		c　e	作开关使用时不会工作在放大区	c　e

对于具体的电路，常常可以通过基极电位来控制三极管的工作状态。例如，对于 NPN 型硅管（下面的表述中 V_B、V_C、V_E 分别表示基极、集电极和发射极的电位，V_{BE} 为基射电压——发射结两端的电压）。

（1）当 $V_B\leqslant V_E$ 时，三极管工作在截止区。

（2）当 $V_C>V_B>V_E$，且 V_{BE} 小于死区电压时，三极管的工作状态逐渐从截止向放大过渡。

(3) 当 $V_C > V_B > V_E$，且 V_{BE} 大于死区电压时，三极管进入放大工作状态。

(4) 当 V_B 继续增加接近 V_C 时，三极管的工作状态逐渐从放大向饱和过渡。

(5) 当 $V_B > V_C$ 时，三极管进入饱和工作状态。

综上所述，基极电位 V_B 在从小变大的过程中，三极管工作区的变化趋势是从截止区到放大区，再到饱和区，V_B 越高三极管越容易饱和；同时，集电极电流 i_C 随之从小到大变化（截止时最小，饱和时最大），基射极电压 V_{BE} 随之从大到小变化（截止最大，饱和时最小）。

3. 三个工作区的判别方法

分析电路时，可以通过如下步骤来判断三极管的工作状态。

(1) 判断三极管是否处在截止区，判断条件是 $i_B \leqslant 0$ 或者 $V_{BE} \leqslant 0$。

(2) 如果不满足截止条件，则判断其是否处在饱和区，判断条件是 $i_{CS} < \beta i_B$。

(3) 如果不满足饱和条件，则可以肯定三极管工作在放大区。

【例 8-1-1】 电路如图 8-1-12 所示，当开关 S 分别接 A 点、B 点和 C 点时，试分析三极管的工作状态，并求出相应的集电极电流 i_C 和集射电压 v_{CE}。v_{BE} 和饱和压降 v_{CES} 忽略不计。

【解答】 (1) 开关接 A 点时，发射结加反偏电压，所以三极管截止，此时有 $i_C \approx 0, v_{CE} = V_{CC}$。

(2) 开关接 B 点时，发射结加正偏电压，所以三极管工作在放大区或者饱和区，因而先根据路径“$V_{CC} \rightarrow R_2 \rightarrow V_{BE} \rightarrow$ 地”求 i_B，即由 $V_{CC} = i_B R_2 + V_{BE}$，可得

$$i_B = \frac{V_{CC} - V_{BE}}{R_2} \approx \frac{V_{CC}}{R_2} = \frac{12\text{V}}{40\text{k}\Omega} = 0.3\text{mA}$$

然后根据路径“$V_{CC} \rightarrow R_4 \rightarrow V_{CE} \rightarrow$ 地”求 i_{CS}，即由 $V_{CC} = i_{CS} R_4 + V_{CES}$，可得

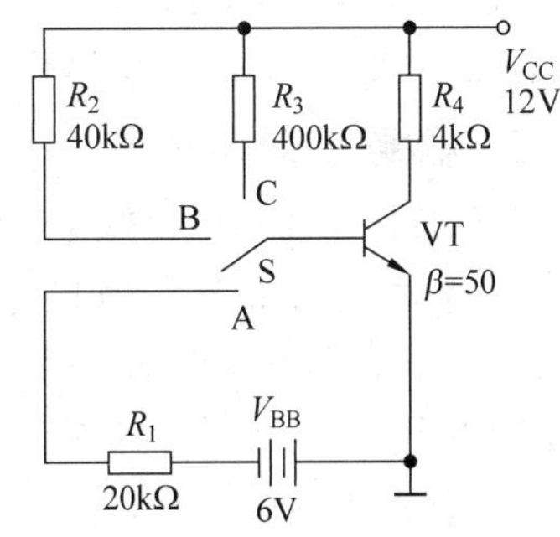

图 8-1-12　例 8-1-1 图

$$i_{CS} = \frac{V_{CC} - V_{CES}}{R_4} \approx \frac{V_{CC}}{R_4} = \frac{12\text{V}}{4\text{k}\Omega} = 3\text{mA} < \beta i_B$$

$$= 50 \times 0.3 = 15\text{mA}$$

三极管工作在饱和区，此时有 $i_C = i_{CS} = 3\text{mA}, v_{CE} = V_{CES} \approx 0$。

(3) 开关接 C 点时，电路分析方法类似接 B 点时的情况，根据路径“$V_{CC} \rightarrow R_4 \rightarrow V_{BE} \rightarrow$ 地”求 i_C。

$$i_B = \frac{V_{CC} - V_{BE}}{R_3} \approx \frac{V_{CC}}{R_3} = \frac{12\text{V}}{400\text{k}\Omega} = 30\mu\text{A}$$

与 i_{CS} 比较有 $\beta i_B = 50 \times 30\mu\text{A} = 1.5\text{mA} < i_{CS} = 3\text{mA}$。

三极管工作在放大区，所以 $i_C = \beta i_B = 1.5\text{mA}, v_{CE} = V_{CC} - i_C R_4 = 12 - 1.5 \times 4 = 6\text{V}$。

8.1.6 半导体三极管的主要参数

三极管的参数是用于表征三极管性能的数据和描述三极管安全使用范围的物理量，是选用三极管的基本依据。三极管的参数很多，下面将介绍最为常用的一些三极管参数。

1. 电流放大系数

三极管的电流放大系数不仅有直流和交流之分，还有连接方式的区别。

1) 直流电流放大系数

(1) 共射极连接方式下的直流电流放大系数定义为

$$\bar{\beta}=\frac{I_C}{I_B} \tag{8-1-8}$$

（2）共基极连接方式下的直流电流放大系数定义为

$$\bar{\alpha}=\frac{I_C}{I_E} \tag{8-1-9}$$

2）交流电流放大系数

（1）共射极连接方式下的交流电流放大系数定义为

$$\beta=\left.\frac{\Delta i_C}{\Delta i_B}\right|_{v_{CE}=\text{常数}} \tag{8-1-10}$$

（2）共基极连接方式下的交流电流放大系数定义为

$$\alpha=\left.\frac{\Delta i_C}{\Delta i_E}\right|_{v_{CB}=\text{常数}} \tag{8-1-11}$$

显然，直流 $\bar{\beta}$ 和交流 β 的含义不同，直流 $\bar{\beta}$ 反映了直流工作状态下，即静态时的电流关系，交流 β 反映了交流工作状态下，即动态时的电流关系。但一般情况下，三极管的直流 $\bar{\beta}$ 和交流 β 的大小近似相等，所以可以不用区分使用。

2. 极点反向电流

极间反向电流是少数载流子漂移运动引起的，通常会受温度的影响，其值会随温度增加而增加。

1）集电极-基极反向饱和电流 I_{CBO}

当集电结加上反偏电压时，集电区和基区的少数载流子漂移形成的反向电流即 I_{CBO}。在一定温度下，该电流是个常数，故称为反向饱和电流。I_{CBO} 的值通常较小，小功率硅管小于 1μA，而小功率锗管约为 10μA。因此相同情况下，应尽可能选用硅管。

2）集电极-发射极反向饱和电流 I_{CEO}

基极开路时，由集电极到发射极的反向饱和电流为 I_{CEO}，这是一个经由三极管集电区、基区到发射区的穿透电流。在一定温度下，该电流也是一个常数，小功率硅管在几微安以下，而小功率锗管在几十微安以上。

I_{CEO} 与 I_{CBO} 之间存在如下关系：

$$I_{CEO}=(1+\beta)I_{CBO} \tag{8-1-12}$$

实际选用三极管时，一般尽量选择极间反向饱和电流小的，以减小温度对三极管工作性能的影响，因此硅管的应用比锗管更为广泛。

3. 极限参数

极限参数用于限定三极管正常工作时所允许的电压和电流范围。如果超过极限参数，或者使三极管造成永久性损坏，或者使性能变坏。

1）集电极最大允许电流 I_{CM}

三极管的 β 不是一个常数，其值会随 i_C 变化，仅能在一定范围内近似认为其值不变。当 i_C 过大时，β 值将下降，通常把 β 下降到小电流时 β 值的 2/3（有的厂家规定为 1/2）时的 i_C 值称为 I_{CM}。当电流超过 I_{CM} 时，三极管的性能会显著下降，甚至有可能被烧毁。所以在使用三极管时，需要限制集电极上的电流，不要超过 I_{CM}。

2）集电极最大允许耗散功率 P_{CM}

三极管在工作过程中，内部的两个 PN 结都会消耗功率，其结果是 PN 结的结温升高，如果结温超过三极管的承受范围，就会导致三极管工作性能下降，甚至可能被烧毁。考虑到集电结上的电压远大于发射结电压，因此其消耗的功率相对较大，占主要地位，故限制其值 P_C（值为 $i_C v_{CE}$）不得超过 P_{CM}。

3) 反向击穿电压

三极管内部的两个 PN 结如果承受的反向电压过高，势必会造成其击穿，从而影响到三极管的正常工作，因而使用时必须限制其上的反向电压。

(1) 集电极开路时发射结的击穿电压 $V_{(BR)EBO}$。

$V_{(BR)EBO}$ 是指集电极开路时发射极-基极间的反向击穿电压。下标 BR 代表击穿之意。EB 代表发射极和基极，O 代表第三个电极集电极开路。小功率管的 $V_{(BR)EBO}$ 通常只有几伏。实际电路中为避免发射结被反向击穿，可以在基极和发射极之间并联一个二极管，以起到保护作用。当发射极和基极间出现反向电压时，很容易导致二极管导通，二极管一旦导通，其两端电压被箝位（限定）在零点几伏范围内，故能够有效保护发射结不被反向击穿。

(2) 发射极开路时的集电结击穿电压 $V_{(BR)CBO}$。

$V_{(BR)CBO}$ 是指发射极开路时集电极-基极间的反向击穿电压，其值较高，通常能够达到几十伏，甚至更高。

(3) 基极开路集电极和发射极间的击穿电压 $V_{(BR)CEO}$。

$V_{(BR)CEO}$ 是指基极开路时集电极-发射极间的反向击穿电压，其值主要由集电结的击穿电压决定。

总之，在实际电路中为了确保三极管安全工作，必须使集电极电流小于 I_{CM}，集电极-发射极间电压小于 $V_{(BR)CEO}$，集电极耗散功率小于 P_{CM}。结合上述极限参数可以在输出特性曲线中绘出三极管的安全工作区，具体如图 8-1-13 所示。

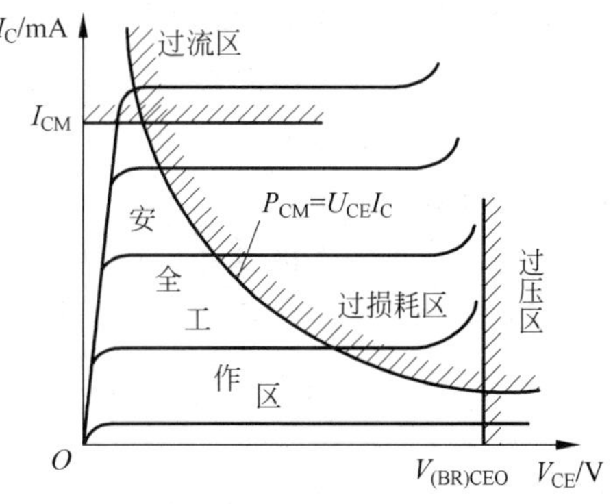

图 8-1-13 三极管的安全工作区

8.1.7 温度对半导体三极管的影响

1. 温度对三极管参数的影响

温度升高时，三极管的 I_{CBO}、I_{CEO}、β、$V_{(BR)CBO}$、$V_{(BR)CEO}$ 等参数的值都会增大。如温度升高，半导体的本征激发增大，漂移电流增大，I_{CBO} 随之增大。经验数据表明，温度每升高 10℃，I_{CBO} 增加约一倍；温度每升高 1℃，β 值增加 0.5%～1%。

2. 温度对特征曲线的影响

当温度升高时，三极管共射极连接方式的输入特性曲线左移，V_{BE} 减小，大约温度每增加 1℃，V_{BE} 的绝对值减小 2～2.5mV；晶体管的输出特性曲线上移且间距变大，穿透电流 I_{CEO} 增加，β 增加，I_C 增加。

8.2 共发射极放大电路

8.2.1 共发射极放大电路的组成

本节以 NPN 型三极管基本共射放大电路为例，阐述放大电路组成及电路中各元件作用。

1. 引入直流电源

三极管要具有放大作用,即工作在放大区,必须保证发射结正偏、集电结反偏,所以在组成放大电路时首先需要通过引入直流电源来满足该条件,具体的连接关系如图 8-2-1 所示。由图可知:

(1) 直流电源 E_B 能够确保发射结正偏,直流电源 E_C(大于 E_B)能够确保集电结反偏。

(2) 考虑到限流的问题,分别在基极和集电极引入电阻 R_b 和 R_c,以避免因电流过大造成三极管损坏。

(3) 集电极电阻 R_c 在动态时能够将集电极电流的变化转换为电压的变化,从而使电路具有电压放大作用。

一般情况下,R_b 的取值在几十千欧到几百千欧,R_c 的取值在几千欧到几十千欧;E_B 的取值在几伏到十几伏,E_C 的取值在十几伏到几十伏。

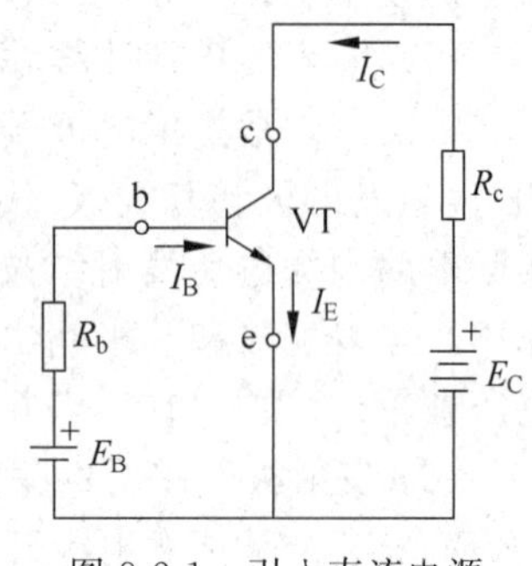

图 8-2-1 引入直流电源

2. 引入输入端和输出端

对于共射极放大电路来说,信号从三极管的基极引入、集电极取出,而发射极作为公共端,即基极和发射极组成输入端口,集电极和发射极组成输出端口,具体的连线关系如图 8-2-2 所示。对图做如下说明。

(1) v_i 表示输入信号,v_o 表示输出信号。

(2) R_s 和 v_s 表示交流信号源,R_s 是内阻,v_s 是电源电动势。

(3) R_L 是负载电阻。

(4) 为避免直流电源干扰交流信号源,在输入端引入电解电容 C_1,起到隔直通交的作用,称为输入电容(或者耦合电容)。

(5) 为了只取出交流信号,在输出端引入电解电容 C_2,同样是隔直流通交流的作用,称为输出电容,一般情况下,C_1 和 C_2 的取值为几十微法。

(6) 极性电容与直流电源正极靠近端为电容的正极。

3. 减少直流电源数量

实际进行电路设计时,应尽量减少直流电源的数量,所以需要在上述放大电路中去掉一个直流电源,但三极管的工作状态不能因此受影响。综合考虑,通常会去掉 E_B,并将 R_b 换接到 E_C 的正极,如图 8-2-3 所示。因为 $E_C > E_B$,所以同时需要将 R_b 的阻值相应提高。

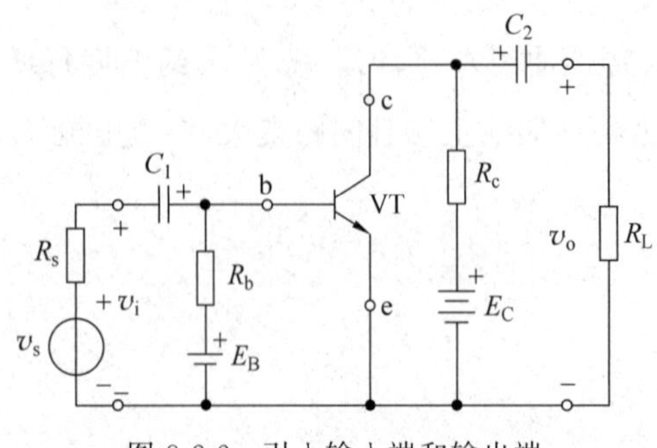

图 8-2-2 引入输入端和输出端

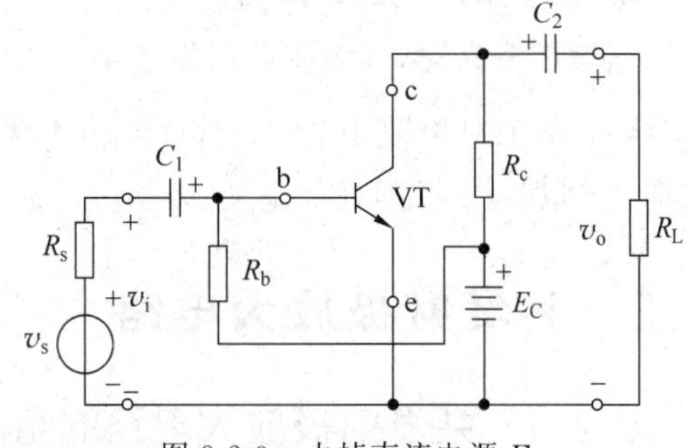

图 8-2-3 去掉直流电源 E_B

对于基本共射极放大电路，习惯上将发射极选为电路的公共参考点，即地点，用接地符号表示，而在基极电阻 R_b 和集电极电阻 R_c 的公共连接端标示一个电位值 V_{CC}，具体如图 8-2-4 所示，这也是放大电路的典型绘图方式。

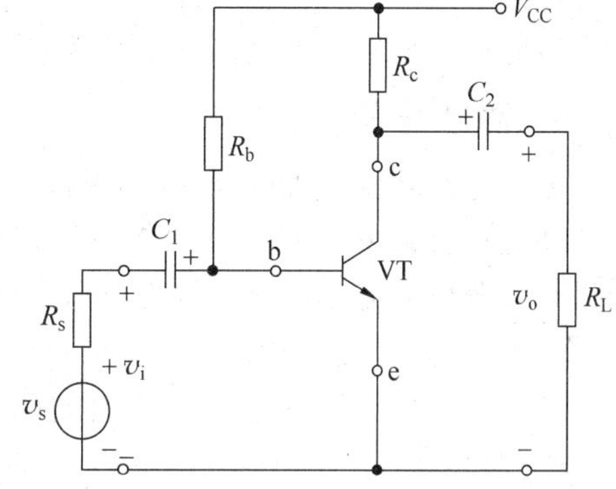

图 8-2-4　基本共射极放大电路的典型绘图方式

4. 放大电路的组成原则

通过对三极管共射基本放大电路组成分析，可以得到三极管基本放大电路的组成原则。

(1) 三极管工作在放大状态，建立合适的静态工作点，保证电路输出电压不失真。

(2) 输入回路的设置应能够使输入信号有效地作用于三极管的发射结上。

(3) 输出回路的设置应能够使输出信号有效地作用于负载上。

8.2.2　共发射极放大电路的工作原理

在直流电源的作用下，三极管进入放大状态，同时放大电路的输入端口和输出端口上拥有了一定的直流电压和直流电流，端口处的直流电压和直流电流为交流信号的变化预留了必要的空间。

如此时有外加输入信号 v_i 输入，其将与直流信号共同作用于发射结，此时发射结电压为

$$v_{BE}=V_{BE}+v_i=V_{BE}+v_{be} \tag{8-2-1}$$

式中：V_{BE} 表示直流量；v_{be} 表示纯粹的交流量；v_{BE} 表示直流量与交流量的叠加。显然，V_{BE} 是一个直流量，其最低值为 $V_{BE(min)}$ 大于发射结死区电压 V_{th}，以便始终保持发射结的正偏状态。

发射结电压的变化势必会引起基极电流的变化，此时的基极电流可以表示为

$$i_B=I_B+i_b \tag{8-2-2}$$

式中：I_B 表示直流量；i_b 表示纯粹的交流量；i_B 表示直流量与交流量的叠加。同样，I_B 也是一个直流量，其最小值 $I_{B(min)}$ 仍是大于零的，仍然满足流入基极的关系。

基极电流 i_B 的变化又会引起输出端口上的集电极电流 i_C 变化，考虑到在放大区，两者之间存在线性关系，所以集电极电流 I_C 可以表示为

$$i_C=I_C+i_c \tag{8-2-3}$$

集电极电流的变化被集电极电阻 R_c 转换为电压($i_C R_c$)的变化，从而导致集射电压 v_{CE} 的变化。很明显，i_B 越大，$i_C(\beta i_B)$ 越大，R_c 的分压也就越大，v_{CE} 变小；反之，i_B 越小，$i_C(\beta i_B)$越小，R_c 的分压也就越小，v_{CE} 变大，v_{CE} 可以表示为

$$v_{CE}=V_{CE}+v_{ce}=V_{CE}+v_o \tag{8-2-4}$$

式中：v_{ce} 是输出端口处的交流电压。

如果仅考虑 v_{CE} 和 v_{BE} 中的交流分量，它们之间存在关系：

$$v_{ce}=A_v v_{be} \quad 或 \quad v_o=A_v v_i \tag{8-2-5}$$

式中：A_v 为常数(称为电压放大倍数)。对于基本共射极电路的 A_v，其值通常是远大于 1 的，所以输出电压 $v_o(v_{ce})$的幅值大于输入电压 $v_i(v_{be})$的幅值，即电路的输出电压和输入电压之间存在着放大关系，故基本共射极电路被称为放大电路，能放大输入电压，属于电压放大器。

8.2.3　共发射极放大电路的分析

放大电路中直流电源的作用和交流信号的作用同时存在。要使放大电路正常工作，首先

要设置合适的静态工作点，通过适当选取 V_{CC}、R_b 和 R_c 的值，保证三极管工作在放大区。这样，放大电路既能放大，还能保证不失真。

放大电路的分析包括两方面：静态分析和动态分析。分析放大电路时，必须根据“先静态、后动态”的原则。下面以基本共发射极电路为例来分析放大电路。

1. 静态分析

放大电路建立正确的静态，是保证动态工作的前提。静态分析即对直流通路进行分析，直流通路是指直流电源 V_{CC} 单独作用下直流电流流经的通路，也就是静态电流流经的通路，用于设计和分析静态工作点。静态分析方法包括计算法和图解法。

1）计算法

静态分析的计算法是通过放大电路的直流通路直接计算静态参数，通常计算基极电流 I_B、集电极电流 I_C 和集射极间的电压 V_{CE}。放大电路的直流通路是仅考虑直流电源作用时的等效电路，电路中不包含与交流相关的参数和结构，其各条支路上的电压和电流都是稳定的直流量。画直流通路的关键是：首先将交流信号源短接；然后将电路中的电容支路断开。

（1）根据路径“$+V_{CC}\to R_b\to$发射结$\to$地”列 KVL 方程 $V_{CC}=I_BR_b+V_{BE}$，整理得

$$I_B=\frac{V_{CC}-V_{BE}}{R_b} \tag{8-2-6}$$

如果是估算，可以忽略 V_{BE}，即有

$$I_B=\frac{V_{CC}}{R_b} \tag{8-2-7}$$

（2）根据三极管工作在放大区，有

$$I_C=\beta I_B \tag{8-2-8}$$

（3）根据路径“$+V_{CC}\to R_c\to$集电极$\to$发射极$\to$地”列 KVL 方程 $V_{CC}=I_CR_c+V_{CE}$，整理得

$$V_{CE}=V_{CC}-I_CR_c \tag{8-2-9}$$

2）图解法

静态分析的图解法是以放大电路的直流负载线和三极管的输出特性曲线为基础，通过画图方式来确定电路的静态值。

直流负载线和输出特性曲线都描述了三极管集射电压与集电极电流之间的变化关系，但前者主要受放大电路参数 V_{CC} 和 R_c 的约束，而后者主要受三极管基极电流的约束，图解法就是要在(v_{CE},i_C)平面上找到直流负载线与输出特性曲线的交集，并以此确定静态值。

式(8-2-9)为基本共射极放大电路的直流负载线，由上式可得

$$I_C=-\frac{1}{R_c}V_{CE}+\frac{V_{CC}}{R_c} \tag{8-2-10}$$

这是一个直线方程，其斜率为$-1/R_c$。

在三极管的输出特性曲线上通过两个特殊点$(V_{CC},0)$和$(0,V_{CC}/R_c)$画出直流负载线，如图 8-2-5 所示。直流负载线与输出特性曲线的交点（如 Q、Q'、Q''等）就是两者的交集，即放大电路处于静态时可能的工作点，将其称为静态工作点，用字母 Q 表示。

关于静态工作点的几点说明如下。

（1）放大电路实际工作时，静态工作点只可能有一个，且一定是直流负载线与输出特性曲线交点中的一个，但具体是哪一个点则由当前的静态基极电流 I_B 确定。

（2）静态工作点的位置可以通过静态基极电流 I_B 来调整。

(3) 静态工作点实际是由 I_B、I_C 和 V_{CE} 共同决定的,如果在图中确定了 Q 点的位置,就可以读出相应的 I_B、I_C 和 V_{CE} 值;反之,如果计算出了电路静态时的 I_B、I_C 和 V_{CE} 值,就可以在输出特性曲线中标出 Q 点的位置,这也是为什么计算法需要分析这 3 个物理量的原因。

(4) 为了强调是计算 Q 点的静态值,通常将基极电流、集电极电流和集射电压书写为 I_{BQ}、I_{CQ} 和 V_{CEQ}。

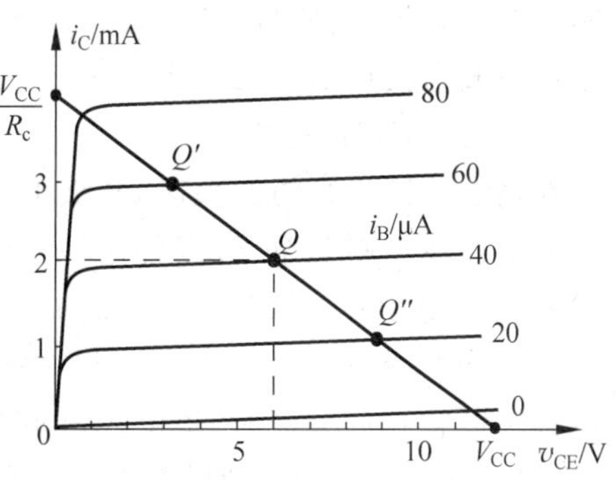

图 8-2-5 直流负载线

2. 动态分析

动态分析是指在输入交流信号作用下交流信号流经的通路,也就是动态电流流经的通路。在交流通路中,容量大的电容视为短路;独立直流电压源视为短路;独立恒流源视为开路。动态分析主要包括三极管小信号模型、放大电路交流通路和放大电路小信号等效电路。

1) 三极管的小信号模型

由三极管构成的放大电路不能直接利用线性电路的原理来分析计算。因此,需要先找到一种能够将三极管线性化的等效模型来简化三极管放大电路的分析过程。通常三极管的小信号模型可以通过两种方法来建立:一是根据三极管的特性曲线来推导;二是将三极管电路看成是一个双口网络,通过分析其 H 参数来推导,本教材只介绍前者。

图 8-2-6 所示为三极管的输入和输出特性曲线。从图中可以看出,当输入信号较小时,在静态工作点 Q 附近的工作段可以近似认为是直线。

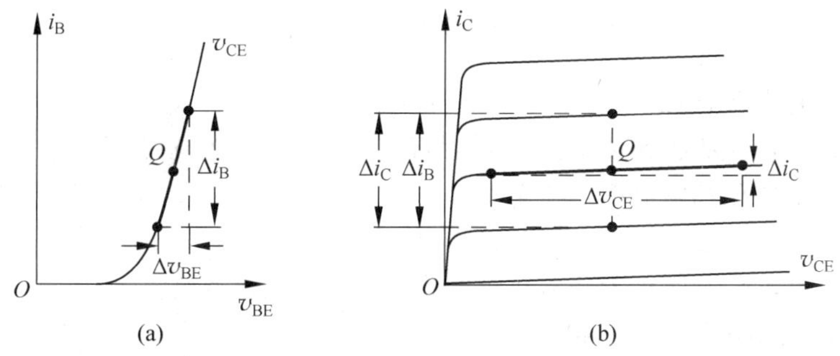

图 8-2-6 三极管的特性曲线

(1) 输入端口的等效。

在输入特性曲线中,三极管的基射极之间的输入电阻 r_{be} 是一个对交流而言的动态电阻,可以使用一个输入电阻 r_{be} 等效,如图 8-2-7 所示。

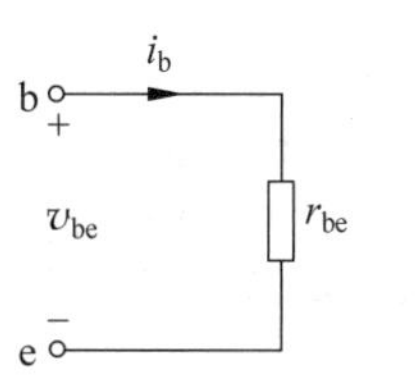

图 8-2-7 输入端口的等效

在小信号的条件下,r_{be} 是一个常数。低频小功率三极管的输入电阻常用下式估算:

$$r_{be} = r_{bb'} + r_e = 200 + (1+\beta)\frac{26}{I_E} \tag{8-2-11}$$

式中:$r_{bb'}$ 表示基区的体电阻,描述基区对电流的阻碍作用;r_e 表示基—射极之间的等效电阻,包括发射结的结电阻和发射区的体电阻；在常温下 $r_{bb'}$ 常取 200Ω，而 r_e 可以通过静态时的发射极电流或基极电流来估算。r_{be} 的阻值一般为几百欧到几千欧。

(2) 输出端口的等效。

在输出特性曲线的放大区，基极电流对集电极电流存在控制关系，可以使用一个受控电流源和输出电阻 r_{ce} 并联等效，如图 8-2-8(a)所示。在小信号的条件下，r_{ce} 是一个常数。考虑到三极管在放大区时，集电极电流具有恒流性，即电压 v_{ce} 变化很大时，电流 i_c 基本不变，所以 r_{ce} 的阻值通常较大，为几十千欧到几百千欧。如将三极管的输出电路看作电流源，r_{ce} 就可以看成是电源的内阻，故在等效电路中与受控电流源并联，此时集电极电流可以表示为

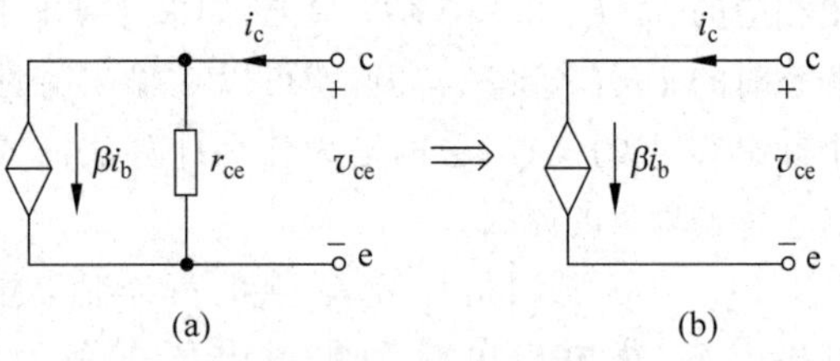

图 8-2-8 输出端口的等效

$$i_c = \beta r_b + \frac{v_{ce}}{r_{ce}} \approx \beta i_b \tag{8-2-12}$$

考虑到放大电路外接的负载电阻值与 r_{ce} 相比往往较小，所以实际分析计算时，通常将 r_{ce} 忽略不计，如图 8-2-8(b)所示。

(3) 低频简化小信号模型。

综上所述，三极管的低频简化小信号模型如图 8-2-9 所示。

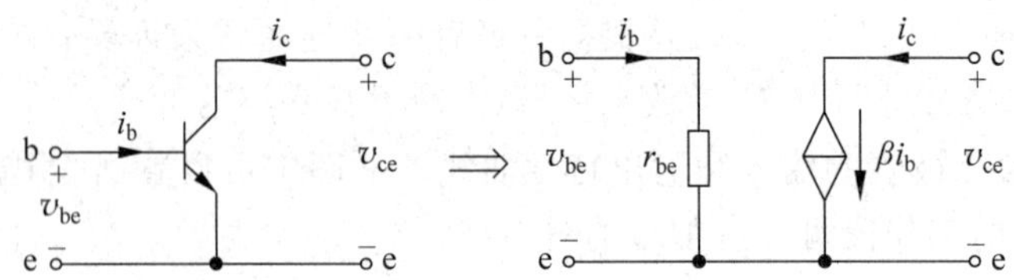

图 8-2-9 三极管的低频简化小信号模型

2) 放大电路的交流通路

放大电路的交流通路是指仅考虑交流信号源作用时的等效电路，电路中不包含直流电源 V_{CC}，其各条支路上电压和电流都是纯交流量。画交流通路的关键是：将直流电源 V_{CC} 短接，即接 $+V_{CC}$ 点改画成接地点；对于交流，输入、输出电容的容量较大，可以视作短接，即电容支路用导线代替。图 8-2-10 所示为基本共射极放大电路的交流通路。

3) 放大电路的小信号等效电路

在交流通路的基础上可以进一步画出放大电路的小信号等效电路，即将三极管改画为小信号模型后的交流等效电路。图 8-2-11 所示为基本共射极放大电路的小信号等效电路。

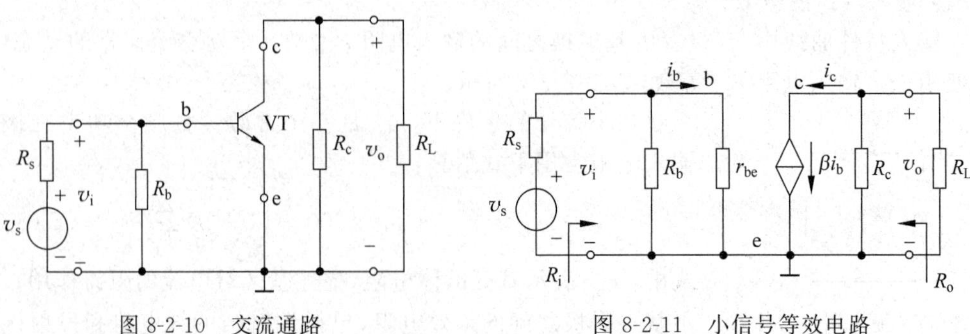

图 8-2-10 交流通路　　　图 8-2-11 小信号等效电路

接下来计算基本共射极放大电路的小信号等效电路的动态参数，包括电压放大倍数 A_v，输入电阻 R_i 和输出电阻 R_o。电压放大倍数反映了电路的放大能力；输入电阻反映了放大电路的抗干扰能力；而输出电阻反映了放大电路的带负载的能力。

（1）电压放大倍数 A_v

放大电路的电压放大倍数(或称为电压增益)定义为电路的输出电压 v_o 与输入电压 v_i 之比，即

$$A_v=\frac{v_o}{v_i} \tag{8-2-13}$$

基本共射极放大电路的电压放大倍数计算如下：

$$A_v=\frac{v_o}{v_i}=\frac{-\beta i_b R'_L}{i_b r_{be}}=-\beta\frac{R'_L}{r_{be}} \tag{8-2-14}$$

式中：电路有负载 R_L 时，$R'_L=R_c//R_L$；电路空载 $R_L=\infty$时 $R'_L=R_c$。

（2）输入电阻 R_i

输入电阻是从放大电路的输入端口看进去的等效电阻值，定义为输入电压 v_i 与输入电流 i_i 之比，即

$$R_i=\frac{v_i}{i_i} \tag{8-2-15}$$

需要注意的是，求输入电阻时要将外加的信号源 v_s 和 R_s 去掉后再分析。

对于基本共射极放大电路的小信号等效电路，输入电阻完全由输入回路决定，从图 8-2-11 可知，R_b 和 r_{be} 是并联关系，故输入电阻为

$$R_i=R_b//r_{be}\approx r_{be} \tag{8-2-16}$$

有时需要知道放大电路输出电压 v_o 与信号源电压 v_s 之间的关系，故引入源压放大倍数的概念，定义为

$$A_{vs}=\frac{v_o}{v_s} \tag{8-2-17}$$

源压放大倍数的计算结果为

$$A_{vs}=\frac{v_i}{v_s}\frac{v_o}{v_i}=\frac{R_i}{R_i+R_s}A_v \tag{8-2-18}$$

（3）输出电阻 R_o

输出电阻是从放大电路的输出端口看进去的等效电阻值，定义为输出电压 v_o 与输入电流 i_o 之比，即

$$R_o=\frac{v_o}{i_o} \tag{8-2-19}$$

需要注意的是，求输出电阻时要将外接 R_L 去掉后再分析。

基本共射极放大电路的输出电阻为

$$R_o\approx R_c \tag{8-2-20}$$

总之，基本共射极放大电路是一种电压放大器，具有较强的电压放大能力；是一种反相放大器，输出电压与输入电压反相位；电路的输入电阻相对较小，抗干扰能力一般；电路的输出电阻相对较大，带负载能力一般。

3. 综合分析

在静态分析和动态分析的基础上，可以将两种分析的结果用图解法合成，即将电路各条

支路上直流量与交流量叠加在一起考虑，并用图形描述它们之间的相互关系。

1）交流负载线

在直流电源和交流信号源的共同作用下，三极管的集射电压 v_{CE} 和集电极电流 i_c 之间的关系可以表示为

$$\begin{aligned} v_{CE} &= V_{CEQ} + v_{ce} = V_{CEQ} - i_c R'_L = V_{CEQ} - (i_c - I_{CQ}) R'_L \\ &= (V_{CEQ} + I_{CQ} R'_L) - i_c R'_L \end{aligned} \tag{8-2-21}$$

或者

$$i_c = -\frac{1}{R'_L} v_{CE} + \frac{1}{R'_L}(V_{CEQ} + I_{CQ} R'_L) \tag{8-2-22}$$

其中，$V_{CEQ} = V_{CC} - I_{CQ} R_c$；$v_{CE} = -i_c R'_L$；$i_c = I_{CQ} + i_c$。

式(8-2-22)仍然是一种线性变换关系，将该条直线称为放大电路的交流负载线。交流负载线限制了放大电路实际工作点的变化范围，即实际工作点只能沿着该条直线变化。

很明显，当交流值为零时，交流负载线和直流负载线取值相同，即两者必然相交于静态工作点 Q，如图 8-2-12 所示。其中，变化较平缓的是直流负载线，较陡直的是交流负载线。

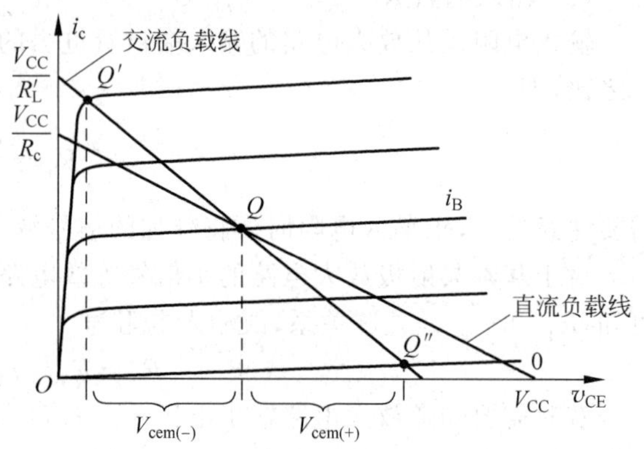

图 8-2-12　交流负载线和直流负载线

2）输出信号的动态变化范围

直流负载线约束了放大电路静态工作点 Q 的变化范围，而交流负载线约束了放大电路实际工作点的变化范围，所以作动态分析应该看交流负载线，即由交流负载线来确定输出信号的动态变化范围。

如图 8-2-12 所示，通常情况下，以 Q' 点为进入饱和工作状态的临界点，以 Q''点为进入截止工作状态的临界点（如果输出特性曲线中没有给出为零的这一条，则 Q''点为交流负载线与横轴的交点），这样输出信号 v_{ce} 的动态范围（最大不失真幅值）就限定为

$$V_{cem} = \min\left(V_{cem(-)}, V_{cem(+)}\right) \tag{8-2-23}$$

3）输入信号和输出信号的波形关系

假设输入信号是一个单一频率的正弦交流电压 v_i，则其通过共射极放大电路时，电路中相关电压、电流的波形关系如图 8-2-13 所示。

由输入信号和输出信号的波形关系可知，输出电压 $v_o(v_{ce})$和输入电压 $v_i(v_{be})$之间是同频反相位的关系，所以共射极放大电路是反相放大电路。

4）输出信号的失真

如果放大电路的输出波形不能跟随输入波形变化而变化，称为输出信号失真。对于基本共射极放大电路而言，静态工作点的位置如果选择不合适，容易造成截止失真或饱和失真。

（1）截止失真

如果静态工作点的位置选得较低，当外加交流信号减小时，很容易造成实际工作点进入三极管的截止区，从而导致如图 8-2-14 所示的失真现象发生，这种失真称为截止失真。

截止失真属于半波失真，即仅有半个周期失真，失真发生在发射结正向电压减小的过程

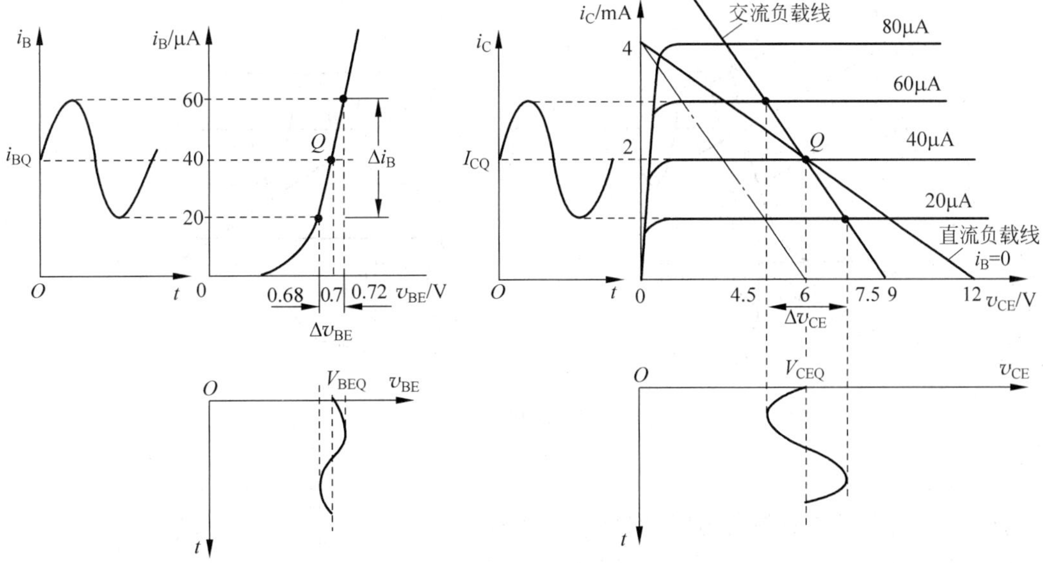

图 8-2-13 三极管上电压、电流的波形关系

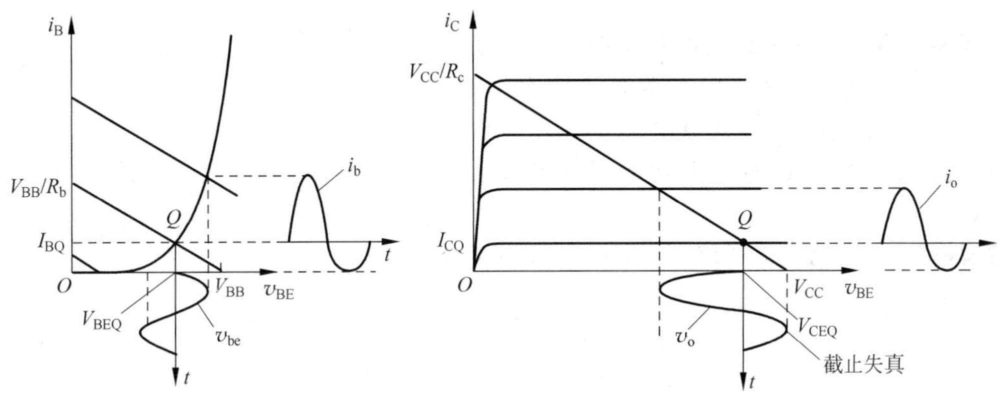

图 8-2-14 截止失真示意图

中。截止属于非线性失真,是因为三极管的实际工作点进入截止区而造成的,此时基极电流和集电流都会失真。如果放大电路出现截止失真,说明其静态工作点位置比较低,应适当抬升。

(2) 饱和失真

如果静态工作点的位置选得较高,当外加交流信号增加时,很容易造成实际工作点进入三极管的饱和区,从而导致如图 8-2-15 所示的失真现象发生,这种失真称为饱和失真。

饱和失真也属于半波失真,失真发生在发射结正向电压增加的过程中。饱和失真属于非线性失真,是因为三极管的实际工作点进入饱和区而造成的,此时基极电流没有失真,而集电极电流失真。如果放大电路出现饱和失真,说明其静态工作点的位置偏高,应适当降低。例如,对于基本共射极放大电路,可以通过增大基极电阻来减小基极电流,从而降低静态工作点的位置。

综上所述,合适的静态工作点位置很重要,应该尽量调到放大区的中心位置,以使静态工作点左右的变化范围对称,兼顾截止失真和饱和失真。三极管放大电路静态工作点的调整可以通过调节基极电流来实现。

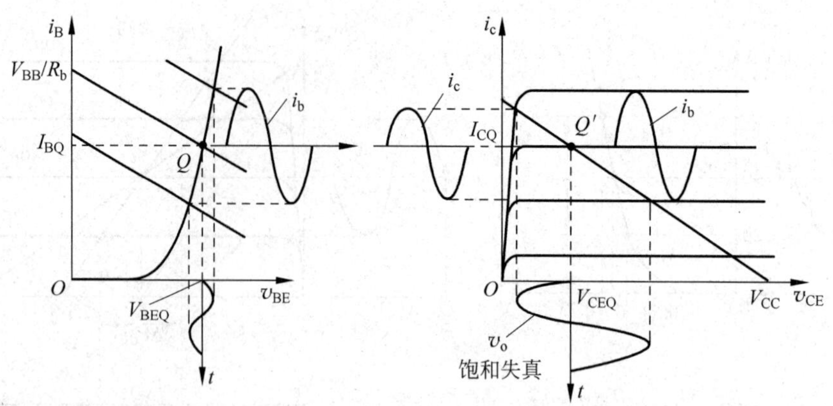

图 8-2-15 饱和失真示意图

(3) 大信号失真

静态工作点的位置选择合适时,如果输入信号的幅值过大仍然会造成输出信号失真,这种失真称为大信号失真,其特点是输出波形在两个半周期内都发生失真。

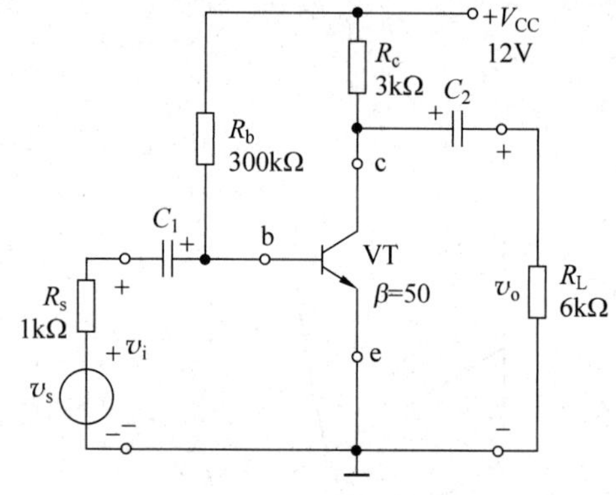

图 8-2-16 例 8-2-1 电路图

【例 8-2-1】 三极管放大电路如图 8-2-16 所示,假设 V_{BE} 可以忽略。(1)估算静态工作点;(2)画出该电路的小信号等效电路;(3)求电压放大倍数 A_v、输入电阻 R_i、输出电阻 R_o 和源压放大倍数 A_{vs}。

【解答】 (1) 画直流通路,如图 8-2-17(a)所示,求静态工作点。

$$I_{BQ}=\frac{V_{CC}-V_{BEQ}}{R_b}\approx\frac{12}{300}=40\mu A$$

$$I_{CQ}=\beta I_{BQ}=50\times 40=2mA$$

$$V_{CEQ}=V_{CC}-I_{CQ}R_c=12-2\times 3=6V$$

(2) 画小信号等效电路,如图 8-2-17(b)所示。

(3) 根据小信号等效电路进行动态分析,结果如下:

$$r_{be}=200+(1+50)\times\frac{26}{2.04}=850\Omega$$

$$A_v=-\beta\frac{R'_L}{r_{be}}=-50\times\frac{3//6}{0.85}=-117.65$$

$$R_i=R_b//r_{be}\approx r_{be}=850\Omega$$

$$R_o\approx R_c=3k\Omega$$

$$A_{vs}=\frac{R_i}{R_i+R_s}A_v=-117.65\times\frac{850}{850+1000}=-54.1$$

【例 8-2-2】 放大电路如图 8-2-16 所示,其中三极管的输出特性曲线如图 8-2-18 所示,试在输出特性曲线上:(1)画出直流负载线,并确定静态工作点;(2)画出交流负载线,并确定输出电压的动态变化范围。

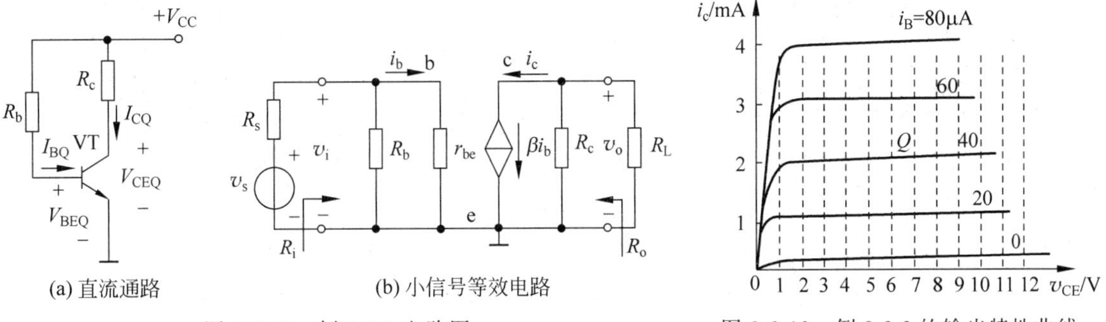

图 8-2-17 例 8-2-1 电路图　　图 8-2-18 例 8-2-2 的输出特性曲线

【解答】 (1) 根据直流通路列直流负载线方程,然后用两点确定一条直线的方法画直流负载线。直流负载线方程为 $V_{CE}=V_{CC}-I_C R_c$。令 $V_{CE}=0$,可得 $I_C=V_{CC}/R_c=4\text{mA}$,确定纵轴上的点(0,4mA);令 $I_C=0$,可得 $V_{CE}=V_{CC}=12\text{V}$,确定横轴上的点(12V,0)。

在输出特性曲线上用直线连接点(0,4mA)和点(12V,0),即得直流负载线,如图 8-2-19(a)所示。考虑到静态作点应在放大区的中心位置,故 Q 点为直流负载线与 $i_B=40\mu\text{A}$ 这条输出特性曲线的交点。读取 Q 点的值如下:

$$I_{BQ}=40\mu\text{A},\quad I_{CQ}=2\text{mA},\quad V_{CEQ}=6\text{V}$$

(2) 画交流负载线,确定输出电压的动态范围。交流负载线的斜率为

$$-\frac{1}{R'_L}=-\frac{1}{R_c//R_L}=-\frac{1}{2}$$

按该斜率画出过 Q 点的直线,即交流负载线,如图 8-2-19(b)所示。在横坐标上测出动态范围,取小值 $V_{cem}=4\text{V}$。

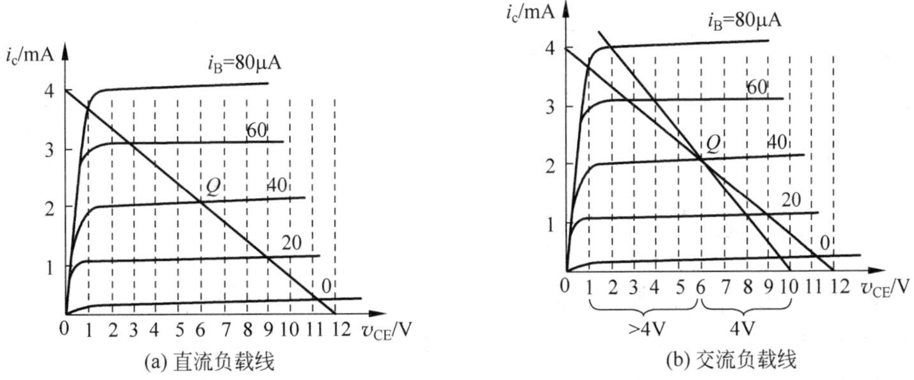

图 8-2-19 例 8-2-2 的交流负载线

8.3 放大电路静态工作点的稳定问题

8.3.1 静态工作点稳定的必要性

所谓静态工作点(即 Q 点)稳定,通常是指在环境温度变化时静态集电极电流 I_{CQ} 和管压降 V_{CEQ} 基本不变,即 Q 点在三极管输出特性坐标平面中的位置基本不变;即依靠 I_{BQ} 的变

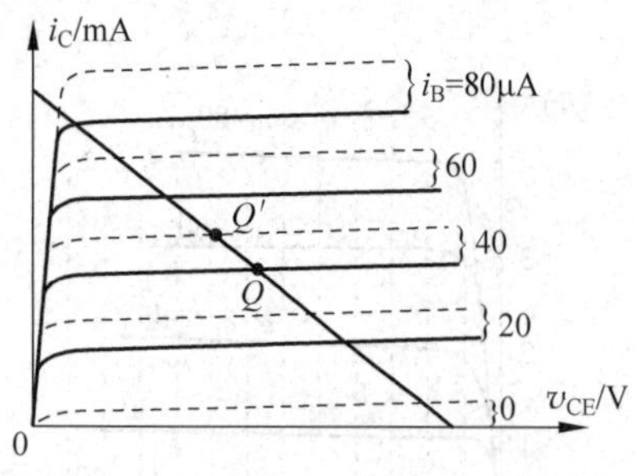

图 8-3-1 温度对静态工作点的影响

化来抵消 I_{CQ} 和 V_{CEQ} 的变化。放大电路的静态工作点不仅决定了电路是否会失真，而且影响着电压放大倍数、输入电阻等动态参数。实际上，电源电压的波动、元件的老化以及因温度变化所引起三极管参数的变化，都会造成静态工作点的不稳定，从而使动态参数不稳定，有时电路甚至无法正常工作。

引起 Q 点不稳定的诸多因素中，温度对三极管参数的影响最为重要。例如，基本共射极放大电路中，温度升高时，三极管的相关参数 β、I_{CBO}、I_{CEO} 等会增大，同时输出特性曲线也会向上偏移，导致放大电路的静态工作点向上发生偏移，如图 8-3-1 所示。温度上升时工作点会从 Q 点上移到 Q' 点，进而影响到放大电路的动态性能发生变化，即易造成输出信号发生饱和失真。因此设计放大电路时，考虑静态工作点的稳定很有必要性。

8.3.2 稳定静态工作点的方法

稳定静态工作点的基本思路是改进放大电路的偏置电路，以便在温度上升时，能通过偏置电路自动补偿集电极电流的变化，从而使之趋于稳定，以实现稳定静态工作点的目的。

稳定静态工作点的常用方法有如下几种。

1）直流负反馈法

对于共射极放大电路来说，射极电阻能够将集电极电流的变化转变为电压的变化，从而通过改变基射电压来补偿集电极电流的变化。故为了稳定静态工作点，可以采用含射极电阻的射极偏置电路，如基极分压式射极偏置电路、双电源射极偏置电路。

2）温度补偿法

利用对温度敏感的元件，在温度变化时直接影响放大电路的输入量，以实现对集电极电流的补偿。

3）恒流源法

利用恒流源直接提供偏置电流，从而使集电极电流非常稳定。

8.3.3 基极分压式共射极放大电路

1. 基极分压式共射极放大电路简介

基极分压式共射极放大电路在分立元件电路中最为常见，其典型电路如图 8-3-2 所示，与基本共射极放大电路相比，主要多了一个基极电阻 R_{b2} 和一个射极电阻 R_e，其直流通路如图 8-3-3 所示。

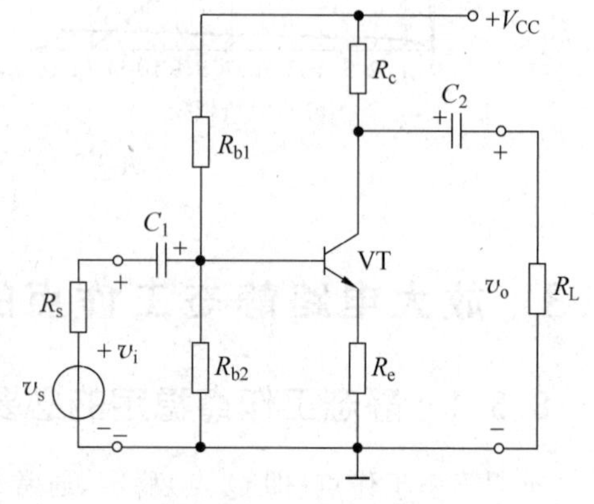

图 8-3-2 基极分压式共射极放大电路

由图 8-3-3 可知，与基极相关的 3 个电流 I_1、I_2、I_B 的关系为 $I_1 = I_2 + I_B$。通常情况下基极电流 I_B 较小，数量为微安级，如果适当选取 R_{b1} 和 R_{b2} 的阻值，能够满足 $I_2 \gg I_B$，所以有 $I_1 \approx I_2$，即基极电阻 R_{b1} 和 R_{b2} 可以近似看成是串联关系，此时基极直流

电位 V_B 的表达式可写为

$$V_B = \frac{R_{b2}}{R_{b1}+R_{b2}} V_{CC} \tag{8-3-1}$$

由式(8-3-1)可知,V_B 可以认为是一个与温度无关的固定值。

射极电阻 R_e 能够实时监控集电极电流的变化,并将该电流的变化转换为电压的变化,从而影响三极管的基射电压,以实现对集电极电流的补偿。具体过程如下:

$$\text{温度 } T\uparrow \rightarrow \beta\uparrow \rightarrow I_C\uparrow \rightarrow I_E\uparrow \rightarrow V_E(=I_E R_E)\uparrow$$
$$\rightarrow V_{BE}(=V_B - V_E)\downarrow \rightarrow I_B\downarrow \rightarrow I_C\downarrow$$

如果温度下降,上述过程将反向变化。显然,这是一个动态的自动调控过程,在不断地变化过程中使静态工作点的位置趋于稳定。

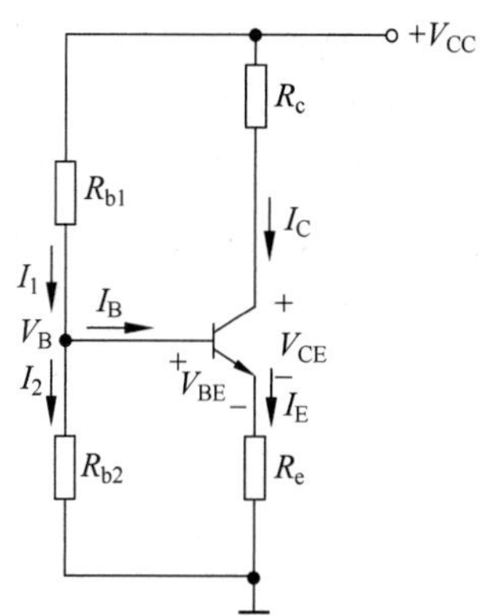

图 8-3-3　基极分压式共射极放大电路的直流通路

为了达到较好的静态工作点稳定效果,工程上一般要求 R_b 和 R_e 满足:

$$(1+\beta)R_e \approx 10R_b \quad (R_b = R_{b1}//R_{b2}) \tag{8-3-2}$$

2. 工作点的估算

在算出基极电位 V_B 的基础上,集电极电流、基极电流和集射电压分别为

$$I_C \approx I_E = \frac{V_E}{R_e} = \frac{V_B - V_{BE}}{R_e} \approx \frac{V_B}{R_e} \tag{8-3-3}$$

$$I_B = \frac{I_C}{\beta} \tag{8-3-4}$$

$$V_{CE} = V_{CC} - I_C R_c - I_E R_e \approx V_{CC} - I_C(R_c + R_e) \tag{8-3-5}$$

3. 动态分析

基极分压式共射极放大电路的小信号等效电路如图 8-3-4 所示。

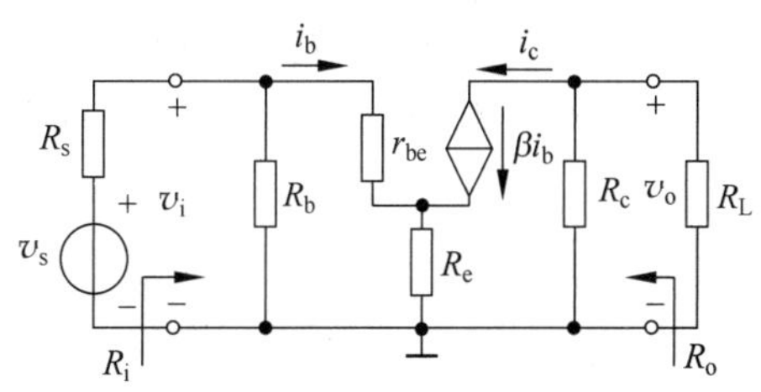

图 8-3-4　基极分压式共射极放大电路的小信号等效电路

电压增益,输入电阻和输出电阻分别为

$$A_v = \frac{v_o}{v_i} = \frac{-\beta i_b(R_L//R_c)}{i_b r_{be} + (1+\beta) i_b R_e} = \frac{\beta R'_L}{r_{be} + (1+\beta)R_e} \tag{8-3-6}$$

$$R_i = R_b//[r_{be} + (1+\beta)R_e] = (R_{b1}//R_{b2})//[r_{be} + (1+\beta)R_e] \tag{8-3-7}$$

$$R_o \approx R_c \tag{8-3-8}$$

4. 电路改进

引入射极电阻 R_e 的优点是稳定了电路的静态工作点,并提高了输入电阻,增加了电路的抗干扰能力,但缺点是降低了电路的电压放大能力(R_e 上存在交流损耗),优点和缺点之间是一对矛盾的关系,因此需要对电路进行针对性地改进。

1) 提升电压增益

为了提升电路的电压放大能力,且同时兼顾静态工作点的稳定,可以在射极电阻 R_e 两边并联一只大电容 C_e,如图 8-3-5 所示。静态时,电容 C_e 断开,不影响静态工作点的稳定;动态时,电容 C_e 将电阻 R_e 短接,故射极仍然为交流地,R_e 上不存在交流损耗,电压增益恢复正常。通常将电容 C_e 称为射极旁路电容,容量为几十微法。

2) 提升输入电阻

旁路电容 C_e 的引入虽然提升了电压增益,但同时也降低了电路的输入电阻,为了兼顾这两者,电路可以作如图 8-3-6 所示的改进。静态时,R_{e1} 和 R_{e2} 共同作用稳定工作点;动态时,R_{e2} 被电容 C_e 短接,仅有 R_{e1} 作用电路。通常 R_{e1} 的阻值为几百欧,而 R_{e2} 的阻值为几千欧。注意,引入 R_{e1} 的实质就是通过牺牲增益来换取电路抗干扰能力的提升,但 R_{e1} 的值不能太大,否则将使增益下降过多。

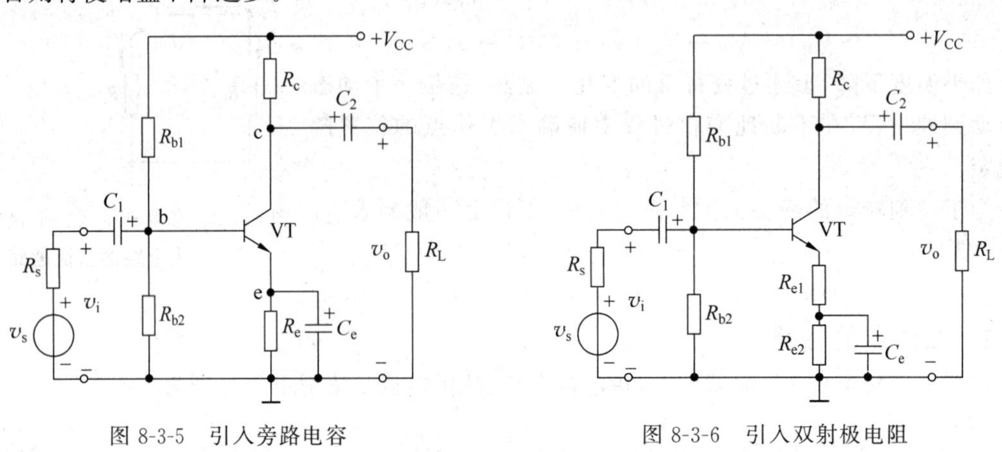

图 8-3-5　引入旁路电容　　　图 8-3-6　引入双射极电阻

8.4 共集电极放大电路和共基极放大电路

8.4.1 共集电极放大电路

1. 共集电极放大电路结构组成

共集电极放大电路采用三极管的共集连接方式,即信号从基极引入,从发射极取出,而将集电极作为公共端使用。这种电路具有电压增益近似为 1、输入电阻高、输出电阻低的特点,应用十分广泛。

共集电极放大电路的典型结构如图 8-4-1 所示。

2. 共集电极放大电路分析

1) 静态分析

根据图 8-4-1 所示的共集电极放大电路的典型结构图,画出其直流通路如图 8-4-2 所示,得静态工作点的相关参数如下:

$$I_{BQ}=\frac{V_{CC}-V_{BEQ}}{R_b+(1+\beta)R_e} \tag{8-4-1}$$

$$I_{EQ}\approx I_{CQ}=\beta I_{BQ} \tag{8-4-2}$$

$$V_{CEQ}=V_{CC}-I_{EQ}R_e \tag{8-4-3}$$

2) 动态分析

根据图 8-4-1 所示的共集电极放大电路的典型结构图,画出其交流通路如图 8-4-3 所示,小信号等效电路如图 8-4-4 所示,得相关参数如下:

$$A_v=\frac{v_o}{v_i}=\frac{i_e(R_L//R_c)}{i_b r_{be}+i_e(R_L//R_c)}=\frac{(1+\beta)R'_L}{r_{be}+(1+\beta)R'_L}\approx 1 \tag{8-4-4}$$

$$R_i=R_b//[r_{be}+(1+\beta)R'_L] \tag{8-4-5}$$

$$R_o=\frac{r_{be}+R_s//R_b}{1+\beta} \tag{8-4-6}$$

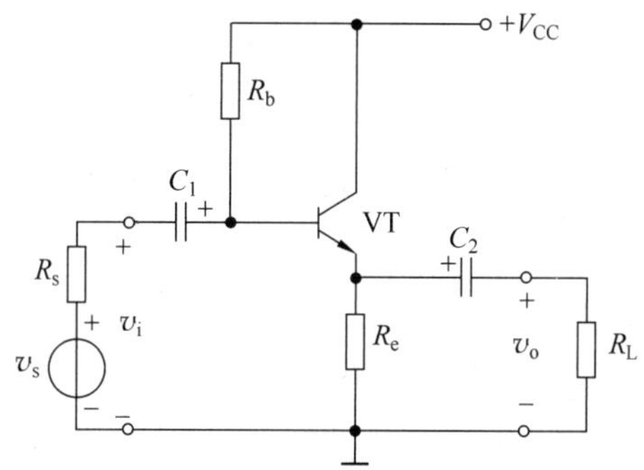

图 8-4-1　共集电极放大电路

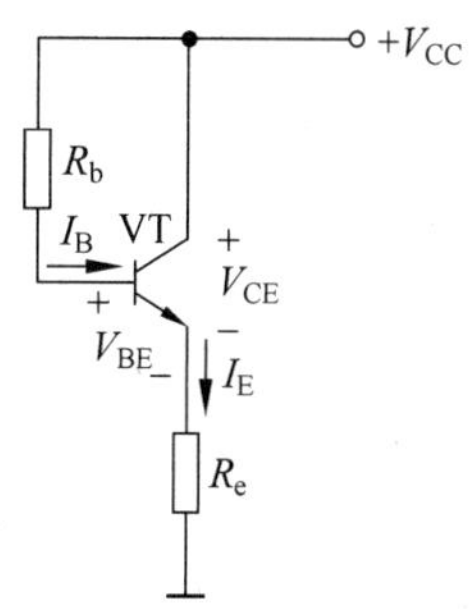

图 8-4-2　共集电极放大电路直流通路

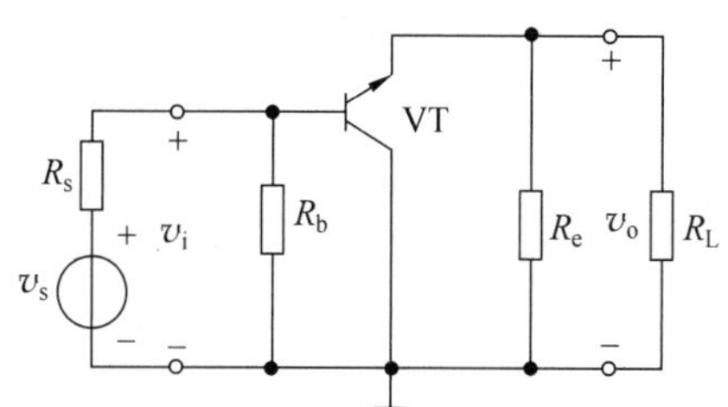

图 8-4-3　共集电极放大电路交流通路

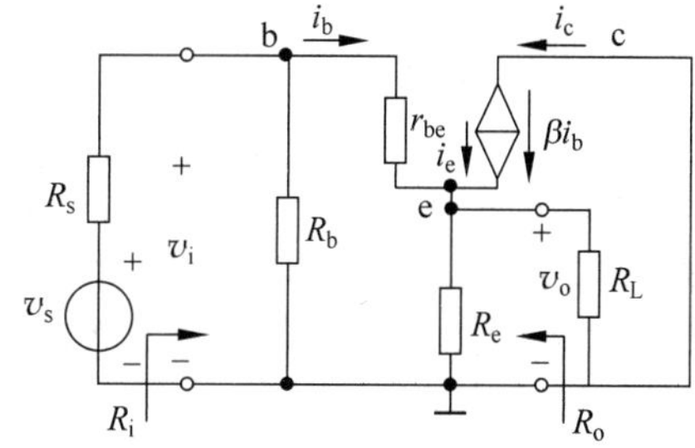

图 8-4-4　共集电极放大电路小信号等效电路

3. 共集电极放大电路的特点及应用

共集电极放大电路的典型特点如下。

(1) 电压增益近似值为 1,略小于 1,也就是说输出电压跟随输入电压变化,共集电极放大电路又称为电压跟随器;显然这种放大电路没有电压放大能力,但具有电流放大能力。

(2) 输入电阻高,电路抗干扰能力强。

(3) 输出电阻小,带负载能力强。

8.4.2　共基极放大电路

1. 共基极放大电路结构组成

共基极放大电路采用三极管的共基连接方式,即信号从发射极引入,从集电极取出,而将基极作为公共端使用。这种电路的高频特性较好,适合用作高频放大电路或宽频带电路。

共基极放大电路的典型结构如图 8-4-5 所示。

2. 共基极放大电路分析

1) 静态分析

根据图 8-4-5 所示的共基极放大电路的典型结构图,画出其直流通路如图 8-4-6 所示,由图可知，共基极放大电路的直流通路与之前讲述的基极分压式射极偏置电路的直流通路图基本相同，所用公式也相同，公式如下：

$$I_C \approx I_E = \frac{V_E}{R_e} = \frac{V_B - V_{BE}}{R_e} \approx \frac{V_B}{R_e} \tag{8-4-7}$$

$$I_B = I_C/\beta \tag{8-4-8}$$

$$V_{CE} = V_{CC} - I_C R_c - I_E R_e \approx V_{CC} - I_C(R_c + R_e) \tag{8-4-9}$$

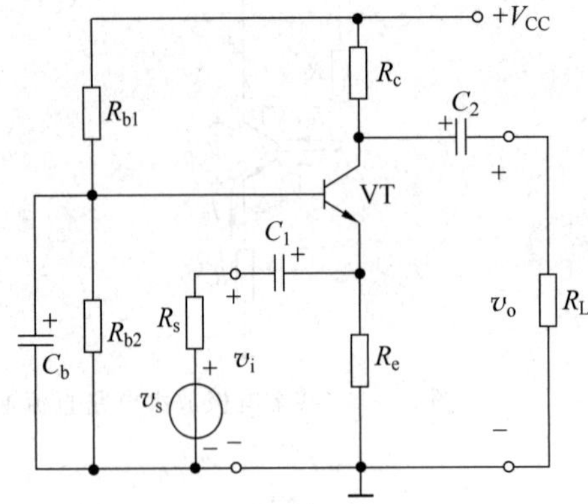

图 8-4-5　共基极放大电路

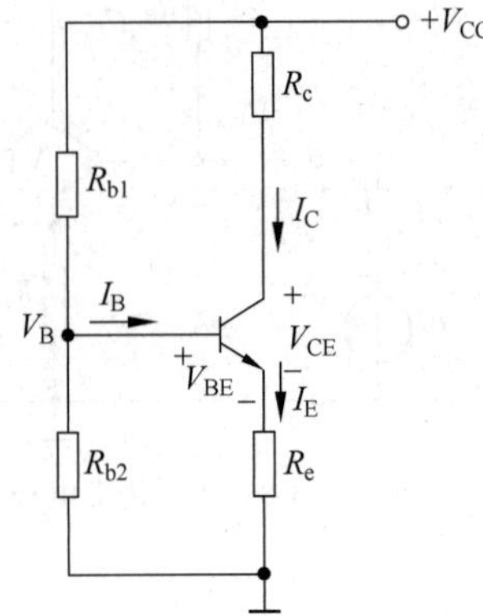

图 8-4-6　共基极放大电路直流通路

2）动态分析

根据图 8-4-5 所示的共基极放大电路的典型结构图，画出其交流通路如图 8-4-7 所示，小信号等效电路如图 8-4-8 所示，得相关参数如下：

$$A_v = \frac{v_o}{v_i} = \frac{-i_c(R_L // R_c)}{-i_b r_{be}} = \frac{\beta R'_L}{r_{be}} \tag{8-4-10}$$

$$R_i = R_e // \frac{r_{be}}{1+\beta} \approx \frac{r_{be}}{1+\beta} \tag{8-4-11}$$

$$R_o = R_c \tag{8-3-12}$$

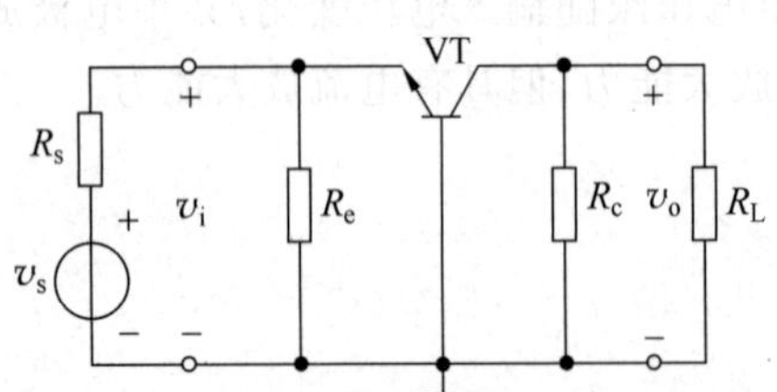

图 8-4-7　共基极放大电路交流通路

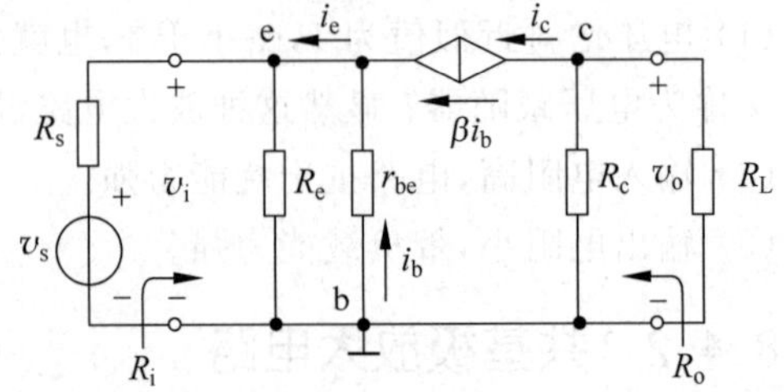

图 8-4-8　共基极放大电路小信号等效电路

3. 共基极放大电路的特点及应用

共基极放大电路的典型特点如下。

(1) 具有电压放大能力，但没有电流放大能力，属于同相电压放大器，又称为电流跟随器。

(2) 输入电阻小。

(3) 高频特性最好，所以适合用作高频放大电路或宽频带电路。

8.4.3 基本放大电路三种组态的性能比较

1. 确定组态

基本放大电路的三种组态由三极管的连接方式决定。

(1) 共射极放大电路：信号从基极输入，集电极输出，发射极为公共端。

(2) 共集电极放大电路：信号从基极输入，发射极输出，集电极为公共端。

(3) 共基极放大电路：信号从发射极输入，集电极输出，基极为公共端。

2. 特点及应用

基本放大电路三种组态的特点及应用如表 8-4-1 所示。

表 8-4-1 放大电路的特点及应用

项目	共射极放大电路	共集电极放大电路	共基极放大电路
电路图	图 8-3-2	图 8-4-1	图 8-4-5
A_v	$-\beta\dfrac{R'_L}{r_{be}}$	$\dfrac{(1+\beta)R'_L}{r_{be}+(1+\beta)R'_L}\approx 1$	$A_v=\dfrac{\beta R'_L}{r_{be}}$
A_i	β	$1+\beta$	α
R_i	$R_{b1}//R_{b2}//r_{be}$	$R_b//[r_{be}+(1+\beta)R'_L]$	$R_e//\dfrac{r_{be}}{1+\beta}\approx\dfrac{r_{be}}{1+\beta}$
R_o	R_c	$\dfrac{r_{be}+R_s//R_b}{1+\beta}$	R_c
通频带	窄	较宽	宽
特点	具有电压和电流放大能力；属于反向电压放大器	没有电压放大能力，但有电流放大能力；属于同向电压放大器	具有电压放大能力，但没有电流放大能力；属于同向电压放大器
应用	适合多级放大电路的中间级(电压放大)	适合多级放大电路的输入级、中间级(隔离缓冲)和输出级	适合用作高频放大电路或宽频带电路

8.5 多级放大电路

8.5.1 多级放大电路的耦合方式

在实际应用中，常对放大电路的性能提出更多的要求，需要把两个或者两个以上的基本放大电路合理连接，组成多级放大电路，从而获得更高增益、更大输入电阻和更小输出电阻。多级放大电路中，前一级电路输出作为后一级电路输入，电路分析方法与单级放大电路相似。

组成多级放大电路的每一个基本放大电路称为一级，级与级之间的连接称为级间耦合。多级放大电路有四种耦合方式，分别是直接耦合、阻容耦合、变压器耦合和光电耦合。

1. 直接耦合放大电路

直接耦合方式电路如图 8-5-1(a)所示，是将放大电路的前一级的输出端直接连接到后一级的输入端，这种耦合方式既可以放大直流信号，也可以放大交流信号。直接耦合方式的优点是：具有良好的低频特性，没有大电容，易于集成。缺点是：静态工作点相互影响，分析、设计和调试困难；存在零点漂移现象，即输入信号为零时，输出电压产生变化的现象。

2. 阻容耦合放大电路

阻容耦合方式电路如图 8-5-1(b)所示,是将放大电路的前一级输出端通过电容接到后一级的输入端,该电容与后级电路的输入电阻构成 RC 阻容耦合电路,这种耦合方式仅能放大交流信号。阻容耦合方式的优点是:前后级电路相互独立,分析、设计和调试相对容易。缺点是由于集成电路工艺很难制造大容量的电容,因此在集成放大电路中无法采用,通常只有在信号频率很高、输出功率很大等特殊情况下,才采用阻容耦合方式的分立元件放大电路。

3. 变压器耦合放大电路

变压器耦合方式电路如图 8-5-1(c)所示,是将放大电路的前一级输出端通过变压器接到后一级的输入端或负载电阻上,也仅能放大交流信号。变压器耦合方式的优点是:可以实现阻抗变换,因而在分立元件功率放大电路中得到广泛应用。缺点是:低频特性差,不能放大变化缓慢的信号,且非常笨重,不能集成化。

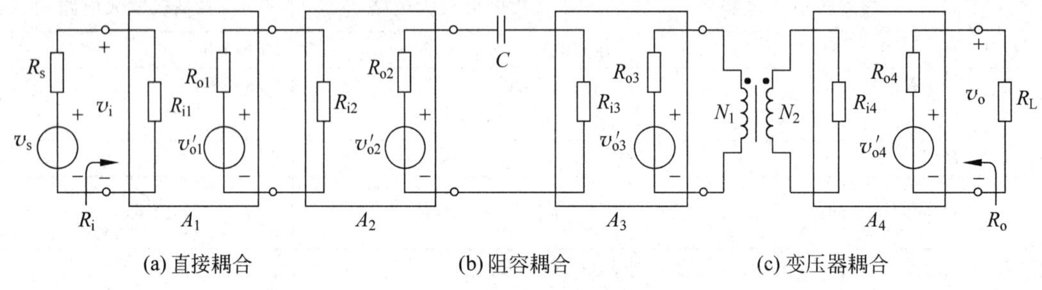

图 8-5-1　多级放大电路的几种耦合方式

4. 光电耦合放大电路

光电耦合器将发光元件(发光二极管)与光敏元件(光电三极管)相互绝缘地组合在一起。光电耦合方式电路如图 8-5-2 所示,是用光电耦合器将前后级放大电路连接起来,其工作原理是:发光元件为输入回路,它将电能转换成光能;光敏元件为输出回路,它将光能再转换成电能,实现了两部分电路的电气隔离,从而可有效地抑制电干扰。

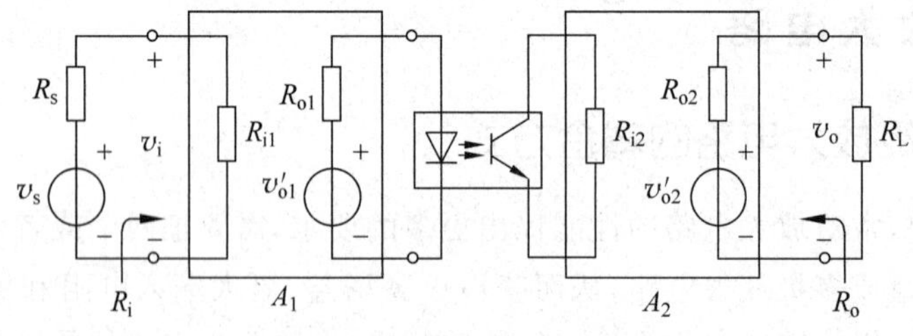

图 8-5-2　光电耦合方式电路

8.5.2　多级放大电路的分析

本节主要讨论直接耦合与阻容耦合电路的分析方法。

1. 静态分析

对于阻容耦合电路来说,电路各级之间的直流通路不相通,各级的静态工作点相互独立,即可以把多级阻容耦合电路拆分成多个单级电路分析,分析方法同之前所讲述的一样。

对于直接耦合电路来说,前后级的静态工作点相互影响,分析时需要综合考虑。图 8-5-3

所示为某两级直接耦合放大电路的直流通路。

（1）R_{c1} 既是前级的集电极负载电阻，又是后级的基极电阻。

（2）前级的集电极电位即后级的基极电位。

（3）后级的发射极必须要引入射极电阻 R_{e2} 以提高前级的集电极电位，否则将导致前级输出信号幅值过小（受限于 V_{BE2}）。

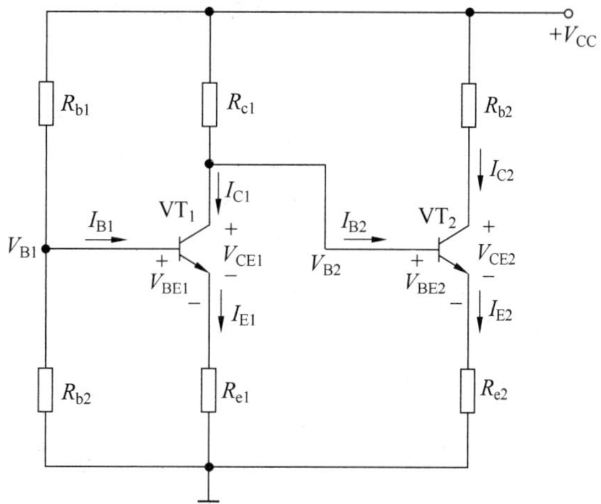

图 8-5-3　某两级直接耦合放大电路的直流通路

【例 8-5-1】　试分析图 8-5-3 所示电路图，求两级电路的静态工作点。

【解答】　（1）第一级放大电路静态工作点：

$$V_{B1}=\frac{R_{b2}}{R_{b1}+R_{b2}}V_{CC}$$

$$I_{C1}\approx I_{E1}=\frac{V_{B1}-V_{BE1}}{R_{e1}}$$

$$I_{B1}=\frac{I_{C1}}{\beta_1}$$

$$V_{CE1}\approx V_{CC}-(I_{C1}+I_{B2})R_{c1}-I_{E1}R_{e1}$$

（2）第二级放大电路静态工作点：

由 $V_{CC}=(I_{C1}+I_{B2})R_{c1}+V_{BE2}+I_{E2}R_{e2}$ 可得

$$I_{B2}=\frac{V_{CC}-I_{C1}R_{c1}-V_{BE2}}{R_{c1}+(1+\beta_2)R_{e2}}$$

$$I_{C2}=\beta I_{B2}$$

$$V_{CE2}\approx V_{CC}-I_{C2}(R_{c2}+R_{e2})$$

2. 动态分析

多级放大电路的动态分析类似于单管放大电路，首先应该画出各级放大电路的小信号等效电路，然后进行分析。相关参数的计算方法如下（以 n 级放大电路为例）。

（1）电压增益：等于各级放大电路增益之积。

$$A_v=A_{v1}\cdot A_{v2}\cdot\cdots\cdot A_{vn}\tag{8-5-1}$$

（2）输入电阻：等于第 1 级放大电路的输入电阻。

$$R_i=R_{i1}\tag{8-5-2}$$

（3）输出电阻：等于最后一级（第 n 级）放大电路的输出电阻。

$$R_o=R_{on}\tag{8-5-3}$$

8.5.3　组合放大电路

有时为了特定的需要，把两种组态的放大电路组合在一起使用，构成所谓的组合电路。例如，为提高输入电阻可以组成共集-共射电路；为了减小输出电阻可以组成共射-共集电路；为了增加电压放大能力可以组成共射-共射电路；为增加电流放大能力可以组成共集-共集电路；共射-共基电路既可以保持共射放大电路电压放大能力强的优点，又可以获得共基放大电路较好的高频特性；共集-共基电路具有输入电阻较大、有一定的电压放大能力，具有较高的上限截止频率，电路具有较宽的通频带。各种组合放大电路结构如图 8-5-4 所示。

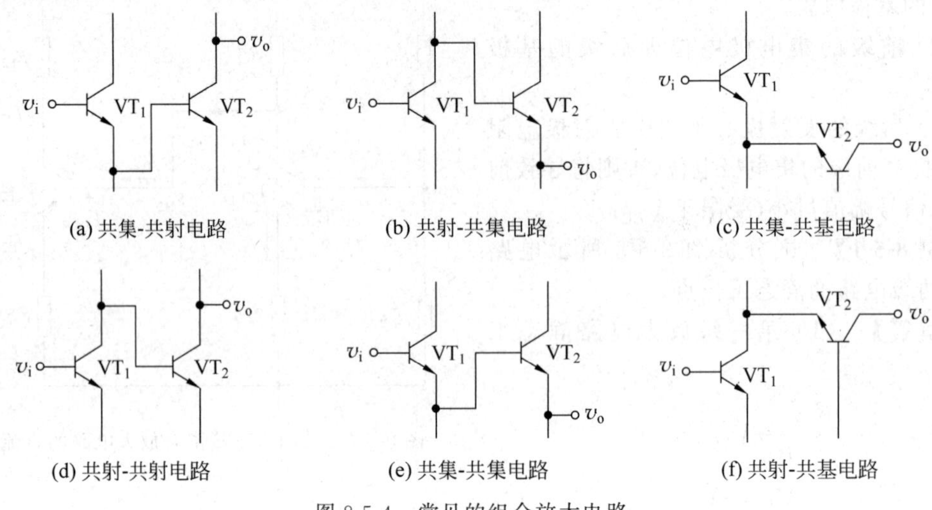

图 8-5-4 常见的组合放大电路

8.5.4 复合管放大电路

在实际应用中，为了进一步改善放大电路的性能，可用多只三极管构成复合管来取代基本电路中的一只三极管，比如将两只三极管按照一定的原则连接起来构成一个类似于 NPN 或者 PNP 的三端器件，称为复合管，又称达林顿管。复合管可以提供更高的电流增益，也便于在功放电路中配对，应用较为广泛。

1. 三极管组成的复合管的组成原则

(1) 对于同类型的三极管，前级三极管的发射极应与后级三极管的基极相连。

(2) 对于不同类型的三极管，前级三极管的集电极应与后级三极管的基极相连。

需要注意的是，工作时，必须确保构成复合管的两只三极管都工作在放大区；复合管的等效类型和引脚分布由前管决定。

2. 三极管组成的复合管的种类及其结构

根据复合管组成原则，由两只三极管构成的复合管的种类如下。

(1) 两只 NPN 型三极管构成的 NPN 型复合管，结构如图 8-5-5(a)所示。

(2) 两只不同类型三极管构成的 NPN 型复合管，结构如图 8-5-5(b)所示。

(3) 两只 PNP 型三极管构成的 PNP 型复合管，结构如图 8-5-5(c)所示。

(4) 两只不同类型三极管构成的 PNP 型复合管，结构如图 8-5-5(d)所示。

在一些场合下，还可将三只三极管构成复合管，这种情况比较少，因为管子数目太多容易破坏结电容的高频特性；复合管的穿透电流也会很大，温度稳定性变差；为保证复合管中每一只管子都工作在放大区，要求复合管的直流管压降足够大，这就需要提高电源电压。

3. 三极管组成的复合管的主要参数

1) 电流放大系数

$$\beta = \beta_1\beta_2 + \beta_1\beta_2 \approx \beta_1\beta_2 \tag{8-5-4}$$

式中：β_1、β_2 至少几十，所以 $\beta_1\beta_2 \gg \beta_1 + \beta_2$。

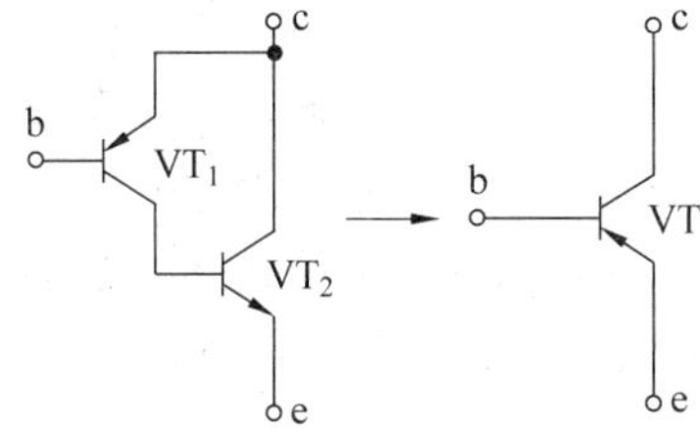

(a) 同类型NPN管构成NPN型复合管

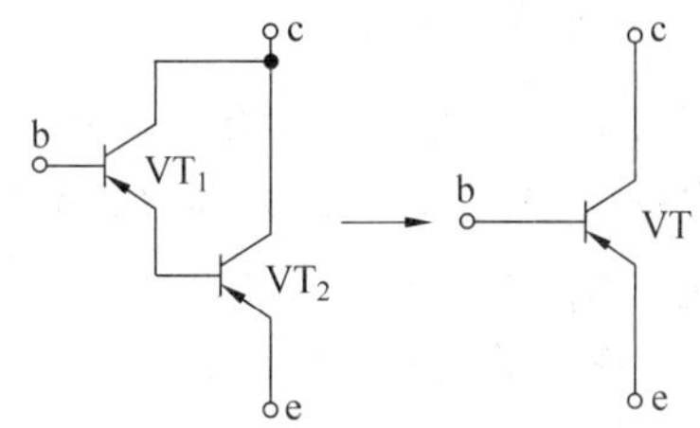

(b) 不同类型管构成NPN型复合管

(c) 同类型PNP管构成PNP型复合管

(d) 不同类型管构成PNP型复合管

图 8-5-5　复合管

由式(8-5-4)可知，复合管的电流放大系数约等于两个三极管的电流放大系数之积。

2）输入电阻

通过小信号等效电路可以分析复合管的输入电阻 r_{be}。

同类型三极管构成的复合管的输入电阻为

$$r_{be}=r_{be1}+(1+\beta)r_{be2} \tag{8-5-5}$$

不同类型三极管构成的复合管的输入电阻为

$$r_{be}=r_{be1} \tag{8-5-6}$$

综上所述，复合管具有很高的电流放大系数，使用同类型三极管组成的复合管，其输入电阻也会增加，因此，使用复合管能够有效提升放大电路的动态性能。在精度要求不是非常高的场合中，复合管可以用于直流放大、电位平移、大功率管极性更改等。

8.6　功率放大电路

在实际应用中，往往要求放大电路的末级输出一定的功率，以驱动负载。能够向负载提供足够信号功率的放大电路称为功率放大电路，简称功放。功放既不是简单追求输出高电压，也不是简单追求输出大电流，而是追求在电源电压确定的情况下，输出尽可能大的功率。

8.6.1　功率放大电路概述

1. 功率放大电路的主要技术指标及特点

前面讲的电压放大器，要求在不失真的情况下尽可能提高输出信号的电压幅值，但其输出功率并不一定大。对于功放电路，由于功能需要的不同，其工作特点和技术要求与电压放大器存在不同，具体如下。

1）最大输出功率 P_{om}

功率放大电路提供给负载的信号功率称为输出功率，即 $P_o=I_oU_o$。功放电路有足够大的电压动态范围和电流动态范围,这就要求晶体管只能在安全区内接近极限状态下工作,即功放电路是工作在大信号状态下。

2）高转换效率 η

效率是指功放电路的输出功率 P_o 与电源供给的直流功率 P_V 之比。

$$\eta = P_o/P_V \tag{8-6-1}$$

显然,这个比值越大,效率就越高。考虑到功放电路的 P_o 较大,所以效率的提高就意味着直流能耗的降低。

3）非线性失真尽可能小

由于晶体管工作在大信号状态下,必然出现信号进入非线性区而产生非线性失真的情况。通常输出功率越大,产生非线性失真的概率就越高,显然两者是功放电路的一对主要矛盾。

功放的额定功率是指在失真允许范围内电路输出的最大功率；而在不失真的情况下,功放的最大输出功率称为最大不失真功率。额定功率与最大不失真功率都是功放电路的质量指标。

4）散热问题

功放电路中的功放管在工作时既要输出大的电压,又要输出大的电流,所以功放管消耗的功率非常大,使管子的结温迅速升高,这就要求很好地解决功放管的散热问题。

2. 功率放大电路的分类

1）按耦合方式分类

按照输出端耦合方式的不同,即与负载的连接方式的不同,可以将功放分为直接耦合、变压器耦合和电容耦合。

2）按功放管类型分类

按照功放管的类型可以将功放分为电子管功放、晶体管功放、场效应管功放和集成功放。

3）按照工作状态分类

在信号的一个周期中,功放管导通的时间所对应的角度称为导通角或导电角,记作 θ。按照 θ 的大小,功放电路分为甲类($\theta=360°$)、乙类($\theta=180°$)和甲乙类($180°<\theta<360°$)。

4）按电路形式分类

按照电路的形式可以将功放分为单管功放、推挽式(互补式)功放和桥式功放。

3. 功率放大电路的三种工作状态

放大电路有 3 种基本工作状态,在图 8-6-1(a)中,静态工作点 Q 大致在交流负载线的中心,这称为甲类工作状态,电压放大电路就是工作在这种状态。在甲类工作状态下,不论有无输入信号,电源都始终不断地输出功率。对于三极管甲类放大电路,在无信号输入时,电源的输出功率全部消耗在三极管和电阻上,且以三极管集电极损耗为主；在有信号输入时,电源输出功率中的一部分转换为有用的输出功率,信号越大,输出功率也就越大。甲类放大电路在理想情况下的效率最高只能达到 50%,需使用变压器耦合方式连接负载。

可以从两方面着手提高效率,一是通过增加放大电路的动态工作范围来增加输出功率；二是尽可能减小电源供给的功率。从甲类放大电路来看,静态电流是造成管耗的主要因素。如果把静态工作点下移到 $i_C=0$ 处,电源供给的功率则随信号的大小变化,信号增大时电源供给的功率随之增大；没有信号时,电源供给的功率近似为零。这种状态称为乙类工作状态,如图 8-6-1(c)所示,其效率最高能够达到 78.5%。如果静态工作点处在甲类和乙类之间的情况称为甲乙类工作状态,如图 8-6-1(b)所示,其效率在 50%～78.5%。为提高效率,功放主要采

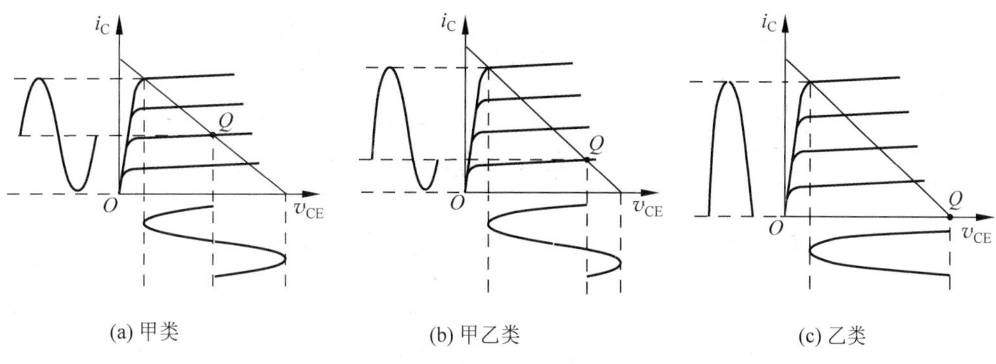

(a) 甲类　(b) 甲乙类　(c) 乙类

图 8-6-1　放大电路的工作状态

用甲乙类或乙类放大电路。另外，需要指出的是甲乙类和乙类放大电路，虽然减小了静态功耗，提高了效率，但都出现了严重的波形失真。因此，既要保证静态管耗小，又要使失真不太严重，这就需要在电路结构上采取措施。

8.6.2　互补对称功率放大电路

1. 互补对称功放电路的基本形式

互补对称功放电路的工作方式有乙类和甲乙类之分，供电方式可以是双电源和单电源两种，输出方式配合供电方式分为直接耦合和电容耦合。

1）乙类双电源互补对称功率放大电路

功放电路不需要电压放大作用，而需要电流放大作用，所以功放的原型可选用三极管共集电极放大电路（电压增益近似为 1，而电流增益为 β）。如图 8-6-2(a)所示，这是一个甲类放大器，其输入、输出波形近似重合，如图 8-6-2(b)所示，表明其跟随性非常好。

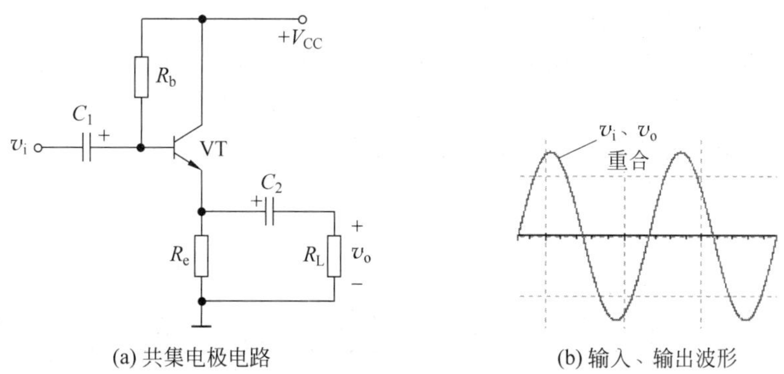

(a) 共集电极电路　(b) 输入、输出波形

图 8-6-2　功放原型电路

为了提高工作效率，可以将其中的电阻去掉，以便使静态工作点置于截止区；射极电阻 R_e 也可以去掉，以减小损耗，这样就得到了如图 8-6-3(a)所示的乙类放大电路。显然，在提高效率的同时，输出波形产生了较严重的失真，如图 8-6-3(b)所示。

NPN 管乙类放大电路产生半波失真，失真①产生的原因是 NPN 型三极管只能在输入的正半周期导通，负半周期内因发射结反偏而截止；失真②产生的原因是在正半周期开始或结束阶段，正向电压较小，还不足以驱动发射结导通，三极管仍然处于截止状态，故没有输出。失真③产生的原因是正半周期的输入电压需要分出一小部分（如硅管 0.6～0.7V）去驱动三极管

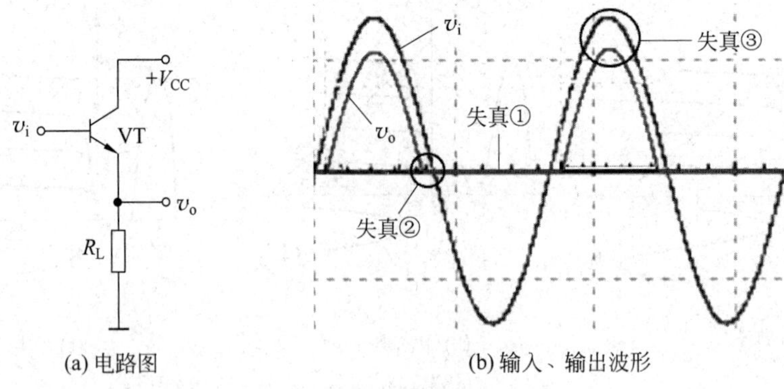

(a) 电路图 (b) 输入、输出波形

图 8-6-3 NPN 管乙类放大电路

的发射结正向导通，故输出电压在跟随输入电压变化时存在一定的差异。如果用 PNP 管来构成如图 8-6-4(a)所示的乙类放大电路，则能够输出信号的负半周期，正好与 NPN 管乙类放大电路相反，如图 8-6-4(b)所示。

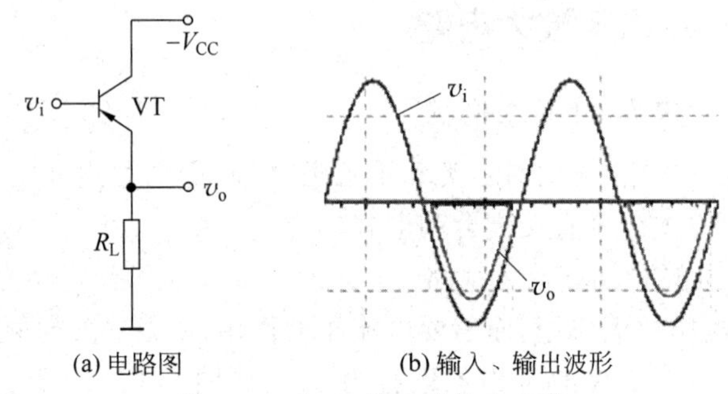

(a) 电路图 (b) 输入、输出波形

图 8-6-4 PNP 管乙类放大电路

如果将 NPN 管和 PNP 管乙类放大电路组合在一起，如图 8-6-5(a)所示，当输入信号为正半周期时，NPN 管(VT_1 管)导通输出信号的正半周期；当输入信号为负半周期时，PNP 管(VT_2 管)导通输出信号的负半周期。这样通过 NPN 管和 PNP 管的交替导通，两管的输出相互补充，共同使输出信号成为一个完整的波形，如图 8-6-5(b)所示。

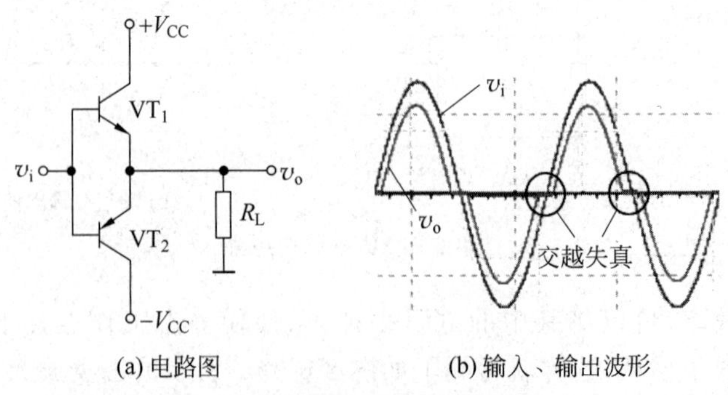

(a) 电路图 (b) 输入、输出波形

图 8-6-5 乙类双电源互补对称功率放大电路

为了使输出信号的正、负半周期对称，需要 NPN 管和 PNP 管的相关参数保持对称和一致。另外，电路采用了双电源供电，故被称为乙类双电源互补对称功率放大电路，简称为 OCL 功放。这种功放电路的结构虽然简单，但输出波形仍然存在交越失真。

2）甲乙类双电源互补对称功率放大电路

对于乙类功放，在没有信号输入时，三极管处于截止状态；当有信号输入时，需要一定的电压来驱使工作点脱离截止区而进入线性放大区，如果输入电压的大小不够，就会出现交越失真，为了解决这个问题，可以在没有信号输入时，先让三极管进入微导通状态，即先使三极管的工作点脱离截止区但又不能完全进入放大区，应该是处于截止区到放大区的临界点上，这样既可以保证静态时三极管的损耗较小，又能保证有信号输入时，三极管能够立即进入线性放大区而产生相应的输出信号，以克服交越失真。

图 8-6-6(a)所示的电路是乙类功放的改进型。静态时，通过二极管的正向导通给三极管的发射结施加一个正偏电压，如果二极管的材料与三极管一致，则二极管的导通电压足以改变使三极管进入微导通状态(注意，电路中心点 a 和 b 的电位相同)。图 8-6-6(b)所示显示了输出波形不再存在交越失真问题，且电压跟随性能更好。由于静态工作点不在截止区，电路处于甲乙类工作状态，故被称为甲乙类双电源互补对称功率放大电路。

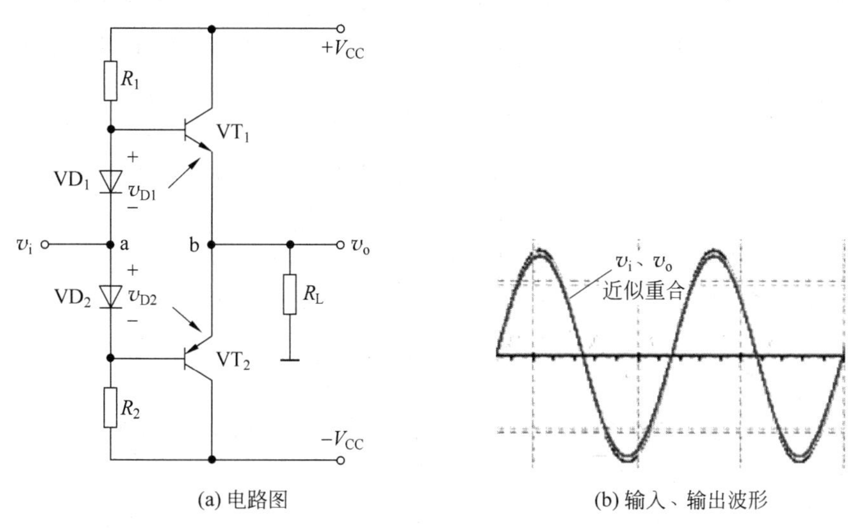

(a) 电路图　　(b) 输入、输出波形

图 8-6-6　甲乙类双电源互补对称功率放大电路

3）单电源互补对称功率放大电路

上面所述的功放电路都采用的是双电源，为减少电源数目，可用一个电源取代双电源，如图 8-6-7 所示的甲乙类单电源互补对称功率放大电路。注意，采用单电源供电时，在电路的输出端需要增加一个大容量的耦合电容 C，作用一是隔断直流，以使 VT_2 管不会被负载小电阻短路；作用二是利用 C 充电储存的能量作为 VT_2 管的直流电源。当 VT_1 管导通时，i_{C1} 对电容 C 充电；VT_2 管导通时，电容 C 放电，形成 VT_2 管的集电极电流 i_{C2}，电容 C 放电损失的电荷在 VT_1 管导通时获得补充。为保证 VT_2 管有稳定的直流电源电压，电容 C 应选择得足够大(1000～2000μF)。

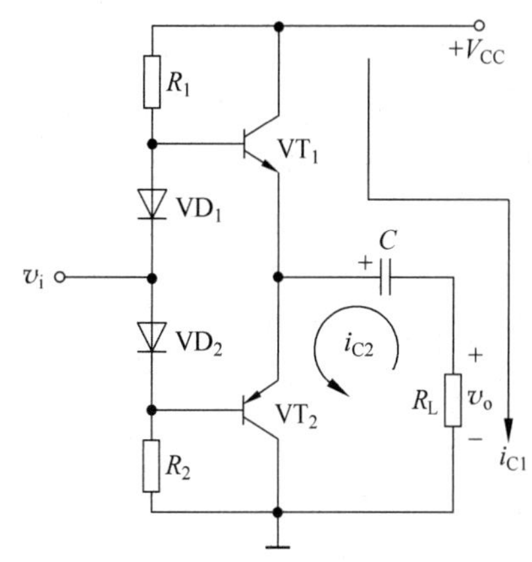

图 8-6-7　单电源互补对称功率放大电路

图 8-6-7 所示电路的工作情况如下。

(1) 在无信号输入时，VT_1、VT_2 有很小的集电极电流 $i_{C1}=i_{C2}$，集射电压分别等于 $|v_{CE1}|=|v_{CE2}|=$

$V_{CC}/2$，电容 C 两端充电到 $V_{CC}/2$ 时，电路处于稳定状态。

（2）当输入信号 v_i 瞬时值为正时，VT_1 导通（VT_2 截止），形成电流 i_{C1}，其方向如图 8-6-7 所示，在 R_L 上得到由上到下的电流 $i_{C1}=\beta_1 i_{B1}$，这时 i_{C1} 同时对电容 C 进行充电。

（3）当输入信号 v_i 瞬时值为负时，VT_2 导通（VT_1 截止），电容 C 放电形成电流 i_{C2}，其电流方向由电容 C 正端→VT_2→R_L→电容 C 负端，具体如图 8-6-7 所示，在 R_L 上得到由下到上的电流 i_{C2}。显然在一个周期内 R_L 上得了与输入信号相同的正弦信号。

输出端带电容的功放电路简称 OTL 功放。

2. 互补对称功放电路分析

乙类和甲乙类互补对称功放电路的分析方法类似，使用的计算公式也是一致的。本小节主要以乙类互补对称功放电路为例，介绍相关参数的计算方法。

1）双电源功放的输出电压

功放电路相关参数的计算需要用到输出电压。下面以图 8-6-6(a)所示电路为例来介绍双电源互补对称功放的输出电压，图中电路可以看成是乙类双电源互补对称功放在输入信号为正半周期时的等效电路。

（1）约束方程

如果从输入端出发，经三极管的发射结、负载电阻到地，可以写出如下约束方程：

$$v_o = v_i - v_{be} \approx v_i \tag{8-6-2}$$

这表明功放的实际输出电压由出入电压决定。

如果从电源正极出发，经三极管的集电结、发射结、负载电阻到地，可以写出如下约束方程：

$$v_o = V_{CC} - v_{ce} \tag{8-6-3}$$

这表明功放输出电压的动态变化范围由电源电压和三极管集射电压决定。

（2）可能的最大输出电压 V_{om}

考虑到三极管饱和导通时，集射电压 V_{CES} 最小，约零点几伏，所以此时的输出电压为电路可能的最大输出电压值，根据式(8-6-3)可得最大输出电压如下：

$$V_{om} = V_{CC} - V_{CES} \approx V_{CC} \tag{8-6-4}$$

这表明功放电路可能的最大输出电压由电源电压决定。

（3）实际的最大输出电压 V'_{om}

功放的实际最大输出电压是由输入电压决定的，如果输入电压的幅值 V_{im} 低于功放可能最大输出电压 V_{om}，则实际输出最大电压 $V'_{om}=V_{im}$；如果输入电压的幅值 V_{im} 高于电源电压 V_{CC}，则实际输出最大电压 $V'_{om}\approx V_{om}$。

2）单电源功放的输出电压

由于仅采用一个电源 V_{CC} 供电，电路对称中心的电位为 $V_{CC}/2$，所以单电源功放每个单管的实际直流电压为 $V_{CC}/2$，单电源功放的可能最大输出电压为 $V_{CC}/2$。

3）输出功率

功放电路的输出功率 P_o 定义为输出电压和输出电流有效值之积。如果使用输出电压的幅值 V_{om} 来表示输出功率 P_o，可写成：

$$P_o = V_o I_o = V_o \frac{V_o}{R_L} = \left(\frac{V_{om}}{\sqrt{2}}\right)^2 \Big/ R_L = \frac{1}{2}\frac{V_{om}^2}{R_L} \tag{8-6-5}$$

输出功率的最大值为

$$P_{om}=\frac{1}{2}\frac{V_{om}^2}{R_L}=\frac{1}{2}\frac{V_{CC}^2}{R_L}\text{（双电源）} \tag{8-6-6}$$

$$P_{om}=\frac{1}{2}\frac{V_{om}^2}{R_L}=\frac{1}{2}\frac{(V_{CC}/2)^2}{R_L}=\frac{1}{8}\frac{V_{CC}^2}{R_L}\text{（单电源）} \tag{8-6-7}$$

注意：对于互补对称功放电路，负载得到的信号功率是两管输出功率之和，由于两管组成的电路完全对称，所以两管输出的功率是相等的。

4）管耗

互补对称功放电路两管的管耗是相同的，单管管耗表示为

$$P_{T_1}=P_{T_2}=\frac{1}{R_L}\left(\frac{V_{CC}V_{om}}{\pi}-\frac{V_{om}^2}{4}\right)\text{（双电源）} \tag{8-6-8}$$

$$P_{T_1}=P_{T_2}=\frac{1}{R_L}\left(\frac{V_{CC}V_{om}}{2\pi}-\frac{V_{om}^2}{4}\right)\text{（单电源）} \tag{8-6-9}$$

两管的总管耗为

$$P_T=P_{T_1}+P_{T_2}=2P_{T_1} \tag{8-6-10}$$

5）电源供给功率

直流电源供给的功率 P_V 包括负载得到的功率 P_o 和功率管的管耗 P_T。当输入 $v_i\neq 0$ 时有：

$$P_V=P_o+P_T=\frac{2V_{CC}V_{om}}{\pi R_L}\text{（双电源）} \tag{8-6-11}$$

$$P_V=P_o+P_T=\frac{V_{CC}V_{om}}{\pi R_L}\text{（单电源）} \tag{8-6-12}$$

当输出电压达到最大值时，电源供给的功率最大，具体为

$$P_{Vm}=\frac{2V_{CC}^2}{\pi R_L}\text{（双电源）} \tag{8-6-13}$$

$$P_V=\frac{2(V_{CC}^2/2)^2}{\pi R_L}=\frac{V_{CC}V_{om}}{2\pi R_L}\text{（单电源）} \tag{8-6-14}$$

6）效率

互补对称功放电路的效率可以表示为

$$\eta=\frac{P_o}{P_V}=\frac{\pi V_{om}}{4V_{CC}}\text{（双电源）} \tag{8-6-15}$$

$$\eta=\frac{P_o}{P_V}=\frac{\pi V_{om}}{2V_{CC}}\text{（单电源）} \tag{8-6-16}$$

乙类互补对称功放电路的理想效率为

$$\eta=\frac{P_o}{P_V}=\frac{\pi}{4}=78.5\% \tag{8-6-17}$$

8.7　放大电路的频率特性

8.7.1　放大电路频率概述

放大电路的频率特性就是研究电路增益和信号相位随频率的变化规律，如式（8-7-1）所

示，包括幅频特性和相频特性。幅频特性是指输入信号幅度固定，输出信号的幅度随输入信号的频率变化而变化的规律，如式(8-7-2)所示；相频特性是输出信号与输入信号之间相位差随频率变化而变化的规律，如式(8-7-3)所示。

$$\dot{A}=|\dot{A}(\omega)|\mathrm{e}^{\mathrm{j}\varphi(\omega)} \tag{8-7-1}$$

式(8-7-1)表示放大电路的频率响应，可分解为以下两部分。

(1) 幅频特性

$$|\dot{A}|=|\dot{A}(\omega)|=\left|\frac{\dot{U}_{\mathrm{o}}}{\dot{U}_{\mathrm{i}}}\right| \tag{8-7-2}$$

(2) 相频特性

$$\angle\dot{A}=\varphi_{\mathrm{A}}(\omega)=\angle\dot{U}_{\mathrm{o}}-\angle\dot{U}_{\mathrm{i}} \tag{8-7-3}$$

8.7.2 三极管的高频小信号模型

常用的三极管高频小信号等效电路为混合 π 等效电路，如图 8-7-1 所示。图中，$r_{bb'}$ 为基区的体电阻，其值为几十欧至几百欧；$r_{b'e}$ 主要是发射结电阻(常温下近似为 $26\mathrm{mV}/I_{EQ}$)；$C_{b'e}$ 是发射结的结电容；$r_{b'c}$ 是集电结的结电阻，阻值约为 100kΩ～10MΩ；$C_{b'c}$ 是集电结的结电容，其数值较小；r_{ce} 是集电极与发射极之间的电阻，其数值很大，可忽略其影响；C_{ce} 是集电极与发射极之间的电容，其值很小，等效时可合并到集电极负载电路中；g_m 为受控电流源的互导，与频率无关，反映了电压 $\dot{U}_{b'e}$ 对受控电流的控制能力，其量纲为电导，单位是 S，常温下近似为 $I_{EQ}/26\mathrm{mV}$。考虑到电阻 $r_{b'c}$ 和 r_{ce} 的值较大，故作近似计算时常将它们忽略，而得到如图 8-7-2 所示的简化模型。

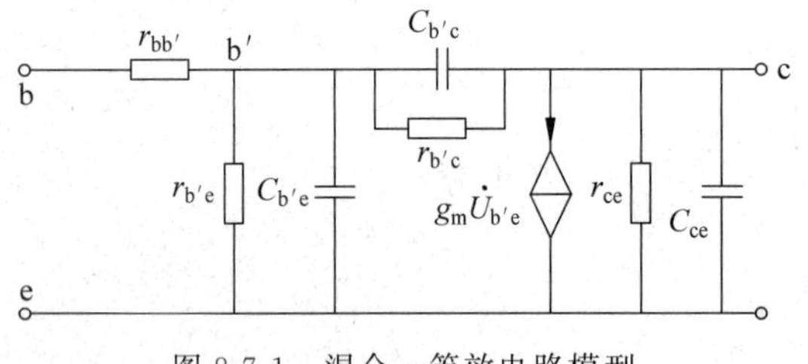

图 8-7-1 混合 π 等效电路模型

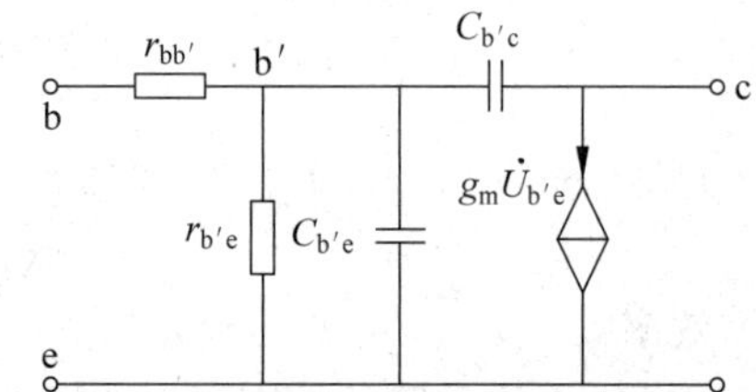

图 8-7-2 混合 π 等效电路简化模型

8.7.3 三极管的高频参数

1. 截止频率 f_β

当$|\beta|$下降到低频电流放大系数 β_0 的 $1/\sqrt{2}$ 时所对应的频率称为 β 的截止频率 f_β，其中：f_L 为低频截止频率，f_H 为高频截止频率。如果增益采用对数 $20\lg|A|$，则 f_L 和 f_H 是正常增益下降 3dB 时所对应的频率值。截止频率可由式(8-7-4)计算。

$$f_\beta=\frac{1}{2\pi r_{b'e}(C_{b'e}+C_{b'c})} \tag{8-7-4}$$

2. 特征频率 f_T

当$|\beta|$下降到 1 时所对应的频率。特征频率可由式(8-7-5)计算。

$$f_T = f_\beta \sqrt{\beta_0^2 - 1} \approx \beta_0 f_\beta \tag{8-7-5}$$

3. 通频带宽度

f_H 和 f_L 的差值 $f_{BW} = f_H - f_L$ 称为放大电路的通频带宽度，简称带宽。

4. 波特图

在研究放大电路的频率特性时，由于信号的频率范围很宽，放大电路的增益也很大，为压缩坐标，扩大视野，在画频率特性曲线时，频率坐标采用对数刻度，而幅值或相角采用线性刻度。在这种半对数坐标中画出的幅频特性和相频特性曲线称为对数频率特性或波特图。

5. 折线图

工程上经常把频率特性曲线折线化，即用三段直线来描述幅频特性和相频特性，虽然存在一定的误差，但是作为一种近似的方法，在工程上是允许的。

6. 十倍频程线

将频率特性折线化处理后，可用 dB/十倍频程或 Deg/十倍频程(相应直线段的斜率)来描述截止区增益或相位的变化快慢。例如，对应幅频特性，如果增益为+20dB/十倍频程，表示每十倍频程增益上升了 20dB；如果增益为−20dB/十倍频程，则表示每十倍频程增益衰减了 20dB。

8.7.4　单管共射极放大电路的频率特性

下面以图 8-2-4 所示的基本共射极放大电路为例分析其频率特性。

1. 中频特性

在中频段，电路的小信号等效电路如图 8-7-3 所示。三极管的极间电容仍然视为开路，但当信号频率达到一定值时，耦合电容的容抗就非常小了，可以视为短接。此时，电路的参数近似不随信号频率变化，故电路的增益和信号的相位差基本为一常数。

中频电压放大倍数为

$$\dot{A}_{usm} = \frac{\dot{U}_o}{\dot{U}_s} = -\frac{R_i}{R_s + R_i}\frac{\beta R_c}{r_{be}} \tag{8-7-6}$$

2. 低频特性

在低频段，电路的小信号等效电路如图 8-7-4 所示。三极管的极间电容 $C_{b'e}$ 和 $C_{b'c}$ 因容量较小容抗大而视为开路，但耦合电容 C_1 和 C_2 不能简单视为对交流信号短接，其容抗会随着信号频率的降低而增大，从而导致频率越低时其上的交流损耗就越大，相应的 $\dot{U}_{b'e}$ 就越小，输出也就越小，故当输入信号的幅值不变而频率降低时，电路的增益随之降低。

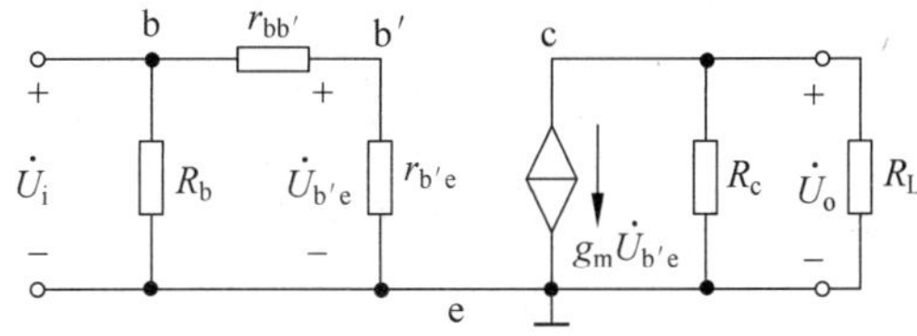

图 8-7-3　共射电路的中频小信号等效电路

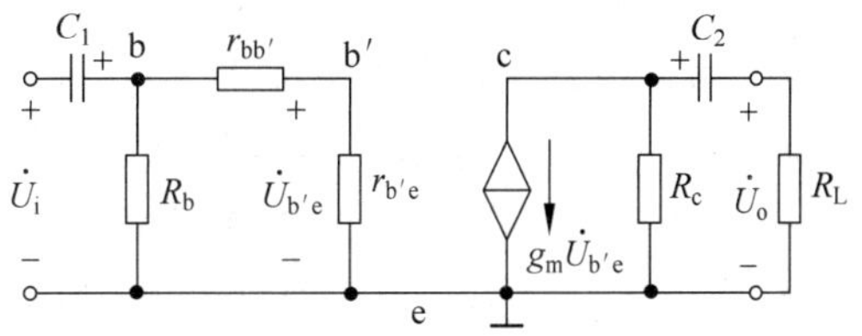

图 8-7-4　共射电路的低频小信号等效电路

低频电压放大倍数为

$$\dot{A}_{usL}=\frac{\dot{U}_o}{\dot{U}_s}=\dot{A}_{usm}\frac{1}{1+\frac{1}{j\omega(R_s+R_i)C_1}}=\dot{A}_{usm}\frac{1}{1-j\frac{f_L}{f}} \tag{8-7-7}$$

下限截止频率 f_L 为

$$f_L=\frac{1}{2\pi(R_s+R_i)C_1} \tag{8-7-8}$$

其中,R_s 为电路外加信号源的内阻。

3. 高频特性

在高频段,电路的小信号等效电路如图 8-7-5 所示。此时,耦合电容视为短接,但随着频率进一步增加,三极管极间电容的容抗随之减小,不能再简单视为开路。

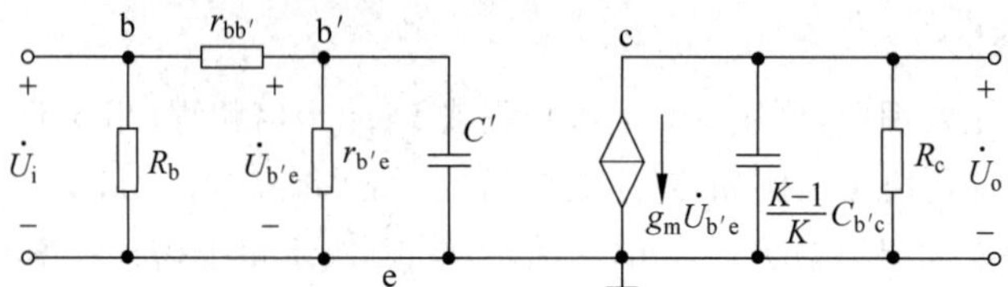

图 8-7-5 共射电路的高频小信号等效电路

高频电压放大倍数为

$$\dot{A}_{usH}=\frac{\dot{U}_o}{\dot{U}_s}=\dot{A}_{usm}\frac{1}{1+j\omega R'C'}=\dot{A}_{usm}\frac{1}{1+j\frac{f}{f_H}} \tag{8-7-9}$$

其中,$R'=r_{b'e}//[r_{bb'}+(R_s//R_b)]$,$C'=C_{b'e}+(1+g_mR_c)C_{b'c}$。

上限截止频率 f_H 为

$$f_H=\frac{1}{2\pi R'C'} \tag{8-7-10}$$

4. 频率特性

绘制基本共射放大电路的波特图步骤如下。

(1) 根据电路参数计算 $\dot{A}_{us}$、f_L 和 f_H。

(2) 由三段直线构成幅频特性。

- 中频段:对数幅值为 $20\lg|\dot{A}_{usm}|$。
- 低频段:$f=f_L$ 开始减小,作斜率为 20dB/十倍频直线。
- 高频段:$f=f_H$ 开始减小,作斜率为 −20dB/十倍频直线。

(3) 由五段直线构成相频特性。

- 当 $f\ll 0.1f_L$ 时,$\varphi=-90°$。
- 当 $0.1f_L\ll f\ll 10f_L$ 时,作斜率为 −45°/十倍频直线,$f=f_L$ 时 $\varphi=-135°$。
- 当 $10f_L\ll f\ll 0.1f_H$ 时,$\varphi=-180°$。
- 当 $0.1f_H\ll f\ll 10f_H$ 时,作斜率为 −45°/十倍频直线,$f=f_H$ 时 $\varphi=-225°$。
- 当 $f\gg 10f_H$ 时,$\varphi=-270°$。

由此得到基本共射放大电路的幅频特性和相频特性，如图 8-7-6 所示。

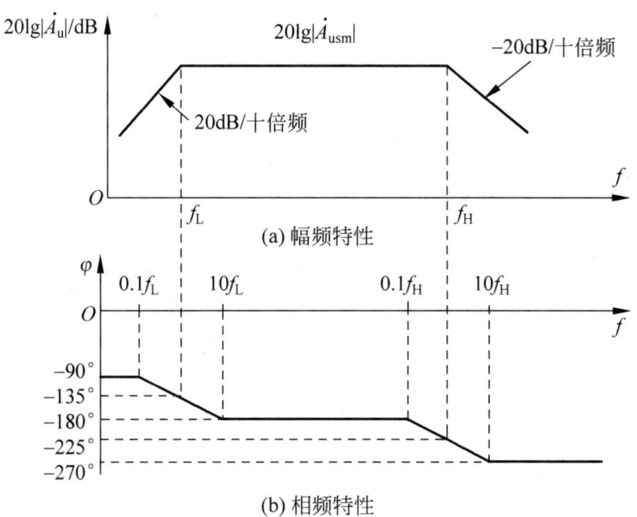

图 8-7-6　基本共射放大电路的频率特性

从频率特性曲线可以看出，基本共射放大电路的低频特性和高频特性较差，中频特性较好，即频率过低（$<f_L$）或频率过高（$>f_H$）的信号进入该电路时将受到抑制，只有在中频段（$f_L<f<f_H$），电路的电压放大倍数基本为一常数，信号能够正常通过，此时信号的相位差也基本为一常数（−180°）。

8.7.5　多级放大电路的频率特性

多级放大电路的电压放大倍数：

$$\dot{A}_u=\dot{A}_{u1}\cdot\dot{A}_{u2}\cdot\cdots\cdot\dot{A}_{un} \tag{8-7-11}$$

对数幅频特性为

$$20\lg|\dot{A}_u|=20\lg|\dot{A}_{u1}|+20\lg|\dot{A}_{u2}|+\cdots+20\lg|\dot{A}_{un}|=\sum_{k=1}^{n}20\lg|\dot{A}_{uk}| \tag{8-7-12}$$

多级放大电路的总相移为

$$\varphi=\varphi_1+\varphi_2+\cdots+\varphi_n=\sum_{k=1}^{n}\varphi_k \tag{8-7-13}$$

多级放大电路与单级放大电路相比，在增益提高的同时其带宽也会相应下降。多级放大电路的低频截止频率 f_L 和高频截止频率 f_H 可用如下公式估算：

$$f_L=1.15\sqrt{f_{L1}^2+f_{L2}^2+\cdots+f_{Ln}^2} \tag{8-7-14}$$

$$\frac{1}{f_H}=1.15\sqrt{\frac{1}{f_{H1}^2}+\frac{1}{f_{H2}^2}+\cdots+\frac{1}{f_{Hn}^2}} \tag{8-7-15}$$

在实际的多级放大电路中，当各级的截止频率相差悬殊时，可取其主要作用的那一级作为估算的依据，如下所示：

$$f_L=\max(f_{L1},f_{L2},\cdots,f_{Ln}) \tag{8-7-16}$$

$$f_H=\min(f_{H1},f_{H2},\cdots,f_{Hn}) \tag{8-7-17}$$

8.8 半导体三极管放大电路 Multisim 10 仿真实例

1. 三极管放大电路仿真

三极管放大电路的内容详见本书 8.2 和 8.3 节。

1）仿真目的

验证放大电路的放大作用。

2）仿真过程

（1）利用 Multisim 10 软件绘制图 8-8-1 所示的三极管放大电路仿真电路图，该电路的输入交流信号由函数发生器 XFG1 提供，波形为正弦波，频率 1kHz，幅值 5mV，设置结果如图 8-8-2 所示。

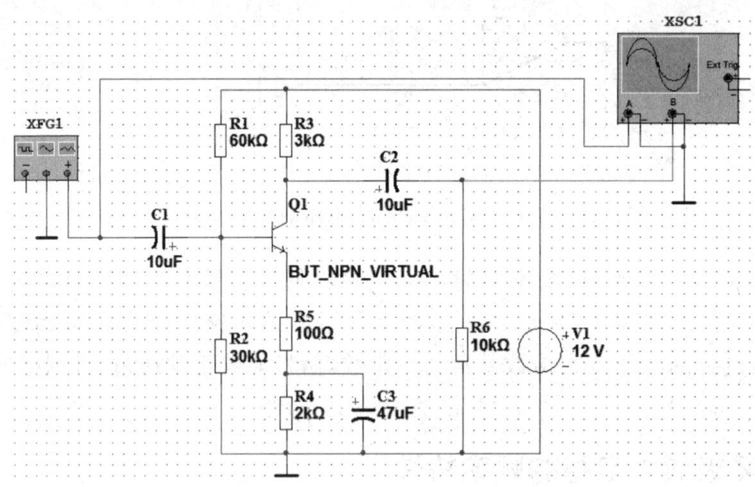

图 8-8-1　三极管放大电路仿真电路图

（2）双踪示波器 XSC1 的通道 A 测量输入信号波形，通道 B 测量输出信号波形，并设置合适的示波器参数。

（3）启动仿真，观察输入信号和输出信号的波形，如图 8-8-3 所示。

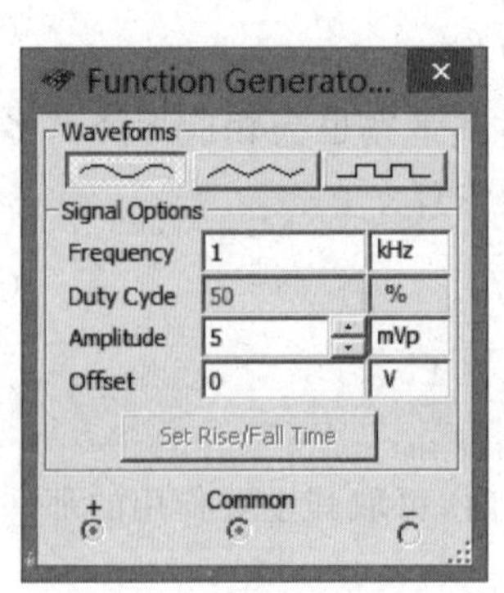

图 8-8-2　函数发生器 XFG1 设置结果

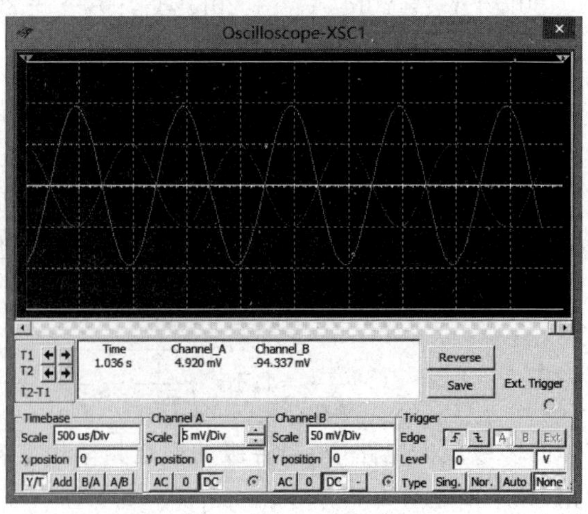

图 8-8-3　三极管放大电路测量波形

根据测量波形所示，电路实现了对输入信号进行放大的作用，电压放大倍数约为－19，负号表示输出信号和输入信号反相。

2. 多级放大电路仿真

多级放大电路的内容详见本书8.5节。

1）仿真目的

验证多级放大电路的放大作用。

2）仿真过程

（1）利用Multisim 10软件绘制图8-8-4所示的两级放大电路仿真电路图，该电路的输入交流信号由交流电压源V1提供，频率1kHz，幅值1mV。

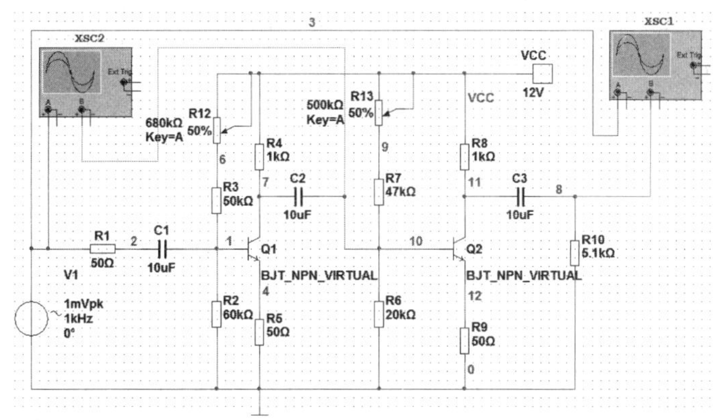

图8-8-4　两级放大电路仿真电路图

（2）双踪示波器XSC1的通道A测量输入信号波形，通道B测量第二级放大电路的输出信号波形；双踪示波器XSC2的通道A测量输入信号波形，通道B测量第一级放大电路的输出信号波形，并设置合适的示波器参数。

（3）启动仿真，观察输入信号和输出信号的波形，输入信号和第一级放大电路的输出信号波形如图8-8-5所示，输入信号和第二级放大电路的输出信号波形如图8-8-6所示。

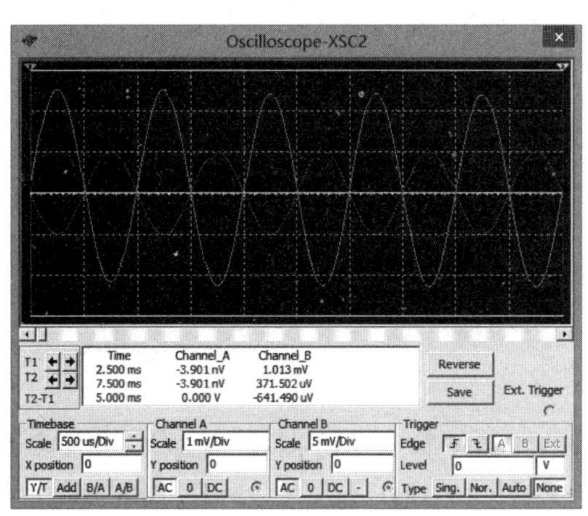

图8-8-5　输入信号和第一级放大电路的输出波形

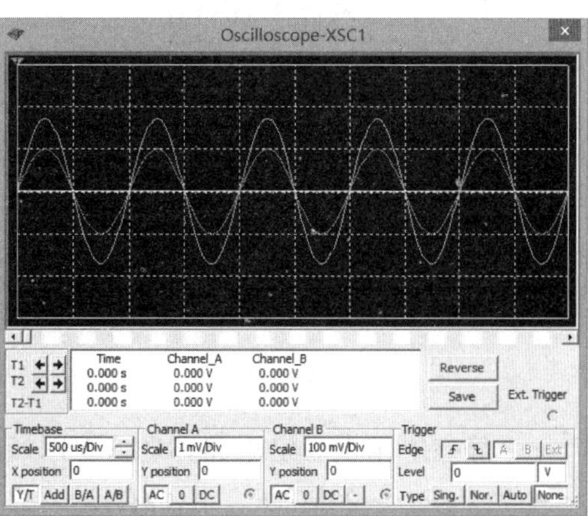

图8-8-6　输入信号和第二级放大电路的输出波形

根据测量波形所示，电路实现了对输入信号进行放大的作用，一级电压放大倍数约为－10，负号表示输出和输入信号反相；一级电压放大倍数约为172，输出和输入信号同相。

习题 8

8-1 试根据题 8-1 图所示管子的对地电位，判断管子处于哪一种工作状态，是硅管还是锗管？

8-2 在题 8-2 图所示的电路中，已知 $V_{CC}=12V$，硅三极管的 $\bar{\beta}=50$，饱和时 $U_{CE}\approx 0$，电阻 $R_b=47k\Omega$，$R_c=3k\Omega$，当(1)$U_I=-2V$；(2)$U_I=+2V$；(3)$U_I=+6V$ 时，分别判断三极管的工作状态，并计算 U_{CE} 的值。

8-3 直接耦合共射放大电路如题 8-3 图所示，已知 $V_{CC}=15V$，$R_{B1}=56k\Omega$，$R_{B2}=1.5k\Omega$，$R_C=5.1k\Omega$，$R_s=1.5k\Omega$，三极管的 $r_{bb'}=100\Omega$，$\beta=80$，导通时 $U_{BEQ}=0.7V$，$R_L=5.1k\Omega$，求静态工作点。

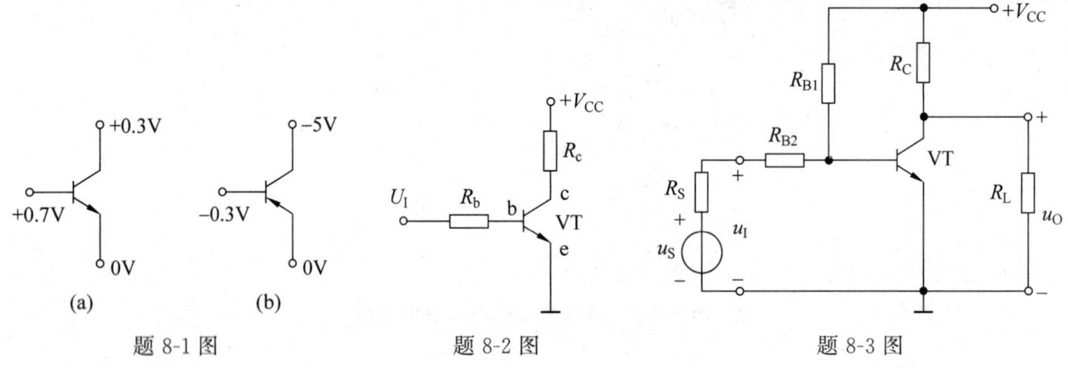

题 8-1 图　　题 8-2 图　　题 8-3 图

8-4 放大电路及其输出特性曲线如题 8-4 图所示，设 $U_{BE}=0.7V$，$R_L=12k\Omega$。试由图解法确定电路参数 V_{CC}、R_b、R_c 及 R_e。

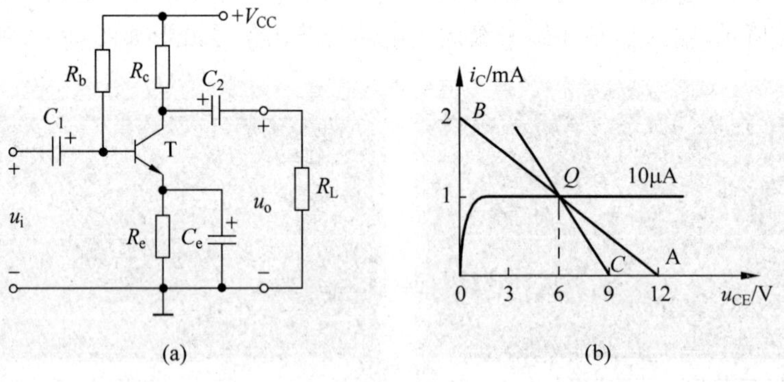

题 8-4 图

8-5 静态工作点稳定电路如题 8-5 图所示，已知晶体管 $\beta=40$，$U_{BE}=0.7V$，电源电压 $V_{CC}=+12V$，$R_{b1}=20k\Omega$，$R_{b2}=10k\Omega$，$R_c=R_e=2k\Omega$，$R_L=4k\Omega$，$r_{be}=0.95k\Omega$。求：(1)静态工作值 I_{BQ}、I_{CQ} 和 U_{CEQ}（取近似值时结果保留两位小数）；(2)试求有负载时的电压放大倍数 $\dot{A}_u$，输入电阻 r_i 和输出电阻 r_o。

8-6　电路如题 8-6 图所示，设电容 C_1、C_2、C_3 对交流信号视为短路。(1)写出 I_{CQ} 及 U_{CEQ} 的表达式；(2)写出 $\dot{A}_u$ 及 R_i、R_o 的表达式；(3)若将电容 C_3 开路，对电路将会产生什么影响？

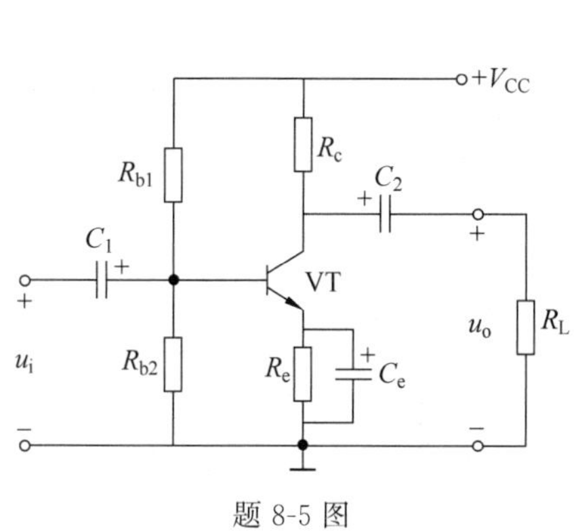

题 8-5 图

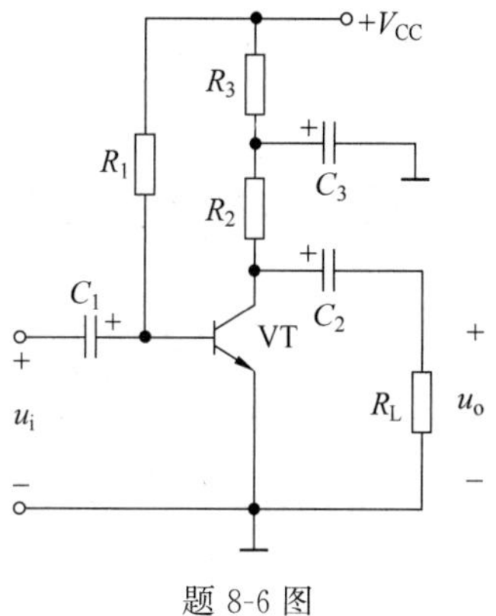

题 8-6 图

8-7　晶体管放大电路如题 8-7 图所示，已知 β，r_{be}，$U_{BE}=0.7\text{V}$。试写出：(1)I_{CQ}、U_{CEQ} 的表达式；(2)$\dot{A}_u$ 及 R_i、R_o 的表达式。

8-8　放大电路如题 8-8 图所示。已知晶体管的 $U_{BE}=0.7\text{V}$，$\beta=60$，$r_{bb'}=80\Omega$，$R_{b1}=30\text{k}\Omega$，$R_{b2}=12\text{k}\Omega$，$R_c=3.3\text{k}\Omega$，$R_{e1}=200\Omega$，$R_{e2}=1.3\text{k}\Omega$，$V_{CC}=12\text{V}$，$R_s=1\text{k}\Omega$，$R_L=5.1\text{k}\Omega$。求 $\dot{A}_u$、$\dot{A}_{us}$、R_i 和 R_o；若 R_e($R_e=R_{e1}+R_{e2}$)并联一个大电容，重求 $\dot{A}_u$ 和 R_i。

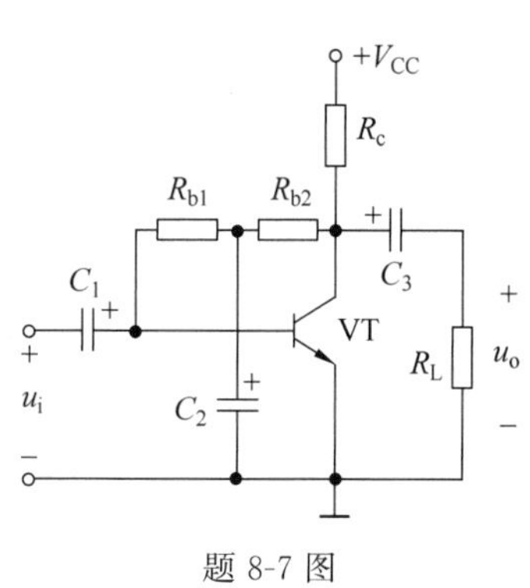

题 8-7 图

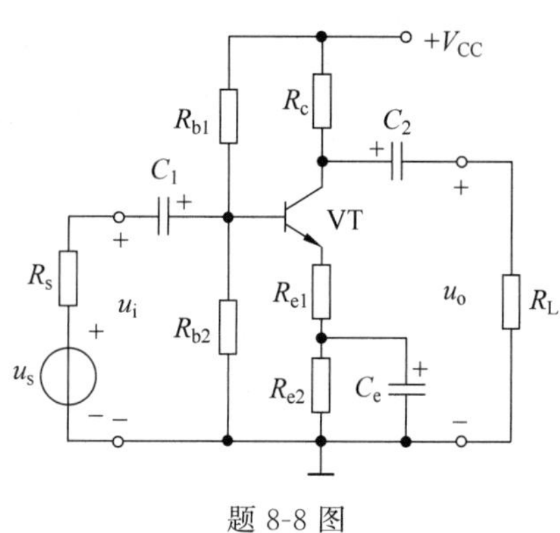

题 8-8 图

8-9　放大电路如题 8-9 图所示，已知 $\beta=50$，$U_{BE}=-0.3\text{V}$，$R_{b1}=10\text{k}\Omega$，$R_{b2}=33\text{k}\Omega$，$R_c=3.3\text{k}\Omega$，$R_{e1}=200\Omega$，$R_{e2}=1.3\text{k}\Omega$，$V_{CC}=10\text{V}$，$R_S=0.6\text{k}\Omega$。试求：(1)估算静态工作点 I_{CQ}、U_{CEQ}；(2)画出放大电路的交流小信号等效电路；(3)求 $\dot{A}_u$、R_i 和 R_o；(4)若放大电路接上负载 $R_L=5.1\text{k}\Omega$，试求此时的源电压放大倍数 $\dot{A}_{us}$；(5)若将电阻 R_{b1} 调大，则对放大电路的性能有何影响。

8-10　放大电路如题 8-10 图所示。已知晶体管 $r_{bb'}=200\Omega$，$\beta=100$；且 $V_{CC}=10\text{V}$，$R_{b1}=20\text{k}\Omega$，$R_{b2}=15\text{k}\Omega$，$R_c=2\text{k}\Omega$，$R_e=2\text{k}\Omega$，$R_s=2\text{k}\Omega$，各电容容量都很大。试求：(1)电路的静态工作点；(2)R_i；(3)$\dot{A}_{us1}$、$\dot{A}_{us2}$；(4)R_{o1}、R_{o2}。

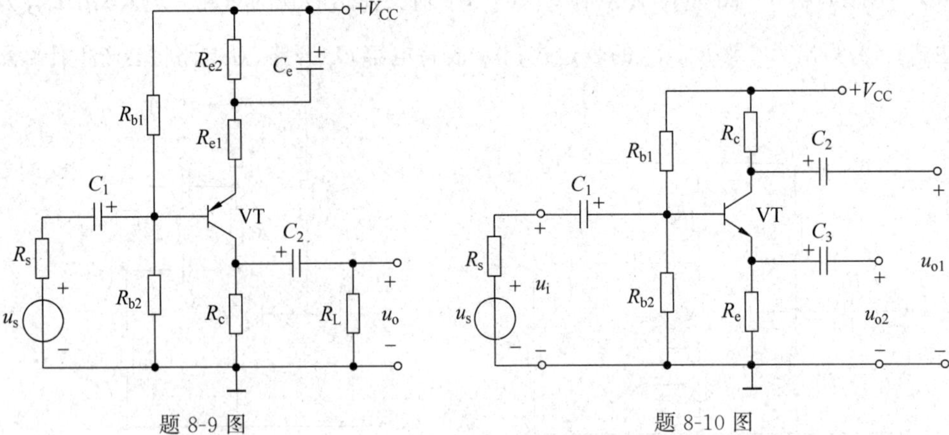

+V_{CC}
R_{e2}
C_e
R_{b1}
R_{e1}
C_1
VT
C_2
R_s
u_s
R_{b2}
R_c
R_L
u_o
+V_{CC}
R_c
C_2
R_{b1}
C_1
VT
C_3
R_s
u_i
u_{o1}
u_s
R_{b2}
R_e
u_{o2}

题 8-9 图　　　　题 8-10 图

场效应管及其放大电路

本章主要介绍了场效应管及其放大电路，主要包括：结型场效应管和绝缘栅型场效应管的相关知识，共源极放大电路、共漏极放大电路和共栅极放大电路的分析，以及 3 种放大电路的特点和作用等相关知识。

9.1 结型场效应管

结型场效应管(JFET)内部存在导电沟道，在外加电压的作用下沟道形状会发生相应的改变，从而形成对电流的控制作用。按照导电沟道的类型，JFET 可以分为 N 沟道和 P 沟道两种。下面主要以 N 沟道 JFET 为例来学习结型场效应管的相关知识。

9.1.1 N 沟道 JFET

1. 结构

N 沟道 JFET 的结构如图 9-1-1(a)所示，其形成过程如下。

在一块 N 型半导体材料两侧扩散出两个高浓度的 P 型半导体区域，其外围会形成两个耗尽层(PN 结)；从两个 P 区引出两个电极，并将两个电极连接在一起作为栅极(g)，在 N 型半导体两端各引出一个电极，分别称为源极(s)和漏极(d)。场效应管的栅极(g)、源极(s)和漏极(d)分别与三极管的基级(b)、射极(e)和集电极(c)相对应。图 9-1-1(b)所示是它的电路符号。

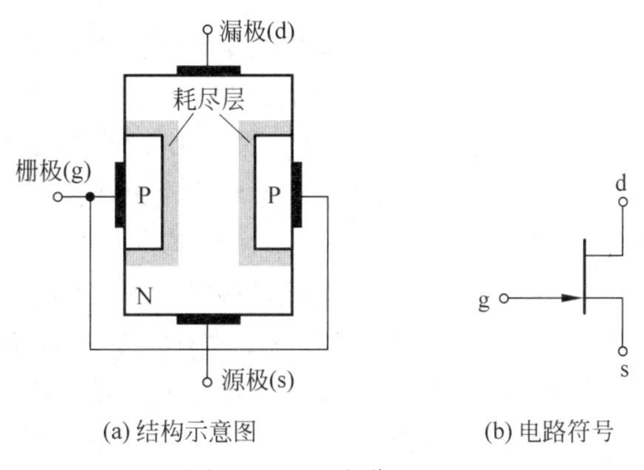

(a) 结构示意图　　(b) 电路符号

图 9-1-1　N 沟道 JFET

N 沟道结型场效应管没有绝缘层，漏极、源极不断开，所以只有耗尽型，没有增强型。

2. 工作原理

1）漏极电流 i_D 的形成

如果在漏极和源极之间加上正电压 $v_{DS}>0$，如图 9-1-2 所示，N 型半导体中的多数载流子（自由电子）在电场作用下，由源极向漏极运动，形成漏极电流 i_D。

2）对漏极电流 i_D 的控制

电子从源极向漏极运动，必然会经过两个耗尽层中间的通道，这个通道称为导电沟道，简称为沟道。如果在栅极和源极之间加上反偏电压 $v_{GS}<0$，如图 9-1-3 所示，使两个耗尽层变宽，从而导致沟道被压缩，沟道变窄使沟道电阻增大，相应的漏极电流 i_D 就会发生变化。这样，通过改变反偏电压 v_{GS} 的大小，就能改变沟道的宽度，实现对漏极电流 i_D 的控制。综上所述，漏极电流 i_D 主要受电压 v_{GS} 和 v_{DS} 的影响，前者通过控制导电沟道来影响 i_D，后者直接作为驱动来影响 i_D。

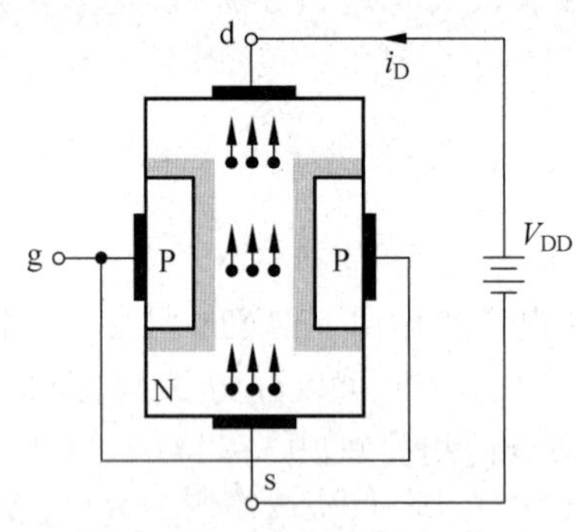

图 9-1-2 形成漏极电流

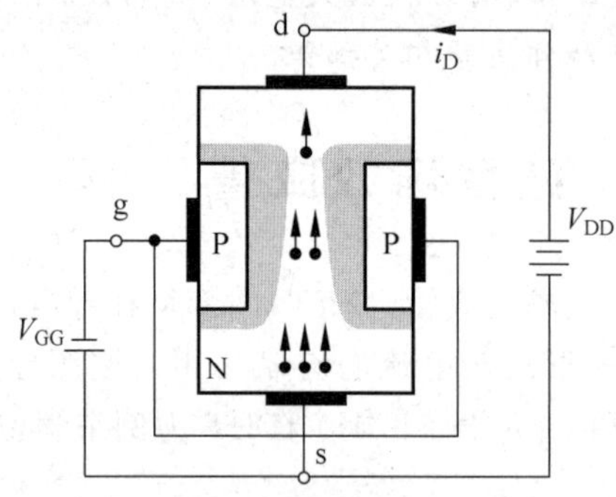

图 9-1-3 控制漏极电流

3. 特性曲线

场效应管的特性是用转移特性曲线和输出特性曲线来表示。图 9-1-4 所示为 JFET 特性曲线的测试电路，这是一个共源极电路，类似三极管的共射极电路。其中，栅极是输入端，漏极是输出端，源极是公共端，栅极与源极组成了输入回路，漏极和源极组成了输出回路。

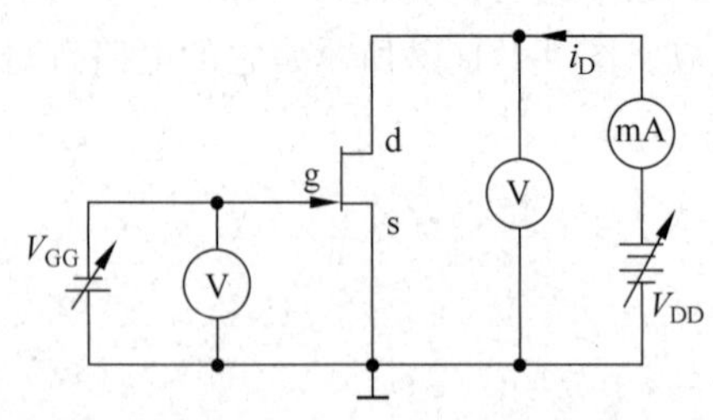

图 9-1-4 JFET 特性曲线测试电路

1）转移特性曲线

场效应管没有输入特性曲线，这一点与三极管不同。正常工作时栅源之间所加电压使耗尽层反偏，故 JFET 的栅极电流 i_G 非常小，近似为零，所以不研究 i_G 随 v_{GS} 的变化规律，即输入特性，而是研究输入端电压 v_{GS} 对输出端电压 i_D 的影响，称为转移特性，即

$$i_D = f(v_{GS})\big|_{v_{DS}=\text{常数}} \tag{9-1-1}$$

测试转移特性时，首先固定 V_{DD} 为某一电压值，即让 v_{DS} 一定；然后逐渐改变 V_{GG}，记下不同的 v_{GS} 及所对应的 i_D 值，就可以在 i_D-v_{GS} 直角坐标系中绘出一条曲线，即转移特性曲线，如图 9-1-5 所示。如果改变 V_{DD}，就可以得到一簇转移特性曲线。

2）输出特性曲线

场效应管的输出特性曲线是指当栅源电压 v_{GS} 为定值时，漏极电流 i_D 与漏源电压 v_{DS} 间的关系曲线，即

$$i_{\mathrm{D}}=f(v_{\mathrm{DS}})\big|_{v_{\mathrm{GS}}=\text{常数}} \tag{9-1-2}$$

测试输出特性时，先固定一个 v_{GS} 值，然后改变 v_{DS}，记下对应 i_{D} 值，就可以在 i_{D}-v_{DS} 的直角坐标系中画出一条输出特性曲线，改变 v_{GS} 值，可以测得一簇输出特性曲线，如图 9-1-6 所示。

4. 工作区

类似于三极管，JFET 的输出特性也分为 3 个区域，如图 9-1-6(b)所示。

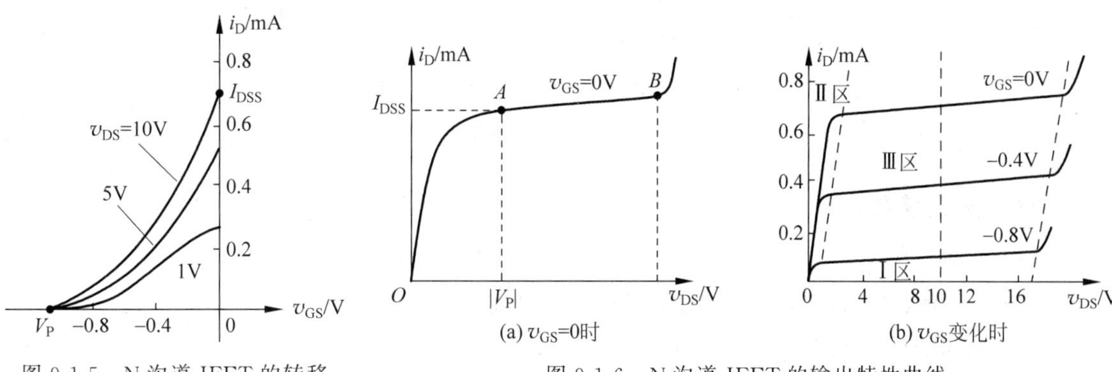

图 9-1-5　N 沟道 JFET 的转移特性曲线

图 9-1-6　N 沟道 JFET 的输出特性曲线

1）Ⅰ区，截止区

此时，$v_{\mathrm{GS}}<V_{\mathrm{P}}$，导电沟道完全夹断，$i_{\mathrm{D}}=0$。

2）Ⅱ区，可变电阻区（又称为不饱和区）

此时，$V_{\mathrm{P}}<v_{\mathrm{GS}}\leqslant 0$，且 $v_{\mathrm{DS}}<v_{\mathrm{GS}}-V_{\mathrm{P}}$。在该区内，JFET 的沟道还没有被夹断，漏极电流 i_{D} 的计算式为

$$i_{\mathrm{D}}=K_{\mathrm{n}}[2(v_{\mathrm{GS}}-V_{\mathrm{P}})v_{\mathrm{DS}}-v_{\mathrm{DS}}^{2}] \tag{9-1-3}$$

式中：K_{n} 是与场效应管结构相关的系数，其单位为 $\mathrm{mA/V^{2}}$。

3）Ⅲ区，饱和区（又称为线性放大区）

此时，$V_{\mathrm{P}}<v_{\mathrm{GS}}\leqslant 0$，且 $v_{\mathrm{DS}}\geqslant v_{\mathrm{GS}}-V_{\mathrm{P}}$。在该区内，漏极电流 i_{D} 随栅源电压 v_{GS} 变化而变化；当 v_{GS} 一定时，i_{D} 几乎不随漏源电压 v_{DS} 而变化，维持常数，i_{D} 呈现恒流特性，其计算式为

$$i_{\mathrm{D}}=K_{\mathrm{n}}(v_{\mathrm{GS}}-V_{\mathrm{P}})^{2}=K_{\mathrm{n}}V_{\mathrm{P}}^{2}\left(1-\frac{v_{\mathrm{GS}}}{V_{\mathrm{P}}}\right)^{2}=I_{\mathrm{DSS}}\left(1-\frac{v_{\mathrm{GS}}}{V_{\mathrm{P}}}\right)^{2} \tag{9-1-4}$$

JFET 用作放大器件时就需要工作在饱和区。

9.1.2　P 沟道 JFET

P 沟道 JFET 的结构和电路符号如图 9-1-7 所示。与 N 沟道 JFET 相比较，其电路符号不同，工作电源的极性相反，但两者的工作原理相同，特性曲线也相似，不再赘述。

9.1.3　JFET 的主要参数

JFET 的主要参数主要有三大类，分别如下。

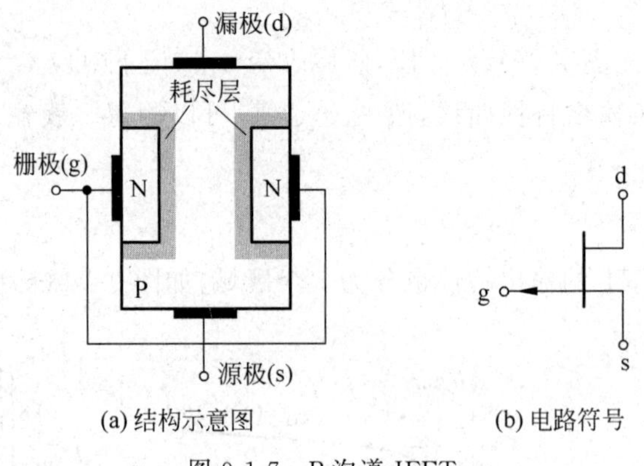

(a) 结构示意图　　(b) 电路符号

图 9-1-7　P 沟道 JFET

1. 直流参数

1）夹断电压 V_P

当 v_{DS} 为某一固定值，使 i_D 为零时栅—源极间所加的电压即为夹断电压。

2）饱和漏极电流 I_{DSS}

当 $v_{GS}=0V$ 时，场效应管发生预夹断时的漏极电流。

3）直流输入电阻 R_{GS}

在漏—源极间短路的条件下，栅—源极间加一定电压时，栅—源极间的直流电阻。

2. 交流参数

1）低频跨导 g_m

当 v_{DS} 为常数时，漏极电流的微小变化量与栅源电压 v_{GS} 的微小变化量之比为跨导。低频跨导反映了栅源电压对漏极电流的控制作用。g_m 可以在转移特性曲线上求取，单位是 S（西门子）。计算公式如下：

$$g_m=\left.\frac{\partial i_D}{\partial v_{GS}}\right|_{v_{DS}=\text{常数}}=-\frac{2I_{DSS}}{V_P}\left(1-\frac{v_{GS}}{V_P}\right) \tag{9-1-5}$$

2）极间电容

场效应管的三个电极之间存在的电容，一般 C_{gs} 和 C_{gd} 为 1～3pF，C_{ds} 为 0.1～1pF。在低频情况下，极间电容的影响可以忽略，但在高频应用时，极间电容的影响必须考虑。

3. 极限参数

1）最大漏极电流 I_{DM}

场效应管正常工作时漏极电流的上限值。

2）击穿电压 $V_{(BR)GS}$

栅—源极间的 PN 结发生反向击穿时的 v_{GS} 值，这时栅极电流由零而急剧上升。

3）击穿电压 $V_{(BR)DS}$

场效应管沟道发生雪崩击穿引起 i_D 急剧上升时的 v_{DS} 值，其大小与 v_{GS} 有关，对 N 沟道而言，$|v_{GS}|$ 的值越大，则 $V_{(BR)DS}$ 越小。

4）最大漏极功耗 P_{DM}

最大漏极功耗可由 $P_{DM}=v_{DS}i_D$ 决定，与双极型晶体管的 P_{CM} 相当。

9.2　绝缘栅型场效应管

绝缘栅场效应管的栅极与其他电极绝缘，利用栅源间电压所产生的电场效应控制半导体内载流子的运动。目前，最常用的是 MOS 场效应管（即金属-氧化物-半导体场效应管），MOSFET 比 JFET 拥有更高的输入电阻，应用更加广泛，特别是在中大规模集成电路中得到广泛的使用。MOSFET 与 JFET 结构完全不同，但它们的特性很相似。与 JFET 一样，根据导电沟道的不同，MOSFET 也分为 N 沟道和 P 沟道两类，而且每一类又分为增强型和耗尽型两种。

9.2.1　N 沟道增强型 MOSFET

1. 结构

图 9-2-1(a)所示为 N 沟道增强型 MOSFET 的结构示意图，它以低掺杂的 P 型硅材料做衬底，在它上面制造两个高掺杂的 N 型区，分别引出两个电极，作为源极 s 和漏极 d，在 P 型衬底的表面覆盖一层很薄的氧化膜（二氧化硅）绝缘层，并引出电极作为栅极 g。图 9-2-1(b)是它的电路符号，这种场效应管的栅极 g 与 P 型半导体衬底、漏极 d 及源极 s 之间都是绝缘的，所以也称为绝缘栅场效应管。

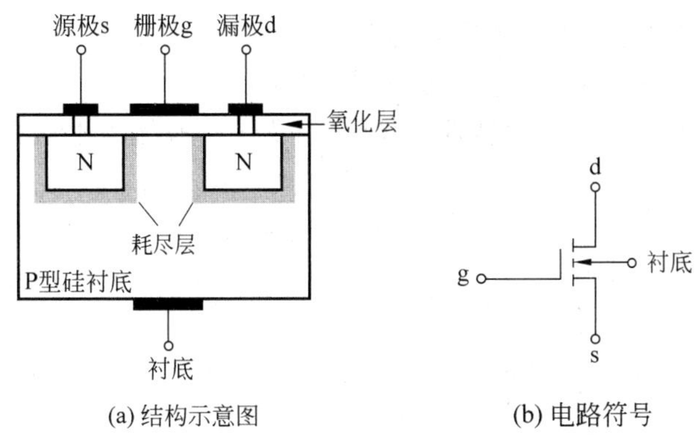

图 9-2-1　N 沟道增强型 MOSFET

2. 工作原理

MOSFET 的基本工作原理仍然是用栅源电压 v_{GS} 去控制漏极电流 i_D，但与 JFET 不同的是，MOSFET 的漏极和源极之间不存在原始导电沟道，工作时需要先建立。

1）建立导电沟道

如图 9-2-2 所示，当外加正向的栅源电压 $v_{GS}>0$ 时，在栅极下方的氧化层上出现上正下负的电场，该电场将吸引 P 区中的自由电子，使其在氧化层下方聚集，同时会排斥 P 区中的空穴，使之离开该区域。v_{GS} 越大电场强度越大，这种效果越明显。当 v_{GS} 达到 V_T 时，该区域聚集的自由电子浓度足够大，而形成一个新的 N 型区域，像一座桥梁把漏极和源极连接起来，该区域就称为 N 型导电沟道，简称 N 沟道，而 V_T 称为开启电压，而 $v_{GS}\geqslant V_T$ 是建立该导电沟道的必备条件。

2）建立漏极电流

当沟道建立之后，如果漏源极之间存在一定的驱动电压 v_{DS}，就能形成如图 9-2-3 所示的漏极电流 i_D。漏极电流 i_D 沿沟道产生的电压降使沟道内各点与栅极间的电压不再相等，靠近源极一端的电压最大，这里沟道最厚，而漏极一端电压最小，因而这里沟道最薄。

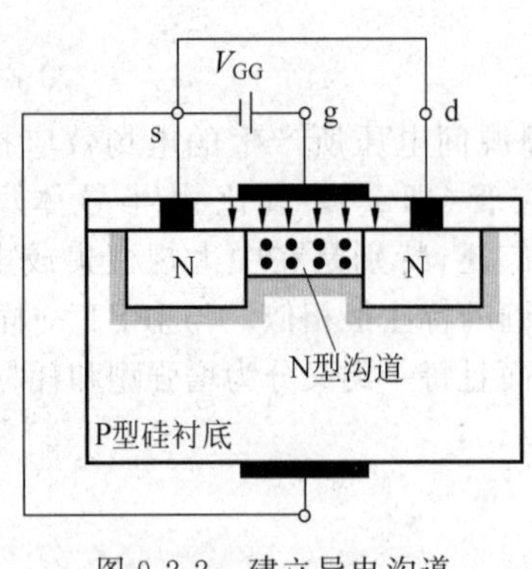

图 9-2-2　建立导电沟道

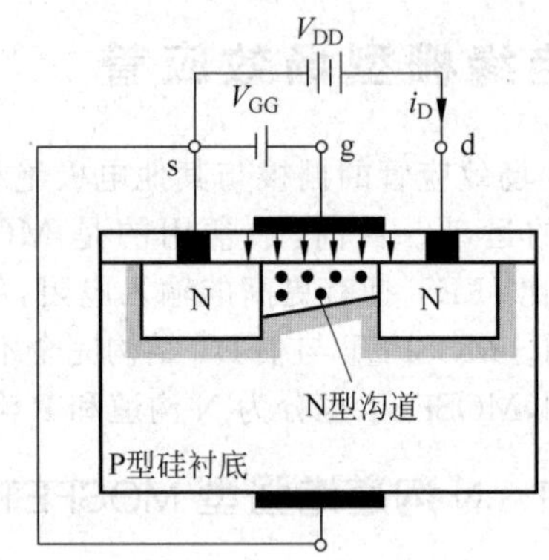

图 9-2-3　建立漏极电流

综上所述，MOSFET 的漏极电流 i_D 主要受电压 v_{GS} 和 v_{GD} 的影响，前者通过控制导电沟道来影响 i_D，后者直接作为驱动来影响 i_D，这与 JFET 的工作原理相似。但需要强调的是，如果导电沟道没有建立，只有 v_{DS}，漏极电流是不会出现的。

3. 特性曲线

MOSFET 的特性曲线包括转移特性曲线和输出特性曲线。图 9-2-4 所示为 MOSFET 的转移特性曲线的测试电路，这是一个共源极电路。

N 沟道增强型 MOSFET 的转移特性曲线如图 9-2-5 所示，输出特性曲线如图 9-2-6 所示。

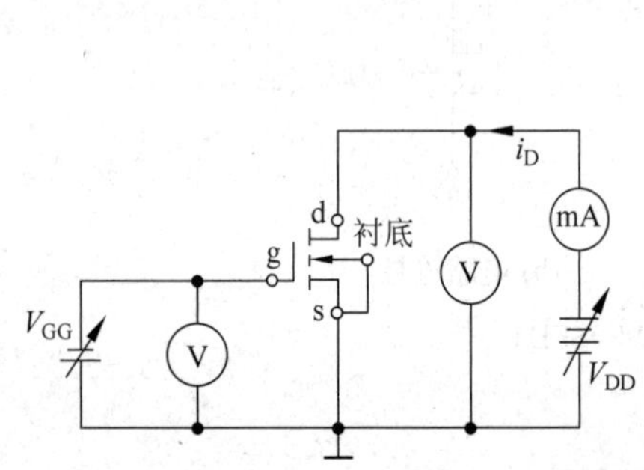

图 9-2-4　MOSFET 的转移特性曲线测试电路

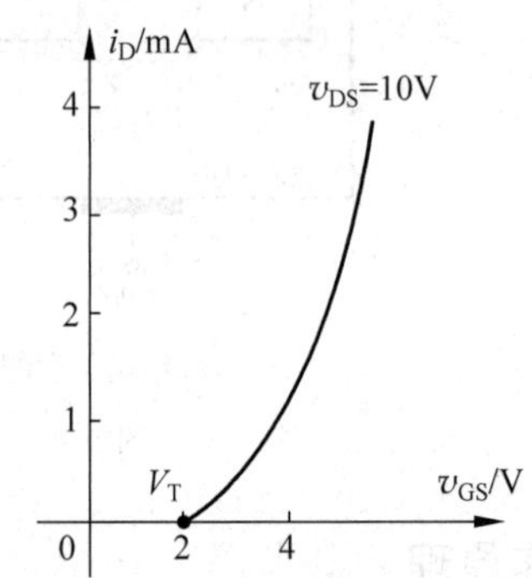

图 9-2-5　N 沟道增强型 MOSFET 的转移特性曲线

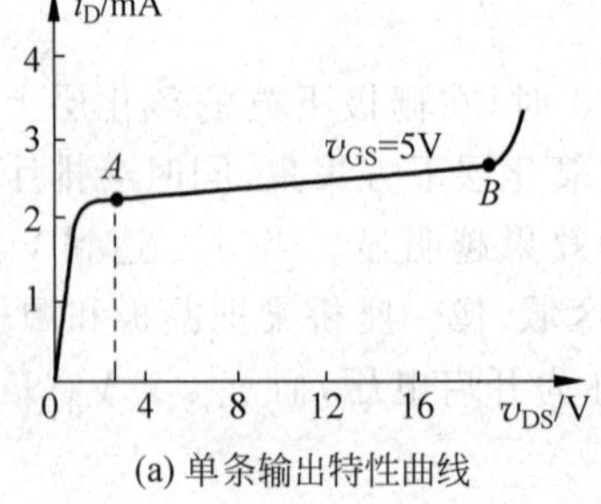

(a) 单条输出特性曲线

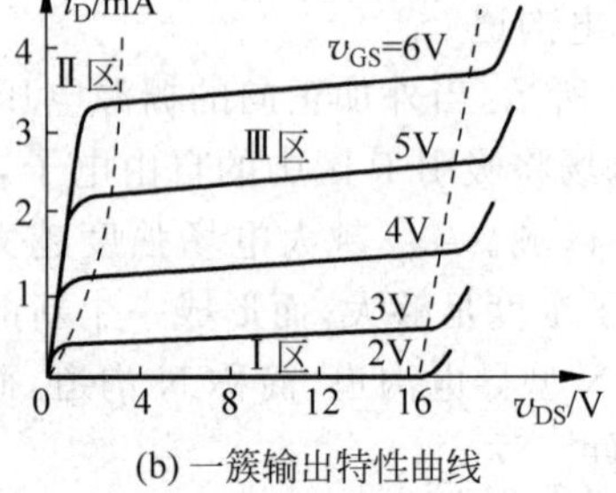

(b) 一簇输出特性曲线

图 9-2-6　N 沟道增强型 MOSFET 的输出特性曲线

4. 工作区

MOSFET 的输出特性也分为 3 个区域，如图 9-2-6(b)所示。

1）Ⅰ区，截止区

此时，$v_{GS}<V_T$ 导电沟道没有建立，$i_D=0$。

2）Ⅱ区，可变电阻区

此时，$v_{GS}\geqslant V_T$，且 $v_{DS}<v_{GS}-V_T$，在该区内，MOSFET 的沟道还没有夹断，漏极电流 i_D 的计算式为

$$i_D=K_n[2(v_{GS}-V_T)v_{DS}-v_{DS}^2] \tag{9-2-1}$$

式中：K_n 是与场效应管结构相关的系数，其单位为 mA/V^2。

3）Ⅲ区，饱和区

此时，$v_{GS}\geqslant V_T$，且 $v_{DS}\geqslant v_{GS}-V_T$，在该区内，漏极电流 i_D 随栅源电压 v_{GS} 而变化；当 v_{GS} 一定时，i_D 几乎不随漏源电压 v_{DS} 而变化，维持常数，i_D 呈现恒流特性，其计算式为

$$i_D=K_n(v_{GS}-V_T)^2 \tag{9-2-2}$$

9.2.2　N沟道耗尽型MOSFET

图 9-2-7 所示为 N 沟道耗尽型 MOSFET 的结构和电路符号。与增强型相比，其氧化层中掺入了大量的正离子，在正离子的作用下使 N 型导电沟道事先得以建立，故 $v_{GS}=0$ 时，在漏源电压 v_{DS} 的驱动下直接形成漏极电流 i_D。

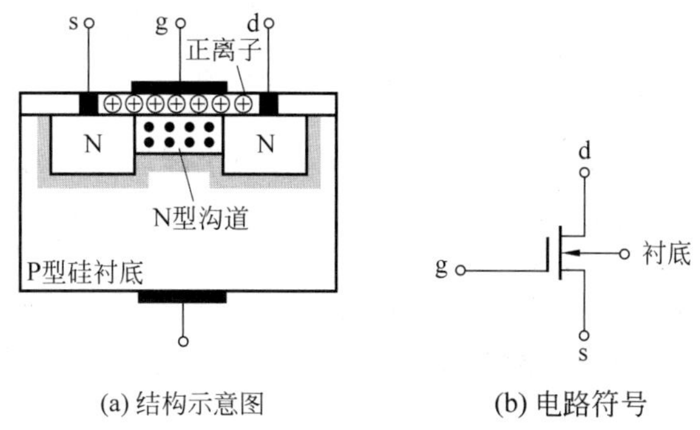

(a) 结构示意图　　(b) 电路符号

图 9-2-7　N 沟道耗尽型 MOSFET

当 $v_{GS}>0$，即 v_{GS} 正向增大时，沟道的导电能力增强，漏极电流 i_D 随之增大。而当 $v_{GS}<0$ 时，v_{GS} 的存在会削弱沟道导电能力，即 v_{GS} 在负方向上增强时漏极电流 i_D 随之减小。如果 v_{GS} 在负方向上继续增加而达到夹断电压 V_P 时，沟道消失(或称为沟道被完全夹断)，也就不会再有漏极电流，即 $i_D=0$。

N 沟道耗尽型 MOSFET 的特性曲线如图 9-2-8 所示。

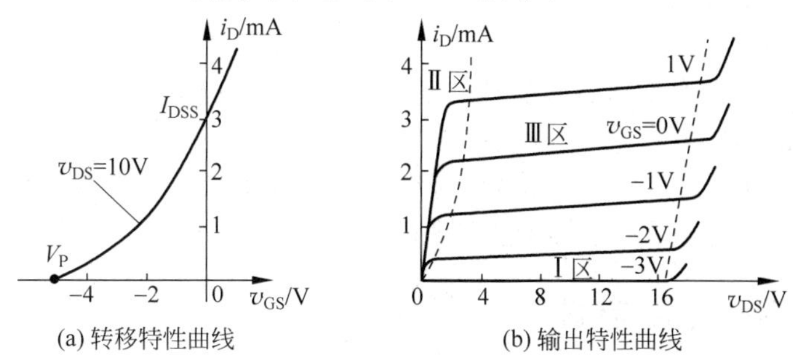

(a) 转移特性曲线　　(b) 输出特性曲线

图 9-2-8　N 沟道耗尽型 MOSFET 的特性曲线

9.2.3 P 沟道 MOSFET

P 沟道 MOSFET 与 N 沟道 MOSFET 相比较，其电路符号不同，工作电源的极性相反，相应的工作电流也相反，但两者的工作原理相同，特性曲线也很相似，这里就不再赘述了。图 9-2-9 所示为 P 沟道 MOSFET 的电路符号。

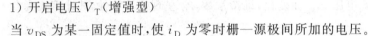

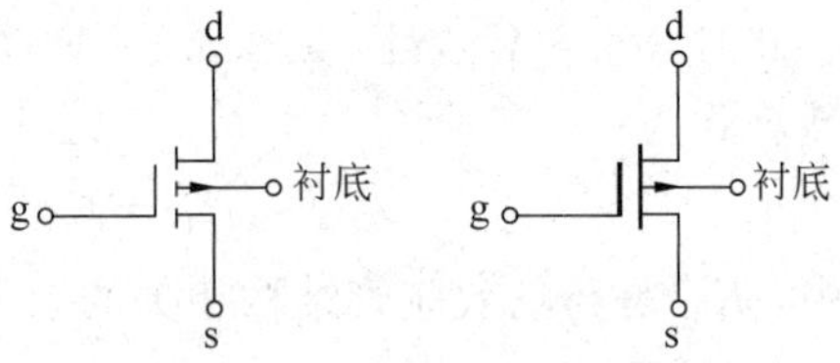

(a) 增强型　　(b) 耗尽型

图 9-2-9　P 沟道 MOSFET 的电路符号

9.2.4 MOSFET 的主要参数

MOSFET 的参数与 JFET 的参数基本相同。

1. 直流参数

1）开启电压 V_T（增强型）

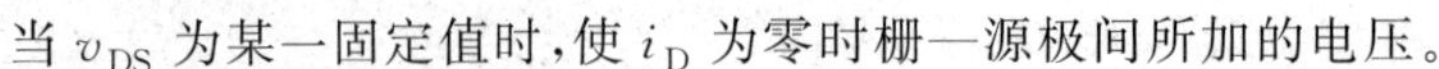

当 v_{DS} 为某一固定值时，使 i_D 为零时栅—源极间所加的电压。

2）夹断电压 V_P（耗尽型）

当 v_{DS} 为某一固定值时，使 i_D 为零时栅—源极间所加的电压。

3）饱和漏极电流 I_{DSS}（耗尽型）

当 $v_{GS}=0V$ 时，场效应管发生预夹断时的漏极电流。

4）直流输入电阻 R_{GS}

在漏源短路的条件下，栅—源极间加一定电压时，栅极直流电阻，约为 $10^9 \sim 10^{15}\Omega$。

2. 交流参数

1）输出电阻 r_d

用以描述漏源电压 v_{DS} 对漏极电流 i_D 的影响，相当于漏极特性上某点切线斜率的倒数。饱和区输出电阻很大，一般为几十到几百千欧。

2）低频互导（跨导）g_m

当 v_{DS} 为常数时，漏极电流的微小变化量与栅源电压 v_{GS} 的微小变化量之比为跨导，反映了栅源电压 v_{GS} 对漏极电流 i_D 的控制作用。g_m 可以在转移特性曲线上求取，单位是 S（西门子）。计算公式如下：

$$g_m = \left.\frac{\partial i_D}{\partial v_{GS}}\right|_{v_{DS}=\text{常数}} = -\frac{2I_{DSS}}{V_P}\left(1-\frac{v_{GS}}{V_P}\right) \tag{9-2-3}$$

3. 极限参数

1）最大漏极电流 I_{DM}

场效应管正常工作时的漏极电流允许的上限值。

2）最大栅源电压 $V_{(BR)GS}$

PN 结电流开始急剧增大时的 v_{GS} 值。

3）最大漏源电压 $V_{(BR)DS}$

场效应管沟道发生雪崩击穿引起漏极电流 i_D 急剧上升时的 v_{DS} 值。

4）最大耗散功率 P_{DM}

最大耗散功率可由 $P_{DM}=v_{DS}i_D$ 决定，与双极型晶体管的 P_{CM} 相当。为了使场效应管温度不至于升得太高，限制其耗散功率不能超过 P_{DM}。

9.3 场效应管放大电路

场效应管具有低噪声、高输入阻抗、输入与输出之间互相不影响等优点，是作输入级或隔离级较理想的放大器件。与三极管类似，场效应管也可以组成 3 种组态的放大电路，即共源放大电路、共漏放大电路和共栅放大电路。其中，共源极组态与共发射极组态对应；共漏极组态与共集电极组态对应；共栅极组态与共基极组态对应。

9.3.1　共源极放大电路

图 9-3-1(a)所示是一个由 N 沟道增强型 MOSFET 构成的共源极放大电路。其中，R_{g1} 和 R_{g2} 构成分压式的偏置电路，提供建立静态工作点所需的栅源电压 v_{GS}；R_d 为漏极电阻；R_L 为负载。

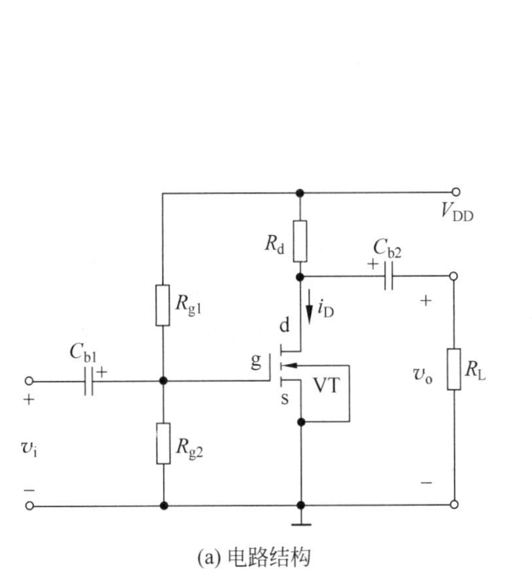

(a) 电路结构

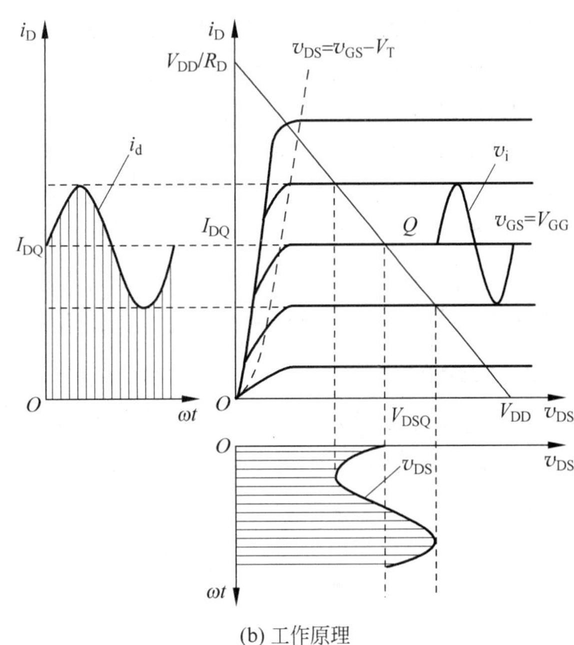

(b) 工作原理

图 9-3-1　共源极放大电路

当外加的 v_i 变化时，栅源电压 $v_{GS}=v_i+V_{GS}$ 也随之变化，漏极电流 i_D 因受 v_{GS} 的控制也相应发生变化。i_D 在 R_d 产生一个变化的电压，在正常放大情况下，这个变化电压可以比 v_i 大很多倍，这样就得到一个放大信号；通过隔直电容 C_{b2} 的耦合作用，在 R_L 负载上输出一个交流信号，放大过程如图 9-3-1(b)所示。图中，Q 点是静态工作点，它是负载线与 $v_{GS}=V_{GG}$ 的输出曲线的交点。

9.3.2　共漏极放大电路

图 9-3-2 所示是一个由 N 沟道增强型 JFET 构成的共漏极放大电路。其中，源极电阻 R_s 构成自偏置电路，提供建立静态工作点所需的栅极电压 v_{GS}；栅极电阻 R_g 通常较大，以增加电路的输入电阻值；R_L 为负载。

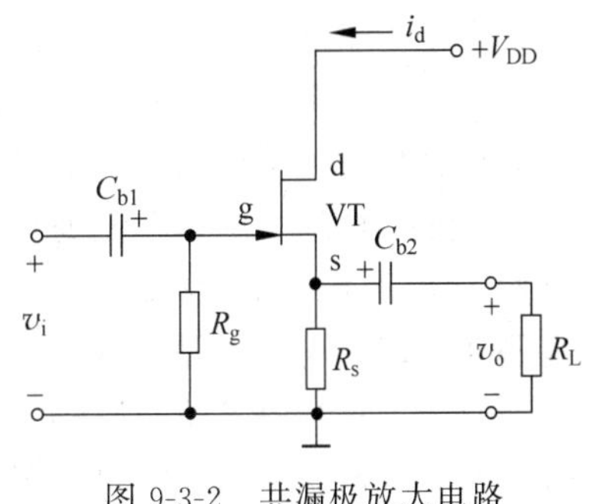

图 9-3-2　共漏极放大电路

该电路输入与输出电压的基本关系为

$$v_o=v_i-v_{GS}\approx v_i \tag{9-3-1}$$

通常共漏电路中的 v_{GS} 较小，可以忽略，即近似有输出

电压 v_o 等于输入电压 v_i 的关系。所有共漏极放大电路与三极管共集电极放大电路相似，属于电压跟随器，共漏极放大电路也可以称为源极输出器。

9.3.3 场效应管放大电路分析

场效应管放大电路的分析方法与三极管放大电路类似，分为静态分析和动态分析，静态分析的目的就是看电路是否已经建立了合适的工作点，而动态分析的目的就是计算电路的动态性能指标：电压增益、输入电阻和输出电阻。

1. 静态分析

场效应管放大电路的静态分析步骤如下。

(1) 画放大电路的直流通路，并在图中标识出关键物理量，如 V_{GS} 和 I_D 等。

(2) 根据电路结构列写出 KCL 方程和 KVL 方程。

(3) 假设电路处于饱和状态(即线性放大状态)，根据 FET 的基本电压电流关系，补出所需表达式。

(4) 联立上述方程求静态值 V_{GS}、I_D 和 V_{DS}。

(5) 根据进入饱和区的条件进行验证，满足条件，则表明上述计算过程是正确的；如果不满足条件，就需要在第(3)步中改用可变电阻区的关系式进行计算。

2. 动态分析

场效应管放大电路的动态分析仍可采用小信号模型法。图 9-3-3(a)所示为 FET 的低频小信号模型。考虑到动态电阻 r_{ds} 通常较大，故可以将其忽略而得到其简化模型，如图 9-3-3(b)所示。

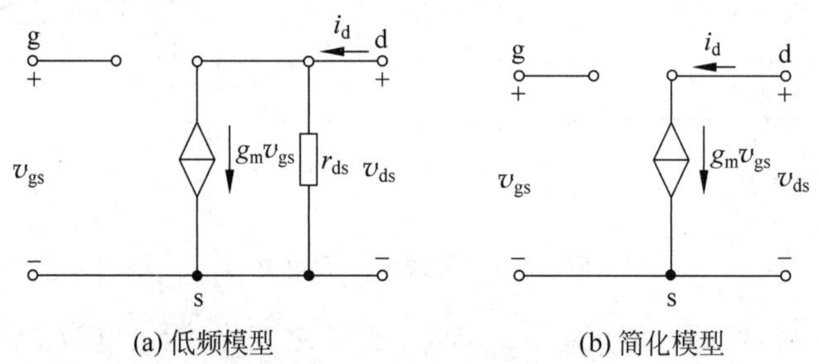

图 9-3-3 FET 的小信号模型

利用小信号模型法作动态分析的步骤如下。

(1) 画出整个电路的小信号等效电路。

① 根据电路组态确定输入端、输出端和公共端的位置，并相应画出 FET 的小信号模型。

② 从公共端出发直至画出地点。

③ 延长输入端、输出端和地线，以明确输入端口和输出端口。

④ 分别在输入端口和输出端口补出其他元件。

⑤ 画图时直流电源作交流处理，耦合电容和旁路电容则视为短接。

(2) 根据小信号等效电路分析动态参数 A_v、R_i、R_o 和 A_{vs}。

【例 9-3-1】 电路如图 9-3-4(a)所示，场效应管的 $V_P=-4\text{V}$、$I_{DSS}=1\text{mA}$、$V_{DD}=16\text{V}$、$R_g=1\text{M}\Omega$、$R_{g1}=160\text{k}\Omega$、$R_{g2}=40\text{k}\Omega$、$R_d=10\text{k}\Omega$、$R_s=8\text{k}\Omega$、$R_L=1\text{M}\Omega$。试求：(1)确定静态工作点 Q；(2)输入电阻和输出电阻；(3)求电压放大倍数。

【解答】 (1) 画出电路的直流通路，如图 9-3-4(b)所示，进行静态分析。

$$V_{GSQ}=V_{GQ}-V_{SQ}=\frac{R_{g2}}{R_{g1}+R_{g2}}V_{DD}-I_{DQ}R_s=3.2-8I_{DQ}$$

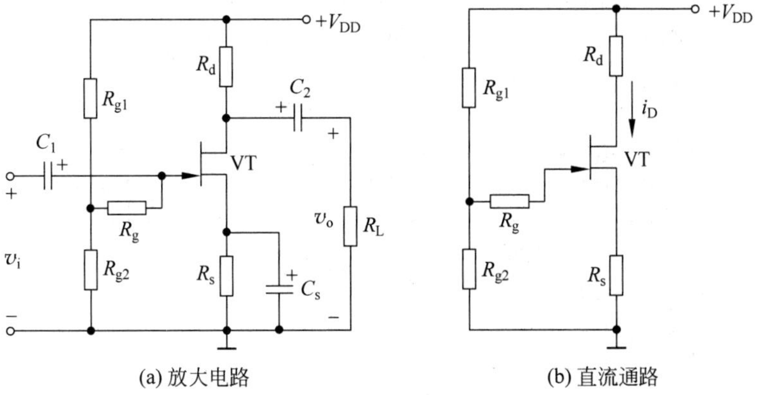

(a) 放大电路　　(b) 直流通路

图 9-3-4　例 9-3-1 图

$$V_{DSQ}=V_{DD}-I_{DQ}(R_d+R_s)=16-18I_{DQ}$$

假设电路工作在饱和区，则有

$$I_{DQ}=I_{DSS}\left(1-\frac{V_{GSQ}}{V_P}\right)^2=\left(1-\frac{V_{GSQ}}{-4}\right)^2$$

以上几式联立求解，得 $I_{DQ1}=1.515\text{mA}$（舍去），$I_{DQ2}=0.535\text{mA}$，$V_{GSQ}=-1.08\text{V}$，$V_{DSQ}=6.37\text{V}$。

根据以上求得的结果，验证 $V_{DSQ}>V_{GSQ}-V_P$ 成立，表明 JFET 的确工作在饱和区，与假设一致，上述分析正确。

(2) 画出小信号等效电路，如图 9-3-5 所示。

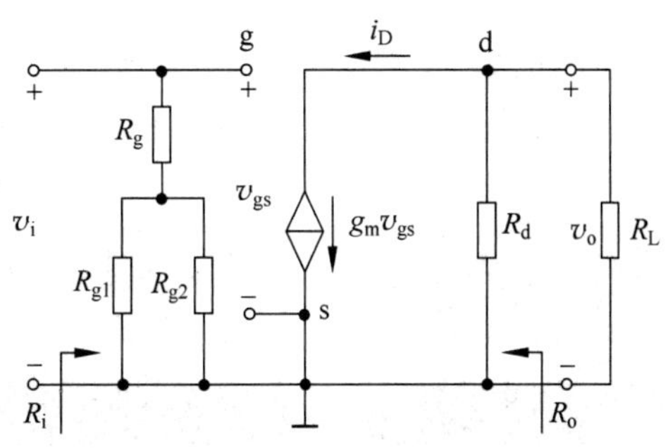

图 9-3-5　例 9-3-1 小信号等效电路

输入电阻：$R_i=R_g+R_{g1}//R_{g2}=1.032\text{M}\Omega$

输出电阻：$R_o\approx R_d=10\text{k}\Omega$

(3) 先估算出 g_m：

$$g_m=-\frac{2I_{DSS}}{V_P}\left(1-\frac{V_{GSQ}}{V_P}\right)=0.365\text{ms}$$

电压增益：

$$A_v=-g_mR'_L=-3.65$$

9.4　场效应管放大电路 Multisim 仿真实例

结型场效应管共源极放大电路的内容详见本书 9.3 节。

1. 仿真目的

分析结型场效应管共源极放大电路的静态工作点，以及对交流信号的放大作用。

2. 仿真过程

(1) 利用 Multisim 10 软件绘制 JFET 共源放大电路仿真电路图，该电路的输入交流信号频率 1kHz，有效值 20mV，如图 9-4-1 所示。

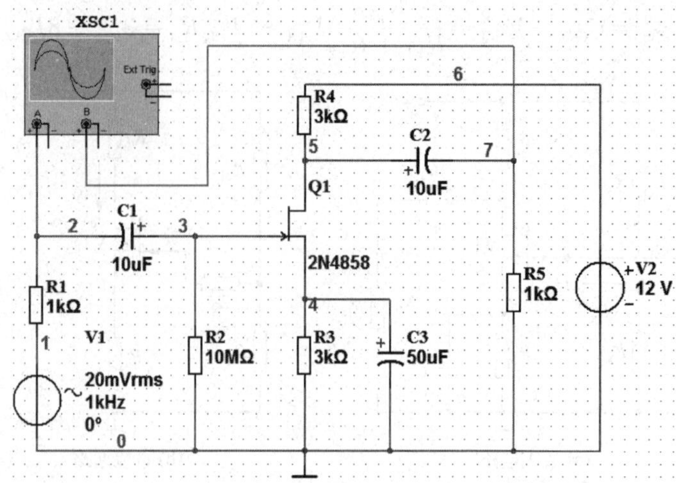

图 9-4-1　结型场效应管共源极放大电路仿真电路图

(2) 选择菜单命令 Simulate→Analyses→DC Operating Point…,设置分析变量 V_G、V_D、V_S,然后单击 Simulate 按钮进行静态参数分析。各电极电位的测试结果如图 9-4-2 所示。

根据测试结果,可得 $U_{GS}=-2.09V$,$U_{DS}=9.9V$。

(3) 双踪示波器 XSC1 的通道 A 测量输入信号波形,通道 B 测量输出端的信号波形,并设置合适的示波器参数。

(4) 启动仿真,观察输入信号和输出信号的波形,如图 9-4-3 所示。

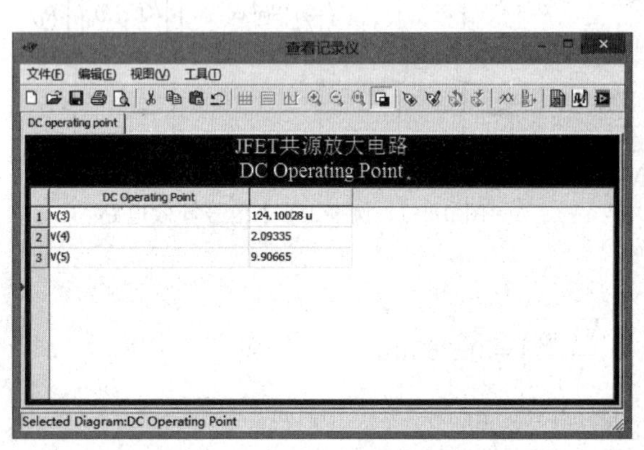

图 9-4-2　JFET 各电极静态电位测试结果

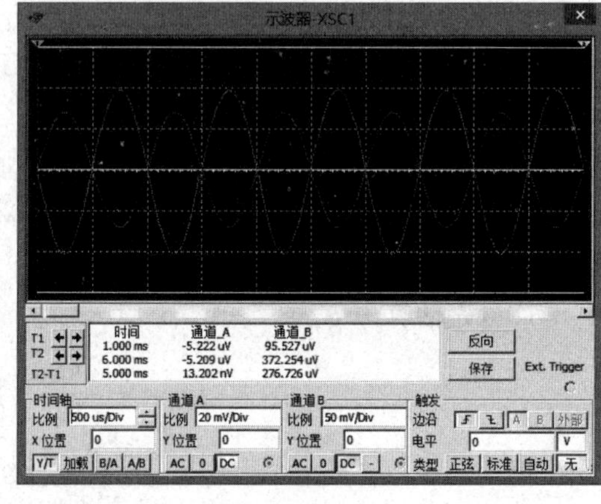

图 9-4-3　放大电路输入/输出信号波形

根据测量结果和波形所示,电路实现了对输入信号进行反相放大的作用,并且放大倍数较小,其电压放大倍数 $A_v \approx -3.63$。

习题 9

9-1　如题 9-1 图所示,给出了 4 个场效应管的输出特性。试说明曲线对应何种类型的场效应管,并根据各图中输出特性曲线上的标定值确定 U_P、U_T 及 I_{DSS} 数值。

9-2　如题 9-2 图所示,给出了 4 个场效应管的转移特性,其中漏极电流的方向是它的实际方向。试判断它们各是什么类型的场效应管，并写出各曲线与坐标轴交点的名称及数值。

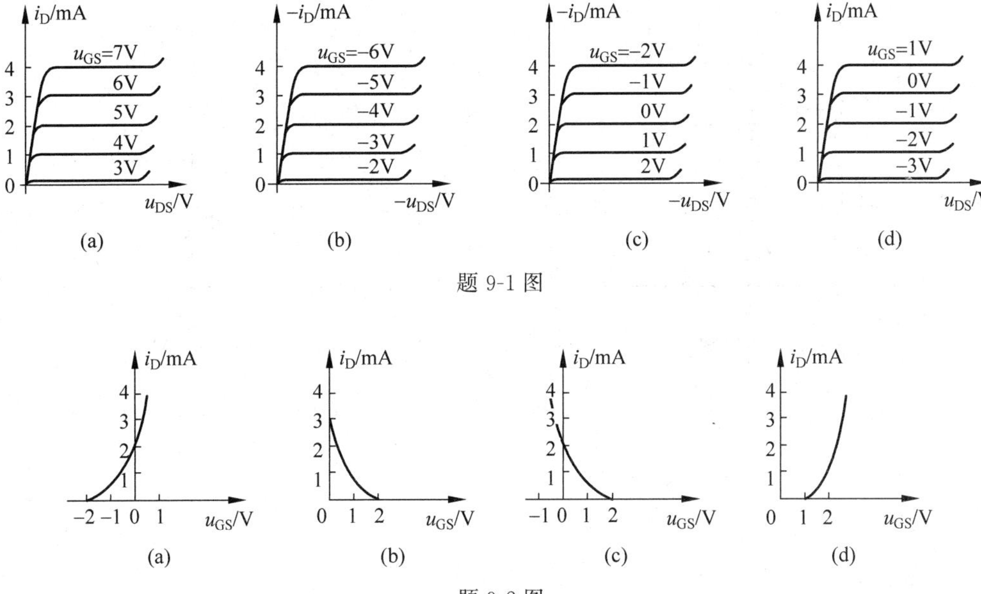

题 9-1 图

题 9-2 图

9-3　如题 9-3 图所示的场效应管放大电路中，管的 $V_P=4V$、$I_{DSS}=10mA$、$V_{DD}=18V$、$R_g=2M\Omega$、$R_{g1}=150k\Omega$、$R_{g2}=160k\Omega$、$R_d=10k\Omega$、$R_{s1}=1k\Omega$、$R_{s2}=10k\Omega$、$R_L=10k\Omega$。试计算：(1)确定静态工作点 Q；(2)输入电阻和输出电阻；(3)求电压放大倍数。

9-4　如题 9-4 图所示的场效应管放大电路中，$V_P=-4V$、$U_{GSQ}=-2V$、$I_{DSS}=4mA$、$V_{DD}=20V$、$R_g=1M\Omega$、$R_d=10k\Omega$。试计算：(1)求电阻 R_1 和静态电流 I_{DQ}；(2)保证静态 $U_{DSQ}=4V$ 时 R_2 的值；(3)计算电压放大倍数。

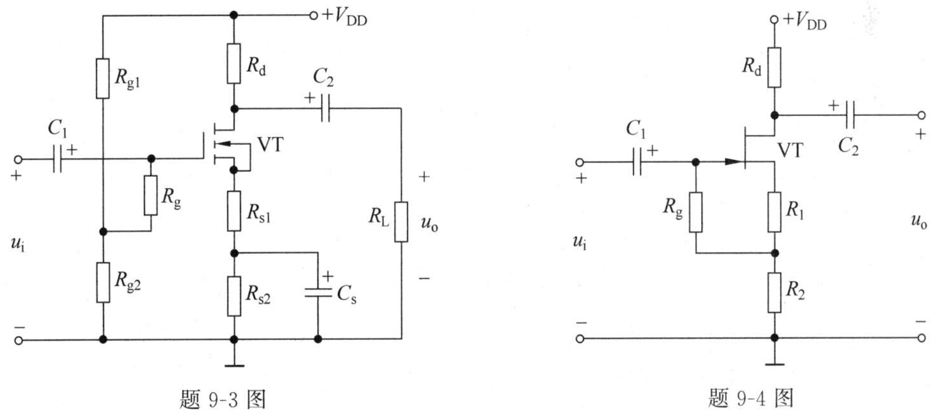

题 9-3 图　　　　题 9-4 图

9-5　在题 9-5 图所示的场效应管放大电路中，$V_P=-3V$、$I_{DSS}=3mA$、$V_{DD}=20V$、$R_g=1M\Omega$、$R_d=12k\Omega$、$R_{s1}=R_{s2}=500\Omega$。试计算：(1)静态工作点；(2)$\dot{A}_{u1}$ 和 $\dot{A}_{u2}$；(3)R_i、R_{o1} 和 R_{o2}。

9-6　在题 9-6 图所示的场效应管放大电路中，$V_P=-4V$、$I_{DSS}=2mA$、$V_{DD}=15V$、$R_g=1M\Omega$、$R_s=8k\Omega$、$R_L=1M\Omega$。试计算：(1)确定静态工作点 Q；(2)输入电阻和输出电阻；(3)求电压放大倍数。

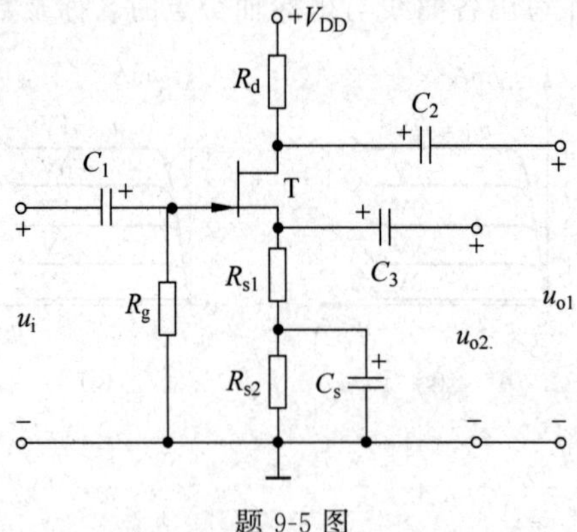

题 9-5 图

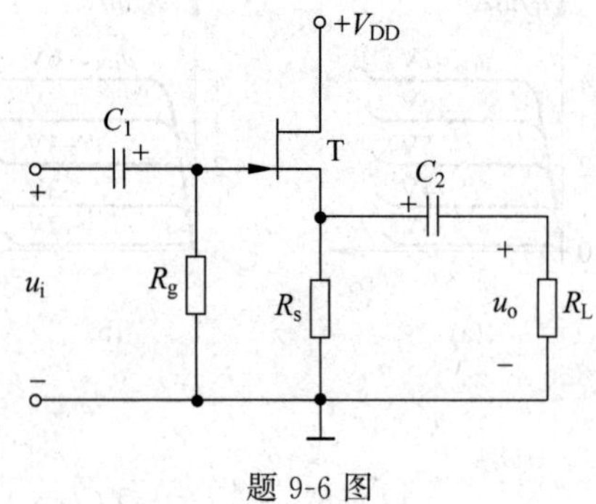

题 9-6 图

集成运算放大电路

本章主要介绍集成电路的基础知识，集成运放的内部组成和各部分的作用，差动放大电路和电流源电路的分析，以及集成运放的主要性能指标。

10.1 集成运算放大电路概述

集成电路简称 IC，是在半导体制造工艺的基础上，将电路的有源器件、无源器件及其布线集中制作在同一块半导体基片上，形成紧密联系的一个整体电路。与分立元件电路相比，集成电路体积小，重量轻；可靠性高，寿命长；速度高，功耗低；成本低。

10.1.1 集成电路的分类

按照不同的标准可将集成电路分成不同种类。

1. 按制造工艺分类

按照集成电路的制造工艺不同，可分为半导体集成电路（又分双极型集成电路和 MOS 集成电路）、薄膜集成电路和混合集成电路。

2. 按功能分类

集成电路按其功能的不同，可分为数字集成电路、模拟集成电路和微波集成电路。

3. 按集成规模分类

集成规模又称集成度，是指集成电路内所含元器件的个数。按集成度的大小，集成电路可分为小规模集成电路（SSI），内含元器件数小于 100；中规模集成电路（MSI），内含元器件数为 100～1000 个；大规模集成电路（LSI），元器件数为 1000～10000 个；超大规模集成电路（VLSI），元器件数目为 10000～100000 个。

10.1.2 集成运算放大电路的基本组成及各部分的作用

模拟集成电路中发展最早、应用最广泛的就是集成运算放大电路，简称集成运放，从原理上说，集成运算放大电路的实质是一个高放大倍数的、直接耦合的多级放大电路。它通常包含 4 个基本组成部分，即输入级、中间级、输出级和偏置电路，如图 10-1-1 所示。

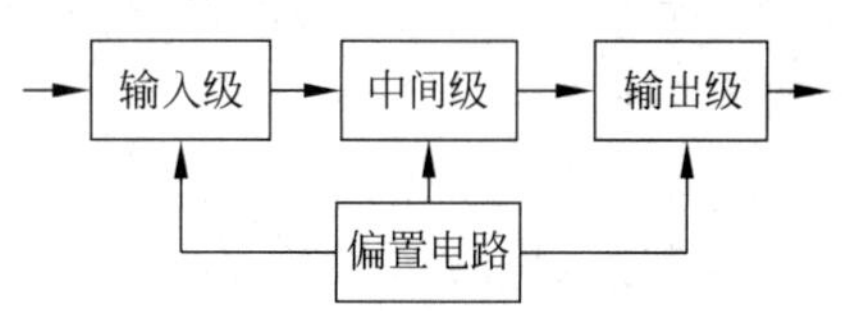

图 10-1-1 集成运放的基本组成

输入级的作用是提供与输出端成同相和反相关

系的两个输入端，通常采用差动放大电路，对其要求是温漂要小，输入电阻要大。中间级主要是完成电压放大任务，要求有较高的电压增益，一般采用带有源负载的共射电压放大电路。输出级是向负载提供一定的功率，属于功率放大，一般采用互补对称的功率放大器。偏置电路是向各级提供稳定的静态工作电流，一般采用电流源。

10.2 集成运算放大电路中的差分放大电路

集成运算放大器，简称集成运放，其输入级采用差分放大电路（也称差动放大电路），就其功能来说，是放大两个输入信号之差。差分放大电路常见的形式有三种：基本形式、长尾式和恒流源式。

10.2.1 基本形式差分放大电路

1. 输入信号类型

将两个电路结构、参数均相同的单管放大电路组合在一起，就成为差分放大电路的基本形式，如图 10-2-1 所示。

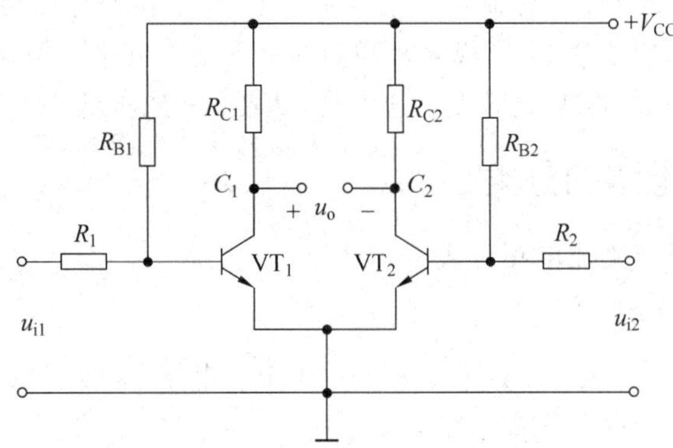

图 10-2-1 基本差分放大电路

在差分放大电路的两个输入端分别输入大小相等、极性相反的信号，即 $u_{i1}=-u_{i2}$，这种输入方式称为差模输入。差模输入方式下，差动放大电路两输入端总的输入信号称为差模输入信号，用 u_{id} 表示，u_{id} 为两输入端输入信号之差，即

$$u_{id}=u_{i1}-u_{i2} \tag{10-2-1}$$

或者

$$u_{i1}=-u_{i2}=\frac{1}{2}u_{id} \tag{10-2-2}$$

差模输入电路如图 10-2-2 所示。

在差分放大电路的两个输入端分别输入大小相等、极性相同的信号，即 $u_{i1}=u_{i2}$，这种输入方式称为共模输入，所输入的信号称为共模输入信号，用 u_{ic} 表示，u_{ic} 与两输入端输入信号有如下关系：

$$u_{ic}=u_{i1}=u_{i2} \tag{10-2-3}$$

共模输入电路如图 10-2-3 所示。

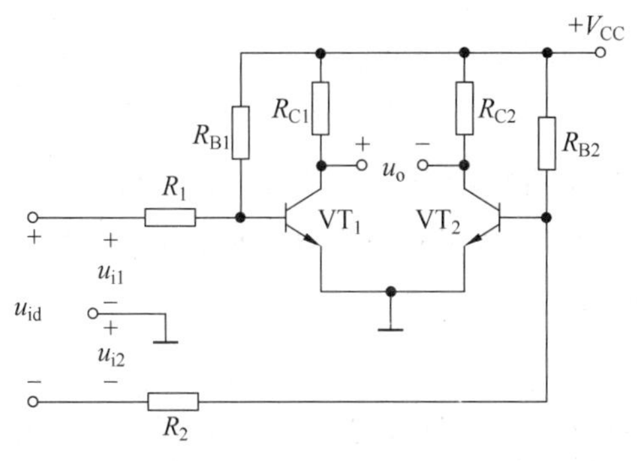

图 10-2-2　差模输入电路

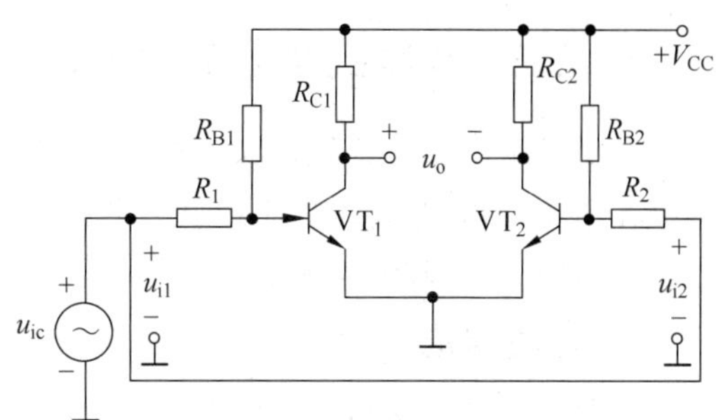

图 10-2-3　共模输入电路

当差分放大电路两个输入端输入的信号大小不等时，可将其分解为差模信号和共模信号。由于差模输入信号 $u_{id}=u_{i1}-u_{i2}$，共模输入信号 u_{ic} 可以写为

$$u_{ic}=\frac{u_{i1}+u_{i2}}{2} \tag{10-2-4}$$

于是，加在两输入端上的信号可分解为

$$\begin{cases} u_{i1}=u_{ic}+\dfrac{u_{id}}{2} \\ u_{i2}=u_{ic}-\dfrac{u_{id}}{2} \end{cases} \tag{10-2-5}$$

2. 电压放大倍数

差分放大电路对差模输入信号的放大倍数叫作差模电压放大倍数，用 A_{ud} 表示，假设两边单管放大电路完全对称，且每一边单管放大电路的电压放大倍数为 A_{u1}，可以推出当输入差模信号时，A_{ud} 为

$$A_{ud}=\frac{u_o}{u_{id}}=\frac{u_{C1}-u_{C2}}{u_{i1}-u_{i2}}=\frac{2u_{C1}}{2u_{i1}}=\frac{u_{C1}}{u_{i1}}=A_{u1} \tag{10-2-6}$$

上式表明，差分放大电路的差模电压放大倍数和单管放大电路的电压放大倍数相同。多用一个放大管后，虽然电压放大倍数没有增加，但是换来了对零漂的抑制。

差分放大电路对共模输入信号的放大倍数叫作共模电压放大倍数，用 A_{uc} 表示，可以推出，当输入共模信号时，A_{uc} 为

$$A_{uc}=\frac{u_o}{u_{ic}}=\frac{u_{C1}-u_{C2}}{u_{i1}}=\frac{0}{u_{i1}}=0 \tag{10-2-7}$$

上式表明，差分放大电路对共模信号没有放大作用。

3. 共模抑制比

差分放大电路的共模抑制比用符号 K_{CMR} 表示，它定义为差模电压放大倍数与共模电压放大倍数之比，一般用对数表示，单位为分贝(dB)，即

$$K_{CMR}=20\lg\left|\frac{A_{ud}}{A_{uc}}\right| \tag{10-2-8}$$

共模抑制比描述差分放大电路对共模信号即零漂的抑制能力。K_{CMR} 越大，说明抑制零漂的能力越强。在理想情况下，差分放大电路两侧的参数完全对称，两管输出端的零漂完全抵

消，则共模电压放大倍数 $A_{uc}=0$，共模抑制比 $K_{CMR}=\infty$。

10.2.2 长尾式差分放大电路

对于基本形式的差分放大电路而言，由于内部参数不可能绝对匹配，所以输出电压 u_o 仍然存在零点漂移，共模抑制比很低。因此，在实际工作中一般不采用这种基本形式的差分放大电路，而是在此基础上稍加改进，组成了长尾式差分放大电路。

1. 电路组成

在图 10-2-1 的基础上，在两个放大管的发射极接入一个发射极电阻 R_E，如图 10-2-4 所示，这个电阻像一条"长尾"，所以这种电路称为长尾式差分放大电路。

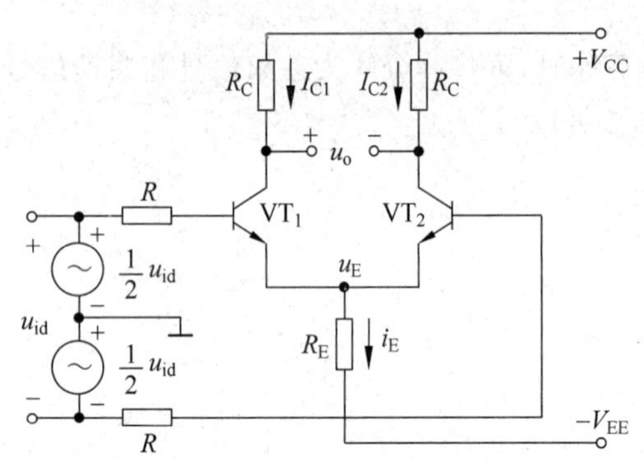

图 10-2-4 长尾式差分放大电路

长尾电阻 R_E 对共模信号具有抑制作用。假设在电路输入端加上正的共模信号，则两个管子的集电极电流 i_{C1}、i_{C2} 同时增加，使流过发射极电阻 R_E 的电流 i_E 增加，于是发射极电位 u_E 升高，从而两管的 u_{BE1}、u_{BE2} 降低，进而限制了 i_{C1}、i_{C2} 的增加。

但是对于差模输入信号，由于两管的输入信号幅度相等而极性相反，所以 i_{C1} 增加多少，i_{C2} 就减少同样的数量，因而流过 R_E 的电流总量保持不变，即 $\Delta u_E=0$，所以 R_E 对差模输入信号无影响。

由以上分析可知，长尾电阻 R_E 的接入使共模放大倍数减小，降低了每个管子的零点漂移，但对差模放大倍数没有影响，因此提高了电路的共模抑制比。R_E 越大，抑制零漂的效果越好。但是，随着 R_E 的增大，R_E 上的直流压降将越来越大。为此，在电路中引入一个负电源 V_{EE} 来补偿 R_E 上的直流压降，以免输出电压变化范围太小。引入 V_{EE} 后，静态基极电流可由 V_{EE} 提供，因此可以不接基极电阻 R_b。

2. 静态分析

当输入电压等于零时，由于电路结构对称，故设 $I_{BQ1}=I_{BQ2}=I_{BQ}$，$I_{CQ1}=I_{CQ2}=I_{CQ}$，$U_{BEQ1}=U_{BEQ2}=U_{BEQ}$，$U_{CQ1}=U_{CQ2}=U_{CQ}$，$\beta_1=\beta_2=\beta$。由三极管的基极回路可得

$$I_{BQ}R+U_{BEQ}+2I_{EQ}R_E=V_{EE} \tag{10-2-9}$$

则静态基极电流为

$$I_{BQ}=\frac{V_{EE}-U_{BEQ}}{R+2(1+\beta)R_E} \tag{10-2-10}$$

静态集电极电流和电位为

$$I_{CQ}\approx\beta I_{BQ} \tag{10-2-11}$$

$$U_{CQ}=V_{CC}-I_{CQ}R_C\text{(对地)} \tag{10-2-12}$$

静态基极电位为

$$U_{BQ}=-I_{BQ}R\text{(对地)} \tag{10-2-13}$$

3. 动态分析

当输入差模信号时，由于两管的输入电压大小相等、方向相反，流过两管的电流也大小相

等、方向相反，结果使长尾电阻 R_E 上的电流变化为零，则 $u_E=0$。可以认为 R_E 对差模信号呈短路状态。交流通路如图 10-2-5 所示。图中 R_L 为接在两个三极管集电极之间的负载电阻。当输入差模信号时，一管集电极电位降低，另一管集电极电位升高，而且升高与降低的数值相等，于是可以认为 R_L 中点处的电位为零，即在 $R_L/2$ 处相当于交流接地。

根据交流通路可得差模电压放大倍数为

$$A_{ud}=\frac{u_o}{u_{id}}=\frac{u_{C1}-u_{C2}}{u_{i1}-u_{i2}}=\frac{2u_{C1}}{2u_{i1}}=A_{u1}=-\frac{\beta\left(R_C//\frac{R_L}{2}\right)}{r_{be}+R} \tag{10-2-14}$$

从两管输入端向里看，差模输入电阻为

$$R_{id}=2(R+r_{be}) \tag{10-2-15}$$

两管集电极之间的输出电阻为

$$R_o=2R_C \tag{10-2-16}$$

在长尾式差分放大电路中，为了在两参数不完全对称的情况下能使静态时的 u_o 为零，常常接入调零电位器 R_P，如图 10-2-6 所示。

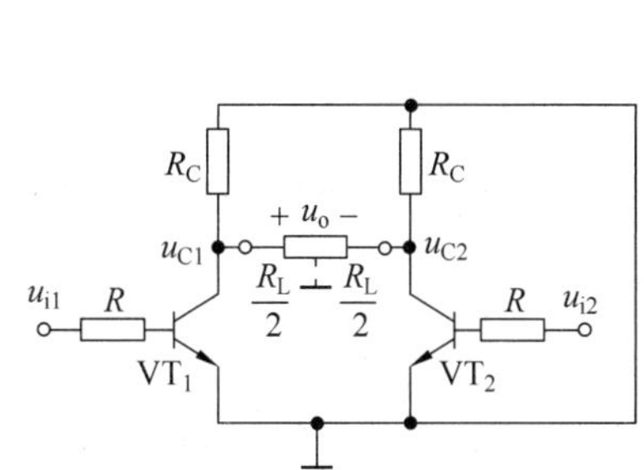

图 10-2-5　长尾式差放电路的交流通路

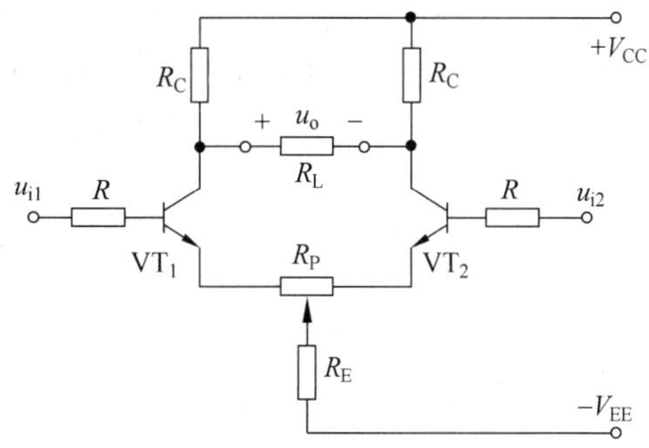

图 10-2-6　接有调零电位器的长尾式差放电路

10.2.3　恒流源式差分放大电路

在长尾式差分放大电路中，R_E 越大，抑制零漂的能力越强。但 R_E 的增大是有限的，原因有两个：一是在集成电路中难以制作大电阻；二是在同样的工作电流下 R_E 越大，所需 V_{EE} 越高。为此，可以考虑采用一个三极管代替原来的长尾电阻 R_E。

在三极管输出特性的恒流区，当集电极电压有一个较大的变化量 Δu_{CE} 时，集电极电流 i_C 基本不变。此时三极管 C-E 之间的等效电阻 $r_{CE}=\Delta u_{CE}/\Delta i_C$ 的值很大。用恒流三极管充当一个阻值很大的长尾电阻 R_E，既可在不用大电阻的条件下有效地抑制零漂，又适合集成电路制造工艺中用三极管代替大电阻的特点，因此，这种方法在集成运放中被广泛采用。

恒流源式差分放大电路如图 10-2-7 所示。由图可见，恒流管 VT$_3$ 的基极电位由 R_{B1}、R_{B2} 分压后得到，可认为基本不受温度变化的影响，则当温度变化时 VT$_3$ 的发射极电位和发射极电流也基本保持稳定，而两个放大管的集电极电流 i_{C1} 和 i_{C2} 之和近似等于 i_{C3}，所以 i_{C1} 和 i_{C2} 将不会因温度的变化而同时增大或减小，可见，接入恒流三极管后，抑制了共模信号的变化。

有时，为了简化起见，常常不把恒流源式差分放大电路中恒流管 VT$_3$ 的具体电路画出，而采用一个简化的恒流源符号来表示，如图 10-2-8 所示。

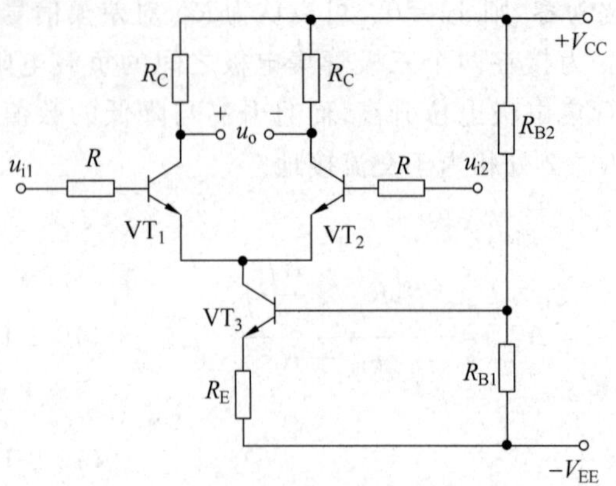

图 10-2-7 恒流源式差分放大电路

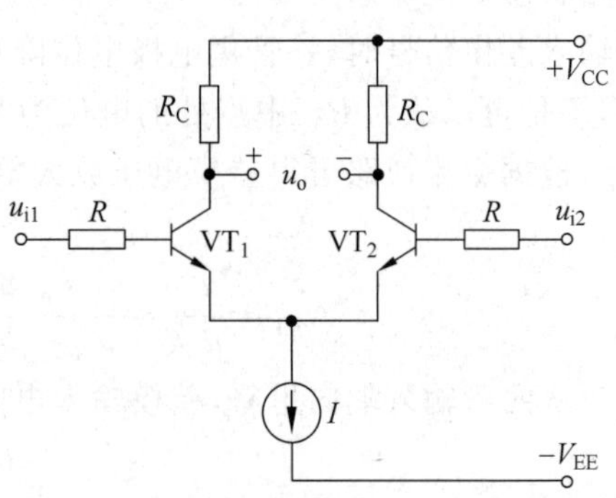

图 10-2-8 简化的恒流源式差分放大电路

10.2.4 差分放大电路的接法

差分放大电路有两个放大三极管，它们的基极和集电极分别是放大电路的两个输入端和两个输出端。差分放大电路的输入端、输出端可以有 4 种不同的接法，即双端输入、双端输出；双端输入、单端输出；单端输入、双端输出；单端输入、单端输出，如图 10-2-9 所示。

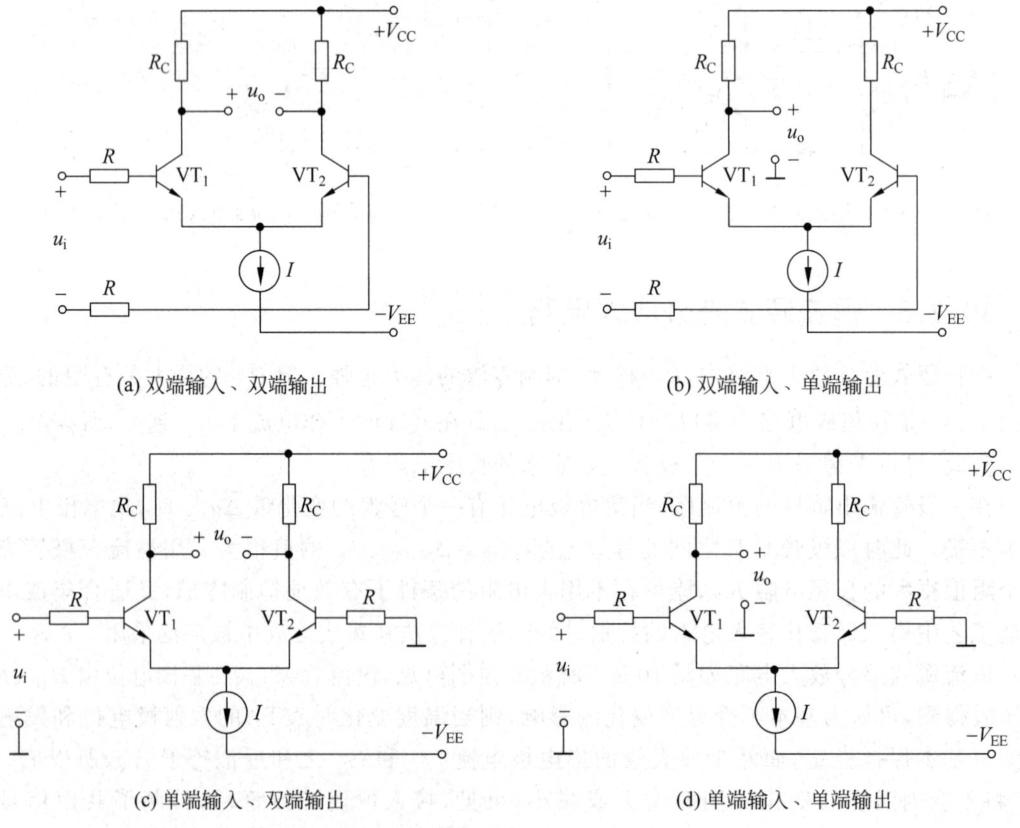

(a) 双端输入、双端输出

(b) 双端输入、单端输出

(c) 单端输入、双端输出

(d) 单端输入、单端输出

图 10-2-9 差分放大电路的 4 种接法

当输入、输出的接法不同时，放大电路的性能、特点也不尽相同。其性能比较如表 10-2-1 所示。

表 10-2-1 差分放大电路 4 种接法的性能比较

性能特点	接法			
	双入、双出	双入、单出	单入、双出	单入、单出
A_{ud}	$-\dfrac{\beta\left(R_C /\!/ \dfrac{R_L}{2}\right)}{r_{be}+R}$	$-\dfrac{1}{2}\dfrac{\beta(R_C//R_L)}{r_{be}+R}$	$-\dfrac{\beta\left(R_C /\!/ \dfrac{R_L}{2}\right)}{r_{be}+R}$	$-\dfrac{1}{2}\dfrac{\beta(R_C//R_L)}{r_{be}+R}$
R_{id}	$2(R+r_{be})$	$2(R+r_{be})$	$\approx 2(R+r_{be})$	$\approx 2(R+r_{be})$
R_o	$2R_C$	R_C	$2R_C$	R_C
K_{CMR}	很高	较高	很高	较高
特点	A_{ud} 与单管放大电路的 A_u 基本相同；适用于输入信号和负载的两端均不接地的情况	A_{ud} 约为双端输出时的一半；适用于将双端输入转换为单端输出	A_{ud} 与单管放大电路的 A_u 基本相同；适用于将单端输入转换为双端输出	A_{ud} 约为双端输出时的一半；适用于输入、输出均要求接地的情况；选择从不同的管子输出，可使输出、输入电压反相或同相

10.3 集成运放中的电流源电路

在电子电路中，特别是模拟集成电路中，广泛使用不同类型的电流源。它的第一个用途是为各种基本放大电路提供稳定的偏置电流；第二个用途是用作放大电路的有源负载。

10.3.1 镜像电流源

图 10-3-1 所示为镜像电流源的结构原理图。图中 VT_0 管和 VT_1 管具有完全相同的输入特性和输出特性，且由于两管的 b、e 极分别相连，$U_{BE0}=U_{BE1}$，$I_{B0}=I_{B1}$，因而就像照镜子一样，VT_1 管和 VT_0 管的集电极电流相等，所以该电路称为镜像电流源。由图可知，VT_0 管的 b、c 极相连，VT_0 管处于临界放大状态，电阻 R 中电流 I_R 为基准电流，表达式为

$$I_R=\frac{V_{CC}-U_{BEQ}}{R} \tag{10-3-1}$$

且 $I_R=I_{C0}+I_{B0}+I_{B1}=I_{C1}+2I_{B1}=(1+2/\beta)I_{C1}$，所以当 $\beta\gg 2$ 时，有

$$I_{C1}\approx I_R=\frac{V_{CC}-U_{BEQ}}{R} \tag{10-3-2}$$

可见，只要电源 V_{CC} 和电阻 R 确定，则 I_{C1} 就确定。恒定的 I_{C1} 可作为提供给某个放大级的静态偏置电流。另外，在镜像电流源中，VT_0 的发射结对 VT_1 具有温度补偿作用，可有效地抑制 I_{C1} 的温漂。例如，当温度升高使 VT_1 的 I_{C1} 增大的同时，也使 VT_0 的 I_{C0} 增大，从而使 $U_{BE0}(U_{BE1})$减小，致使 I_{B1} 减小，从而抑制了 I_{C1} 的增大。

10.3.2 微电流源

图 10-3-2 是模拟集成电路中常用的一种电流源。

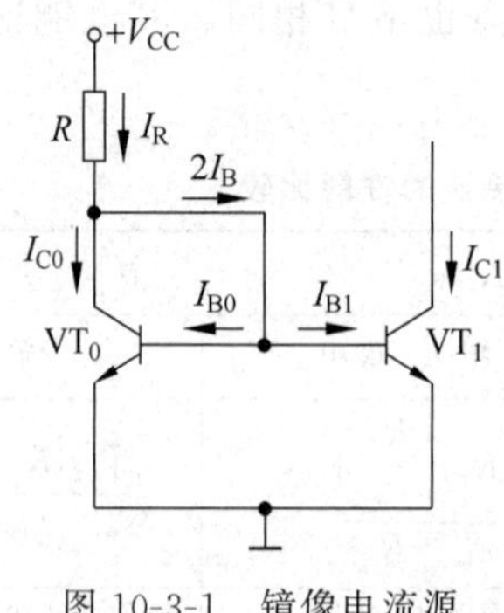

图 10-3-1　镜像电流源

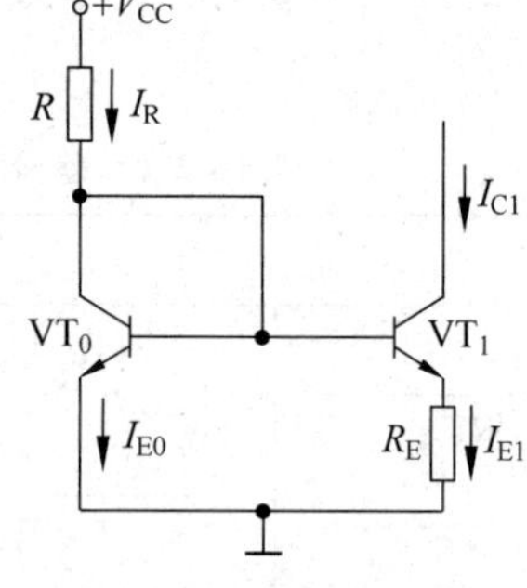

图 10-3-2　微电流源

与镜像电流源相比，在 T_1 的射极电路接入电阻 R_E，当基准电流 I_R 一定时，I_{C1} 可如下确定，因为

$$U_{BE0}-U_{BE1}=\Delta U_{BE}=I_{E1}R_E \tag{10-3-3}$$

所以有

$$I_{C1}\approx I_{E1}=\frac{\Delta U_{BE}}{R_E}=\frac{U_{BE0}-U_{BE1}}{R_E} \tag{10-3-4}$$

由式(10-3-4)可知，利用两管发射结电压差 ΔU_{BE} 可以控制输出电流 I_{C1}。由于 ΔU_{BE} 的数值较小，这样，用阻值不大的 R_E 即可获得微小的工作电流，故称此电流源为微电流源。

10.4　集成运放的主要性能指标

1. 开环差模电压增益 A_{od}

A_{od} 是指运放在无外加反馈情况下的直流差模增益，一般用对数表示，单位为分贝(dB)。它是频率的函数，也是影响运算精度的重要参数。一般运放的 A_{od} 为 60～120dB，性能较好的运放 $A_{od}>140$dB。

2. 共模抑制比 K_{CMR}

共模抑制比是指运放的差模电压增益 A_{ud} 与共模电压增益 A_{uc} 之比，一般也用对数表示。一般运放的 K_{CMR} 为 80～160dB。该指标用以衡量集成运放抑制零漂的能力。

3. 差模输入电阻 R_{id}

差模输入电阻是指开环情况下，输入差模信号时运放的输入电阻。其定义为差模输入电压 U_{id} 与相应的输入电流 I_{id} 的变化量之比。R_{id} 用以衡量集成运放向信号源索取电流的大小。该指标越大越好，一般运放的 R_{id} 为 10kΩ～3MΩ。

4. 输入失调电压 U_{io}

输入失调电压的定义是，为了使运放在输入为零时输出也为零，在输入端所需要加的补偿电压。U_{io} 实际上就是输出失调电压折合到输入端电压的负值，其大小反映了运放电路的对称程度。U_{io} 越小越好，一般为±(0.1～10)mV。

5. 最大差模输入电压 U_{idm}

最大差模输入电压是集成运放反相输入端与同相输入端之间能够承受的最大电压。若超过这个限度，输入级差分对管中的一个管子的发射结可能被反向击穿。若输入级由 NPN 管构成，则其 U_{idm} 约为±5V，若输入级含有横向 PNP 管，则 U_{idm} 可达±30V 以上。

6. 单位增益带宽 BW_G 和开环带宽 BW_{Hf}

BW_G 是指开环差模电压增益 A_{od} 下降到 0dB(即 $A_{od}=1$)时的信号频率，它与三极管的特征频率相类似。BW_{Hf} 是指 A_{od} 下降 3dB 时的信号频率。BW_{Hf} 不高，约几十至几百千赫兹。

10.5 差动放大电路的 Multisim 仿真实例

差动放大电路的内容详见本章 10.2 节。

1. 仿真目的

验证长尾式和恒流源式差动放大电路对信号的放大作用。

2. 仿真过程

(1) 利用 Multisim 10 软件绘制单端输入、双端输出差动放大电路仿真电路图，该电路的输入交流信号频率为 1kHz，幅值为 10mV。

(2) 当开关 J1 连接 RE 时，电路为长尾式差动放大电路，如图 10-5-1 所示。

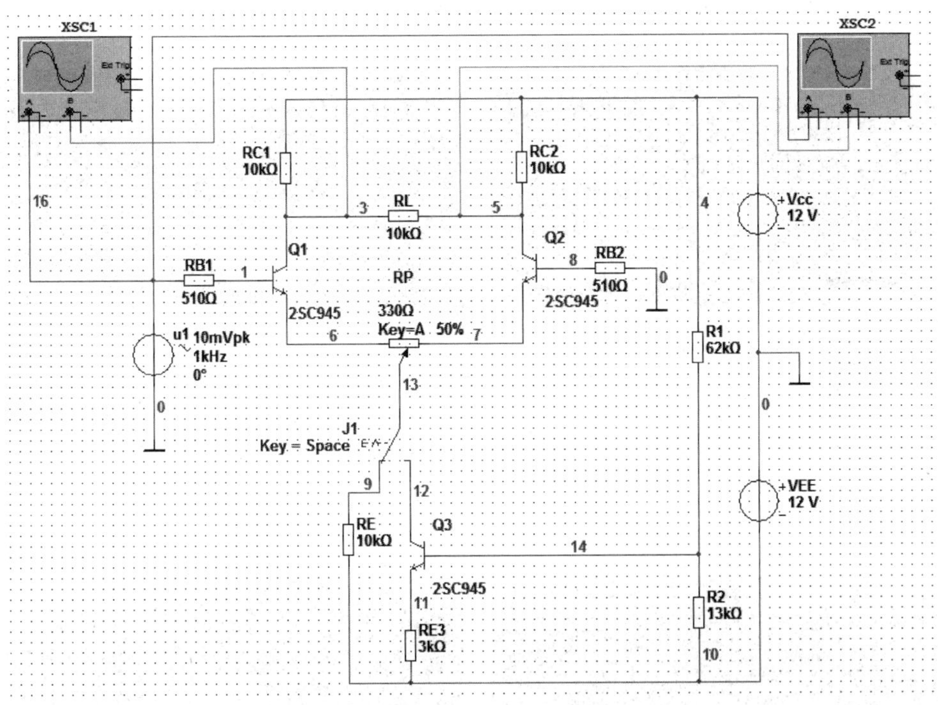

图 10-5-1 长尾式差动放大电路仿真电路图

(3) 当开关 J1 连接 Q3 时，电路为恒流源式差动放大电路，如图 10-5-2 所示。

(4) 双踪示波器 XSC1 的通道 A 测量输入信号波形，通道 B 测量反相输出端的信号波形；双踪示波器 XSC2 的通道 A 测量输入信号波形，通道 B 测量同相输出端的信号波形，并设置合适的示波器参数。

(5) 启动仿真，观察输入信号和输出信号的波形，如图 10-5-3 和图 10-5-4 所示。

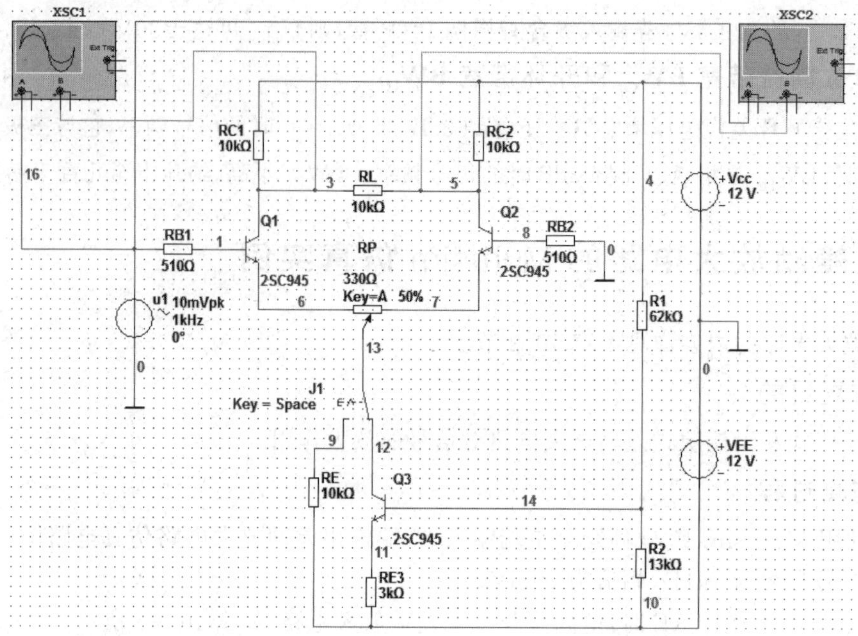

图 10-5-2　恒流源式差动放大电路仿真电路图

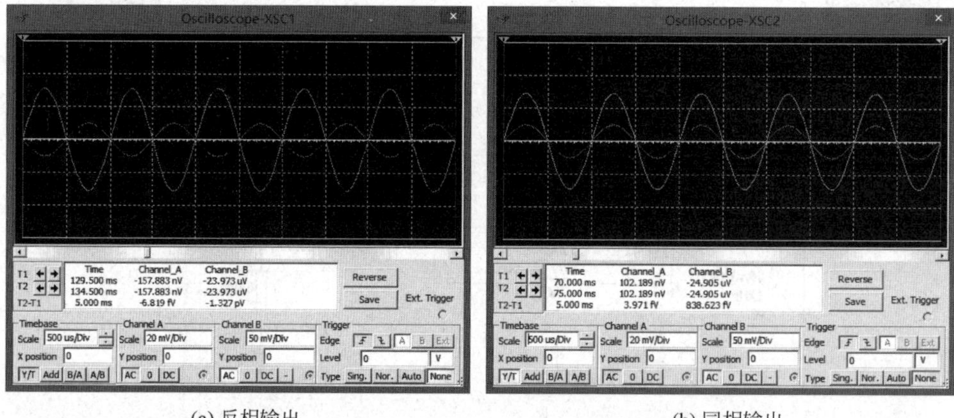

(a) 反相输出　　(b) 同相输出

图 10-5-3　长尾式差动放大电路输入/输出信号波形

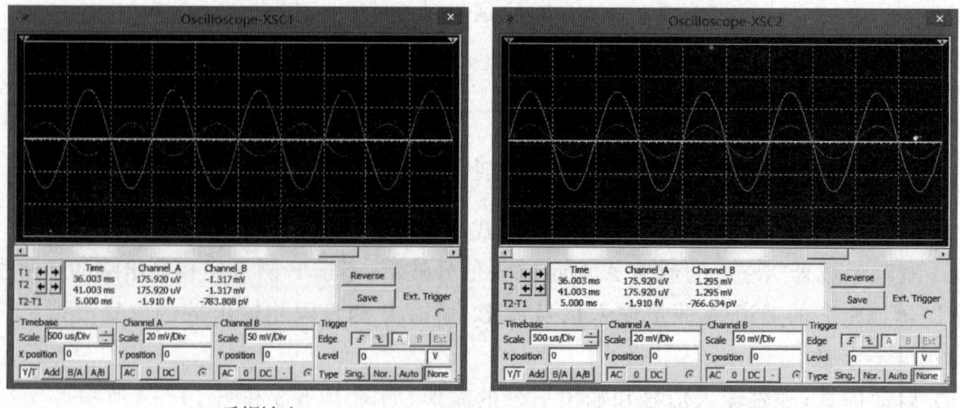

(a) 反相输出　　(b) 同相输出

图 10-5-4　恒流源式差动放大电路输入/输出信号波形

根据测量波形所示，电路实现了对输入差模信号进行放大的作用，并且有同相和反相两个输出端。

习题 10

10-1　电路的 A_d 越大表示对________信号的放大能力越强，K_{CMR} 越大表示对________信号的抑制能力越强。

10-2　集成运放有________个输入端，________个输出端。

10-3　集成运放的内部实质上是一个高放大倍数的________耦合的________放大电路。

10-4　集成运放通常由________级、________级、________级和________ 4 个基本部分组成。

10-5　单端输入差动放大电路，输入信号的极性与同侧晶体管集电极信号的极性________；与另外一侧晶体管集电极信号的极性________。

10-6　若在差动放大器的一个输入端加上信号 $u_{i1}=6\text{mV}$，而在另一输入端加入信号 u_{i2}。当 u_{i2} 分别为：(1) $u_{i2}=6\text{mV}$，(2) $u_{i2}=-6\text{mV}$，(3) $u_{i2}=8\text{mV}$，(4) $u_{i2}=-8\text{mV}$ 时，分别求出上述 4 种情况的差模信号 u_{id} 和共模信号 u_{ic} 的数值。

10-7　在题 10-7 图所示电路中，已知三极管的 $\beta=100$，$r_{be}=10.3\text{k}\Omega$，$V_{EE}=V_{CC}=15\text{V}$，$R_C=36\text{k}\Omega$，$R_E=56\text{k}\Omega$，$R=2.7\text{k}\Omega$，$R_P=100\Omega$，$R_P$ 的滑动端处于中点，$R_L=18\text{k}\Omega$。试求：(1)估算电路的静态工作点；(2)电路的差模电压放大倍数 A_{ud}；(3)电路的差模输入电阻 R_{id}。

10-8　在题 10-8 图所示电路中，已知三极管的 $\beta=30$，$U_{BEQ}=0.7\text{V}$，$V_{EE}=V_{CC}=9\text{V}$，$R_C=47\text{k}\Omega$，$R_E=13\text{k}\Omega$，$R_{B1}=3.6\text{k}\Omega$，$R_{B2}=16\text{k}\Omega$，$R=10\text{k}\Omega$，$R_L=20\text{k}\Omega$。试求：(1)估算电路的静态工作点；(2)电路的差模电压放大倍数 A_{ud}。

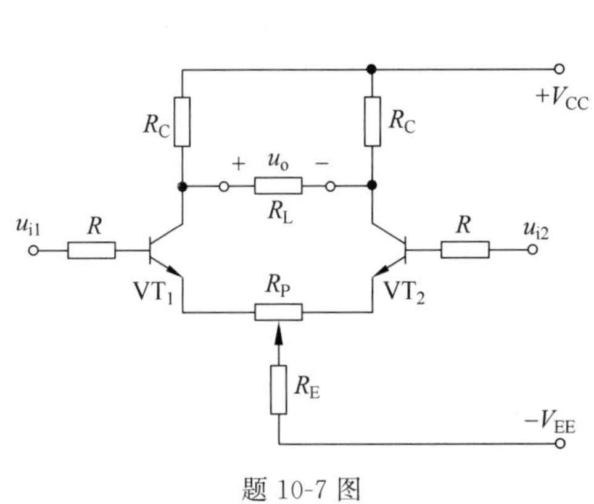

题 10-7 图

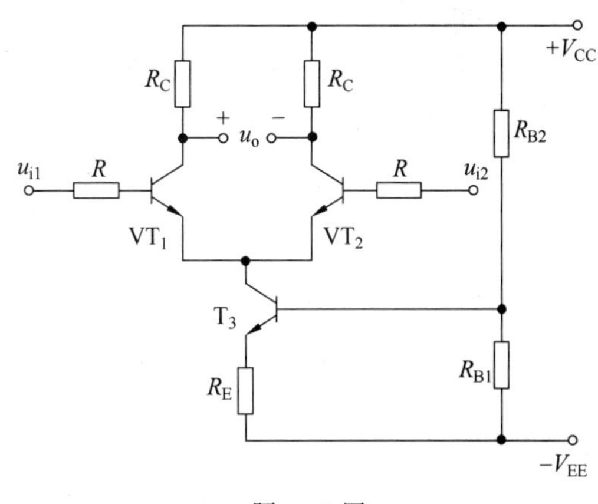

题 10-8 图

第11章 放大电路中的反馈

本章主要介绍反馈的基本概念，交流负反馈的基本组态，负反馈对放大电路性能的影响，以及在放大电路中引入反馈的一般原则。

11.1 反馈的基本概念及判断方法

在电子电路里，反馈现象是普遍存在的。放大电路中引入负反馈，可以有效地改善电路的性能。例如在第8章介绍的分压式放大电路中，引入直流负反馈起到了稳定静态工作点的作用。

11.1.1 反馈的基本概念

所谓反馈，就是将放大电路的输出量（电压或电流）的一部分或全部，通过一定的电路形式（反馈网络）引回到它的输入端来影响输入量（电压或电流）的连接方式。

为了更好地理解反馈的概念，将引入反馈的放大电路用一个方框图表示，如图11-1-1所示。为了表示一般情况，图中所示方框图中的输入信号、输出信号和反馈信号都用正弦相量表示，它们可能是电压量，也可能是电流量。

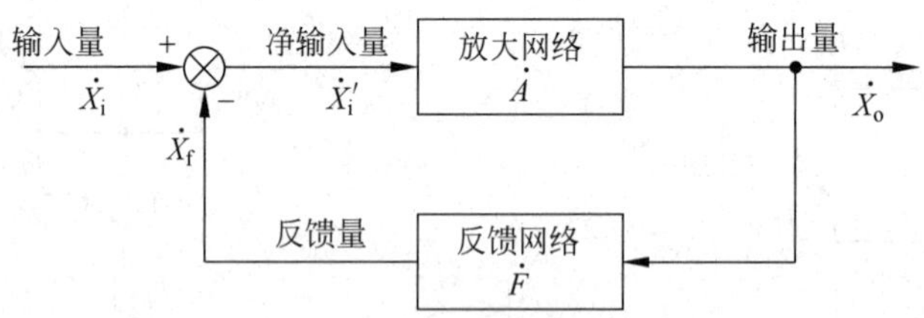

图11-1-1　反馈放大电路方框图

图中，上面一个方框表示放大网络，无反馈时放大网络的放大倍数为 $\dot{A}$，下面一个方框表示能够把输出信号的一部分或者全部送回到输入端的电路，称为反馈网络，反馈系数用 $\dot{F}$ 表示；箭头线表示信号的传输方向，信号在放大网络中为正向传递，在反馈网络中为反向传递；符号⊗表示信号叠加，输入信号 $\dot{X}_i$ 由前级电路提供；反馈信号 $\dot{X}_f$ 是反馈网络从输出端取样后送回到输入端的信号；$\dot{X}_i'$是输入信号 $\dot{X}_i$ 与反馈信号 $\dot{X}_f$ 在输入端叠加后的净输入信号，“＋”和“－”表示 $\dot{X}_i$ 和 $\dot{X}_f$ 参与叠加时的规定正方向；$\dot{X}_o$ 为输出信号。通常，从输出端取出信号的过程称为取样；把 $\dot{X}_i$ 与 $\dot{X}_f$ 的叠加过程称为比较。

引入反馈后，放大电路与反馈网络构成一个闭合环路，所以有时把引入了反馈的放大电路叫作闭环放大电路（或称闭环系统），而未引入反馈的放大电路叫作开环放大电路（或称开环系统）。

由图 11-1-1 可以看出，一个反馈放大电路主要由开环放大电路、反馈网络和比较环节三部分构成，其基本关系如下。

开环放大倍数：

$$\dot{A}=\frac{\dot{X}_0}{\dot{X}_i'} \tag{11-1-1}$$

反馈系数：

$$\dot{F}=\frac{\dot{X}_f}{\dot{X}_0} \tag{11-1-2}$$

闭环放大倍数：

$$\dot{A}_f=\frac{\dot{X}_0}{\dot{X}_i}=\frac{\dot{X}_0}{\dot{X}_i'+\dot{X}_f}=\frac{\dot{A}}{1+\dot{A}\dot{F}} \tag{11-1-3}$$

式(11-1-1)是反馈放大电路的基本方程式，是分析反馈问题的基础，$1+\dot{A}\dot{F}$ 的值是衡量负反馈程度的一个重要指标，称为反馈深度。

11.1.2　反馈的类型及判别方法

由反馈定义可知，若放大电路存在某一网络（或元件）满足既与放大电路的输出回路相连，又和放大电路的输入回路相接，且能将输出信号的变化反向传送到输入这三个条件，则该网络（或元件）必定是反馈网络（或元件），电路存在反馈。相连、相接和反向传送可以作为判断电路存在反馈的依据。

1. 正反馈和负反馈

按照反馈量极性分类，有正反馈和负反馈。以图 11-1-1 为例，如果反馈量 $\dot{X}_f$ 增强了净输入量 $\dot{X}_i'$，使输出量有所增大，称为正反馈；反之，如果反馈量 $\dot{X}_f$ 削弱了净输入量 $\dot{X}_i'$，使输出量有所减小，则称为负反馈。

判断正、负反馈，一般用瞬时极性法。具体方法如下。

(1) 假设输入信号某一时刻的瞬时极性为正（用“+”表示）或负（用“−”表示），“+”表示该瞬间信号有增大的趋势，“−”则表示该瞬时信号有减小的趋势。

(2) 根据输入信号与输出信号的相位关系，逐步推断电路有关各点此时的极性，最终确定输出信号和反馈信号的瞬时极性。注意，在推演过程中，电阻和电容不改变信号极性；晶体管遵循基极与集电极反极性、基极与发射极同极性的原则；场效应管遵循栅极与漏极反极性、栅极与源极同极性的原则。

(3) 根据反馈信号与输入信号的连接情况，分析净输入量的变化，如果反馈信号使净输入量增强，即为正反馈；反之为负反馈。

2. 直流反馈和交流反馈

按照反馈量中包含交、直流的成分的不同，有直流反馈和交流反馈之分。如果反馈量中只含有直流成分，称为直流反馈。如果反馈量中只含有交流成分，称为交流反馈。如果反馈量内既有直流成分又有交流成分，则放大电路中既存在直流反馈，也存在交流反馈。

关于交、直流反馈的判断方法：主要看交流通路或直流通路中有无反馈通路，若存在相应的反馈通路，必有对应的反馈。

3. 电压反馈和电流反馈

按照反馈量在放大电路输出端取样方式的不同，可分为电压反馈和电流反馈。如果反馈量取自输出电压，和输出电压成正比，则称为电压反馈；如果反馈量取自输出电流，和输出电流成正比，则称为电流反馈。

对于电路中引入的是电压反馈还是电流反馈，可以用以下方法判断。

方法1：输出短路法。首先将反馈放大电路的输出端对地交流短路，然后看反馈信号是否依然存在，如果短路后反馈信号消失，则为电压反馈；如果反馈信号依然存在，就是电流反馈。因为输出端对地交流短路后，输出交变电压为零，如果反馈信号消失，说明反馈信号正比于输出电压，所以是电压反馈；如果反馈信号依然存在，说明反馈信号与输出电压不构成正比，故不是电压反馈，因而是电流反馈。

方法2：电路结构判定法。在交流通路中，若反馈网络的取样端处与放大电路的输出端处在同一个电极上，即反馈网络的取样端在放大电路的输出端有节点产生，则为电压反馈；否则是电流反馈。因为电压反馈时，基本放大电路、反馈网络、负载三者对交变信号在取样端并联。

方法3：负载开路法。将反馈放大电路的负载开路，若反馈信号随之消失，则为电流反馈；否则是电压反馈。因为负载开路后，输出电流为零，若反馈信号随之消失，则说明反馈信号正比于输出电流，故为电流反馈。

4. 串联反馈和并联反馈

串联反馈和并联反馈是指反馈信号在放大电路的输入回路和输入信号的连接形式。

反馈信号可以是电压形式或电流形式；输入信号也可以是电压形式或电流形式。如果反馈信号和输入信号都是以电压形式出现，那么它们在输入回路必定以串联的方式连接，这就是串联反馈；如果反馈信号和输入信号都是以电流形式出现，那么它们在输入回路必定以并联的方式连接，这就是并联反馈。

判断串、并联反馈的方法是：对于交流分量而言，如果输入信号和反馈信号分别接到同一放大器件的同一个电极上，则为并联反馈；如果输入信号和反馈信号分别接到同一放大器件的不同电极上，则为串联反馈。

根据以上分析可知，实际放大电路中的反馈形式是多种多样的，对于负反馈来说，根据反馈信号在输出端取样方式以及在输入回路中叠加形式的不同，共有4种组态，分别是电压串联负反馈、电压并联负反馈、电流串联负反馈、电流并联负反馈。

【例 11-1-1】 判断图 11-1-2 所示电路引入的交流反馈类型。

【解答】 如图 11-1-2 所示，$u_{be}=u_i-u_f$，即 $u_i'=u_i-u_f$，反馈信号削弱了输入信号，使净输入信号减小，所以 R_E 引入的反馈为负反馈。

如图 11-1-2(a)所示，$u_f=i_eR_E\approx i_cR_E$，即 $u_f\propto i_c$，反馈信号正比于输出电流，所以 R_E 引入的反馈为电流反馈。

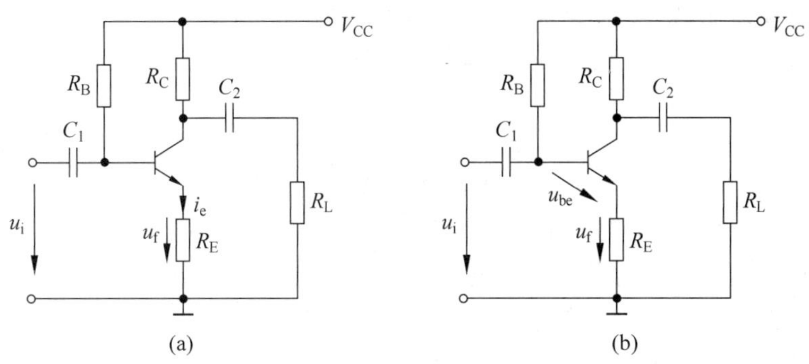

图 11-1-2　例 11-1-1 图

如图 11-1-2(b)所示，$u_{be}=u_i-u_f$，即 $u_i'=u_i-u_f$，反馈信号与输入信号以电压形式叠加，故为串联反馈。

综上所述，电路引入的是电流串联交流负反馈。

11.2　负反馈对放大电路性能的影响

1. 对放大倍数的影响

在不考虑相位的情况下，引入负反馈后的闭环放大倍数为

$$A_f=\frac{A}{1+AF} \tag{11-2-1}$$

引入负反馈后的闭环放大倍数的相对稳定性为

$$\frac{dA_f}{A_f}=\frac{1}{1+AF}\frac{dA}{A} \tag{11-2-2}$$

可见，引入负反馈后，使放大倍数减低为原来的 $1/(1+AF)$，但放大倍数的稳定性提高了 $(1+AF)$倍。例如，若 $1+AF=100$，当 A 变化 10%时，A_f 仅变化 0.1%。

2. 对通频带的影响

引入负反馈后，电压放大倍数下降几分之一，通频带就展宽几倍。可见，引入负反馈可以展宽通频带，但这也是以降低放大倍数作为代价的。

3. 对非线性失真的影响

可以证明，在输出信号基波不变的情况下，引入负反馈后，电路的非线性失真减小到原来的 $1/(1+AF)$。

注意：改善的只是反馈环内产生的非线性失真。

4. 对输入、输出电阻的影响

(1) 串联负反馈使输入电阻增大。在串联负反馈中，由于在放大电路的输入端反馈网络和基本放大电路是串联的，输入电阻的增加是不难理解的。通过分析可知，串联负反馈放大电路的输入电阻为

$$R_{if}=(1+AF)R_i \tag{11-2-3}$$

式中：R_i 为基本放大电路的输入电阻。因此，串联负反馈放大电路与基本放大电路相比，输入电阻增大为原来的$(1+AF)$倍。

(2) 并联负反馈使输入电阻减小。在并联负反馈中,由于在放大电路的输入端,反馈网络和基本放大电路是并联的,因而势必造成输入电阻的减小。通过分析可得,并联负反馈放大电路的输入电阻为

$$R_{\text{if}}=\frac{1}{1+AF}R_{\text{i}} \tag{11-2-4}$$

因此,并联负反馈放大电路与基本放大电路相比,输入电阻减为原来的 $1/(1+AF)$倍。

(3) 电压负反馈使输出电阻减小。电压负反馈具有稳定输出电压的作用,即当负载变化时,输出电压的变化很小,这意味着电压负反馈放大电路的输出电阻减小了。若基本放大电路的输出电阻为 R_{o},可以证明,电压负反馈放大电路的输出电阻为

$$R_{\text{of}}=\frac{1}{1+AF}R_{\text{o}} \tag{11-2-5}$$

因此,电压负反馈放大电路与基本放大电路相比,输出电阻减为原来的 $1/(1+AF)$倍。

(4) 电流负反馈使输出电阻增大。电流负反馈具有稳定输出电流的作用,即当负载变化时,输出电流的变化很小,这意味着电流负反馈放大电路的输出电阻增大了。若基本放大电路的输出电阻为 R_{o},可以证明,电流负反馈放大电路的输出电阻为

$$R_{\text{of}}=(1+AF)R_{\text{o}} \tag{11-2-6}$$

因此,电流负反馈放大电路与基本放大电路相比,输出电阻增为原来的$(1+AF)$倍。

11.3 放大电路中引入负反馈的一般原则

通常引入负反馈深度越大,对于电路性能的改善越好,如增益稳定性的提高,通频带的展宽,非线性失真的减小,输入电阻的增加和输出电阻的减小。但是,反馈深度越大,对电路的增益衰减也越大,所以负反馈是以牺牲增益为代价来换取电路性能的改善。因此,应选用高增益的放大电路,如集成运算放大器。同时,对反馈电路中反馈系数的选取也应该根据实际要求确定。另外,引入的负反馈不同对电路的性能影响也不相同,而且为了使负反馈对电路性能提高有明显的作用,对不同的信号源和不同的负载也都有不同的要求,所以在设计负反馈放大电路时,应根据需要和目的,引入合适的负反馈,以下是设计中应掌握的一些原则。

(1) 如果目的是稳定放大电路的静态工作点,应该引入直流负反馈;如果目的是改善放大电路的动态性能,应该引入交流负反馈。

(2) 当信号源是恒压源或内阻较小的电压源时,应引入串联负反馈;而当信号源为恒流源或内阻较大的电压源时,应引入并联负反馈。这样,才能使引入的负反馈的调节作用得到充分发挥。

(3) 当负载需要稳定的电压信号时,应引入电压负反馈;当负载需要稳定的电流信号时,应引入电流负反馈。

(4) 为了提高电路输入电阻时,应引入串联负反馈;为了降低电路的输出电阻时,应引入电压负反馈。

(5) 若需要将电流信号转换成电压信号时,应在放大电路引入电压并联负反馈;若需要将电压信号转换为电流信号时,应在放大电路中引入电流串联负反馈。

11.4 交流负反馈对放大电路性能的影响的 Multisim 仿真实例

交流负反馈对放大电路性能的影响，相关内容详见本章 11.2 节。

1. 仿真目的

验证交流负反馈对放大电路性能的影响。

2. 仿真过程

(1) 利用 Multisim 10 软件绘制电压串联负反馈放大电路仿真电路图，如图 11-4-1 所示。该电路中由 R11、C4 与 R5 组成负反馈网络，可变电阻 R12 和 R13 分别设置为 45% 和 30%。

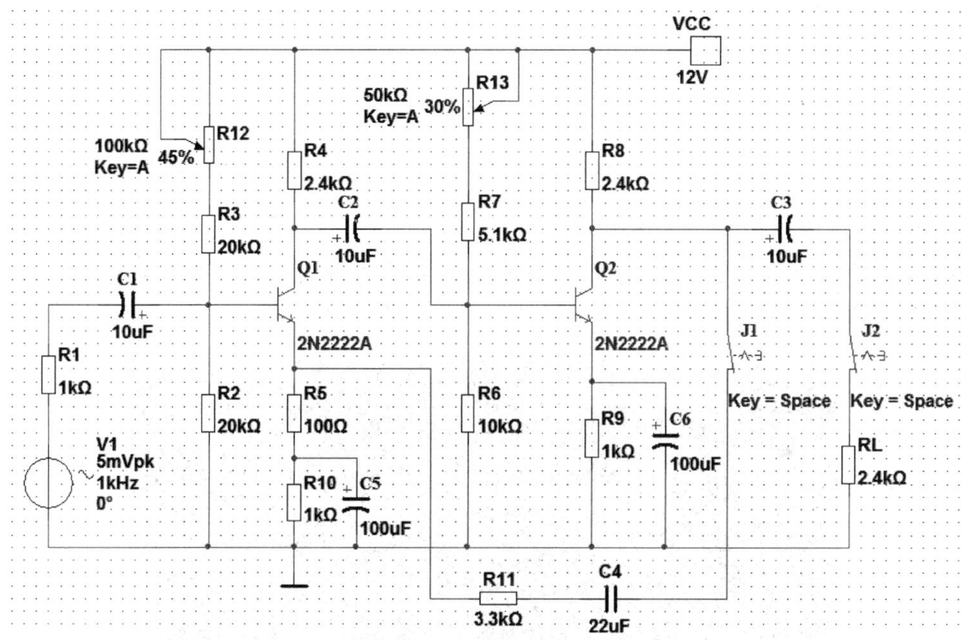

图 11-4-1　电压串联负反馈放大电路仿真电路图

(2) 在电路的输入、输出端接入电压表测量交流电压，如图 11-4-2 所示，改变开关 J1 的通断选择有无引入负反馈，观察两个电压表的读数。

开关 J1 断开，无负反馈，输入 $u_i=3.197\text{mV}$，$u_o=1.495\text{V}$，$A_u\approx u_o/u_i=468$；开关 J1 闭合，有负反馈，输入 $u_i=3.313\text{mV}$，$u_o=0.108\text{V}$，$A_u\approx u_o/u_i=33$。

可见，引入负反馈后，电压放大倍数下降了。

(3) 在图 11-4-2 中，改变开关 J1 的通断选择有无引入负反馈，再改变开关 J2 的通断选择有无接入负载电阻，观察输出电压的变化。

开关 J1 断开，无负反馈；开关 J2 断开时，$u_o=1.996\text{V}$；开关 J2 闭合时，$u_o=1.466\text{V}$，$\Delta u_o=0.530\text{V}$；开关 J1 闭合，有负反馈；开关 J2 断开时，$u_o=109.704\text{mV}$；开关 J2 闭合时，$u_o=108.044\text{mV}$，$\Delta u_o=1.660\text{mV}$。

可见，引入电压负反馈后，输出电压的变化很小，稳定性提高了。

(4) 在图 11-4-2 中，双踪示波器 XSC1 的通道 A 测量输入信号波形，通道 B 测量输出信

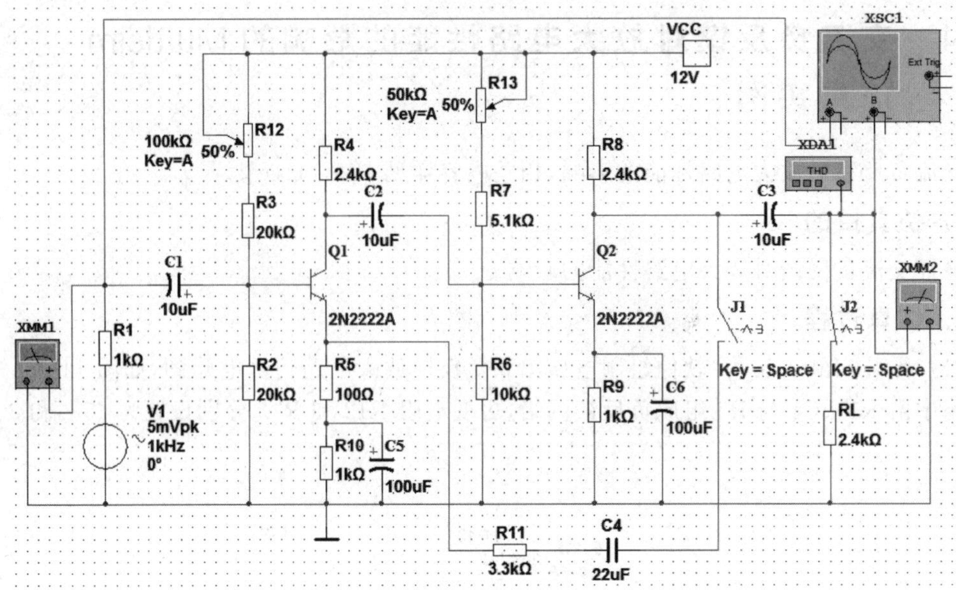

图 11-4-2　测量电压放大倍数和稳定性以及非线性失真仿真电路图

号波形，可定性观察非线性失真的情况。

开关 J1 断开，无负反馈，输出波形幅度较大但有明显的失真，如图 11-4-3 所示；开关 J1 闭合，有负反馈，输出波形幅度减小但非线性失真已明显消失，如图 11-4-4 所示。

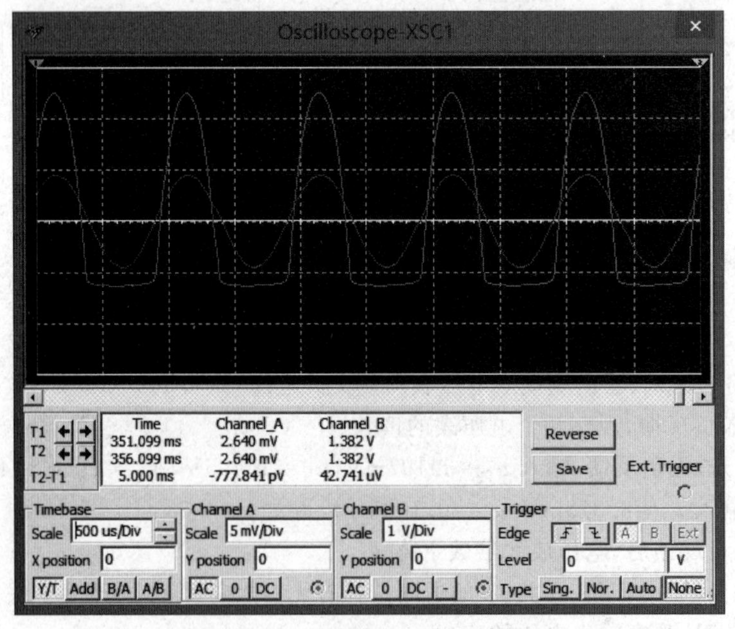

图 11-4-3　无负反馈非线性失真波形

(5) 开关 J1 断开，无负反馈，启动仿真，失真度分析仪 XDA1 测出的失真系数为 23.435%，如图 11-4-5 所示；开关 J1 闭合，有负反馈，启动仿真，失真度分析仪 XDA1 测出的失真系数为 0.050%，如图 11-4-6 所示。

可见，引入负反馈后，电路的非线性失真减小了。

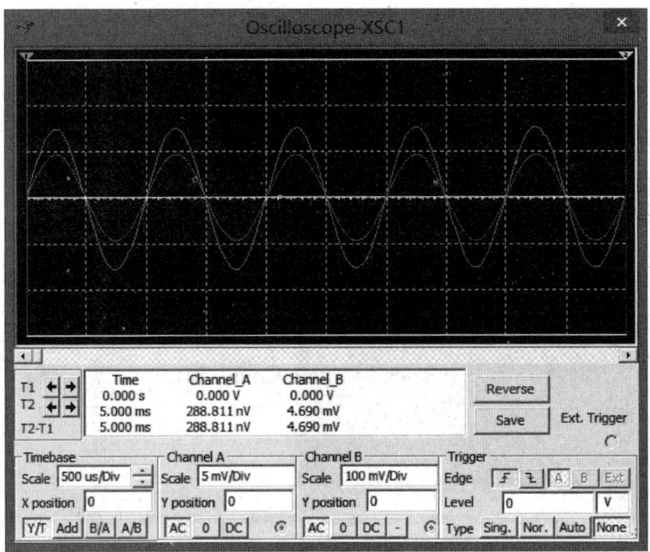

图 11-4-4　有负反馈不失真波形

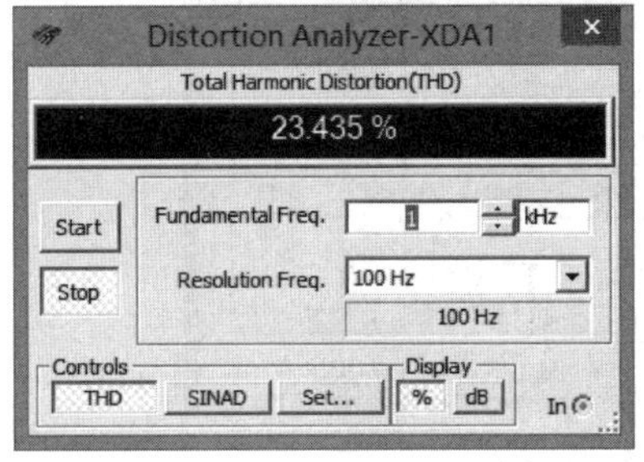

图 11-4-5　无反馈失真系数

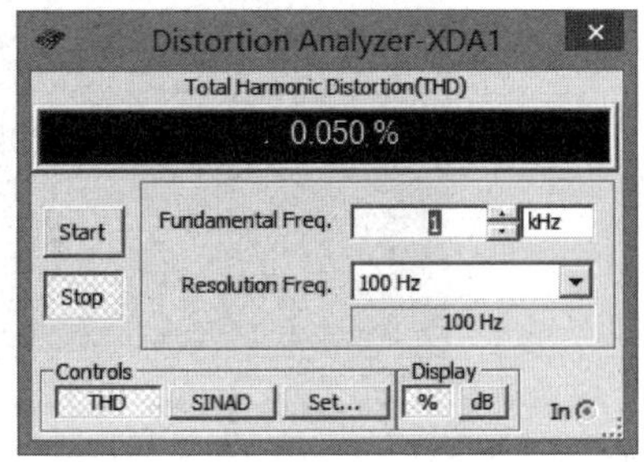

图 11-4-6　有反馈失真系数

(6) 在图 11-4-7 所示电路中，利用波特图示仪 XBP1 测量电路的幅频特性。

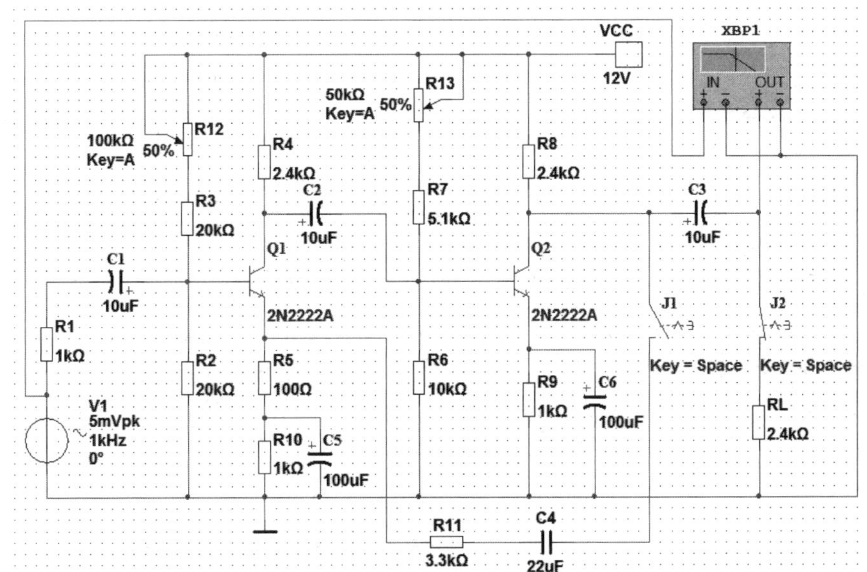

图 11-4-7　幅频特性测量仿真电路图

开关 J1 断开,无负反馈,启动仿真,波特图示仪 XBP1 测出的幅频特性曲线如图 11-4-8 所示,幅度为 820,上、下限截止频率为 87Hz 和 278kHz;开关 J1 闭合,有负反馈,启动仿真,波特图示仪 XBP1 测出的幅频特性曲线如图 11-4-9 所示,幅度为 30,上、下限截止频率为 20Hz 和 9.5MHz。

可见,引入负反馈后,电路的非线性失真减小了。

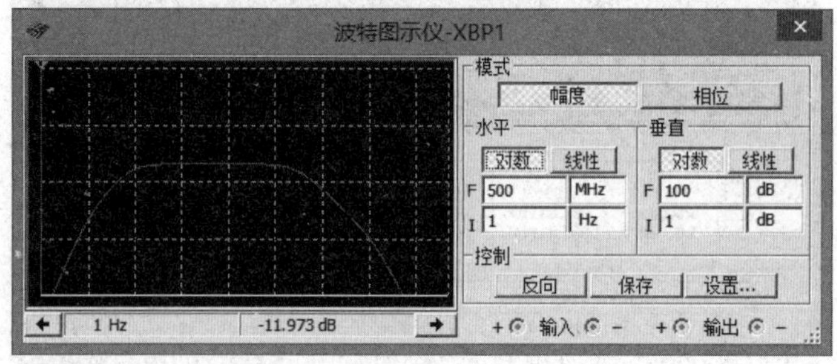

图 11-4-8 无反馈幅频特性

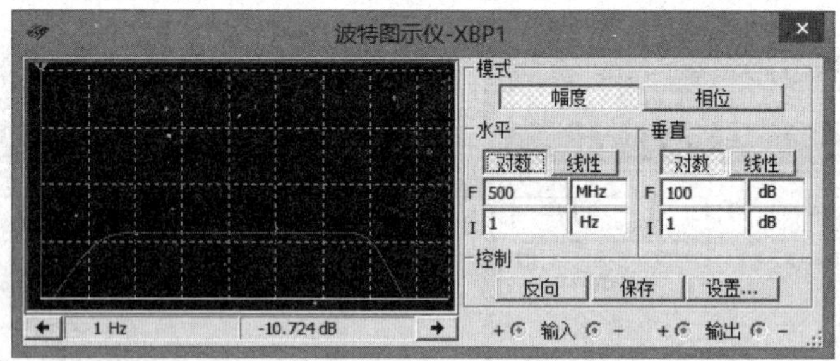

图 11-4-9 有反馈幅频特性

(7) 在图 11-4-10 所示电路中,R1 支路串接电流表,则可测量电路的输入电阻。

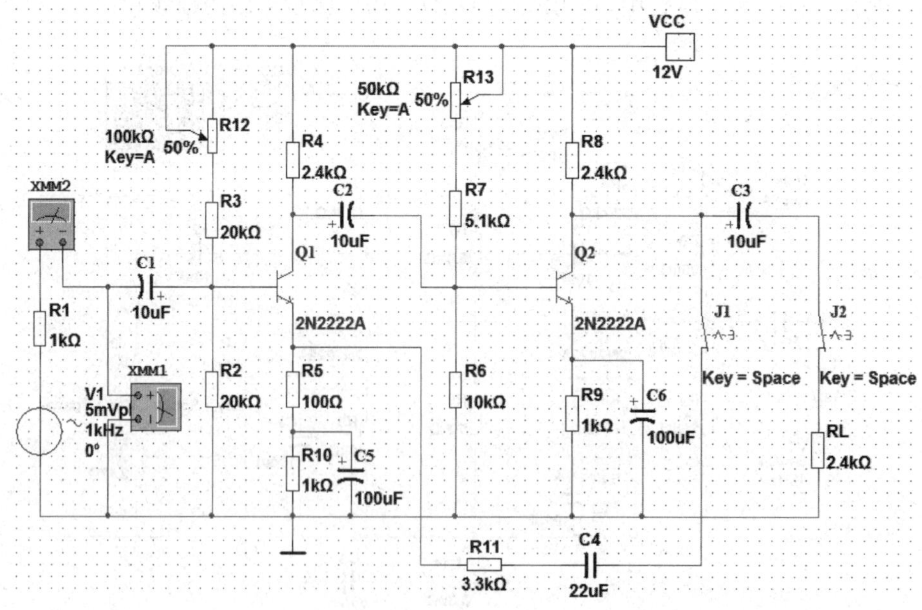

图 11-4-10 输入电阻测量电路

开关 J1 断开，无负反馈，测出 $u_i=3.201\text{mV}$，$i_i=0.335\text{uA}$，则 $r_i=u_i/i_i=9.6\text{k}\Omega$；开关 J1 闭合，有负反馈，测出 $u_i=3.316\text{mV}$，$i_i=0.220\text{uA}$，则 $r_i=u_i/i_i=15.1\text{k}\Omega$。

可见引入电压串联负反馈，输入电阻增加了。

(8) 在图 11-4-11 中，将输入端短路，用一个 1kHz、1V 的交流信号源并串接一个 1Ω 电阻代替 R_L，则可用来测量电路的输出电阻。

开关 J1 断开，无负反馈，测出 $u_o=0.707\text{V}$，$i_i=0.309\text{mA}$，则 $r_o=u_o/i_o=2.3\text{k}\Omega$；开关 J1 闭合，有负反馈，测出 $u_o=0.703\text{V}$，$i_i=4.839\text{mA}$，则 $r_o=u_o/i_o=0.15\text{k}\Omega$。

可见引入电压串联负反馈，输出电阻减少了。

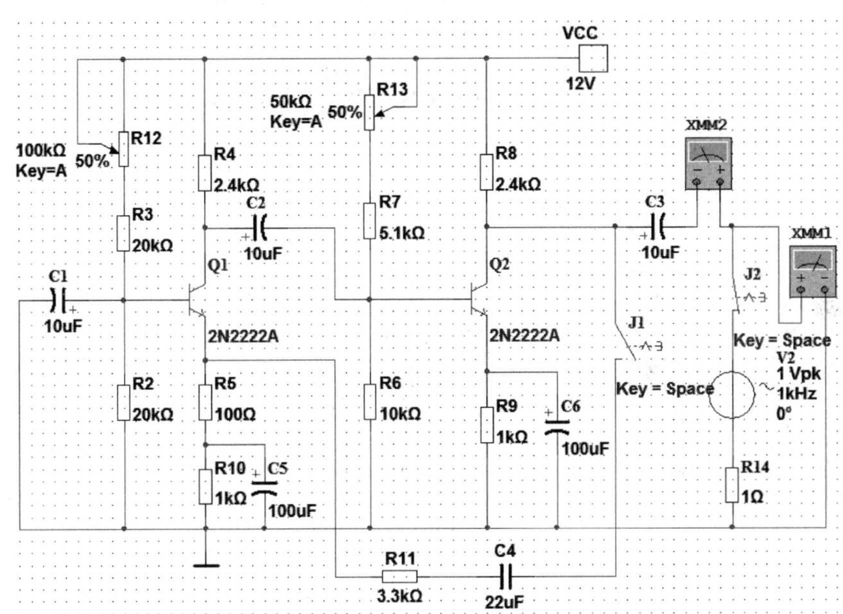

图 11-4-11　输出电阻测量电路

根据本次电路仿真实验分析论证，在放大电路中引入电压串联负反馈后，电压放大倍数下降，输出电压稳定性提高，非线性失真减小，通频带展宽，输入电阻增加，输出电阻减少。

习题 11

11-1　反馈就是将放大电路输出量(电压或电流)的________或________，通过一定的电路形式(反馈网络)引回到它的输入端来影响输入量(电压或电流)的连接方式。

11-2　能提高放大倍数的是________反馈；能稳定放大电路的放大倍数的是________反馈。

11-3　为稳定输出电流应引入________负反馈；为稳定输出电压应引入________负反馈；为稳定静态工作点应引入________负反馈。

11-4　为提高放大电路输入电阻应引入________负反馈；为降低放大电路的输出电阻应引入________负反馈。

11-5　在题 11-5 图所示电路中，判断是否引入了反馈？引入的是正反馈还是负反馈？是直流反馈还是交流反馈？如果引入了交流负反馈，判断反馈类型。

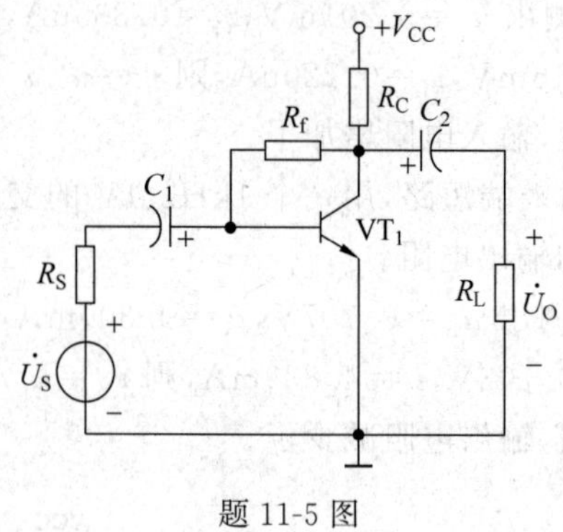

题 11-5 图

11-6　电路如题 11-6 图所示，判断电路引入了什么性质的反馈(包括正、负、电流、电压、串联、并联等反馈)。

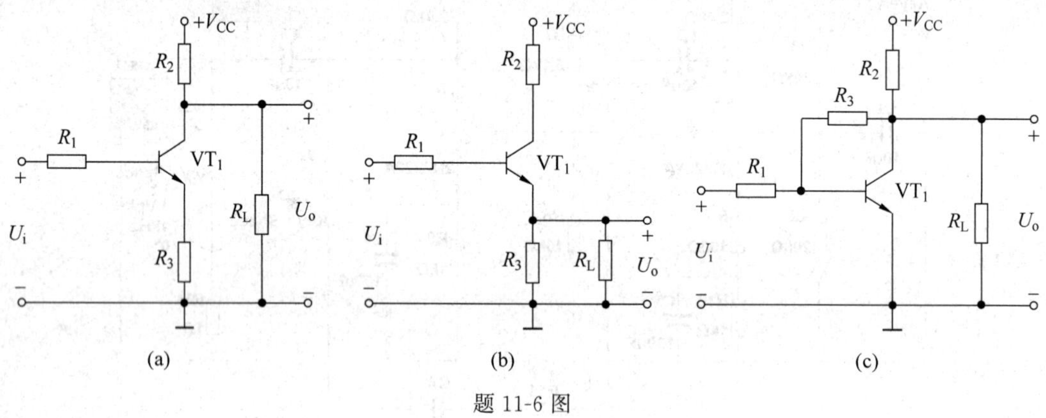

题 11-6 图

第12章 信号的运算和处理

本章主要介绍理想集成运放的概念、工作状态及特点，以及由理想集成运放构成的比例、加减、微分、积分运算电路、模拟乘法器、有源滤波器、电压比较器、正弦波振荡电路和非正弦波发生电路的结构和基本分析。

12.1 理想运放的概念及工作特点

1. 什么是理想运放

在分析集成运放的各种应用电路时，常常将其中的集成运放看成是一个理想的运算放大器。所谓理想运放，就是将集成运放的各项技术指标理想化，即认为集成运放的各项指标如下。

(1) 开环差模电压增益 $A_{od}=\infty$。

(2) 差模输入电阻 $R_{id}=\infty$。

(3) 输出电阻 $R_o=0$。

(4) 共模抑制比 $K_{CMR}=\infty$。

(5) 输入失调电压、失调电流以及它们的零漂均为零。

实际的集成运放无法达到上述理想化的技术指标，但由于集成运放工艺水平的不断提高，集成运放产品的各项性能指标越来越好。因此，一般情况下，在分析估算集成运放的应用电路时，将实际运放看成理想运放所造成的误差，在工程上是允许的。后面的分析中，如无特别说明，均将集成运放作为理想运放进行讨论。

2. 理想运放的两种工作状态

在各种应用电路中集成运放的工作状态有线性和非线性两种状态，在其传输特性曲线上对应两个区域，即线性区和非线性区。集成运放的电路符号和电压传输特性如图 12-1-1 所示。

由图 12-1-1(a)所示电路符号可以看出，运放有同相和反相两个输入端，分别对应其内部差动输入级的两个输入端，u_+ 代表同相输入端电压，u_- 代表反相输入端电压，输出电压 u_o 与 u_+ 具有同相关系，与 u_- 具有反相关系。运放的差模输入电压 $u_{id}=(u_+-u_-)$。

图 12-1-1(b)中，虚线为实际运放的传输特性曲线，实线为理想运放的传输特性曲线。可以看出，线性工作区非常窄，当输入端电压的幅度稍有增加，则运放的工作范围将超出线性放大区而到达非线性区。运放工作在不同状态，其表现出的特性也不同，下面分别讨论。

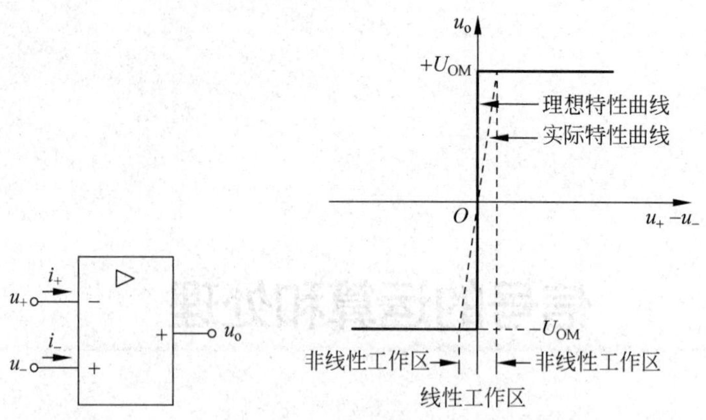

图 12-1-1　理想集成运放的电路符号和电压传输特性曲线

1）线性工作状态

当运放工作在线性状态时，运放的输出电压与两个输入端电压之间存在着线性放大关系，即

$$u_o = A_{od} u_{id} = A_{od}(u_+ - u_-) \tag{12-1-1}$$

理想运放工作在线性状态时有两个重要特点：

(1) 理想运放的差模输入电压 u_{id} 很小，约等于零，即 $u_+ \approx u_-$。由于运放工作在线性区，故输出、输入电压之间符合式(12-1-1)。而且，因理想运放的 $A_{od}=\infty$，所以由式(12-1-1)可得

$$u_{id} = u_+ - u_- = u_o / A_{od} \approx 0 \tag{12-1-2}$$

即 $u_{id} \approx 0$，或 $u_+ \approx u_-$。

$$u_{id} = 0 \quad 或 \quad u_+ \approx u_- \tag{12-1-3}$$

式(12-1-3)表明，同相输入端与反相输入端的电位相等，如同将该两点短路一样，但实际上该两点并未真正被短路，因此常将此特点简称为“虚短”。

说明：实际集成运放的 $A_{od} \neq \infty$，因此 u_+ 与 u_- 不可能完全相等。但是当 A_{od} 足够大时，集成运放的差模输入电压 $(u_+ - u_-)$ 的值很小，可以忽略。可见，在一定的 u_o 值下，集成运放的 A_{od} 越大，则 u_+ 与 u_- 的差值越小，将两点视为短路所带来的误差也越小。

(2) 理想运放的输入电流很小，约等于零。由于理想运放的差模输入电阻 $R_{id}=\infty$，因此在其两个输入端均没有电流，即在图 12-1-1(a)中，有

$$i_+ = i_- \approx 0 \tag{12-1-4}$$

此时运放的同相输入端和反相输入端的电流都等于零，如同该两点被断开一样，将此特点简称为“虚断”。

注意：“虚短”和“虚断”是理想运放工作在线性区时的两个重要特点。这两个特点常常作为今后分析运放应用电路的出发点，因此必须牢固掌握。

2）非线性工作状态

如果运放的工作信号超出了线性放大的范围，则输出电压与输入电压不再满足式(12-1-1)，即 u_o 不再随差模输入电压 u_{id} 线性增长，u_o 将达到饱和，如图 12-1-1(b)中所示的非线性工作区。

理想运放工作在非线性状态时，也有两个重要特点。

(1) 理想运放的输出电压 u_o 只有两种取值：或等于运放的正向最大输出电压 $+U_{OM}$，或等于其负向最大输出电压 $-U_{OM}$，如图 12-1-1(b)中的实线所示。

$$\begin{cases} 当\ u_+ > u_-\ 时, & u_o = +U_{OM} \\ 当\ u_+ < u_-\ 时, & u_o = -U_{OM} \end{cases}$$

在非线性工作状态内，运放的差模输入电压 u_{id} 可能很大，即 $u_+ \neq u_-$。也就是说，此时"虚短"现象不复存在。

(2) 理想运放的输入电流很小，约等于零。因为理想运放的 $R_{id}=\infty$，故在非线性区仍满足输入电流等于零，即式(12-1-4)对非线性工作区仍然成立。

如上所述，理想运放工作在不同状态时，其表现出的特点也不相同。因此，在分析各种应用电路时，首先必须判断其中的集成运放究竟工作在哪种状态。

集成运放的开环差模电压增益 A_{od} 通常很大，如不采取适当措施，即使在输入端加一个很小的电压，仍有可能使集成运放超出线性工作范围。为了保证运放工作在线性区，一般情况下，必须在电路中引入深度负反馈，以减小直接施加在运放两个输入端的净输入电压。

12.2　基本运算电路

12.2.1　比例运算电路

集成运算放大器加入负反馈，可以实现比例、加法、减法、积分、微分等数学运算功能，实现这些运算功能的电路统称为运算电路。在运算电路中，运放工作在线性区，在分析各种运算电路时，要注意输入方式，利用"虚短"和"虚断"的特点。

1. 反相比例运算电路

图 12-2-1 所示为反相比例运算电路。输入电压 u_i 通过电阻 R_1 接入运放的反相输入端。R_f 为反馈电阻，引入了电压并联负反馈。为保证运放输入级差分放大电路的对称性，同相输入端电阻 R_2 接地，并要求 $R_2=R_1//R_f$。

根据前面的分析，该电路的运放工作在线性区，并具有"虚短"和"虚断"的特点。

因为"虚短"，$i_i'=0$，所以 R_2 两端的电压为零，即 $u_+=0$；因为"虚断"，所以 $u_-=u_+=0$。由基尔霍夫电流定律(KCL)可得 $i_i=i_i'+i_f=i_f$，而由欧姆定律可知 $i_i=(u_i-u_-)/R_1=u_i/R_1$，$i_f=(u_- -u_o)/R_f=-u_o/R_f$，所以

$$u_o=-\frac{R_f}{R_1}u_i \tag{12-2-1}$$

式(12-2-1)中的负号表示输出电压与输入电压反相。闭环电压放大倍数 $A_{uf}=-R_f/R_1$。

若 $R_f=R_1$，则 $u_o=-u_i$，输出电压与输入电压大小相等，相位相反，此时电路只起反相作用，故称为反相器。

2. 同相比例运算电路

图 12-2-2 是同相比例运算电路。运放的反相输入端通过电阻 R_1 接地，通过电阻 R_f 引入了电压串联负反馈，同相输入端则通过补偿电阻 R_2 接输入信号 u_i，并要求 $R_2=R_1//R_f$。

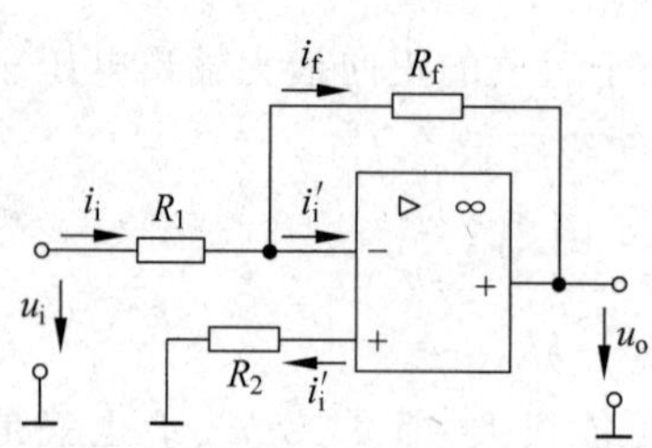

图 12-2-1 反相比例运算电路

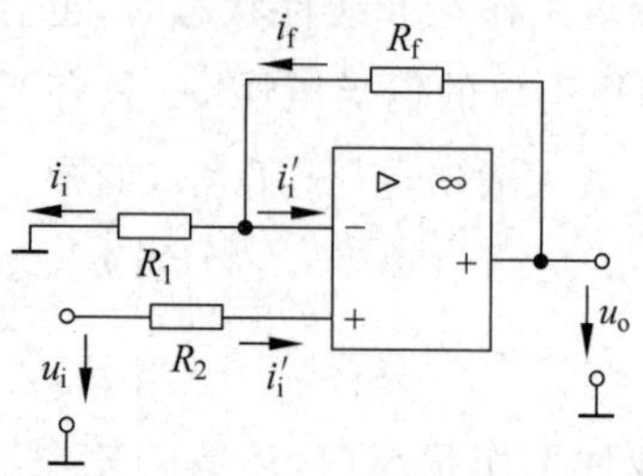

图 12-2-2 同相比例运算电路

运放工作在线性区,同样根据虚短和虚断的特点可知,$u_-=u_+=u_i$,$i_i=i_f$,所以

$$u_o=\left(1+\frac{R_f}{R_1}\right)u_i \tag{12-2-2}$$

闭环电压放大倍数 $A_{uf}=(1+R_f/R_1)$,值总为正,表示输出电压与输入电压同相。另外,该比值总是大于或等于 1,不可能小于 1。

如果同相比例运算电路中的 $R_f=0$ 或者 $R_1\to\infty$,从式(12-2-2)中可知输入电压 u_i 等于输出电压 u_o,而且相位相同,故称此电路为电压跟随器。

12.2.2 加减运算电路

实现多个输入信号按各自不同的比例求和或求差的电路统称为加减运算电路。若所有输入信号均作用于集成运放的同一个输入端,则实现加法运算;若一部分输入信号作用于集成运放的同相输入端,而另一部分输入信号作用于反相输入端,则实现加减运算。

1. 反相加法运算电路

图 12-2-3 是反相加法运算电路。

输出信号 u_o 与各输入信号 u_{i1}、u_{i2}、u_{i3} 的运算关系为

$$u_o=-i_fR_f=-\left(\frac{R_f}{R_{11}}u_{i1}+\frac{R_f}{R_{12}}u_{i2}+\frac{R_f}{R_{13}}u_{i3}\right) \tag{12-2-3}$$

图中平衡电阻 $R_2=R_{11}//R_{12}//R_{13}//R_f$。

优点:当改变某一输入回路的电阻时,仅仅改变输出电压与该路输入电压之间的比例关系,对其他各路没有影响,因此调节比较灵活方便,所以在实际工作中应用比较广泛。

2. 同相加法运算电路

图 12-2-4 是同相加法运算电路。

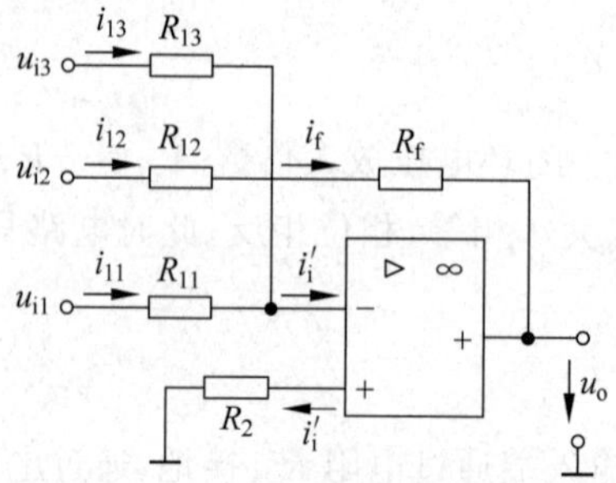

图 12-2-3 反相加法运算电路

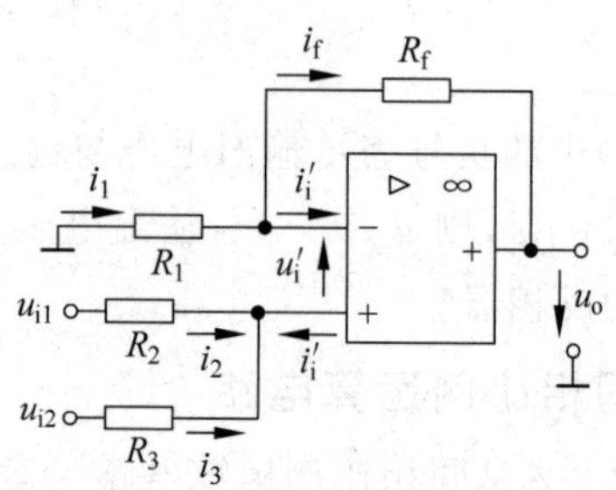

图 12-2-4 同相加法运算电路

输出信号 u_o 与各输入信号 u_{i1}、u_{i2} 的运算关系为

$$u_o = u_+\left(1+\frac{R_f}{R_1}\right) = \left(1+\frac{R_f}{R_1}\right)\left(\frac{R_2//R_3}{R_2}u_{i1} + \frac{R_2//R_3}{R_3}u_{i2}\right) \tag{12-2-4}$$

要改变某一路输入电压与输出电压的比例关系，则当调节该路输入端电阻时，同时也将改变其他各路的比例关系，故常常需要反复调整，才能最后确定电路的参数，因此估算和调整的过程不太方便。在实际工作中，同相加法不如反相加法电路应用广泛。

3. 减法运算电路

图 12-2-5 采用双端输入可实现减法运算。

在理想条件下，由于“虚断”，利用叠加定理可求得反相输入端的电位为

$$u_- = \frac{R_f}{R_1+R_f}u_{i1} + \frac{R_1}{R_1+R_f}u_o \tag{12-2-5}$$

而同相输入端电位为

$$u_+ = \frac{R_3}{R_2+R_3}u_{i2} \tag{12-2-6}$$

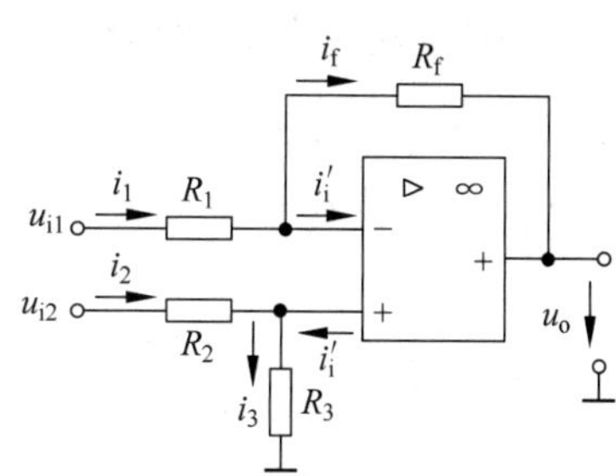

图 12-2-5　减法运算电路

因为“虚短”，即 $u_+ = u_-$，综合式(12-2-5)和式(12-2-6)得到

$$u_o = \left(1+\frac{R_f}{R_1}\right)\frac{R_3}{R_2+R_3}u_{i2} - \frac{R_f}{R_1}u_{i1} \tag{12-2-7}$$

为了保证运放两个输入端对地的电阻平衡，同时为了避免降低共模抑制比，通常要求 $R_1=R_2$，$R_f=R_3$。此时，输出电压与输入电压关系式为

$$u_o = \frac{R_f}{R_1}(u_{i2}-u_{i1}) \tag{12-2-8}$$

12.2.3　积分和微分运算电路

1. 积分电路

图 12-2-6 是积分运算电路。

在理想条件下，利用“虚短”“虚断”可知，$u_- = u_+ = 0$，$i_1 = i_f$；而 $i_1 = u_i/R_1$，即 $i_f = u_i/R_1$。根据电容元件的伏安特性可得积分运算电路的运算关系：

$$u_o = -u_c = -\frac{1}{C_f}\int i_f\,dt = -\frac{1}{R_1C_f}\int u_i\,dt \tag{12-2-9}$$

2. 微分电路

图 12-2-7 是微分运算电路。

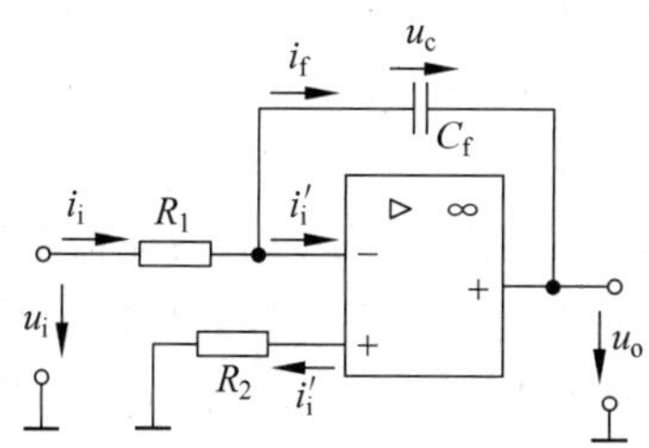

图 12-2-6　积分运算电路

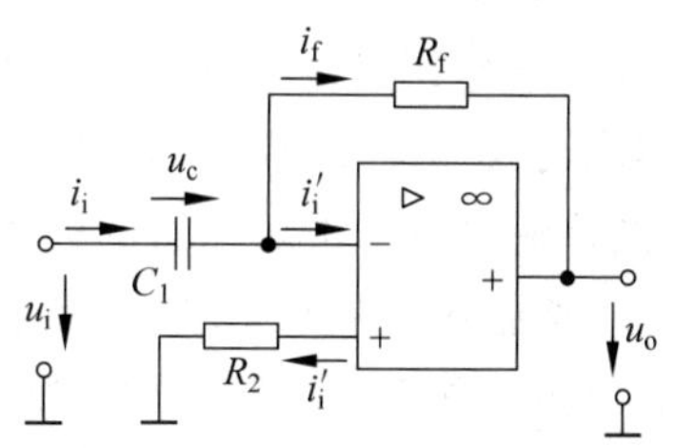

图 12-2-7　微分运算电路

与积分运算电路的分析过程类似，微分运算电路的运算关系为

$$u_o = -R_f C_1 \frac{du_i}{dt} \tag{12-2-10}$$

12.2.4 模拟乘法器

模拟乘法器是一种完成两个模拟信号相乘的电子器件。近年来，单片的集成模拟乘法器发展十分迅速。由于技术性能不断提高，而价格比低廉，使用比较方便，所以应用十分广泛，不仅用于模拟信号的运算，而且已经扩展到电子测量仪表、无线电通信等各个领域。

1. 模拟乘法器的电路符号和运算关系

模拟乘法器的电路符号如图 12-2-8 所示，它有两个输入电压信号 u_X、u_Y 和一个输出电压信号 u_o。输出电压信号与输入电压信号的运算关系为

$$u_o = k u_X u_Y \tag{12-2-11}$$

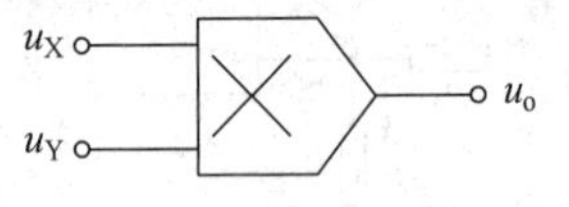

图 12-2-8 模拟乘法器的电路符号

式中：k 是比例系数，其值可正可负，若 k 大于 0 则为同相乘法器；若 k 值小于 0 则为反相乘法器。k 值通常为 $+0.1\text{V}^{-1}$ 或 -0.1V^{-1}。

2. 模拟乘法器的应用

模拟乘法器的用途十分广泛，除了用于模拟信号的运算，如乘法、平方、除法及开方等运算以外，还在电子测量及无线电通信等领域用于振幅调制、混频、倍频、同步检测、鉴相、鉴频、自动增益控制及功率测量等方面。

12.3 有源滤波电路

有源滤波器是一种信号处理电路，在有源滤波器中集成运放工作在线性工作状态。

12.3.1 滤波的概念及滤波器的分类

1. 滤波的概念

在电子电路传输的信号中，往往包含多种频率的信号分量，其中除有用频率分量外，还有无用的甚至是对电子电路工作有害的频率分量，如高频干扰和噪声。滤波器的作用就是，允许一定频率范围内的信号顺利通过，而抑制或阻止其他频率信号，即滤波。

2. 滤波器的分类

根据构成滤波器的元件不同，可将滤波器分为无源滤波器和有源滤波器两大类。仅仅由无源元件（电阻、电容、电感）组成的滤波器称为无源滤波器；由无源元件和有源元件（三极管、场效应管、集成运放）共同组成的滤波器称为有源滤波器。

根据滤波器输出信号中所保留的频率段的不同，可将滤波器分为低通滤波器（LPF）、高通滤波器（HPF）、带通滤波器（BPF）和带阻滤波器（BEF）四大类。它们的幅频特性曲线如图 12-3-1 所示，被保留的频段称为"通带"，被抑制的频段称为"阻带"。A_u 为各频率的增益，A_{um} 为通带的最大增益，图中虚线所示为实际滤波特性，实线为理想滤波特性。

滤波电路的理想特性如下。

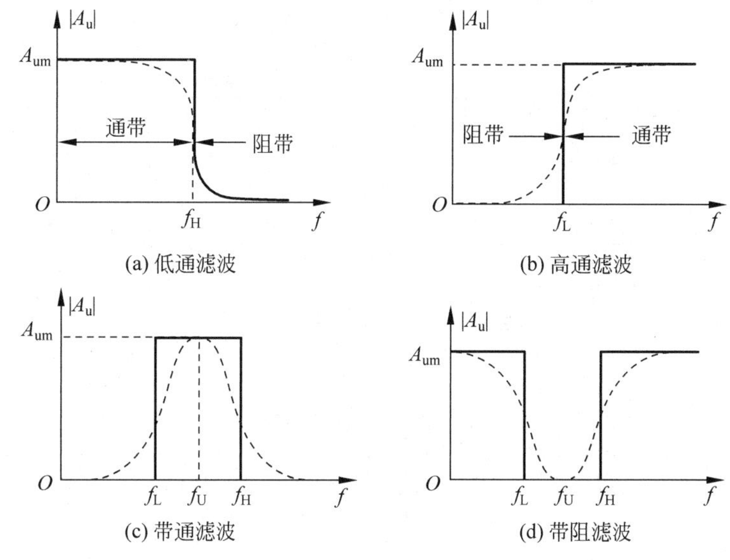

图 12-3-1　滤波器的幅频特性曲线

(1) 通带范围内信号无衰减地通过，阻带范围内无信号输出。

(2) 通带与阻带之间的过渡为零。

12.3.2　各种有源滤波器

图 12-3-2 所示 RC 电路就是一个简单的无源滤波器。图 12-3-2(a)电路中，电容 C 上的电压为输出电压，对输入信号中的高频信号，电容的容抗 X_C 很小，则输出电压中的高频信号幅值很小，受到抑制，为低通滤波电路。在图 12-3-2(b)所示电路中，电阻 R 上的电压为输出电压，由于高频时容抗很小，则高频信号能顺利通过，而低频信号被抑制，因此为高通滤波电路。

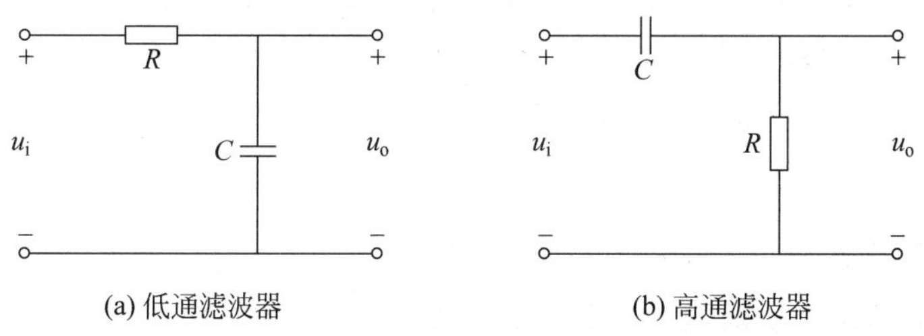

图 12-3-2　RC 无源滤波器

无源滤波器的优点是电路结构简单；缺点是通带电压放大倍数低、带负载能力差、滤波特性受负载影响、过滤带较宽、幅频特性不理想等。

为了克服无源滤波器的缺点，可将 RC 无源滤波器接到集成运放的同相输入端。因为集成运放为有源元件，故称这种滤波电路为有源滤波器。

1. 有源低通滤波器

图 12-3-3(a)所示电路为有源低通滤波器，RC 为无源低通滤波电路，输入信号通过它加到同相比例运算电路的输入端，即集成运放的同相输入端，因而电路中引入了深度电压负反馈。

在图 12-3-3(a)所示电路中，电压放大倍数为

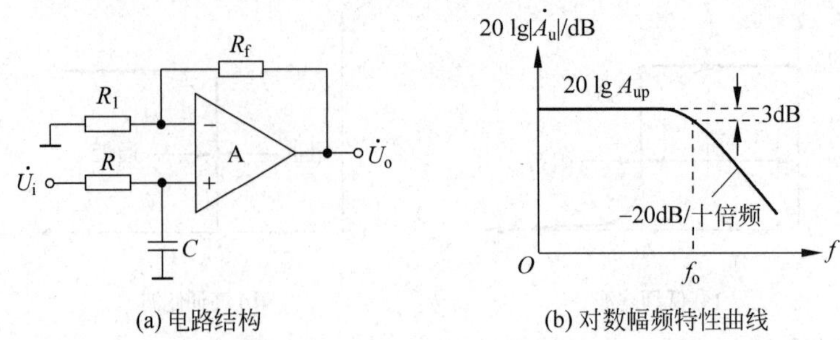

(a) 电路结构　　(b) 对数幅频特性曲线

图 12-3-3　有源低通滤波器

$$\dot{A}_u=\frac{\dot{U}_o}{\dot{U}_i}=\left(1+\frac{R_f}{R_1}\right)\frac{\dot{U}_+}{\dot{U}_i}=\frac{\left(1+\frac{R_f}{R_1}\right)}{\left(1+j\frac{f}{f_0}\right)}=\frac{A_{up}}{\left(1+j\frac{f}{f_0}\right)} \tag{12-3-1}$$

式中：$A_{up}=1+\frac{R_f}{R_1}$，$f_0=\frac{1}{2\pi RC}$。

当 $f=0$ 时，电容 C 相当于开路，此时的电压放大倍数 A_{up} 即为同相比例运算电路的电压放大倍数。一般情况下，$A_{up}>1$，所以与无源滤波器相比，合理选择 R_1 和 R_f 就可得到所需的放大倍数。由于电路引入了深度电压负反馈，输出电阻近似为零，因此电路带负载后，$\dot{U}_o$ 与 $\dot{U}_i$ 关系不变，即 R_L 不影响电路的频率特性。当信号频率 f 为通带截止频率 f_0 时，$|\dot{A}_u|=\frac{A_{up}}{\sqrt{2}}$；因此在图 12-3-3(b)所示的对数幅频特性曲线中，当 $f=f_0$ 时的增益比通带增益 $20\lg A_{up}$ 下降 3dB。当 $f>f_0$ 时，增益以 -20dB/十倍频的斜率下降，这是一阶低通滤波器的特点。而理想的低通滤波器则在 $f>f_0$ 时，增益立刻降到 0。

为了改善一阶低通滤波器的特性，使之更接近于理想情况，可利用多个 RC 环节构成多阶低通滤波器。具有两个 RC 环节的电路，称为二阶低通滤波器；具有三个 RC 环节的电路，称为三阶低通滤波器电路。依此类推，阶数越多，$f>f_0$ 时，$|\dot{A}_u|$ 下降越快，$\dot{A}_u$ 的频率特性越接近理想情况。

2. 有源高通滤波器

将图 12-3-3(a)所示一阶低通滤波器中 R 和 C 的位置调换，就成为一阶有源高通滤波器，如图 12-3-4(a)所示。在图中，滤波电容接在集成运放输入端，它将阻隔、衰减低频信号，而让高频信号顺利通过。

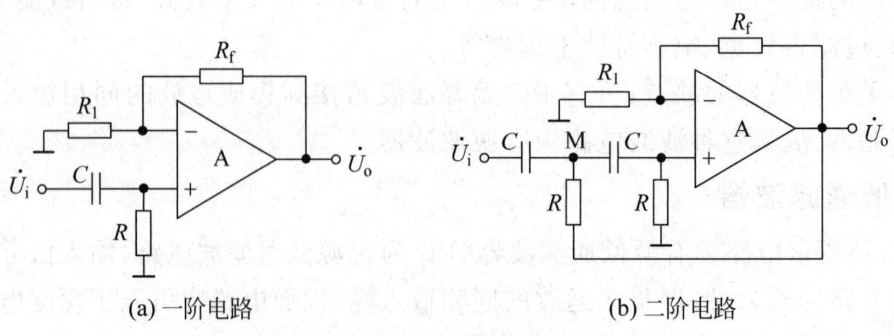

(a) 一阶电路　　(b) 二阶电路

图 12-3-4　高通滤波器

同低通滤波器的分析类似，高通滤波器的下限截止频率为 $f_0=1/(2\pi RC)$，对于低于截止频率的低频信号，$|\dot{A}_u|<0.707|\dot{A}_{um}|$。

一阶有源高通滤波器的带负载能力强，并能补偿 RC 网络上压降对通带增益的损失，但存在过渡带较宽，滤波性能较差的特点。采用图 12-3-4(b)所示的二阶高通滤波，可以明显改善滤波性能。

3. 有源带通滤波器

将低通滤波器和高通滤波器串联，如图 12-3-5 所示，就可得到带通滤波器。设前者的截止频率为 f_{01}，后者的截止频率为 f_{02}(f_{02} 应小于 f_{01})，则通频带为($f_{01}-f_{02}$)。

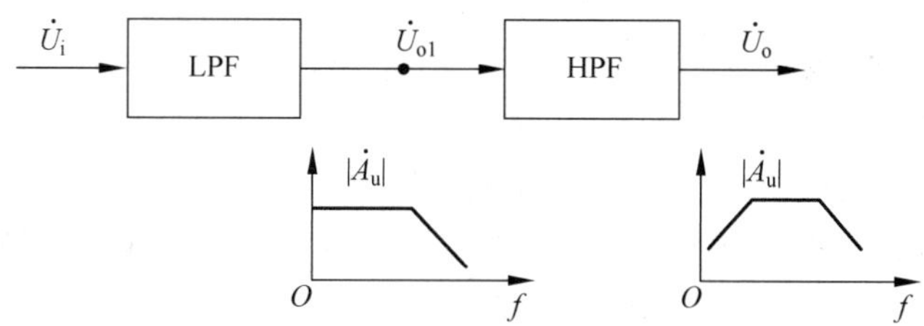

图 12-3-5 有源带通滤波器原理示意图

实用电路中也常采用单个集成运放构成压控电压源二阶带通滤波电路，如图 12-3-6(a)所示，图 12-3-6(b)是它的幅频特性曲线。Q 值越大，通带放大倍数数值越大，频带越窄，选频特性越好。调整电路的 A_{up} 能够改变频带宽度。

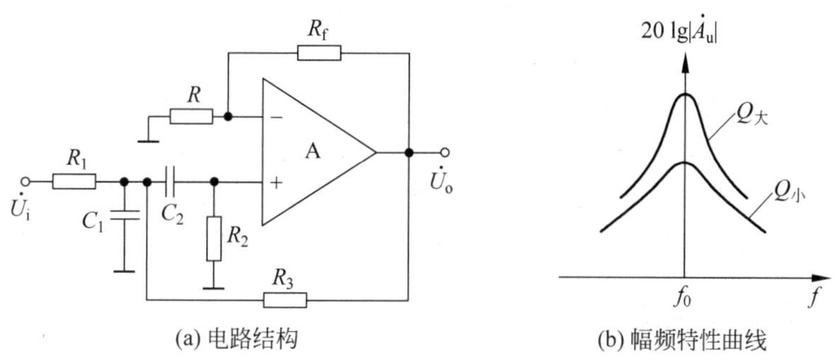

(a) 电路结构 (b) 幅频特性曲线

图 12-3-6 有源带通滤波器

4. 有源带阻滤波器

将输入电压同时作用于低通滤波器和高通滤波器，再将两个电路的输出电压求和，就可得到带阻滤波器，如图 12-3-7 所示。其中低通滤波器的截止频率 f_{01} 应小于高通滤波器的截止频率 f_{02}，因此电路的阻带为($f_{02}-f_{01}$)。

实用电路常利用无源 LPF 和 HPF 并联构成无源带阻滤波器，然后接同相比例运算电路，从而得到有源带阻滤波器，如图 12-3-8 所示。由于两个无源滤波器均由三个元件构成英文大写字母 T 的形状，故称为双 T 网络。

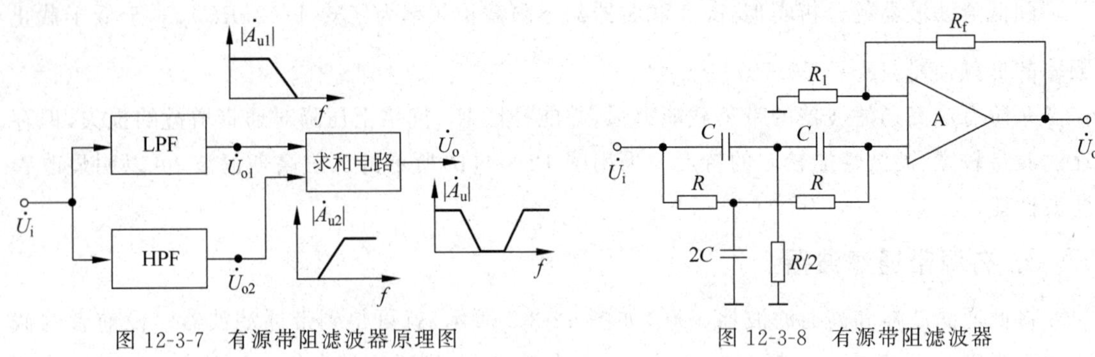

图 12-3-7　有源带阻滤波器原理图

图 12-3-8　有源带阻滤波器

12.4　电压比较器

电压比较器(简称比较器)是信号处理电路,其功能是比较两个电压的大小,通过输出电压的高电平或低电平,表示两个输入电压的大小关系。在自动控制和电子测量中,常用于鉴幅、模数转换、各种非正弦波形的产生和变换电路中。

电压比较器的输入信号通常是两个模拟量,一般情况下,其中一个输入信号是固定不变的参考电压 U_{REF},另一个输入信号则是变化的信号 u_i。输出只有两种可能的状态:正饱和值 $+U_{OM}$ 或负饱和值 $-U_{OM}$。可以认为,比较器的输入信号是连续变化的模拟量,而输出信号则是数字量,即 0 或 1。

电压比较器中集成运放通常工作在非线性区,即满足:当 $u_-<u_+$ 时,$U_o=+U_{OM}$,正向饱和;当 $u_->u_+$ 时,$U_o=-U_{OM}$,负向饱和;当 $u_-=u_+$ 时,$-U_{OM}<U_o<+U_{OM}$,状态不定。

可见,工作在非线性区的运放,当 $u_-<u_+$ 或 $u_->u_+$ 时,其输出状态都保持不变,只有当 $u_-=u_+$ 时,输出状态才能够发生跳变;反之,若输出状态发生跳变,必定发生在 $u_-=u_+$ 的时刻,这是分析比较器的重要依据。通常把比较器的输出状态发生跳变的时刻所对应的输入电压值叫作比较器的阈值电压,简称阈值或门限电压,也可简称为门限,记作 U_{TH}。

12.4.1　单限电压比较器

单限电压比较器只有一个阈值电压,输入电压变化(增大或减小)经过阈值电压时,输出电压发生跃变。单限电压比较器的基本电路如图 12-4-1(a)所示,集成运放处于开环状态,工作在非线性区,输入信号 u_i 加在反相端,参考电压 U_{REF} 接在同相端。当 $u_i>U_{REF}$,即 $u_->u_+$ 时,$U_o=-U_{OM}$;当 $u_i<U_{REF}$,即 $u_-<u_+$ 时,$U_o=+U_{OM}$。传输特性曲线如图 12-4-1(b)所示。

若希望当 $u_i>U_{REF}$ 时,$U_o=+U_{OM}$,只需将 u_i 输入端与 U_{REF} 输入端调换即可。如果输入电压过零时,输出电压发生跳变,就称为过零电压比较器。过零电压比较器可将正弦波转换为方波。

12.4.2　滞回电压比较器

单限电压比较器只有一个阈值电压,只要输入电压经过阈值电压,输出电压就产生跃变。若输入电压受到干扰或噪声的影响在阈值电压上下波动,即使其幅值很小,输出电压也会在

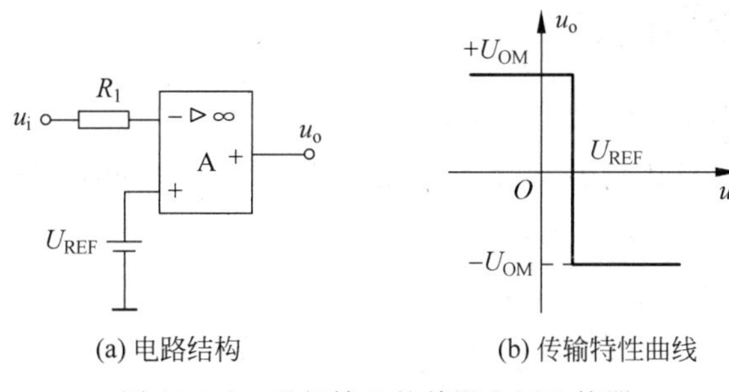

(a) 电路结构　　(b) 传输特性曲线

图 12-4-1　反相输入的单限电压比较器

正、负饱和值之间反复跃变。若发生在自动控制系统中，这种过分灵敏的动作将会对执行机构产生不利的影响，甚至干扰其他设备，使之不能正常工作。

为了克服这个缺点，可将比较器的输出端与输入端之间引入由 R_3 和 R_2 构成的电压串联正反馈，使运放同相输入端的电压随着输出电压而改变；输入电压接在运放的反相输入端，参考电压经 R_2 接在运放的同相输入端，构成滞回电压比较器，电路如图 12-4-2(a)所示，电压传输特性如图 12-4-2(b)所示。

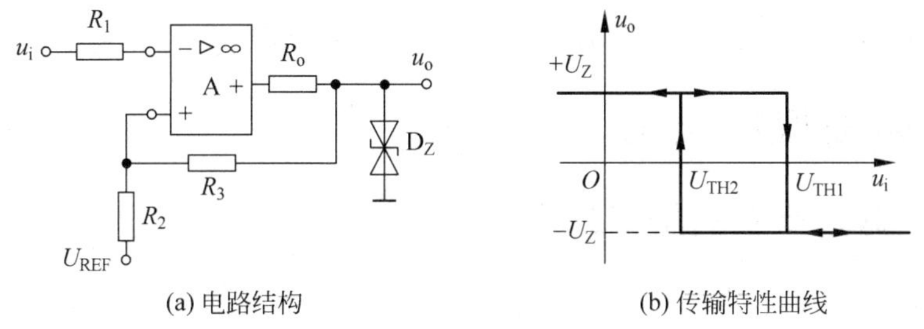

(a) 电路结构　　(b) 传输特性曲线

图 12-4-2　滞回电压比较器

【**例 12-4-1**】　滞回电压比较器电路如图 12-4-3(a)所示，已知双向稳压二极管的稳定电压 $U_Z=\pm12\text{V}$，$R_2=10\text{k}\Omega$，$R_3=20\text{k}\Omega$，画出其电压传输特性曲线。

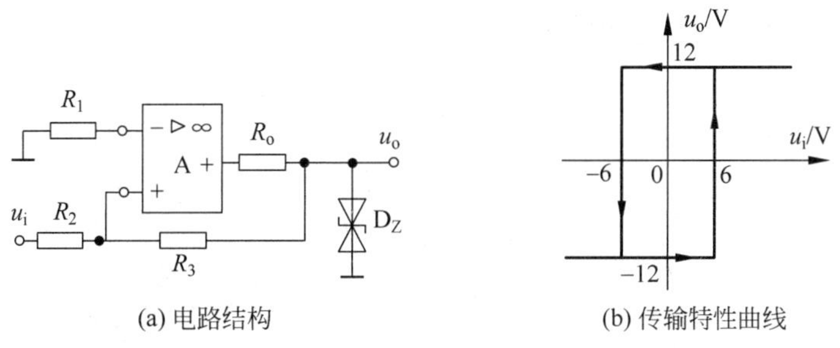

(a) 电路结构　　(b) 传输特性曲线

图 12-4-3　例 12-4-1 图

【**解答**】　由电压比较器的工作原理可知，当 $u_-=u_+$ 时输出电压发生变化。应用叠加原理，求得 u_+ 为

$$u_+=\frac{R_3}{R_2+R_3}u_i+\frac{R_2}{R_2+R_3}u_o=\frac{R_3}{R_2+R_3}u_i\pm\frac{R_2}{R_2+R_3}U_Z=\frac{2}{3}u_i\pm4$$

而 $u_-=0$，求得阈值电压 $U_{TH1}=-6\text{V}$，$U_{TH2}=+6\text{V}$。从而画出其电压传输特性曲线如图 12-4-3(b)所示。

12.4.3 双限电压比较器

前述比较器在 u_i 单方向变化时，u_o 仅发生一次跃变，如果需要 u_i 单方向变化 u_o 发生两次跃变时，则需要采用窗口比较器，也称双限电压比较器，电路如图 12-4-4(a)所示。

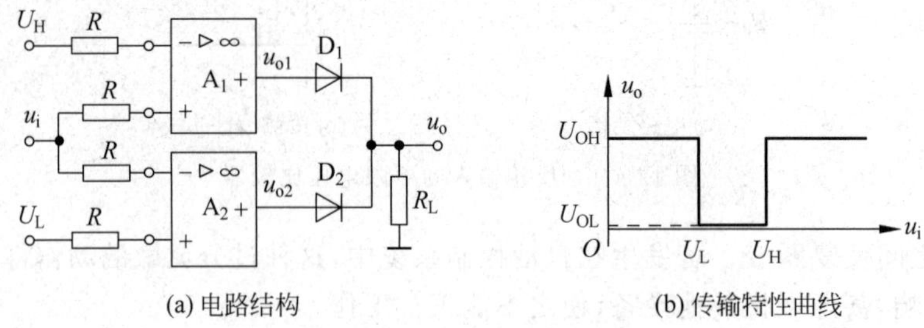

图 12-4-4 双限电压比较器

假设高门限电压为 U_H，低门限电压为 U_L，当 $U_L < u_i < U_H$ 时，比较器 A_1 和比较器 A_2 的 u_+ 均低于 u_-，输出电压 u_{o1} 和 u_{o2} 均为低电位，二极管 D_1 和 D_2 均截止，$u_o = U_{OL}$；当 $U_L > u_i > U_H$ 时，两个比较器一个输出为低电位，另一个输出为高电位，二极管 D_1 和 D_2 一个截止，另一个导通，$u_o = U_{OH}$，电压传输特性如图 12-4-4(b)所示。

12.5 正弦波振荡电路

12.5.1 振荡产生的基本原理

在没有外加输入信号的条件下，电路内部自发的产生某些频率和幅度的振荡信号的现象称为自激振荡。正弦波振荡电路就是一个没有输入信号的、带选频网络的正反馈放大电路，其基本原理示意图如图 12-5-1 所示。

正弦波振荡电路的振荡频率需要选频网络确定，通常由 RC 元件构成低频选频网络，或由 LC 元件构成高频选频网络。

12.5.2 RC 桥式振荡电路

RC 桥式振荡电路如图 12-5-2 所示，包括放大电路、选频网络、反馈网络、稳幅环节 4 个组成部分，其振荡频率为

$$f = f_0 = \frac{1}{2\pi RC} \tag{12-5-1}$$

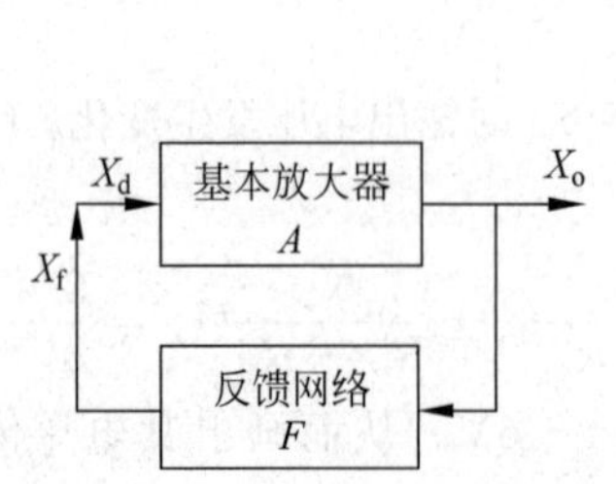

图 12-5-1 振荡电路的原理示意图

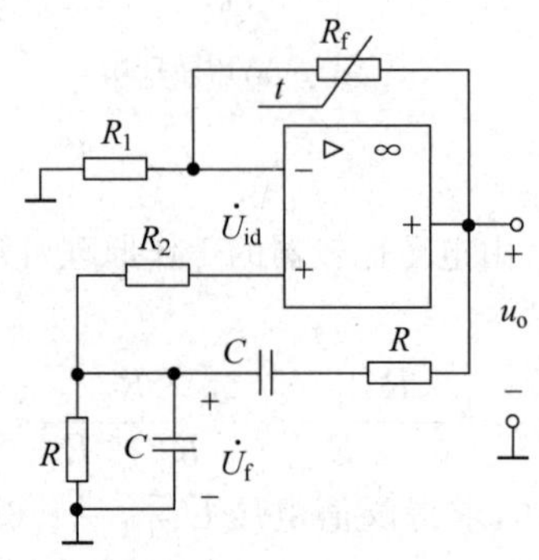

图 12-5-2 RC 桥式振荡电路

12.5.3　LC正弦振荡电路

LC正弦波振荡电路的构成与RC正弦波振荡电路相似，包括放大电路、正反馈网络、选频网络和稳幅电路4个组成部分，其振荡频率为

$$f = f_0 = \frac{1}{2\pi\sqrt{LC}} \tag{12-5-2}$$

LC正弦波振荡电路按反馈元件的不同分为变压器反馈式振荡电路、电感三点式振荡电路和电容三点式振荡电路。

12.6　非正弦波发生电路

12.6.1　矩形波发生电路

图12-6-1(a)所示是一种能产生矩形波的基本电路。由图可见，它是在滞回电压比较器的基础上，增加一条RC充、放电负反馈支路构成的。图12-6-1(b)中，集成运放工作在非线性区，输出只有两个值：$+U_{OM}$和$-U_{OM}$。电容C上的电压加在集成运放的反相端，用以控制滞回比较器的工作状态。

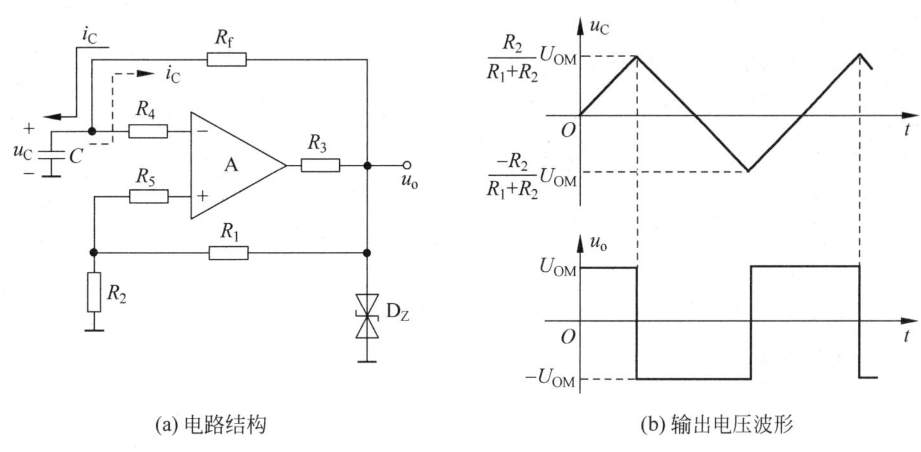

(a) 电路结构　　(b) 输出电压波形

图12-6-1　矩形波发生电路

工作原理分析：设在刚接通电源时，电容C上的电压为零，输出为正饱和电压$+U_{OM}$，同相端的电压为$u_+ = R_2U_{OM}/(R_1+R_2)$。电容$C$在输出电压$+U_{OM}$的作用下开始充电，充电电流$i_C$经过电阻$R_f$，如图12-6-1(a)中实线所示。当充电电压$u_C$升至$u_+$时，由于运放输入端$u_- > u_+$，于是电路翻转，输出电压由$+U_{OM}$翻至$-U_{OM}$，同相端电压变为$u_+ = -R_2U_{OM}/(R_1+R_2)$。电容$C$开始放电，$u_C$开始下降，放电电流$i_C$如图12-6-1(a)中虚线所示。当电容电压$u_C$降至$u_+$时，由于$u_- < u_+$，于是输出电压又翻转到$u_o = +U_{OM}$。如此周而复始，在集成运放的输出端便得到了图12-6-1(b)所示的输出电压波形。

图12-6-1(a)所示电路输出矩形波电压的周期取决于充、放电的时间常数RC。可以证明其周期为$T=2.2RC$。则振荡频率为

$$f = \frac{1}{2.2RC} \tag{12-6-1}$$

改变 RC 即可调节矩形波的周期和频率。

12.6.2 三角波发生电路

三角波发生电路的基本结构如图 12-6-2(a)所示。

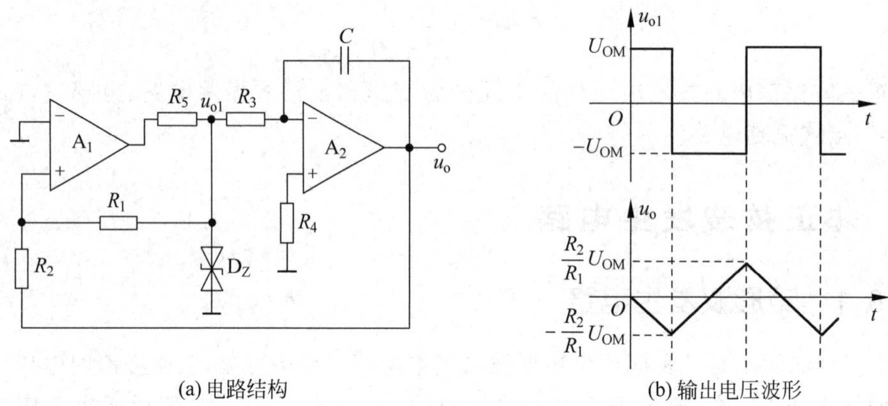

(a) 电路结构　　(b) 输出电压波形

图 12-6-2　三角波发生电路

工作原理分析：集成运放 A_2 构成一个积分电路，集成运放 A_1 构成滞回电压比较器，其反相端接地，集成运放 A_1 同相端的电压由 u_o 和 u_{o1} 共同决定。当 $u_+>0$ 时，$u_{o1}=+U_{OM}$；当 $u_+<0$ 时，$u_{o1}=-U_{OM}$。在电源刚接通时，假设电容器初始电压为零，集成运放 A_1 输出电压为正饱和电压值 $+U_{OM}$，积分器输入为 $+U_{OM}$，电容 C 开始充电，输出电压 u_o 开始减小，u_+ 值也随之减小，当 u_o 减小到 $-(R_2/R_1)U_{OM}$ 时，u_+ 由正值变为零，滞回比较器 A_1 翻转，集成运放 A_1 的输出 $u_{o1}=-U_{OM}$。当 $u_{o1}=-U_{OM}$ 时，积分器输入负电压，输出电压 u_o 开始增大，u_+ 值也随之增大，当 u_o 增加到 $(R_2/R_1)U_{OM}$ 时，u_+ 由负值变为零，滞回比较器 A_1 翻转，集成运放 A_1 的输出 $u_{o1}=+U_{OM}$。

此后，前述过程不断重复，便在 A_1 的输出端得到幅值为 U_{OM} 的矩形波，A_2 输出端得到三角波，可以证明其频率为

$$f=\frac{R_1}{4R_2R_3}C \tag{12-6-2}$$

显然，可以通过改变 R_1、R_2、R_3 的阻值来改变三角波的频率。

12.7 信号运算和处理电路的 Multisim 10 仿真实例

1. 同相比例运算电路仿真

同相比例运算电路的内容详见本书 12.2.1 小节。

1) 仿真目的

验证同相比例运算电路的功能。

2) 仿真过程

(1) 利用 Multisim 10 软件绘制图 12-7-1 所示的同相比例运算电路仿真电路图，该电路的输入交流信号 V1 的幅值为 1V，从理想集成运放的同相输入端输入。

(2) 双踪示波器 XSC1 的通道 A 测量输入信号波形，通道 B 测量输出信号波形，并设置合

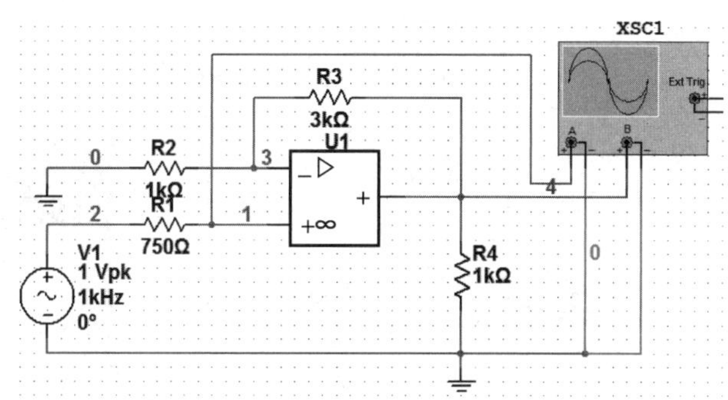

图 12-7-1　同相比例运算电路仿真电路图

适的示波器参数。

(3) 启动仿真，观察输入信号和输出信号的波形，如图 12-7-2 所示。

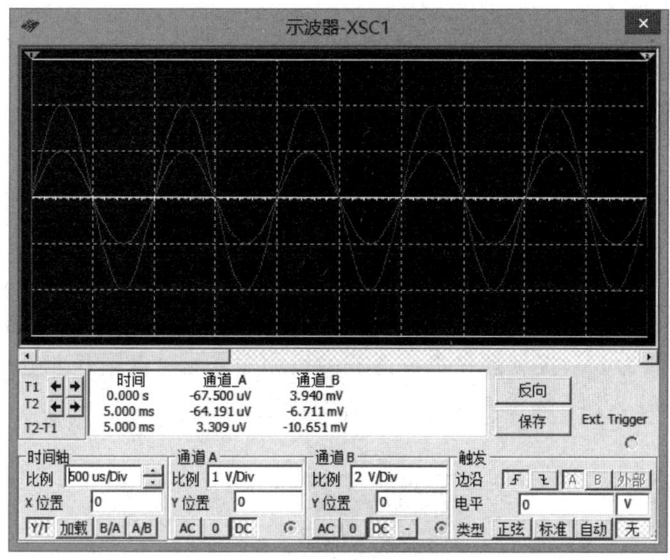

图 12-7-2　同相比例运算电路测量波形

根据测量波形所示，输出电压与输入电压的关系为 $u_o=(1+R_3/R_2)u_i=4u_i$，满足同相比例运算电路的运算规则，电路实现了同相比例运算功能。

2. 反相加法运算电路仿真

反相加法运算电路原理的内容详见本书 12.2.2 小节。

1) 仿真目的

验证反相加法运算电路的功能。

2) 仿真过程

(1) 利用 Multisim 10 软件绘制图 12-7-3 所示的反相加法运算电路仿真电路图，该电路的三个输入直流信号电压 $V_1=3\text{V}$、$V_2=1\text{V}$、$V_3=1\text{V}$，分别通过电阻 R_1、R_2、R_3 从理想集成运放的反相输入端输入。

(2) 直流电压表 XMM1 用来测量输出电压的大小。

(3) 启动仿真，观察输出信号的电压，如图 12-7-4 所示。

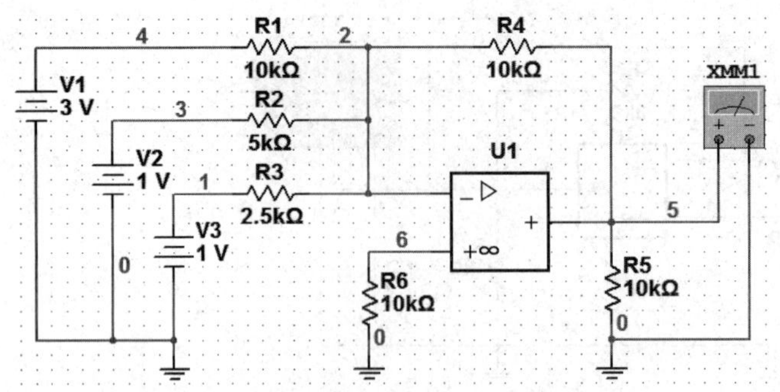

图 12-7-3 反相加法运算电路仿真电路图

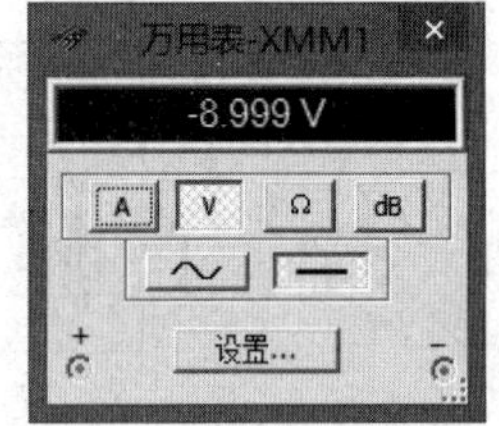

图 12-7-4 反相加法运算电路输出电压测量结果

测量结果 $V_o = -8.999\text{V}$，根据测量结果所示，如果忽略误差，输出电压与输入电压的关系为 $V_o = -[(R_4/R_1)V_1 + (R_4/R_2)V_2 + (R_4/R_3)V_3] = -(1 \times V_1 + 2 \times V_2 + 4 \times V_3) = -9\text{V}$，满足反相加法运算电路的运算规则，电路实现了反相加法运算功能。

3. 单限电压比较器电路仿真

单限电压比较器电路原理的内容详见本书 12.4 节。

1）仿真目的

验证单限电压比较器电路的功能。

2）仿真过程

(1) 利用 Multisim 10 软件绘制图 12-7-5 所示的单限电压比较器电路仿真电路图，交流输入信号 V_3 的幅值为 5V，接到理想集成运放的反相输入端；直流基准电压 $V_1 = 2\text{V}$，接到理想集成运放的同相输入端；输出电压由稳压管稳压电路稳压在 ±1.8V。

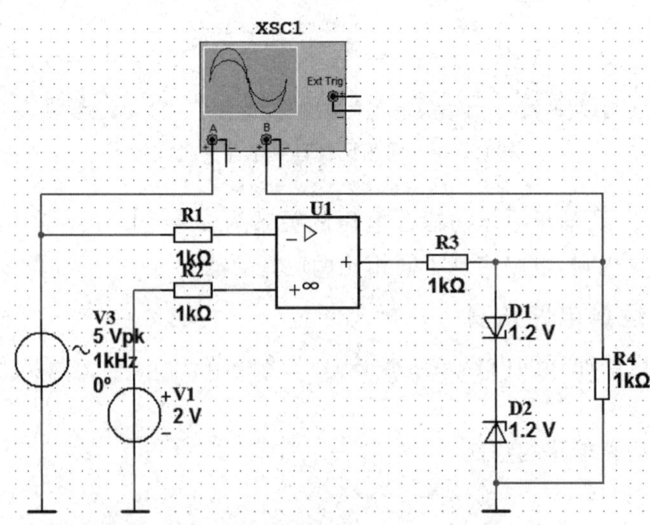

图 12-7-5 单限电压比较器电路仿真电路图

(2) 双踪示波器 XSC1 的通道 A 测量输入信号波形，通道 B 测量输出信号波形，并设置合适的示波器参数。

(3) 启动仿真，观察输入信号和输出信号的波形，如图 12-7-6 所示。

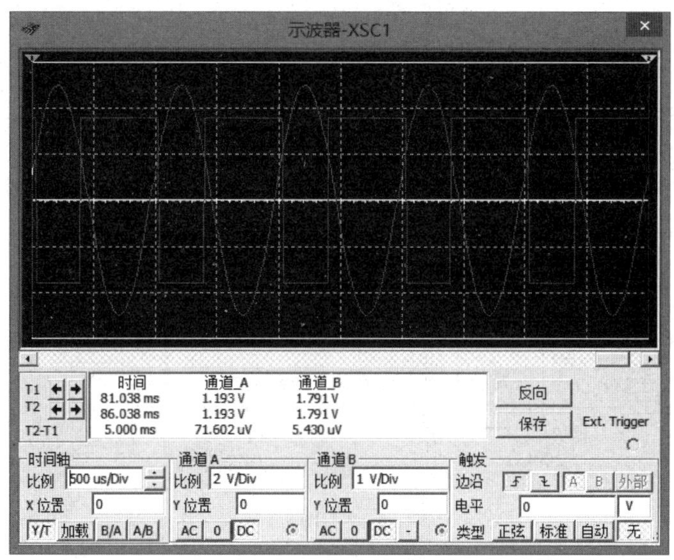

图 12-7-6　单限电压比较器测量波形

根据测量波形所示，输出电压与输入电压的关系为

$$u_o=\begin{cases}+U_Z, u_+ > u_- \\ -U_Z, u_+ < u_-\end{cases}=\begin{cases}+1.8\text{V}, u_i < 2\text{V} \\ -1.8\text{V}, u_i > 2\text{V}\end{cases}$$

电路实现了单限电压比较器的功能。

习题 12

12-1　理想集成运放的工作特点包括________、________、________和________等。

12-2　理想集成运放的工作区包括________工作区和________工作区。

12-3　________运算电路可实现 $A_u>1$ 的放大器。________运算电路可实现 $A_u<0$ 的放大器。________运算电路可将三角波电压转换成方波电压。________运算电路可实现函数 $Y=aX_1+bX_2+cX_3$ 运算，其中 a、b 和 c 均大于零。________运算电路可实现函数 $Y=aX_1+bX_2+cX_3$ 运算，其中 a、b 和 c 均小于零。________运算电路可实现函数 $Y=aX^2$。

12-4　用理想集成运放设计如下运算电路。

(1) $u_o=6u_{i1}+4u_{i2}(R_f=12\text{k}\Omega)$

(2) $u_o=-5u_i(R_f=15\text{k}\Omega)$

12-5　如题 12-5 图所示电路，试求：(1)A_1、A_2 各组成何种基本运算电路？(2)求 R_3、R_6 的表达式。(3)求输出电压 u_o 的表达式。

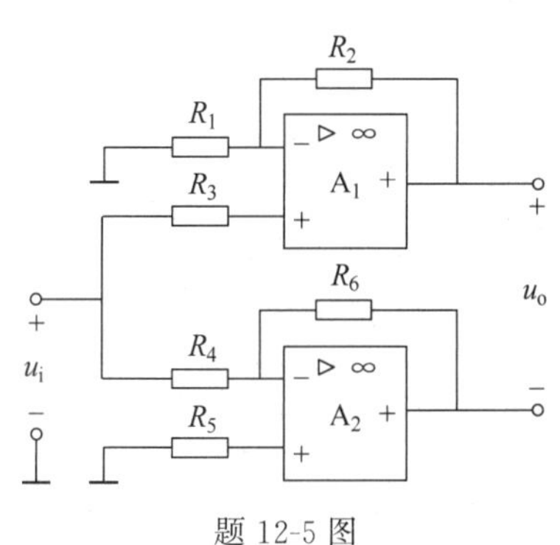

题 12-5 图

12-6　试求题 12-6 图所示各电路输出电压与输入电压的运算关系式。

12-7　试求题 12-7 图所示各电路输出电压与输入电压的运算关系式。

12-8　在下列各种情况下，应分别采用哪种类型(低

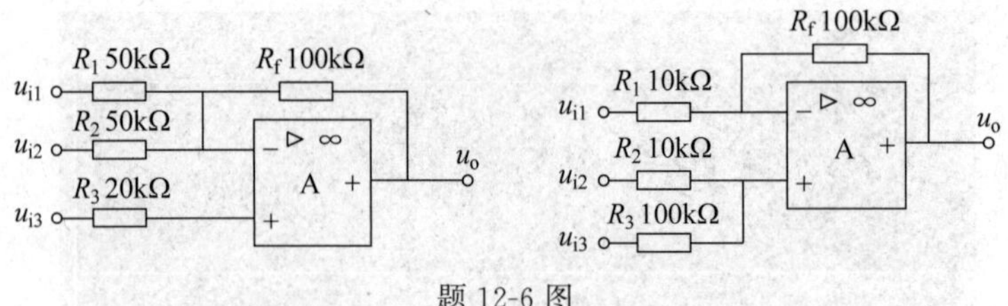

题 12-6 图

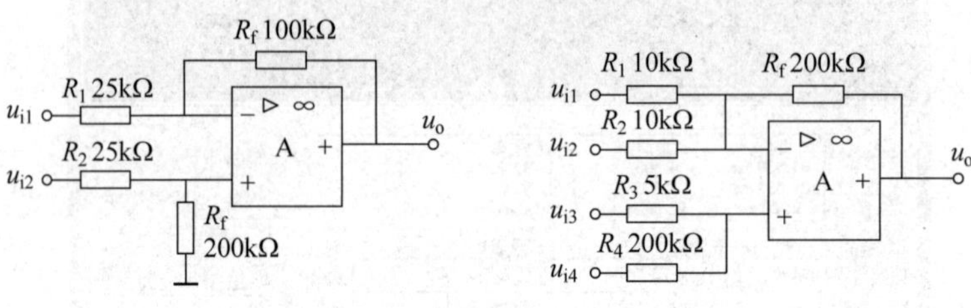

题 12-7 图

通、高通、带通、带阻)的滤波器。

(1) 抑制 50Hz 交流电源的干扰。

(2) 处理具有 1kHz 固定频率的有用信号。

(3) 抑制频率为 80kHz 以上的高频干扰。

(4) 从输入信号中取出高于 500kHz 的高频信号。

12-9 用理想集成运放实现运算关系：$u_o = 2u_{i1} + 3u_{i2} - 5\int_0^t u_{i3}\,dt$。要求使用的运算放大器的数量尽可能少。

12-10 画出如题 12-10 图所示电路的电压传输特性，并标出有关的电压值。设 A 为理想集成运放，电源电压为 ± 15V，u_i 的幅值足够大。

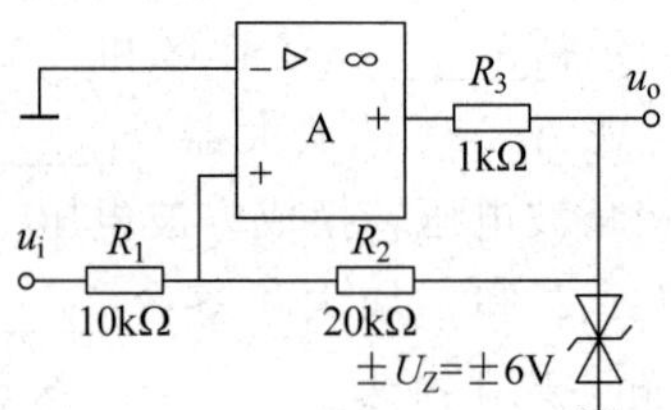

题 12-10 图

直流稳压电源

本章主要介绍小功率直流稳压电源的组成，以及各组成部分的电路结构、作用和电路分析。

13.1 直流稳压电源的组成及各组成部分的作用

直流稳压电源是能为负载提供稳定直流电源的电子装置。直流稳压电源的供电电源大都是交流电源，当交流供电电源的电压或负载电阻变化时，稳压器的直流输出电压都会保持稳定。直流稳压电源广泛应用于国防、科研、大专院校、实验室、工矿企业、电解、电镀、充电设备等的直流供电。常见的小功率直流稳压电源的组成结构如图 13-1-1 所示。

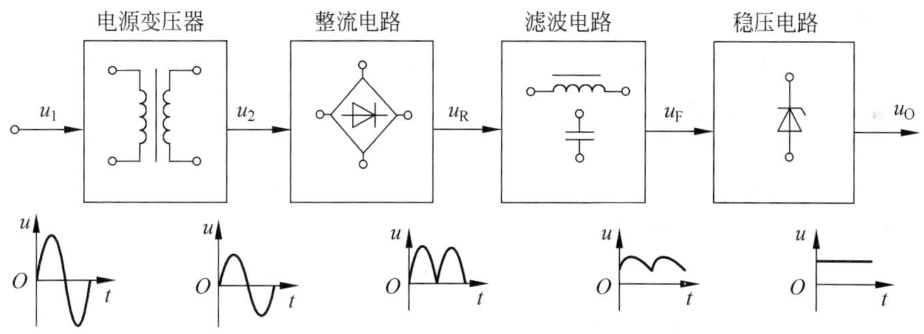

图 13-1-1 小功率直流稳压电源结构

通常，小功率直流稳压电源是将交流电源电压通过变压、整流、滤波、稳压 4 个环节，转变为用户需要的直流电压。其中，变压环节是利用电源变压器将幅度变化比较大的交流电压转变为幅度变化比较小的、符合整流需要的交流电压的过程；整流环节是利用整流电路将双向变化的交流电压转变为单一方向变化的脉动直流电压的过程；滤波环节是利用滤波电路将脉动直流电压中的交流成分去除，降低电压脉动程度的过程；稳压环节是在交流电源电压波动或负载变动时，利用稳压电路进一步得到大小基本不变的直流电压的过程。各环节中的波形如图 13-1-1 所示。

13.2 整流电路

所谓整流，就是利用二极管的单向导电性，将交流电压变成单方向的脉动直流电压。

13.2.1 单相半波整流电路

1. 电路结构

图 13-2-1(a)所示为单相半波整流电路图，它是最简单的整流电路，由变压器 Tr、二极管 D 和负载电阻 R_L 组成。u_1 是变压器初级线圈的输入电压，即市电电压，u_2 是变压器次级的输出电压(也称副边电压)。

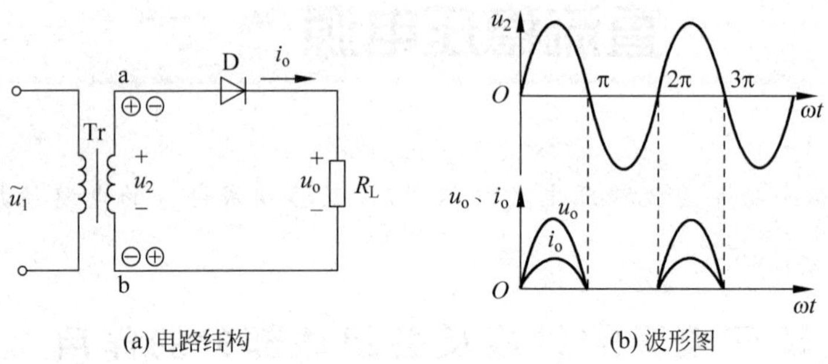

(a) 电路结构　　(b) 波形图

图 13-2-1　单相半波整流电路

2. 工作原理分析

一般假设变压器副边电压 u_2 为

$$u_2 = U_{2m}\sin\omega t = \sqrt{2}U_2\sin\omega t$$

u_2 波形如图 13-2-1(b)所示。设二极管为理想二极管，在电压 u_2 的正半周，二极管 D 正偏导通，电流 i_D 经二极管流向负载 R_L，在 R_L 上就得到一个上正下负的电压 $u_o = u_2$；在 u_2 的负半周，二极管 D 反偏截止，流过负载的电流为 0，因而 R_L 上电压为 $u_o = 0$。这样一来，在 u_2 信号的一个周期内，R_L 上只有半个周期有电流通过，结果在 R_L 两端得到的输出电压 u_o 就是单方向的，且近似为半个周期的正弦波，所以叫半波整流电路。半波整流电路中输出电压、电流的波形如图 13-2-1(b)所示。

存在的不足：半波整流电路虽然简单，但它只利用了电源的半个周期，整流输出电压低，脉动幅度较大且变压器利用率低。

3. 主要参数

(1) 整流电压的平均值 U_O：

$$U_O = \frac{1}{T}\int_0^T u_o(t)\,\mathrm{d}t = \frac{1}{2\pi}\int_0^\pi \sqrt{2}U_2\sin\omega t\,\mathrm{d}(\omega t) = \frac{\sqrt{2}U_2}{\pi} = 0.45U_2 \tag{13-2-1}$$

(2) 整流电流的平均值 I_O：

$$I_O = \frac{U_O}{R_L} = 0.45\frac{U_2}{R_L} \tag{13-2-2}$$

(3) 二极管中的平均电流 I_D：

$$I_D = I_O = 0.45\frac{U_2}{R_L} \tag{13-2-3}$$

(4) 二极管承受的最大反向电压 U_{DRM}：

$$U_{DRM} = \sqrt{2}U_2 \tag{13-2-4}$$

13.2.2　单相桥式整流电路

1. 电路结构

图 13-2-2 所示为两种常见的单相桥式整流电路图的画法，电路中采用了 $D_1 \sim D_4$ 4 只二极管，并且接成电桥形式。

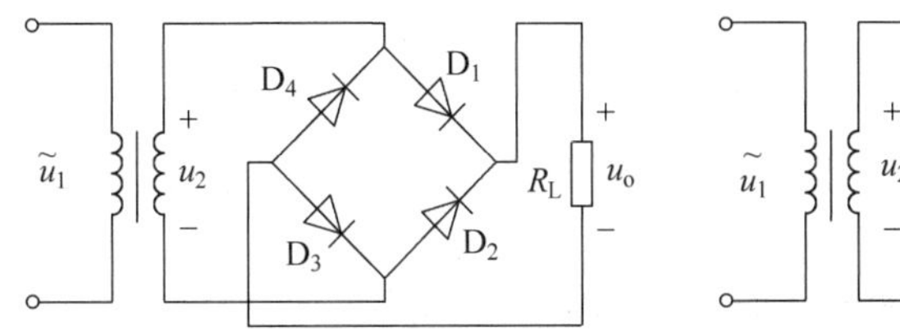

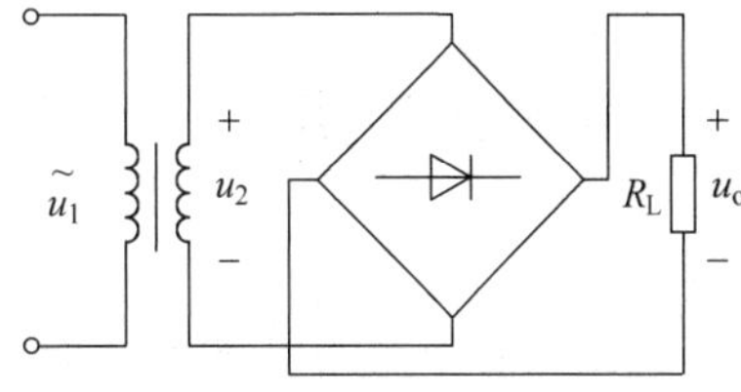

图 13-2-2　单相桥式整流电路

2. 工作原理分析

当 u_2 为正半周时，D_1、D_3 导通，D_2、D_4 截止；当 u_2 为负半周时，D_2、D_4 导通，D_1、D_3 截止，即在 u_2 的一个周期内，负载 R_L 上均能得到直流脉动电压 u_o，故称为全波整流电路。所有波形如图 13-2-3 所示。

优点：全波整流因为在整个周期里均有电流流过负载，所以它的输出电压要大于半波整流，并且脉动程度也小于半波整流。

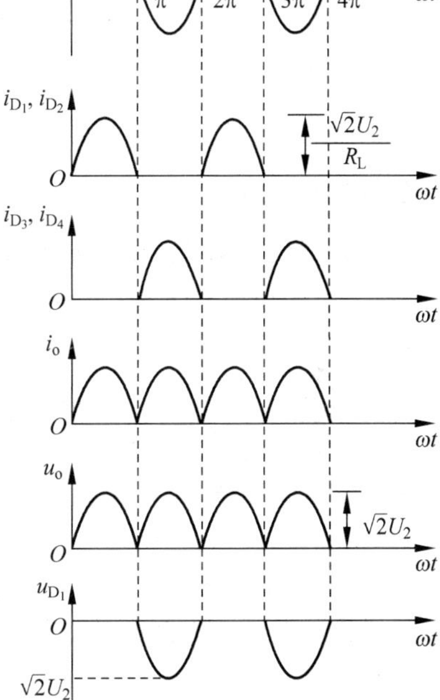

图 13-2-3　单相桥式整流电路波形

3. 主要参数

(1) 整流电压的平均值 U_O：

$$U_O = \frac{1}{T}\int_0^T u_o(t)\,dt = \frac{1}{\pi}\int_0^{\pi}\sqrt{2}U_2\sin\omega t\,d(\omega t) = 0.9U_2 \tag{13-2-5}$$

(2) 整流电流的平均值 I_O：

$$I_O = \frac{U_O}{R_L} = 0.9\frac{U_2}{R_L} \tag{13-2-6}$$

(3) 二极管中的平均电流 I_D：

$$I_D = \frac{1}{2}I_O = 0.45\frac{U_2}{R_L} \tag{13-2-7}$$

(4) 二极管承受的最大反向电压 U_{DRM}：

$$U_{DRM} = \sqrt{2}U_2 \tag{13-2-8}$$

4. 整流元件及变压器的选择

(1) 根据 I_D、U_{DRM} 选择整流电路元件 $D_1 \sim D_4$。

(2) 根据负载 R_L 的要求决定变压器二次侧的有效值(由 $U_O = 0.9U_2$、$I_O = 0.9I_2$，可得 $U_2 = 1.11U_O$、$I_2 = 1.11I_O$)。

(3) 根据 U_2、I_2 和电源电压 U_1 选择变压器(变比 $K = U_1/U_2$、容量 $S = I_2U_2$)。

13.3 滤波电路

滤波电路利用电抗性元件对交、直流阻抗的不同,实现滤波。电容器 C 对直流开路,对交流阻抗小,所以 C 应该并联在负载两端。电感器 L 对直流阻抗小,对交流阻抗大,因此 L 应与负载串联。

13.3.1 电容滤波电路

1. 电路结构

以单相桥式整流电容滤波为例进行分析,其电路结构如图 13-3-1 所示。

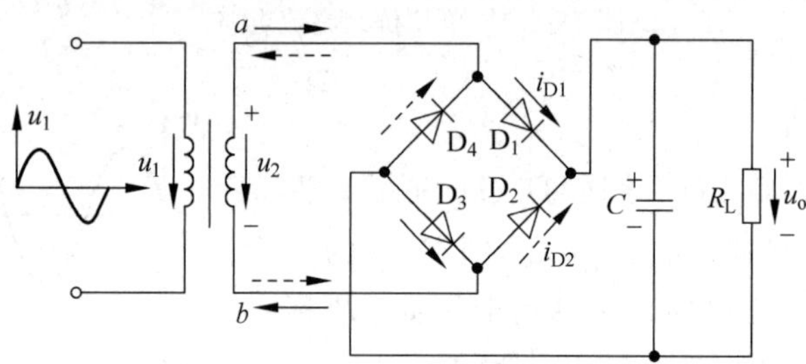

图 13-3-1 单相桥式整流电容滤波电路

2. 工作过程

变压器副边电压 u_2 正半周时,二极管 D_1、D_3 导通,电流的路径为 $a \to D_1 \to R_L \to D_3 \to b$,在 $u_2 > u_c$ 时给电容 C 充电,此时 $u_o = u_c \approx u_2$;当 $u_2 < u_c$ 时,二极管截止,电容 C 放电,u_c 按指数规律下降,其波形对应于图 13-3-2 中 u_o 的 bc 段,时间常数 $\tau = R_L C$,此时 $u_o = u_c$。当变压器二次侧电压 u_2 进入负半周时,二极管 D_2、D_4 导通,电流的路径为 $b \to D_2 \to R_L \to D_4 \to a$,在 $u_2 > u_c$ 时给电容 C 充电,其波形对应于图 13-3-2 中 u_o 的 ab 段,此时 $u_o = u_c \approx u_2$;当 $u_2 < u_c$ 时,二极管截止,电容 C 放电,u_c 按指数规律下降,时间常数 $\tau = R_L C$,此时 $u_o = u_c$。以后的过程周而复始,输出电压 u_o 的波形如图 13-3-2 中的实线所示。

可见,接入滤波电容 C 后,输出电压脉动减小,而且电压的平均值有较大的提高。电容滤波效果直接与其放电时间常数 $\tau_{放} = R_L C$ 有关,R_L 阻值越大,$\tau_{放}$ 越大,滤波效果越好。

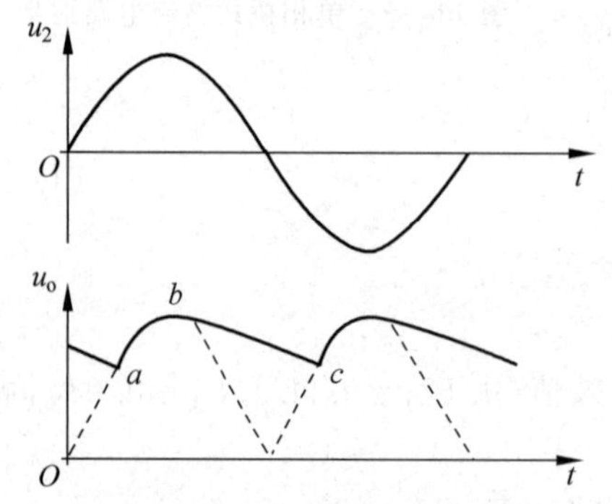

图 13-3-2 单相桥式整流电容滤波电路输出波形

3. 参数选择

1) 滤波电容

滤波电容的输出电压取决于电容器的放电时间常数 $\tau_{放} = R_L C$。$\tau_{放}$ 越大,输出电压脉动越小,且电压平均值也越高。因此,应选择容量较大的滤波电容。

为获得较好的滤波效果,在实际电路中,可参照式(13-3-1)选择电容器的容量。

$$\tau_{放} = R_L C \geqslant (3 \sim 5)\frac{T}{2} \tag{13-3-1}$$

式中:T 为交流电源电压的周期,电容器的耐压值应大于$\sqrt{2}U_2$。

当电路的$\tau_{放}$满足式(13-3-1)的条件时，输出电压平均值U_O与变压器二次侧电压有效值U_2的关系为

$$U_O=(1.1\sim1.4)U_2 \tag{13-3-2}$$

通常取系数1.2。

2）二极管

在实际电路中，可参照式(13-3-3)选择二极管电流。

$$I_{Fm}\geqslant(2\sim3)\frac{1}{2}\frac{U_O}{R_L}=(1\sim1.5)I_O \tag{13-3-3}$$

二极管最高反压仍然是最大值，即$U_{DRM}=\sqrt{2}U_2$。

13.3.2 电感滤波电路

电感滤波电路如图13-3-3所示。当电路中流过的电流增加时，电感将产生反电势以阻止电流的增加；而流过的电流减小时，反电势又阻止电流减小，所以，输出电流和电压的脉动减小，起到和电容滤波相同的效果。

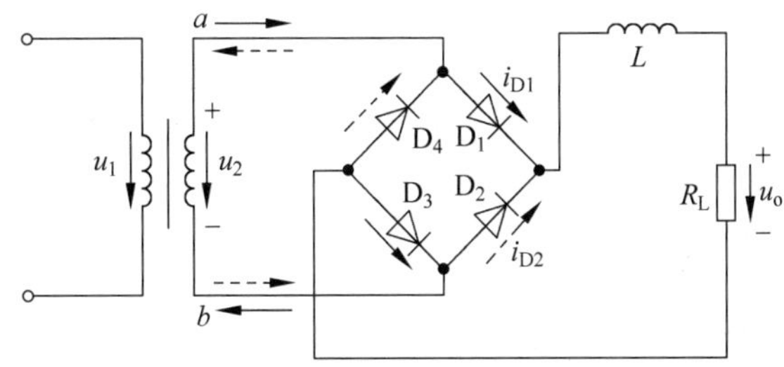

图13-3-3 单相桥式整流电感滤波电路

在大功率滤波电路中常采用电感滤波电路，但为了增大电感量，往往要带铁芯，使得电感滤波电路笨重，体积大，而且容易产生电磁干扰，使用不太方便，一般只适用于低电压大电流的场合。

13.4 稳压电路

稳压电路是指在输入电网电压波动或负载发生改变时仍能保持输出电压基本不变的电源电路。按输出电流的类型分为直流稳压电路和交流稳压电路；按稳压电路与负载的连接方式分为串联稳压电路和并联稳压电路；按调整管的工作状态分为线性稳压电路和开关型稳压电路。

本书第7章介绍的稳压管与负载并联构成最简单的并联型稳压管稳压电路，但是其带负载能力差，输出电压不能随意调节，一般只提供基准电压，不作为电源使用；而由调整管和负载串联构成的串联型稳压电路，目前具有广泛的应用前景。

13.4.1 串联型稳压电路

1. 电路结构

串联型稳压电路的结构如图13-4-1所示，它由基准电压源、比较放大电路、调整电路和采样电路四部分组成。因为调整管与负载电阻R_L相串联，所以称这种电路为串联型稳压电路。

2. 工作原理

串联型直流稳压电源的电路如图 13-4-2 所示。稳压管 V_2 和限流电阻 R_3 组成基准电压源，为比较放大电路提供基准电压 U_Z；理想集成运算放大器 A 组成比较放大电路；电阻 R_1、R_P 和 R_2 组成采样电路，用于对变化的输出电压进行采样。采样电压 U_F 和基准电压 U_Z 分别送至理想集成运放 A 的反相输入端和同相输入端进行比较放大，其输出端与调整管 V_1 的基极相连，以控制调整管的基极电位 U_{B1}。

输出电压的范围为

$$\frac{R_1+R_P+R_2}{R_P+R_2}U_Z \leqslant U_O \leqslant \frac{R_1+R_P+R_2}{R_2}U_Z \tag{13-4-1}$$

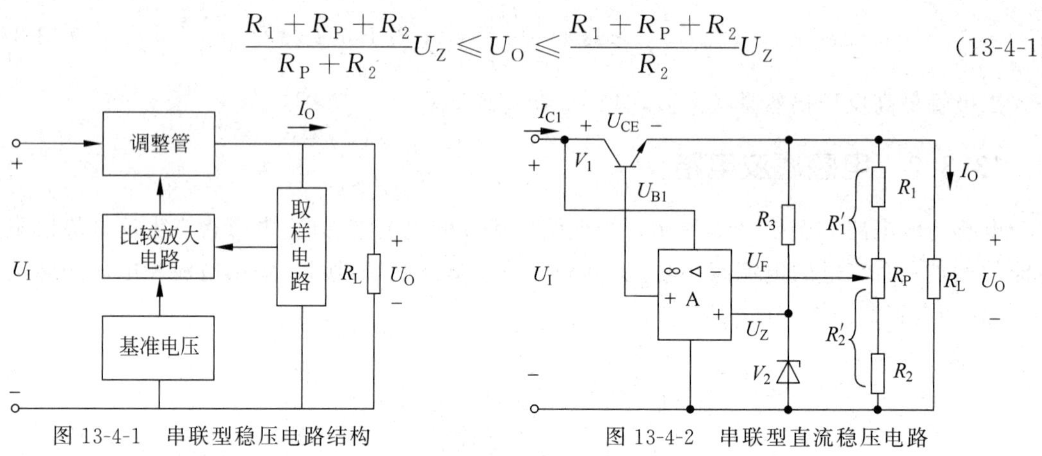

图 13-4-1　串联型稳压电路结构　　　　图 13-4-2　串联型直流稳压电路

13.4.2 集成稳压电路

集成稳压电路的工作原理与分立元件的稳压电路是相同的，它的内部结构同样包括基准电压源、比较放大器、调整电路、采样电路和保护电路等部分。

1. 三端固定输出集成稳压器

从外形上看，集成串联型稳压电路有 3 个引脚，分别为输入端、输出端和公共端，故称为三端稳压器。三端固定式集成稳压电路的通用产品有 W7800 系列（正电压输出）和 W7900 系列（负电压输出），具体型号后面的两位数字代表输出电压值，包括±5V、±6V、±8V、±12V、±15V、±18V 和±24V 7 个等级；输出电流值用 78 或 79 后面加字母区分，其中 L 代表 0.1A，M 代表 0.5A，无字母表示 1.5A。例如，型号 W78M12 代表输出+12V/0.5A 的三端固定输出集成稳压器。

三端固定输出集成稳压器的应用电路有以下几种。

1）固定输出电压电路

图 13-4-3 所示电路是 W7800 系列作为固定输出时的典型接线图。

为了保证稳压器正常工作，最小输入输出电压差至少为 2V；输入端电容 C_i 一般取 0.1～1μF，其作用是在输入线较长时抵消其电感效应，防止产生自激振荡；输出端的 C_o 一般取 0.1μF，是为了消除电路的高频噪声，改善负载的瞬态响应；二极管 D 是为了防止输入端短路时 C 反向放电损坏稳压器。

2）提高输出电压的电路

目前，三端稳压器的最高输出电压是 24V。当需要大于 24V 的输出电压时，可采用图 13-4-4 所示的电路。

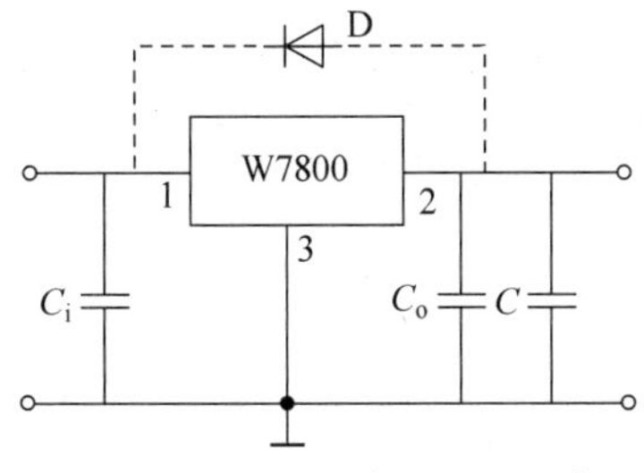

图 13-4-3　固定输出电压电路

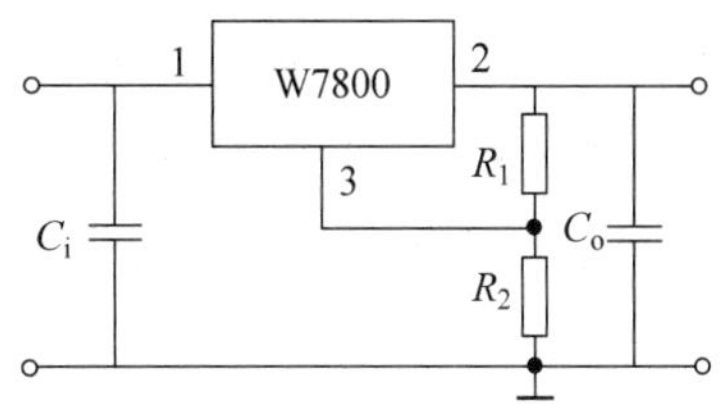

图 13-4-4　提高输出电压电路

输出电压近似为

$$U_o \approx \left(1+\frac{R_2}{R_1}\right)U_{XX} \tag{13-4-2}$$

式中：U_{XX} 是三端稳压器的标称输出电压。

3）输出正、负电压的电路

当需要正、负电压同时输出时，可以用一片 W7800 正电压稳压器和一片 W7900 负电压稳压器连接成图 13-4-5 所示的电路，这两片稳压器共用一个公共接地端，并共用整流电路。

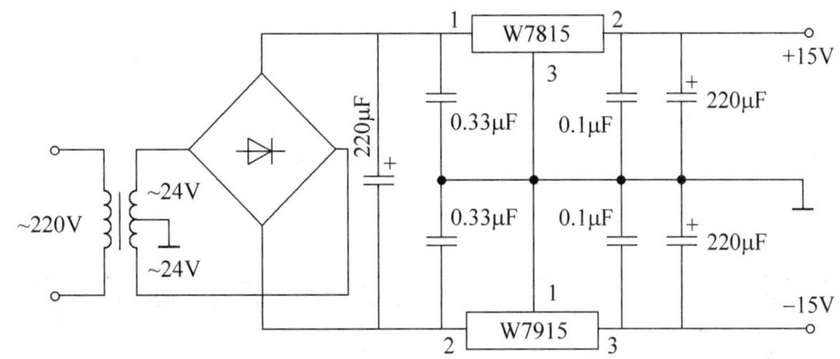

图 13-4-5　具有正、负输出电压的稳压电路

2. 三端可调输出集成稳压器

CW117/217/317 是正压可调输出的单片集成稳压器，CW137/237/337 是负压可调输出的单片集成稳压器，外形引脚如图 13-4-6 所示，输出电压（绝对值）可设定范围 1.25～37V。电路具有过流、过热和调整管安全工作区保护电路，在最大输入电压≤40V 范围内，可以保证电路工作安全。

三端可调输出集成稳压器（以 CW117 为例）的内部结构如图 13-4-7 所示。输入电压在 2～40V 变化时，输出端和调整端电压等于基准电压 1.25V，基准电源的 I_{REF} 很小，约为 50μA。

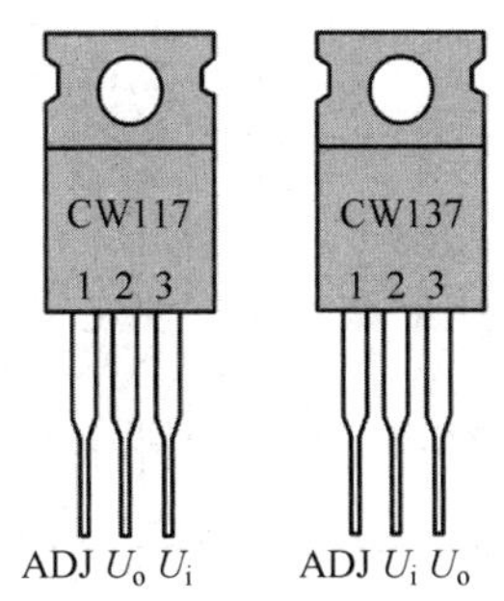

图 13-4-6　可调输出稳压器的引脚

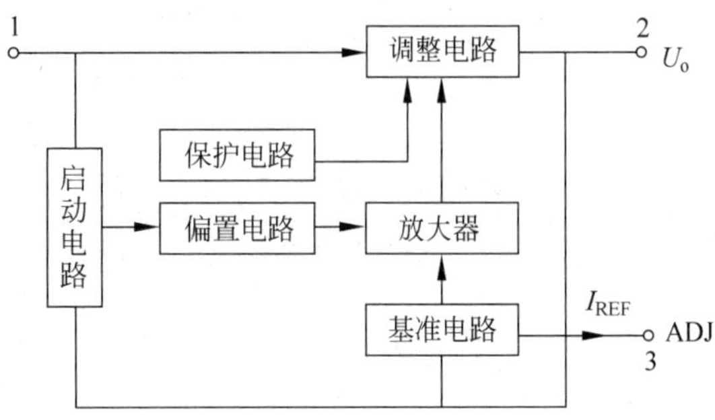

图 13-4-7　CW117 的内部结构

三端可调输出集成稳压器(以 CW317 为例)的典型应用电路如图 13-4-8 所示,其中,二极管 D_1 是为了防止输入端短路时 C_4 反向放电损坏稳压器,二极管 D_2 是为了防止输出端短路时 C_2 通过调整端放电损坏稳压器。

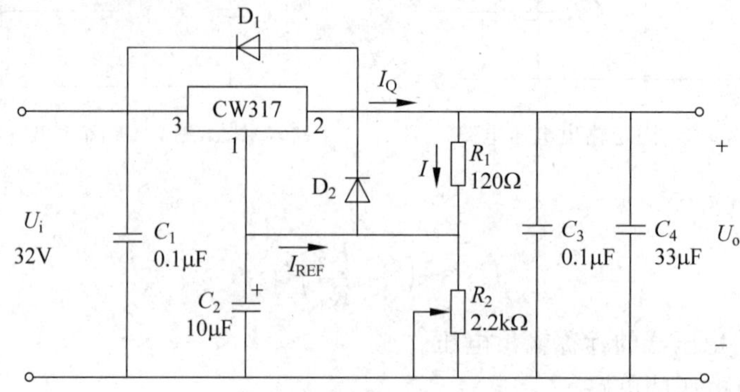

图 13-4-8　CW317 的典型应用电路

输出电压为

$$U_o=\frac{U_{REF}}{R_1}(R_1+R_2)+I_{REF}R_2$$

而 $I_{REF}\approx 50\mu A$,$U_{REF}\approx 1.25V$,可得

$$U_o=1.25\times\left(1+\frac{R_2}{R_1}\right) \tag{13-4-3}$$

13.5　单相桥式整流电容滤波电路的 Multisim 10 仿真实例

单相桥式整流电容滤波电路原理详见本书 13.2 和 13.3 节。

1. 仿真目的

验证整流电路的整流作用,电容滤波电路的滤波作用,并观察输入、输出波形间的关系。

2. 仿真过程

(1) 利用 Multisim 10 软件绘制图 13-5-1 所示的单相桥式整流电容滤波电路仿真电路

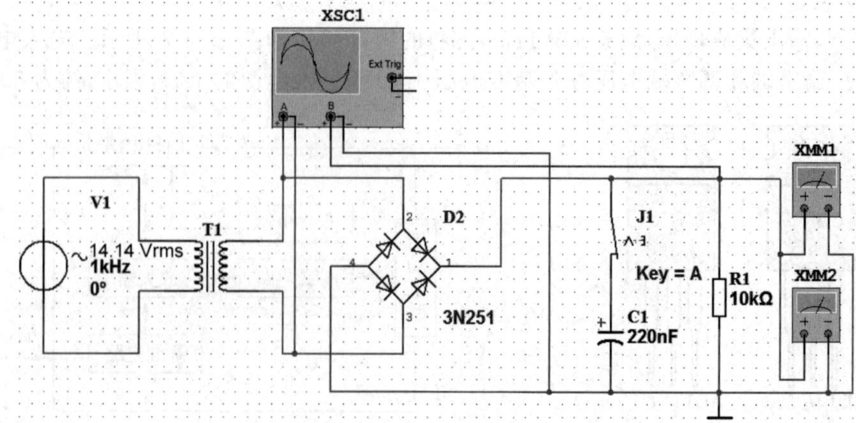

图 13-5-1　单相桥式整流电容滤波电路仿真电路图

图，该电路的输入交流信号 $V_1 = 10\sqrt{2}\sin 2000\pi t$（V），变压器 T1 变比为 1∶1，开关 J1 断开时为单相桥式整流电路，开关 J1 闭合时为单相桥式整流电容滤波电路。

（2）双踪示波器 XSC1 的通道 A 测量变压器二次侧电压波形，通道 B 测量输出电压波形，并设置合适的示波器参数。直流电压表 XMM1 测量输出电压的直流值，交流电压表 XMM2 测量输出电压的交流值。

（3）开关 J1 断开，此时电路为单相桥式整流；启动仿真，测量输出电压的直流值和交流值如图 13-5-2 所示；输入电压和输出电压的波形如图 13-5-3 所示。

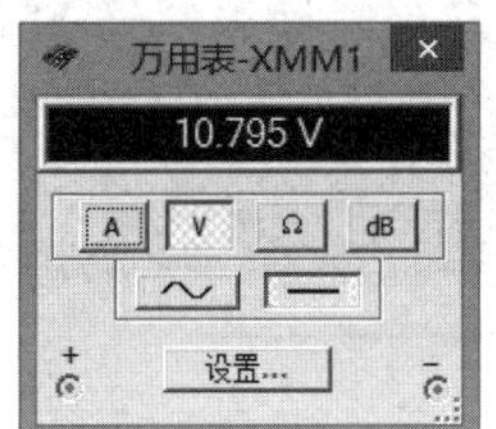

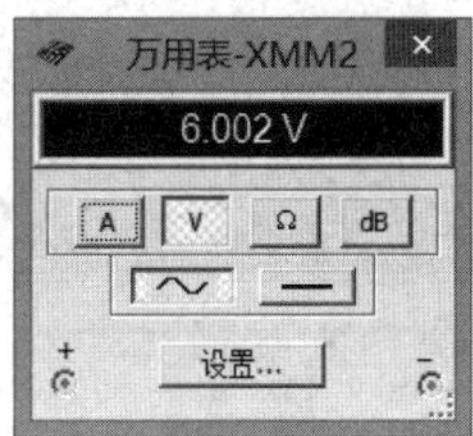

图 13-5-2　开关 J1 断开时输出电压的直流值和交流值

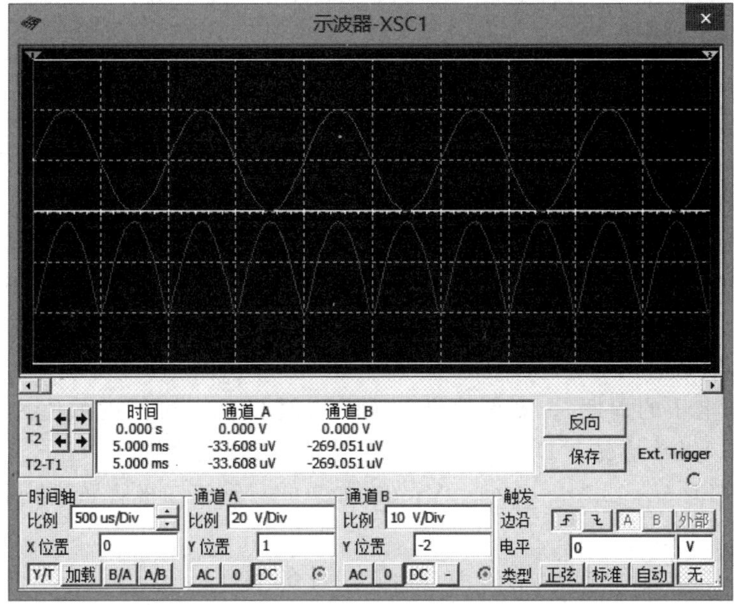

图 13-5-3　开关 J1 断开时输入、输出电压仿真波形

（4）开关 J1 闭合，此时电路为单相桥式整流电容滤波；启动仿真，测量输出电压的直流值和交流值如图 13-5-4 所示；输入电压和输出电压的波形如图 13-5-5 所示。

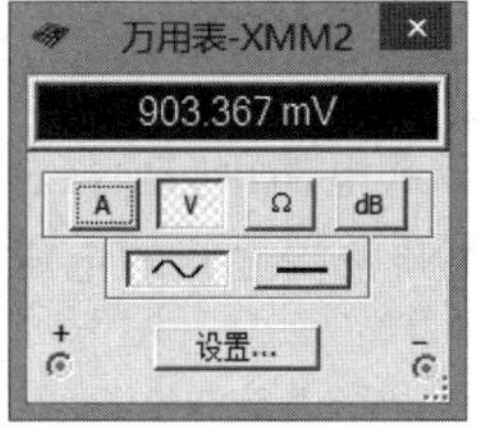

图 13-5-4　开关 J1 闭合时输出电压的直流值和交流值

根据测量波形所示，电路实现了相应的整流和滤波功能。

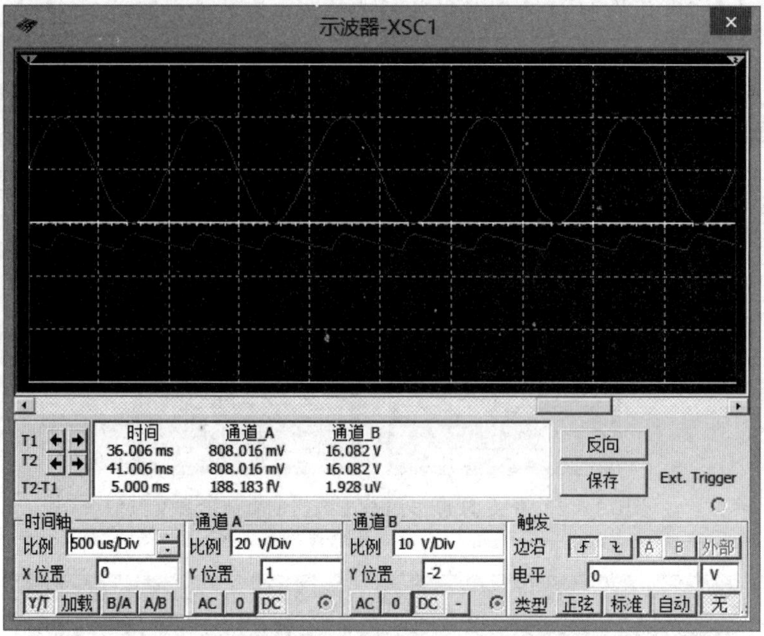

图 13-5-5　开关 J1 闭合时输入、输出电压仿真波形

习题 13

13-1　小功率直流稳压电源通常包括________、________、________和________4 个环节。

13-2　单相桥式整流电容滤波电路中，已知变压器二次侧电压有效值 U_2 为 10V，$R_L C \geqslant 3T/2$（T 为电网电压的周期）。测得输出电压平均值 $U_{O(AV)}$ 可能的数值为 14V、12V、9V、4.5V。试求：(1)正常情况下 $U_{O(AV)} \approx$________V；(2)电容虚焊时 $U_{O(AV)} \approx$________V；(3)负载电阻开路时 $U_{O(AV)} \approx$________V；(4)如果一只整流二极管和滤波电容同时开路时 $U_{O(AV)} \approx$________V。

13-3　小功率直流稳压电源中整流的目的是____________；滤波的目的是____________。

13-4　线性直流稳压电源中的调整管工作在________状态。

13-5　三端集成稳压器 W7812 的输出电压是________，W7915 的输出电压是________。

13-6　题 13-6 图所示电路中，调整管为________，采样电路由________组成，基准电压电路由________组成，比较放大电路由________组成。输出电压最小值的表达式为________，最大值的表达式为________。

13-7　在题 13-7 图所示电路中，$R_1=240\Omega$，$R_2=3\text{k}\Omega$；W117 输入端和输出端电压允许范围为 3～40V，输出端和调整端之间的电压 V_R 为 1.25V。试求：(1)输出电压的调节范围；(2)输入电压的调节范围。

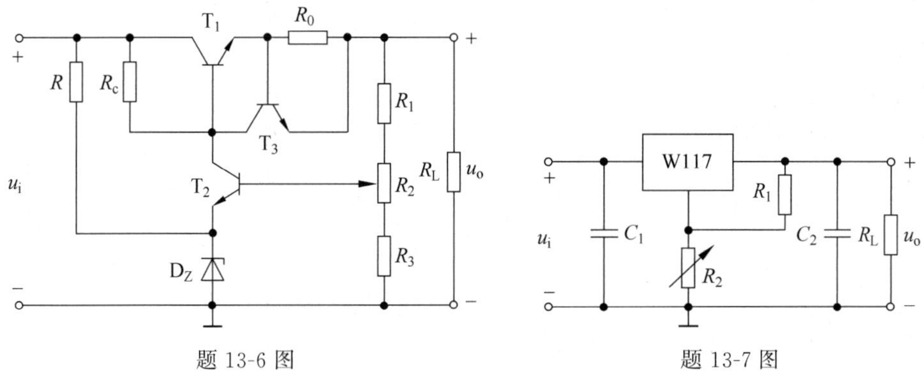

题 13-6 图　　　　题 13-7 图

13-8　电路如题 13-8 图所示，试合理连线构成 5V 的直流电源。

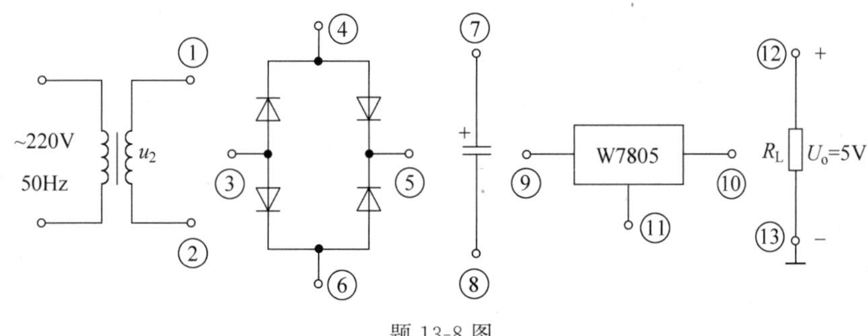

题 13-8 图

13-9　已知负载电阻 $R_L=80\Omega$，负载电压 $U_o=110\text{V}$。今采用单相桥式整流电路，交流电源电压为 220V。试计算变压器二次侧电压 U_2、负载电流 I_L 和二极管电流 I_D 及最高反向电压 U_{DRM}。

13-10　整流电路如题 13-10(a)图所示，二极管为理想元件，变压器二次侧电压 U_2 有效值为 10V，负载电阻 $R_L=2\text{k}\Omega$，变压器变比 10。试求：(1)负载电阻 R_L 上电流的平均值；(2)变压器一次侧电压有效值 U_1 和变压器二次侧电流的有效值 I_2；(3)变压器二次侧电压 u_2 的波形如题 13-10(b)图所示，试定性画出 u_o 的波形。

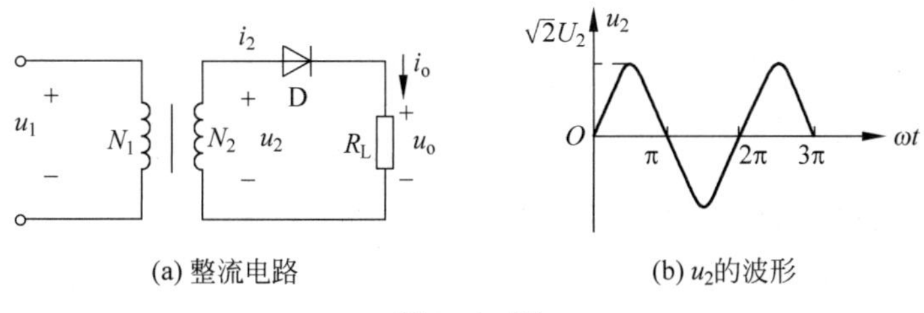

(a) 整流电路　　(b) u_2的波形

题 13-10 图

第3篇

数字电子技术

数字电路又称为逻辑电路，其核心就是要进行逻辑设计，其目的是构建符合设计要求的数字电路与数字系统。数字系统是处理离散信息(数字信号)的电子设备，电子计算机是复杂数字系统的典型代表。

随着时间的推移和电路技术的发展，数字电路得到了越来越广泛的应用。数字电路的发展标志着现代电子技术的水准，电子计算机、数字化通信以及繁多的数字控制装置等都大量地用到了数字电路，它的地位与日俱增。

本书第3篇为数字电子技术，包括第14～18章，主要内容有数字逻辑电路基础、逻辑代数基础、组合逻辑电路、时序逻辑电路以及可编程逻辑器件的相关概念、分析和计算。

第14章 数字逻辑电路基础

本章主要介绍数字逻辑电路的基本概念、基本特点和基本应用，主要包括数字信号的概念、特点和应用；数制及其转换；字符编码；逻辑关系及门电路等。

14.1 数字电路及其特点

14.1.1 模拟信号和数字信号

在自然界和工业控制中存在着各种信号，尽管它们的性质各异，但就其变化规律的特点而言，不外乎有两大类：模拟信号和数字信号。

1. 模拟信号

模拟信号是指时间和数值上都是连续变化的信号，它具有无穷多的数值，其数学表达式也比较复杂，例如正弦函数、指数函数等。

人们从自然界和工业控制系统中感知的许多物理量，如速度、压力、声音、温度、湿度等，均属于模拟性质的。在工程技术上，为了便于分析，常用传感器将模拟量转换为电流、电压或电阻等电量，以便用电路进行分析和处理。传输、处理模拟信号的电路称为模拟电子线路，简称模拟电路。在模拟电路中主要关心输入、输出信号间的大小、相位、失真等方面的问题。

2. 数字信号

数字信号是指时间和数值上都是不连续变化的信号，即数字具有离散性。

交通信号灯控制电路、智力竞赛抢答电路以及计算机键盘输入电路中的信号，都是数字信号。对数字信号进行传输、处理的电子线路称为数字电子线路，简称数字电路。在数字电路中主要关心输入、输出信号之间的逻辑关系。

电子系统中一般均含有模拟和数字两种构件。模拟电路是系统中必需的组成部分，但为了便于存储、分析或传输信号，数字电路更具优越性。

14.1.2 数字电路的特点

与模拟电路相比，数字电路主要有下列特点。

(1) 数字电路中的工作信号是不连续的数字信号，反映在电路上只有低电平和高电平两种状态，因此在分析数字电路时采用二进制数码 0 和 1 来表示电路中的低、高两种电平状态。

(2) 数字电路也是由半导体二极管、三极管、场效应管等器件组成，但器件的工作状态与在模拟电路中不同。数字电路在稳态情况下，半导体器件工作于开、关状态，与器件的截止、导通相对应,可用二进制数码 0、1 表示。因此,数字电路中的信号采用的是二进制数码 0 和 1,它们只代表两种对立的状态,没有数量的大小。

(3) 数字电路对元器件的精度要求不高,允许有较大的误差,只要在工作时能够可靠地区分 0 和 1 两种状态就可以了。数字集成电路具有产品系列多、通用性强、成本低廉、使用方便、可靠性高等特点。

(4) 数字电路讨论的是输入与输出之间抽象的逻辑关系,主要工具是逻辑代数,所以数字电路又称逻辑电路。

(5) 数字电路能够对数字信号进行各种逻辑运算和算术运算,因此广泛应用于数控装置、智能仪表以及计算机中。数字电路组成的数字系统工作可靠、精度较高、抗干扰能力强。

14.1.3　数字电路的应用

数字电路较模拟电路具有更多的优点,因此,数字电路的应用领域越来越广泛。

(1) 在数字通信系统中,可以用若干个 0 和 1 编成各种代码,分别代表不同的含义,用以实现信息的传送。

(2) 利用数字电路的逻辑推理和判断功能,可以设计出各式各样的数控装置,用来实现对生产和过程的自动控制。

(3) 在数字电子技术基础上发展起来的数字电子计算机是当代科学技术最杰出的成就之一,例如电子计算机。然而,数字电路的应用也具有它的局限性。例如,被控制和被测量的对象是模拟信号,而模拟信号不能直接被数字电路所接收,为了用数字电路处理这些模拟量,必须用专门的 A/D 转换(模/数转换)电路将模拟信号转换为数字信号。

14.2　数制与编码

14.2.1　数制

数制即计数体制,是按照一定规则表示数值大小的计数方法。日常生活中最常用的计数体制是十进制(Decimal),数字电路中常用的是二进制(Binary),有时为了表示方便也采用八进制(Octal)和十六进制(Hexadecimal)。对于任意一个数,可以用不同的进制来表示。

1. 数符

数符也称为数码,是数制中能使用的符号。例如,十进制数的数符包括 0、1、2、3、4、5、6、7、8、9 十个;二进制数的数符包括 0、1 两个;八进制数的数符包括 0、1、2、3、4、5、6、7 八个;十六进制数的数符包括 0、1、2、3、4、5、6、7、8、9、A、B、C、D、E、F 十六个。

2. 基数

某数制中数符的个数称为该数制的基数。例如,十进制数的基数是 10;二进制数的基数是 2;八进制数的基数是 8;十六进制数的基数是 16。

3. 权

权也称位权,是数符在某位置所代表的数值大小与该数符的比值。例如,十进制数 259.46 中,数符 2、5、9、4、6 的权分别为 10^2、10^1、10^0、10^{-1}、10^{-2};二进制数 0.1 中,数符 0、1 的权分别为 2^0、2^{-1};八进制数 15.4 中,数符 1、5、4 的权分别为 8^1、8^0、8^{-1};十六进制数 3A.C5 中 3、A、C、5 的权分别为 16^1、16^0、16^{-1}、16^{-2}。

4. 算术运算规则

十进制数的算术运算规则是“逢十进一，借一当十”；二进制数的算术运算规则是“逢二进一，借一当二”；八进制数的算术运算规则是“逢八进一，借一当八”；十六进制数的算术运算规则是“逢十六进一，借一当十六”。

14.2.2 数制之间的转换

1. 非十进制数转换为十进制数

非十进制数转换为十进制数的方法是：将非十进制数先按权展开为多项式，然后按照十进制数的运算规则进行计算，结果就是其对应的十进制数。在转换过程中要注意各位权的幂不要写错，系数为0的那些项可以写也可以不写。

【例 14-2-1】 分别将二进制数1101.1、八进制数15.4、十六进制数3A.C5转换为十进制数。

【解答】

$$(1101.1)_2=1\times2^3+1\times2^2+0\times2^1+1\times2^0+1\times2^{-1}=8+4+0+1+0.5=(13.5)_{10}$$

$$(15.4)_8=1\times8^1+5\times8^0+4\times8^{-1}=8+5+0.5=(13.5)_{10}$$

$$\begin{aligned}(3A.C5)_{16}&=3\times16^1+10\times16^0+12\times16^{-1}+5\times16^{-2}=48+10+0.75+0.01953125\\&=(58.76953125)_{10}\end{aligned}$$

2. 十进制数转换成非十进制数

十进制数转换成非十进制数的方法如下。

(1) 整数部分：采用“除基数，取余数”的方法，结果按逆序写，即先得到的余数为低位，后得到的余数为高位。

(2) 小数部分：采用“乘基数，取整数”的方法，结果按正序写，即先得到的整数为高位，后得到的整数为低位。

【例 14-2-2】 将十进制数95.25分别转换为二进制数、八进制数和十六进制数。

【解答】 (1) 整数部分：十进制整数转换为二进制整数如图14-2-1所示，十进制整数转换为八进制整数如图14-2-2所示，十进制整数转换为十六进制整数如图14-2-3所示。

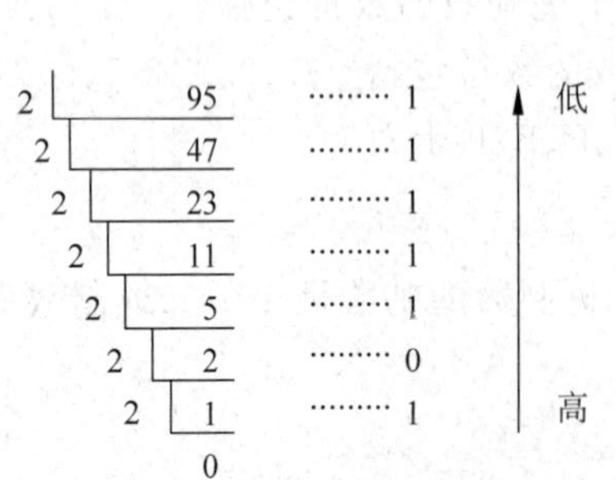

图 14-2-1 十进制整数转换为二进制整数

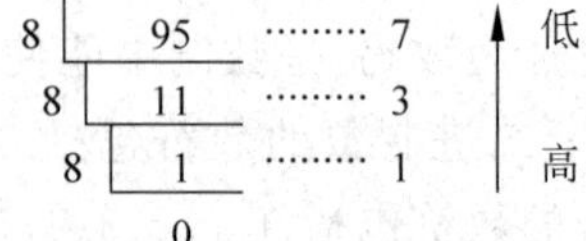

图 14-2-2 十进制整数转换为八进制整数

16 | 95 …… F 低
16 | 5 …… 5 高
0

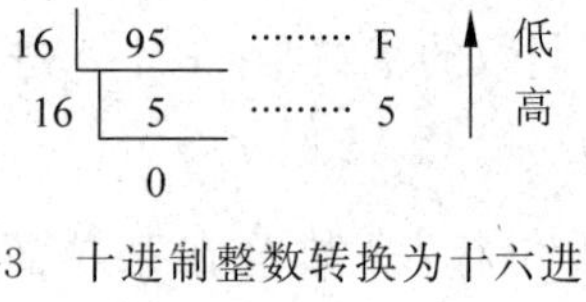

图 14-2-3 十进制整数转换为十六进制整数

所以，整数部分的转换结果为95D=1011111B=137O=5FH。

(2) 小数部分：十进制小数转换为二进制小数如图14-2-4(a)所示，十进制小数转换为八进制小数如图 14-2-4(b)所示，十进制小数转换为十六进制小数如图 14-2-4(c)所示。

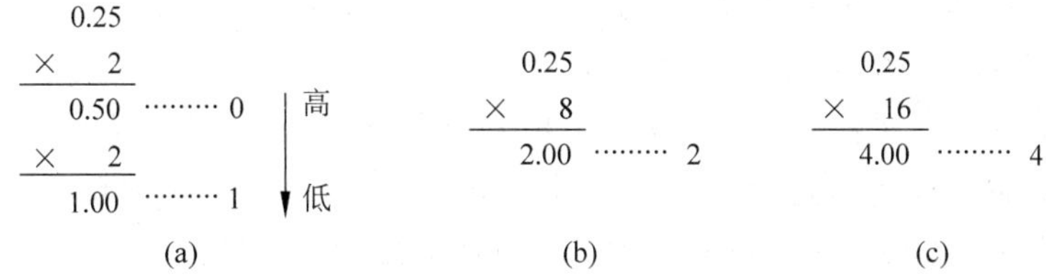

图 14-2-4　十进制小数转换为二进制、八进制、十六进制小数

所以，小数部分的转换结果为 0.25D=0.01B=0.2O=0.4H。

十进制数 95.25 的最终转换结果为

95.25D=1011111.01B=137.2O =5F.4H。

注意：从二进制、八进制、十六进制转换为十进制，或从十进制转换为二进制整数，都能做到完全准确；但从十进制小数转换成其他进制小数时，可能存在误差，这时就需要根据精度要求进行“四舍五入”。

3. 二进制与八进制、十六进制的相互转换

由于 1 位八进制数有 0～7 八个数符，而 3 位二进制数正好有 000～111 八种组合，将 1 位八进制数的八个数符与 3 位二进制数的八种组合一一对应(见表 14-2-1)，可以很方便地在八进制数与二进制数之间进行转换。

表 14-2-1　不同进制间数符的对应关系

二进制	八进制	十进制	十六进制	二进制	八进制	十进制	十六进制
0000	00	0	0	1000	10	8	8
0001	01	1	1	1001	11	9	9
0010	02	2	2	1010	12	10	A
0011	03	3	3	1011	13	11	B
0100	04	4	4	1100	14	12	C
0101	05	5	5	1101	15	13	D
0110	06	6	6	1110	16	14	E
0111	07	7	7	1111	17	15	F

将二进制数转换为八进制数的方法是：以小数点为界，将二进制数的整数部分从低位开始，小数部分从高位开始，每 3 位分成一组，头尾不足 3 位的在头或尾补 0，然后将每组 3 位二进制数转换为 1 位八进制数。

将八进制数转换为二进制数的方法是：将每一位八进制数的数符用相应的 3 位二进制数表示即可。

【例 14-2-3】 将二进制数 1101011101.1101 转换为八进制数。

【解答】 将二进制数每 3 位分为一组，然后写出每组对应的八进制数的数符：

二进制数	001	101	011	101.	110	100
八进制数	1	5	3	5 .	6	4

因此，$(1101011101.1101)_2=(1535.64)_8$。

【例 14-2-4】 将八进制数 472.51 转换为二进制数。

将八进制数的每一个数符用 3 位二进制数表示：

八进制数	4	7	2 . 5	1
二进制数	100	111	010. 101	001

因此，$(472.51)_8=(100111010.101001)_2$。

同理，由于1位十六进制数有0～9、A～F十六个数符，而4位二进制数正好有0000～1111十六种组合，将1位十六进制数的十六个数符与4位二进制数的十六种组合一一对应(见表14-2-1)，可以很方便地在十六进制数与二进制数之间进行转换。

将二进制数转换为十六进制数的方法是：以小数点为界，将二进制数的整数部分从低位开始，小数部分从高位开始，每4位分成一组，头尾不足4位的在头或尾补0，然后将每组4位二进制数转换为1位十六进制数。

将十六进制数转换为二进制数的方法是：将每一位十六进制数的数符用相应的4位二进制数表示即可。

【例 14-2-5】 将二进制数1101011101.1101转换为十六进制数。

【解答】 将二进制数每4位分为一组，然后写出每组对应的十六进制数的数符：

二进制数	0011	0101	1101. 1101
十六进制数	3	5	D . D

因此，$(1101011101.1101)_2=(35D.D)_{16}$。

【例 14-2-6】 将十六进制数472.51转换为二进制数。

将十六进制数的每一个数符用4位二进制数表示：

十六进制数	4	7	2 . 5	1
二进制数	0100	0111	0010. 0101	0001

因此，$(472.51)_{16}=(10001110010.01010001)_2$。

4. 二进制正、负数的表示法

在十进制数中，可以在数值前面加上"+""−"号来表示正、负数，显然数字电路不能直接识别"+""−"号，因此，在数字电路中把一个数的最高位作为符号位，并用0表示"+"号，用1表示"−"号，像这样符号也数码化的二进制数称为机器数。原来带有"+""−"号的数称为真值。例如：

十进制数	+57	−57
二进制数(真值)	+111001	−111001
机器数	0111001	1111001

通常，二进制正、负数(机器数)有三种表示方法：原码、反码和补码。

1) 原码

原码是用首位表示数的符号(0表示正，1表示负)，其他位则为数的真值的绝对值的表示法。

【例 14-2-7】 求$(+85)_{10}$和$(-85)_{10}$的原码。

【解答】

$$[(+85)_{10}]_{原}=[(+1010101)_2]_{原}=(01010101)_2$$
$$[(-85)_{10}]_{原}=[(-1010101)_2]_{原}=(11010101)_2$$

注意：0的原码有两种，即

$$[+0]_{原}=(00000000)_2$$
$$[-0]_{原}=(10000000)_2$$

原码简单易懂，与真值之间的转换比较方便。但是，当两个异号的数相加或两个同号的数相减时需要做减法运算，做减法运算就必须判断哪个数的绝对值大，用绝对值大的数减去绝对值小的数，运算结果的符号就是绝对值大的数的符号，这样操作比较麻烦，实现此种运算的逻辑电路实现困难。于是，为了将加法和减法运算统一为只做加法运算，就引入了反码和补码表示法。

2）反码

反码用得比较少，通常作为求补码的一种过渡。

正数的反码与其原码相同，负数的反码求法如下：先求出该负数的原码，然后原码的符号位保持不变，其余的数值位按位取反（即 0 变 1，1 变 0）。

【例 14-2-8】 求$(+68)_{10}$和$(-68)_{10}$的反码。

【解答】

$$[(+68)_{10}]_{原}=(01000100)_2，则[(+68)_{10}]_{反}=(01000100)_2$$

$$[(-68)_{10}]_{原}=(11000100)_2，则[(-68)_{10}]_{反}=(10111011)_2$$

注意：0 的反码也有两种，即

$$[+0]_{原}=(00000000)_2$$

$$[-0]_{原}=(11111111)_2$$

可以验证：一个数的反码的反码就是这个数本身。

3）补码

正数的补码与其原码相同，负数的补码是它的反码加 1。

【例 14-2-9】 求$(+75)_{10}$和$(-75)_{10}$的反码。

【解答】

$[(+75)_{10}]_{原}=(01001011)_2$，则$[(+75)_{10}]_{反}=(01001011)_2$，$[(+75)_{10}]_{补}=(01001011)_2$

$[(-75)_{10}]_{原}=(11001011)_2$，则$[(-75)_{10}]_{反}=(10110100)_2$，$[(-75)_{10}]_{补}=(10110101)_2$

注意：0 的补码是唯一的，即

$$[+0]_{补}=(00000000)_2$$

$$[-0]_{补}=(00000000)_2（舍弃产生的进位）$$

可以验证：一个数的补码的补码就是其原码。

引入了补码以后，两个数的加减运算就可以统一用加法运算来实现，此时两数的符号位也当成数值直接参加运算，并且有如下结论：两数和的补码等于两数补码的和。所以在数字系统中一般用补码来表示带符号的数。

14.2.3　编码

1. 二进制编码

在数字设备中，任何数据和信息都要用二进制代码表示，而二进制中只有 0 和 1 两个符号，因此 n 位二进制数可以有 2^n 种不同的组合，即可以表示 2^n 种不同的信息。指定用其中某一种二进制代码组合去代表某一信息的过程称为二进制编码。

2. 二-十进制编码

二-十进制编码是一种用 4 位二进制代码表示 1 位十进制数的编码，简称 BCD（Binary Coded Decimal）码。1 位十进制有 0～9 是个数码，而 4 位二进制数有 16 种组态，可以指定其中的任意 10 种组态来表示十进制的 10 个数，因此 BCD 编码方案有很多，常用的有 8421BCD 码、余 3 码、5421BCD 码、2421BCD 码、格雷码等，如表 14-2-2 所示。

表 14-2-2　常见的 BCD 码

十进制数	编码种类				
	8421BCD 码	余 3 码	5421BCD 码	2421BCD 码	格雷码
0	0 0 0 0	0 0 1 1	0 0 0 0	0 0 0 0	0 0 0 0
1	0 0 0 1	0 1 0 0	0 0 0 1	0 0 0 1	0 0 0 1
2	0 0 1 0	0 1 0 1	0 0 1 0	0 0 1 0	0 0 1 1
3	0 0 1 1	0 1 1 0	0 0 1 1	0 0 1 1	0 0 1 0
4	0 1 0 0	0 1 1 1	0 1 0 0	0 1 0 0	0 1 1 0
5	0 1 0 1	1 0 0 0	1 0 0 0	1 0 1 1	0 1 1 1
6	0 1 1 0	1 0 0 1	1 0 0 1	1 1 0 0	0 1 0 1
7	0 1 1 1	1 0 1 0	1 0 1 0	1 1 0 1	0 1 0 0
8	1 0 0 0	1 0 1 1	1 0 1 1	1 1 1 0	1 1 0 0
9	1 0 0 1	1 1 0 0	1 1 0 0	1 1 1 1	1 1 0 1
权	8 4 2 1		5 4 2 1	2 4 2 1	

8421BCD 码是最常用的一种有权码，4 位的权值从高到低依次为 8、4、2、1，它选取 4 位自然二进制编码 16 个组合中的前 10 个组合(即 0000～1001)作为编码方案，分别代表 0～9 这十个十进制数码，称为有效码，剩余的 6 个组合(即 1010～1111)没有采用，称为无效码。8421BCD 码与十进制数之间的转换只要直接按位转换即可，例如：

$$(649.28)_{10}=(0110\ 0100\ 1001.0010\ 1000)_{8421BCD}$$

$$(0111\ 0101\ 0001.0000\ 0011)_{8421BCD}=(751.03)_{10}$$

余 3 码是由 8421BCD 码加 3(0011)得到的一种无权码，它选取了 4 位自然二进制编码 16 个组合中的中间 10 个组合(即 0011～1100)，而舍去了开头 3 个和结尾 3 个这 6 种组合的编码方案。

5421BCD 码和 2421BCD 码都是有权码，4 位的权值从高到低依次为 5、4、2、1 和 2、4、2、1，这两种码的编码方案都不是唯一的，表 14-2-2 中给出的是其中一种编码方案。

格雷码也是一种无权码，它也有多种编码形式，但所有的格雷码都有两个显著的特点：一是相邻性(即任意两个相邻的代码间仅有 1 位的状态不同)，二是循环性(即首尾的两个代码也具有相邻性)，因此，格雷码也称为循环码。

14.3　逻辑关系与逻辑门电路

逻辑电路是指输入、输出具有一定逻辑关系的电路。所谓逻辑关系，就是研究前提(条件)与结论(结果)之间的关系。如果把输入信号看作“条件”，把输出信号看作“结果”，那么当“条件”具备时，“结果”就会发生。逻辑电路就是当它的输入信号满足某种条件时，才有输出信号的电路。门电路就是输入、输出之间按一定的逻辑关系控制信号通过或不通过的电路。

逻辑电路是指输入、输出具有一定逻辑关系的电路。所谓逻辑关系，就是研究前提(条件)与结论(结果)之间的关系。如果把输入信号看作“条件”，把输出信号看作“结果”，那么当“条件”具备时，“结果”就会发生。逻辑电路就是当它的输入信号满足某种条件时，才有输出信号的电路。门电路就是输入、输出之间按一定的逻辑关系控制信号通过或不通过的电路。

14.3.1　基本逻辑关系及其门电路

基本逻辑关系有三种：与逻辑、或逻辑和非逻辑，实现对应逻辑关系的电路分别称为与门、或门和非门电路。应用这三个逻辑门可以分别实现逻辑变量的与运算(逻辑乘)、或运算(逻辑加)和非运算(逻辑非)。

1. 与逻辑和与门电路

在数理逻辑中，当决定某事件发生的所有条件全部具备时，该事件才发生，这种前提与结果之间的因果关系称为与逻辑，可以用图 14-3-1 所示的开关串联电路说明。图中只有当开关 A、B 全部闭合(即所有条件全部具备)时，灯 F 才亮(即事件发生)，否则灯 F 不亮。假设开关接通状态用“1”表示，开关断开状态用“0”表示；灯亮用“1”表示，灯灭用“0”表示，则输入 A、B 和输出 F 之间的关系用表 14-3-1 表示，这种表称为真值表。从表中可以看出，输入与输出之间的关系是：全“1”出“1”，有“0”出“0”，这种关系称为与逻辑关系，可以用下式表示：

$$F=A\cdot B=A\times B=AB \tag{14-3-1}$$

式(14-3-1)中的“·”和“×”是逻辑乘运算符号，读作逻辑“与”，仅表示与的逻辑功能，无数量相乘的含义。

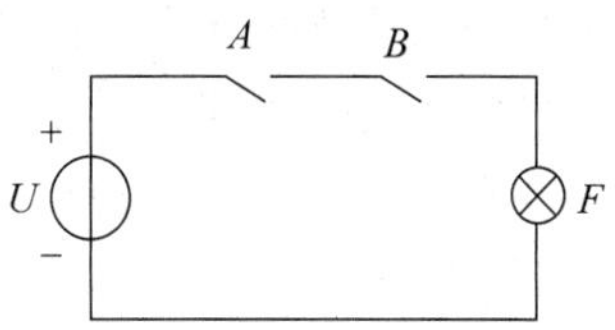

图 14-3-1　开关串联电路

表 14-3-1　与逻辑真值表

条　件		结　果
A	B	$F=A\cdot B$
0	0	0
0	1	0
1	0	0
1	1	1

图 14-3-2(a)是由二极管组成的与门电路，图 14-3-2(b)是与逻辑符号。

在图 14-3-2(a)中，假定 D_A、D_B 为理想二极管，A、B 为两个输入端，F 为输出端，根据电路的知识，可以得到输出电压与输入电压的关系，如表 14-3-2 所示。

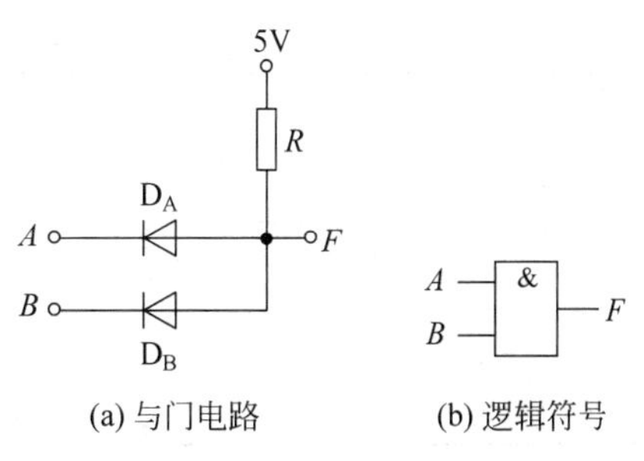

图 14-3-2　与门电路及逻辑符号

表 14-3-2　与门电路电压关系

A/V	B/V	F/V	D_A	D_B
0	0	0	导通	导通
0	3	0	导通	截止
3	0	0	截止	导通
3	3	3	导通	导通

设 3V 左右为高电平，代表逻辑“1”；0V 左右为低电平，代表逻辑“0”。则可由电压关系表 14-3-2 得到该电路的真值表，如表 14-3-1 所示，可知此电路符合与逻辑关系，为“与门”电

路,其逻辑符号如图 14-3-2(b)所示。

与门的输入端可以多余两个,但其逻辑功能完全相同。如有 3 个输入端 A、B、C 的与门,其输出 F 的逻辑表达式为 $F=ABC$。

由输入变量的所有可能取值组合的高、低电平及其对应的输出变量的高、低电平所构成的图形称为波形图。在计算机硬件课程中,通常用波形图分析计算机内部各部件之间的工作关系。两输入变量和三输入变量与逻辑运算的波形如图 14-3-3 所示。

2. 或逻辑和或门电路

在数理逻辑中,当决定某事件发生的所有条件中,只要其中一个或一个以上的条件具备时,该事件就发生,这种前提与结果之间的因果关系称为或逻辑,可以用图 14-3-4 所示的开关并联电路说明。图中只要开关 A、B 有一个或全部闭合(即只要其中一个或一个以上的条件具备)时,灯 F 就亮(即事件发生),否则灯 F 不亮。输入 A、B 和输出 F 之间的关系用真值表 14-3-3 表示。从表中可以看出,输入与输出之间的关系是:有"1"出"1",全"0"出"0",这种关系称为或逻辑关系,可以用下式表示:

$$F=A+B \tag{14-3-2}$$

式(14-3-2)中的"+"是逻辑或运算符号,读作逻辑"或",仅表示与或的逻辑功能,无数量相加的含义。

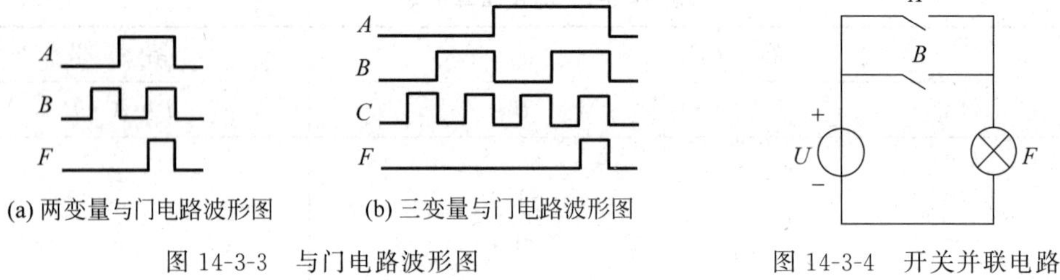

(a) 两变量与门电路波形图　(b) 三变量与门电路波形图

图 14-3-3　与门电路波形图　　图 14-3-4　开关并联电路

表 14-3-3　或逻辑真值表

条　件		结　果
A	B	$F=A+B$
0	0	0
0	1	1
1	0	1
1	1	1

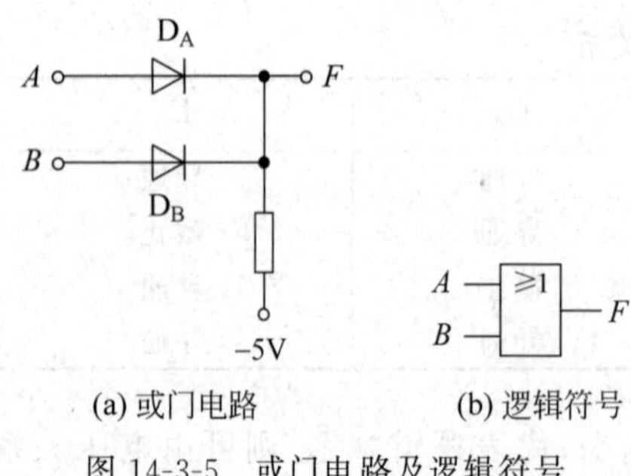

(a) 或门电路　(b) 逻辑符号

图 14-3-5　或门电路及逻辑符号

图 14-3-5(a)是由二极管组成的或门电路,图 14-3-5(b)是或逻辑符号。

两输入变量和三输入变量或逻辑运算的波形图如图 14-3-6 所示。

3. 非逻辑和非门电路

决定某事件的条件只有一个,条件具备了,事件不发生,而条件不具备时,事件却发生了,这种因果关系叫作非逻辑。图 14-3-7 所示开关 A 和电灯 F 并联图中，开关 A 闭合（条件具备），灯 F 熄灭（事件不发生）；反之，开关 A 断开（条件不具备），灯 F 亮（事件发生），这个开关 A 和灯 F 所组成的就是一个非门电路，它的状态关系真值表如表 14-3-4 所示。

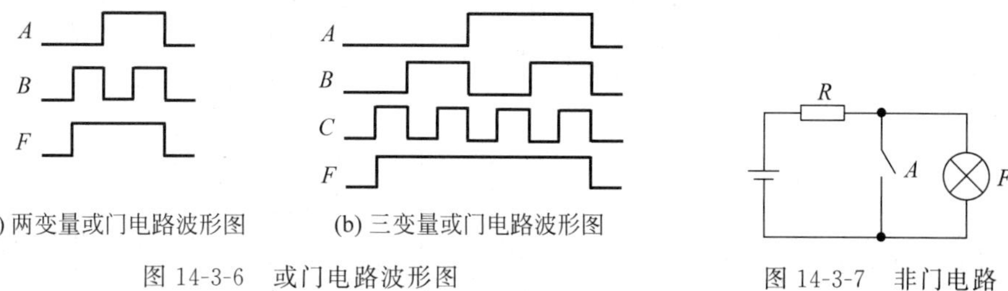

(a) 两变量或门电路波形图　(b) 三变量或门电路波形图

图 14-3-6　或门电路波形图　　图 14-3-7　非门电路

表 14-3-4　非逻辑真值表

条　件	结　果
A	$F=\overline{A}$
0	1
1	0

图 14-3-8(a)是由三极管组成的非门电路，图 14-3-8(b)是非逻辑符号。

非逻辑运算的波形图如图 14-3-9 所示。

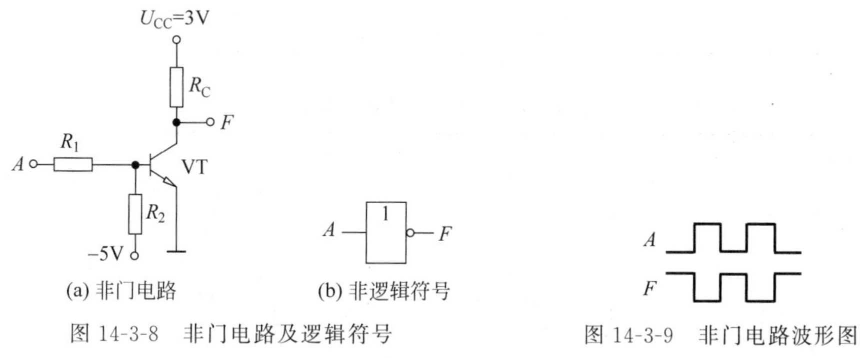

(a) 非门电路　(b) 非逻辑符号

图 14-3-8　非门电路及逻辑符号　　图 14-3-9　非门电路波形图

14.3.2　复合逻辑关系及其门电路

与、或、非是逻辑代数中的 3 种基本运算，实际的逻辑问题往往要复杂得多，不过这些复杂的逻辑运算都可以通过 3 种基本的逻辑运算组合而成。最常见的复合逻辑运算有：与非运算、或非运算、异或运算、同或运算以及与或非运算，其逻辑表达式、逻辑符号、真值表和运算规则如表 14-3-5 所示，其中，与或非运算真值表如表 14-3-6 所示。

表 14-3-5　常见的复合逻辑运算

逻辑关系	逻辑表达式	逻辑符号	真值表	运算规则
与非	$F=\overline{A\cdot B}$	A, B — [&] ○— F	A B | F 0 0 | 1 0 1 | 1 1 0 | 1 1 1 | 0	见 0 得 1 全 1 得 0

续表

逻辑关系	逻辑表达式	逻辑符号	真值表	运算规则
或非	$F=\overline{A+B}$	A, B → ≥1 → F	A B F 0 0 1 0 1 0 1 0 0 1 1 0	见 1 得 0 全 0 得 1
异或	$F=\overline{A}B+A\overline{B}=A\oplus B$	A, B → =1 → F	A B F 0 0 0 0 1 1 1 0 1 1 1 0	相异得 1 相同得 0
同或	$F=AB+\overline{A}\overline{B}=\overline{A\oplus B}$	A, B → = → F	A B F 0 0 1 0 1 0 1 0 0 1 1 1	相同得 1 相异得 0
与或非	$F=\overline{AB+CD}$	A, B, C, D → & ≥1 → F	—	—

表 14-3-6　与或非运算真值表

A	B	C	D	F	A	B	C	D	F
0	0	0	0	1	1	0	0	0	1
0	0	0	1	1	1	0	0	1	1
0	0	1	0	1	1	0	1	0	1
0	0	1	1	0	1	0	1	1	0
0	1	0	0	1	1	1	0	0	0
0	1	0	1	1	1	1	0	1	0
0	1	1	0	1	1	1	1	0	0
0	1	1	1	0	1	1	1	1	0

14.4　集成逻辑门电路

根据半导体器件的类型，数字集成门电路分为 MOS 集成门电路和双极型（晶体三极管）集成门电路。MOS 集成门电路中，使用最多的是 CMOS 集成门电路；双极型集成门电路中，使用最多的是 TTL 集成门电路。TTL 门电路的输入、输出都是由晶体三极管组成，所以人们称它为晶体管-晶体管逻辑门电路（Transistor-Transistor Logic），简称 TTL 门。

14.4.1　TTL 集成门电路

1. TTL 与非门

图 14-4-1 所示为 TTL 与非门的电路结构。电路内部分为以下三级。

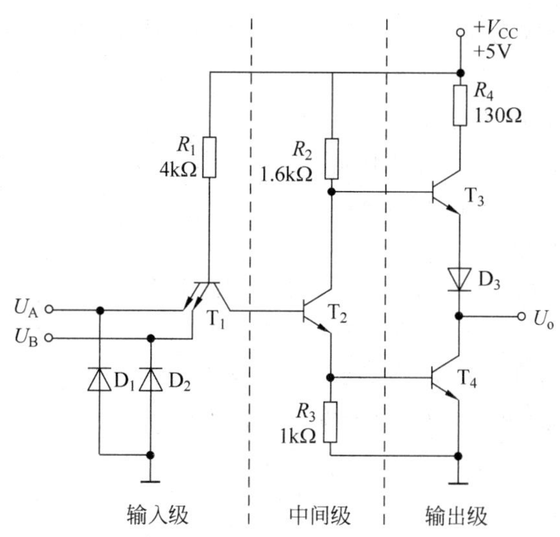

图 14-4-1　TTL 与非门的电路结构

输入级：由多发射极三极管 T_1 和电阻 R_1 组成，多发射极三极管 T_1 有多个发射极，作为门电路的输入端。D_1、D_2 是输入端保护二极管，为抑制输入电压负向过低而设置的。

中间放大级：由 T_2、R_2、R_3 组成，T_2 集电极输出驱动 T_3，发射极输出驱动 T_4。

输出级：由 T_3、T_4、D_3 和 R_4 组成。

工作原理如下。

若输入端 U_A、U_B 至少有一个是低电平 0V，则 T_1 管基极电位 $u_{B1}=0.7\text{V}$，这个电压不能使 T_1 集电结、T_2 发射结、T_4 发射结三个 PN 结导通，所以 T_2、T_4 截止。此时 V_{CC} 通过 R_2 使 T_3 导通，$u_o=V_{CC}-I_{B3}R_2-u_{BE3}-u_{D3}\approx(5-0.7-0.7)\text{V}=3.6\text{V}$，输出为高电平 U_{oH}。

若输入端 U_A、U_B 均为高电平 3V 时，T_1 管基极电位升高，足以使 T_1 集电结、T_2 发射结、T_4 发射结三个 PN 结导通，从而 T_1 管基极电位被钳位于 2.1V。T_1 的发射结反偏，集电结正偏，处于倒置工作状态，T_1 失去电流放大作用。三极管 T_2、T_4 导通后，进入饱和区，$u_o=u_{CES4}=0.3\text{V}$，输出低电平 U_{oL}。

根据以上的分析，图 14-4-1 所示电路的输入、输出满足与非逻辑关系，是与非门。

图 14-4-2 所示是两种 TTL 集成与非门 74LS00 和 74LS20 的引脚排列图。74LS00 内部集成了四个完全相同得 2 输入与非门，简称为四-2 输入与非门；74LS20 为二-4 输入与非门，图中 NC 表示没有用的空引脚。

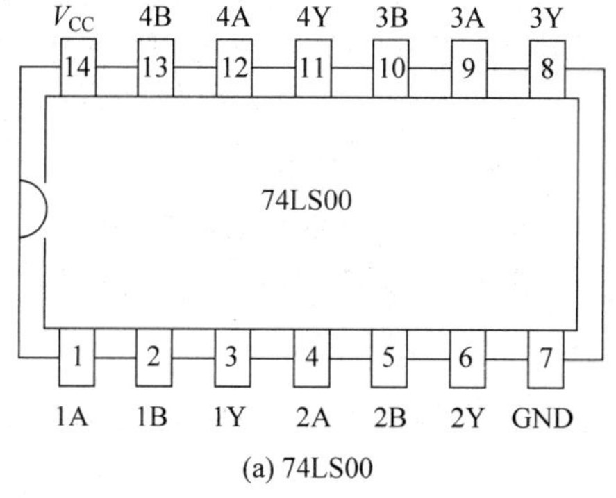

(a) 74LS00

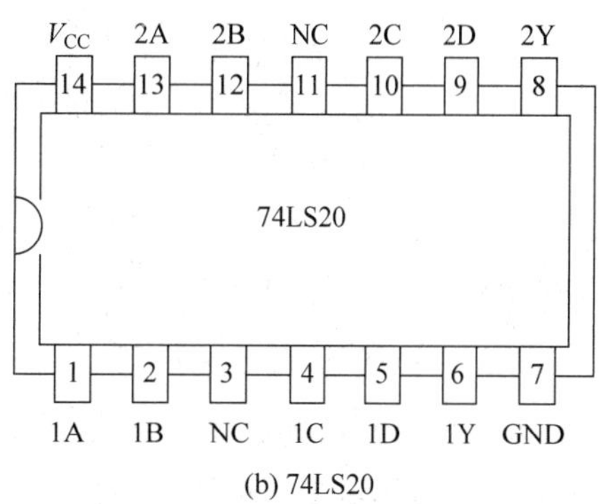

(b) 74LS20

图 14-4-2　集成 TTL 与非门的外引脚排列图

为便于今后应用，结合上述 TTL 与非门，反映门电路性能的主要特性参数介绍如下。

1）电压传输特性 $U_o = f(U_i)$

电压传输特性曲线是反映输入电压 U_i 和输出电压 U_o 之间关系的曲线，图 14-4-3 所示为 TTL 与非门电压传输特性曲线。输出由高电平转为低电平时所对应的输入电压称为阈值电压或门槛电压 U_T，图 14-4-3 中的 U_T 约为 1.4V。

2）输入、输出的高低电平

理想情况下，集成 TTL 与非门输入和输出高、低电平的数值为：输出高电平 $U_{oH} \approx 3.6\text{V}$，输出低电平 $U_{oL} = U_{CES} = 0.2\text{V}$，输入低电平 $U_{iL} = 0.4\text{V}$，输入高电平 $U_{iH} = 1.2\text{V}$。对于 TTL 门电路（如 74 系列）来说，高、低电平的标准电压值为：$U_{oL} = 0.4\text{V}$，$U_{oH} = 2.4\text{V}$，$U_{iL} = 0.8\text{V}$，$U_{iH} = 2\text{V}$。

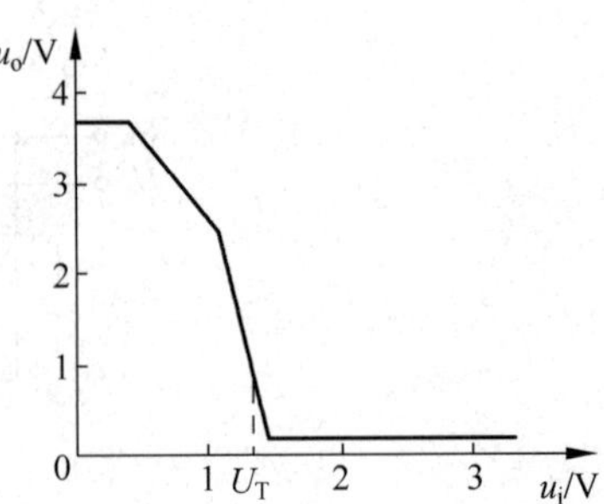

图 14-4-3　TTL 与非门的电压传输特性曲线

3）噪声容限

当输入电压受到的干扰超过一定值时，会引起输出电平转换，产生逻辑错误。电路的抗干扰能力是指保持输出电平在规定范围内，允许输入干扰电压的最大范围，用噪声容限来表示。由于输入低电平和高电平时，其抗干扰能力不同，故有低电平噪声容限和高电平噪声容限，一般低电平噪声容限为 0.3V 左右，高电平噪声容限为 1V 左右。噪声容限电压值越大，说明电路的抗干扰能力越强。

4）传输延迟时间 t_{pd}

传输延迟时间是表征门电路开关速度的参数。由于门电路中的开关元件（二极管、晶体管、场效应管）在状态转换过程中都需要一定的时间，且电路中有寄生电容的影响，因此，门电路从接收信号到输出响应会有一定的延迟。通常根据 t_{pd} 的大小将门电路分为低速门、中速门、高速门。普通 TTL 与非门 t_{pd} 为 6～15ns。

5）扇出系数 N_o

扇出系数是指一个门电路能带同类门的最大数目，它表示带负载能力。对 TTL 门而言，扇出系数 $N_o \geqslant 8$。

2. TTL 集电极开路门（OC 门）

与普通的门电路相比了，OC 门中输出管的集电极与电源间开路，因此避免了大电流损坏器件的问题。

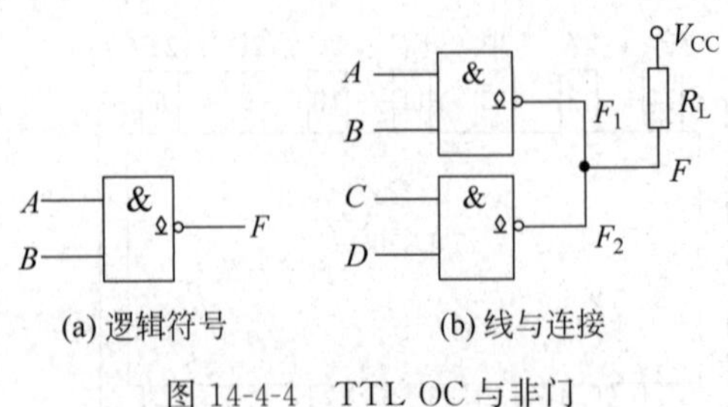

图 14-4-4　TTL OC 与非门

需要强调的是，只有输出端外接电源电压 V_{CC} 和上拉电阻 R_L，OC 门才能正常工作。为了和普通门电路区分，OC 门的逻辑符号如图 14-4-4(a) 所示（以 OC 与非门为例），图 14-4-4(b) 所示的是两个 OC 与非门线与的逻辑图，其输出为

$$F = F_1 \cdot F_2 = \overline{A \cdot B} \cdot \overline{C \cdot D}$$
$$= \overline{AB + CD}$$

在图 14-4-4(b) 所示电路中，只要 R_L 选得合适，就不会因电流过大而烧坏芯片。因此，实际应用中必须合理选取上拉电阻的阻值。

3. 三态门(TS 门)

基本 TTL 门电路输出有两种状态：高电平和低电平。无论哪种输出，门电路的直流输出电阻都很小，都是低阻输出。

TTL 三态门又称 TS 门，它有三种输出状态：高电平、低电平和高阻态(禁止态)，其中，在高阻状态下，输出端相当于开路。三态门是在普通门的基础上，加上使能控制信号和控制电路构成的。三态与非门的逻辑符号如图 14-4-5 所示。

三态门在数字系统中有着广泛的应用。其中最重要的一个用途是实现多路数据的分时传送，即用一根传输线分时传送不同的数据，如图 14-4-6 所示。图中，n 个三态输出反相器的输出端都连到数据线上，只要让各门的使能端轮流处于低电平，即任何时刻只让一个三态门处于工作状态，而其余三态门均处于高阻状态，这样，总线就会分时(轮流)传输各门的输出信号。这种用总线来传送数据的方法在计算机中被广泛采用。

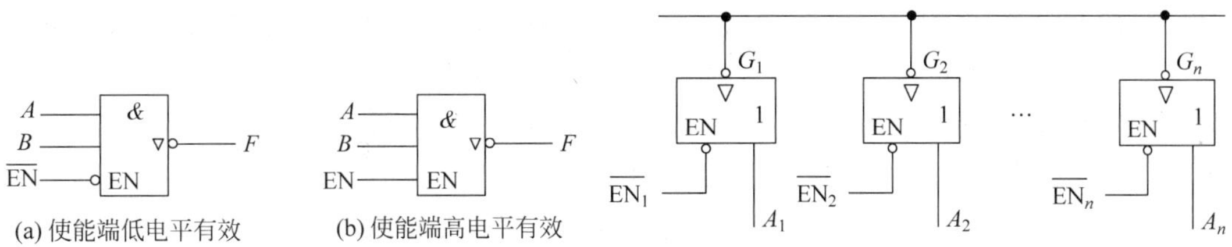

图 14-4-5　三态与非门的逻辑符号　　图 14-4-6　三态门在数据总线中的应用

4. 使用 TTL 集成门电路的注意事项

1) 电源电压范围

TTL 集成电路对电源的要求比较严格，当电源电压超过 5.5V 时，将损坏器件；当电源电压低于 4.5V 时，器件的逻辑功能将不正常。因此在以 TTL 门电路为基本器件的系统中，电源电压应满足 5V±0.5V。

2) 对输入信号的要求

输入信号的电平不能高于 5.5V，也不能低于 0V。

3) 消除动态尖峰电流

尖峰电流会干扰门电路的正常工作，严重时会造成逻辑错误。降低尖峰应注意布线时尽量减少分布电容，并降低电源内阻。常用的方法是在电源与地线之间接入 0.01～0.1μF 的高频滤波电容；同时，为了保证系统正常工作，必须保证电路良好接地。

4) 电路外引线脚的连接

正确判别电路的电源端和接地端，不能接反，否则会使集成电路烧坏。输出端应通过电阻与低内阻电源连接。除 OC 门和三态门外，其他门电路的输出端不允许直接并联使用。

5) 门电路多余输入端的处理

TTL 与系列门(包括与门、与非门、与或非门等)的多余输入端可以直接悬空处理，从理论上分析相当于接高电平输入，但这样容易使电路受到干扰而产生误动作，因此，通常对与这类电路，多余输入端最好接一个固定高电平(如 V_{CC})；也可以采用将多余输入端与某个信号输入端并联的方法。

TTL 或系列门(包括或门、或非门等)的多余输入端不可以悬空，应采取直接接地的方法，或将多余输入端与某个信号输入端并联，以保证电路逻辑功能的正确性。还应注意功耗与散热问题。正常工作时，门电路的功耗不可超过其最大功耗，否则会出现热失控而引起逻辑功能紊乱，甚至还会导致集成电路损坏。

14.4.2 CMOS 集成门电路

集成 MOS 电路是数字集成电路的一个重要系列，它具有低功耗、抗干扰性强、制造工艺简单、易于大规模集成等优点，因而得到了广泛应用。MOS 集成电路有 NMOS 集成电路、PMOS 集成电路以及 NMOS 管和 PMOS 管共同组成的 CMOS 集成电路。CMOS 是互补金属-氧化物-半导体(Complementary Metal Oxide Semiconductor)的英文缩写，其电路结构简单，而且在电气特性上也有突出的优点，因此在数字集成电路中应用广泛。

1. 集成 CMOS 非门、与非门、或非门

图 14-4-7 所示为 CMOS 非门(也称 CMOS 反相器)的内部结构图。其中，G_1 为 NMOS 管，G_2 为 PMOS 管，且 $V_{DD}>|U_{TP}|+U_{TN}$，U_{TP} 为 PMOS 管的阈值电压，U_{TN} 为 NMOS 管的阈值电压，G_1、G_2 栅极连在一起作为输入端，漏极连在一起作为输出端。当输入电压 $u_A=V_{DD}=10V$ 时，G_1 导通，G_2 截止，输出低电平；当输入 $u_A=0V$ 时，G_1 截止，G_2 导通，输出为高电平，因此该电路实现了非逻辑功能，是非门。

图 14-4-8 所示为 CMOS 与非门电路。图中，T_{N1}、T_{N2} 是串联的驱动管，T_{P1}、T_{P2} 是并联的负载管。当输入端 A、B 同时为高电平时，T_{N1}、T_{N2} 导通，T_{P1}、T_{P2} 截止，输出端为低电平；当输入端 A、B 中有一个为低电平时，T_{N1}、T_{N2} 中必有一个截止，T_{P1}、T_{P2} 中必有一个导通，输出端为高电平，因此该电路实现了与非逻辑功能，是与非门。

图 14-4-9 所示为 CMOS 或非门电路。图中，T_{N1}、T_{N2} 是并联的驱动管，T_{P1}、T_{P2} 是串联的负载管。当输入端 A、B 有一个为高电平时，T_{N1}、T_{N2} 中必有一个导通，相应的 T_{P1}、T_{P2} 中必有一个截止，输出端为低电平；当输入端 A、B 同时为低电平时，T_{N1}、T_{N2} 截止，T_{P1}、T_{P2} 导通，输出端为高电平，因此该电路实现了或非逻辑功能，是或非门。

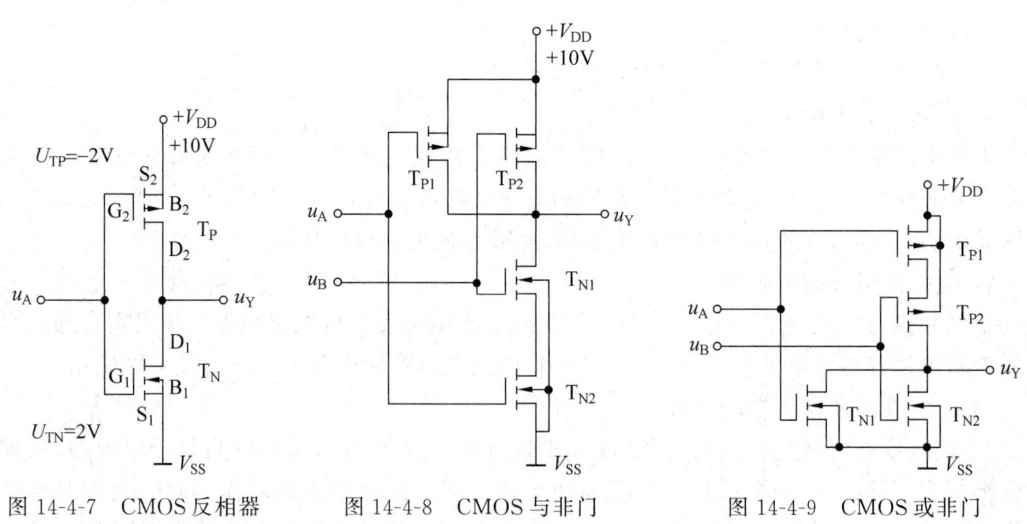

图 14-4-7　CMOS 反相器　　图 14-4-8　CMOS 与非门　　图 14-4-9　CMOS 或非门

2. 集成 CMOS 传输门

图 14-4-10(a)所示是 CMOS 传输门电路，图 14-4-10(b)是它的逻辑符号。图中 T_1、T_2 分别是 NMOS 管和 PMOS 管，它们的结构和参数均对称。两管的栅极引出端分别接高、低电平

不同的控制信号 C 和 $\overline{C}$，源极相连作输入端，漏极相连作输出端。

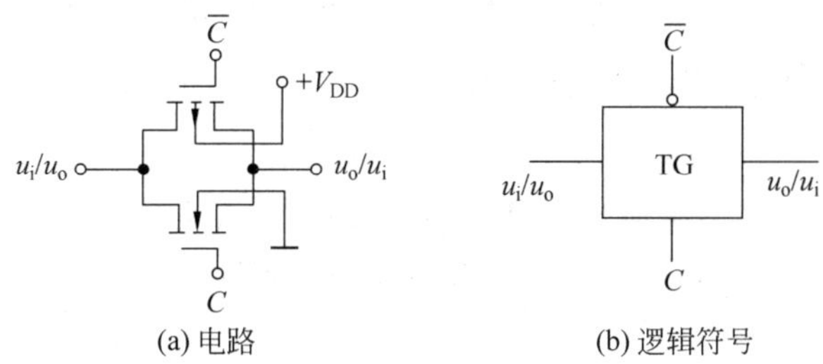

(a) 电路　(b) 逻辑符号

图 14-4-10　CMOS 传输门

设控制信号的高、低电平分别为 V_{DD} 和 0V，$U_{TN}=|U_{TP}|$，且 $V_{DD}>2U_{TN}$。

当控制信号 $C=0,\overline{C}=1$ 时，在输入信号 u_i 为 $0\sim V_{DD}$ 的范围内，$U_{GSN}<U_{TN}$，$U_{GSP}>U_{TP}$，两管均截止，输入和输出之间是断开的。

当控制信号 $C=1,\overline{C}=0$ 时，在输入信号 u_i 为 $0\sim V_{DD}$ 的范围内，至少有一只管导通。即当 u_i 为 $0\sim(V_{DD}-U_{TN})$ 时，NMOS 管导通，当 u_i 为 $|U_{TP}|\sim V_{DD}$ 时，PMOS 管导通。因此，当 $C=1,\overline{C}=0$ 时，输入电压在 $0\sim V_{DD}$ 内变化，都将传输到输出端，即 $u_o=u_i\big|_{C=1}$。

综上所述，通过控制 C 和 $\overline{C}$ 端的电平值，即可控制传输门的通断。另外，由于 CMOS 管具有对称结构，源极和漏极可以互换，所以 CMOS 传输门的输入端、输出端可以互换，因此传输门是一个双向开关。

3. 使用 CMOS 集成门电路的注意事项

CMOS 集成门电路在使用时应注意以下问题。

1）对电源的要求

CMOS 电路可以在很宽的电源电压范围内提供正常的逻辑功能，如 C000 系列为 7～15V，CC4000 系列为 3～18V。V_{DD} 和 V_{SS}（接地端）绝对不允许接反，否则可能因过大电流而损坏。

2）对输入端的要求

为保护输入级 CMOS 管的氧化层不被击穿，一般 CMOS 电路输入端都有二极管保护网络，这就给电路的应用带来一些限制：其一，输入信号必须在 $V_{DD}\sim V_{SS}$ 之间取值，以防二极管因正偏电流过大而烧坏，一般 $V_{SS}\leqslant U_{iL}\leqslant 0.3V_{DD}$，$0.7V_{DD}\leqslant U_{iH}\leqslant V_{DD}$。$u_i$ 的极限值为 $(V_{SS}-0.5\text{V})\sim(V_{DD}+0.5\text{V})$；其二，每个输入端的典型输入电流为 10pA。输入电流以不超过 1mA 为佳。多余输入端一般不允许悬空。与门及与非门的多余输入端应接至 V_{DD} 或高电平，或门和或非门的多余输入端应接至 V_{SS} 或低电平。

3）对输出端的要求

集成 CMOS 电路的输出端不允许直接接 V_{DD} 或 V_{SS}，否则将导致器件损坏。一般情况下不允许输出端并联，因为不同的器件参数不同，有可能导致 NMOS 和 PMOS 同时导通，形成大电流。为了增加驱动能力，可将同一芯片上相同门电路输入端、输出端分别并联使用。

14.4.3　TTL 与 MOS 门电路之间的接口技术

集成 CMOS 电路与 TTL 电路相比，CMOS 电路比 TTL 电路功耗低，抗干扰能力强，电源电压适用范围宽，扇出能力强；TTL 电路比 CMOS 电路延迟时间短，工作频率高。在使用时，可根据电路的要求及门电路的特点进行选用。

在数字系统中，常常遇到不同类型集成电路混合使用的情况。由于输入/输出电平、带负载能力等参数的不同，不同类型的集成电路相互连接时，需要合适的接口电路。

1. TTL 门电路驱动 CMOS 门电路

1）当 $V_{CC}=V_{DD}=+5V$ 时

TTL 门电路一般可以直接驱动 CMOS 门电路。由于 CMOS 输入高电平时要求 $U_{iH}>3.5V$，而 TTL 输出高电平下限 $U_{oH(min)}=2V$，通常在 TTL 输出端加上一个上拉电阻 R_x，如图 14-4-11(a)所示。

2）当 $V_{DD}=+3\sim18V$ 时

可将 TTL 门电路改用 OC 门，如图 14-4-11(b)所示，或采用具有电平移动功能的 CMOS 门电路作为接口电路的方法，如图 14-4-11(c)所示。

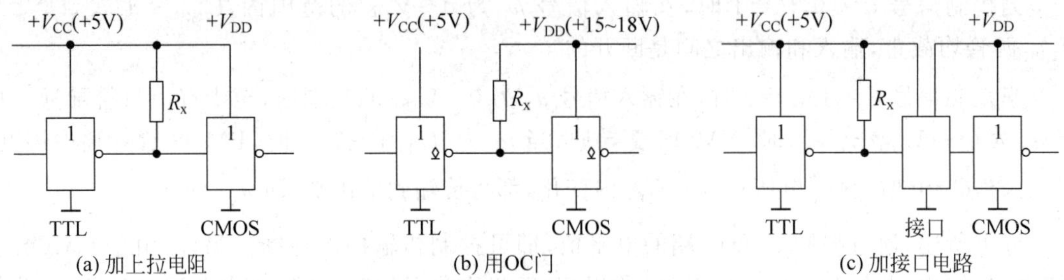

图 14-4-11　TTL 门电路驱动 CMOS 门电路

2. CMOS 门电路驱动 TTL 门电路

1）当 $V_{DD}=V_{CC}=+5V$ 时

CMOS 门电路一般可以直接驱动一个 TTL 门，当被驱动的门数量较多时，由于 CMOS 输出低电平吸收负载电流的能力较小，而 TTL 输入低电平时 $|I_{iL}|$ 较大，可以采用如图 14-4-12 所示方法。图 14-4-12(a)所示是在同一芯片上将 CMOS 门并接使用，以提高驱动电路的带负载能力；图 14-4-12(b)所示是增加了一级 CMOS 驱动电路。另外，还有采用增加漏极开路门驱动的方法。

2）当 $V_{DD}=+3\sim18V$ 时

宜采用 CMOS 缓冲器驱动作接口电路，如图 14-4-12(c)所示。

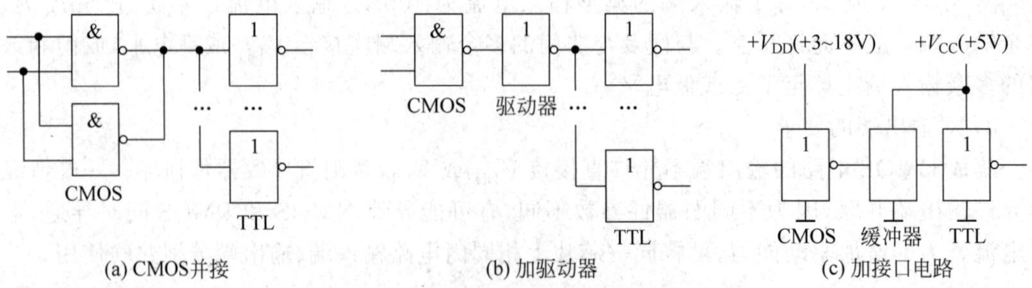

图 14-4-12　CMOS门电路驱动 TTL 门电路

应该明确，TTL 与 CMOS 门电路之间的接口电路形式多种多样，实际使用中应根据具体情况进行选择。

14.5　逻辑门电路 Multisim 仿真实例

1. 仿真目的

TTL 与非门逻辑功能测试与仿真。

2. 仿真过程

（1）利用 Multisim 10 软件绘制图 14-5-1 所示的仿真电路图。其中，单刀双掷开关 J1、J2 是 Basic 组 SWITCH 系列里的 SPDT 元件；与非门 U1N 是 TTL 组 74LS 系列里的 74LS00N 元件；红光探针工具 X1 是 Indicators 组中 PROBE 系列里的 PROBE_DIG_RED 元件；5V 直流电源 VCC 是 Source 组中 POWER_SOURCES 系列里的 VCC 元件；数字地 GND 是 Source 组中 POWER_SOURCES 系列里的 DGND 元件。

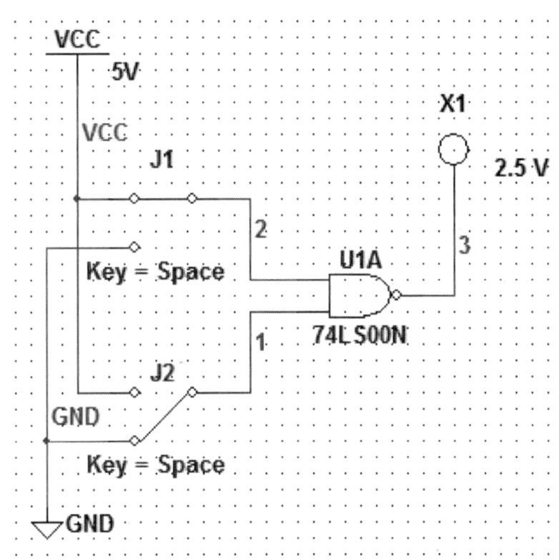

图 14-5-1　TTL 与非门逻辑功能测试仿真电路图

（2）分别将 J1、J2 与 VCC 和 GND 连接，观察红光探针 X1 的变化情况。可见，当 J1、J2 都与 GND 连接时，X1 发光；J1 连接 GND，J2 连接 VCC 时，X1 发光；J1 连接 VCC，J2 连接 GND 时，X1 发光；当 J1、J2 都与 VCC 连接时，X1 不发光。

（3）红光探针 X1 的变化情况，验证了“与非门”的逻辑功能。

习题 14

14-1　将下列二进制数转换为十进制数。

$(1101100)_2$　　$(101011.11)_2$　　$(11101.101)_2$　　$(11000101.01)_2$

14-2　将下列八进制数转换为十进制数。

$(351.6)_8$　　$(1623)_8$　　$(415.2)_8$　　$(72.4)_8$

14-3　将下列十六进制数转换为十进制数。

$(105)_{16}$　　$(E2A.8)_{16}$　　$(45C.4)_{16}$　　$(DDD)_{16}$

14-4　将下列十进制数分别转换为二进制数、八进制数和十六进制数。

$(571.25)_{10}$　　$(46)_{10}$　　$(128)_{10}$　　$(1027)_{10}$

14-5　将下列十进制数转换成 8421BCD 码。

573.49　　196.2　　846　　20483

14-6　将下列 8421BCD 码转换成十进制数。

$(10100010101101001)_{10}$　　$(10110100001110010)_{10}$

14-7　请列出与、或、非三种基本逻辑关系的真值表，并画出各自的逻辑符号。

14-8　请列出两输入端与非门、或非门、异或门三种逻辑关系的真值表，并画出各自的逻辑符号。

14-9　已知输入信号 A、B 的波形如题 14-9 图所示，分别画出两输入端与非门、或非门、异或门输出信号的波形。

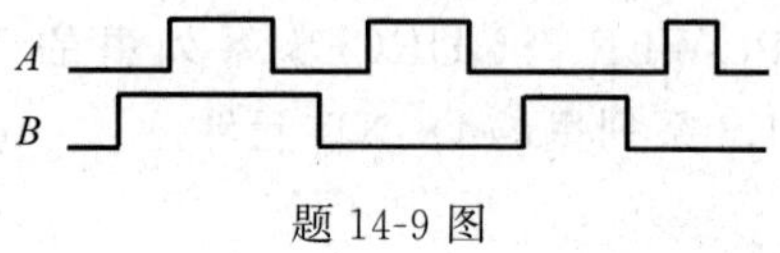

题 14-9 图

14-10　指出下列情况下，TTL 与非门输入端的逻辑状态。

(1) 输入端接地。

(2) 输入端接电压低于＋0.7V 的电源。

(3) 输入端接电压为＋5V 的电源。

(4) 输入端接电压高于＋1.8V 的电源。

(5) 输入端悬空。

逻辑代数基础

本章主要介绍基本逻辑运算，包括基本规则、定律和公式；逻辑函数的变换，包括表示方法和表达式的形式；代数化简和卡诺图化简的方法。

15.1 基本逻辑运算

根据逻辑变量的取值只有“0”和“1”，以及逻辑变量的与、或、非三种基本逻辑运算法则，可以推导出逻辑运算的基本公式、基本定律和基本运算规则。这些公式、定律和规则的证明，最直接的方法是列出等号两边函数的真值表，看看是否完全相同。也可利用已知的公式来证明其他公式。

15.1.1 基本公式

1. 常量之间的关系

$0\cdot 0=0 \quad 0+0=0$

$0\cdot 1=0 \quad 0+1=1$

$1\cdot 0=0 \quad 1+0=1$

$1\cdot 1=1 \quad 1+1=1$

$\overline{0}=1 \quad \overline{1}=0$

2. 常量和变量之间的关系

$A\cdot 0=0 \quad A+0=A$

$A\cdot 1=A \quad A+1=1$

$A\cdot \overline{A}=0 \quad A+\overline{A}=1$

15.1.2 基本定律

1. 交换律

$A\cdot B=B\cdot A \qquad A+B=B+A$

2. 结合律

$(A\cdot B)\cdot C=A\cdot (B\cdot C) \qquad (A+B)+C=A+(B+C)$

3. 分配律

$A \cdot (B+C)=A \cdot B+A \cdot C \qquad A+B \cdot C=(A+B)(A+C)$

4. 同一律

$A \cdot A=A \qquad A+A=A$

5. 反演律(摩根定律)

$\overline{A \cdot B}=\overline{A}+\overline{B} \qquad \overline{A+B}=\overline{A} \cdot \overline{B}$

6. 还原律

$\overline{\overline{A}}=A$

7. 吸收律

$A+AB=A \qquad A+\overline{A}B=A+B$

$AB+A\overline{B}=A \qquad A(A+B)=A$

$AB+\overline{A}C+BC=AB+\overline{A}C$

8. 有关异或运算的一些公式

$A \oplus B=B \oplus A \qquad (A \oplus B) \oplus C=A \oplus (B \oplus C)$

$A \cdot (B \oplus C)=A \cdot B \oplus A \cdot C$

$A \oplus 1=\overline{A} \qquad A \oplus 0=A$

$A \oplus A=A \qquad A \oplus \overline{A}=1$

15.1.3 基本规则

1. 代入规则

在逻辑等式中所出现的某一变量,若均以另一个函数代替,则等式仍然成立,这个规则叫代入规则。

例如,等式 $\overline{AB}=\overline{A}+\overline{B}$ 成立,式中 B 以 BC 代替,则等式仍然成立,即 $\overline{ABC}=\overline{A}+\overline{B}+\overline{C}$。

2. 反演规则

对于任何一个逻辑函数 F,求它的反函数 $\overline{F}$ 时,只需将 F 式中的所有“·”换成“+”,所有的“+”换成“·”;所有的“1”换成“0”,所有的“0”换成“1”;所有的原变量换成反变量,所有的反变量换成原变量,所得的新函数就是函数 F 的反函数 $\overline{F}$,这就是反演规则。

例如,已知函数 $F=A+\overline{B+\overline{C+\overline{D}}}$,利用摩根定律求反函数 $\overline{F}$。

$$\overline{F}=\overline{A+\overline{B+\overline{C+\overline{D}}}}=\overline{A} \cdot \overline{\overline{B+\overline{C+\overline{D}}}}=\overline{A} \cdot \overline{\overline{B} \cdot \overline{\overline{C+\overline{D}}}}=\overline{A} \cdot \overline{\overline{B} \cdot \overline{\overline{C} \cdot D}}$$

利用反演规则求反函数为 $\overline{F}=\overline{A} \cdot \overline{\overline{B} \cdot \overline{\overline{C} \cdot D}}$

可见,利用反演规则可以方便地求出已知函数的反函数。应当注意的是:在原函数中只对单个变量分别取反,变量组合上的反号应保持不变。

3. 对偶规则

任何一个逻辑函数 F,如果将其中所有的“·”换成“+”,所有的“+”换成“·”;所有的

“1”换成“0”，所有的“0”换成“1”，则所得的新函数 F' 与原函数 F 互为对偶式。若已知两函数 F_1、F_2 相等，则它们的对偶式 F'_1、F'_2 也相等，这就是对偶规则。

15.2 逻辑函数的变换

15.2.1 逻辑函数的表示法

表示一个逻辑函数的方法有多种，常用的有逻辑真值表、逻辑表达式、逻辑图、卡诺图和波形图等，它们各有特点，又相互联系，还可以相互转换。

1. 逻辑真值表

N 个输入变量可组合成 2^N 中不同取值，把输入取值组合及与之一一对应的逻辑函数值列举出来就构成逻辑真值表。

【例 15-2-1】 一个楼梯间照明控制电路如图 15-2-1 所示，两个单刀双掷开关 A、B 分别装在楼上和楼下，楼上和楼下都能开关和关灯，F 为灯泡。根据 F 与 A、B 的逻辑关系列出灯控电路的真值表。

【解答】 假设 $F=1$ 表示灯亮，$F=0$ 表示灯灭，A 或 B 开关向上扳为 1，向下扳为 0，由图 15-2-1 可知，开关 A、B 同时向上扳或同时向下扳时灯泡 F 才亮，从而列出灯控电路的真值表，如表 15-2-1 所示。

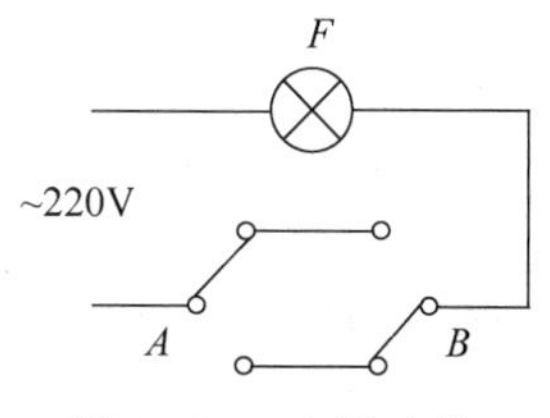

图 15-2-1 灯控电路

表 15-2-1 例 15-2-1 真值表

A	B	F
0	0	1
0	1	0
1	0	0
1	1	1

真值表列举了逻辑函数与输入逻辑变量的全部对应关系，因此，任何逻辑函数的真值表具有唯一性。真值表的优点是直观，容易根据实际逻辑问题列写出来。缺点是烦琐，不能用逻辑代数进行运算。

2. 逻辑表达式

逻辑表达式是由三种基本逻辑运算把各个变量联系起来表示逻辑关系的数学表达式。例如，将表 15-2-1 所列逻辑真值表中输出等于 1 的各状态表示成全部输入变量的与函数，变量取值为 1 的用原变量表示，变量取值为 0 的用反变量表示，把总输出表示成与函数项的或函数，则可得

$$F=\bar{A}\cdot\bar{B}+A\cdot B \tag{15-2-1}$$

式(15-2-1)反映出图 15-2-1 电路的逻辑关系。函数表达式的优点是书写方便，能用逻辑代数进行运算，也便于用逻辑图实现。缺点是不直观。

3. 逻辑图

把逻辑表达式所表明的函数与逻辑变量间的关系用对应的逻辑单元符号表示出来就是逻辑

图。例如,按式(15-2-1)可作出图 15-2-2 所示的逻辑图,它表示出楼梯间照明控制电路的逻辑关系。

逻辑图表示法的优点是便于电路实现,因为每一个逻辑符号均有相应的逻辑门电路。其缺点是不能用逻辑代数进行计算。

4. 波形图

波形图又叫时序图,是反映输入、输出变量相对于时间的对应关系,用高、低电平描述的图形。通常给出输入变量随时间变化的波形,可根据已知的函数关系求出输出变量的波形。图 15-2-1 灯控电路的波形如图 15-2-3 所示。

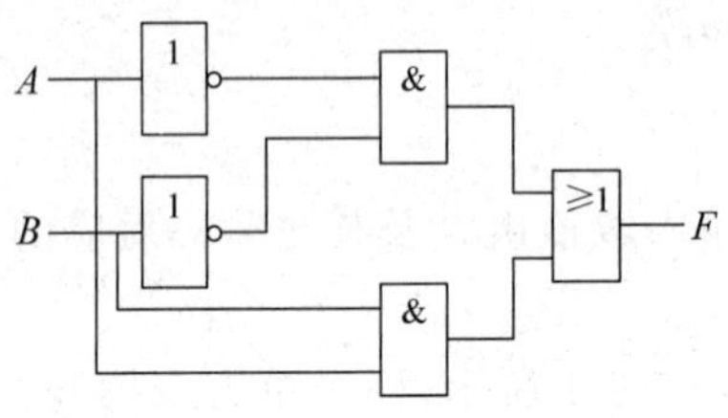

图 15-2-2　例 15-2-1 逻辑图

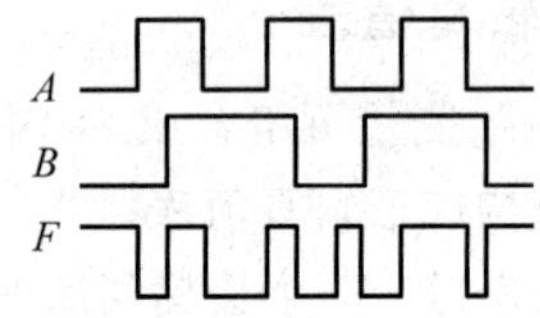

图 15-2-3　例 15-2-1 波形图

波形图便于电路的调试和检测,实用性强,但不直观。

从上述分析可知:由逻辑真值表可以直接写出逻辑表达式,由逻辑表达式可以画出逻辑图;若已知输入变量的波形图,可根据真值表变量间的关系画出输出函数的波形图。同样,若给出逻辑函数的逻辑图和波形图,也可以根据输入变量和输出变量间的对应关系求出逻辑真值表和逻辑表达式。这就是逻辑函数几种表示方法间的相互转换。

【例 15-2-2】 试写出图 15-2-4 所示逻辑图的逻辑表达式,并列出相应的真值表。

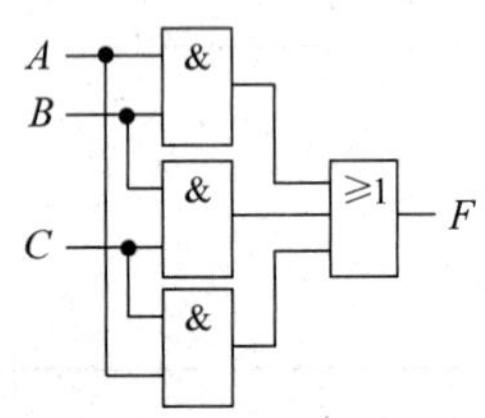

图 15-2-4　例 15-2-2 图

【解答】 (1) 由逻辑图求表达式,可以从逻辑图的输入到输出逐级写出输出端的表达式得到。

$$F_1 = AB, \quad F_2 = BC, \quad F_3 = CA$$

$$F = AB + BC + CA$$

(2) 列写函数 $F = AB + BC + CA$ 的真值表,可把三个输入变量的 8 种取值组合分别代入表达式中进行运算,求出相应的函数值,即可得到真值表,如表 15-2-2 所示。

表 15-2-2　例 15-2-2 真值表

A	B	C	F
0	0	0	0
0	0	1	0
0	1	0	0
0	1	1	1
1	0	0	0
1	0	1	1
1	1	0	1
1	1	1	1

15.2.2　逻辑函数的表达式形式

同一个逻辑函数可以有多种不同形式的表达式，其基本形式有与或式、或与式、与非-与非式、或非-或非式、与或非式五种。

(1) 与或表达式：$F=AB+CD$

(2) 或与表达式：$F=(A+B)(C+D)$

(3) 与非-与非表达式：$F=\overline{\overline{AB}\cdot\overline{CD}}$

(4) 或非-或非表达式：$F=\overline{\overline{A+B}+\overline{C+D}}$

(5) 与或非表达式：$F=\overline{AB+CD}$

【例 15-2-3】 将函数 $F=A\bar{B}+BC$ 依次转换成或与式、与非-与非式、或非-或非式、与或非式。

【解答】 (1) 与或式转换成或与式

$$
\begin{aligned}
F &= A\bar{B}+BC \\
&= A\bar{B}+BC+AC=A\bar{B}+B\bar{B}+C(A+B)=(A+B)(\bar{B}+C)
\end{aligned}
$$

(2) 与或式转换成与非-与非式

$$F=A\bar{B}+BC=\overline{\overline{A\bar{B}+BC}}=\overline{\overline{A\bar{B}}+\overline{BC}}$$

(3) 或与式转换成或非-或非式

$$F=(A+B)(\bar{B}+C)=\overline{\overline{(A+B)(\bar{B}+C)}}=\overline{\overline{A+B}+\overline{\bar{B}+C}}$$

(4) 或非-或非式转换成与或非式

$$F=\overline{\overline{A+B}+\overline{\bar{B}+C}}=\overline{\bar{A}\bar{B}+B\bar{C}}$$

在逻辑电路的设计中，最常用的是与或表达式，且与或表达式比较容易转换成其他形式，所以逻辑函数的化简通常化简为最简与或表达式。

所谓最简与或表达式，是指逻辑函数表达式中每个乘积项均为必需项，即乘积项的数目最少；每个乘积项必须是最简项，即乘积项中所含的变量个数最少。

显而易见，化简后的逻辑表达式使逻辑电路使用门电路的数量最少，从而节省元器件，降低成本，提高电路的工作速度和可靠性。因此，在设计逻辑电路时，逻辑函数的化简成为必不可少的重要环节。

15.3　逻辑函数的化简

15.3.1　代数法化简

代数法化简就是运用逻辑代数的基本公式和基本定律进行化简，常用的方法如下。

1. 并项法

利用公式 $AB+A\bar{B}=A$ 把两项合并为一项，消去一个变量。例如：

$$ABC+AB\bar{C}=AB(C+\bar{C})=AB$$

2. 吸收法

利用公式 $A+AB=A$ 消去多余项。例如：

$$\bar{A}B+\bar{A}BC(D+E)=\bar{A}B[1+C(D+E)]=\bar{A}B$$

3. 消去法

利用公式 $A+\bar{A}B=A+B$ 消去多余因子，利用公式 $AB+\bar{A}C+BC=AB+\bar{A}C$ 消去多余项。例如：

$$\overline{AB}C+AB=AB+C$$

$$ABC+\overline{AB}D\bar{E}+CD\bar{E}=ABC+\overline{AB}D\bar{E}$$

4. 配项法

利用公式 $A+\bar{A}=1$，在乘积项中乘以 $A+\bar{A}$，将该乘积项展开配成两项，也可利用公式 $A+A=A$，在逻辑函数中加上相同的项。例如：

$$\begin{aligned}AB+\bar{A}\bar{C}+B\bar{C}&=AB+\bar{A}\bar{C}+B\bar{C}(A+\bar{A})=AB+\bar{A}\bar{C}+AB\bar{C}+\bar{A}B\bar{C}\\&=AB(1+\bar{C})+\bar{A}\bar{C}(1+B)=AB+\bar{A}\bar{C}\end{aligned}$$

$$\begin{aligned}ABC+\bar{A}BC+A\bar{B}C&=ABC+\bar{A}BC+A\bar{B}C+ABC\\&=BC(A+\bar{A})+AC(\bar{B}+B)=BC+AC\end{aligned}$$

【例 15-3-1】 利用代数法化简函数 $F=A+\overline{\bar{B}+\overline{CD}}+\overline{\overline{AD}\cdot\bar{B}}$。

【解答】 (1) 利用摩根定律，将后两项演算如下：

$$F=A+\overline{\bar{B}+\overline{CD}}+\overline{\overline{AD}\cdot\bar{B}}=A+\bar{\bar{B}}\cdot\overline{\overline{CD}}+\left(\overline{\overline{AD}}+\bar{\bar{B}}\right)=A+BCD+AD+B$$

(2) 利用吸收法，合并一、三项和二、四项，则

$$F=A(1+D)+B(1+CD)=A+B$$

【例 15-3-2】 利用代数法化简函数 $F=AB+A\bar{C}+B\bar{C}+\bar{B}C+BC\bar{D}+AC\overline{DE}F$。

【解答】 (1) 利用摩根定律，将前两项演算如下：

$$AB+A\bar{C}=A(B+\bar{C})=A\left(\overline{\overline{B+\bar{C}}}\right)=A\overline{\bar{B}C}$$

则有 $$F=A\overline{\bar{B}C}+B\bar{C}+\bar{B}C+BC\bar{D}+AC\overline{DE}F$$

(2) 利用吸收法化简 $A\overline{\bar{B}C}+\bar{B}C=A+\bar{B}C$，则

$$F=A+\bar{B}C+B\bar{C}+BC\bar{D}+AC\overline{DE}F$$

(3) 利用吸收法化简 $A+AC\overline{DE}F=A$，则

$$F=A+\bar{B}C+B\bar{C}+BC\bar{D}$$

(4) 利用配项法化简：

$$\begin{aligned}F&=A+\bar{B}C+B\bar{C}(D+\bar{D})+BC\bar{D}\\&=A+\bar{B}C+B\bar{C}D+B\bar{C}\bar{D}+BC\bar{D}\\&=A+\bar{B}C+(B\bar{C}D+B\bar{C}\bar{D})+(B\bar{C}\bar{D}+BC\bar{D})\\&=A+\bar{B}C+B\bar{C}+B\bar{D}\end{aligned}$$

代数法化简逻辑函数就是反复地运用逻辑代数的基本公式和基本定律进行化简，没有一

定的规律；而且，有时化简的结果是否为最简式也不容易确定。下面介绍另外一种化简方法，即卡诺图化简法。

15.3.2　卡诺图法化简

卡诺图可以用来表示和化简逻辑函数。用卡诺图化简逻辑函数能够比较直观地看出化简方案，简便易行。但当函数中变量过多时，卡诺图会变得很复杂，故常用于不超过四个变量的情况。

1. 逻辑函数的最小项表达式

1）最小项

所谓最小项就是 N 个逻辑变量取值组合所对应的乘积项，在这些乘积项中，每个变量都以原变量或反变量的形式作为一个因子出现一次。例如，含三个变量 A、B、C 的函数(三变量函数)，其最小项如表 15-3-1 所示，表中八个乘积项称为 A、B、C 的最小项，每个乘积项中含有三个因子，且每个因子仅以原变量或反变量的形式出现一次。同理，四变量函数 $F=f(A,B,C,D)$含有四个变量，则变量取值的组合有 $2^4=16$ 种，共有 16 个最小项，且每个最小项含有四个因子；以此类推，N 变量有 2^N 个最小项。

表 15-3-1　三变量最小项

变量取值			对应乘积项	最小项编号	
A	B	C	最小项	符号 m	十进制数
0	0	0	$\bar{A}\bar{B}\bar{C}$	m_0	0
0	0	1	$\bar{A}\bar{B}C$	m_1	1
0	1	0	$\bar{A}B\bar{C}$	m_2	2
0	1	1	$\bar{A}BC$	m_3	3
1	0	0	$A\bar{B}\bar{C}$	m_4	4
1	0	1	$A\bar{B}C$	m_5	5
1	1	0	$AB\bar{C}$	m_6	6
1	1	1	ABC	m_7	7

最小项具有下列性质：

(1) 任何一个最小项只有一组变量取值使它为 1。

(2) 任意两个不同的最小项乘积为 0。

(3) 全体最小项之和为 1。

表 15-3-1 中符号 m 为最小项的编号，$m_0 \sim m_7$ 依次表示把变量取值组合看作二进制数，相当于十进制数所对应的最小项。例如，最小项 $AB\bar{C}$，变量取值组合 110 相当于十进制数 6，则 $AB\bar{C}$ 的编号记作 m_6。

2）最小项表达式

任何逻辑函数都可以表示成最小项之和的形式，这种最小项之和的与或表达式称为函数的最小项表达式。

逻辑函数的一般表达式可以有很多个，而最小项表达式是唯一的，任何逻辑函数形式都可以转换为最小项表达式。

【例 15-3-3】 将函数 $F=AB+\bar{B}C$ 转换为最小项表达式。

【解答】 (1) 真值表法：首先列出函数的真值表，然后将真值表中使函数为 1 的最小项相加，便得到最小项表达式。

列函数 $F=AB+\bar{B}C$ 的真值表如表 15-3-2 所示，由表可得

$$F=\bar{A}\bar{B}C+A\bar{B}C+AB\bar{C}+ABC$$
$$=m_1+m_5+m_6+m_7$$
$$=\sum_m(1,5,6,7)$$

表 15-3-2 例 15-3-3 真值表

A	B	C	F
0	0	0	0
0	0	1	1
0	1	0	0
0	1	1	0
1	0	0	0
1	0	1	1
1	1	0	1
1	1	1	1

(2) 配项法：利用公式 $A+\bar{A}=1$ 进行配项，然后展开，可得到最小项表达式为

$$F=AB(C+\bar{C})+(A+\bar{A})\bar{B}C$$
$$=ABC+AB\bar{C}+A\bar{B}C+\bar{A}\bar{B}C$$
$$=m_7+m_6+m_5+m_1$$
$$=\sum_m(1,5,6,7)$$

2. 卡诺图

把一组变量的全部最小项，按一定规律分别排列在方格图的小方格中，这样得到的图形称为卡诺图。

卡诺图一般画成正方形或矩形，N 变量卡诺图应画 2^N 个小方格，每个小方格代表一个最小项。将变量或变量取值标在方格外，变量排列顺序按任意相邻两行或两列仅有一个变量不同。三变量、四变量的卡诺图如图 15-3-1 和图 15-3-2 所示，两个图的图(a)中每个小方格内的最小项为行变量和列变量相与，图(b)中为相应最小项的编号。

F	$\bar{B}\bar{C}$	$\bar{B}C$	BC	$B\bar{C}$
$\bar{A}$	$\bar{A}\bar{B}\bar{C}$	$\bar{A}\bar{B}C$	$\bar{A}BC$	$\bar{A}B\bar{C}$
A	$A\bar{B}\bar{C}$	$A\bar{B}C$	ABC	$AB\bar{C}$

(a) 变量标注形式

F A \ BC	00	01	11	10
0	m_0	m_1	m_3	m_2
1	m_4	m_5	m_7	m_6

(b) 简化形式

图 15-3-1 三变量卡诺图

F	$\bar{C}\bar{D}$	$\bar{C}D$	CD	$C\bar{D}$
$\bar{A}\bar{B}$	$\bar{A}\bar{B}\bar{C}\bar{D}$	$\bar{A}\bar{B}\bar{C}D$	$\bar{A}\bar{B}CD$	$\bar{A}\bar{B}C\bar{D}$
$\bar{A}B$	$\bar{A}B\bar{C}\bar{D}$	$\bar{A}B\bar{C}D$	$\bar{A}BCD$	$\bar{A}BC\bar{D}$
AB	$AB\bar{C}\bar{D}$	$AB\bar{C}D$	$ABCD$	$ABC\bar{D}$
$A\bar{B}$	$A\bar{B}\bar{C}\bar{D}$	$A\bar{B}\bar{C}D$	$A\bar{B}CD$	$A\bar{B}C\bar{D}$

(a) 变量标注形式

F AB \ CD	00	01	11	10
00	m_0	m_1	m_3	m_2
01	m_4	m_5	m_7	m_6
11	m_{12}	m_{13}	m_{15}	m_{14}
10	m_8	m_9	m_{11}	m_{10}

(b) 简化形式

图 15-3-2 四变量卡诺图

在卡诺图中,小方格的逻辑相邻与几何相邻具有一致性。逻辑相邻项就是两个最小项仅有一个因子不同,其余因子均相同,例如,四变量最小项 $AB\overline{C}\overline{D}$ 有四个相邻项 $\overline{A}B\overline{C}\overline{D}$、$AB\overline{C}D$、$A\overline{B}\overline{C}\overline{D}$、$ABC\overline{D}$。这些逻辑相邻项在卡诺图中也为几何相邻项,为此,图中 AB、CD 变量取值的排列顺序为 00、01、11、10。从卡诺图中可以直接观察相邻项,它为逻辑函数的化简提供了极大的方便。

卡诺图应为封闭的图形,因此,最上行与最下行,最左列与最右列,四角最小项均具有相邻性。

3. 逻辑函数的卡诺图

如果已知 N 变量逻辑函数 F 最小项之和表达式,则在 N 变量的卡诺图中,将函数中包含的最小项相对应的方格中填 1,没有的项填 0 或不填,便得到 F 的卡诺图。如果给出的逻辑函数是其他形式,则需要先将函数变成与或表达式,然后在相同变量的卡诺图中,把一个乘积项所包含的最小项对应的方格填 1,其余填 0 或不填,就得到该函数的卡诺图。所以说卡诺图是逻辑函数的另一种表示方法,并具有唯一性。

【例 15-3-4】 画出函数 $F=\overline{A}\overline{B}C+\overline{A}BC+A\overline{B}C+ABC$ 的卡诺图。

【解答】

$$
\begin{aligned}
F &= \overline{A}\overline{B}C+\overline{A}BC+A\overline{B}C+ABC \\
&= m_1+m_3+m_5+m_7 \\
&= \sum_m (1,3,5,7)
\end{aligned}
$$

F 是三变量函数,所以先画出三变量的卡诺图,然后在函数包含的最小项对应的方格中填 1,其余填 0 或不填,即得到该函数的卡诺图,如图 15-3-3 所示。

【例 15-3-5】 画出函数 $F=\overline{A}\overline{B}+\overline{B}C+A\overline{C}D$ 的卡诺图。

【解答】

$$\overline{A}\overline{B}=m_0+m_1+m_2+m_3$$

$$\overline{B}C=m_2+m_3+m_{10}+m_{11}$$

$$A\overline{C}D=m_9+m_{13}$$

所以,$F=m_0+m_1+m_2+m_3+m_9+m_{10}+m_{11}+m_{13}$。画出 F 的卡诺图,如图 15-3-4 所示。

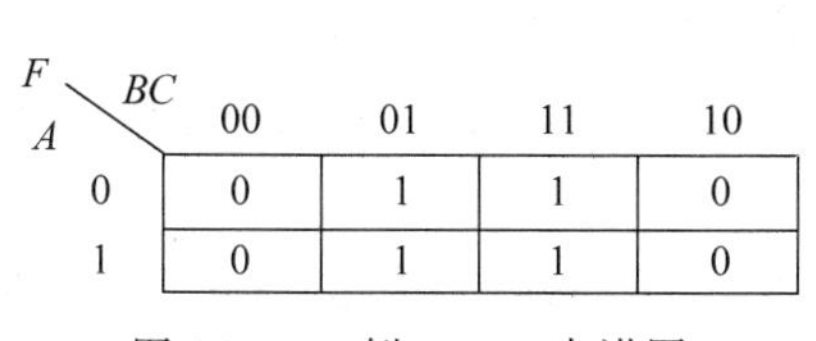

图 15-3-3 例 15-3-4 卡诺图

F: AB \ CD	00	01	11	10
00	1	1	1	1
01				
11		1		
10		1	1	1

图 15-3-4 例 15-3-5 卡诺图

4. 用卡诺图化简逻辑函数

用卡诺图化简逻辑函数,即卡诺图化简法,也称图形化简法。

1) 化简依据

卡诺图的一个重要特点是:凡几何相邻的最小项,逻辑上也相邻,因而求和时,可反复运

用 $AB+A\bar{B}=A(B+\bar{B})=A$ 的关系进行合并。相邻两个最小项合并，消去不同的一个因子；相邻四个最小项合并，消去不同的两个因子；以此类推，相邻 2^N 个最小项合并，消去不同的 N 个因子。这是因为 2^N 个最小项合并，提出公因子后，剩下的 2^N 个乘积项，正好是 N 变量的全部最小项，其和恒等于1，故可合并。公因子即为化简后的乘积项，也就是卡诺图上同行(列)不同列状态相同的变量。

2）化简的步骤

用卡诺图化简逻辑函数时，可按下列步骤进行。

(1）出逻辑函数的卡诺图。

(2）合并相邻的 2^N 个小方格(最小项)，按与或表达式最简的含义画包围圈(卡诺圈)。

画圈的原则是：圈数越少越好，因为圈数少，与或表达式所含的乘积项数越少；圈内小方格越多越好，因为圈内方格越多，消去的因子越多，与或表达式乘积项中的变量越少，具体方法如下。

① 每个卡诺圈中所含方格数必须是 2^N 个，小方格可以重复被包围，但每个卡诺圈中必须至少有一个尚未被圈过的小方格。

② 每个卡诺圈必须是最大圈，把相邻小方格最大限度地包围起来，化简后才能得到最简项。

③ 不能漏掉一个小方格，如果某个小方格不能与其他任何小方格合并，则需单独画成一个圈，以保证函数值不变。

(3）把每个卡诺圈所得的最简项相加，便得到化简后的与或表达式。

【例 15-3-6】 用卡诺图法化简函数 $F=A+A\bar{B}+\bar{A}\bar{B}C$。

【解答】 (1）画出 F 函数的卡诺图，如图 15-3-5 所示。

(2）画卡诺圈，先画小方格最多的圈，再依次画小方格少一些的圈，顺序为 $F_1 \to F_2$。

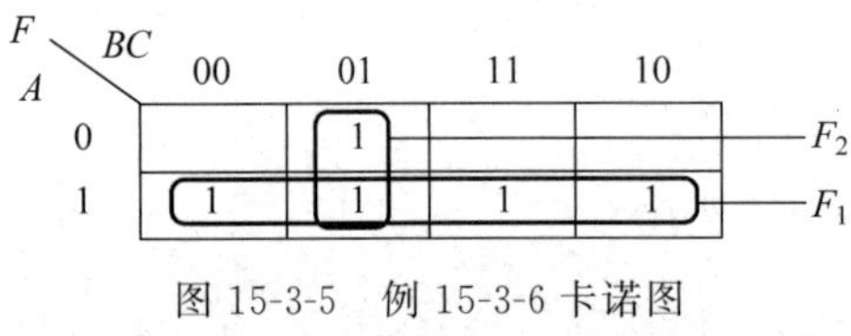

图 15-3-5　例 15-3-6 卡诺图

(3）用留同、去异法，读出结果。F_1 圈中含有 A、B、$\bar{B}$、C、$\bar{C}$，消去 B、C，保留 A；F_2 圈中含有 A、$\bar{A}$、$\bar{B}$、C，消去 A，保留 $\bar{B}$、C。所以，最简与或表达式为

$$F=A+\bar{B}C$$

5. 具有约束的逻辑函数及其化简方法

1）约束项

实际的逻辑问题中，某些逻辑函数输入变量的取值存在一定的制约关系，使得某些变量的取值根本不可能出现，这些变量取值所对应的最小项叫作约束项，约束项的值恒等于 0，又称为无关项。

例如，一台电梯操作控制电路有三个控制信号 A、B、C，输出操作信号为 F，当 $A=1$ 时，电梯上升；当 $B=1$ 时，电梯停止；当 $C=1$ 时，电梯下降；当电梯处于这三种正常工作状态时，输出操作信号 $F=1$。任何时刻，一台电梯只能进行一种操作，因此，A、B、C 取值组合只能出现 100(电梯上升)、010(电梯停止)、001(电梯下降)，不会出现的取值组合为 000、011、101、110、111，而不会出现的取值组合所对应的最小项即为约束项，可见，A、B、C 是一组有约束的变量。

由约束项构成的条件等式，叫作约束条件。上述电梯控制电路的约束条件为

$$\bar{A}\bar{B}\bar{C}+\bar{A}BC+A\bar{B}C+AB\bar{C}+ABC=0$$

2) 具有约束项的逻辑函数表示法

用逻辑函数表达式表示具有约束项的函数时,除了写出函数表达式本身外,还要写上约束条件。例如,上述电梯控制电路的逻辑函数表达式为

$$\begin{cases} F=A\bar{B}\bar{C}+\bar{A}B\bar{C}+\bar{A}\bar{B}C \\ \bar{A}\bar{B}\bar{C}+\bar{A}BC+A\bar{B}C+AB\bar{C}+ABC=0 \end{cases}$$

用最小项编号形式表示为

$$F(A,B,C)=\sum_m(1,2,4)+\sum_d(0,3,5,6,7)$$

式中:d 为约束项的编号符号。

3) 具有约束项的逻辑函数的化简

化简具有约束项的函数,关键是如何利用约束项。由于约束项的值恒等于0,所以在函数表达式中写入约束项,对函数值没有影响。在化简时,约束项所对应的函数值既可以视为0又可以视为1,在卡诺图中用"×"表示。对于含约束项的函数画包围圈时,可根据需要将"×"看作0或1,力求圈尽可能大,使求得的结果最简。

【例 15-3-7】 用卡诺图法化简函数 $F=\sum_m(0,1,13,14)+\sum_d(2,3,7,11,12,15)$。

【解答】 画出 F 函数的卡诺图,如图 15-3-6 所示。图 15-3-6(a)为未利用约束项化简,结果为

$$F=\bar{A}\bar{B}\bar{C}+ABC̄D+ABC\bar{D}$$

图 15-3-6(b)为利用约束项化简,在约束项方格中填"×",将约束项 m_2、m_3 看作 1,和 $F=1$ 的最小项 m_0、m_1 组成一个卡诺圈,m_{12}、m_{15} 看作 1,和 m_{13}、m_{14} 组成另一个卡诺圈,其余约束项看作 0,得最简与或表达式为

$$F=\bar{A}\bar{B}+AB$$

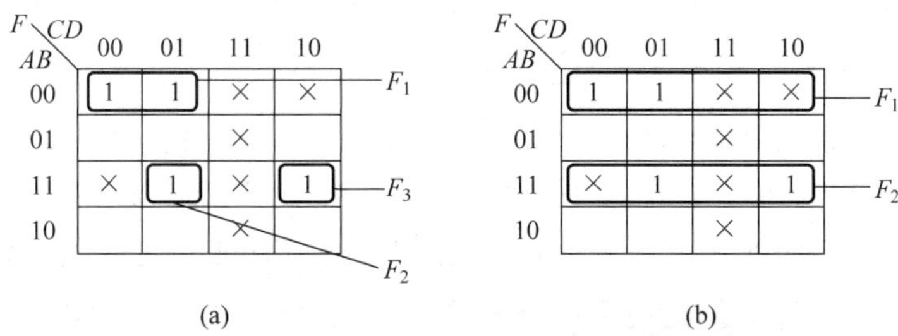

图 15-3-6 例 15-3-7 卡诺图

15.4 逻辑函数 Multisim 仿真实例

1. 仿真目的

(1) 利用 Multisim 仪器仪表库的逻辑转换器完成逻辑关系各种表示方法之间的互相转换。

(2) 将逻辑函数 $F(A,B,C)=\sum_m(1,2,3,5,6,11,12)+\sum_d(4,7,8,13)$ 化简为最简与或表达式,并生成由与非门实现的逻辑电路。

2. 仿真过程

(1) 单击 Multisim 仪器仪表库的逻辑转换器 XLC1 图标( ),在工作区放置一个逻辑转换器,如图 15-4-1 所示,其下方有 9 个端口,其中最右侧是数字电路的输出端口,其余 8 个均为输入端口。

(2) 双击逻辑转换器图标打开设置对话框,选择 A、B、C 三个变量,真值表区域自动列出 8 种组合,将鼠标指针移至真值表区域右侧输出栏"?"位置,光标变成手形,在相应的"?"处单击一次变为"0",单击两次变为"1",单击三次变为"X"(任意值)。真值表列好后,如图 15-4-2 所示。

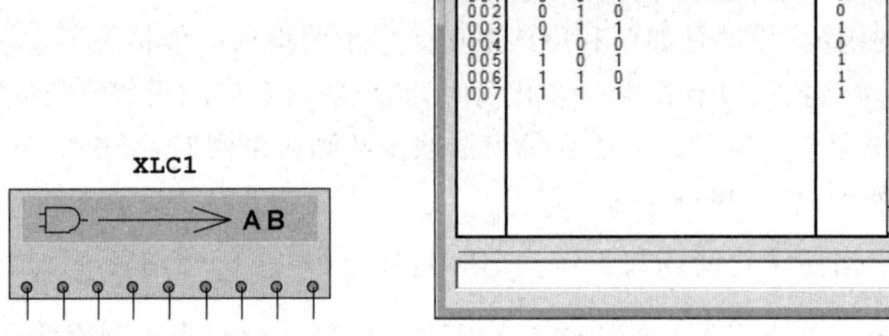

图 15-4-1 逻辑转换器图标　　图 15-4-2 逻辑转换器设置对话框

(3) 真值表列好后,单击"转换"选项区中的 10|1 → A|B 按钮,可以在真值表下方空白栏得到标准与或表达式(全部由最小项组成);单击 10|1 SIMP→ A|B 按钮,可以得到最简与或表达式;单击 ⊐D → 10|1 按钮,可以由逻辑电路列真值表;单击 A|B → 10|1 按钮,可以由逻辑表达式得到真值表;单击 A|B → ⊐D 按钮,可以由逻辑表达式得到逻辑电路;单击 A|B → NAND 按钮,可以由逻辑表达式得到全部由与非门搭建的逻辑电路。

(4) 若将逻辑函数 $F(A,B,C)=\sum_{m}(1,2,3,5,6,11,12)+\sum_{d}(4,7,8,13)$ 化简为最简与或表达式,可以根据题目要求将最小项 1、2、3、5、6、11、12 的输出设置为"1",无关项 4、7、8、13 设置为"X",其他值设置为"0";单击 10|1 SIMP→ A|B 按钮,得到最简与或表达式,如图 15-4-3 所示。单击 A|B → NAND 按钮,系统自动生成全部由与非门搭建的逻辑电路,如图 15-4-4 所示。

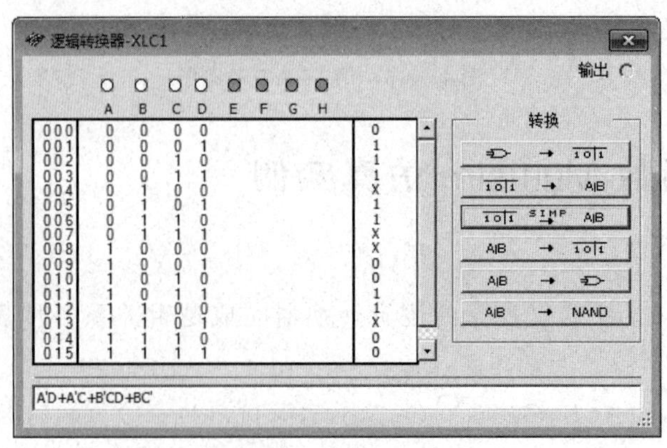

图 15-4-3 由真值表得到最简与或表达式

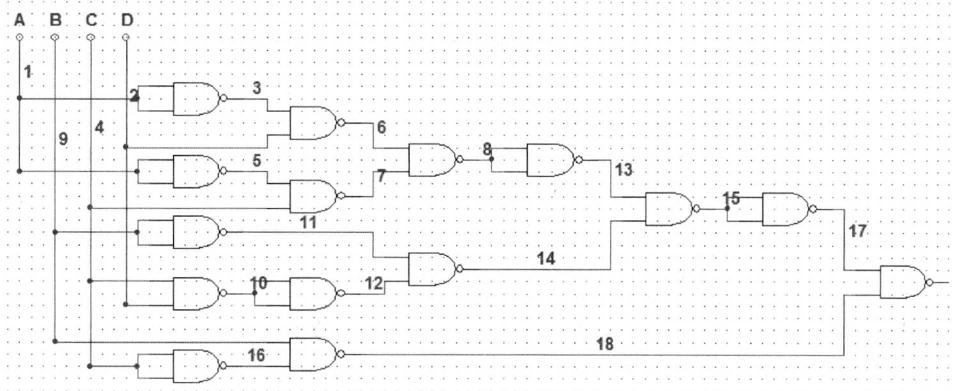

图 15-4-4　全部由与非门搭建的逻辑电路

习题 15

15-1　利用反演规则，求下列函数的反函数。

(1) $F_1=\bar{A}\bar{B}C$　　(2) $F_2=A\bar{B}+C\cdot(\bar{A}+B+D)$

(3) $F_3=\bar{A}C+1\cdot B$　　(4) $F_4=\bar{A}(\bar{B}+C\bar{E})+\bar{D}F$

15-2　利用对偶规则，求下列函数的对偶式。

(1) $F_1=\bar{A}B+C$　　(2) $F_2=\bar{A}\bar{B}+A(B+C\bar{D})$

(3) $F_3=\overline{\bar{A}\cdot\overline{\bar{B}C}}$　　(4) $F_4=\overline{\bar{A}C\cdot\overline{A\bar{D}}\cdot\overline{AB}}$

15-3　试用真值表证明下列等式成立。

(1) $(A+B)(\bar{A}+C)(B+C)=(A+B)(\bar{A}+C)$

(2) $\bar{A}B+A\bar{B}=(A+B)(\bar{A}+\bar{B})$

15-4　电路如题 15-4 图所示。设开关闭合表示为 1，断开表示为 0；灯亮表示为 1，灯灭表示为 0。试分别列出(a)、(b)电路中逻辑变量 F 和 A、B、C 关系的真值表，写出逻辑函数表达式，并画出逻辑图。

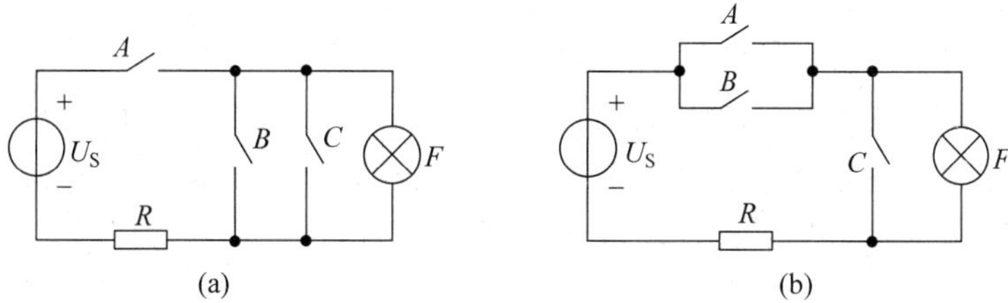

题 15-4 图

15-5　将下列函数展开成最小项之和的形式。

(1) $F_1=\bar{A}B+B\bar{C}+C$

(2) $F_2=(\bar{A}+\bar{B})(A+B+\bar{C})$

15-6　将逻辑函数 $F=A\oplus B$ 变换为以下形式，并分别画出对应的逻辑电路图。

(1) 与或式；(2) 与非—与非式；(3) 或与式；(4) 或与—或与式；(5) 与或非式。

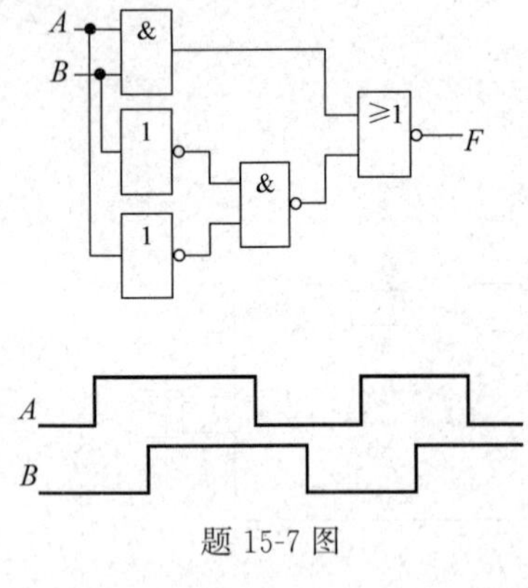

题 15-7 图

15-7 试写出题 15-7 图中 F 的表达式，并根据输入变量 A、B 的波形，画出对应的输出波形。

15-8 用代数法将下列逻辑函数化简为最简与或表达式。

(1) $F_1=A+B+C+\overline{A}\,\overline{B}\,\overline{C}$

(2) $F_2=A+A\overline{B}\,\overline{C}+\overline{A}CD+\overline{C}E+DE$

(3) $F_3=A+\overline{\overline{B}+\overline{CD}}+\overline{\overline{AD}\cdot\overline{B}}$

(4) $F_4=\overline{A}\,\overline{B}+(A\overline{B}+\overline{A}B+AB)\cdot D$

(5) $F_5=A\overline{D}+A\overline{C}+C\overline{D}+AD$

(6) $F_6=(B+\overline{B}C)(A+AD+B)$

15-9 用卡诺图法将下列逻辑函数化简为最简与或表达式。

(1) $F_1=AB+A\overline{B}C+\overline{A}B\overline{C}$

(2) $F_2=A\overline{B}+\overline{A}C+B\overline{C}+A\overline{C}D$

(3) $F_3=(A\oplus B)\cdot CD+ABCD+\overline{A}BCD$

(4) $F_4=A\overline{B}+B\overline{C}+\overline{A}\,\overline{\overline{B}\,\overline{C}}+\overline{A}BC$

(5) $F_5=A\overline{B}CD+\overline{B}\,\overline{C}D+(A+C)B\overline{D}$

(6) $F_6(A,B,C)=\sum\limits_{m}(0,1,2,4,5)$

15-10 用卡诺图法将下列具有约束条件的逻辑函数化简为最简与或表达式。

(1) $\begin{cases}F_1(A,B,C,D)=\sum\limits_{m}(0,4,6,8,9,10)\\ BD+CD=0\end{cases}$

(2) $\begin{cases}F_2(A,B,C,D)=\sum\limits_{m}(0,1,2,4,6,8,9)\\ BD+CD=0\end{cases}$

(3) $F_3=\sum\limits_{m}(2,3,7,10,11,14)+\sum\limits_{d}(5,15)$

(4) $F_4=\sum\limits_{m}(0,1,5,7,8,11,14)+\sum\limits_{d}(3,9,15)$

15-11 将下列逻辑函数化简为最简与或表达式，并用与非门画出逻辑图。

(1) $F_1(A,B,C,D)=\sum\limits_{m}(0,2,3,5,6,7,8,9)$

(2) $F_2(A,B,C)=(A+\overline{B}C)(\overline{A}+AB+\overline{C})$

15-12 某公司有四个股东，分别拥有公司 45%、30%、16%和 9%的股份。公司一个议案要获得通过，必须至少有超过一半股权的股东投赞成票。试列出该公司股东对议案进行表决的电路的真值表，求出最简与或表达式，并用与非门实现该电路。

组合逻辑电路

数字电路按其逻辑功能可分为两大类,即组合逻辑电路和时序逻辑电路。本章首先介绍组合逻辑电路的特点以及组合逻辑电路的表示方法;然后重点讨论组合逻辑电路的一般分析方法和设计方法;最后介绍加法器、编码器、译码器、数据选择器和数据分配器等几种常用组合逻辑电路的工作原理和使用方法。

16.1 组合逻辑电路的基本概念

16.1.1 组合逻辑电路的特点

组合逻辑电路是指在任何时刻,逻辑电路的输出状态只取决于该时刻各输入状态的组合,而与电路原来的状态无关。

组合逻辑电路的结构特点是:电路由各种门电路构成,不存在反馈。

图 16-1-1 所示的电路由反相器、与门、或门构成,电路中没有反馈,它符合组合逻辑电路的结构特点,因此,该电路是一个简单的组合逻辑电路。

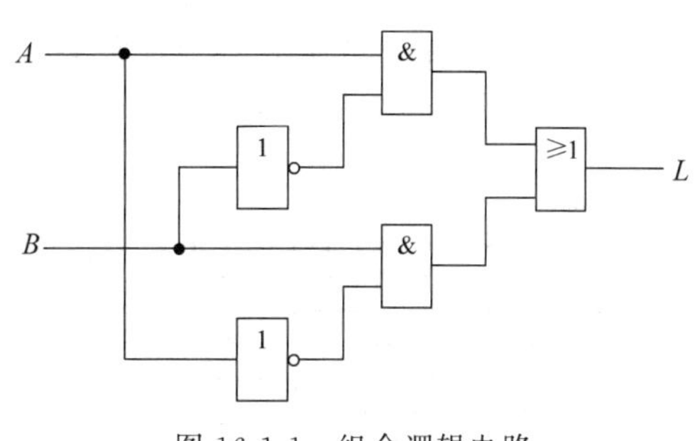

图 16-1-1 组合逻辑电路

图 16-1-1 所示电路的逻辑表达式为

$$L=\overline{A}B+A\overline{B}$$

在任何时刻,只要输入变量 A、B 取值确定,则输出 L 的值也随之确定。

16.1.2 组合逻辑电路逻辑功能描述方法

描述组合逻辑电路功能的主要方式有以下几种。

1. 逻辑函数表达式

逻辑函数表达式通常以与或表达式表示,并且化简为最简与或表达式。这种表达形式的优点是便于进行逻辑推导。

2. 逻辑电路图

逻辑电路图简称为逻辑图,组合逻辑电路图由各种门电路逻辑符号及相互连线组成。

3. 真值表

真值表是以表格的形式描述输入变量的各种取值组合与输出函数值的对应关系。输入变量取值组合的顺序通常以对应二进制数的顺序表示。

4. 波形图

波形图是以数字波形的形式表示逻辑电路输入与输出的逻辑关系。

5. 卡诺图

卡诺图不仅可以作为化简逻辑函数的工具,还是描述逻辑函数的一种方式。卡诺图中的每一个小方格与真值表中每一组输入变量取值组合事实上存在一一对应的关系。从某种意义上说,卡诺图是真值表的图形表示。

逻辑函数表达式、逻辑电路图、真值表、卡诺图、波形图是描述特定逻辑功能的不同表达形式,各种表达形式可以相互转换。组合逻辑电路分析主要讨论在已知逻辑电路图的条件下,通过求解逻辑函数表达式、真值表来确定所给逻辑电路的逻辑功能。组合逻辑电路设计是在给定逻辑功能的条件下,通过列写真值表、逻辑函数表达式,做出实现所给逻辑功能的逻辑电路图。因此,组合逻辑电路的分析与设计事实上是在特定的已知条件下,分析和讨论逻辑函数不同表示形式的相互转换问题。

【例 16-1-1】 已知一逻辑函数的逻辑关系如图 16-1-2 的波形图所示,其中 A、B、C、D 为输入变量,L 为输出变量。试列写出其真值表、逻辑函数表达式,并画出逻辑电路图。

【解答】 分析图 16-1-2 所示的波形,可以依据输入变量的不同取值组合,找出输入与输出的对应关系,具体分析如图 16-1-3 所示。

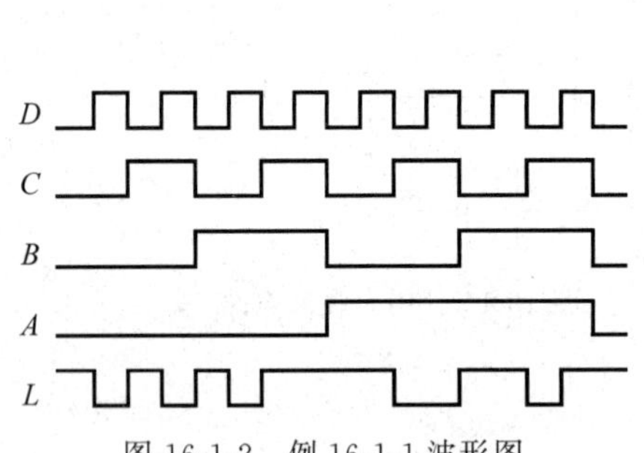

图 16-1-2 例 16-1-1 波形图

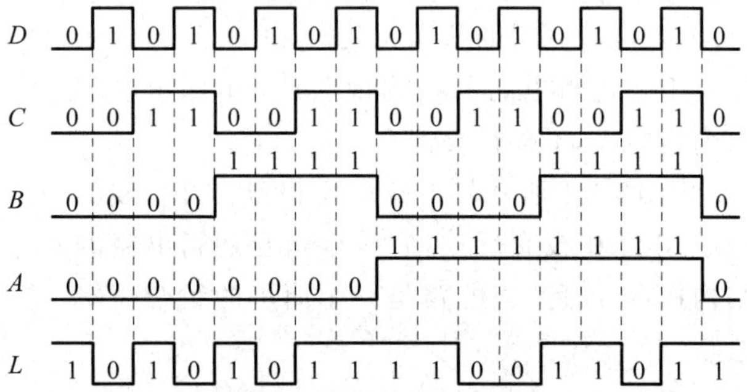

D 0 1 0 1 0 1 0 1 0 1 0 1 0 1 0 1 0
C 0 0 1 1 0 0 1 1 0 0 1 1 0 0 1 1 0
B 0 0 0 0 1 1 1 1 0 0 0 0 1 1 1 1 0
A 0 0 0 0 0 0 0 0 1 1 1 1 1 1 1 1 0
L 1 0 1 0 1 0 1 1 1 1 0 0 1 1 0 1 1

图 16-1-3 分析例 16-1-1 输入与输出的对应关系

同一组变量取值组合使输出函数值为 1,则各个变量之间的关系是与的关系且每个变量取值为 0 时用反变量表示,取值为 1 时用原变量表示。例如,变量取值组合 $ABCD=0000$ 时,输出函数值为 $L=1$,则表明各个变量以反变量的形式相与,即 $\overline{A}\overline{B}\overline{C}\overline{D}$,其余组合以此类推,见表 16-1-1。

多组变量取值组合使输出函数值为 1,则它们之间的关系是或的关系。按照这一原则,结合表 16-1-1 中的分析可写出输出函数的表达式如下:

$$
\begin{aligned}
L = & \overline{A}\overline{B}\overline{C}\overline{D} + \overline{A}\overline{B}C\overline{D} + \overline{A}B\overline{C}\overline{D} + \overline{A}BC\overline{D} + \overline{A}BCD + A\overline{B}\overline{C}\overline{D} + A\overline{B}\overline{C}D + \\
& AB\overline{C}\overline{D} + AB\overline{C}D + ABCD
\end{aligned}
$$

表 16-1-1　例 16-1-1 的真值表

输　入				输　出	
A	B	C	D	L	
0	0	0	0	1	$\overline{A}\overline{B}\overline{C}\overline{D}$
0	0	0	1	0	
0	0	1	0	1	$\overline{A}\overline{B}C\overline{D}$
0	0	1	1	0	
0	1	0	0	1	$\overline{A}B\overline{C}\overline{D}$
0	1	0	1	0	
0	1	1	0	1	$\overline{A}BC\overline{D}$
0	1	1	1	1	$\overline{A}BCD$
1	0	0	0	1	$A\overline{B}\overline{C}\overline{D}$
1	0	0	1	1	$A\overline{B}\overline{C}D$
1	0	1	0	0	
1	0	1	1	0	
1	1	0	0	1	$AB\overline{C}\overline{D}$
1	1	0	1	1	$AB\overline{C}D$
1	1	1	0	0	
1	1	1	1	1	$ABCD$

在求输出函数表达式时，也可以由图 16-1-1 的输入、输出对应关系直接做出所对应的卡诺图，并在卡诺图上进行化简，进而写出输出函数表达式。例 16-1-1 所表示的逻辑函数对应的卡诺图如图 16-1-4 所示。

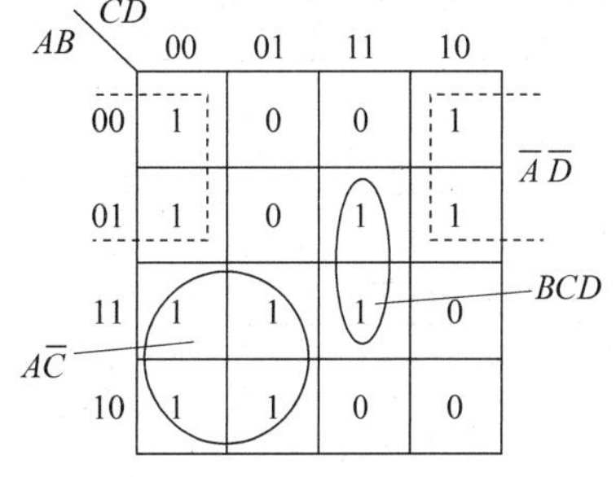

图 16-1-4　例 16-1-1 的卡诺图

在卡诺图上进行化简，得到简化的逻辑函数表达式(16-1-1)：

$$L = A\overline{C} + \overline{A}\overline{D} + BCD \qquad (16\text{-}1\text{-}1)$$

式(16-1-1)可以由反相器、与门、或门组成的逻辑电路实现，其逻辑电路图如图 16-1-5 所示。

组合逻辑函数的各种描述方式之间的相互转换关系，可概括如图 16-1-6 所示。熟悉各种描述方式并能熟练地进行各种描述形式之间的相互转换，是掌握组合逻辑电路分析与设计的必要条件。

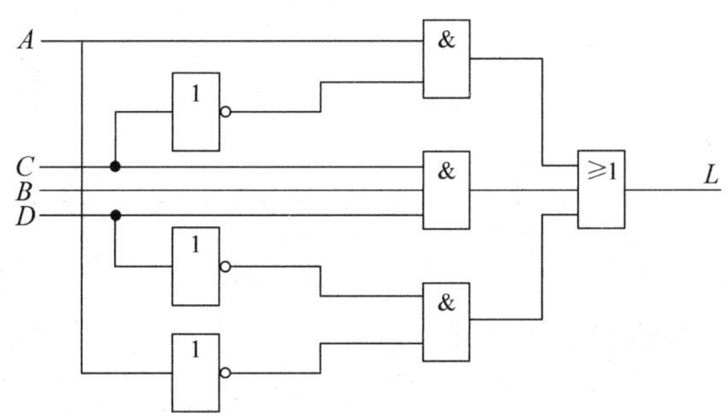

图 16-1-5　例 16-1-1 的逻辑电路图

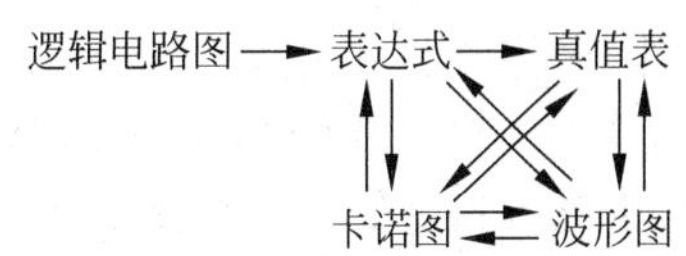

图 16-1-6　各种描述形式之间的相互转换关系

16.2 组合逻辑电路的分析和设计

16.2.1 组合逻辑电路的分析

组合逻辑电路的分析就是根据已知的逻辑电路图，分析并确定其逻辑功能的过程。分析过程一般按下列步骤进行。

1. 写出逻辑函数表达式

根据已知的逻辑电路图，从输入到输出逐级写出逻辑电路的逻辑函数表达式，最终得到输出和输入逻辑变量之间的函数表达式。

2. 化简逻辑函数表达式

一般情况下，由逻辑电路图写出的逻辑表达式不是最简与或表达式，因此需要对逻辑函数表达式进行化简或者变换，以便用最简与或表达式来表示逻辑函数。

3. 列写真值表

根据逻辑表达式列出反映输入、输出逻辑变量相互关系的真值表。

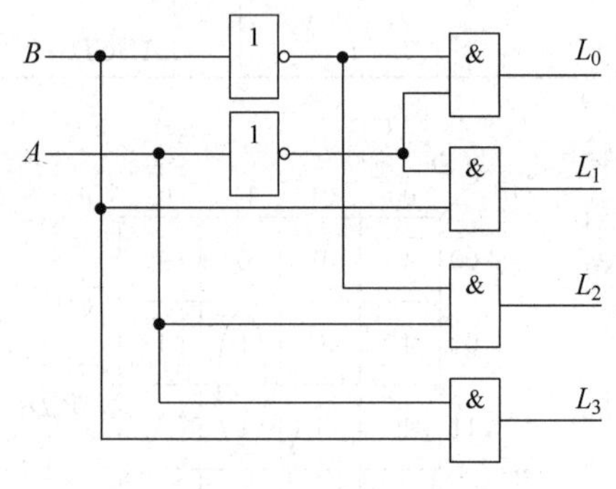

图 16-2-1　例 16-2-1 电路图

4. 分析并用文字概括出电路的逻辑功能

根据逻辑真值表，分析并确定逻辑电路所实现的逻辑功能。

【例 16-2-1】 已知逻辑电路如图 16-2-1 所示，分析该电路的逻辑功能。

【解答】 由图 16-2-1 可见，此逻辑电路由反相器和与门组成，电路有 2 个输入变量 A、B，4 个输出函数 L_0、L_1、L_2、L_3。

(1) 由图 16-2-1 写出逻辑函数表达式：

$$L_0=\overline{A}\overline{B},\quad L_1=\overline{A}B,\quad L_2=A\overline{B},\quad L_3=AB$$

(2) 由逻辑函数表达式列出真值表，如表 16-2-1 所示。

表 16-2-1　例 16-2-1 的真值表

输　入		输　出			
A	B	L_0	L_1	L_2	L_3
0	0	1	0	0	0
0	1	0	1	0	0
1	0	0	0	1	0
1	1	0	0	0	1

(3) 由真值表可知：$AB=00$ 时，$L_0=1$，其余的输出端均为 0；$AB=01$ 时，$L_1=1$，其余的输出端均为 0；$AB=10$ 时，$L_2=1$，其余的输出端均为 0；$AB=11$ 时，$L_3=1$，其余的输出端均为 0。由此可以得知，此电路对应每组输入信号只有一个输出端为 1，因此，根据输出状态即可知道输入的代码值，故此逻辑电路具有译码功能，而且输出端是高电平有效。

对于比较简单的组合逻辑电路，也可通过其波形图进行分析。即根据输入信号的波形，逐级画出输出信号的波形，根据输入与输出波形的关系确定其电路的逻辑功能。

如果将图 16-2-1 所示的逻辑电路中的与门用与非门替代，则其逻辑函数式可以写为

$$L_0=\overline{\bar{A}\bar{B}},\quad L_1=\overline{\bar{A}B},\quad L_2=\overline{A\bar{B}},\quad L_3=\overline{AB}$$

这种情况说明电路的逻辑功能仍然为译码功能，只是其输出为低电平有效。

【例 16-2-2】 一组合逻辑电路如图 16-2-2 所示，试分析该电路的逻辑功能。

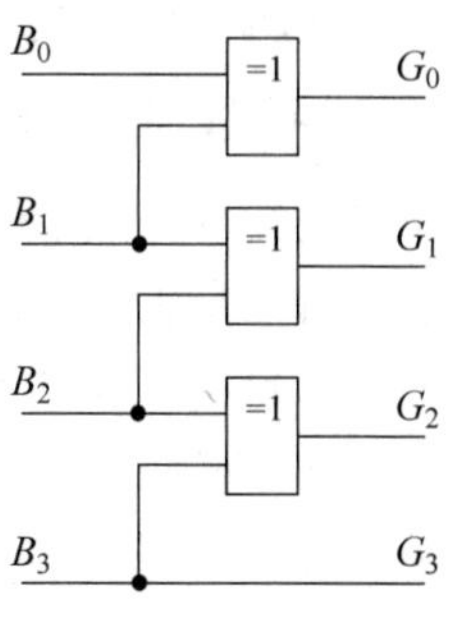

图 16-2-2　例 16-2-2 电路图

【解答】（1）由图 16-2-2 可写出输出函数表达式如下：

$$G_0=B_0\oplus B_1,\quad G_1=B_1\oplus B_2,\quad G_2=B_2\oplus B_3,\quad G_3=B_3$$

（2）由表达式列写真值表如表 16-2-2 所示。

表 16-2-2　例 16-2-2 的真值表

输　入				输　出			
B_3	B_2	B_1	B_0	G_3	G_2	G_1	G_0
0	0	0	0	0	0	0	0
0	0	0	1	0	0	0	1
0	0	1	0	0	0	1	1
0	0	1	1	0	0	1	0
0	1	0	0	0	1	1	0
0	1	0	1	0	1	1	1
0	1	1	0	0	1	0	1
0	1	1	1	0	1	0	0
1	0	0	0	1	1	0	0
1	0	0	1	1	1	0	1
1	0	1	0	1	1	1	1
1	0	1	1	1	1	1	0
1	1	0	0	1	0	1	0
1	1	0	1	1	0	1	1
1	1	1	0	1	0	0	1
1	1	1	1	1	0	0	0

（3）真值表 16-2-2 表明，在 4 位二进制码输入的情况下，输出是 4 位格雷码。因此，图 16-2-2 所示电路能够实现 4 位二进制到 4 位格雷码的转换。

分析确定由各种门电路组成的组合逻辑电路的逻辑功能，首先需要从电路的输入到输出逐级写出逻辑函数表达式，再由表达式列写真值表，然后根据真值表分析确定电路的逻辑功能。

16.2.2　组合逻辑电路的设计

组合逻辑电路的设计是其分析的逆过程。根据给出的实际逻辑问题，求出实现这一逻辑功能的最简单逻辑电路，这就是设计组合逻辑电路时要完成的工作。

这里所说的最简是指电路所用器件最少,器件的种类最少,而且器件之间的连线也最少。

组合逻辑电路的设计工作通常可按以下步骤进行。

1. 进行逻辑抽象

在许多情况下,提出的设计要求是用文字描述的一个具有一定因果关系的事件,这时就需要通过逻辑抽象的方法,用一个逻辑函数来描述这一因果关系。

逻辑抽象的工作通常按以下规则进行。

(1) 分析事件的因果关系,确定输入变量和输出变量。一般总是把引起事件的原因定为输入变量,而把事件的结果作为输出变量。

(2) 定义逻辑状态的含义。以二进制的 0、1 两种状态分别代表输入变量和输出变量的两种不同状态。这里 0 和 1 的具体含义完全是由设计者人为选定的,这项工作也称为逻辑状态赋值。

(3) 根据给定的因果关系列出逻辑真值表。至此,便将一个实际的逻辑问题抽象成一个逻辑函数了,而且这个逻辑函数首先以真值表的形式给出。

2. 写出逻辑函数表达式

为便于对逻辑函数进行化简和变换,需要把真值表转换为对应的逻辑函数表达式。

3. 选定器件的类型

产生所需要的逻辑函数既可以用小规模集成的门电路组成相应的逻辑电路,也可以用中规模集成的常用组合逻辑器件或可编程逻辑器件等构成相应的逻辑电路。应该根据对电路的具体要求和器件的资源情况决定采用那一种类型的器件。

4. 将函数化简或变换成适当的形式

在使用小规模集成的门电路进行设计时,为获得最简单的设计结果,应将函数式化成最简形式,即函数式中相加的乘积项最少,而且每一个乘积项中的因子最少。如果对所用器件的种类有附加限制,则还应将函数式变换成与器件种类相适应的形式。

5. 根据化简或变换后的逻辑函数式,画出逻辑电路的连接图

至此,逻辑设计已经完成。

6. 工艺设计

为了将逻辑电路实现为具体的电路装置,还需要做一系列的工艺设计工作,包括设计印制电路板、机箱、面板、电源、显示电路、控制开关等,最后还必须完成组装调试。这部分内容请读者自行阅读有关资料,这里就不做具体的介绍了。

图 16-2-3 中以方框图的形式总结了逻辑设计的过程。

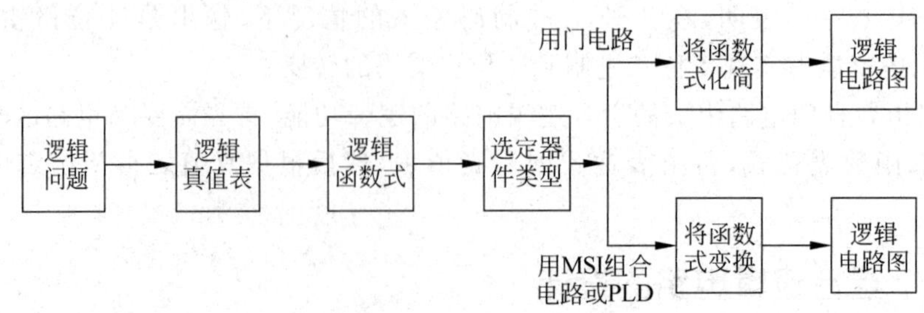

图 16-2-3　逻辑设计过程

应当指出，上述设计步骤并不是一成不变的。例如，有的设计要求直接以真值表的形式给出，就不用进行逻辑抽象了。又如，有的问题逻辑关系比较简单、直观，也可以不经过逻辑真值表而直接写出函数式来。

【例 16-2-3】 试设计一个三变量表决器，表决规则是少数服从多数。

【解答】 (1) 定义输入、输出变量，根据题意列出真值表。

设 A、B、C 分别代表参加表决的逻辑变量，L 为表决结果。A、B、C 为 1 表示赞成，为 0 时表示反对。$L=1$ 表示通过，$L=0$ 表示否决。列真值表如表 16-2-3 所示。

表 16-2-3　例 16-2-3 的真值表

输入			输出	输入			输出
A	B	C	L	A	B	C	L
0	0	0	0	1	0	0	0
0	0	1	0	1	0	1	1
0	1	0	0	1	1	0	1
0	1	1	1	1	1	1	1

(2) 写出逻辑函数表达式。

根据真值表可写出逻辑函数表达式为

$$L=\overline{A}BC+A\overline{B}C+AB\overline{C}+ABC$$

进行化简可得

$$L=AB+AC+BC$$

(3) 画出逻辑电路图。

化简后的逻辑函数可以用 3 个与门、1 个或门实现，电路如图 16-2-4 所示。

利用摩根定律对化简后的逻辑函数进行变换，得到与非—与非表达式：

$$L=\overline{\overline{AB}\ \overline{AC}\ \overline{BC}}$$

用与非门实现的电路如图 16-2-5 所示。

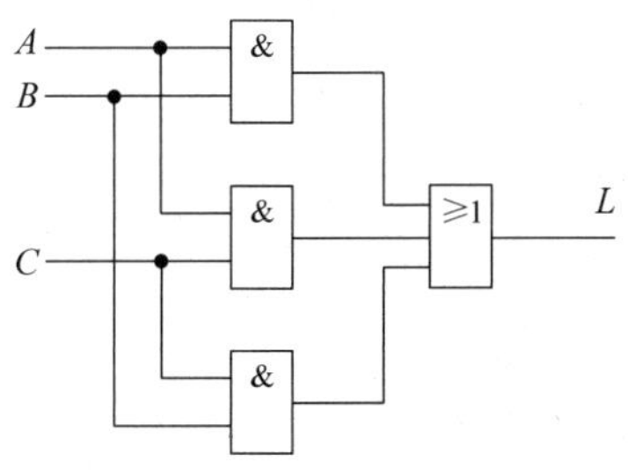

图 16-2-4　例 16-2-3 的逻辑电路图

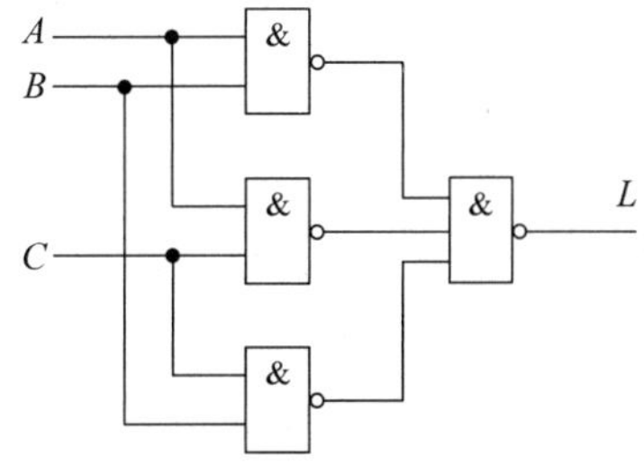

图 16-2-5　例 16-2-3 用与非门实现的逻辑电路图

如果在三变量表决逻辑中，规定 A 具有否决权，读者可思考实现其逻辑功能的电路。

【例 16-2-4】 试设计一逻辑电路，实现 4 位格雷码到 4 位二进制码的转换。

【解答】 (1) 设用 $G_3G_2G_1G_0$ 表示输入的 4 位格雷码，用 $B_3B_2B_1B_0$ 表示输出的 4 位二进制码，依据格雷码与二进制码的对应关系，列出真值表如表 16-2-4 所示。

表 16-2-4　例 16-2-4 的真值表

输　入				输　出			
G_3	G_2	G_1	G_0	B_3	B_2	B_1	B_0
0	0	0	0	0	0	0	0
0	0	0	1	0	0	0	1
0	0	1	1	0	0	1	0
0	0	1	0	0	0	1	1
0	1	1	0	0	1	0	0
0	1	1	1	0	1	0	1
0	1	0	1	0	1	1	0
0	1	0	0	0	1	1	1
1	1	0	0	1	0	0	0
1	1	0	1	1	0	0	1
1	1	1	1	1	0	1	0
1	1	1	0	1	0	1	1
1	0	1	0	1	1	0	0
1	0	1	1	1	1	0	1
1	0	0	1	1	1	1	0
1	0	0	0	1	1	1	1

（2）求输出函数表达式。

由真值表可直接得到 $B_3=G_3$；借助卡诺图可求解其他输出函数表达式如图 16-2-6 所示。

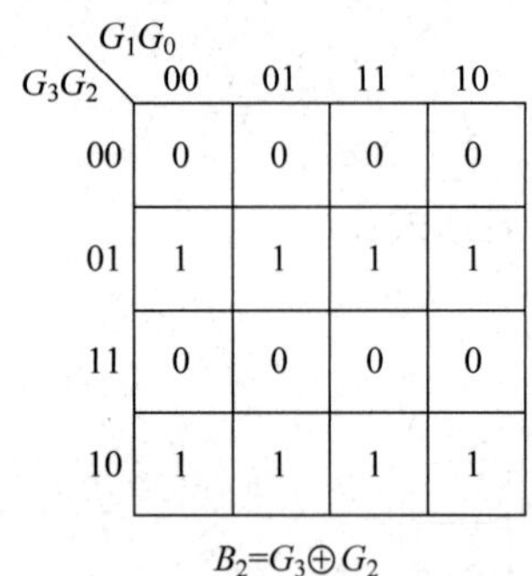

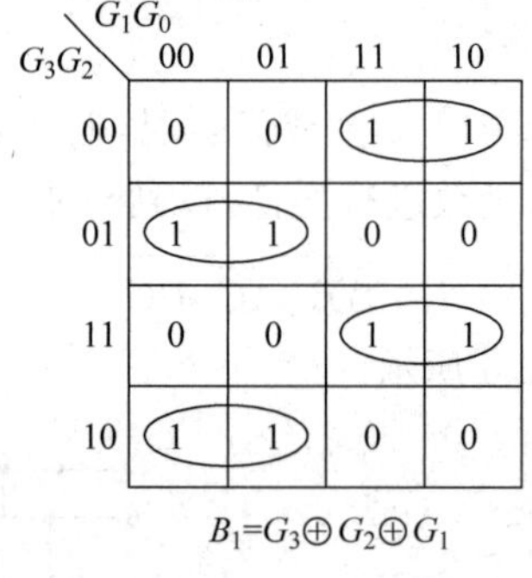

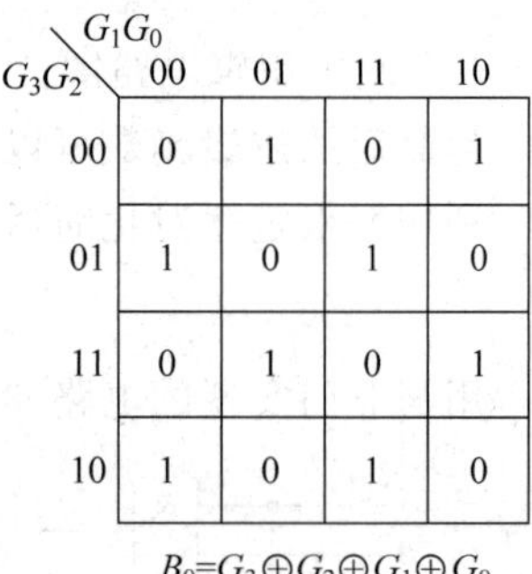

图 16-2-6　例 16-2-4 的卡诺图

所以有

$$B_3=G_3$$
$$B_2=G_3\oplus G_2=B_3\oplus G_2$$
$$B_1=G_3\oplus G_2\oplus G_1=B_2\oplus G_1$$
$$B_0=G_3\oplus G_2\oplus G_1\oplus G_0=B_1\oplus G_0$$

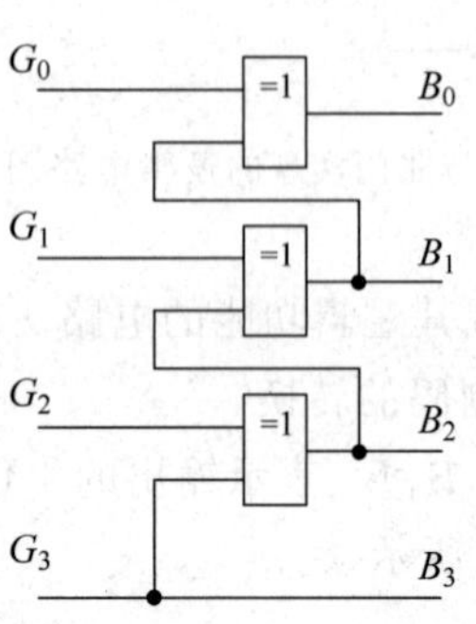

图 16-2-7　例 16-2-4 的电路图

（3）用异或门实现，电路图如图 16-2-7 所示。

用各种门电路设计组合逻辑电路，首先需要分析所给的逻辑功能，定义输入、输出变量，列写真值表；其次由真值表求出输出函数表达式，并进行适当化简；最后依据化简后的逻辑表达式选择适当的门电路作图。在组合逻辑电路设计中，正确列写真值表是关键。

16.3　加法器

16.3.1　半加器

如果不考虑来自低位的进位而将两个一位二进制数相加，称作半加。实现半加运算的逻辑电路称作半加器。

若用 A、B 表示输入，S、C 分别表示和与进位输出。根据半加器的逻辑功能可作出其真值表，如表 16-3-1 所示。

表 16-3-1　半加器真值表

输　入		输　出	
A	B	S	C
0	0	0	0
0	1	1	0
1	0	0	0
1	1	0	1

根据真值表可列出逻辑函数表达式如下：

$$\begin{cases} S = A\overline{B} + \overline{A}B = A \oplus B \\ C = AB \end{cases} \tag{16-3-1}$$

式(16-3-1)可用一个异或门和与门实现，如图 16-3-1 所示。半加器的逻辑符号如图 16-3-2 所示，其中 A、B 分别表示加数和被加数输入，S 表示和数输出，C 表示输送到相邻高位的进位。

16.3.2　全加器

不仅考虑两个一位二进制数相加，而且考虑来自低位进位的加法运算称为全加。实现全加运算的逻辑电路叫作全加器。

全加器的逻辑符号如图 16-3-3 所示，其中 A_i、B_i 分别为加数和被加数，C_{i-1} 是相邻低位的进位，S_i 为本位和，C_i 是向相邻高位的进位。

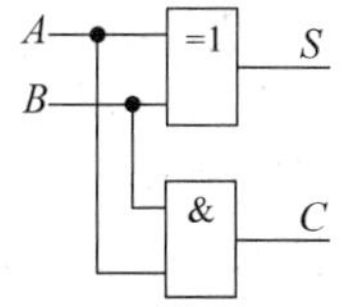

图 16-3-1　半加器的逻辑电路图

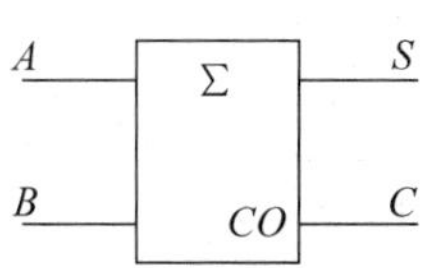

图 16-3-2　半加器的逻辑符号

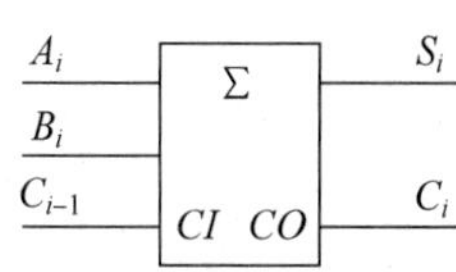

图 16-3-3　全加器的逻辑符号

反映全加器逻辑功能的真值表如表 16-3-2 所示。

从表 16-3-2 出发，写出全加器的逻辑函数表达式，并进行整理可得

$$\begin{cases} S_i = A_i \oplus B_i \oplus C_{i-1} \\ C_i = A_iB_i + (A_i \oplus B_i)C_{i-1} \end{cases} \tag{16-3-2}$$

表 16-3-2 全加器真值表

输入			输出	
A_i	B_i	C_{i-1}	S_i	C_i
0	0	0	0	0
0	0	1	1	0
0	1	0	1	0
0	1	1	0	1
1	0	0	1	0
1	0	1	0	1
1	1	0	0	1
1	1	1	1	1

请读者自行按式(16-3-2)画出全加器的逻辑电路图。

实现多位二进制数加法运算的电路称为多位加法器。按各数相加时进位方式不同,多位加法器分为串行进位加法器和超前进位加法器。

1. 串行进位并行加法器

图 16-3-4 是一个四位串行进位并行加法器。由图 16-3-4 可见,全加器的个数等于相加数的位数,高位的运算必须等低位运算结束,送来进位信号以后才能进行。它的进位是由低位向高位逐位串行传递的,故称为串行进位并行加法器。其优点是电路简单,连接方便;缺点是运算速度慢。

2. 超前进位并行加法器

为了提高运算速度,通常使用超前进位并行加法器。图 16-3-5 是中规模 4 位二进制数超前进位并行加法器 74LS283 的逻辑符号。其中,$A_0 \sim A_3$、$B_0 \sim B_3$ 分别为四位加数和被加数的输入端,$S_0 \sim S_3$ 为四位和数输出端,CI 为最低进位输入端,CO 为向高位输送进位的输出端。

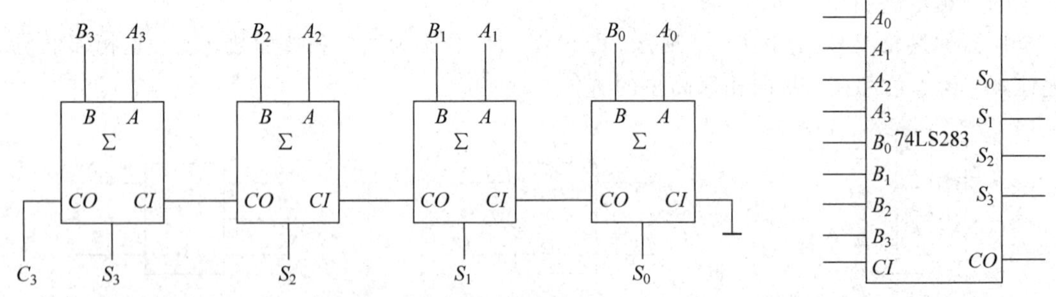

图 16-3-4 四位串行进位并行加法器

图 16-3-5 74LS283 的逻辑符号

超前进位加法器的运算速度高的主要原因在于:内部除了含有求和电路之外,还增加了超前进位电路,使之在做加法运算的同时,快速求出向高位的进位,进位信号不再是逐级传递。超前进位加法器内部进位信号 C_i 可写为如下表达式:

$$C_i = f_i(A_0, \cdots, A_i, B_0, \cdots, B_i, CI) \tag{16-3-3}$$

各级进位信号仅由加数 $A_0 \sim A_3$、被加数 $B_0 \sim B_3$ 和最低进位信号 CI 决定,而与其他进位无关,这就有效地提高了运算速度。位数越多电路越复杂,目前中规模集成超前进位加法器多为四位,常用的型号有 74LS283、54283 等。

【例 16-3-1】 利用加法器 74LS283 将 5421BCD 码转换为 2421BCD 码。

【解答】 为了便于完成所要求的两种编码之间的转换,首先应该列出两种编码表,如表 16-3-3 所示。

表 16-3-3　5421BCD 码与 2421BCD 码对照表

5421BCD 码	2421BCD 码	十进制数
0000	0000	0
0001	0001	1
0010	0010	2
0011	0011	3
0100	0100	4
1000	1011	5
1001	1100	6
1010	1101	7
1011	1110	8
1100	1111	9

分析两种编码可以发现:

(1) 在十进制的 0～4 之间,两种编码完全相同。

(2) 在十进制的 5～9 之间,5421BCD 码加上 0011 后,即得到相应的 2421BCD 码。

这就是说,当输入 5421BCD 码在 0000～0100 之间时,加上 0000;当输入 5421BCD 码在 1000～1100 之间时,加上 0011,则可将 5421BCD 码转换成 2421BCD 码。

根据以上分析,并且利用输入的 5421BCD 码的最高位来控制全加器加数,即可得出符合题意的逻辑电路,如图 16-3-6 所示。

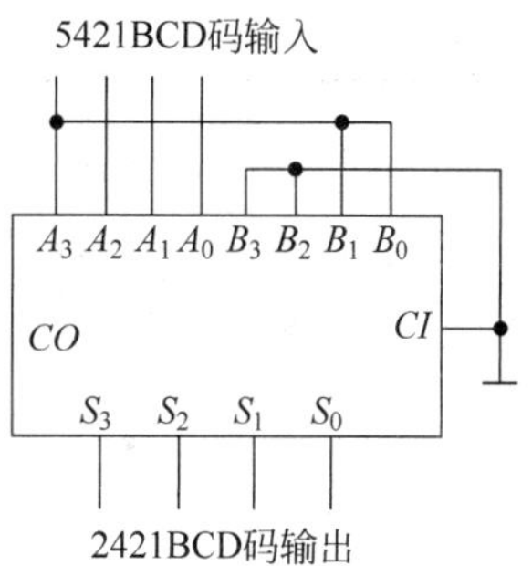

图 16-3-6　例 16-3-1 电路图

16.4　编码器和译码器

编码器和译码器是常见的组合逻辑基本单元电路,已有标准的集成电路功能器件可供用户选用。

16.4.1　编码器

在数字系统中,用特定代码(如 BCD 码、二进制码等)表示各种不同的符号、字母、数字等有关信号的过程称为编码,而数字电路中的编码是指用二进制代码表示不同的事物。编码建立了输入信号与输出代码之间的一一对应关系,具有编码功能的电路称为编码器。编码器分为二进制编码器、优先编码器、8421BCD 码编码器等。

1. 二进制编码器

能够实现用 n 位二进制代码对 $N=2^n$ 个一般信号进行编码的电路,称为二进制编码器,这种编码器又称为普通编码器,是一种全编码器。

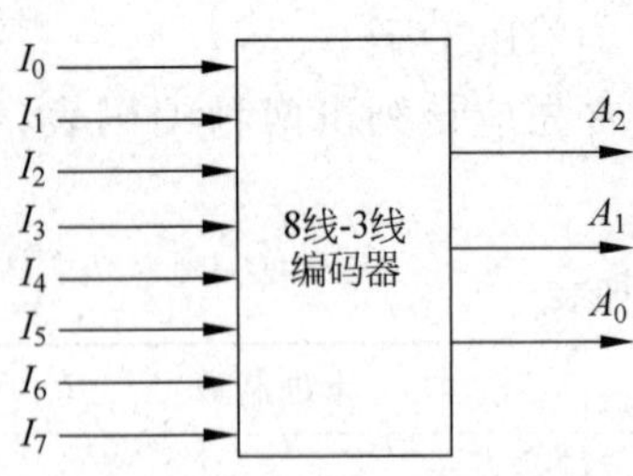

图 16-4-1　8 线-3 线编码器框图

普通编码器的主要特点是:任何时刻只允许一个输入信号有效,否则输出代码将会发生混乱。

现以三位二进制编码器为例,分析编码器的工作原理,即 $n=3, N=2^3=8$,对八个输入信号进行编码。编码器框图如图 16-4-1 所示,输入 $I_0 \sim I_7$ 为八个高电平信号,输出 A_2、A_1、A_0 为一组相应的二进制代码。

表 16-4-1 是 3 位二进制编码器的功能表。

表 16-4-1　3 位二进制编码器功能表

输入								输出		
I_0	I_1	I_2	I_3	I_4	I_5	I_6	I_7	A_2	A_1	A_0
1	0	0	0	0	0	0	0	0	0	0
0	1	0	0	0	0	0	0	0	0	1
0	0	1	0	0	0	0	0	0	1	0
0	0	0	1	0	0	0	0	0	1	1
0	0	0	0	1	0	0	0	1	0	0
0	0	0	0	0	1	0	0	1	0	1
0	0	0	0	0	0	1	0	1	1	0
0	0	0	0	0	0	0	1	1	1	1

由表 16-4-1 可以得到对应的逻辑函数式为

$$\begin{cases} A_2=\overline{I_0}\,\overline{I_1}\,\overline{I_2}\,\overline{I_3}I_4\overline{I_5}\,\overline{I_6}\,\overline{I_7}+\overline{I_0}\,\overline{I_1}\,\overline{I_2}\,\overline{I_3}\,\overline{I_4}I_5\overline{I_6}\,\overline{I_7}+\overline{I_0}\,\overline{I_1}\,\overline{I_2}\,\overline{I_3}\,\overline{I_4}\,\overline{I_5}I_6\overline{I_7} \\ \qquad +\overline{I_0}\,\overline{I_1}\,\overline{I_2}\,\overline{I_3}\,\overline{I_4}\,\overline{I_5}\,\overline{I_6}I_7 \\ A_1=\overline{I_0}\,\overline{I_1}I_2\overline{I_3}\,\overline{I_4}\,\overline{I_5}\,\overline{I_6}\,\overline{I_7}+\overline{I_0}\,\overline{I_1}\,\overline{I_2}I_3\overline{I_4}\,\overline{I_5}\,\overline{I_6}\,\overline{I_7}+\overline{I_0}\,\overline{I_1}\,\overline{I_2}\,\overline{I_3}\,\overline{I_4}\,\overline{I_5}I_6\overline{I_7} \\ \qquad +\overline{I_0}\,\overline{I_1}\,\overline{I_2}\,\overline{I_3}\,\overline{I_4}\,\overline{I_5}\,\overline{I_6}I_7 \\ A_0=\overline{I_0}I_1\overline{I_2}\,\overline{I_3}\,\overline{I_4}\,\overline{I_5}\,\overline{I_6}\,\overline{I_7}+\overline{I_0}\,\overline{I_1}\,\overline{I_2}I_3\overline{I_4}\,\overline{I_5}\,\overline{I_6}\,\overline{I_7}+\overline{I_0}\,\overline{I_1}\,\overline{I_2}\,\overline{I_3}\,\overline{I_4}I_5\overline{I_6}\,\overline{I_7} \\ \qquad +\overline{I_0}\,\overline{I_1}\,\overline{I_2}\,\overline{I_3}\,\overline{I_4}\,\overline{I_5}\,\overline{I_6}I_7 \end{cases}$$

根据编码的唯一性,即任何时刻只能对一个输入信号编码,所以,在任何时刻 $I_0 \sim I_7$ 当中有一个取值为 1,其余都为 0,这样就很容易写出输出端 A_2、A_1、A_0 的简化逻辑表达式:

$$\begin{cases} A_2=I_4+I_5+I_6+I_7 \\ A_1=I_2+I_3+I_6+I_7 \\ A_0=I_1+I_3+I_5+I_7 \end{cases} \tag{16-4-1}$$

由式(16-4-1)可以得出编码器的逻辑电路,如图 16-4-2 所示。

I_0 的编码是隐含的,当 $I_1 \sim I_7$ 均为 0 时,电路的输出就是 I_0 的编码。这就带来一个问题,即输出 $A_2A_1A_0=000$ 时,可能表示 I_0 输入有效,也可能 $I_0 \sim I_7$ 都处于无效输入状态。如何区分 $A_2A_1A_0=000$ 所表示的输入状态,是这种电路需要解决的问题之一。为了正确地对输入信号进行编码,电路限定每次只允许一个输入信号有效,这在某些应用场合是不适合的,因此,有必要改进电路以便解决上述问题。

2. 优先编码器

在优先编码器电路中,允许两个以上的输入信号同时输入有效,为了保证输出代码与输入信号的一一对应关系，即每次只对一个输入信号进行编码，因此，在设计优先编码器时，将所有输入信号按优先顺序排好队，当 N 个输入信号同时输入有效时，只能对其中优先权最高的一个输入信号进行编码。这种编码器广泛应用于计算机系统的中断请求和数字控制的排队逻辑电路中。

图 16-4-3 是典型的 8 线-3 线优先编码器 74LS148 的逻辑符号图，在图 16-4-3 所示的 74LS148 逻辑符号图中 $I_0 \sim I_7$ 为编码信号输入端；$A_0 \sim A_2$ 为编码输出端；CS 为有限编码工作状态标志，EO 为输出使能端，CS、EO 主要用于级联和扩展；EI 为输入使能端；图中输入端的小圆圈表示输入信号低电平有效，输出端的小圆圈表示反码输出，逻辑功能表（见表 16-4-2）则更清楚地表明了这一点。

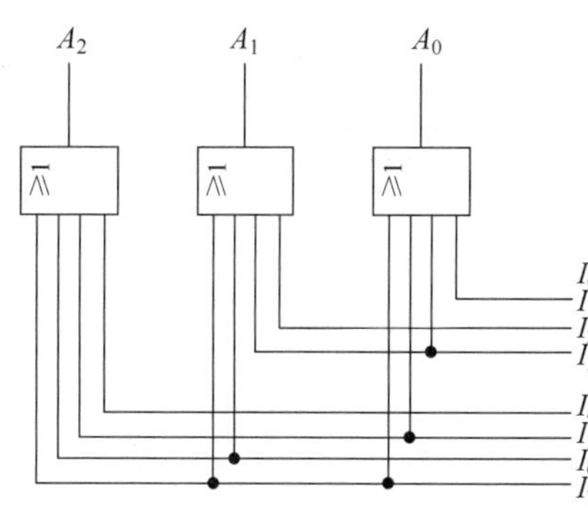

图 16-4-2 3 位二进制编码器

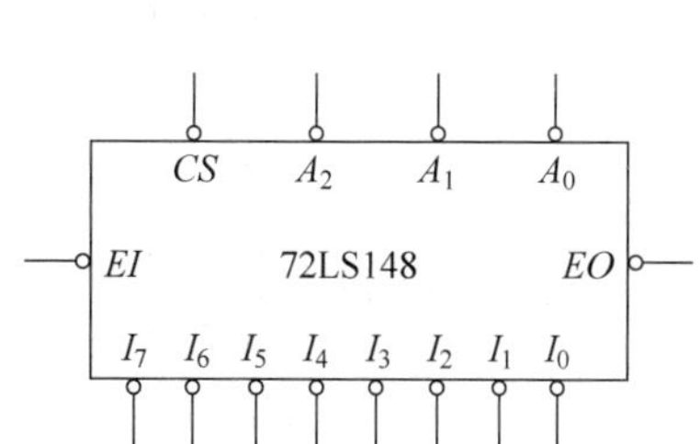

图 16-4-3 74LS148 逻辑符号图

表 16-4-2 74LS148 功能表

序号	输入									输出				
	EI	I_7	I_6	I_5	I_4	I_3	I_2	I_1	I_0	A_2	A_1	A_0	CS	EO
1	1	×	×	×	×	×	×	×	×	1	1	1	1	1
2	0	1	1	1	1	1	1	1	1	1	1	1	1	0
3	0	0	×	×	×	×	×	×	×	0	0	0	0	1
4	0	1	0	×	×	×	×	×	×	0	0	1	0	1
5	0	1	1	0	×	×	×	×	×	0	1	0	0	1
6	0	1	1	1	0	×	×	×	×	0	1	1	0	1
7	0	1	1	1	1	0	×	×	×	1	0	0	0	1
8	0	1	1	1	1	1	0	×	×	1	0	1	0	1
9	0	1	1	1	1	1	1	0	×	1	1	0	0	1
10	0	1	1	1	1	1	1	1	0	1	1	1	0	1

由功能表 16-4-2 可知：

(1) 输入信号低电平有效，输出代码是输入信号下标所对应的二进制的反码。

(2) 当 $EI=1$ 时，电路处于禁止编码工作状态，输出 $A_2A_1A_0=111$，$EO=CS=1$。

(3) 当 $EI=0$ 时，电路允许编码。若电路各输入端 $I_0 \sim I_7$ 均无有效输入，即 $I_0 \sim I_7$ 均为高电平，则 $CS=1$，$EO=0$，$A_2A_1A_0=111$；若 $I_0 \sim I_7$ 中存在输入有效信号，即输入有低电平，则 $CS=0$，$EO=1$，$A_2A_1A_0$ 以反码形式输出对输入有效信号中级别最高的输入有效信号的编码。

(4) 在所有输入端中，I_7 优先级别最高，I_0 优先级别最低。

(5) $A_2A_1A_0=111$ 总共出现三次，但每次表明的含义不同：

① $EI=1, A_2A_1A_0=111$,电路禁止编码。

② $EI=0, CS=1, A_2A_1A_0=111$,电路允许编码,但输入信号均处于无效状态。

③ $EI=0, CS=0, A_2A_1A_0=111$, I_0 的编码输出。

3. 二-十进制编码器

将表示十进制数0、1、2、3、4、5、6、7、8、9的10个信号分别转换成4位二进制代码的电路,称为二-十进制编码器。输出所用的代码是8421BCD码,故也称为8421BCD码编码器。

以从键盘输入8421BCD码编码器为例,其逻辑功能如表16-4-3所示。

表16-4-3　十个按键8421BCD码编码器功能表

十进制数	输　入										输　出				
N	S_9	S_8	S_7	S_6	S_5	S_4	S_3	S_2	S_1	S_0	A_3	A_2	A_1	A_0	CS
×	1	1	1	1	1	1	1	1	1	1	0	0	0	0	0
0	1	1	1	1	1	1	1	1	1	0	0	0	0	0	1
1	1	1	1	1	1	1	1	1	0	1	0	0	0	1	1
2	1	1	1	1	1	1	1	0	1	1	0	0	1	0	1
3	1	1	1	1	1	1	0	1	1	1	0	0	1	1	1
4	1	1	1	1	1	0	1	1	1	1	0	1	0	0	1
5	1	1	1	1	0	1	1	1	1	1	0	1	0	1	1
6	1	1	1	0	1	1	1	1	1	1	0	1	1	0	1
7	1	1	0	1	1	1	1	1	1	1	0	1	1	1	1
8	1	0	1	1	1	1	1	1	1	1	1	0	0	0	1
9	0	1	1	1	1	1	1	1	1	1	1	0	0	1	1

分析表16-4-3可知:

(1) CS 为编码状态输出标志。$CS=0$ 表示编码器处于禁止工作状态,$CS=1$ 表示编码器工作。

(2) $S_0 \sim S_9$ 代表十个按键,与十进制数0～9的输入键相对应。$S_0 \sim S_9$ 均为高电平时,表示无编码申请。当按下 $S_0 \sim S_9$ 其中任一键时,表示有编码申请,相对应的输入以低电平的形式出现,故此编码器为输入低电平有效。

(3) $A_3A_2A_1A_0$ 为编码器的输出端。在两种情况下,会出现 $A_3A_2A_1A_0=0000$,一种是 $CS=0$,禁止编码状态;另一种是 $CS=1$,表示十进制数0(S_0)的编码输出。由此解决了前面所提出的如何区分两种情况下输出都是全0的问题。

由表16-4-3得到各输出端逻辑函数表达式为

$$
\begin{cases}
A_3=\overline{S_8}+\overline{S_9}=\overline{S_8 \cdot S_9} \\
A_2=\overline{S_4}+\overline{S_5}+\overline{S_6}+\overline{S_7}=\overline{S_4 \cdot S_5 \cdot S_6 \cdot S_7} \\
A_1=\overline{S_2}+\overline{S_3}+\overline{S_6}+\overline{S_7}=\overline{S_2 \cdot S_3 \cdot S_6 \cdot S_7} \\
A_0=\overline{S_1}+\overline{S_3}+\overline{S_5}+\overline{S_7}+\overline{S_9}=\overline{S_1 \cdot S_3 \cdot S_5 \cdot S_7 \cdot S_9} \\
CS=\overline{S_0 \cdot \overline{A_3+A_2+A_1+A_0}}
\end{cases}
\tag{16-4-2}
$$

10个按键8421BCD编码器电路如图16-4-4所示,每次只允许有一个输入信号有效。

例如,当键盘输入7时,即 S_7 接地,其他输入均为高电平,$CS=1$,编码器输出为 $A_3A_2A_1A_0=0111$。

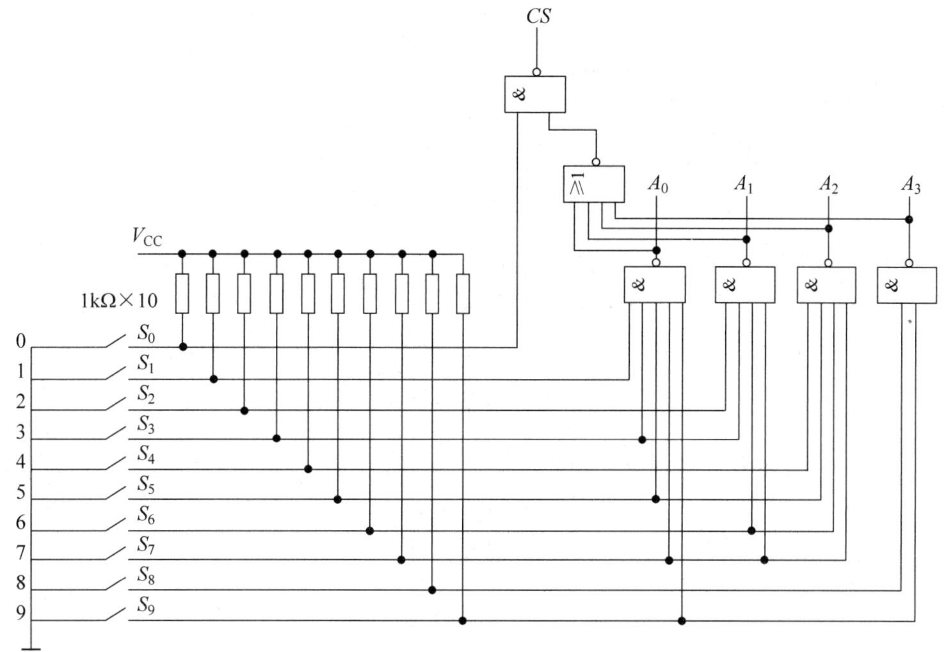

图 16-4-4　10 个按键 8421BCD 编码器电路

16.4.2　译码器

译码是编码的逆过程，它的功能是对具有特定含义的代码进行辨别，并转换成相应的输出信号。具有译码功能的组合逻辑电路称为译码器。

译码器根据输入代码的形式及用途可以分为二进制译码器、二-十进制译码器、码制转换译码器和显示译码器等。

1. 二进制译码器

二进制译码器输入是 n 位二进制码，输出是 2^n 个信号，译码器的输出每次只有一个输出端为有效电平，与当时输入的二进制码相对应，其余输出端为无效电平，此类译码器又称为基本译码器或唯一地址译码器。例如，在计算机和其他数字系统中进行数据读/写时，每输入一个二进制代码，则会输出与此对应的一个存储地址，从而选中对应的存储单元，以便对该单元的数据进行读或者写的操作。

由于二进制译码器有 n 个输入端，2^n 个输出端，习惯上称之为 n 线-2^n 线译码器。常见的中规模集成二进制译码器有 2 线-4 线译码器(74LS139)、3 线-8 线译码器(74LS138)、4 线-16 线译码器(74LS154)等。现以 74LS138 译码器为例，分析讨论其工作原理和应用。

图 16-4-5 是集成译码器 74LS138 的逻辑电路图及逻辑符号。

译码器 74LS138 有三个输入端 A_2、A_1、A_0，八个输出端 $Y_0 \sim Y_7$，故称为 3 线-8 线译码器，并且输出低电平有效。S_3、S_2、S_1 为三个控制输入端(使能控制端)，只有控制输入端处于有效状态时，即 $S_1=1$，$S_2=S_3=0$ 时，输入与输出之间才有相应的逻辑关系。

分析 74LS138 的逻辑电路，可得其输出函数表达式如下：

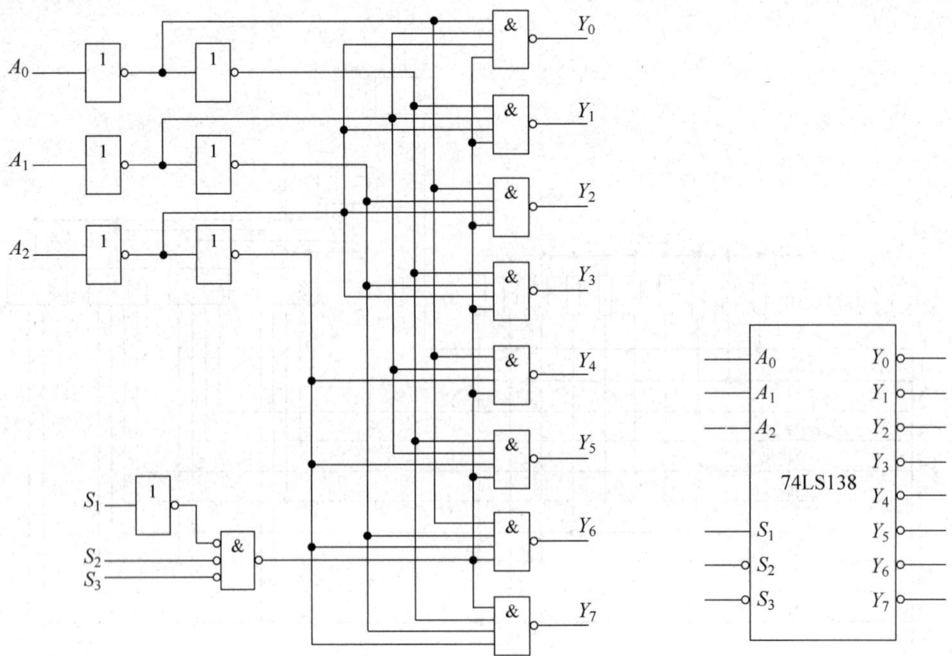

图 16-4-5　集成译码器 74LS138 的逻辑电路图及逻辑符号

$$\begin{cases} Y_0 = \overline{S_1\overline{S_2}\ \overline{S_3}\ \overline{A_2}\ \overline{A_1}\ \overline{A_0}} = \overline{S_1\overline{S_2}\ \overline{S_3}\cdot m_0} \\ Y_1 = \overline{S_1\overline{S_2}\ \overline{S_3}\ \overline{A_2}\ \overline{A_1}\ A_0} = \overline{S_1\overline{S_2}\ \overline{S_3}\cdot m_1} \\ Y_2 = \overline{S_1\overline{S_2}\ \overline{S_3}\ \overline{A_2}\ A_1\ \overline{A_0}} = \overline{S_1\overline{S_2}\ \overline{S_3}\cdot m_2} \\ Y_3 = \overline{S_1\overline{S_2}\ \overline{S_3}\ \overline{A_2}\ A_1A_0} = \overline{S_1\overline{S_2}\ \overline{S_3}\cdot m_3} \\ Y_4 = \overline{S_1\overline{S_2}\ \overline{S_3}\ A_2\overline{A_1}\ \overline{A_0}} = \overline{S_1\overline{S_2}\ \overline{S_3}\cdot m_4} \\ Y_5 = \overline{S_1\overline{S_2}\ \overline{S_3}\ A_2\overline{A_1}A_0} = \overline{S_1\overline{S_2}\ \overline{S_3}\cdot m_5} \\ Y_6 = \overline{S_1\overline{S_2}\ \overline{S_3}\ A_2A_1\overline{A_0}} = \overline{S_1\overline{S_2}\ \overline{S_3}\cdot m_6} \\ Y_7 = \overline{S_1\overline{S_2}\ \overline{S_3}\ A_2A_1A_0} = \overline{S_1\overline{S_2}\ \overline{S_3}\cdot m_7} \end{cases} \tag{16-4-3}$$

上述各式可归纳为如下所示的通式：

$$Y_i = \overline{S_1\overline{S_2}\ \overline{S_3}\cdot m_i} \quad (i = 0 \sim 7) \tag{16-4-4}$$

对 74LS138 的逻辑电路图或者输出函数表达式分析，可得其功能表如表 16-4-4 所示。

表 16-4-4　3 线-8 线译码器 74LS138 的功能表

控制输入		译码输入			输出							
S_1	S_2+S_3	A_2	A_1	A_0	Y_0	Y_1	Y_2	Y_3	Y_4	Y_5	Y_6	Y_7
×	1	×	×	×	1	1	1	1	1	1	1	1
0	×	×	×	×	1	1	1	1	1	1	1	1
1	0	0	0	0	0	1	1	1	1	1	1	1

续表

控制输入		译码输入			输　出							
S_1	S_2+S_3	A_2	A_1	A_0	Y_0	Y_1	Y_2	Y_3	Y_4	Y_5	Y_6	Y_7
1	0	0	0	1	1	0	1	1	1	1	1	1
1	0	0	1	0	1	1	0	1	1	1	1	1
1	0	0	1	1	1	1	1	0	1	1	1	1
1	0	1	0	0	1	1	1	1	0	1	1	1
1	0	1	0	1	1	1	1	1	1	0	1	1
1	0	1	1	0	1	1	1	1	1	1	0	1
1	0	1	1	1	1	1	1	1	1	1	1	0

功能表 16-4-4 表明：

(1) 当 $S_1=0$ 或 $S_2+S_3=1$ 时，译码器处于禁止工作状态，无论输入 A_2、A_1、A_0 为何种状态，译码器输出全为 1(输出低电平为有效电平)，即无译码输出。

(2) 当 $S_1=1$ 且 $S_2+S_3=0$ 时，译码器处于工作状态，此时，输出 $Y_0 \sim Y_7$ 分别对应着二进制码 A_2、A_1、A_0 相应最小项的非，即

$$Y_i=\overline{m_i} \quad (i=0 \sim 7)$$

【例 16-4-1】 使用两片 3 线-8 线译码器 74LS138 接成 4 线-16 线译码器。

【解答】 74LS138 只有 3 个代码输入端(即地址输入端)，而 4 线-16 线译码器应有 4 个代码输入端，故选用一个使能控制端作为第四位地址 A_3 输入端。应用两片 74LS138 扩展为 4 线-16 线译码器，如图 16-4-6 所示。

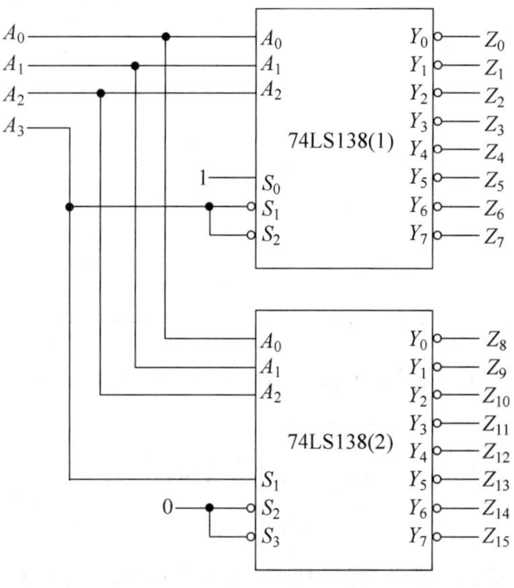

图 16-4-6　例 16-4-1 电路图

由图可见，74LS138(1)的 S_1 接高电平，74LS138(2)的 S_2、S_3 接地，A_3 分别与 74LS138(1)的 S_2、S_3 和 74LS138(2)的 S_1 相连接，A_3 的状态直接决定两片 74LS138 的工作状态。当 $A_3=0$ 时，74LS138(1)处于译码工作状态；当 $A_3=1$ 时，74LS138(2)处于译码工作状态。

(1) 74LS138(1)输出为 $Z_0 \sim Z_7$，74LS138(2)输出为 $Z_8 \sim Z_{15}$。

(2) 当 $A_3A_2A_1A_0$ 为 000～0111 时，74LS138(1)译码，74LS138(2)被禁止；当 $A_3A_2A_1A_0$ 为 1000～111 时，74LS138(2)译码，74LS138(1)被禁止。

上述分析表明，图 16-4-6 能够实现 4 线-16 线译码电路的功能。

图 16-4-5 的译码器电路结构在控制输入端处于有效工作状态时，各个输出端如果外接反相器可得到输入地址变量对应的全部最小项。由于任何组合逻辑函数都可以表示为最小项之和的形式，因此，译码器配合适当的门电路就可以实现任一组合逻辑函数。

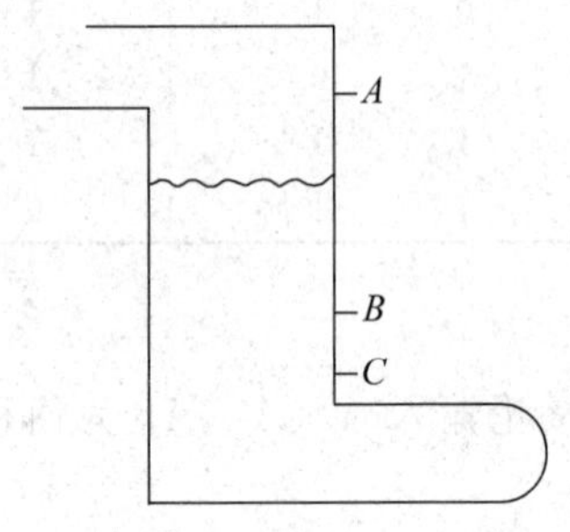

图 16-4-7　加热水容器的示意图

【例 16-4-2】 图 16-4-7 是一个加热水容器示意图，图中 A、B、C 为水位传感器。当水面在 AB 之间时，为正常状态，绿灯 G 亮；当水面在 BC 之间或者在 A 以上时，为异常状态，黄灯 Y 亮；当水面在 C 以下时，为危险状态，红灯 R 亮。现要求用中规模集成译码器设计一个按上述要求控制三种灯亮或暗的逻辑电路。

【解答】 设水位传感器 A、B、C 为逻辑输入变量，它们被浸入水中时为逻辑 1，否则为 0。指示灯 G、Y、R 为输出逻辑函数，灯亮为逻辑 1，灯灭时为逻辑 0。

根据题意可列出真值表，如表 16-4-5 所示。

表 16-4-5　例 16-4-2 的真值表

输入			输出		
A	B	C	G	Y	R
0	0	0	0	0	1
0	0	1	0	1	0
0	1	0	×	×	×
0	1	1	1	0	0
1	0	0	×	×	×
1	0	1	×	×	×
1	1	0	×	×	×
1	1	1	0	1	0

根据真值表可写出 G、Y、R 的逻辑函数表达式为

$$G=\overline{A}BC$$

$$Y=\overline{A}\overline{B}C+ABC$$

$$R=\overline{A}\overline{B}\overline{C}$$

由于输入为三个变量，故采用 3 线-8 线译码器 74LS138 实现。选取 $A_2A_1A_0=ABC$，$S_1=1$，$S_2=S_3=0$。考虑到式(16-4-4)则有

$$G=\overline{A}BC=m_3=\overline{Y_3}$$

$$Y=\overline{A}\overline{B}C+ABC=m_1+m_7=\overline{Y_1\cdot Y_7}$$

$$R=\overline{A}\overline{B}\overline{C}=m_0=\overline{Y_0}$$

按照上述选择采用 74LS138 和或门设计电路如图 16-4-8 所示。

基本译码器实际上是一个最小项发生器，利用译码器和门电路可以构成各种多变量逻辑函数发生器，产生各种逻辑函数。

集成译码器的应用可概括为基本应用，即器件设计时所考虑的译码器功能；扩展应用，即利用使能端的控制作用，通过多片译码器的适当连接扩展译码器的输入地址变量数；译码器用作逻辑函数发生器，即利用译码器和适当的门电路实现一般的组合逻辑函数。

2. 二-十进制译码器

二-十进制译码器也称为BCD译码器，它的逻辑功能是将输入的一组BCD码译成十个高低电平输出信号。BCD码的含义是用4位二进制码表示十进制数中的0～9十个数码，因此，BCD译码器又称为4线-10线译码器。图16-4-9是二-十进制译码器74LS42的逻辑符号，其输入是8421BCD码，其功能如表16-4-6所示。

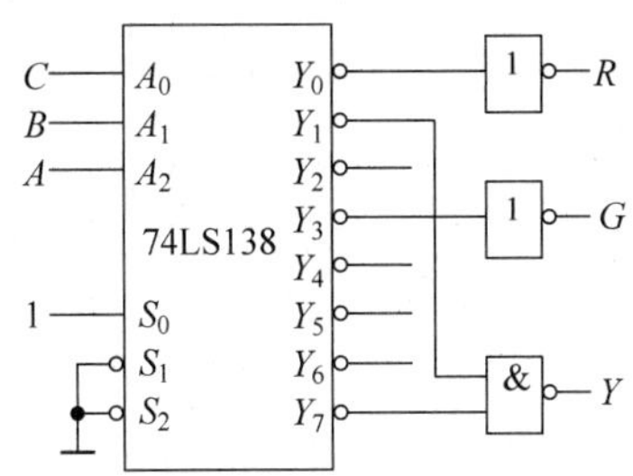

图16-4-8 例16-4-2电路图

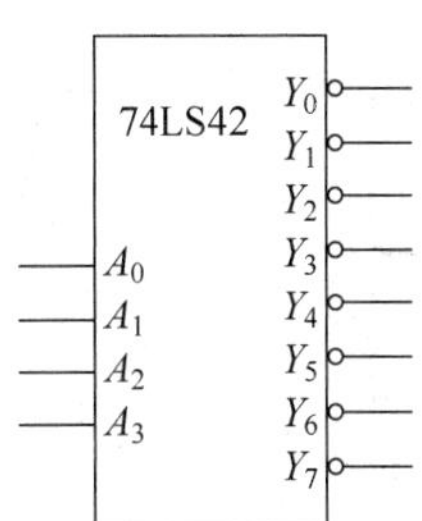

图16-4-9 二-十进制译码器的逻辑符号

表16-4-6 4线-10线译码器功能表

序号	输入				输出									
	A_3	A_2	A_1	A_0	Y_0	Y_1	Y_2	Y_3	Y_4	Y_5	Y_6	Y_7	Y_8	Y_9
0	0	0	0	0	0	1	1	1	1	1	1	1	1	1
1	0	0	0	1	1	0	1	1	1	1	1	1	1	1
2	0	0	1	0	1	1	0	1	1	1	1	1	1	1
3	0	0	1	1	1	1	1	0	1	1	1	1	1	1
4	0	1	0	0	1	1	1	1	0	1	1	1	1	1
5	0	1	0	1	1	1	1	1	1	0	1	1	1	1
6	0	1	1	0	1	1	1	1	1	1	0	1	1	1
7	0	1	1	1	1	1	1	1	1	1	1	0	1	1
8	1	0	0	0	1	1	1	1	1	1	1	1	0	1
9	1	0	0	1	1	1	1	1	1	1	1	1	1	0

若输入信号 $A_3A_2A_1A_0=0000\sim1001$，相应的输出端产生一个低电平有效信号。如果 $A_3A_2A_1A_0=1010\sim1111$ 时，则输出 $Y_0\sim Y_9$ 均为高电平输出，即译码器处于无效工作状态。

3. 数字显示译码器

数字显示译码器不同于上述的译码器，它的主要功能是译码驱动数字显示器件。数字显示的方式一般分为三种：第一种为字形重叠式，即将不同字符的电极重叠起来，使相应的电极发亮，则可显示需要的字符；第二种为分段式，即在同一个平面上按笔画分布发光段，利用不同发光段组合，显示不同的数码；第三种为点阵式，由一些按一定规律排列的可发光的点阵组成，通过发光点组合显示不同的数码。

数字显示方式以分段式应用最为普遍，现以驱动七段数码管显示的译码器为例，介绍显示译码器的工作原理。

1）七段数码管的结构及工作原理

七段数码管的结构如图 16-4-10 所示。它有七个发光段，即 a、b、c、d、e、f、g，数码显示与发光段之间的对应关系如表 16-4-7 所示。七段数码管内部由发光二极管组成。在发光二极管两端加上适当的电压时，就会发光。发光二极管有两种接法：共阴极接法和共阳极接法，如图 16-4-11 所示。

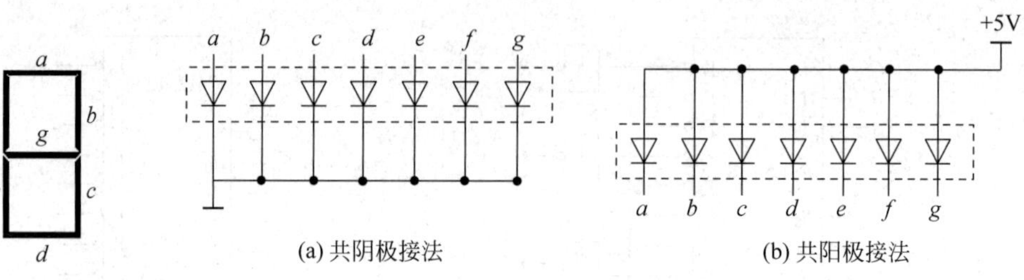

图 16-4-10　七段数码管的结构

图 16-4-11　数码管的两种接法

表 16-4-7　BCD 码与显示发光段对应关系

BCD 码	显示数码	发光段	BCD 码	显示数码	发光段
0000	0	$abcdef$	0101	5	$acdfg$
0001	1	bc	0110	6	$cdefg$
0010	2	$abdeg$	0111	7	abc
0011	3	$abcdg$	1000	8	$abcdefg$
0100	4	$bcfg$	1001	9	$abcfg$

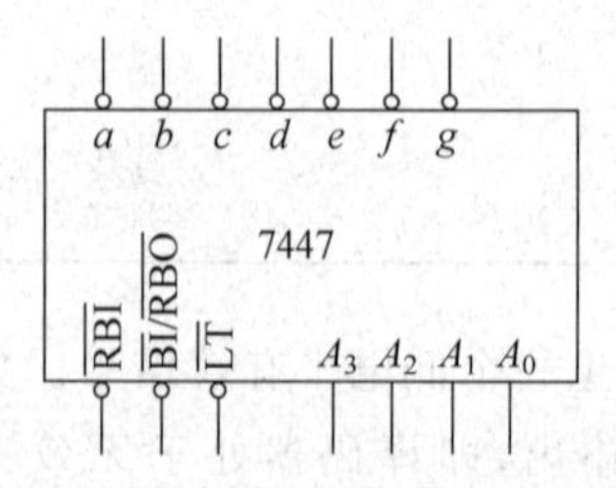

图 16-4-12　7447 七段显示译码器的逻辑符号

当选用共阳极数码管时，应选用低电平输出有效的七段译码器驱动；当选用共阴极数码管时，应选用高电平输出有效的七段译码器驱动。在实际应用数码管时，应考虑接入限流电阻。

2）7447 七段显示译码器

7447 七段显示译码器输出低电平有效，用以驱动共阳极数码管。7447 七段显示译码器的逻辑符号如图 16-4-12 所示。

7447 七段显示译码器的功能如表 16-4-8 所示。

表 16-4-8　七段显示译码器功能表

十进制数	输入							输出							显示字符
	$\overline{LT}$	$\overline{RBI}$	$\overline{BI}/\overline{RBO}$	A_3	A_2	A_1	A_0	a	b	c	d	e	f	g	
	0	×	1	×	×	×	×	0	0	0	0	0	0	0	8
	×	×	0	×	×	×	×	1	1	1	1	1	1	1	熄灭
	1	0	1	0	0	0	0	1	1	1	1	1	1	1	熄灭
0	1	1	0	0	0	0	0	0	0	0	0	0	0	1	0
1	1	×	1	0	0	0	1	1	0	0	1	1	1	1	1
2	1	×	1	0	0	1	0	0	0	1	0	0	1	0	2
3	1	×	1	0	0	1	1	0	0	0	0	1	1	0	3
4	1	×	1	0	1	0	0	1	0	0	1	1	0	0	4
5	1	×	1	0	1	0	1	0	1	0	0	1	0	0	5
6	1	×	1	0	1	1	0	1	1	0	0	0	0	0	6
7	1	×	1	0	1	1	1	0	0	0	1	1	1	1	7
8	1	×	1	1	0	0	0	0	0	0	0	0	0	0	8
9	1	×	1	1	0	0	1	0	0	0	1	1	0	0	9
10	1	×	1	1	0	1	0	1	1	1	0	0	1	0	
11	1	×	1	1	0	1	1	1	1	0	0	1	1	0	
12	1	×	1	1	1	0	0	1	0	1	1	1	0	0	
13	1	×	1	1	1	0	1	0	1	1	0	1	0	0	
14	1	×	1	1	1	1	0	1	1	1	0	0	0	0	
15	1	×	1	1	1	1	1	1	1	1	1	1	1	1	

注：$\overline{LT}$、$\overline{RBI}$、$\overline{BI}/\overline{RBO}$ 是 7447 七段显示译码器的辅助控制端，其作用是实现灯测试和灭零功能。

(1) 试灯输入 $\overline{LT}$

试灯输入主要用于检测数码管的各个发光段能否正常发光。当 $\overline{LT}=0$，$\overline{BI}/\overline{RBO}=1$ 时，七段数码管的每一段都被点亮，显示字形：8。如果此时数码管的某一段不亮，则表明该段已经烧坏。正常工作时，应使 $\overline{LT}=1$。

(2) 灭零输入 $\overline{RBI}$

灭零用于取消多位数字中不必要的 0 的显示。例如，在 6 位数字显示中，如果不采用灭零控制，则数字 15.2 可能被显示为 015.200。把整数有效数字前面的 0 熄灭称为头部灭零，把小数点后面数字尾部的 0 熄灭称为尾部灭零。注意，只是把不需要的 0 熄灭。比如数字 030.080 将显示为 30.08(需要的 0 仍然保留)。

当 $\overline{LT}=1$，$\overline{RBI}=0$ 时，若输入代码为 $A_3A_2A_1A_0=0000$，则相应的 0 字形不显示，即灭零，此时 $\overline{BI}/\overline{RBO}$ 输出 0。当 $\overline{LT}=1$，$\overline{RBI}=1$ 时，若输入代码为 $A_3A_2A_1A_0=0000$，则显示 0 字形，此时，$\overline{BI}/\overline{RBO}$ 输出 1。

(3) 熄灯输入/灭零输出 $\overline{\mathrm{BI}}/\overline{\mathrm{RBO}}$

$\overline{\mathrm{BI}}/\overline{\mathrm{RBO}}$ 是特殊控制端。输出 $\overline{\mathrm{RBO}}$ 和输入 $\overline{\mathrm{BI}}$ 共用一根引脚($\overline{\mathrm{BI}}/\overline{\mathrm{RBO}}$)与外部连接,即引脚 $\overline{\mathrm{BI}}/\overline{\mathrm{RBO}}$ 既可以用作输入也可以用作输出。当把它作为输入 $\overline{\mathrm{BI}}$(熄灯输入)且为低电平时,它优先于所有其他输入,使得所有段输出为高电平(无效状态),即数码管处于熄灭状态。$\overline{\mathrm{BI}}$(熄灯输入)功能与灭零控制无关。当把 $\overline{\mathrm{BI}}/\overline{\mathrm{RBO}}$ 做输出端使用时,是动态灭零输出,常与相邻位的 $\overline{\mathrm{RBI}}$ 相连,通知下一位如果出现零,则熄灭。图 16-4-13 给出了灭零控制的应用示例。

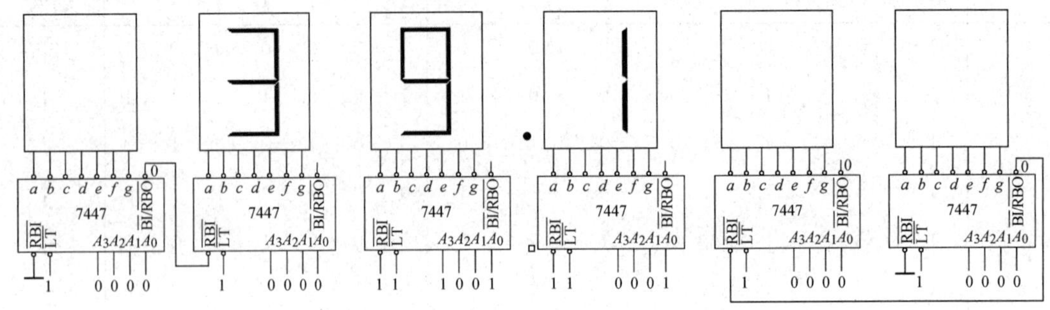

图 16-4-13 显示系统动态灭零控制示例

整数部分最高位和小数部分最低位的灭零输入 $\overline{\mathrm{RBI}}$ 接地,以便灭零。整数最高位的 $\overline{\mathrm{RBO}}$ 与次高位的 $\overline{\mathrm{RBI}}$ 相连;小数位的最低位的 $\overline{\mathrm{RBO}}$ 与高一位的 $\overline{\mathrm{RBI}}$ 相连,以便去掉多余的零,即整数最高位是零,并且熄灭时,次高位才有灭零信号。同理,小数最低位是零,并且被熄灭时,高一位才有灭零输入信号。整数个位和小数最高位没用灭零功能。

16.5 数据分配器和数据选择器

16.5.1 数据分配器

在数据传输过程中,常需要把一条通道上的数据分配到不同的数据通道上,实现这一功能的电路称为数据分配器(也称多电路数据分配器,多电路数据调节器)。图 16-5-1 为四路数据分配器功能示意图,输入数据 D 在地址输入 A_1A_0 控制下,传送到输出 $Y_0 \sim Y_3$ 指定的某个数据通道上。

数据分配器可以直接用译码器来实现。例如用 3 线-8 线 74LS138 译码器,可以把三个控制端中的一个控制端作为数据输入通道,根据地址码 $A_2A_1A_0$ 不同的组合,将输入数据 D 分配到 8 个($Y_0 \sim Y_7$)相应的输出通道上。

例如图 16-5-2 所示的数据分配器,选择 S_2 作为数据输入通道,即 $S_1=1, S_2=D, S_3=0$,由式(16-4-4)有

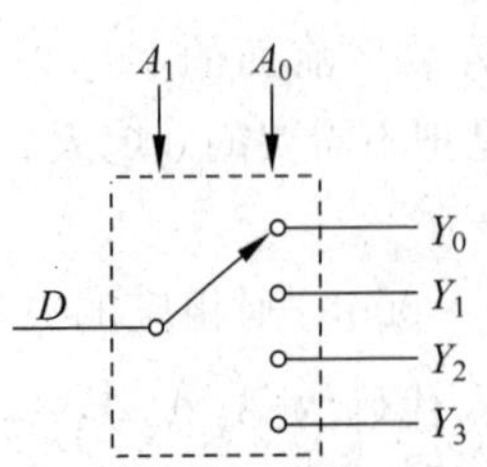

图 16-5-1 四路数据分配器功能示意图

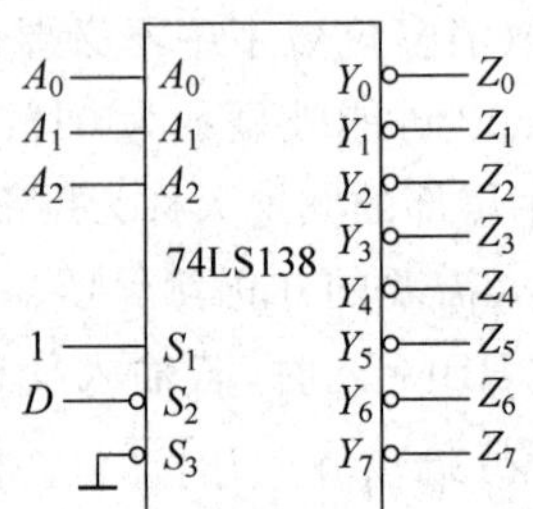

图 16-5-2 74LS138 构成的数据分配器

$$Z_i = Y_i = \overline{\overline{S_1 \overline{S_2}\ \overline{S_3}} \cdot m_i} = \overline{\overline{D} \cdot m_i}$$

其中，m_i 为与地址 $A_2A_1A_0$ 对应的最小项。例如，当 $A_2A_1A_0=001$ 时，$m_3=1$，选择 Z_3 通道，则有 $Z_3=D$；当地址 $A_2A_1A_0=111$ 时，$m_7=1$，选择 Z_7 通道，则有 $Z_7=D$；即根据输入地址的不同，可将输入数据分配到 8 路数据中的任意通道输出。

16.5.2　数据选择器

数据选择器(MUX)的逻辑功能是在地址选择信号的控制下，从多数据中选择出一路数据作为输出信号，相当于多输入的单刀多掷开关，其示意图如图 16-5-3 所示。在选择控制变量 A_1A_0 作用下，选择输入数据 $D_0 \sim D_3$ 中的某一个为输出数据 Y。

1. 数据选择器的功能描述

图 16-5-4 是四选一数据选择器的逻辑符号。$D_0 \sim D_3$ 是数据输入端，即数据输入通道；A_1A_0 是地址输入端；Y 是输出端；E 是使能端，低电平有效。

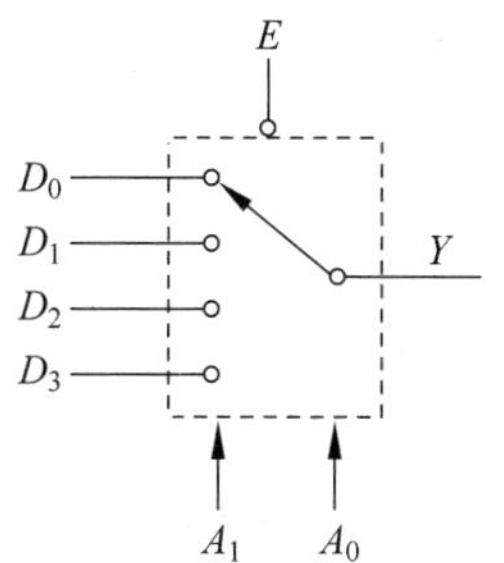

图 16-5-3　数据选择器示意图

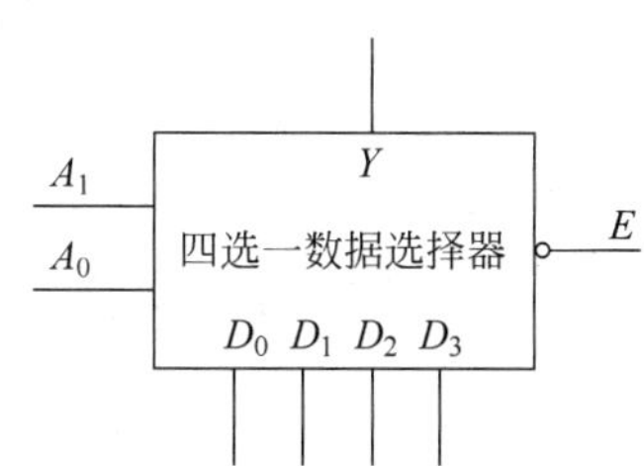

图 16-5-4　四选一数据选择器的逻辑符号

四选一数据选择器的逻辑功能如表 16-5-1 所示。

表 16-5-1　四选一数据选择器功能表

E	A_1	A_0	Y
1	×	×	0
0	0	0	D_0
0	0	1	D_1
0	1	0	D_2
0	1	1	D_3

当使能端 $E=1$ 时，地址输入端 A_1A_0 无论为何值，输出 $Y=0$，表示无数据输出；当使能端 $E=0$ 时，根据地址输入端 A_1A_0 的组合，从数据输入端 $D_0 \sim D_3$ 中选择出相应的一路输出。

根据功能表 16-5-1，数据选择器的逻辑表达式为

$$Y = \overline{E}\,\overline{A_1}\ \overline{A_0}D_0 + \overline{E}\,\overline{A_1}A_0D_1 + \overline{E}A_1\overline{A_0}D_2 + \overline{E}A_1A_0D_3 = \overline{E}\sum_{i=0}^{3} m_iD_i \qquad (16\text{-}5\text{-}1)$$

式中：m_i 是地址变量 A_1A_0 所对应的最小项；D_i 表示对应的输入数据。

二位地址码可以有 4 个输入通道，三位地址可选数据通道数为 8 个，若地址码是 n 位，则数据通道数为 2^n 个，故 2^n 选一数据选择器的逻辑表达式为

$$Y=\bar{E}\sum_{i=0}^{2^n-1}m_iD_i \tag{16-5-2}$$

常用集成数据选择器：双四选一数据选择器有 74LS153、74LS253 等；八选一数据选择器有 74LS151、74LS152 等；十六选一数据选择器有 74LS150、74LS850、74LS851。

2. 数据选择器的扩展

如果需要选择的数据通道较多时，可以选用八选一或十六选一数据选择器，也可以把几个数据选择器连接起来扩展数据输入端。

图 16-5-5 所示的是利用使能端将双四选一数据选择器扩展为八选一数据选择器的实例。

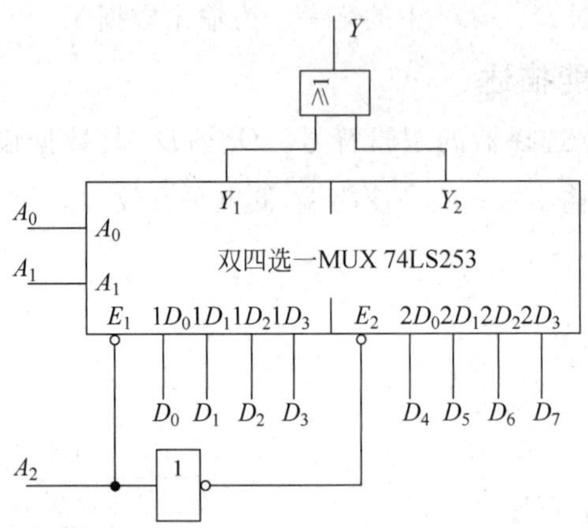

图 16-5-5 双四选一数据选择器扩展为八选一数据选择器

当 $A_2=0$ 时，$E_1=0$，$E_2=1$，Y_1 对应的四选一数据选择器工作，即 $Y_1=\sum_{i=0}^{3}m_{1i}D_{1i}$；$Y_2$ 对应的四选一数据选择器处于禁止工作状态，即 $Y_2=0$；所以，$Y=Y_1$，即从 $D_0\sim D_3$ 中选一路输出。

当 $A_2=1$ 时，$E_1=1$，$E_2=0$，Y_1 对应的四选一数据选择器处于禁止工作状态，即 $Y_1=0$；Y_2 对应的四选一数据选择器处于工作状态，即 $Y_2=\sum_{i=0}^{3}m_{2i}D_{2i}$。所以，$Y=Y_2$，即从 $D_4\sim D_7$ 中选一路输出。

3. 数据选择器的应用

数据选择器的应用很广泛，不仅可以实现有选择地传递数据，而且可以作为逻辑函数发生器，实现所要求的逻辑函数功能，也可以将并行数据转换为串行数据进行传输。

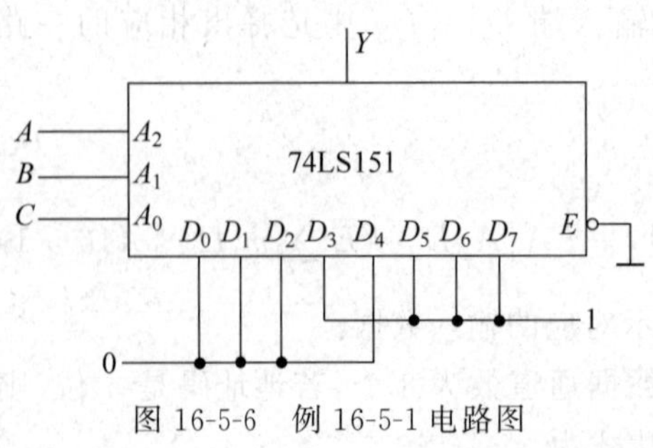

图 16-5-6 例 16-5-1 电路图

数据选择器能够实现任一组合逻辑函数的基础在于式(16-5-2)是一个可控最小项表达式，而任何一个逻辑函数都可以表示为最小项表达式，因此，数据选择器经常被用来设计组合逻辑电路。

【例 16-5-1】 试分析写出图 16-5-6 所示电路的逻辑表达式。

【解答】 由图 16-5-6 所示电路的连接关系可知：

$A_2A_1A_0=ABC$，　$D_0=D_1=D_2=D_4=0$，　$D_3=D_5=D_6=D_7=1$，　$E=0$

代入八选一数据选择器的公式 $Y=\sum_{i=0}^{7}m_iD_i$ 并整理有

$$F=Y=\bar{A}BC+A\bar{B}C+AB\bar{C}+ABC$$

利用数据选择器设计组合逻辑电路有三种方法，即比较系数法、真值法、卡诺图法。下述举例分别说明这三种方法的具体应用。

【例 16-5-2】 应用八选一数据选择器实现下述逻辑函数：$L=A\bar{B}C+AB+\bar{C}$。

【解答】 通过配项，将 L 展开为最小项表达式有

$$L=\bar{A}\bar{B}\bar{C}+\bar{A}B\bar{C}+A\bar{B}\bar{C}+A\bar{B}C+AB\bar{C}+ABC=m_0+m_2+m_4+m_5+m_6+m_7$$

由于有 3 个输入变量，选用八选一数据选择器。根据数据选择器的通式式(16-5-2)，选取 $A_2A_1A_0=ABC$，当使能输入 $E=0$ 时，有

$$Y=\sum_{i=0}^{7}m_iD_i=m_0D_0+m_1D_1+m_2D_2+m_3D_3+m_4D_4+m_5D_5+m_6D_6+m_7D_7$$

与 L 最小项展开式比较，若要求 $L=Y$，则应满足：

$$D_0=D_2=D_4=D_5=D_6=D_7=1,\quad D_1=D_3=0$$

根据上述分析，可画出实现所给逻辑函数的逻辑电路图如图 16-5-7 所示。

当逻辑函数的输入变量数大于数据选择器的地址输入数时，某些输入变量就要通过 D_i 反映其对输出逻辑函数的作用。换句话说，D_i 是多余输入变量的函数。因此问题的关键是如何确定 D_i。此时同样可以利用比较系数法、真值表法，但采用卡诺图法更直观、方便。

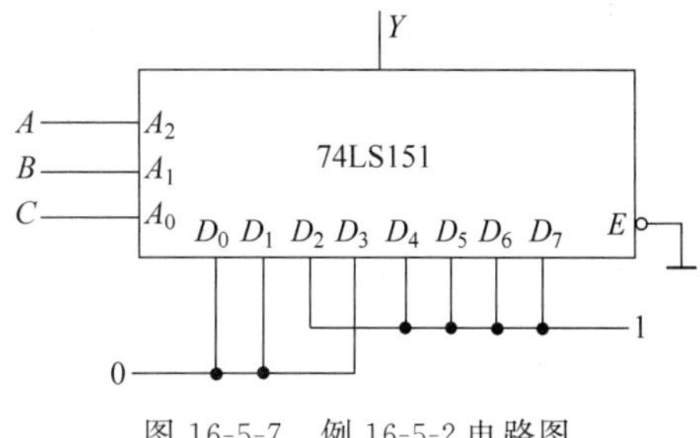

图 16-5-7　例 16-5-2 电路图

采用数据选择器实现所给逻辑函数时，用卡诺图法确定 D_i 连接关系的一般步骤如下。

(1) 画出所给逻辑函数的卡诺图。

(2) 确定逻辑函数输入变量与数据选择器地址输入变量的对应关系。

(3) 在卡诺图上确定地址变量的控制范围，即输入数据区。

(4) 由输入数据区确定每一数据输入端的连接关系。

(5) 依据分析所得的连接关系作图。

【例 16-5-3】 试用四选一数据选择器实现三变量多数表决器。

【解答】 三变量多数表决器的逻辑表达式为

$$L=\bar{A}BC+A\bar{B}C+AB\bar{C}+ABC$$

画出逻辑函数 L 的卡诺图如图 16-5-8 所示，若令 $BC=A_1A_0$ 作为地址输入变量，则可确定地址输入变量的控制范围如图 16-5-9 所示，并由此得出 $D_0=0$，$D_1=D_2=A$，$D_3=1$。

用四选一数据选择器实现三变量多数表决器的电路如图 16-5-10 所示。

事实上，也可以令 $AB=A_1A_0$ 或者 $AC=A_1A_0$ 作为地址输入变量，通过卡诺图确定 D_i 的连接方式，此内容留作习题请读者自己思考。

用数据选择器实现逻辑函数，关键在于地址变量和数据输入端连接方式的确定。当地址变量确定后，D_i 的连接方式可通过比较系数法、真值表法、卡诺图法分析确定。

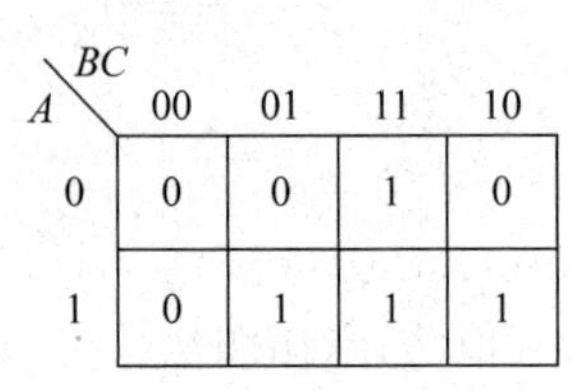

图 16-5-8　例 16-5-3 卡诺图

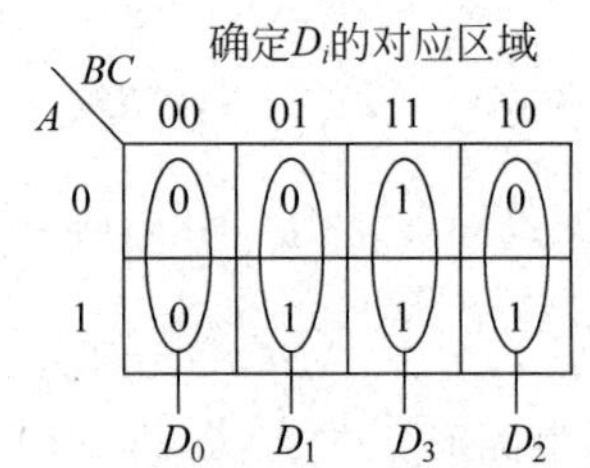

图 16-5-9　地址输入变量的控制范围

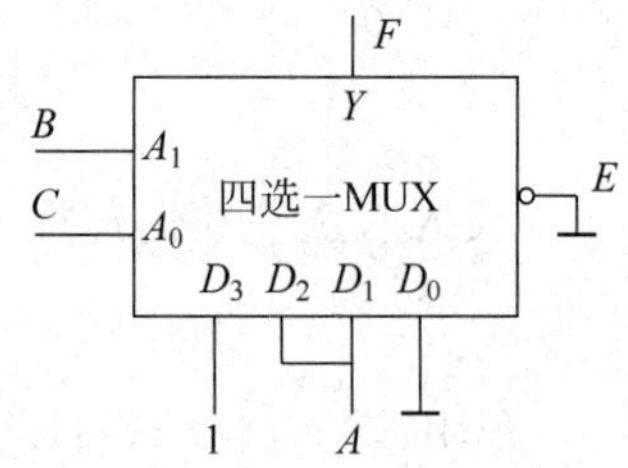

图 16-5-10　例 16-5-3 的电路实现

16.6　组合逻辑电路的 Multisim 仿真实例

1. 一位全加器的仿真

全加器的内容详见本书 16.3 节。

1）仿真目的

利用 74LS153 双四选一数据选择器实现一位全加器的功能。

2）仿真过程

（1）设计利用 74LS153 双四选一数据选择器实现一位全加器功能的电路。一位全加器的真值表如表 16-6-1 所示。其中，输入信号 A_i、B_i 代表两个一位加数，C_i 代表低位来的进位；输出信号：S_i 代表本位的和，CO 代表向高位的进位。

表 16-6-1　一位全加器的真值表

输　入			输　出	
A_i	B_i	C_i	S_i	CO
0	0	0	0	0
0	0	1	1	0
0	1	0	1	0
0	1	1	0	1
1	0	0	1	0
1	0	1	0	1
1	1	0	0	1
1	1	1	1	1

（2）输入变量中的两个加数 A_i、B_i 用地址控制变量 A、B 实现，输出变量 S_i、CO 用两个四选一数据选择器的输出 1Y、2Y 实现，输入变量中的 C_i 用数据选择器的数据输入端实现。

（3）利用 Multisim 10 软件绘制图 16-6-1 所示的一位全加器仿真电路图。其中，74LS04 是非逻辑门，用于产生 C_i 的反变量；74LS153 是双四选一数据选择器，根据地址 AB 的不同，分别从 1Y（或 2Y）输出 $1C_0 \sim 1C_3$（或 $2C_0 \sim 2C_3$）中的某一路数据；三个开关（BASIC→SWITCH→SPST）控制三个输入信号的电平高低；两个指示灯（Indicators→PROBE→PROBE_DIG_RED）用来表示输出信号的电平高低（灯亮表示高电平，灯灭表示低电平）。

（4）当输入信号 $A_iB_iC_i=000$ 时，$S_i=0$，$CO=0$，仿真效果如图 16-6-1 所示。

（5）当输入信号 $A_iB_iC_i=001$ 时，$S_i=1$，$CO=0$，仿真效果如图 16-6-2 所示。

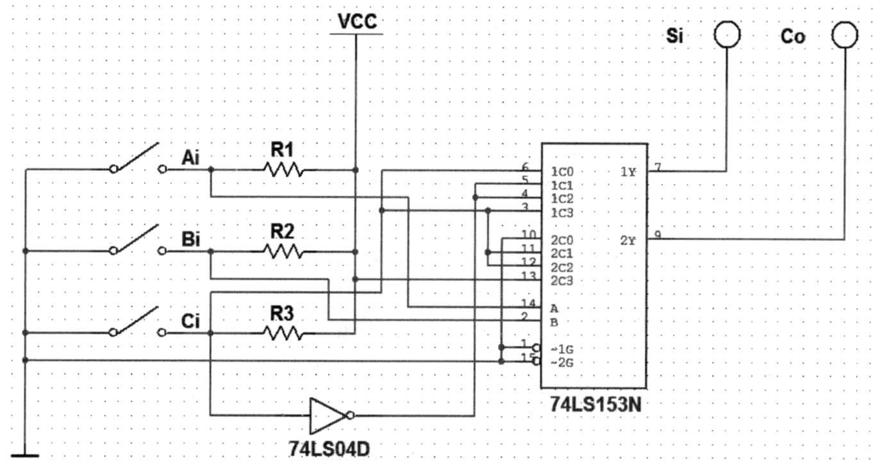

图 16-6-1　一位全加器仿真电路图

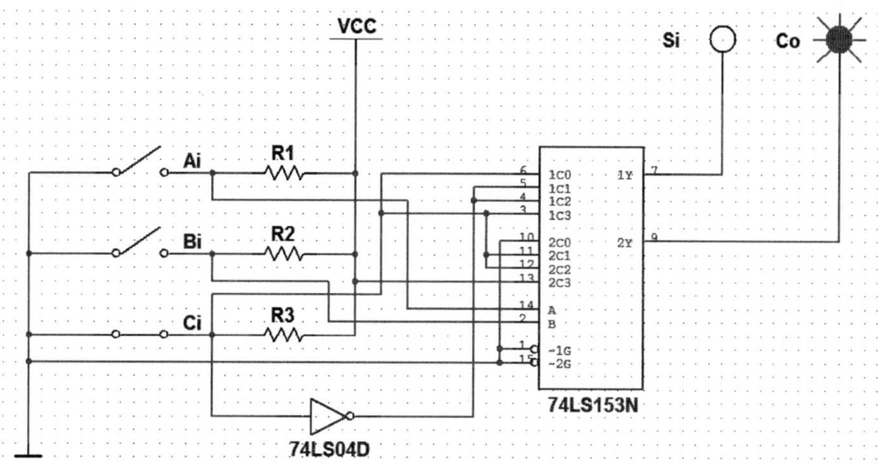

图 16-6-2　一位全加器仿真效果图(输入 001)

(6) 当输入信号 $A_iB_iC_i=011$ 时，$S_i=0$，$CO=1$，仿真效果如图 16-6-3 所示。

(7) 当输入信号 $A_iB_iC_i=111$ 时，$S_i=1$，$CO=1$，仿真效果如图 16-6-4 所示。

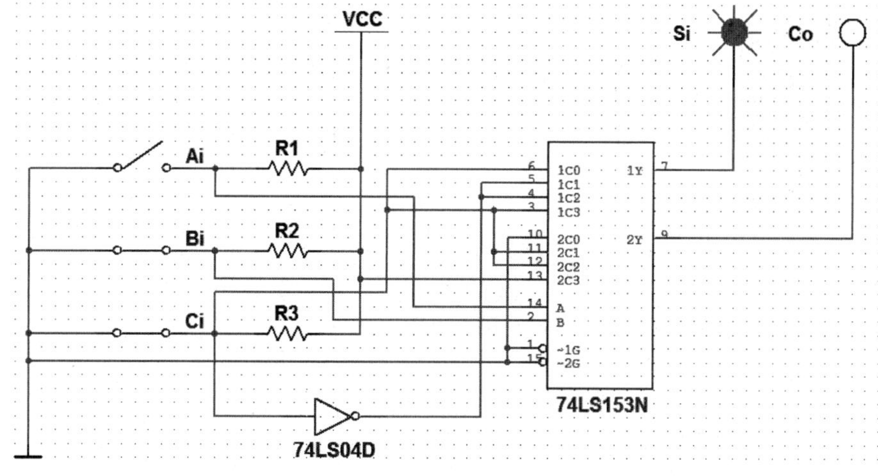

图 16-6-3　一位全加器仿真效果图(输入 011)

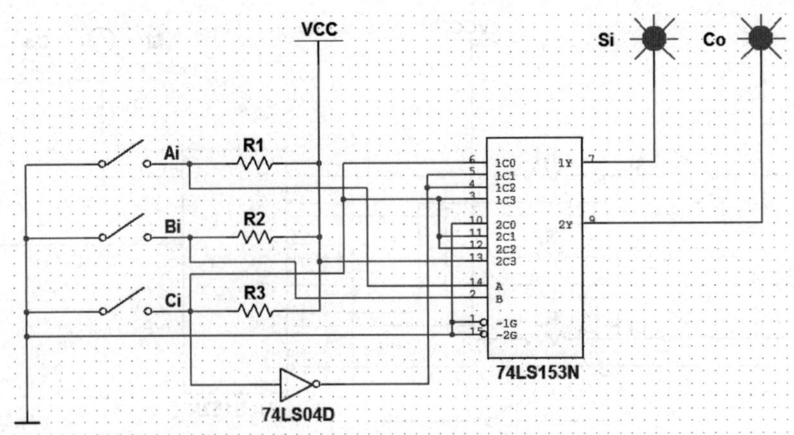

图 16-6-4　一位全加器仿真效果图(输入 111)

其他输入信号组合由用户自己验证。

2. 译码器构成的跑马灯仿真

译码器的内容详见本书 16.4 节。

1）仿真目的

设计一个跑马灯电路,按照十六制编码顺序轮流点亮。

2）仿真过程

(1) 74LS138 是 3 线-8 线译码器,可以驱动 8 个指示灯。根据仿真要求,需要两片 74LS138 进行扩展,构成 4 线-16 线译码器,驱动 16 个指示灯。

(2) 输入信号：十六进制编码(4 位)由字发生器(XWG1)实现。

(3) 利用 Multisim 10 软件绘制图 16-6-5 所示的跑马灯仿真电路图。

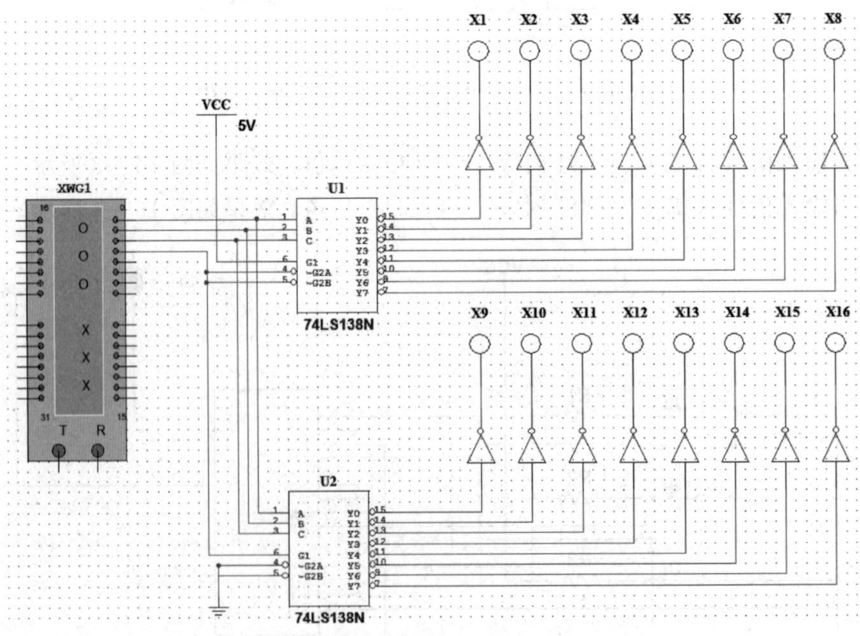

图 16-6-5　译码器构成的跑马灯仿真电路图

(4) 设置字发生器(XWG1)的参数如图 16-6-6 所示。其中,Controls 选择 Cycle(循环),Display 选择 Hex(十六进制),Frequency 设置 100Hz,修改输入信号为十六进制的 0~F。

(5) 设置字发生器(XWG1)的数据起止范围。依次设置数据为十六进制的 0~F,在起始/终止数据的控制点处右击,在弹出的快捷菜单中选择 Set Initial Position 或 Set Final Position 命令,如图 16-6-7 所示,完成数据范围的设置。

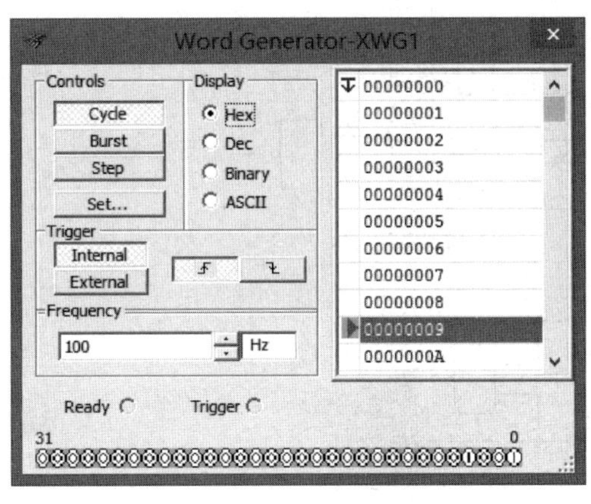

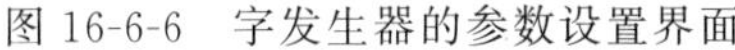

图 16-6-6　字发生器的参数设置界面

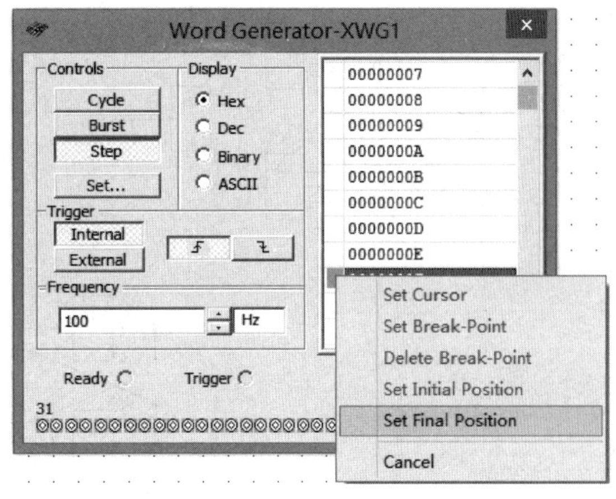

图 16-6-7　字发生器数据范围的设置界面

(6) 启动仿真,通过观察指示灯,验证电路是否实现了预期功能。电路运行界面如图 16-6-8 所示。

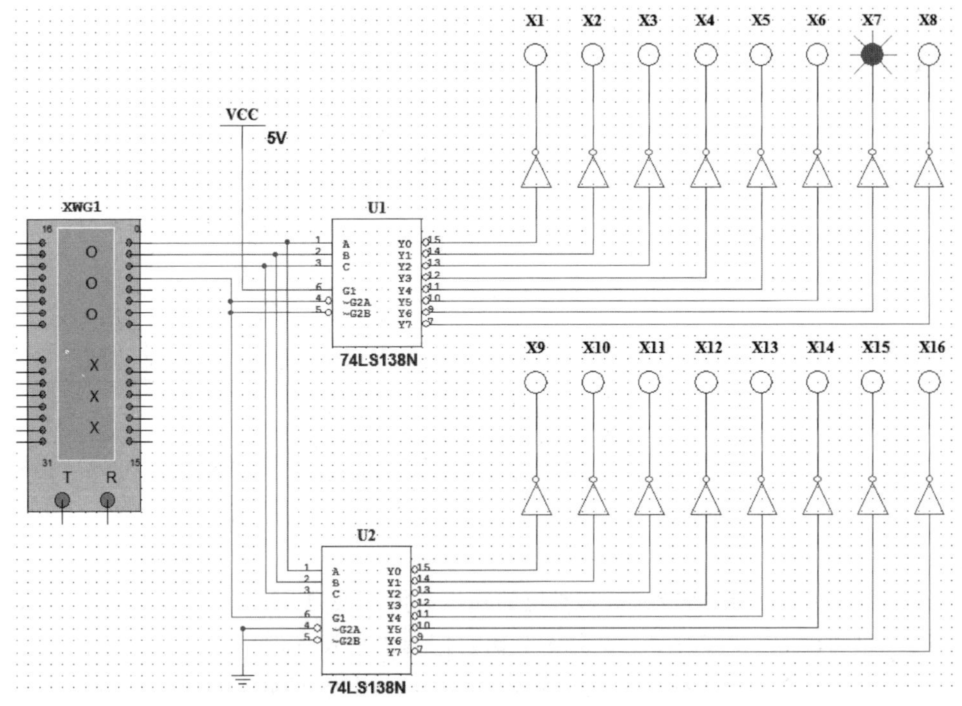

图 16-6-8　跑马灯电路运行界面

由仿真电路的运行结果可知,电路达到了设计要求。

习题 16

16-1　试分析题 16-1 图所示各组合逻辑电路的逻辑功能，写出逻辑表达式，列出真值表，说明电路完成的逻辑功能。

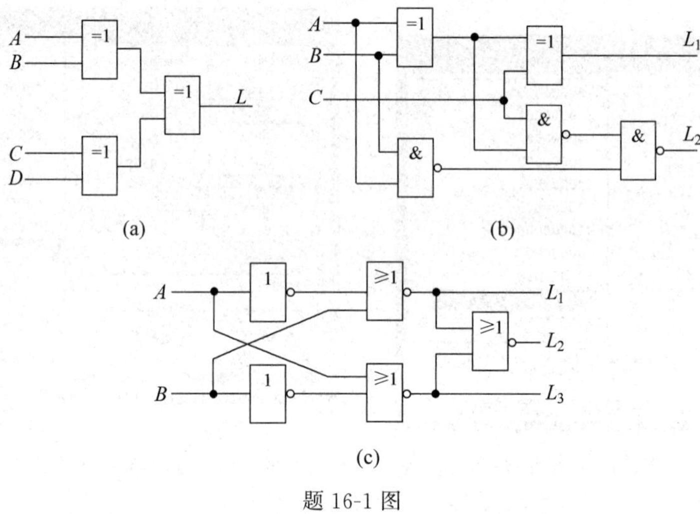

题 16-1 图

16-2　试分析如题 16-2 图所示电路的逻辑功能，要求写出输出函数表达式，做出真值表，说明电路的逻辑功能。

16-3　试分析题 16-3 图所示电路的逻辑功能，要求写出输出函数表达式，列出其真值表，说明其逻辑功能。

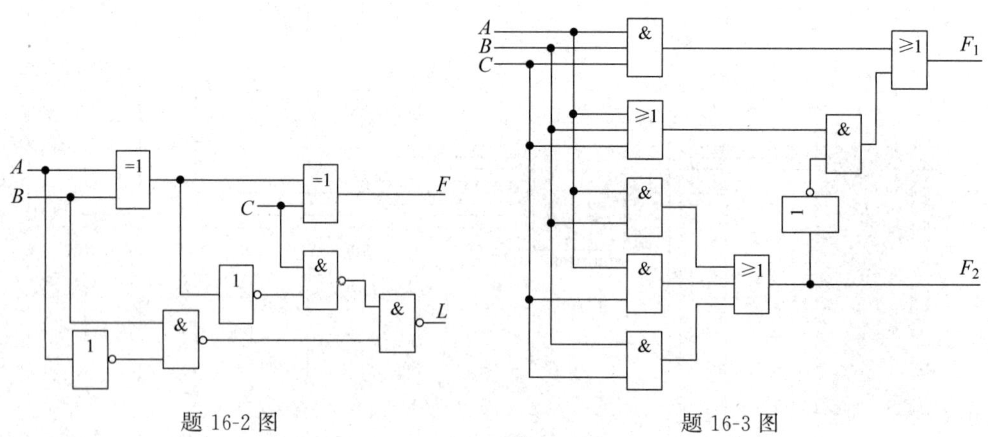

题 16-2 图　　　　题 16-3 图

16-4　设有四种组合逻辑电路，其对应的输出波形分别为 W、X、Y、Z，它们的输入波形均为 A、B、C、D，如题 16-4 图所示。试分别写出它们的逻辑表达式并化简。

16-5　设计一个交通灯监测电路。红、绿、黄三只灯正常工作时只能一只灯亮，否则，将会发出检修信号，用两输入与非门设计逻辑电路，并给出所用 74 系列的型号。

16-6　试用优先编码器 74LS148 和门电路设计医院优先照顾重患者呼唤的逻辑电路。医院的某科有 1,2,3,4 间病房，每间病房设有呼叫按钮，护士值班室内对应的装有 1 号、2 号、

3 号、4 号指示灯。患者按病情由重至轻依次住进 1～4 号病房。护士值班室内的四盏指示灯每次只亮一盏对应于较重病房的呼唤灯。

16-7　试用 74LS138 和适当的逻辑门设计一个三输入变量的判奇电路(判别 1 的个数)。

16-8　试用译码器 74LS138 和与非门实现下列逻辑函数：

(1) $L=\sum_{m}(0,2,6,8)$

(2) $\begin{cases} L_1 = AB + A\bar{B}C \\ L_2 = A\bar{C} + \bar{A} + \bar{B} \\ L_3 = \overline{\bar{A}B} \cdot \overline{\bar{A}C} \end{cases}$

16-9　某一组合逻辑电路如题 16-9 图所示，试分析其逻辑功能。

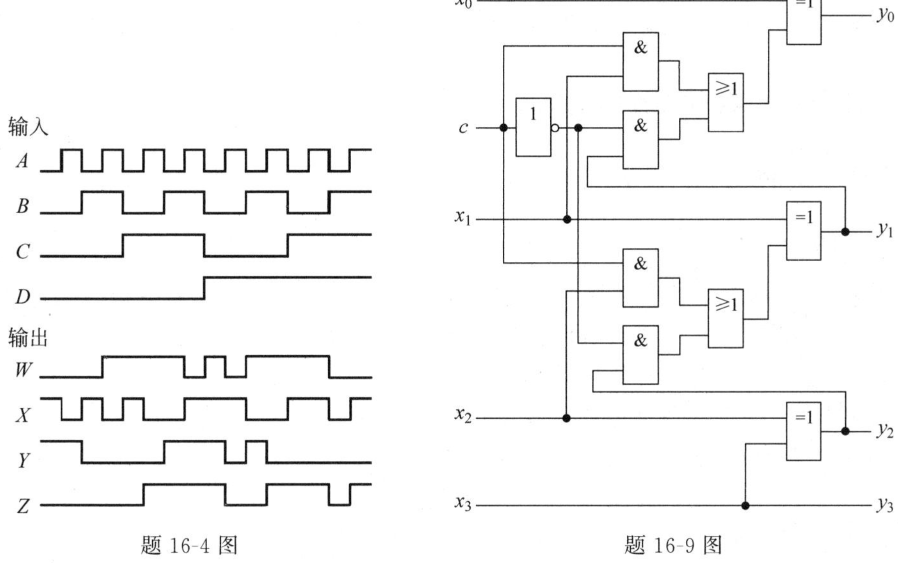

题 16-4 图　　题 16-9 图

16-10　试用译码器 74LS138 和适当的逻辑门设计一个全加器。

16-11　试用译码器 74LS138 和适当的逻辑门设计一个组合电路。该电路输入 X 与输出 L 均为三位二进制数。两者之间的关系如下：当 $2\leqslant X\leqslant 5$ 时，$L=X+2$；当 $X<2$ 时，$L=1$；$X>5$ 时，$L=0$。

16-12　试用四选一数据选择器实现下列逻辑函数：

(1) $L=\sum_{m}(0,2,4,5)$

(2) $L=\sum_{m}(1,3,5,7)$

(3) $L=\sum_{m}(0,2,5,7,8,10,13,15)$

(4) $L=\sum_{m}(1,2,3,14,15)$

16-13　试用四选一数据选择器设计一个判定电路。只有在主裁判同意的前提下，三名副裁判中多数同意，比赛成绩才被承认；否则，比赛成绩不被承认。

16-14　试画出用两个半加器和一个或门构成一位全加器的逻辑图，要求写出 S_i 和 C_i 的逻辑表达式。

第17章

时序逻辑电路

本章主要介绍时序逻辑电路的基本概念、电路结构、电路特点、分类和分析、设计方法，并对典型时序电路——计数器、寄存器进行了详细介绍，最后对555定时器进行了分析。

17.1　时序逻辑电路的基本概念

17.1.1　时序逻辑电路的特征

1. 电路结构

时序逻辑电路通常由组合逻辑电路和存储电路(反馈电路)构成。组合逻辑电路接收外部输入信号，并产生输出信号；存储电路由有记忆功能的触发器构成，将组合逻辑电路的输出存储和反馈到组合逻辑电路的输入端。其结构组成如图17-1-1所示。

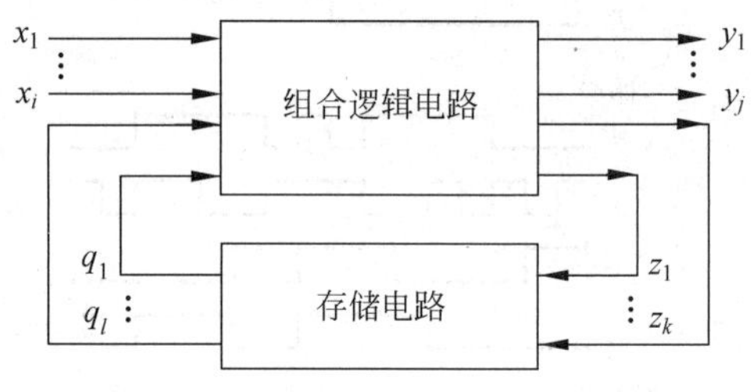

图 17-1-1　时序逻辑电路结构组成

时序逻辑电路图中 $x_1\cdots x_i$ 代表输入信号，$y_1\cdots y_j$ 代表输出信号，$z_1\cdots z_k$ 代表存储电路的输入信号，$q_1\cdots q_l$ 代表存储电路的输出信号，也表示时序电路的状态。这些信号的逻辑关系可以用方程组来描述：

$$\begin{cases} y_1=f_1(x_1,x_2,\cdots,x_i,q_1^n,q_2^n,\cdots,q_l^n) \\ y_2=f_2(x_1,x_2,\cdots,x_i,q_1^n,q_2^n,\cdots,q_l^n) \\ \quad\vdots \\ y_j=f_j(x_1,x_2,\cdots,x_i,q_1^n,q_2^n,\cdots,q_l^n) \end{cases} \tag{17-1-1}$$

$$\begin{cases} z_1=g_1(x_1,x_2,\cdots,x_i,q_1^n,q_2^n,\cdots,q_l^n) \\ z_2=g_2(x_1,x_2,\cdots,x_i,q_1^n,q_2^n,\cdots,q_l^n) \\ \quad\vdots \\ z_k=g_j(x_1,x_2,\cdots,x_i,q_1^n,q_2^n,\cdots,q_l^n) \end{cases} \tag{17-1-2}$$

$$\begin{cases} q_1^{n+1}=h_1(z_1,z_2,\cdots,z_k,q_1^n,q_2^n,\cdots,q_l^n) \\ q_2^{n+1}=h_2(z_1,z_2,\cdots,z_k,q_1^n,q_2^n,\cdots,q_l^n) \\ \quad\vdots \\ q_l^{n+1}=h_j(z_1,z_2,\cdots,z_k,q_1^n,q_2^n,\cdots,q_l^n) \end{cases} \tag{17-1-3}$$

式(17-1-1)称为输出方程,式(17-1-2)称为驱动方程或激励方程,式(17-1-3)称为状态方程。$q_1^n \cdots q_l^n$ 表示存储电路的现态,$q_1^{n+1} \cdots q_l^{n+1}$ 表示存储电路的次态。如果将式(17-1-1)、式(17-1-2)和式(17-1-3)用向量函数表示,则得到

$$Y = F[X, Q^n] \tag{17-1-4}$$

$$Z = G[X, Q^n] \tag{17-1-5}$$

$$Q^{n+1} = H[Z, Q^n] \tag{17-1-6}$$

时序逻辑电路的分析方法不同于组合逻辑电路,组合逻辑电路用真值表描述组合电路一般问题,而时序逻辑电路则用逻辑方程式、状态表(真值表)、状态图和时序图(波形图)来表示。

2. 电路特点

数字逻辑电路分为两大类:组合逻辑电路和时序逻辑电路。组合逻辑电路的特点是任何时刻的输出信号仅取决于当时的输入信号。时序逻辑电路由组合逻辑电路和存储电路构成,存储电路由有记忆功能的触发器构成,可以记忆以前的输入输出信号。时序电路的特点是任何时刻的输出信号不仅取决于该时刻的输入信号,还取决于电路的原来状态或者与以前的输入信号也有关。换言之,时序逻辑电路具有记忆功能。

3. 时序电路分类

(1) 根据时序逻辑电路中触发器的动作特点,分为同步时序逻辑电路和异步时序逻辑电路。在同步时序逻辑电路中,所有触发器状态的变化都是在同一时钟信号下同时发生的,由于时钟脉冲在电路中起到同步作用,故称为同步时序逻辑电路;而在异步时序逻辑电路中各触发器没有统一的时钟脉冲,触发器的状态变化不是同时发生的。

(2) 按照时序逻辑电路输出信号的特点,将时序电路分为米利(Mealy)型时序逻辑电路和穆尔(Moore)型时序逻辑电路两种。在米利型电路中,输出信号不仅取决于存储单元电路的状态,而且与输入信号有关;在穆尔型电路中,输出信号仅仅取决于存储单元电路的状态,与外加输入信号无关。

(3) 根据时序电路逻辑功能可分为计数器、寄存器和随机存储器等。

(4) 根据结构和制造工艺可分为双极型电路与MOS型电路。

17.1.2　时序逻辑电路的分析方法

1. 同步时序逻辑电路的分析

分析一个时序逻辑电路就是找到时序电路实现的逻辑功能,具体地说,就是要求找出电路的状态和输出信号在输入信号和时钟信号作用下的变化规律。

分析同步时序逻辑电路的一般步骤如下。

(1) 根据给出的逻辑图,列出下列逻辑方程组。

① 写出外部输出的逻辑表达式,即输出方程。

② 写出每个触发器输入信号的逻辑表达式,即驱动方程。

③ 将各触发器的驱动方程代入相应触发器的特性方程,得到各触发器的状态方程。

(2) 根据状态方程组和输出方程组,列出电路的状态表,画出状态图或时序图。

(3) 逻辑功能描述。

【例17-1-1】 分析图17-1-2所示的时序逻辑电路的功能。

【解答】 (1) 根据逻辑图,列出驱动方程:

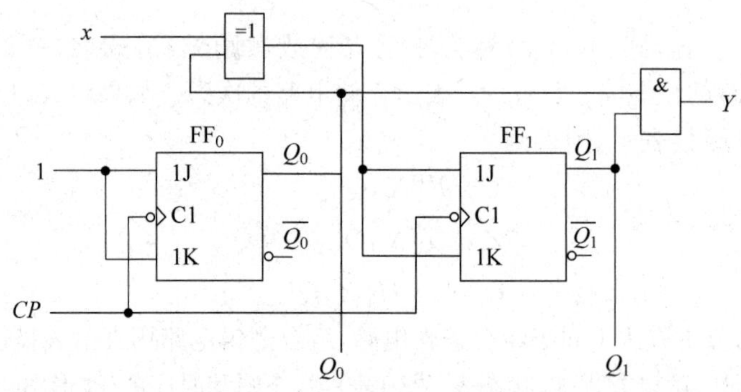

图 17-1-2　例 17-1-1 的时序电路

$$\begin{cases} J_0 = K_0 = 1 \\ J_1 = K_1 = X \oplus Q_0^n \end{cases}$$

(2) 将驱动方程代入触发器的特性方程，得到状态方程：

$$Q_0^{n+1} = J_0\overline{Q_0^n} + \overline{K_0}Q_0^n = \overline{Q_0^n}$$

$$Q_1^{n+1} = J_1\overline{Q_1^n} + \overline{K_1}Q_1^n = (X \oplus Q_0^n)\overline{Q_1^n} + \overline{X \oplus Q_0^n}Q_1^n = X \oplus Q_0^n \oplus Q_1^n$$

(3) 写出输出方程：

$$Y = Q_0^n Q_1^n$$

(4) 根据状态方程和输出方程列状态转换表，如表 17-1-1 所示。

表 17-1-1　例 17-1-1 的状态转换表

$Q_1^n Q_0^n$	$Q_1^{n+1}Q_0^{n+1}/Y$	
	$X=0$	$X=1$
0　0	01/0	11/0
0　1	10/0	00/0
1　0	11/0	01/0
1　1	00/1	10/1

(5) 做状态转换图和时序图，如图 17-1-3 和图 17-1-4 所示。

(6) 逻辑功能描述如下。

该电路在时钟脉冲 CP 作用下，在有限个状态之间循环递增或递减变化，是一个可逆计数器。当 $X=0$ 时是加法计数器，Y 信号是进位操作；当 $X=1$ 时是减法计数器，Y 信号是借位操作。

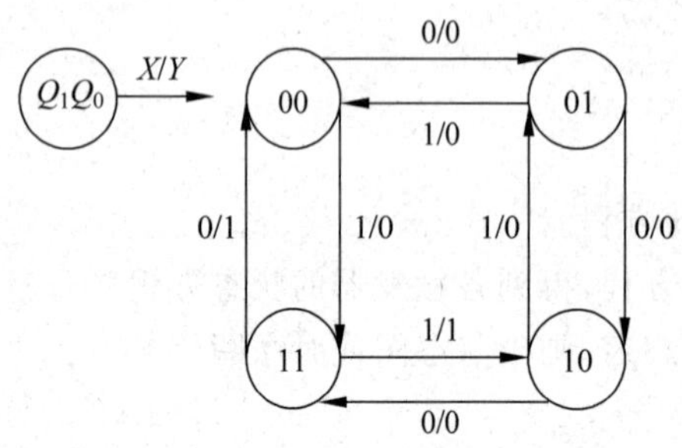

图 17-1-3　例 17-1-1 的状态转换图

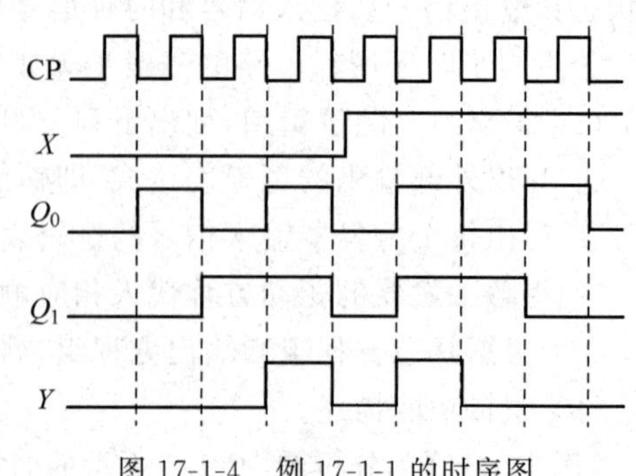

图 17-1-4　例 17-1-1 的时序图

2. 异步时序逻辑电路的分析

异步时序逻辑电路的分析与同步时序逻辑电路的分析方法相似,具体分析步骤如下。

(1) 写出驱动方程、输出方程和状态方程。

(2) 根据状态方程组和输出方程组,列出电路的状态表,画出状态图或时序图。

(3) 逻辑功能描述。

在异步时序逻辑电路中,由于没有统一的时钟脉冲触发信号,所以并不是每次电路状态转换时所有触发器都动作,只有那些有效时钟信号出现的触发器才会动作,否则将保持原来的状态不变。可见,分析异步时序逻辑电路的方法与分析同步时序逻辑电路的方法还是有所不同的。下面通过例子说明异步时序逻辑电路的分析方法。

【例 17-1-2】 已知异步时序逻辑电路的逻辑图如图 17-1-5 所示,分析逻辑功能。

【解答】 在图 17-1-5 所示的电路中,FF_1 和 FF_2 的时钟未与时钟脉冲 CP 相连,因此是异步时序逻辑电路。

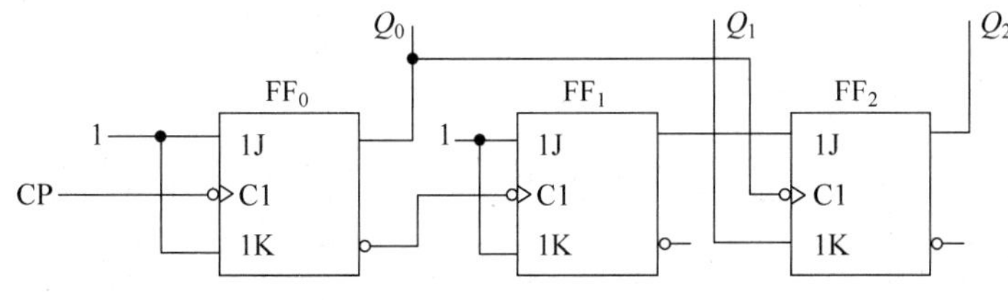

图 17-1-5　例 17-1-2 的时序电路

(1) CP 表达式。

$CP_0=CP$,$CP_1=\overline{Q_0}$,$CP_2=Q_0$,下降沿方式触发。当时钟脉冲 CP 引起$\overline{Q_0}$由 1 至 0 发生变化时,触发器 FF_1 可能根据 J、K 信号改变状态,否则 Q_1 保持原状态不变。当 Q_0 由 1 至 0 发生变化时,触发器 FF_2 可能根据 J、K 信号改变状态,否则 Q_2 保持原状态不变。

(2) 由逻辑图列写驱动方程:

$$\begin{cases} J_0=K_0=1 \\ J_1=K_1=1 \\ J_2=K_2=Q_1^n \end{cases}$$

(3) 将驱动方程代入 JK 触发器特性方程,得到状态方程:

$$\begin{cases} Q_0^{n+1}=\overline{Q_0^n} \\ Q_1^{n+1}=\overline{Q_1^n} \\ Q_2^{n+1}=J_2\overline{Q_2^n}+\overline{K_2}Q_2^n=Q_1^n\oplus Q_2^n \end{cases}$$

(4) 由状态方程列写状态转换表,如表 17-1-2 所示。

表 17-1-2　例 17-1-2 的状态转换表

Q_2^n	Q_1^n	Q_0^n	Q_2^{n+1}	Q_1^{n+1}	Q_0^{n+1}	CP_2	CP_1	CP_0
0	0	0	0	1	1		↓	↓
0	0	1	0	0	0	↓		↓
0	1	0	0	0	1		↓	↓
0	1	1	1	1	0	↓		↓

续表

Q_2^n	Q_1^n	Q_0^n	Q_2^{n+1}	Q_1^{n+1}	Q_0^{n+1}	CP_2	CP_1	CP_0
1	0	0	1	1	1		↓	↓
1	0	1	1	0	0	↓		↓
1	1	0	1	0	1		↓	↓
1	1	1	0	1	0	↓		↓

(5) 状态转换图和时序图,分别如图 17-1-6 和图 17-1-7 所示。

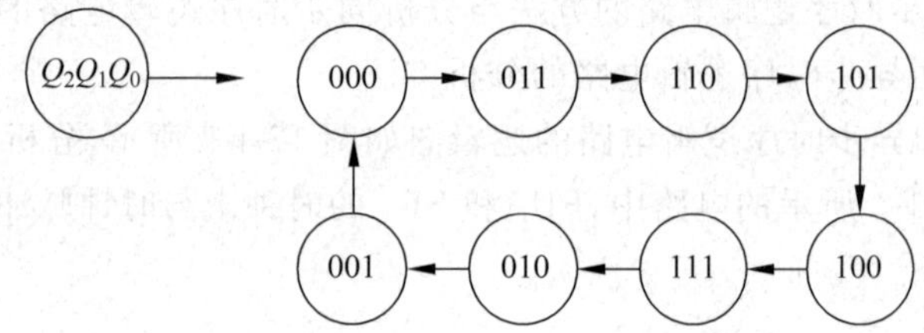

图 17-1-6　例 17-1-2 的状态转换图

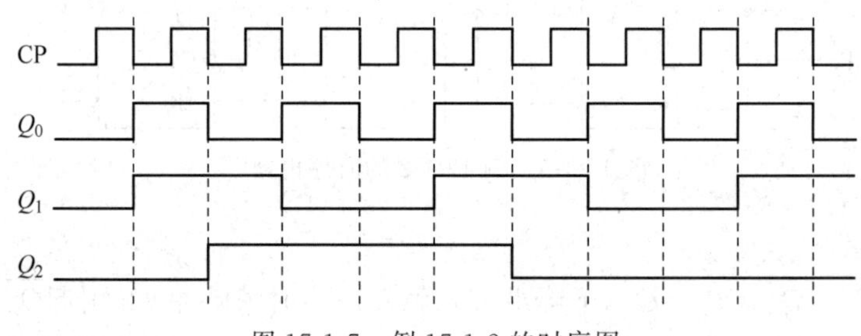

图 17-1-7　例 17-1-2 的时序图

(6) 逻辑功能描述。

根据状态转换图和时序图可知,为异步八进制计数器。

17.1.3　同步时序逻辑电路的设计方法

时序电路设计又称为时序电路综合,其任务是根据给定的逻辑功能需求,选择合适的逻辑器件,设计出符合要求的时序逻辑电路。使用触发器及门电路组成的简单时序逻辑电路,是指用一组状态方程、驱动方程和输出方程就能完全描述其逻辑功能的时序电路。设计同步时序逻辑电路一般过程如图 17-1-8 所示。

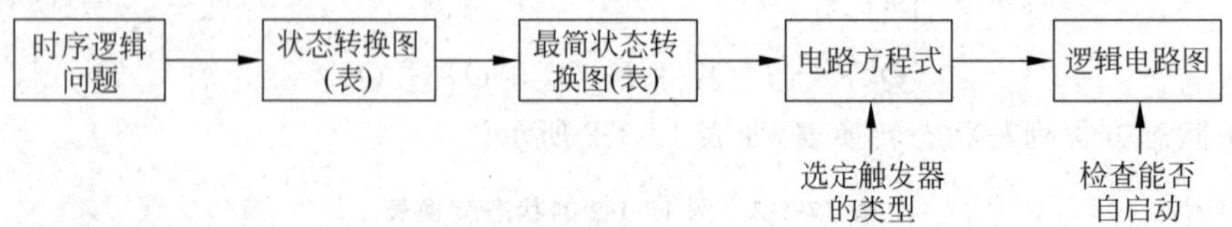

图 17-1-8　同步时序逻辑电路的设计过程

图 17-1-8 中设计过程的主要步骤如下。

(1) 由给定的逻辑问题得出状态转换图或状态转换表

首先分析给定的逻辑问题,确定输入变量、输出变量的数目和符号以及电路的状态数;然后根据题意画出电路的状态转换图或状态转换表。

（2）状态化简

如果两个电路状态作为现态，在任何相同的输入所产生的输出及建立的状态均完全相同，则称这两个状态为等价状态。等价状态可以合并，这样设计的电路状态越少，电路越简单。

（3）状态分配或状态编码

时序逻辑电路的状态是用触发器状态的不同组合来表示的。触发器的数目 n 共有 2^n 种状态组合，n 与状态数 M 应满足：$2^{n-1}<M\leqslant 2^n$。

进行状态编码。在 $M\leqslant 2^n$ 的情况下，从 2^n 个状态中取 M 个状态的组合可以有多种不同的方案，且每个方案中 M 个状态的排列顺序又有许多种。如果编码方案选择得当，设计结果可以很简单；反之，编码方案选择不好，设计出来的电路就会复杂得多，这里面有一定的技巧。

（4）选择触发器的类型，确定电路的状态方程、驱动方程和输出方程

首先选择触发器的类型，然后根据状态转换图或状态转换表和选定的状态编码、触发器的类型，写出电路的状态方程、驱动方程和输出方程。

（5）由得到的方程式画出逻辑图，检查电路能否自启动

有些设计的同步时序电路会出现没有用到的无效状态，当电路上电后有可能陷入这些无效状态而不能退出。因此，设计的最后一步应检查电路是否能进入有效状态，即是否具有自启动能力。如果不能自启动，则需修改设计。

17.2　触发器

17.2.1　触发器概述

时序逻辑电路中输出信号不仅与当前输入信号状态有关，而且与以前的输入、输出状态有关，因此需要具有记忆功能的电路。通常具有两个不同稳定状态的二进制存储单元统称为触发器。触发器具备以下两个特点。

（1）具有两个稳定状态，用来表示逻辑 0 态和逻辑 1 态。0 态表示触发器的两个互补输出端 $Q=0$、$\bar{Q}=1$；1 态表示触发器两个互补输出端 $Q=1$、$\bar{Q}=0$。

（2）在触发信号的作用下，根据不同的输入信号可以置成 1 或 0 状态。

将这个触发信号称为时钟信号（CLOCK），记作 CLK。按照触发信号的工作方式可以分为电平触发、边沿触发和脉冲触发三种；按照电路结构形式不同分为基本 RS 触发器、同步 RS 触发器、主从触发器、维持阻塞触发器、CMOS 边沿触发器等；按照逻辑功能分为 RS 触发器、JK 触发器、D 触发器、T 触发器、T′触发器。

17.2.2　RS 触发器

1. 基本 RS 触发器

1）与非门构成的基本 RS 触发器

（1）电路结构及工作原理

图 17-2-1(a)为两个与非门交叉耦合构成的基本 RS 触发器，是组成其他类型触发器的基本单元。基本 RS 触发器有 $\bar{S}$ 和 $\bar{R}$ 两个输入端，字母上面的反号表示低电平有效，$\bar{S}$ 端称为置“1”端，$\bar{R}$ 端称为置“0”端或复位端。触发器有 Q 和 $\bar{Q}$ 两个输出端，正常工作时 Q 和 $\bar{Q}$ 互为逻辑非关系，有时也称 Q 为“1”端，$\bar{Q}$ 为“0”端。图 17-2-1(b)为基本 RS 触发器的逻辑符号。

基本 RS 触发器的工作原理如下：当 $\bar{S}=\bar{R}=1$ 时，触发器处于保持状态。设触发器的现

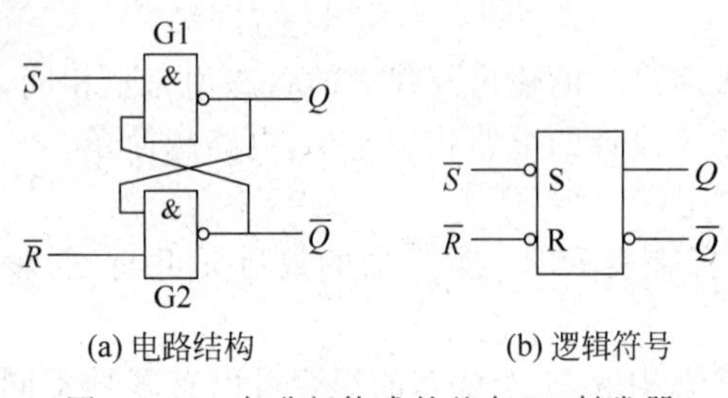

(a) 电路结构　　(b) 逻辑符号

图 17-2-1　与非门构成的基本 RS 触发器

态 $Q^n=1$，$\overline{Q^n}=0$，则门 G2 的两个输入端都为 1，其输出即触发器的次态 $\overline{Q^{n+1}}=0$，同时 $\overline{Q^n}=0$ 使门 G1 输出的次态 $Q^{n+1}=1$；反之若触发器现态 $Q^n=0$，$\overline{Q^n}=1$ 时，经同样分析，得 $Q^{n+1}=0$，$\overline{Q^{n+1}}=1$；所以触发器的次态等于现态 $Q^{n+1}=Q^n$。

当 $\bar{S}=0$，$\bar{R}=1$ 时，无论触发器现态为何值，其次态都置成 1 态。设触发器的现态 $Q^n=1$，$\overline{Q^n}=0$，则门 G2 的两个输入端都为 1，其输出即触发器的次态 $\overline{Q^{n+1}}=0$，同时 $\bar{S}=0$、$\overline{Q^n}=0$ 使门 G1 输出的次态 $Q^{n+1}=1$，即触发器 1 态得以保持；反之若触发器现态 $Q^n=0$，$\overline{Q^n}=1$ 时，$\bar{S}=0$ 使门 G1 输出为 1，该电平耦合到门 G2 输入端，使 G2 两个输入都为 1，G2 输出为 0，即触发器由 0 态翻转到 1 态。所以当 $\bar{S}=0$，$\bar{R}=1$ 时触发器的次态等于 1，即 $Q^{n+1}=1$，$\bar{S}=0$ 称为置 1 端。

当 $\bar{S}=1$，$\bar{R}=0$ 时，无论触发器现态为何值，其次态都置成 0 态。设触发器的现态 $Q^n=1$，$\overline{Q^n}=0$，则 $\bar{R}=0$ 使门 G2 的输出为 1，该电平耦合到门 G1 输入端，使 G1 两个输入端都为 1，其输出为 0，即触发器由 1 态翻转到 0 态；反之若触发器现态 $Q^n=0$，$\overline{Q^n}=1$ 时，则门 G1 的两个输入端都为 1，其输出即触发器的次态 $Q^{n+1}=0$，同时 $\bar{R}=0$、$Q^n=0$ 使门 G2 输出的次态 $\overline{Q^{n+1}}=1$，即触发器 0 态得以保持。所以当 $\bar{S}=1$，$\bar{R}=0$ 时触发器的次态等于 0，即 $Q^{n+1}=0$，$\bar{R}=0$ 称为置 0 端。

当 $\bar{S}=0$，$\bar{R}=0$ 时，则有 $Q^{n+1}=\overline{Q^{n+1}}=1$，此既非 0 态也非 1 态。如果 $\bar{S}$、$\bar{R}$ 仍保持 0 信号，触发器状态尚可确定，但若 $\bar{S}$ 和 $\bar{R}$ 同时由 0 态变为 1 态，触发器的状态取决于两个与非门的翻转速度或传输延迟时间，Q^{n+1} 可能为 0 也可能为 1，称为触发器状态不定。因此，在实际应用中，不允许出现 $\bar{S}=\bar{R}=0$，即 $\bar{S}$、$\bar{R}$ 应满足约束条件：$\bar{S}+\bar{R}=1$。

(2) 逻辑功能

① 状态转换表。经过上述分析得到基本 RS 触发器的状态转换表如表 17-2-1 所示。其中 Q^n 表示触发器原来的状态，即现态。Q^{n+1} 表示在输入信号 $\bar{S}$、$\bar{R}$ 作用下触发器的下一状态，即次态。

表 17-2-1　与非门构成的基本 RS 触发器状态转换表

触发信号		现　态	次　态	备　注
$\bar{S}$	$\bar{R}$	Q^n	Q^{n+1}	
1	1	0	0	状态保持
1	1	1	1	
0	1	0	1	置 1
0	1	1	1	
1	0	0	0	置 0
1	0	1	0	
0	0	0	1*	状态不定
0	0	1	1*	

注：* 表示状态不定。

② 特性方程。表 17-2-1 的卡诺图如图 17-2-2 所示。其中，$\bar{S}\bar{R}=00$ 的状态组合在正常工作时是不允许出现的，化简时作为约束项处理。化简得到基本 RS 触发器特性方程如下：

$$\begin{cases} Q^{n+1}=S+\bar{R}Q^{n} \\ \bar{S}+\bar{R}=1 \end{cases} \tag{17-2-1}$$

③ 状态转换图。由表 17-2-1 可画出基本 RS 触发器的状态转换图如图 17-2-3 所示。图中的圆圈表示触发器的稳定状态，箭头表示在触发信号作用下状态转换方向，箭头旁边标注的是转换条件。×表示任意状态。

【例 17-2-1】 已知 $\bar{S}$ 和 $\bar{R}$ 的波形图如图 17-2-4 所示，试画出基本 RS 触发器 Q 端和 $\bar{Q}$ 端的波形(假设初态 $Q=0$)。

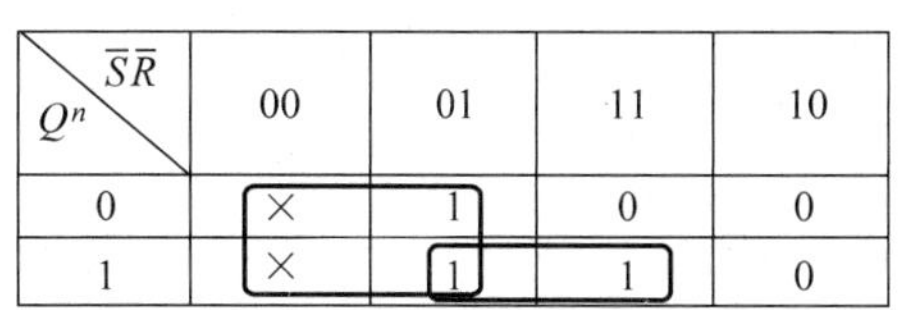

Q^n \ $\bar{S}\bar{R}$	00	01	11	10
0	×	1	0	0
1	×	1	1	0

图 17-2-2　基本 RS 触发器卡诺图

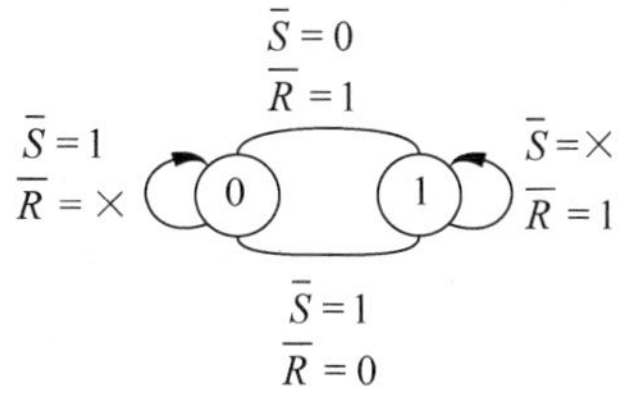

图 17-2-3　基本 RS 触发器状态转换图

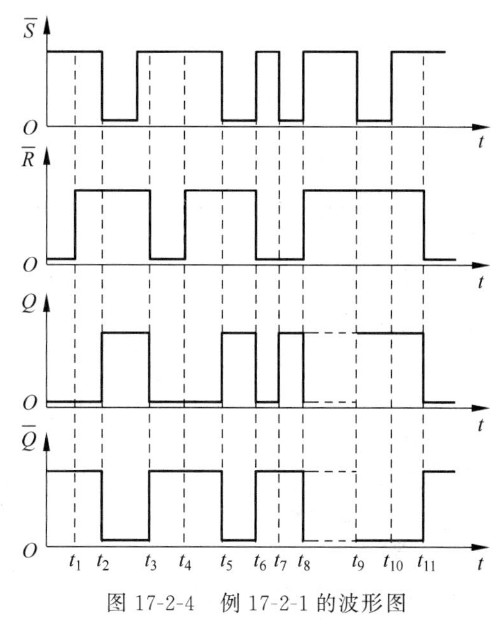

图 17-2-4　例 17-2-1 的波形图

【解答】 在 t_1 时刻之前，触发器置 0，$Q=0$，$\bar{Q}=1$；t_1 时刻后 $\bar{S}=1$、$\bar{R}=1$，触发器保持 0 态不变，$Q=0$，$\bar{Q}=1$；t_2 时刻后 $\bar{S}=0$、$\bar{R}=1$，触发器置 1，$Q=1$，$\bar{Q}=0$；t_3 时刻后 $\bar{S}=1$、$\bar{R}=0$，触发器置 0，$Q=0$，$\bar{Q}=1$；t_4 时刻后 $\bar{S}=1$、$\bar{R}=1$，触发器保持 0 态不变，$Q=0$，$\bar{Q}=1$；t_5 时刻后 $\bar{S}=0$、$\bar{R}=1$，触发器置 1，$Q=1$，$\bar{Q}=0$；t_6 时刻后 $\bar{S}=1$、$\bar{R}=0$，触发器置 0，$Q=0$，$\bar{Q}=1$；t_7 时刻后 $\bar{S}=0$、$\bar{R}=0$，$Q=\bar{Q}=1$，触发器处于不定状态；t_8 时刻后，$\bar{S}$ 和 $\bar{R}$ 同时由 0 变 1，由于两个与非门传输延迟时间很难确定，触发器状态可能为 1，也可能为 0，用虚线表示；直到 t_9 时刻后，$\bar{S}=0$、$\bar{R}=1$，触发器状态确定置 1，$Q=1$，$\bar{Q}=0$；t_{10} 时刻后，由于 $\bar{S}=1$、$\bar{R}=0$，触发器复位。

(3) 触发脉冲宽度要求

由于门电路都存在传输延迟，所以触发器状态从现态翻转到次态必然存在一定的延迟时间。为保证触发器可靠翻转，必须对触发信号脉冲宽度提出一定要求。假设图 17-2-1(a)中两个门延迟时间 t_{pd} 均相同，触发器现态为 1 态。当置 0 信号即 $\bar{S}=1$、$\bar{R}=0$ 到来时，经过一个门的延迟 t_{pd}，G2 输出为 1 并耦合到 G1 的输入端，又经过一个门的延迟 t_{pd} 后，触发器次态才翻转为 0。可见，从输入触发信号到触发器翻转，共需要 $2t_{pd}$ 时间。所以为保证触发器可靠翻转,要求触发信号脉冲宽度 $t_w \geqslant 2t_{pd}$。

2）或非门构成的基本 RS 触发器

基本 RS 触发器也可由或非门组成,逻辑图、逻辑符号及状态表如图 17-2-5 及表 17-2-2 所示。

表 17-2-2　或非门构成的基本 RS 触发器状态表

触发信号		现　态	次　态	备　注
S	R	Q^n	Q^{n+1}	
0	0	0	0	状态保持
0	0	1	1	
1	0	0	1	置 1
1	0	1	1	
0	1	0	0	置 0
0	1	1	0	
1	1	0	0*	状态不定
1	1	1	0*	

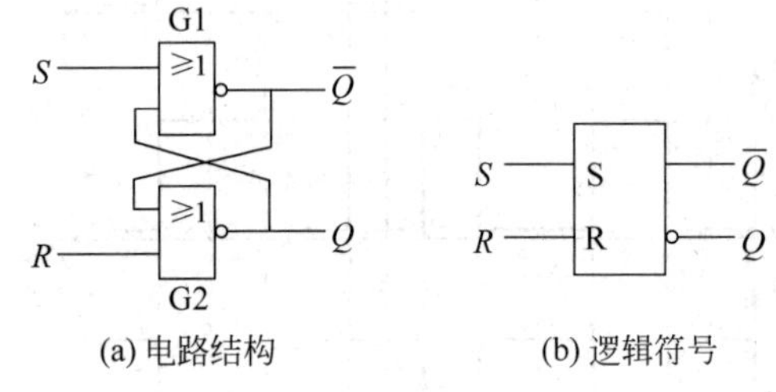

(a) 电路结构　　(b) 逻辑符号

图 17-2-5　或非门构成的基本 RS 触发器

或非门构成的基本 RS 触发器,置 0、置 1 信号是高电平起作用,正脉冲上升沿引起触发器状态改变。当 $S=R=0$ 时,触发器处于保持状态;当 $S=1$、$R=0$ 时,触发器置 1;当 $S=0$、$R=1$ 时,触发器置 0;当 $S=R=1$ 时,触发器的两个输出端都为 0,这时若两个输入端同时返回 0,则触发器出现不确定的状态。为了使触发器正常工作,$S=R=1$ 为不允许输入情况。由或非门构成的基本 RS 触发器特性方程为

$$\begin{cases} Q^{n+1}=S+\bar{R}Q^n \\ S\cdot R=0 \end{cases} \tag{17-2-2}$$

2. 同步 RS 触发器

基本 RS 触发器的输出状态是由输入信号 S 或 R 直接控制的,但是当多个基本 RS 触发器一起工作时无法实现“步调一致”。同步 RS 触发器在基本 RS 触发器基础上增加了一对逻辑门 G3 和 G4,并引入了一个触发信号输入端。只有触发信号输入端接收到有效信号后,才能根据 S、R 输入信号确定输出状态。将这个触发信号称为时钟信号(CLOCK),记作 CLK,当系统中有多个触发器需要同时动作时,就可以用同一个时钟信号作为同步控制信号。

图 17-2-6(a)所示为同步 RS 触发器基本的电路结构。这个电路由两部分组成:由与非门 G1、G2 组成的基本 RS 触发器和由与非门 G3、G4 组成的输入控制电路。

由图可知,当 CLK=0 时,门 G3、G4 的输出始终停留在 1 状态,S、R 端的信号无法通过 G3、G4 影响输出状态,故输出保持原来的状态不变。只有当触发信号 CLK 变成高电平以后,S、R 端的信号才能通过门 G3、G4 加到由门 G1、G2 组成的锁存器上,“触发”电路发生变化,使 Q 和 $\bar{Q}$ 根据 S、R 端的信号而改变状态。

图 17-2-6(b)中,方框内的 C1 表示编号为 1 的一个时钟信号,1R 和 1S 表示受 C1 控制的

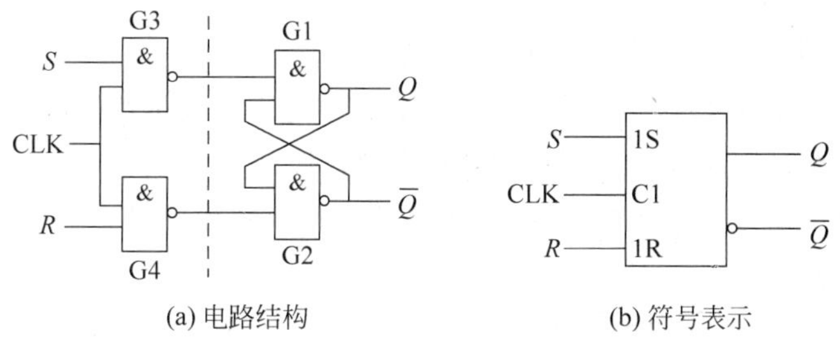

(a) 电路结构 (b) 符号表示

图 17-2-6 同步 RS 触发器基本电路结构及符号表示

两个输入信号。时钟信号输入端如果为低电平有效,则需在方框外面加小圆圈,反之则为高电平有效。

图 17-2-6(a)同步 RS 触发器电路的状态表如表 17-2-3 所示。从表中可知,当触发信号 CLK=1 时,触发器输出信号受到 S、R 输入信号的控制,而且在 CLK=1 时这个状态表与基本 RS 触发器状态表是一样的。同步 RS 触发器输入信号同样应当遵守 $SR=0$ 的约束条件,否则当 S、R 同时由 1 变为 0,或者 $S=R=1$ 时,CLK 回到 0,触发器的次态将无法确知。

表 17-2-3 同步 RS 触发器电路的状态表

CLK	S	R	Q^n	Q^{n+1}
0	×	×	0	0
0	×	×	1	1
1	0	0	0	0
1	0	0	1	1
1	0	1	0	0
1	0	1	1	0
1	1	0	0	1
1	1	0	1	1
1	1	1	0	1*
1	1	1	1	1*

在某些应用场合,有时需要在 CLK 的有效电平到达之前预先将触发器设置成指定状态,为此在实际的同步 RS 触发器电路设置了异步置位端$\overline{S_D}$和异步复位端$\overline{R_D}$,其电路结构及符号表示如图 17-2-7 所示。

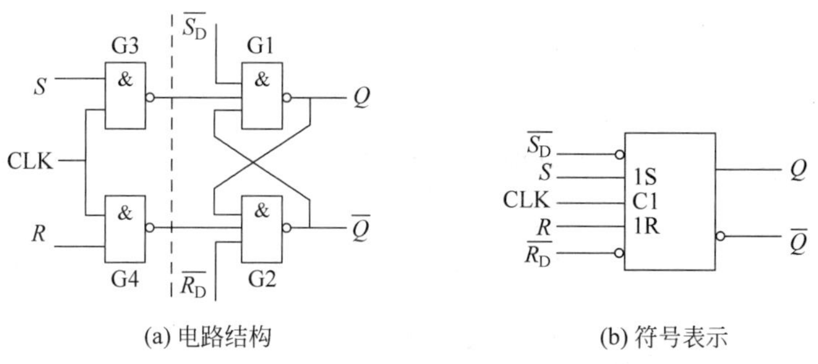

(a) 电路结构 (b) 符号表示

图 17-2-7 带异步置位复位端的同步 RS 触发器

只要在$\overline{S_D}$或$\overline{R_D}$加入低电平,即可立即将触发器置 1 或置 0,而不受时钟信号的控制。因此将$\overline{S_D}$称为异步置位端,将$\overline{R_D}$称为异步复位端。触发器在时钟信号控制下正常工作时应使$\overline{S_D}$

和$\overline{R_D}$处于高电平。此外，在图 17-2-7 所示电路具体应用中，使用$\overline{S_D}$或$\overline{R_D}$将触发器置位或复位应当在 CLK=0 的情况下进行，否则在$\overline{S_D}$或$\overline{R_D}$返回高电平以后预置的状态不一定能保存下来。

经过上面的介绍可知同步 RS 触发器具有如下特点。

(1) 只有当时钟信号为有效信号时，触发器才能接收输入信号，并按照输入信号将触发器的输出置成相应的状态。

(2) 在 CLK=1 的全部时间里，S 和 R 状态的变化都可能引起输出状态的改变。

根据上述的动作特点可以知道，如果在 CLK=1 期间 S、R 的状态多次发生变化，那么触发器输出的状态也将发生多次翻转，这就降低了触发器的抗干扰能力。

【例 17-2-2】 在如图 17-2-6 所示同步 RS 触发器中，已知 S、R 和 CLK 的波形，试画出 Q 和 $\overline{Q}$ 的波形(设初始状态 $Q=0$、$\overline{Q}=1$)。

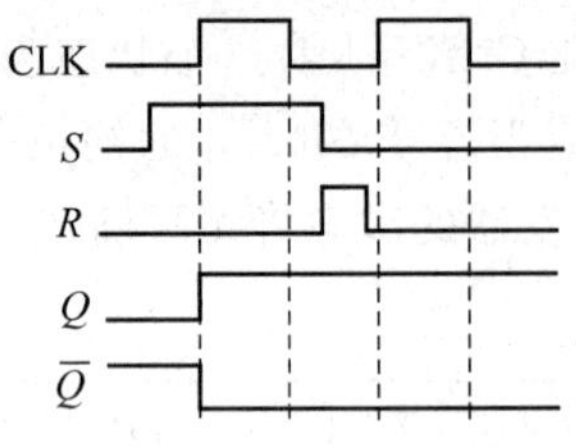

图 17-2-8 例 17-2-2 的输出波形

【解答】 同步 RS 触发器只能在 CLK=1 期间才能接收 S、R 信号，因此画波形时只需关心 CLK=1 期间的 S、R 信号，然后根据表 17-2-3 所述决定同步 RS 触发器的输出状态。在 CLK=0 期间，同步 RS 触发器的输出状态保持不变。同步 RS 触发器的输出波形如图 17-2-8 所示，图中虽然 R 端加了一个正脉冲，但由于这个脉冲发生在 CLK=0 期间，对同步 RS 触发器的输出没有影响。

17.2.3 D 触发器

消除同步 RS 触发器不确定状态的最简单的方法是将 S 端的信号 D 反相送到 R 端，保证输入信号满足约束条件，构成 D 触发器。D 触发器又称 D 锁存器，主要用于存放数据，如图 17-2-9 所示。图 17-2-9(a)中只有两个输入端：数据输入 D 和时钟信号输入 CLK。当 CLK=0 时，触发器处于保持状态，无论 D 信号怎样变化，输出 Q 和 $\overline{Q}$ 均保持不变；当 CLK=1 时，Q 随 D 变化。

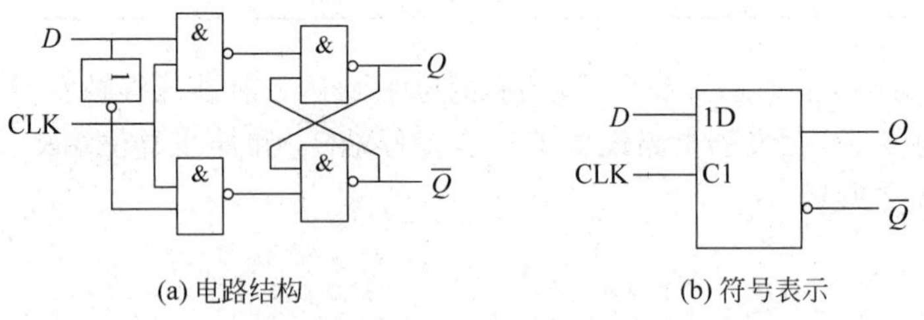

图 17-2-9 D 触发器电路结构及符号表示

图 17-2-9(b)是 D 触发器的符号表示，D 触发器的状态表如表 17-2-4 所示。由状态表得出 D 触发器的特性方程为

$$Q^{n+1}=D \tag{17-2-3}$$

表 17-2-4 D 触发器的状态表

CLK	D	Q^n	Q^{n+1}
0	×	0	0
0	×	1	1
1	0	0	0

续表

CLK	D	Q^n	Q^{n+1}
1	0	1	0
1	1	0	1
1	1	1	1

【例 17-2-3】 在如图 17-2-9(a)所示的 D 触发器中，已知 D 和 CLK 的波形，试画出 Q 和 $\overline{Q}$ 的波形(设初始状态为 0)。

【解答】 D 触发器只能在 CLK=1 期间才能接收 D 信号，在 CLK=0 期间 D 触发器的输出状态保持不变。根据表 17-2-4 所示的状态表，在 CLK=1 期间，输出端 Q 随 D 信号变化。D 触发器的输出波形如图 17-2-10 所示。

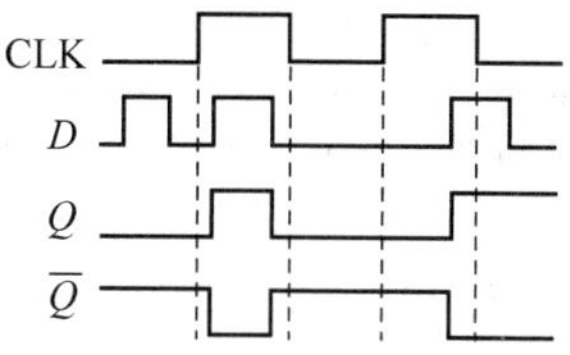

图 17-2-10　例 17-2-3 的输出波形

17.2.4　主从触发器

有时希望触发器在每个时钟脉冲期间输出状态只翻转一次，进而提高触发器的工作稳定性，为此在同步 RS 触发器基础上设计了主从结构触发器。

1. 主从 RS 触发器

1）结构及工作原理

主从 RS 触发器是由两个同步 RS 触发器组成，虚线左侧为主触发器，右侧为从触发器。主从 RS 触发器的输出状态是从触发器的输出状态，主触发器的时钟信号为 CLK，从触发器的时钟信号为 $\overline{\text{CLK}}$，因此主从 RS 触发器工作需要两步完成，其电路结构如图 17-2-11(a)所示。主从 RS 触发器的符号表示如图 17-2-11(b)所示，图中输出端“ ¬ ”表示在时钟信号的下降沿时改变状态。

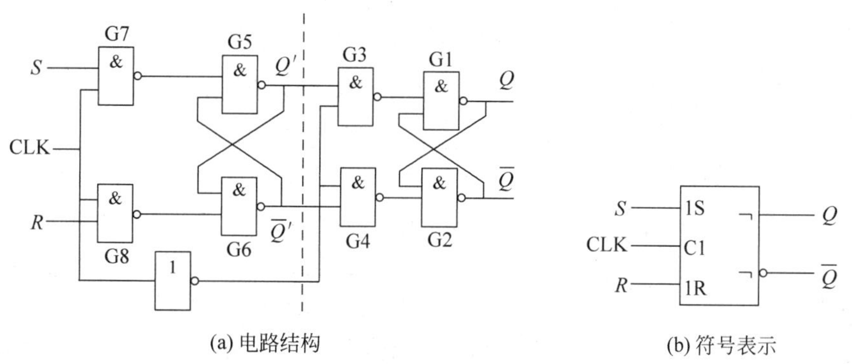

(a) 电路结构　　(b) 符号表示

图 17-2-11　主从 RS 触发器电路结构及符号表示

当 CLK=1 时，主触发器接收 R 和 S 信号，其状态随 R 和 S 变化而变化。主触发器输出 $\overline{Q}$ 与 R、S 之间的关系见同步 RS 触发器状态表 17-2-3 所示，此时主触发器可能发生多次翻转；而由于从触发器的时钟信号 $\overline{\text{CLK}}$=0 保持原状态不变，所以在整个 CLK=1 期间，主从 RS 触发器状态不变。当 CLK 从 1 到 0 后，主触发器不再接收 R、S 信号，主触发器保持原状态不变，即 Q' 和 $\overline{Q}'$ 不变；而此时从触发器时钟信号 $\overline{\text{CLK}}$=1，从触发器状态取决于 Q' 和 $\overline{Q}'$。由于在 CLK=0 期间，主触发器不接收输入信号，主触发器状态保持不变，所以在一个时钟脉冲作用下，主从 RS 触发器状态 Q 只翻转一次，克服了空翻现象。

2）逻辑功能及状态表

主从 RS 触发器的特性方程为

$$\begin{cases} Q^{n+1}=S+\bar{R}Q^n \\ R\cdot S=0 \end{cases} \tag{17-2-4}$$

主从 RS 触发器的状态转换发生在时钟信号下降沿，其状态转换表如表 17-2-5 所示。状态转换图与同步 RS 触发器相同。

表 17-2-5　主从 RS 触发器的状态转换表

CLK	S	R	Q^n	Q^{n+1}	备　注
×	×	×	×	Q^n	不变
↓	0	0	0	0	状态保持
↓	0	0	1	1	
↓	1	0	0	1	置 1
↓	1	0	1	1	
↓	0	1	0	0	置 0
↓	0	1	0	0	
↓	1	1	0	1*	状态不定
↓	1	1	1	1*	

【例 17-2-4】 已知主从 RS 触发器的输入信号 R、S 和时钟信号 CLK 的波形，试画出 Q' 端和 Q 端的波形（假设初始状态 $Q'=Q=0$）。

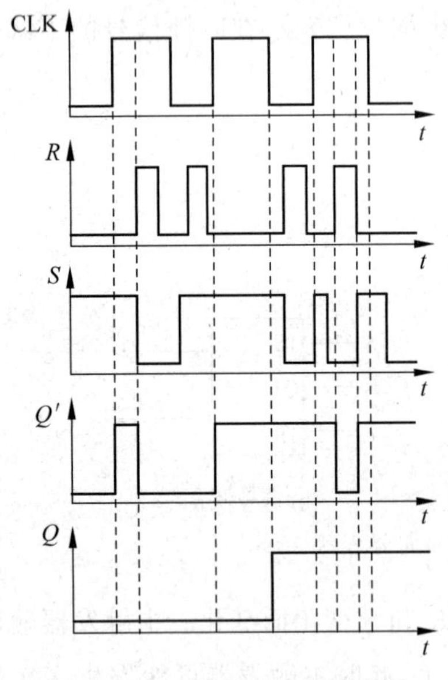

图 17-2-12　例 17-2-4 的波形图

【解答】 画出 Q' 端和 Q 端的波形如图 17-2-12 所示。由图可见，在 CLK=1 期间，虽然主触发器由于 R 和 S 的变化而多次翻转，但从触发器只在 CLK 信号的下降沿翻转一次，没有空翻现象。

2. 主从 JK 触发器

1）电路结构及工作原理

为了能够在 $S=R=1$ 的条件下也可以对触发器的次态进行确定，因此需要对主从 RS 触发器的电路结构进行改进。如果把主从 RS 触发器的 Q 和 $\bar{Q}$ 端作为附加控制信号反馈到输入端，就可以达到上述要求。为与主从 RS 触发器在逻辑功能上相区别，用 J、K 表示两个信号的输入，电路结构及符号表示如图 17-2-13 所示。

当 $J=K=0$ 时，相当于主从 RS 触发器的 $S=J\overline{Q^n}=0$、$R=KQ^n=0$，从表 17-2-5 可知，触发器保持原来状态不变，即 $Q^{n+1}=Q^n$。当 $J=1$、$K=0$ 时，若触发器现态 $Q^n=1$，则 $S=J\overline{Q^n}=0$、$R=KQ^n=0$，触发器的次态保持 1；若触发器现态 $Q^n=0$，则 $S=J\overline{Q^n}=1$、$R=KQ^n=0$，触发器的次态置 1；所以 $J=1$、$K=0$ 时，触发器的次态 $Q^{n+1}=1$。当 $J=0$、$K=1$ 时，若触发器现态 $Q^n=1$，则 $S=J\overline{Q^n}=0$、$R=KQ^n=1$，触发器的次态置 0；若触发器现态 $Q^n=0$，则 $S=J\overline{Q^n}=0$、$R=KQ^n=0$，触发器的次态保持 1；所以 $J=0$、$K=1$ 时，触发器的

次态 $Q^{n+1}=0$。当 $J=1$、$K=1$ 时，若触发器现态 $Q^n=1$，则 $S=J\overline{Q^n}=0$、$R=KQ^n=1$，触发器的次态置 0；若触发器现态 $Q^n=0$，则 $S=J\overline{Q^n}=1$、$R=KQ^n=0$，触发器的次态置 1；所以 $J=1$、$K=1$ 时，触发器的次态 $Q^{n+1}=\overline{Q^n}$。

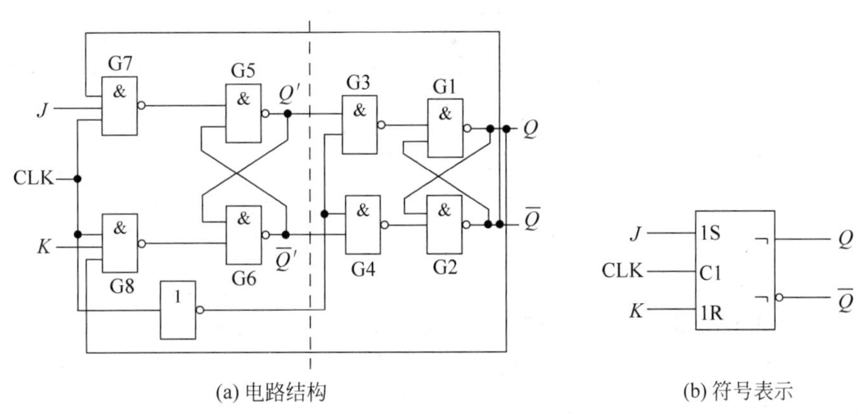

(a) 电路结构　　(b) 符号表示

图 17-2-13　主从 JK 触发器电路结构及符号表示

2）逻辑功能及状态特征

根据以上分析得知，主从 JK 触发器的状态表如表 17-2-6 所示。将特性表用卡诺图化简后得到特性方程为

$$Q^{n+1}=J\overline{Q^n}+\overline{K}Q^n \tag{17-2-5}$$

表 17-2-6　主从 JK 触发器的状态表

CLK	J	K	Q^n	Q^{n+1}	备　注
×	×	×	×	Q^n	不变
↓	0	0	0	0	状态保持
↓	0	0	1	1	
↓	1	0	0	1	置 1
↓	1	0	1	1	
↓	0	1	0	0	置 0
↓	0	1	0	0	
↓	1	1	0	1	状态翻转
↓	1	1	1	0	

主从 JK 触发器的状态转换图如图 17-2-14 所示。

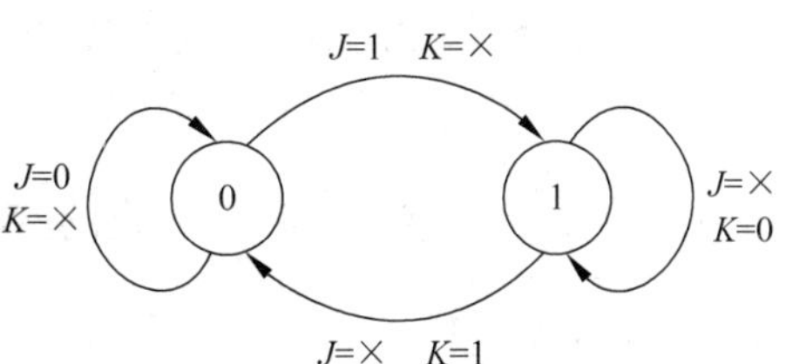

图 17-2-14　主从 JK 触发器的状态转换图

在有些集成电路触发产品中，输入端 J 和 K 不止一个。在这种情况下，J_1 和 J_2、K_1 和 K_2 是与逻辑关系，如图 17-2-15(a)所示。如果用主从 JK 触发器的状态表描述逻辑功能，则应以 $J_1\cdot J_2$ 和 $K_1\cdot K_2$ 分别替代表 17-2-6 中的 J 和 K。图 17-2-15(b)中给出了多输入端 JK 触发器常见的两种逻辑符号。

【例 17-2-5】　在图 17-2-15 所示的主从 JK 触发器电路中，若 CLK、J 及 K 的波形如

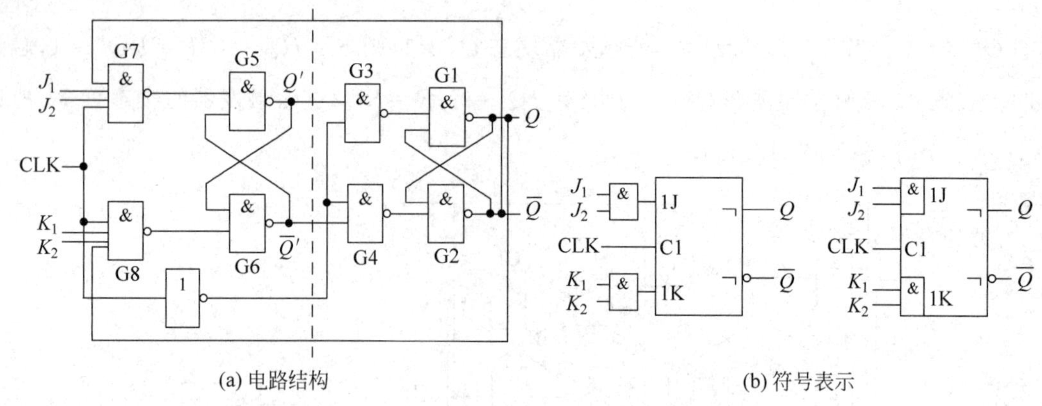

(a) 电路结构　　　　(b) 符号表示

图 17-2-15　具有多输入端的主从 JK 触发器

图 17-2-16 所示，试画出 Q、$\overline{Q}$ 端对应的电压波形(假定触发器的初始状态为 $Q=0$)。

【解答】　由于每一时刻 J、K 的状态均已由波形图给定，而且 CLK＝1 期间 J、K 的状态不变，所以只要根据 CLK 下降沿到达时 J、K 的状态去查主从 JK 触发器的特性表，就可以逐段画出 Q 和 $\overline{Q}$ 端的电压波形了。可以看出，触发器输出端状态的改变均发生在 CLK 信号的下降沿，而且即使 CLK＝1 时 $J=K=1$，CLK 下降沿到来时触发器的次态也是确定的。

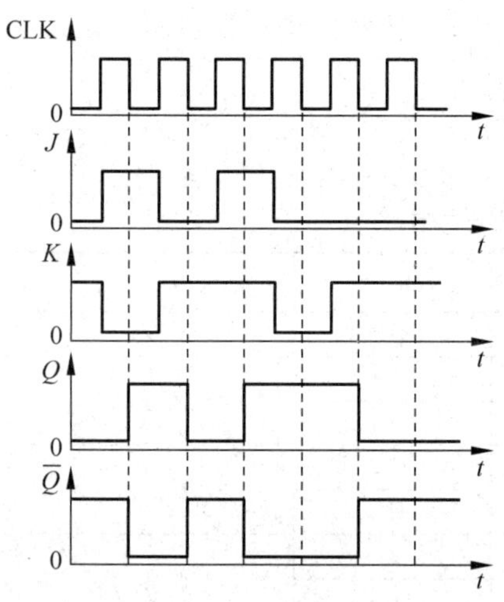

图 17-2-16　例 17-2-5 的电压波形图

3) 主从触发器的动作特点

分析主从 RS 触发器和主从 JK 触发器可知，主从结构触发器的状态翻转分为两步：第一步，在 CLK＝1 期间主触发器接收输入端的信号，被置成相应的状态，而从触发器状态不变；第二步，CLK 下降沿到来时，从触发器按照主触发器的状态翻转，所以 Q、$\overline{Q}$ 端状态的改变发生在 CLK 的下降沿。由于主触发器本身也是一个同步 RS 触发器，所以在 CLK＝1 期间输入信号发生多次变化以后，CLK 下降沿到达时从触发器状态不一定按照此时刻输入信号的状态来确定，必须考虑整个 CLK＝1 期间输入信号的变化过程才能确定触发器的状态。

经过上面的分析知，CLK＝1 期间主触发器只能翻转一次，状态改变取决于 J、K 和 Q^n 信号的变化，并在 CLK 从 1 变 0 时将主触发器状态送入从触发器。主从 JK 触发器逻辑功能较强，并且 J 与 K 之间不存在约束条件，因此用途广泛。其中 74LS112 是常用的集成双下降沿触发的 JK 触发器，但它有一个缺点，即要求 CLK＝1 期间 J 和 K 信号保持不变，否则可能导致触发器误翻转。

17.2.5　T 触发器和 T′触发器

1. T 触发器

将 JK 触发器的 J、K 端连接在一起作为 T 端，就构成了 T 触发器。在时钟脉冲作用下，根据输入信号取值不同，具有保持和翻转功能，即当 $T=0$ 时能保持原状态不变；$T=1$ 时输出信号翻转。T 触发器电路结构及符号表示如图 17-2-17 所示。

令 $J=K=T$，代入 JK 触发器的特性方程中，得到 T 触发器的特性方程为

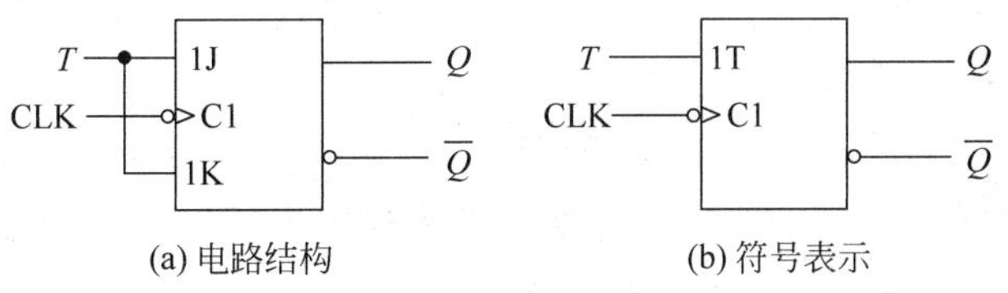

图 17-2-17 T 触发器电路结构及符号表示

$$Q^{n+1}=T\overline{Q^n}+\overline{T}Q^n=T\oplus\overline{Q^n} \tag{17-2-6}$$

式(17-2-6)中，当 $T=0$ 时，$Q^{n+1}=Q^n$；当 $T=1$ 时，$Q^{n+1}=\overline{Q^n}$。可得 T 触发器真值表如表 17-2-7 所示。

表 17-2-7 T 触发器真值表

T	Q^{n+1}	功能
0	Q^n	保持
1	$\overline{Q^n}$	翻转

2. T′触发器

每来一个时钟脉冲就翻转一次的电路称为 T′触发器。不难看出，在 T 触发器中若 $T=1$，那么 T 触发器就成了 T′触发器。图 17-2-18 所示 T′触发器的符号表示。表 17-2-8 是 T′触发器的真值表。由真值表得出 T′触发器的特性方程为

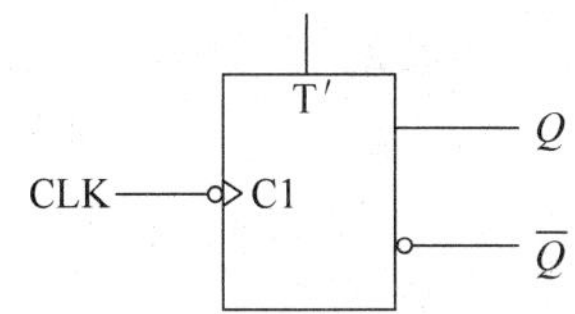

图 17-2-18 T′触发器符号表示

$$Q^{n+1}=\overline{Q^n} \tag{17-2-7}$$

表 17-2-8 T′触发器真值表

CLK	T	Q^{n+1}	功能
↓	0	1	翻转
↓	1	0	

17.2.6 触发器主要参数及相互转换

1. 主要参数

使用触发器时，除理解逻辑功能之外，还需要了解触发器的动态特性。以上升沿触发的 D 触发器为例进行说明。图 17-2-19 所示的时序图显示了 D 触发器各信号之间的时间要求或延迟。

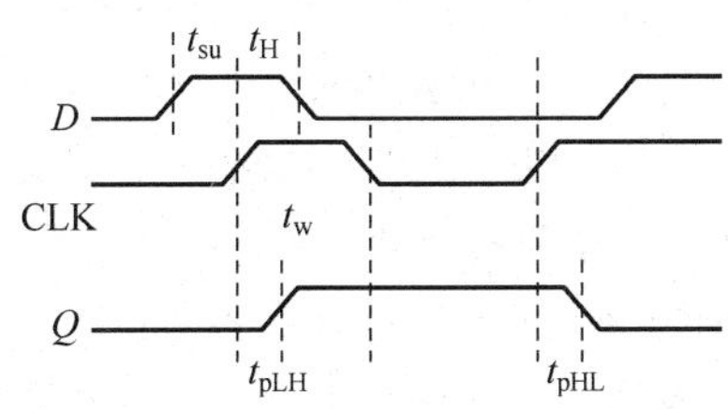

图 17-2-19 D 触发器时序图

1）建立时间 t_{su}

输入信号 D 在时钟信号 CLK 的上升沿（对上升沿触发的触发器而言）到来之前应稳定的最小值即建立时间 t_{su}。

2）保持时间 t_H

输入信号 D 在时钟信号上升沿到来之后还应稳定一定时间，才能保证 D 状态可靠地传送到 $\overline{Q}$ 和 Q 端，该

时间的最小值称为保持时间 t_{H}。

3）传输延迟时间 t_{pLH} 和 t_{pHL}

将时钟脉冲上升沿至输出端新状态稳定建立起来的时间定义为传输延迟时间。t_{pLH} 是输出从低电平到高电平的延迟时间；t_{pHL} 是输出从高电平到低电平的延迟时间，应用中有时取其平均传输延迟时间 $t_{\mathrm{pd}}=(t_{\mathrm{pLH}}+t_{\mathrm{pHL}})/2$。

4）触发脉冲宽度 t_{w}

为保证 D 信号可靠地送到触发器的 Q 端，要求时钟脉冲 CLK 的最小宽度为 t_{w}。

5）最高触发频率 f_{cmax}

触发器所能响应的时钟脉冲最高频率 $f_{\mathrm{cmax}}=1/T_{\mathrm{cmin}}$。因为在时钟脉冲高电平和低电平期间，触发器内部都要完成一系列动作，需要一定的时间延迟，所以对于时钟脉冲最高工作频率有一个限制。

2. 相互转换

1）JK 触发器转换为 D 触发器

由 JK 触发器的特性方程 $Q^{n+1}=J\overline{Q^n}+\overline{K}Q^n$ 可知，令 $J=D$、$K=\overline{D}$，则 $Q^{n+1}=J\overline{Q^n}+\overline{K}Q^n=D\overline{Q^n}+DQ^n=D$，即得到 D 触发器的特性方程。只要将 $J=D$，输入端 D 经反相器输出接到 K 输入端，就构成了 D 触发器，转换电路如图 17-2-20 所示。

2）D 触发器转换为 JK 触发器

由 D 触发器的特性方程 $Q^{n+1}=D$ 和 JK 触发器的特性方程 $Q^{n+1}=J\overline{Q^n}+\overline{K}Q^n$ 可知，若用 D 触发器构成 JK 触发器，必须使 $D=J\overline{Q^n}+\overline{K}Q^n$，改写成 $D=\overline{\overline{J\overline{Q^n}}\cdot\overline{\overline{K}Q^n}}$。用 D 触发器和与非门构成 JK 触发器如图 17-2-21 所示。

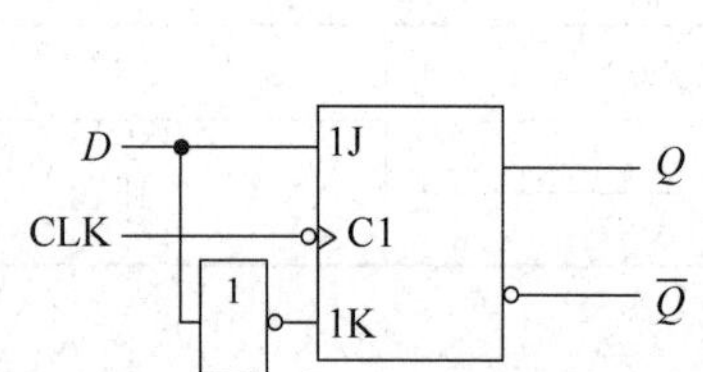

图 17-2-20　JK 触发器转换为 D 触发器

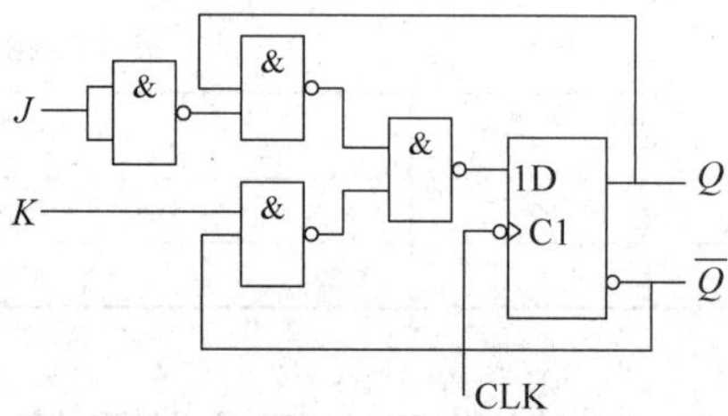

图 17-2-21　D 触发器转换为 JK 触发器

17.3　计数器

在数字电路系统中，使用最多的时序逻辑电路是计数器。计数器可以对时钟脉冲进行计数，还可以进行分频、定时等。计数器的分类方法很多，按照计数器中触发器能否同时翻转，分为异步计数器和同步计数器；按照计数器中数字增减分类，分为加法计数器、减法计数器及可逆计数器（加/减计数器）；按照计数器中数字编码方式分类，分为二进制码计数器、BCD 码计数器、循环码计数器等；按照计数器容量分类，分为十进制计数器、六十进制计数器等。

计数器运行时，从某一状态开始依次遍历不重复的各个状态后完成一次循环，所经过的状态总数称为计数器的模（Module），用 M 表示。若某个计数器在 n 个状态下循环计数，通常称为模 n 计数器或 $M=n$ 计数器；有时也把模 n 计数器称为 n 进制计数器。例如一个在 60 个不同状态中循环转换的计数器，就可称为模 60 或 $M=60$ 计数器。

17.3.1　二进制计数器

按照二进制数自然递增或递减编码的计数器称为二进制计数器(Binary Counter)，N 位二进制计数器的模为 2^N，由 N 个触发器组成。

1. 异步二进制计数器

图 17-3-1 所示是一个 3 位异步二进制加法计数器的逻辑图。该电路由 3 个 JK 触发器构成，每个触发器 $J_i=K_i=1$，因此 JK 触发器实际已经转化为 T′触发器(计数型触发器)。同时，各 Q_0 端与相邻高 1 位触发器的时钟输入端相连，因而每输入一个计数脉冲，FF_0 就翻转一次。当 Q_0 由 1 变 0(Q_0 的进位信号)时，FF_1 翻转。当 Q_1 由 1 变 0(Q_1 的进位信号)时，FF_2 翻转。显然，这是一个异步时序电路，时序图如图 17-3-2 所示。

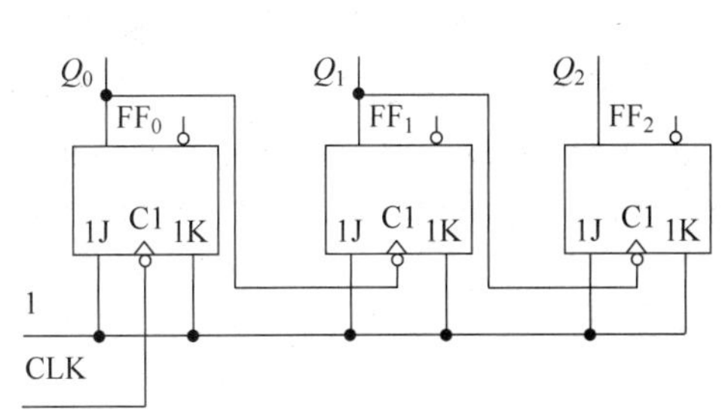

图 17-3-1　3 位异步二进制加法计数器

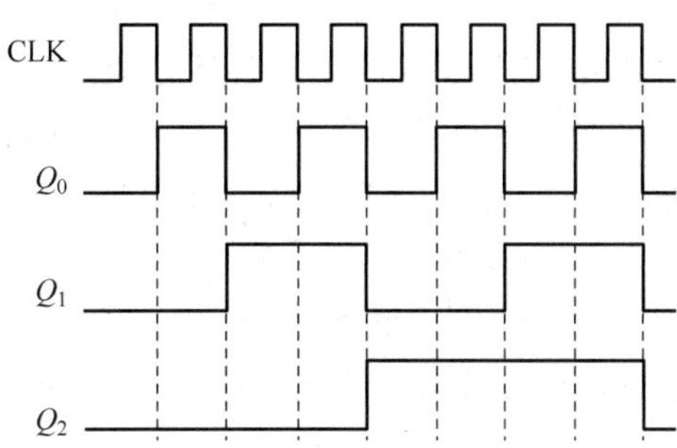

图 17-3-2　图 17-3-1 所示电路时序图

根据图 17-3-2 时序图，可得图 17-3-3 所示的电路状态图。从电路状态图可以看出，每输入一个时钟脉冲，计数器的状态按照二进制递增。每 8 个时钟脉冲就构成一个循环，因此是一个八进制加法计数器。

3 位异步二进制减法计数器如图 17-3-4 所示。该电路由 3 个 JK 触发器构成，每个触发器 $J_i=K_i=1$，因此 JK 触发器转化为 T′触发器(计数型触发器)。同时各 $\overline{Q_0}$ 端与相邻高 1 位触发器的时钟输入端相连，因而每输入一个计数脉冲，FF_0 就翻转一次。当 $\overline{Q_0}$ 由 0 变 1(Q_0 的借位信号)时，FF_1 翻转。当 $\overline{Q_1}$ 由 0 变 1(Q_1 的借位信号)时，FF_2 翻转。时序图如图 17-3-5 所示。

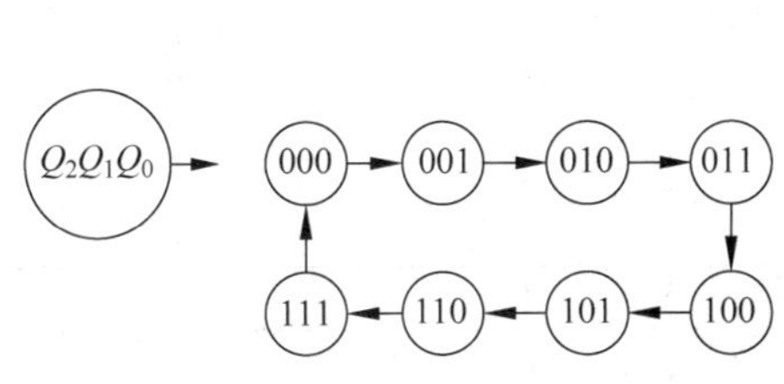

图 17-3-3　图 17-3-1 所示电路的状态图

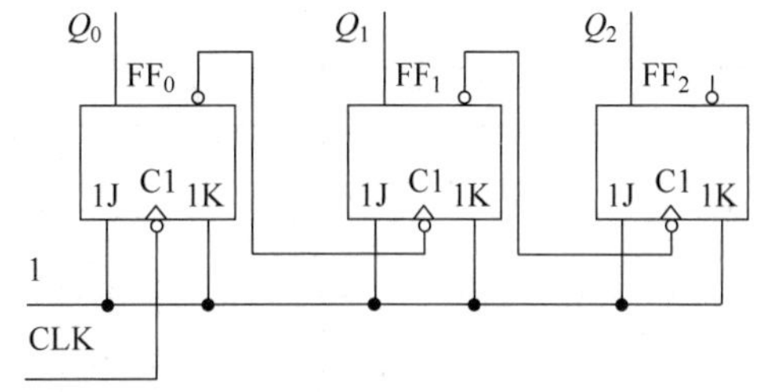

图 17-3-4　3 位异步二进制减法计数器

根据图 17-3-5 所示电路的时序图，得出图 17-3-6 所示的电路状态图。从电路状态图可以看出，每输入一个时钟脉冲，计数器的状态按照二进制递减。每 8 个时钟脉冲就构成一个循环，因此是一个八进制减法计数器。

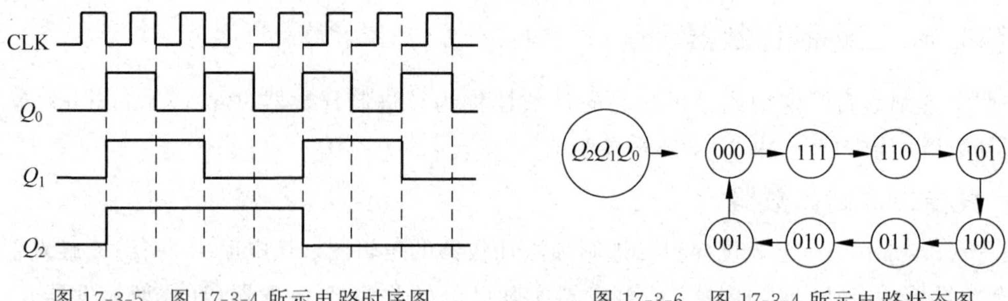

图 17-3-5 图 17-3-4 所示电路时序图　　图 17-3-6 图 17-3-4 所示电路状态图

通过对异步二进制加法计数器和异步二进制减法计数器分析可知一般规律：先将构成计数器的 JK 触发器转化为 T′触发器，然后把低位触发器的一个输出端接到高位触发器的时钟输入端。在采用下降沿动作的 T′触发器时，加法计数器 Q 端为输出端，减法计数器 $\bar{Q}$ 端为输出端。在采用上升沿动作的 T′触发器时，加法计数器 $\bar{Q}$ 端为输出端，减法计数器 Q 端为输出端。

从图 17-3-2 和图 17-3-5 时序图可以得知，Q_0 的周期是时钟脉冲的 2 倍，Q_1 的周期是时钟脉冲的 4 倍，Q_2 的周期是时钟脉冲的 8 倍。可见，$Q_0Q_1Q_2$ 实现了对时钟脉冲的二分频、四分频及八分频，计数器实现了分频功能。计数器在稳定的时钟脉冲情况下，还可以反映时间长短，因此计数器还具有定时功能。

2. 同步二进制计数器

异步二进制计数器的原理、结构简单，但触发器翻转时间有延迟，导致运行速度较慢。在同步二进制计数器中，由于时钟脉冲同时接在各触发器的时钟脉冲输入端，根据当前计数器状态，利用组合逻辑控制电路，当时钟脉冲到来时，所有触发器都同时翻转，因此输出状态比异步二进制计数器稳定，工作速度高于异步计数器。

下面以 4 位二进制加法计数器为例，进一步研究同步二进制加法计数器的原理和构成。表 17-3-1 为 4 位二进制加法计数器的状态表。

表 17-3-1 4 位二进制加法计数器的状态表

计数顺序	电路状态				低位进位
	Q_3	Q_2	Q_1	Q_0	
0	0	0	0	0	0
1	0	0	0	1	0
2	0	0	1	0	0
3	0	0	1	1	0
4	0	1	0	0	0
5	0	1	0	1	0
6	0	1	1	0	0
7	0	1	1	1	0
8	1	0	0	0	0
9	1	0	0	1	0
10	1	0	1	0	0
11	1	0	1	1	0
12	1	1	0	0	0

续表

计数顺序	电路状态				低位进位
	Q_3	Q_2	Q_1	Q_0	
13	1	1	0	1	0
14	1	1	1	0	0
15	1	1	1	1	1
16	0	0	0	0	0

通过观察表 17-3-1 可以得出，Q_0 每来一个时钟脉冲就翻转一次；Q_1 只有当 Q_0 为 1 时，才能在下一个时钟脉冲边沿到达时翻转，否则状态保持不变；Q_2 只有当 Q_1、Q_0 同时为 1 时，才能在下一个时钟脉冲边沿到达时翻转，否则状态保持不变；Q_3 只有当 Q_2、Q_1 和 Q_0 同时为 1 时，才能在下一个时钟脉冲边沿到达时翻转，否则状态保持不变。

T 触发器的特性方程为 $Q^{n+1}=J\overline{Q^n}+\overline{K}Q^n=T\oplus Q^n$。当 $T=1$ 时，$Q^{n+1}=\overline{Q^n}$，每来一个时钟脉冲就翻转一次；当 $T=0$ 时，$Q^{n+1}=Q^n$ 状态保持不变。可见，选用 T 触发器来构成同步二进制加法计数器，可以根据表 17-3-1 所示的状态表确定计数器各 T 触发器的驱动方程为

$$\begin{cases}T_0=1\\T_1=Q_0\\T_2=Q_0Q_1\\T_3=Q_0Q_1Q_2\end{cases}\tag{17-3-1}$$

由此得到图 17-3-7 所示的 4 位同步二进制加法计数器逻辑图。CO 信号为进位输出端，当计数器的状态处于 1111 时，CO 信号产生一个正脉冲。图 17-3-8 所示为 4 位同步二进制加法计数器的时序图。推广可得 N 位同步二进制加法计数器的构成规律：

$$\begin{cases}T_0=1\\T_i=Q_{i-1}Q_{i-2}\cdots Q_2Q_1\quad(i=1,2,3,\cdots,N-1)\end{cases}\tag{17-3-2}$$

如果将图 17-3-7 所示电路中 T 触发器的驱动方程组改为

$$\begin{cases}T_0=1\\T_i=\overline{Q_{i-1}Q_{i-2}}\cdots\overline{Q_2Q_1}\quad(i=1,2,3,\cdots,N-1)\end{cases}\tag{17-3-3}$$

则可以得到 N 位同步二进制减法计数器。每输入一个时钟脉冲，计数器 $Q_3Q_2Q_1Q_0$ 的状态按照二进制编码递减。读者可自行分析 4 位同步二进制减法计数器的状态表和时序图。

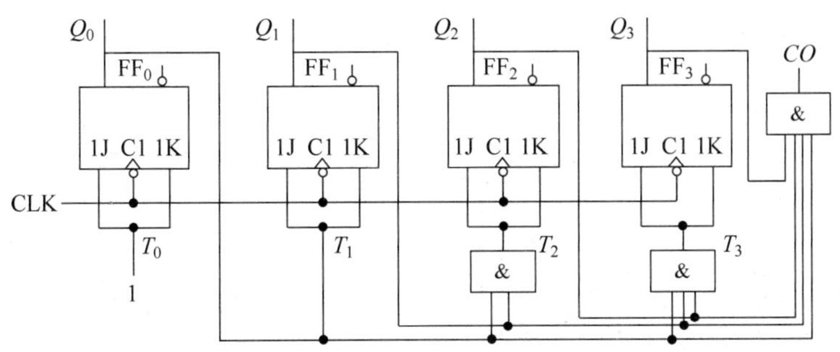

图 17-3-7　4 位同步二进制加法计数器逻辑图

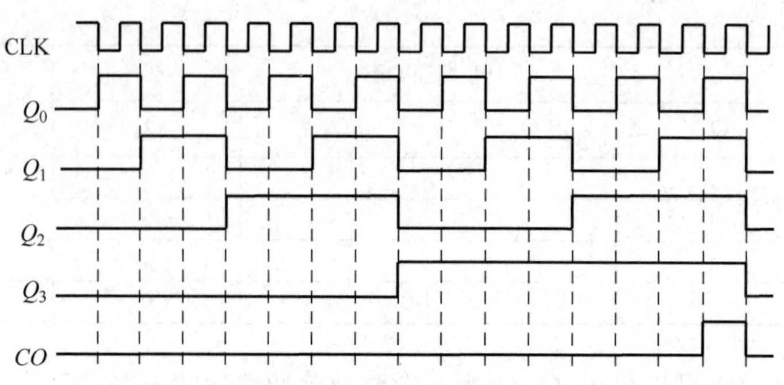

图 17-3-8 4 位同步二进制加法计数器时序图

17.3.2 集成计数器

在实际生产的计数器芯片中以 TTL 和 CMOS 两大系列的中规模集成计数器最为常见。集成计数器具有体积小、功耗低和功能灵活等特点。集成计数器的种类很多,表 17-3-2 列举了部分集成计数器产品。下面以 74161、74160 和 74LS290 为例,介绍集成计数器的功能及应用。

表 17-3-2 几种常见的集成计数器

时钟脉冲引入方式	型 号	计 数 模 式	清 零 方 式	预置数方式
同步	74161	4 位二进制加法	异步(低电平)	同步
	74HC161	4 位二进制加法	异步(低电平)	同步
	74HCT161	4 位二进制加法	异步(低电平)	同步
	74LS191	单时钟 4 位二进制可逆	无	异步
	74LS193	双时钟 4 位二进制可逆	异步(高电平)	同步
	74160	十进制加法	异步(高电平)	同步
	74LS190	单时钟十进制可逆	无	异步
异步	74LS293	双时钟 4 位二进制加法	异步	无
	74LS290	二-五-十进制加法	异步	异步

1. 集成计数器 74161

74161 为 4 位二进制同步加法计数器,图 17-3-9 是 74161 引脚排列及符号表示,其引脚功能如下。

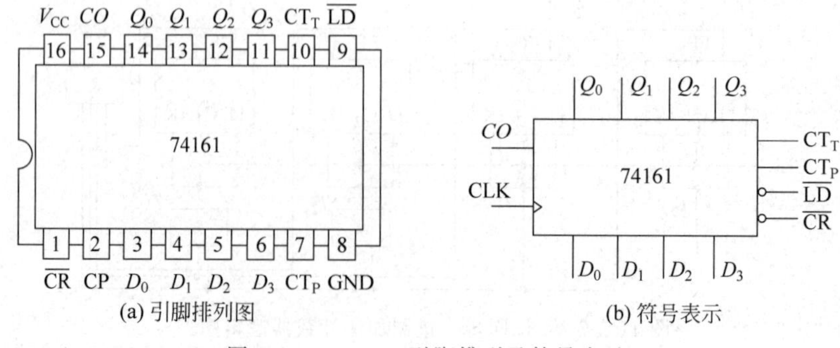

图 17-3-9 74161 引脚排列及符号表示

(1) 异步清零端 $\overline{CR}$：当 $\overline{CR}=0$ 时，无论其他输入端为何信号，计数器都将清零。正常工作时应使 $\overline{CR}=1$，它可以作为功能扩展端。

(2) 同步并行置数端 $\overline{LD}$：当 $\overline{CR}=1$、$\overline{LD}=0$ 的同步时钟脉冲上升沿到达，此时无论其输入端为何信号，都将使并行置数输入端 $D_0 \sim D_3$ 所设置的数据 $d_0 \sim d_3$ 置入计数器，使 $Q_0 \sim Q_3 = d_0 \sim d_3$，它可以作为功能扩展端。

(3) 计数控制端(使能端)CT_P、CT_T：当 $\overline{CR}=\overline{LD}=1$ 时，若 $CT_P=CT_T=1$，电路为 4 位二进制同步加法计数器，按照自然二进制数的递增顺序对时钟脉冲的上升沿进行计数，当计数到 1111 时，进位输出端 CO 输出进位脉冲(高电平有效)；当 $\overline{CR}=\overline{LD}=1$ 时，若 $CT_P \cdot CT_T=0$，则计数器将保持原来的状态不变。

74161 的功能表如表 17-3-3 所示。

表 17-3-3　74161 功能表

输入					输出	功能
$\overline{CR}$	$\overline{LD}$	$CT_P \cdot CT_T$	CLK	D_3 D_2 D_1 D_0	Q_3 Q_2 Q_1 Q_0	
0	×	××	×	× × × ×	0 0 0 0	异步清零
1	0	××	↑	d_3 d_2 d_1 d_0	d_3 d_2 d_1 d_0	同步置数
1	1	0×	×	× × × ×	保持	数据保持
1	1	×0	×	× × × ×	保持	数据保持
1	1	1 1	↑	× × × ×	十六进制计数	加法计数

2. 集成计数器 74160

74160 为十进制同步加法计数器，其引脚排列和符号表示以及逻辑功能都与 74LS161 基本相同。不同之处在于它们的计数长度不同。其功能如表 17-3-4 所示。

表 17-3-4　74160 功能表

清零	预置	使能		时钟	预置数据输入	输出	工作模式
$\bar{R}_D$	$\overline{LD}$	EP	ET	CLK	D_3 D_2 D_1 D_0	Q_3 Q_2 Q_1 Q_0	
0	×	×	×	×	× × × ×	0 0 0 0	异步清零
1	0	×	×	↑	d_3 d_2 d_1 d_0	d_3 d_2 d_1 d_0	同步置数
1	1	0	×	×	× × × ×	保持	数据保持
1	1	×	0	×	× × × ×	保持	数据保持
1	1	1	1	↑	× × × ×	十进制计数	加法计数

3. 集成计数器 74LS290

74LS290 是集成的异步二-五-十进制计数器，其电路结构及符号表示如图 17-3-10 所示，逻辑功能如表 17-3-5 所示。

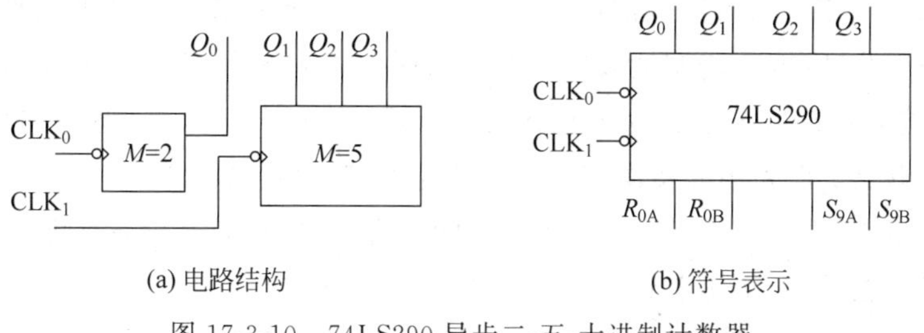

(a) 电路结构　(b) 符号表示

图 17-3-10　74LS290 异步二-五-十进制计数器

表 17-3-5　74LS290 功能表

清零输入		置数输入		时钟	输　出				功　能
R_{0A}	R_{0B}	S_{9A}	S_{9B}	CLK	Q_3	Q_2	Q_1	Q_0	
1	1	0	×	×	0	0	0	0	异步清零
1	1	×	0	×	0	0	0	0	
×	×	1	1	×	1	0	0	1	异步置 9
0	×	0	×	↓	计数				加法计数
0	×	×	0	↓	计数				
×	0	0	×	↓	计数				
×	0	×	0	↓	计数				

根据功能表及符号表示可知如下结论。

(1) 异步置 9 端：高电平有效，当 $S_9=S_{9A}S_{9B}=1$ 时，计数器置 9，计数器的输出为 1001。

(2) 异步清零端：高电平有效，当 $S_9=S_{9A}S_{9B}=0$ 时，若 $R_0=R_{0A}R_{0B}=1$，则计数器清零。

(3) 异步计数端：当 $S_9=S_{9A}S_{9B}=0$ 且 $R_0=R_{0A}R_{0B}=0$ 时，计数器进行异步计数，时钟脉冲下降沿有效。包含以下 3 种情况。

① 若将 CLK 加在 CP_0 端，CP_1 接低电平，Q_0 为输出端，则得到异步二进制计数器。

② 若将 CLK 加在 CP_1 端，CP_0 接低电平，$Q_3Q_2Q_1$ 为输出端，则得到异步五进制计数器。

③ 若将 CLK 加在 CP_0 端，把 Q_0 与 CP_1 连接起来，$Q_3Q_2Q_1Q_0$ 为输出端，则得到异步十进制计数器。

17.3.3　N 进制计数器的构成方法

虽然集成计数器的种类很多，但不可能应有尽有。构成其他进制计数器通常用已知计数器与适当的门电路连接而成。使用集成计数器构成 N 进制计数器通常采用反馈清零法、反馈置数法和级联法。前两种方法一般用于构成小于已知计数器模的 N 进制计数器，只需要一片已知计数器；后一种方法用于构成大于已知计数器模的 N 进制计数器，且需要多片已知计数器；也可以将 3 种方法综合使用，以构成任意进制的计数器。

1. 反馈清零法

反馈清零法就是在已知的集成计数器的有效计数循环中，选取一个中间状态通过适当的门电路，去控制集成计数器的清零端，使计数器计数到此状态后即返回零状态重新开始计数(这个中间状态也叫反馈点状态)，这样就舍弃了原计数循环中反馈点后的一些状态，把计数容量较大的计数器改成了计数容量较小的计数器。

集成计数器的清零方式有同步清零与异步清零，在选择清零的中间状态即反馈点时有一定的区别。设将要构成的 N 进制计数器的有效循环状态为 $S_0 \sim S_{N-1}$，则采用同步清零方式的芯片时，反馈点的状态为 S_{N-1}，这个状态出现后，要等到下一个时钟脉冲到来时才清零，故这个状态为有效状态；而采用异步清零方式的芯片时，反馈点的状态为 S_N，这个状态一出现，输出便立即被置 0，因此这个状态只在极短的瞬间出现，通常称为过渡态且为无效状态。

使用反馈清零法构成 N 进制计数器时常用的步骤如下。

(1) 由同步清零或异步清零确定反馈点状态 S_{N-1} 或 S_N。同步清零方式选择 S_{N-1}，异步清零方式选择 S_N。

(2) 将反馈点状态为高电平的端子作为反馈电路的输入信号，反馈电路的输出信号作为清零端的有效输入信号去控制电路清零。

(3) 画出电路连线图。

例如，若用十进制计数器构成六进制计数器，选用异步清零法和同步清零法的状态图如图 17-3-11 所示。

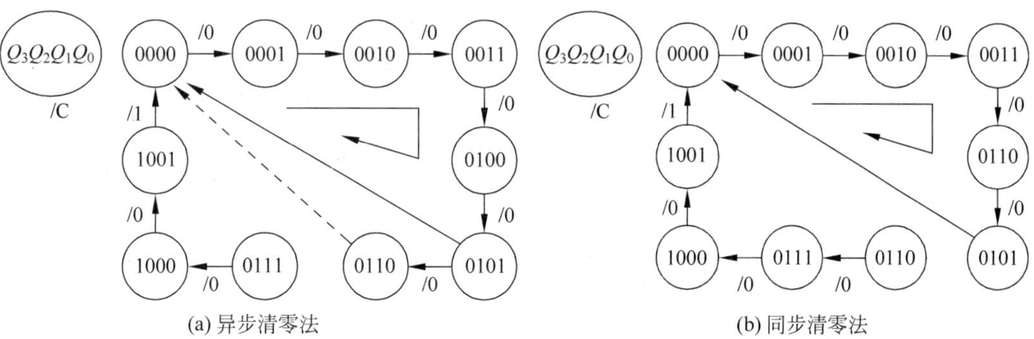

图 17-3-11　十进制计数器构成六进制计数器异步清零法和同步清零法的状态图

【例 17-3-1】 用集成同步四位二进制计数器 74LS161 构成十二进制计数器。

【解答】 (1) 74161 是采用异步清零方式的同步计数器，应选用 S_N 为清零状态，即选用 $S_{12}=1100$ 为清零状态。

(2) 选与非门作为反馈电路，用反馈点状态的高电平端作为与非门的输入端，与非门的输出端作为清零控制信号，即 $\overline{\mathrm{CR}}=\overline{Q_3^nQ_2^n}$。

(3) 电路连接如图 17-3-12 所示。

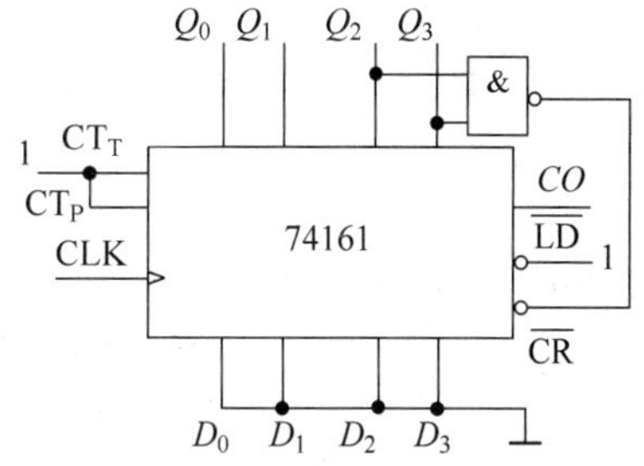

图 17-3-12　例 17-3-1 电路图

2. 反馈置数法

反馈置数法和反馈清零法不同，其计数过程不一定从全 0 的状态 S_0 开始，可以通过预置数功能端 $\overline{\mathrm{LD}}$ 使计数器从某个预置状态 $S_i=D_3D_2D_1D_0$ 开始计数，计满 N 个状态后产生置数信号反馈给置数端使计数器又进入预置状态重新开始计数。

反馈置数法与反馈清零法类似，也需要选择一个中间状态即反馈点状态去控制集成计数器的置数端，使计数器计数到此状态后即返回到预置状态重新开始计数。选择的方法与选择清零状态的方法一致，取决于芯片采用的是同步还是异步置数方式。设将要构成的 N 进制计数器的有效循环状态为 $S_i \sim S_{N+i}$，则采用同步置数方式的芯片时，反馈点的状态为 S_{N+i-1}，这个状态出现后，要等到下一个时钟脉冲到来时才置数，使输出为 $S_i=D_3D_2D_1D_0$，故 S_{N+i-1} 为有效状态；而采用异步置数方式的芯片时，反馈点的状态为 S_{N+i}，这个状态一出现输出便立即被置为 S_i，因此 S_{N+i} 只在极短的瞬间出现，为无效状态。反馈置数法构成 N 进制计数器的步骤如下。

(1) 根据芯片的置数方式选定反馈点状态 S_{N+i-1} 或 S_{N+i}，同步置位方式选 S_{N+i-1}，异

步置位方式选 S_{N+i}。

(2) 将反馈点状态为高电平的端子作为反馈电路的输入信号，反馈电路的输出信号作为置数端的有效输入信号去控制电路置数。

(3) 根据指定的有效循环的起始状态 S_i 设定预置数的值为 $D_3D_2D_1D_0$。

(4) 画电路连线图。

例如，要用十进制计数器构成六进制计数器，选用异步置数法和同步置数法的状态图如图 17-3-13 所示。

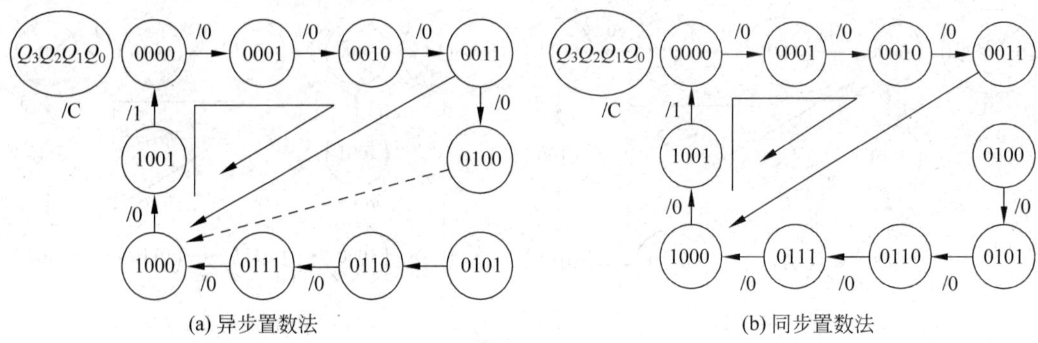

图 17-3-13 用十进制计数器的置数功能构成六进制计数器的状态图

【例 17-3-2】 用集成同步四位二进制计数器 74161 构成按图 17-3-14 所示状态变化的计数器。

【解答】 起始状态：$S_3=0011$；结束状态：$S_{13}=1101$；$N=11$，要构建十一进制计数器。74161 是同步置数方式，故选择反馈点状态为 $S_{13}=1101$。选与非门作为反馈电路，用反馈点状态的高电平端作为与非门的输入端，反馈点的输出端作为置数控制信号，即 $\overline{LD}=\overline{Q_3^nQ_2^nQ_0^n}$，且设定并行输入预置数为 $D_3D_2D_1D_0=0011$。画出电路连线图如图 17-3-15 所示。

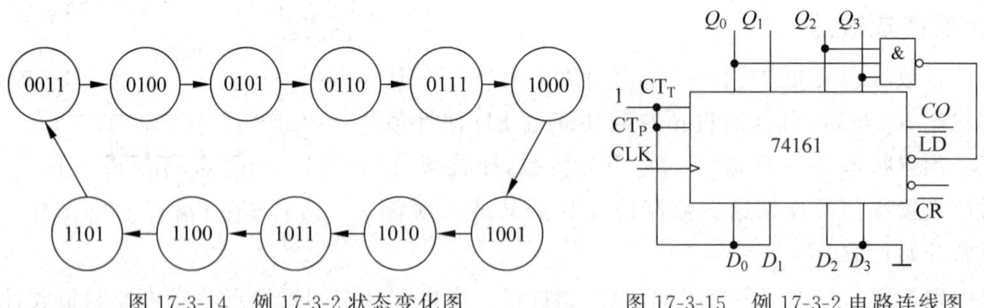

图 17-3-14 例 17-3-2 状态变化图

图 17-3-15 例 17-3-2 电路连线图

3. 级联法

当一片集成计数器的计数容量不够时，可以用若干片集成计数器串联，这时的总容量为各片计数容量(计数长度)的乘积。

芯片之间的连接有串行进位方式和并行进位方式(也称为异步连接和同步连接)。异步连接时，计数脉冲只加到低位片上，低位片的进位输出作为高位片的时钟计数输入脉冲。同步连接时，时钟脉冲同时连接到各片集成电路的时钟输入端，低位片的进位输出作为高位片的工作状态控制信号。

17.4 寄存器

把二进制数据或代码暂时存储起来的操作叫作寄存,具有寄存功能的电路称为寄存器。寄存器是一种基本时序电路,广泛分布于各种数字系统中。

17.4.1 寄存器和移位寄存器

1. 寄存器

寄存器是用来存储二进制代码的电路,它的主要组成部分是触发器。一个触发器能存储 1 位二进制代码,要存储 n 位二进制代码,就需要用 n 个触发器,所以寄存器实际上是若干触发器的集合。

一个 4 位的集成寄存器 74LS175 的逻辑电路如图 17-4-1 所示。其中,R_D 是异步清零控制端。在向寄存器中寄存数据或代码之前,必须先将寄存器清零,否则有可能出错。$D_0 \sim D_3$ 是数据输入端,在时钟脉冲上升沿作用下,$D_0 \sim D_3$ 端的数据被并行地存入寄存器。输出数据可以并行从 $Q_0 \sim Q_3$ 端引出,也可以并行从 $\overline{Q_0} \sim \overline{Q_3}$ 端引出反码输出。74LS175 的功能表如表 17-4-1 所示。

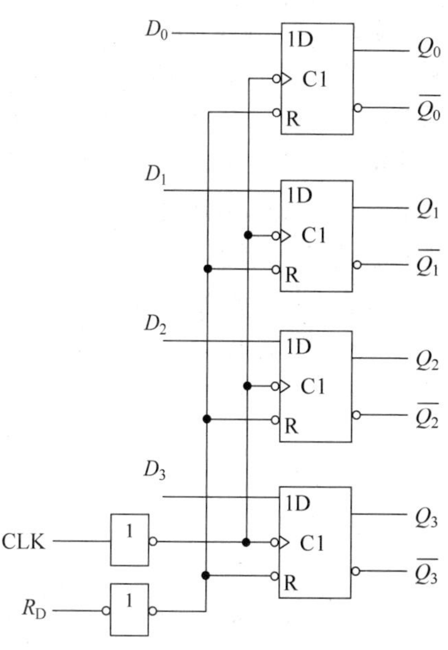

图 17-4-1　集成寄存器 74LS175 逻辑电路

2. 移位寄存器

移位寄存器不仅具有数码存储功能,还具有移位的功能,即在移位脉冲的作用下,依次左移或右移,故移位寄存器除了寄存代码外,还可以实现数据的串行/并行转换、数值运算以及数据处理等。

表 17-4-1　74LS175 功能表

输入						输出			
R_D	CLK	D_0	D_1	D_2	D_3	Q_0	Q_1	Q_2	Q_3
L	×	×	×	×	×	L	L	L	L
H	↑	1D	2D	3D	4D	1D	2D	3D	4D
H	H	×	×	×	×	保持			
H	L	×	×	×	×				

1) 移位寄存器的工作原理

图 17-4-2 所示电路是由边沿触发的 D 触发器组成的 4 位单向右移移位寄存器逻辑图。

串行二进制数据从输入端 D_1 输入,左侧触发器的输出端作为右侧触发器的输入,从逻辑图可知,各 D 触发器的驱动方程为

$$\begin{cases} D_0 = D_1 \\ D_1 = Q_0 \\ D_2 = Q_1 \\ D_3 = Q_2 \end{cases} \tag{17-4-1}$$

在时钟脉冲下降沿到来的时刻,单向右移寄存器中每个触发器中的内容移入右侧的触发器。值得注意的是,由于逻辑符号规定最低有效位(LSB)到最高有效位(MSB)的排列顺序为从左到右,因此移位寄存器的数据右移定义为从低位触发器移向高位触发器,而数据左移定义为从高位触发器移向低位触发器,与计算机指令系统中的左移、右移指令的规定刚好相反。

设移位寄存器的初始状态 $Q_3Q_2Q_1Q_0=0000$,现将外部串行数据 $B_3B_2B_1B_0$(1101)通过4次右移存入寄存器的过程说明如下:第1个时钟脉冲的下降沿后,第1位数据 B_3 由数据输入端 D_1 移入 FF_0,$Q_0=D_1=B_3=1$;第2个时钟脉冲的下降沿后,第2位数据 B_2 由数据输入端 D_1 移入 FF_0,$Q_0=D_1=B_2=1$,$Q_1=D_1=Q_0=B_3=1$;以此类推,图17-4-3是各触发器输出端在移位过程中的波形。经过4个时钟脉冲以后,串行数据1101分别出现在4个触发器的输出端 $Q_3\sim Q_0$,从而将串行输入的数据转换成并行输出(即同时从 $Q_3\sim Q_0$ 输出),这就是所谓的串行/并行转换。另外,从图17-4-3的波形图中也可以看到,在4、5、6、7个脉冲下降沿后,Q_3 的输出端分别为 $1(B_3)$、$1(B_2)$、$0(B_1)$、$1(B_0)$,这样又把寄存器中的并行数据转化为串行数据从 Q_3 输出,从而实现并行/串行转换。

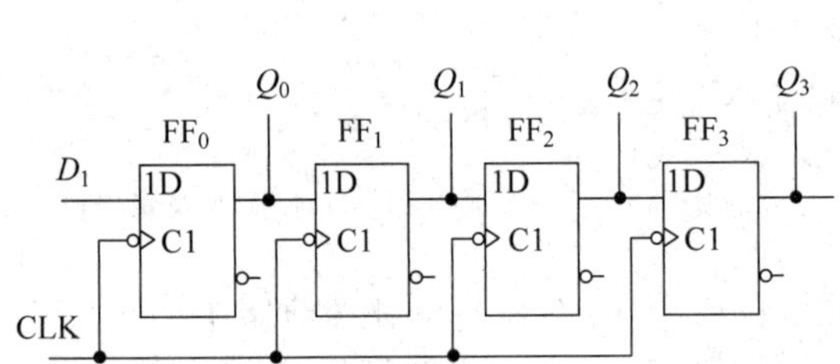

图17-4-2　D触发器组成的4位单向右移移位寄存器

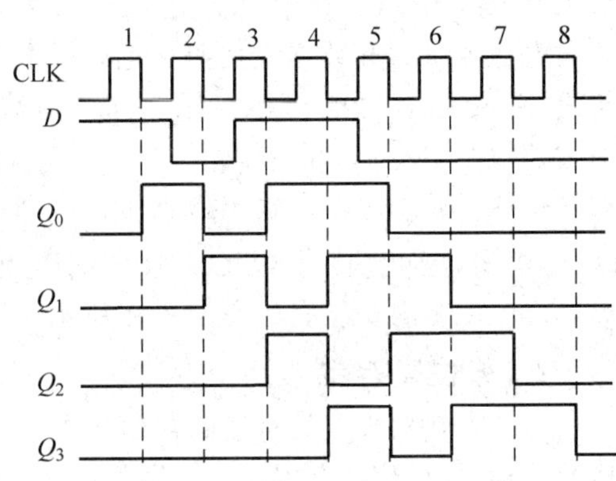

图17-4-3　各触发器输出端的波形

2）双向移位寄存器

让右侧触发器的输出作为左邻触发器的数据输入,则可构成左向移位寄存器。若再增添一些控制门,则可构成既能右移(由低位向高位)又能左移(由高位向低位)的双向移位寄存器。如图17-4-4所示的是双向移位寄存器的一种方案,它是利用边沿D触发器组成的,每个触发器的数据输入端 D 同与或非门组成的转换控制门相连,移位方向取决于移位控制端 S 的状态。以触发器 FF_0、FF_1 为例,其数据输入端 D 的逻辑表达式分别为

$$\begin{cases} D_0=\overline{SD_{IR}+\bar{S}\overline{Q_1}} \\ D_1=\overline{S\overline{Q_0}+\bar{S}\overline{Q_2}} \end{cases} \tag{17-4-2}$$

当 $S=1$ 时,$D_0=D_{SR}$,$D_1=Q_0$,即 FF_0 的 D_0 端与右移串行输入端 D_{SR} 连通,FF_1 的 D_1 端与 Q_0 相通,在时钟脉冲作用下,由 D_{SR} 端输入的数据将作右向移位;反之,$S=0$ 时,$D_0=Q_1$,$D_1=Q_2$ 在时钟脉冲作用下,Q_2、Q_1 的状态将作左向移位。同理,可以分析其他两位触发器间的移位情况。由此可见,图17-4-4所示寄存器可作双向移位。当 $S=1$ 时,数据作右向移位;当 $S=0$ 时,数据作左向移位。可实现串行输入/串行输出(由 D_{OR} 或 D_{OL} 输出)、串行输入/并行输出工作方式(由 $Q_3\sim Q_0$ 输出)。

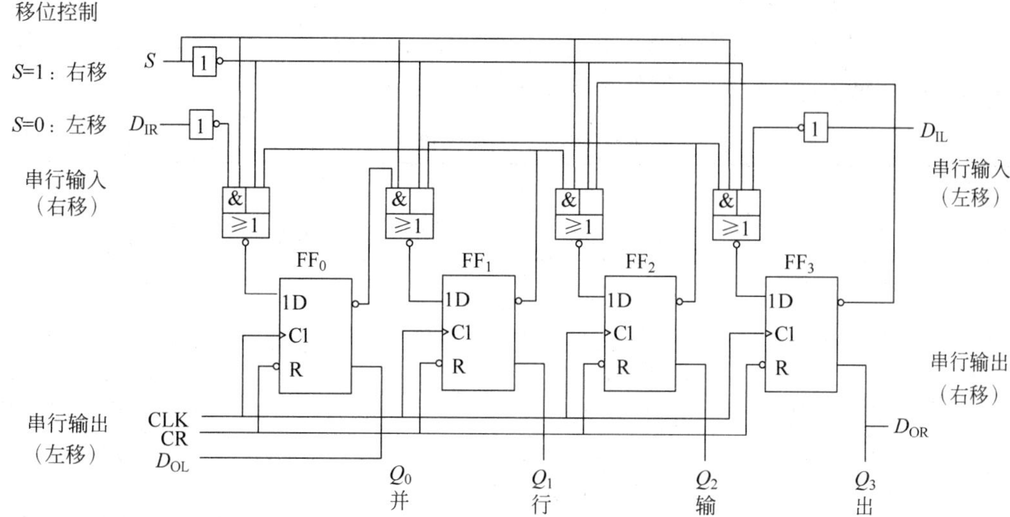

图 17-4-4 用 D 触发器构成的 4 位双向移位寄存器

集成移位寄存器 74LS194 由 4 个 D 触发器和 4 个 4 选 1 的数据选择器构成。逻辑电路图和逻辑符号如图 17-4-5 所示。其中，D_{IR} 是数据右移串行输入端，D_{IL} 是数据左移串行输入端，$D_0 \sim D_3$ 是数据并行输入端，$Q_0 \sim Q_3$ 是数据并行输出端，S_1、S_0 是工作状态控制端。S_1、S_0 的状态组合可以完成 4 种控制功能，如表 17-4-2 所示。

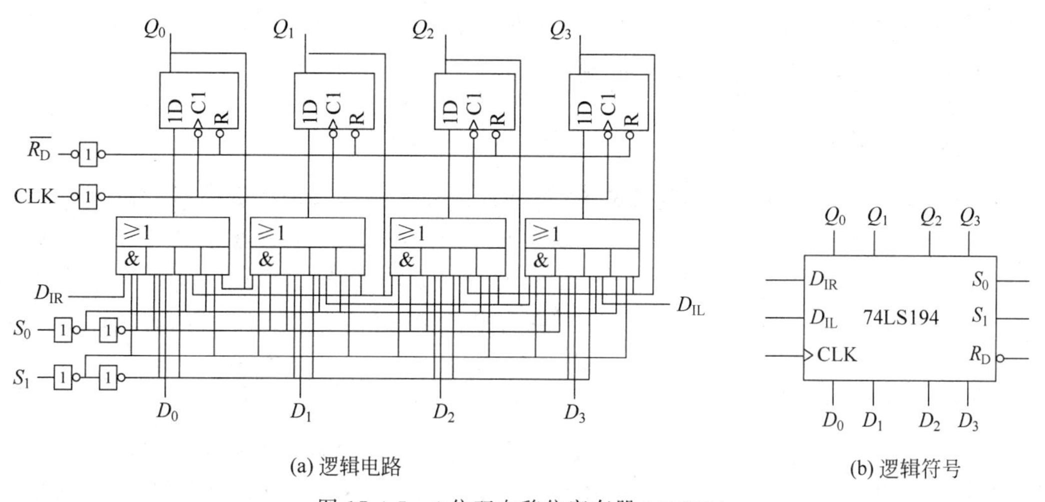

(a) 逻辑电路　　(b) 逻辑符号

图 17-4-5 4 位双向移位寄存器 74LS194

表 17-4-2 寄存器 74LS194 控制端的逻辑功能

控制信号		功能
S_1	S_0	
0	0	保持
0	1	右移
1	0	左移
1	1	并行置数

74LS194 功能表如表 17-4-3 所示。由表可知，74LS194 具有以下功能：第一行表示寄存器异步清零，R_D 是异步清零输入端；第二行为保持状态；第三行为并行同步预置数状态；第四、五行为串行输入左移；第六、七行为串行输入右移。

表 17-4-3　74LS194 功能表

序号	清零	输入									输出			
		控制信号		串行输入		时钟脉冲	并行输入				Q_0	Q_1	Q_2	Q_3
	R_D	S_1	S_0	右 D_{IR}	左 D_{IL}	CLK	D_0	D_1	D_2	D_3				
1	L	×	×	×	×	×	×	×	×	×	L	L	L	L
2	H	L	L	×	×	×	×	×	×	×	Q_0^n	Q_1^n	Q_2^n	Q_3^n
3	H	H	H	×	×	↑	D_0	D_1	D_2	D_3	D_0	D_1	D_2	D_3
4	H	H	L	×	H	↑	×	×	×	×	Q_1^n	Q_2^n	Q_3^n	H
5	H	H	L	×	L	↑	×	×	×	×	Q_1^n	Q_2^n	Q_3^n	L
6	H	L	H	H	×	↑	×	×	×	×	H	Q_0^n	Q_1^n	Q_2^n
7	H	L	H	L	×	↑	×	×	×	×	L	Q_0^n	Q_1^n	Q_2^n

有时要求在移位过程中数据不能丢失，仍然保持在寄存器中，此时，只要将移位寄存器最高位的输出端接至最低位的输入端，或将最低位的输出端接至最高位的输入端，即将移位寄存器的首尾相连就可实现上述功能。这种寄存器称为循环移位寄存器，它可以作为计数器使用，称为环形计数器。

17.4.2　移位寄存器型计数器

1. 环形计数器

用一个 n 位的移位寄存器所构成的最简单的、具有 n 种状态的计数器，称为环形计数器。

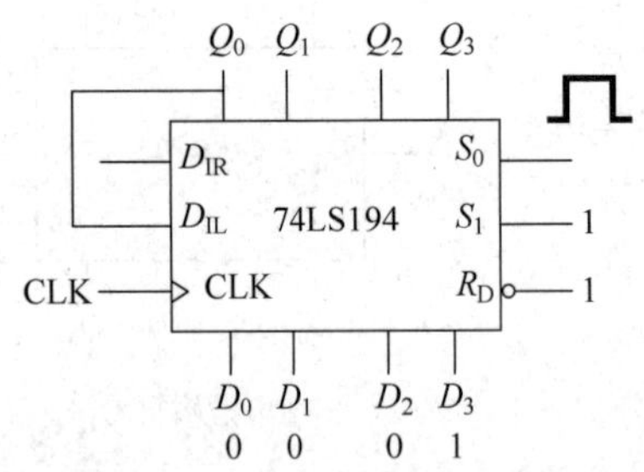

图 17-4-6　由 74LS194 构成的环形计数器

用 74LS194 构成的环形计数器如图 17-4-6 所示。将 74LS194 接成具有左移功能，当 S 端加一正脉冲信号（可视为复位信号）时，寄存器内容 $Q_0Q_1Q_2Q_3$ 被置位 0001，然后，每来一个时钟脉冲，74LS194 中的数据就左移一位，Q_0 的数据通过 D_{IL} 端移入 Q_3，因此 $Q_0Q_1Q_2Q_3$ 的下一个状态依次为 0010、0100、1000、0001，寄存器一直在这 4 个状态之间循环，如图 17-4-7 所示。

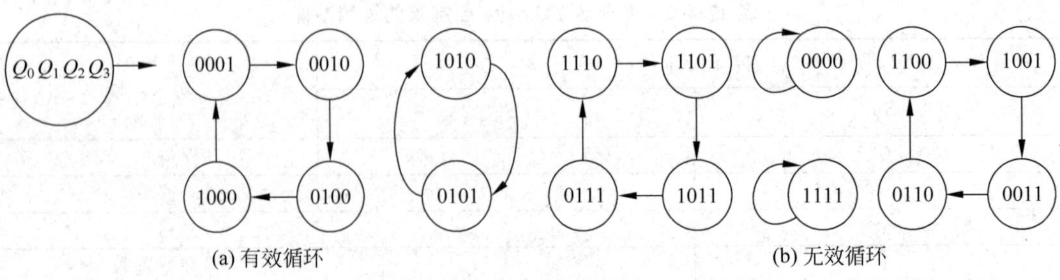

图 17-4-7　环形计数器的循环状态

此电路有几种无效循环，而且一旦脱离有效循环，则不会自动进入有效循环中，故此环形计数器不能自启动。为了能够自启动，与图 17-4-6 所示电路相比，加了一个反馈逻辑电路，如图 17-4-8 所示，画出它的状态转换图，如图 17-4-9 所示。

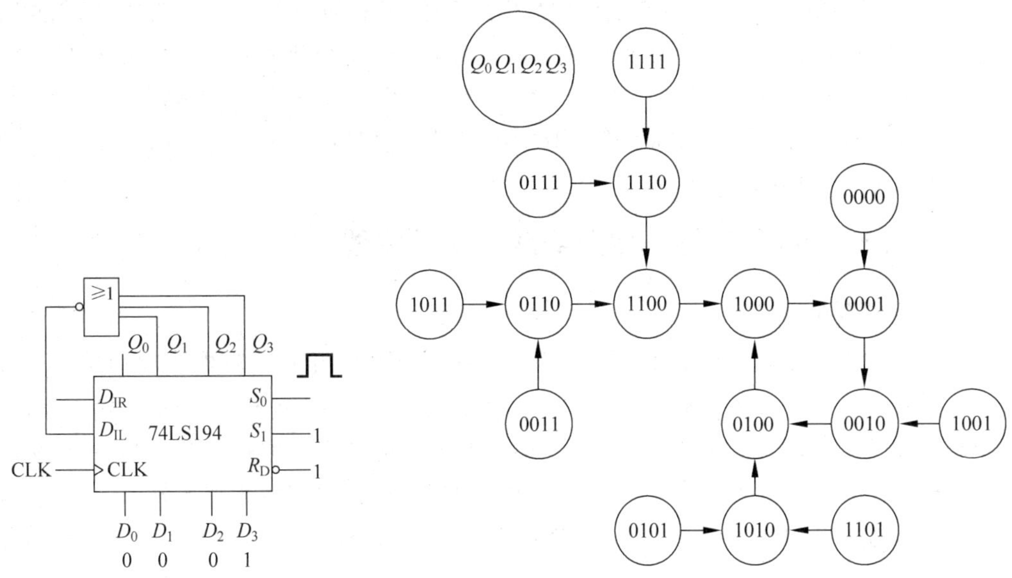

图 17-4-8　能自启动的环形计数器　　　　图 17-4-9　图 17-4-8 电路状态转换图

2. 扭环形计数器

把 n 位移位寄存器的串行输出取反，反馈到串行输入端，就构成了具有 $2n$ 种状态的计数器，这种计数器称为扭环形计数器，也称约翰逊计数器。图 17-4-10 所示为由 74LS194 构成的扭环形计数器的逻辑图，其状态图如图 17-4-11 所示。

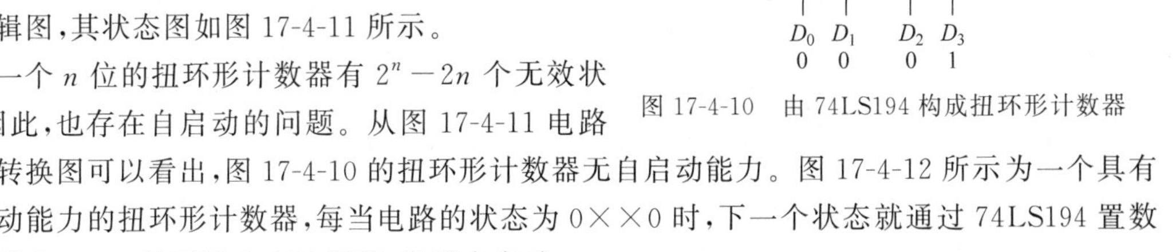

图 17-4-10　由 74LS194 构成扭环形计数器

一个 n 位的扭环形计数器有 2^n-2n 个无效状态，因此，也存在自启动的问题。从图 17-4-11 电路状态转换图可以看出，图 17-4-10 的扭环形计数器无自启动能力。图 17-4-12 所示为一个具有自启动能力的扭环形计数器，每当电路的状态为 0××0 时，下一个状态就通过 74LS194 置数功能进入 0001，从而进入有效循环，实现自启动。

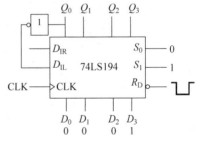

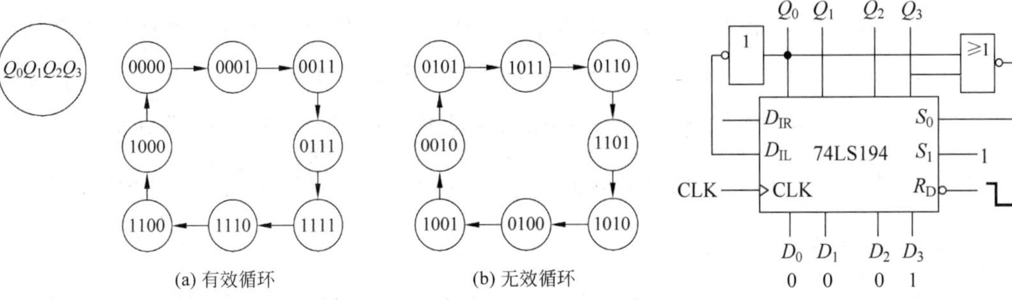

图 17-4-11　图 17-4-10 电路状态转换图　　　　图 17-4-12　能自启动的扭环形计数器

17.5 555 定时器

555 定时器是一种模、数混合的中规模集成电路，具有使用方便、灵活等特点，用它可以很方便地组成脉冲的产生、整形、延时和定时电路，所以应用比较广泛。定时器有双极型和 CMOS 两种类型的产品，它们的结构及工作原理基本相同，没有本质的区别。一般来说，双极型定时器的驱动能力较强，电源电压范围为 5～16V；而 CMOS 定时器的电源电压范围为 3～18V，它具有低功耗、输入阻抗高等优点。

17.5.1 555 定时器的电路组成及工作原理

1. 电路组成

555 定时器的电路组成如图 17-5-1 所示。它由分压器、电压比较器 C_1 和 C_2、简单 SR 锁存器、放电三极管 T 以及缓冲器 G 组成。阈值输入端 v_{I1} 是比较器 C_1 的信号输入端，触发输入端 v_{I2} 是比较器 C_2 的信号输入端。当控制电压端（5 脚）悬空时（此时，一般该端接上 0.01μF 左右的滤波电容），三个 5kΩ 的电阻串联组成的分压器，为比较器 C_1、C_2 分别提供 $2V_{CC}/3$ 和 $V_{CC}/3$ 的基准电压。如控制电压端（5 脚）外接电压 v_{IC}，则比较器 C_1、C_2 的基准电压就变为 v_{IC} 和 $v_{IC}/2$。

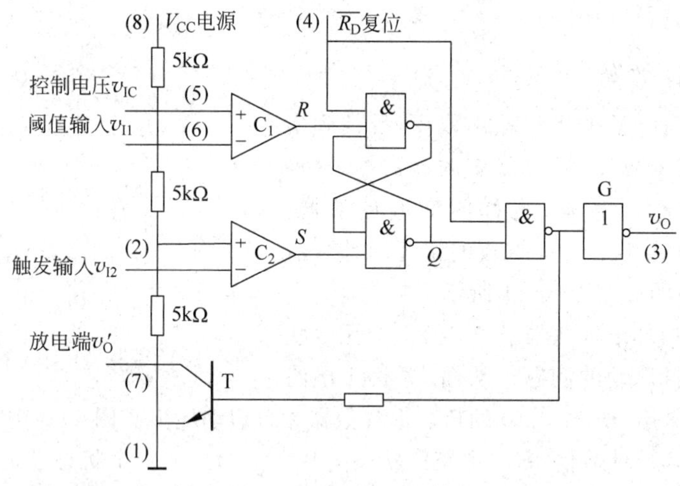

图 17-5-1 555 定时器电路组成

比较器 C_1、C_2 的输出控制 SR 锁存器和放电三极管 T 的状态。放电三极管 T 为外接电路提供放电通路，定时器在使用时，T 的集电极（7 脚）一般都要外接一个上拉电阻。$\overline{R_D}$ 为直接复位输入端，当 $\overline{R_D}$ 为低电平时，不管其他输入端的状态如何，输出端 v_O 即为低电平。当 $v_{I1}>\frac{2}{3}V_{CC}$，$v_{I2}>\frac{1}{3}V_{CC}$ 时，比较器 C_1 输出低电平，比较器 C_2 输出高电平，简单 SR 锁存器 Q 端置 0，T 导通，输出端 v_O 为低电平。

当 $v_{I1}<\frac{2}{3}V_{CC}$，$v_{I2}<\frac{1}{3}V_{CC}$ 时，比较器 C_1 输出高电平，比较器 C_2 输出低电平，简单 SR 锁存器置 1，T 截止，输出端 v_O 为高电平。

当 $v_{I1}<\frac{2}{3}V_{CC}$，$v_{I2}>\frac{1}{3}V_{CC}$ 时，简单 SR 锁存器 $R=1$、$S=1$，锁存器状态不变，电路保持原状态不变。

2. 功能描述

综合上述分析，可得 555 定时器功能表如表 17-5-1 所示。

表 17-5-1　555 定时器功能表

输　入			输　出	
阈值输入 v_{I1}	触发输入 v_{I2}	复位$\overline{R_D}$	输出 v_O	放电管 T
×	×	0	0	导通
$<\frac{2}{3}V_{CC}$	$<\frac{1}{3}V_{CC}$	1	1	截止
$>\frac{2}{3}V_{CC}$	$>\frac{1}{3}V_{CC}$	1	0	导通
$<\frac{2}{3}V_{CC}$	$>\frac{1}{3}V_{CC}$	1	不变	不变

17.5.2　555 定时器组成的施密特触发器

将 555 定时器的阈值输入端和触发输入端相接，即构成施密特触发器，电路和简化电路如图 17-5-2 所示。

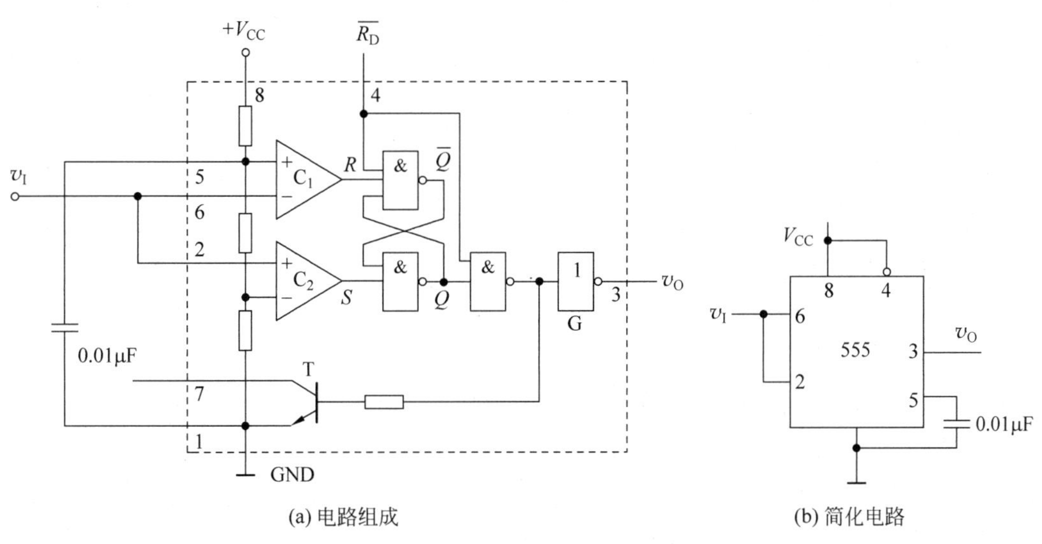

(a) 电路组成　　(b) 简化电路

图 17-5-2　555 定时器组成施密特触发器

如果 v_I 由 0V 开始逐渐增加，当 $v_I<\frac{1}{3}V_{CC}$ 时，根据 555 定时器功能表可知，输出 v_O 为高电平；v_I 继续增加，如果$\frac{1}{3}V_{CC}<v_I<\frac{2}{3}V_{CC}$，输出 v_O 维持高电平不变；v_I 再增加，一旦 $v_I>\frac{2}{3}V_{CC}$，v_O 就由高电平跳变为低电平；之后 v_I 再增加，仍是 $v_I>\frac{2}{3}V_{CC}$，输出保持低电平不变。

如果 v_I 由大于 $2V_{CC}/3$ 的电压值逐渐下降，只要$\frac{1}{3}V_{CC}<v_I<\frac{2}{3}V_{CC}$，电路输出状态不变

仍为低电平；只有当 $v_I<\frac{1}{3}V_{CC}$ 时，电路才再次翻转，v_O 由低电平跳变为高电平。

如果输入 v_I 为三角波，电路的工作波形和电压传输特性曲线如图 17-5-3 所示。

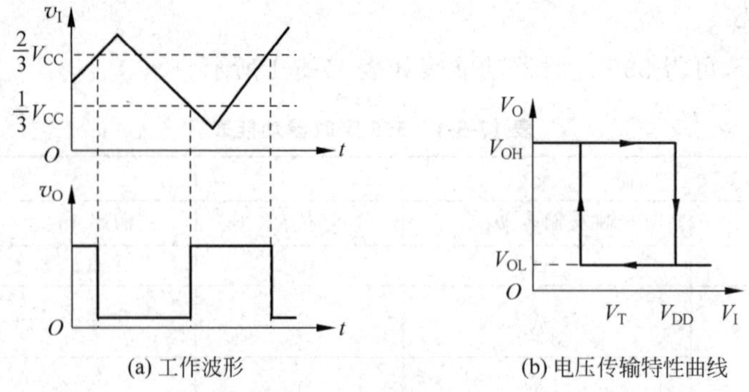

(a) 工作波形　　(b) 电压传输特性曲线

图 17-5-3　施密特触发器的工作波形和电压传输特性曲线

图 17-5-3 所示施密特触发器的正、负向阈值电压分别为 $2V_{CC}/3$ 和 $V_{CC}/3$。不难理解，如施密特触发器控制电压(5 脚)端接 v_{IC}，改变 v_{IC} 可以调节电路的回差电压。

17.5.3　555 定时器组成的单稳态触发器

用 555 构成的单稳态触发器和简化电路分别如图 17-5-4 所示。

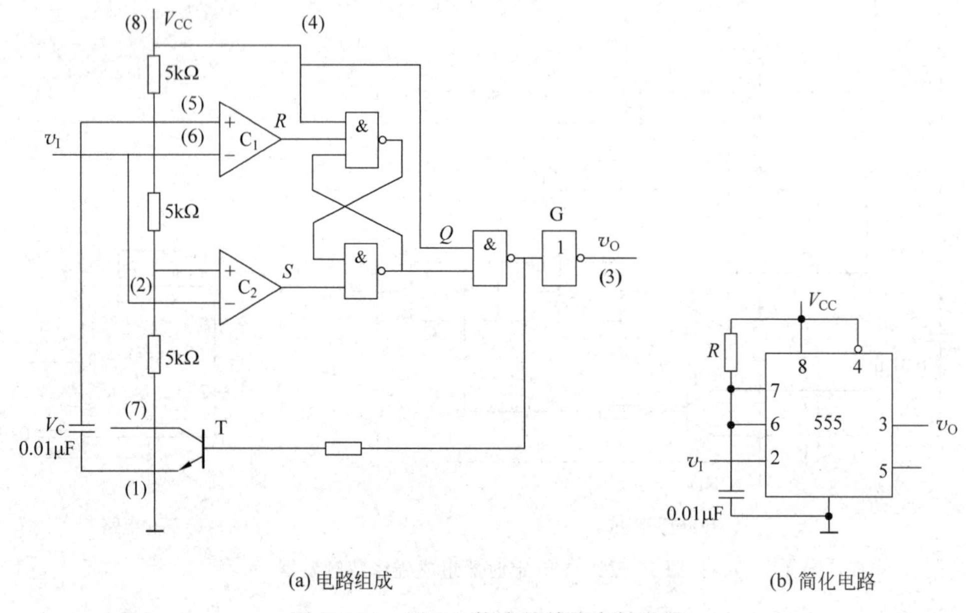

(a) 电路组成　　(b) 简化电路

图 17-5-4　用 555 构成的单稳态触发器

没有触发信号时 v_I 处于高电平($v_I>V_{CC}/3$)，如接通电源后 $Q=0$、$v_O=0$，T 导通，电容通过 T 放电，使 $V_C=0$，v_O 保持低电平不变。如接通电源后 $Q=1$，T 就会截止，电源通过电阻 R 向电容 C 充电，当 V_C 上升到 $2V_{CC}/3$ 时，由于 $R=0$、$S=1$，锁存器置 0，v_O 为低电平。此时 T 导通，电容 C 放电，v_O 保持低电平不变。因此，电路通电后在没有触发信号时，电路只有一种稳定状态，$v_O=0$。

若触发输入端施加触发信号($v_I<V_{CC}/3$)，电路的输出状态由低电平跳变为高电平，电路

进入暂稳态，三极管 T 截止。此后电容 C 充电，当电容充电至 $V_C=2V_{CC}/3$ 时，电路的输出电压 v_O 由高电平翻转为低电平，同时 T 导通，于是电容 C 放电，电路返回到稳定状态。电路的工作波形如图 17-5-5 所示。

如果忽略 T 的饱和压降，则 V_C 从零电平上升到 $2V_{CC}/3$ 的时间，即为输出电压 v_O 的脉宽 t_w，脉宽的计算公式为

$$t_w=RC\ln\frac{V_{CC}-0}{V_{CC}-\frac{2}{3}V_{CC}}=RC\ln 3\approx 1.1RC \tag{17-5-1}$$

通常 R 的取值在几百欧至几兆欧之间，电容取值为几百皮法到几百微法，这种电路产生的脉冲宽度可从几个微秒到数分钟，精度可达 0.1%。由图 17-5-5 可知，如果在电路的暂稳态持续时间内，加入新的触发脉冲（图 17-5-5 中的虚线所示），则该脉冲对电路不起作用，电路为不可重复触发单稳态触发器。

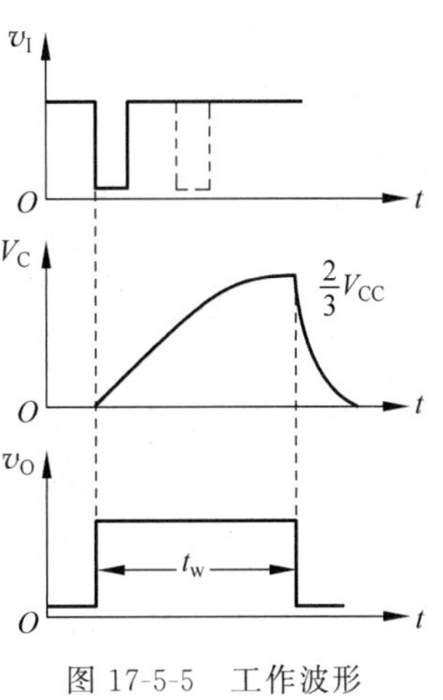

图 17-5-5　工作波形

由 555 定时器构成的可重复触发单稳态电路及工作波形如图 17-5-6 所示。

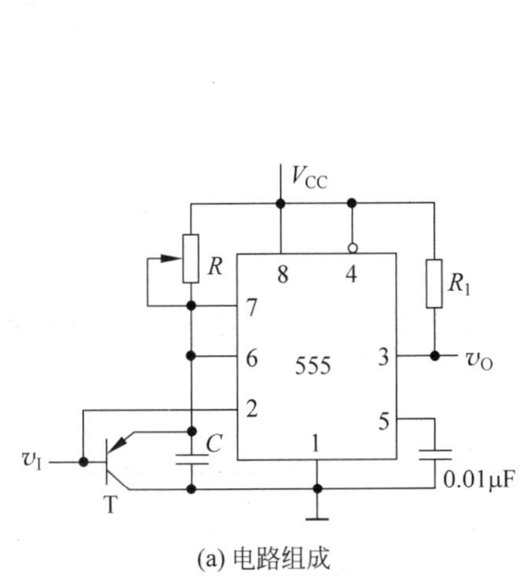

(a) 电路组成

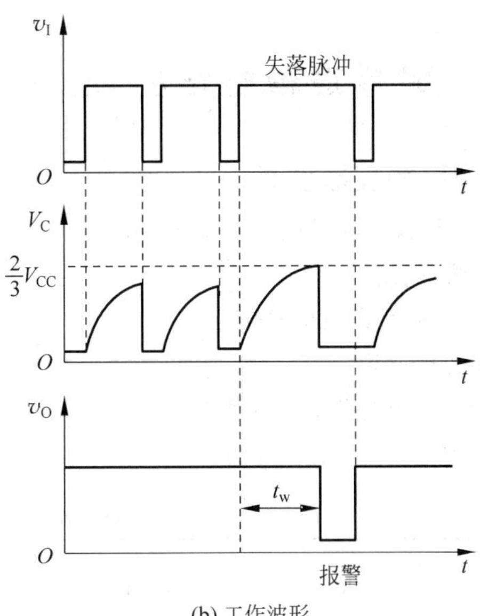

(b) 工作波形

图 17-5-6　可重复触发单稳态电路

当 v_I 输入负向脉冲后，电路进入暂稳态，同时三极管 T 导通，电容 C 放电。输入负脉冲撤除后，电容 C 充电，在 V_C 未充到 $2V_{CC}/3$ 之前，电路处于暂稳态。如果在此期间，又加入新的触发脉冲，三极管 T 又导通，电容 C 再次放电，输出仍然维持在暂稳态，只有在触发脉冲撤除后，在输出脉宽 t_w 时间内没有新的触发脉冲，电路才返回到稳定状态。该电路可用作失落脉冲检测，对电机转速或人体的心律进行监视，如转速不稳或人体的心律不齐时，v_O 的低电平可用作报警信号。

用单稳态电路组成的脉宽调制电路如图 17-5-7 所示。在单稳态电路的电压控制端输入三角波，当输入电压升高时，电路的阈值电压升高，输出的脉冲宽度随之增加；而当输入电压降低时，电路的阈值电压也降低，输出的脉冲宽度则随之减小。随着输入电压的变化，在单稳

态的输出端,就可得到一串随控制电压变化的脉宽调制波形。

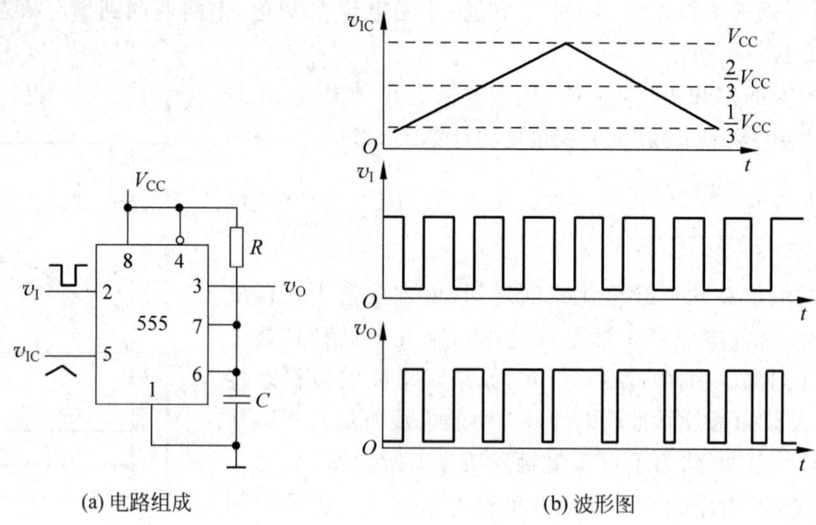

(a) 电路组成　　(b) 波形图

图 17-5-7　脉冲宽度调制器

17.6　时序逻辑电路的 Multisim 仿真实例

1. JK 触发器仿真

触发器的内容详见本书 17.2 节。

1）仿真目的

验证 JK 触发器的功能。

2）仿真过程

（1）JK 触发器的功能表如表 17-6-1 所示。其中,CLK 即时钟信号 CP,取值 0→1 表示上升沿,取值 1→0 表示下降沿。

表 17-6-1　JK 触发器的功能表

J	K	CLK(CP)	Q^{n+1}		功　能
			$Q^n=0$	$Q^n=1$	
0	0	0→1	0	1	保持↓
		1→0	0	1	
0	1	0→1	0	1	置 0↓
		1→0	0	0	
1	0	0→1	0	1	置 1↓
		1→0	1	1	
1	1	0→1	0	1	翻转↓
		1→0	1	0	

（2）根据上表可知,JK 触发器 74LS76D 是下降沿触发,具有置数和清零功能。

（3）利用 Multisim 10 软件绘制图 17-6-1 所示的 JK 触发器仿真电路图。其中,红色指示灯(X1)代表信号 Q,蓝色指示灯(X2)代表信号 $\overline{Q}$(灯亮表示高电平,灯灭表示低电平)；单刀双掷开关(SPDT)J1～J5 连接电源 V_{CC} 代表信号 1，连接 GROUND 代表信号 0。J5 从接 GROUND 切换到接 V_{CC}(即 0→1)代表上升沿，从接 V_{CC} 切换到接 GROUND(即 1→0)代表下降沿；置数(PR)和清零(CLR)端在正常工作时接 V_{CC}。

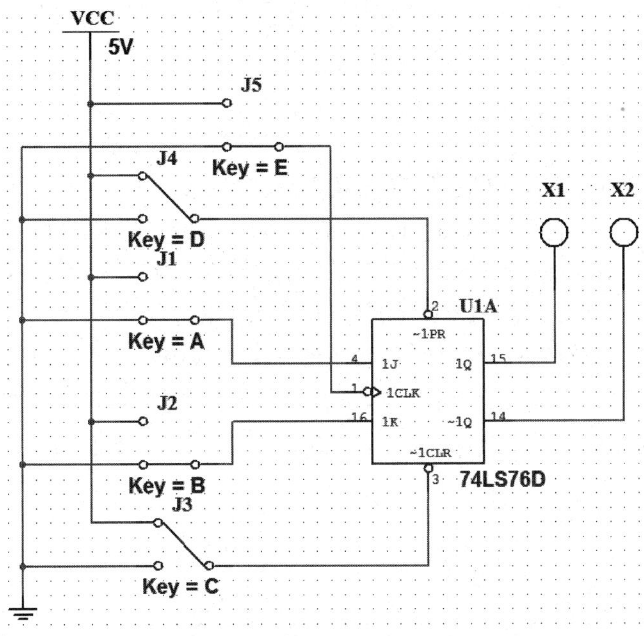

图 17-6-1　JK 触发器仿真电路图

(4) 首先将信号 CLR(J3)接信号 0，触发器清零，此时 $Q^n=0$(红灯灭，蓝灯亮)，仿真效果如图 17-6-2 所示。接下来将信号 CLR(J3)接信号 1，开始验证 $JK=00$、$Q^n=0$ 时的触发器功能：CLK(J5)从 0→1 或从 1→0，$Q^{n+1}=0=Q^n$。再将信号 PR(J4)接信号 0，触发器置 1，此时 $Q^n=1$(红灯亮，蓝灯灭)，仿真效果如图 17-6-3 所示。将信号 PR(J4)接信号 1，开始验证 $JK=00$、$Q^n=1$ 时的触发器功能：CLK(J5)从 0→1 或从 1→0，$Q^{n+1}=1=Q^n$。

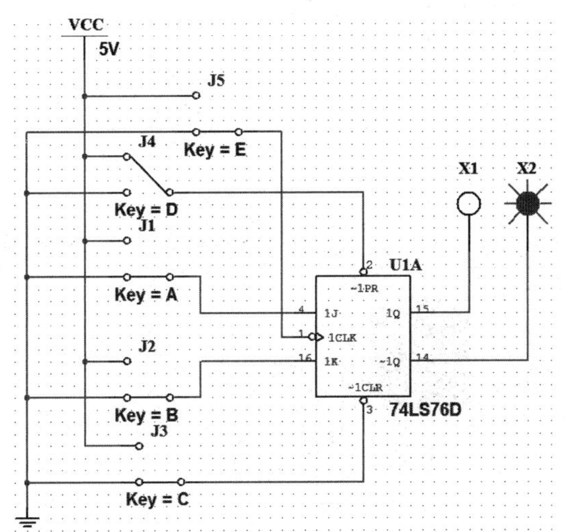

图 17-6-2　JK 触发器清零仿真效果图

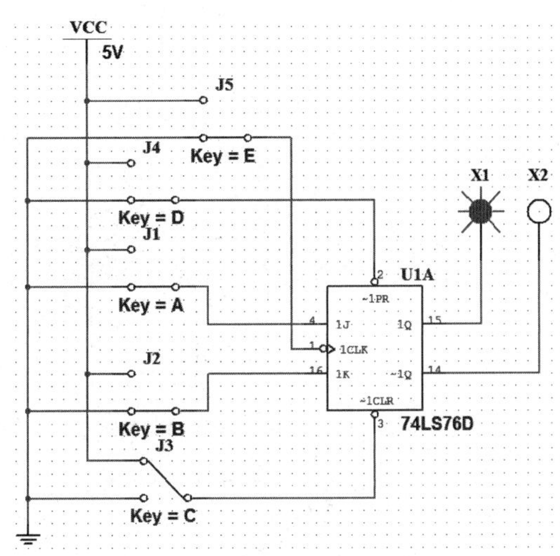

图 17-6-3　JK 触发器置 1 仿真效果图

(5) 可以按照步骤④设置 Q^n 状态，然后根据表 17-6-1 依次验证 $JK=01$ 时的置 0 功能，$JK=10$ 时的置 1 功能，$JK=11$ 时的翻转功能。

2. 计数器仿真

计数器的内容详见本书 17.3 节。

1) 仿真目的

利用 74LS160 设计一个五进制计数器。

2) 仿真过程

(1) 74LS160 是十进制同步计数器，具有异步清零、同步置数功能。利用 Multisim 10 软件设计的五进制计数器，计数范围($Q_DQ_CQ_BQ_A$)：0000～0101；输入：时钟脉冲 V1(Sources→SIGNAL_VOLTAGE_SOURCES→CLOCK_VOLTAGE)，频率设置为 1Hz；输出：数码显示(Indicators→HEX_DISPLAY→DCD_HEX_DIG_BLUE)。

(2) 如果用 74LS160 的置数功能，则置数端控制信号为循环计数的最后一个有效数据(数据 5)，即 $\overline{\text{LOAD}}=\overline{Q_CQ_A}$，仿真电路如图 17-6-4 所示；如果用清零功能，则清零端信号为循环计数最后一个有效数据的下一个数据(数据 6)，即 $\overline{\text{CLR}}=\overline{Q_CQ_B}$，仿真电路如图 17-6-5 所示。

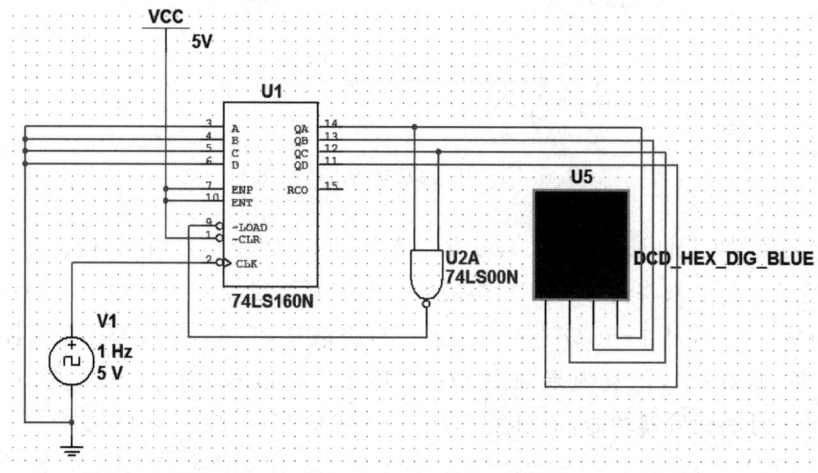

图 17-6-4　计数器的置数功能设置界面

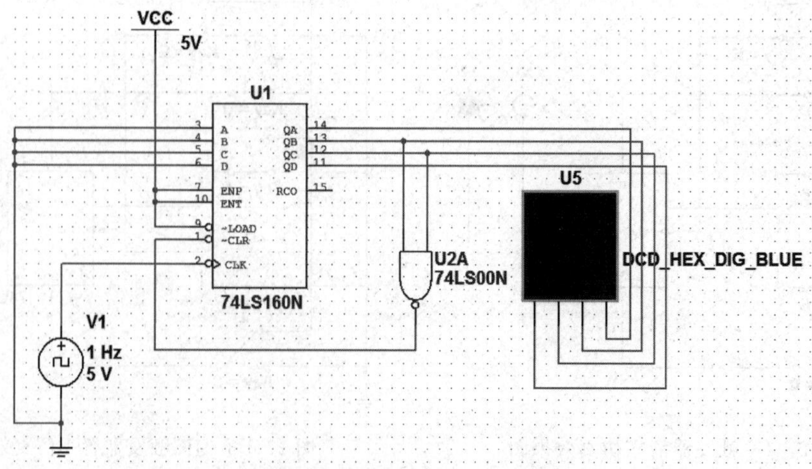

图 17-6-5　计数器的清零功能设置界面

(3) 以置数功能设计的五进制计数器为例，启动仿真，计数器开始计数，当计数到数据5时(见图17-6-6)，满足置数端的反馈条件，将 $DCBA$ 端的数据0000存入 $Q_DQ_CQ_BQ_A$，此时显示初始数据0(见图17-6-7)，然后按照时钟脉冲继续计数，从而实现"0→1→2→3→4→5→0→…"的五进制循环计数功能。

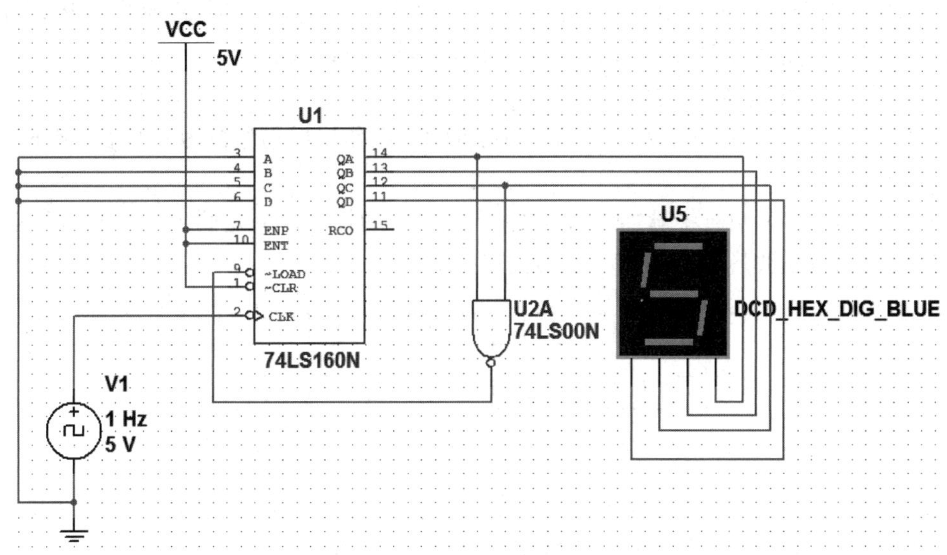

图 17-6-6　计数器的最终数据

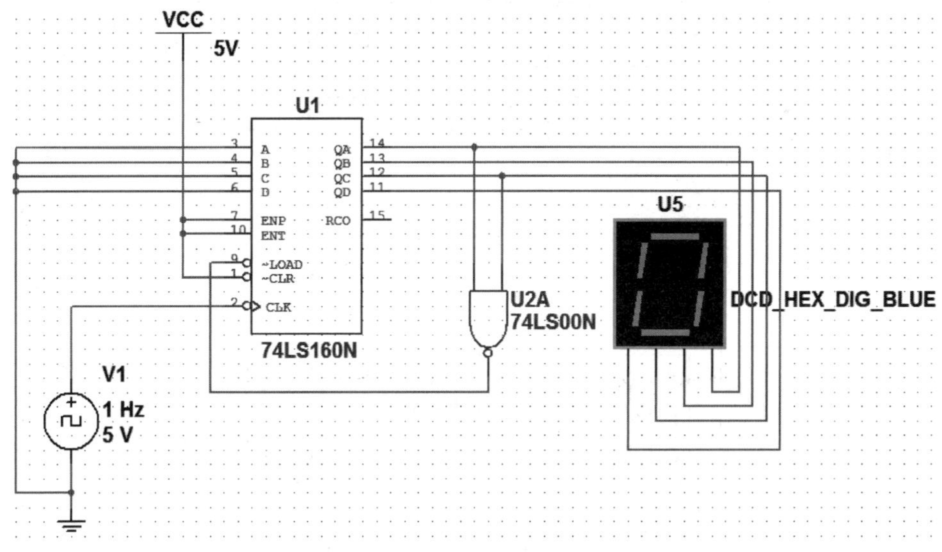

图 17-6-7　计数器的初始数据

由仿真电路的运行结果可知，电路达到了设计要求。

习题 17

17-1　触发器有________个稳态，一个触发器可记录________位二进制码，存储8位二进制信息需要________个触发器。

17-2　对于 JK 触发器，如果 $J=K$，则可完成________触发器的逻辑功能；如果 $K=\overline{J}$，则可完成________触发器的逻辑功能。

17-3　JK 触发器的特性方程为________；D 触发器的特性方程为________。

17-4　由与非门构成的基本 RS 触发器的约束条件是________。

17-5　任一时刻的稳定输出不仅决定于该时刻的输入，而且还与电路原来的状态有关的电路称为________，这种电路由________和________两部分组成。

17-6　用来暂时存放数据的器件称为________。

17-7　若 JK 触发器的现态为 0，欲在时钟脉冲 CLK 作用后仍保持为 0 状态，则驱动方程应为________。

17-8　根据题 17-8 图时钟脉冲 CLK 和输入信号 D 的波形，分别画出上升沿和下降沿触发的 D 触发器的输出波形，假设触发器的初态为 0。

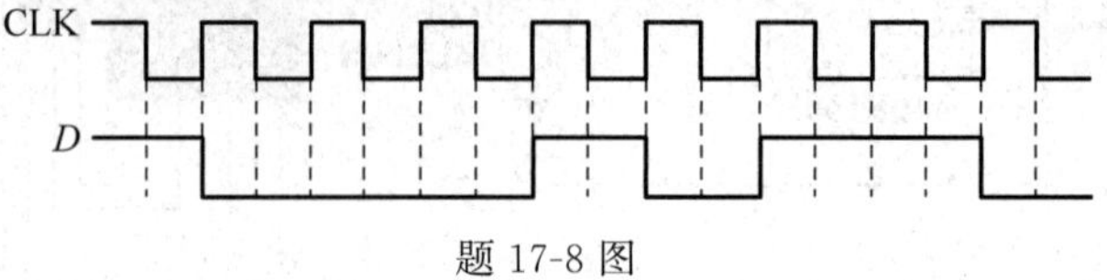

题 17-8 图

17-9　根据题 17-9 图时钟脉冲 CLK 和输入信号 J、K 的波形，分别画出上升沿和下降沿触发的 JK 触发器的输出波形，假设触发器的初态为 0。

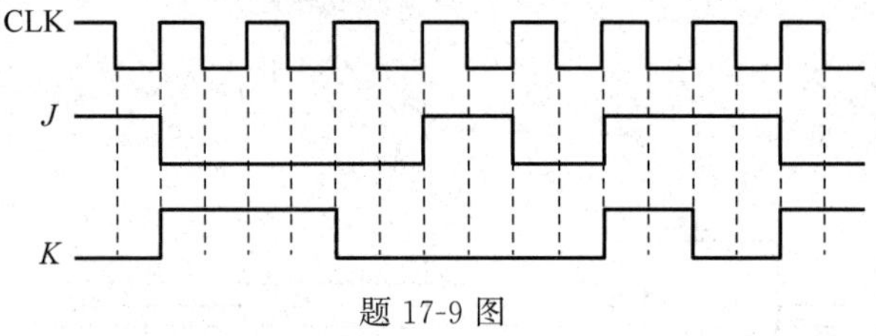

题 17-9 图

17-10　分析题 17-10 图所示时序电路的逻辑功能。

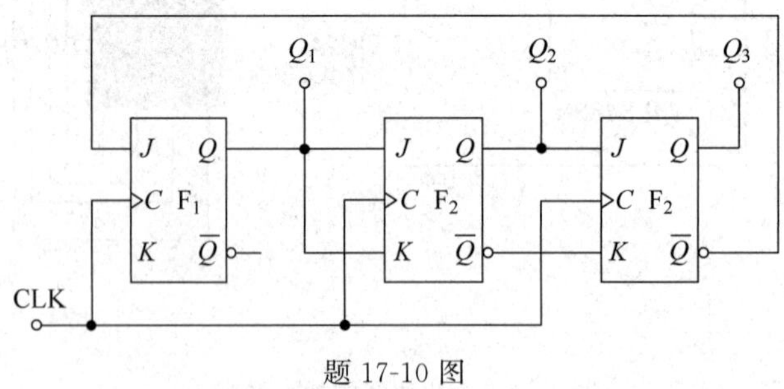

题 17-10 图

17-11　分析题 17-11 图所示时序电路的逻辑功能，假设电路初态为 000，如果在 CLK 的前六个脉冲内，D 端依次输入数据 1、0、1、0、0、1，则在此六个脉冲内电路输出是如何变化的？

17-12　分析题 17-12 图所示时序电路的逻辑功能，写出电路的驱动方程、状态方程和输出方程，画出电路的状态转换图，说明电路能否自启动。

17-13　采用反馈清零法，用集成计数器 74161 构成十三进制计数器，画出逻辑电路图。

17-14　采用反馈置数法清零，用集成计数器 74161 构成七进制计数器，画出逻辑电路图。

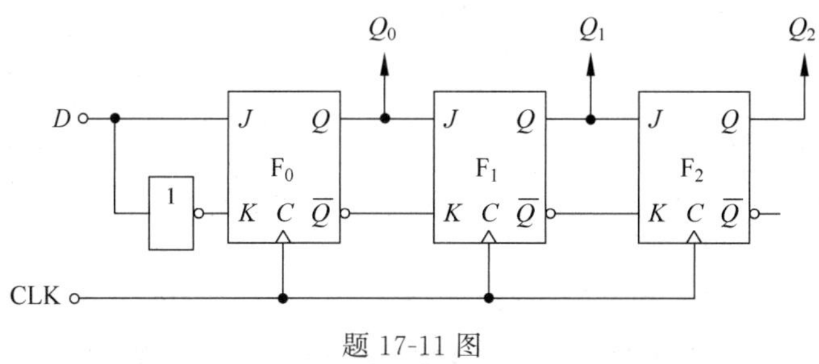

题 17-11 图

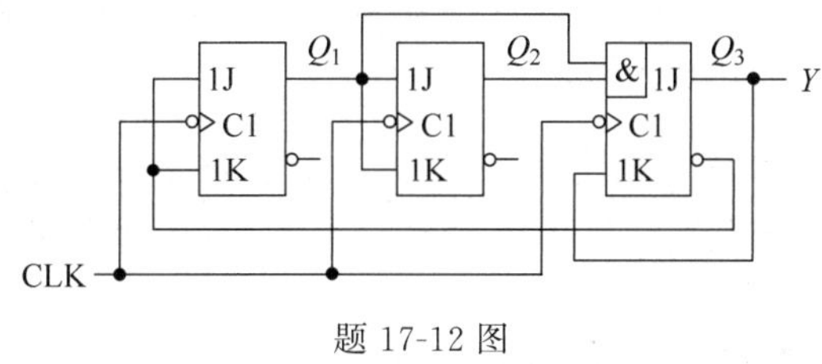

题 17-12 图

17-15　采用级联法，用集成计数器 74LS290 构成三十六进制计数器，画出逻辑电路图。

17-16　已知计数器的输出端 Q_2、Q_1、Q_0 的输出波形如题 17-16 图所示，试画出对应的状态图，并分析该计数器为几进制计数器。

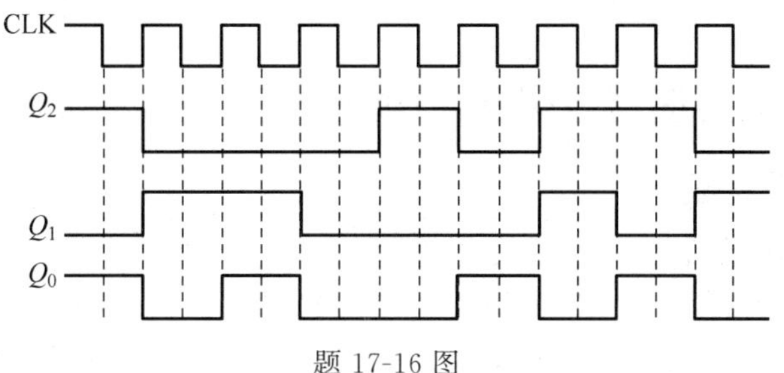

题 17-16 图

17-17　在题 17-17 图所示的电路中，若两个移位寄存器中的原始数据分别为 $A_3A_2A_1A_0 = 1100$，$B_3B_2B_1B_0 = 0001$，CI 的初值为 0。试问经过 4 个 CLK 信号作用以后，两个寄存器中的数据如何？这个电路完成了什么功能？

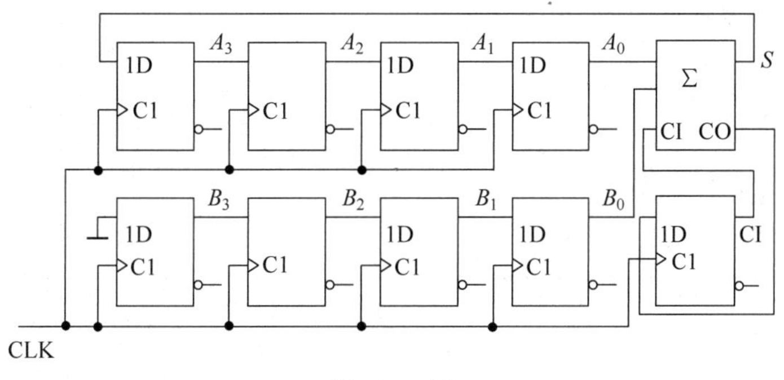

题 17-17 图

可编程逻辑器件(PLD)

本章首先介绍可编程逻辑器件的基本知识、类别和表示方法，然后介绍可编程逻辑器件的应用，最后介绍可编程硬件描述语言 VHDL 的语法结构、集成开发环境和具体应用实例。

18.1 可编程逻辑器件概述

可编程逻辑器件(Programmable Logic Device，PLD)是专用集成电路(ASIC)的一个重要分支，它是一种半定制电路，用户可以利用软、硬件开发工具对器件进行设计和编程，使之实现所需要的逻辑功能。可编程逻辑器件按集成度可分为低密度 PLD(LDPLD)和高密度 PLD(HDPLD)两类。

18.1.1 低密度可编程逻辑器件简介

1. LDPLD 电路组成

低密度可编程逻辑器件的集成密度约为每片 700 个等效门以下，它主要包括 PROM、FPLA、PAL 和 GAL 四种器件。LDPLD 的基本结构框图如图 18-1-1 所示，电路的主体是由门构成的“与阵列”和“或阵列”，可以用来实现组合逻辑函数；输入电路由缓冲器组成，可以使输入信号具有足够的驱动能力，并产生互补输入信号；输出电路可以提供不同的输出结构，如直接输出(组合方式)，或通过寄存器输出(时序方式)。此外输出端口通常有三态门，可通过三态门控制数据直接输出或反馈到输入端。通常 PLD 电路中只有部分电路可以编程或组态，PROM、FPLA、PAL 和 GAL 四种 PLD 由于编程情况和输出结构不同，因而电路结构也不相同，表 18-1-1 列出了 4 种低密度 PLD 的特点。

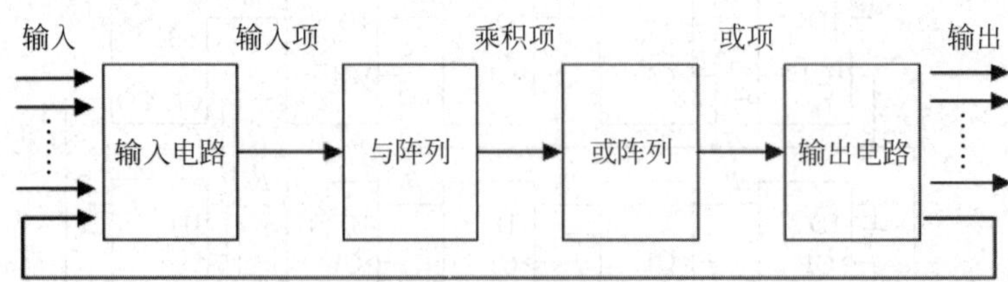

图 18-1-1　PLD 的基本结构框图

表 18-1-1　低密度 PLD 的特点

分　类	与阵列	或阵列	输出电路	出 现 年 代
PROM	固定	可编程	固定	20 世纪 70 年代初期
PLA	可编程	可编程	固定	20 世纪 70 年代中期

续表

分　类	与阵列	或阵列	输出电路	出 现 年 代
PAL	可编程	固定	固定	20 世纪 70 年代末期
GAL	可编程	固定	可组态	20 世纪 80 年代中期

2. 低密度可编程逻辑器件简介

1) 可编程只读存储器(PROM)

PROM 诞生于 20 世纪 70 年代初,是最先问世的 PLD,由全译码的与阵列和可编程的或阵列组成。由于 PROM 阵列规模大、速度低,因此它的基本用途是存储器。

2) 现场可编程逻辑阵列(FPLA)

FPLA 的与阵列和或阵列均可编程。采用 FPLA 实现逻辑函数时只需要运用化简后的与或式,由与阵列产生与项,再由或阵列完成与项相或的运算后便可得到输出函数。

FPLA 中的与阵列和或阵列只能构成组合逻辑电路,若在 FPLA 中加入触发器便可构成时序型 FPLA。

由于 FPLA 的两个阵列均可编程,所以使设计工作变得容易很多。但 FPLA 存在两个缺点:一是可编程的阵列为两个,编程较复杂;二是支持 FPLA 的开发软件有一定难度。

3) 可编程阵列逻辑(PAL)

PAL 器件由可编程的与阵列、固定的或阵列和输出电路 3 部分组成。由于它的与阵列可编程,且输出结构的种类较多,因此给逻辑设计带来很大的灵活性。

PAL 和 SSI、MSI 通用标准器件相比有许多优点:一是提高了功能密度,节省了空间;二是提高了设计的灵活性,且编程和使用都比较方便;三是有上电复位功能和加密功能,可以防止非法复制。PAL 的主要缺点是由于它采用了双极型熔丝工艺(PROM 结构),只能一次性编程,因此使用者仍要承担一定的风险;另外 PAL 器件输出电路结构的类型繁多,因此也给设计和使用带来一些不便。

4) 通用阵列逻辑(GAL)

GAL 采用了电擦除、电可编程的 CMOS 工艺制作,可以用电信号擦除并反复编程上百次。GAL 器件的输出端设置了可编程的输出逻辑宏单元(OLMC),通过编程可以将 OLMC 设置成不同的输出方式,这样同一型号的 GAL 器件可以实现 PAL 器件所有的各种输出电路工作模式,即取代了大部分 PAL 器件,因此称为通用可编程逻辑器件。

18.1.2 高密度可编程逻辑器件简介

通常将集成密度大于 1000 个等效门/片的 PLD 称为高密度可编程逻辑器件(HDPLD),它包括 EPLD、CPLD 和 FPGA 三种类型。目前 HDPLD 的集成密度一般可达数千和上万门,CPLD 和 FPGA 的集成度最多已可达 25 万等效门;CPLD 的最高工作速度已达 180MHz,FPGA 的门延迟已小于 3ns。

1. 阵列型高密度可编程逻辑器件

阵列型 HDPLD 包括 EPLD 和 CPLD 两种器件,其基本结构形式和 PAL、GAL 相似,都由可编程的与阵列、固定的或阵列和逻辑宏单元组成,但集成规模比 PAL 和 GAL 大得多。

目前 EPLD 产品的集成度最高已达 1 万门以上。EPLD 的结构与 GAL 相似,它大量增加了输出逻辑宏单元的数目，提供了更大的与阵列，而且增加了对 OLMC 中触发器的预置和异步置 0 功能，因此它的 OLMC 要比 GAL 中的 OLMC 有更大的使用灵活性。EPLD 保留了逻辑块的结构，内部连线相对固定，即使是大规模集成容量器件，其内部延时也很小，因此有利于器件在高频率下工作。但 EPLD 内部的互联能力很弱，FPGA 出现后它曾受到冲击，直到 CPLD 出现后才有所改变。

CPLD 是在 EPLD 基础上发展起来的器件。与 EPLD 相比，CPLD 增加了内部连线，对逻辑宏单元和 I/O 单元都做了重大改进。CPLD 内部集成了 RAM 等存储器，兼有 FPGA 的特性，许多 CPLD 还具备在系统编程能力，因此它比 EPLD 功能更强，使用更灵活。

目前各公司生产的 EPLD 和 CPLD 产品都有各自的特点，但总体结构大致相同，它们至少包含了 3 种结构：可编程逻辑宏单元、可编程 I/O 单元、可编程内部连线。

2. 现场可编程门阵列

现场可编程门阵列（FPGA）采用类似于掩膜编程门阵列的通用结构，其内部由许多独立的可编程逻辑模块组成，用户可以通过编程将这些模块连接成所需要的数字系统。它具有密度高、编程速度快、设计灵活和可再配置等许多优点。

FPGA 主要由可配置逻辑块（CLB）、输入/输出模块（IOB）和互联资源（IR）3 部分组成。可配置逻辑块（CLB）是实现用户功能的基本单元，它们通常规则地排列成一个阵列，散布于整个芯片；可编程输入/输出模块（IOB）主要完成芯片上逻辑与外部封装脚的接口，它通常排列在芯片的四周；可编程互联资源（IR）包括各种长度的连线线段和一些可编程连接开关，它们将各个 CLB 之间或 CLB、IOB 之间以及 IOB 之间连接起来，构成特定功能的电路。

FPGA 的功能由逻辑结构的配置数据决定。工作时，这些配置数据存放在片内的 SRAM 或熔丝图上。基于 SRAM 的 FPGA 器件，在工作前需要从芯片外部加载配置数据，配置数据可以存储在片外的 EPROM、E^2PROM 或计算机软、硬盘中，人们可以控制加载过程，在现场修改器件的逻辑功能，即所谓现场编程。

3. 可编程逻辑器件的开发

PLD 的开发是指利用开发系统的软件和硬件对 PLD 进行设计和编程的过程。开发系统软件是指 PLD 专用的编程语言和相应的汇编程序或编译程序。

低密度 PLD 早期使用汇编型软件。这类软件十分小巧，可对 GAL/PAL 可编程逻辑芯片进行方便地编程，使用方法十分简单。但此类软件不具备自动化简功能，只能用化简后的与或逻辑表达式进行设计输入，而且对不同类型的 PLD 兼容性较差。20 世纪 80 年代以后出现了编译型软件，如 ABEL、CUPL 等。这类软件功能强、效率高，可以采用高级编程语言输入，具有自动化简和优化设计功能，而且兼容性好，因此很快得到推广和应用。

高密度 PLD 出现以后，各种新的 EDA 工具不断出现，并向集成化方向发展，这些集成化的开发系统软件（软件包）可以从系统设计开始，完成各种形式的设计输入，并进行逻辑优化、综合和自动布局布线以及系统仿真、参数测试、分析等芯片设计的全过程工作。高密度 PLD 的开发系统软件可以在 PC 或工作站上运行。

开发系统的硬件部分包括计算机和编程器。编程器是对 PLD 进行写入和擦除的专用装置，能提供写入或擦除操作所需要的电源电压和控制信号，并通过并行接口从计算机接收编程数据，最终写入 PLD 中。

18.1.3　PLD 的表示方法

为了方便绘图,PLD 采用如图 18-1-2 所示的简化表示方法,这也是目前国内、国际通行的画法。

1. 连接方式

与、或阵列的交叉点有三种不同的连接方式,如图 18-1-2(a)所示。

(1) 固定连接点:在 PLD 出厂时已连接,不能通过编程来改变,交叉点处用实点(·)表示。

(2) 可编程接通点:在 PLD 出厂后,用户通过编程来实现接通连接,交叉点处用符号(×)表示。

(3) 可编程断开点:在 PLD 出厂后,用户通过编程来实现断开状态,用交叉线表示。

2. 基本门电路的表示方法

PLD 中基本门电路的符号如图 18-1-2(b)～18-1-2(g)所示。

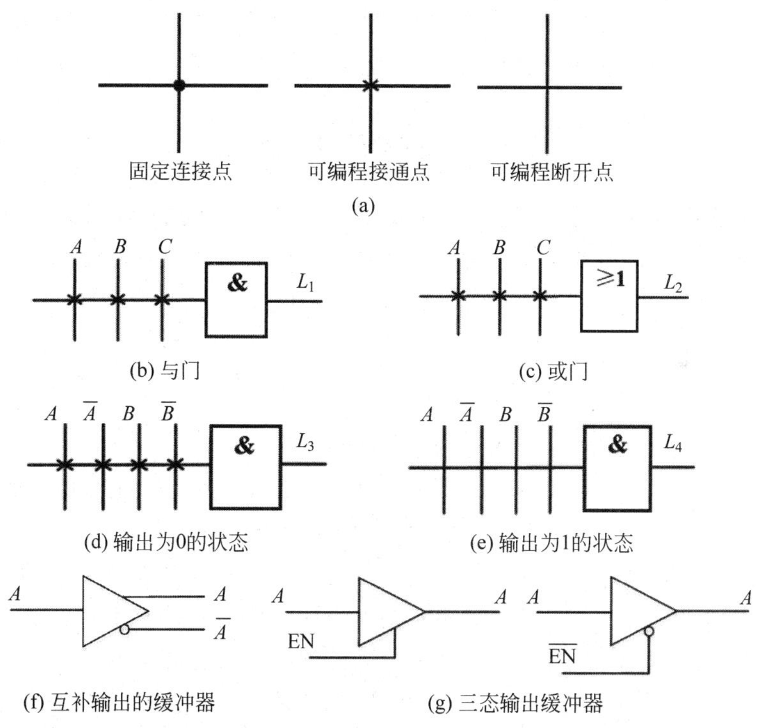

图 18-1-2　PLD 的简化表示方法

18.2　可编程逻辑器件的应用

18.2.1　可编程逻辑阵列(PLA)

任何组合逻辑关系都可以变换成与或表达式,因此通过 PLD 的与或阵列可以实现任何一个逻辑函数,而 PLA 就是为解决 PROM 实现逻辑函数时芯片利用率不高的问题而设计的。由于 PLA 的与、或阵列均可编程,所以将逻辑函数化简后再实现,可以有效地提高芯片的利用率。典型的集成 PLA(82S100)有 16 个输入变量、48 个乘积项、8 个输出端。可编程逻辑阵列 PLA 由可编程的与逻辑阵列和可编程的或逻辑阵列以及输出缓冲器组成,如图 18-2-1 所示。

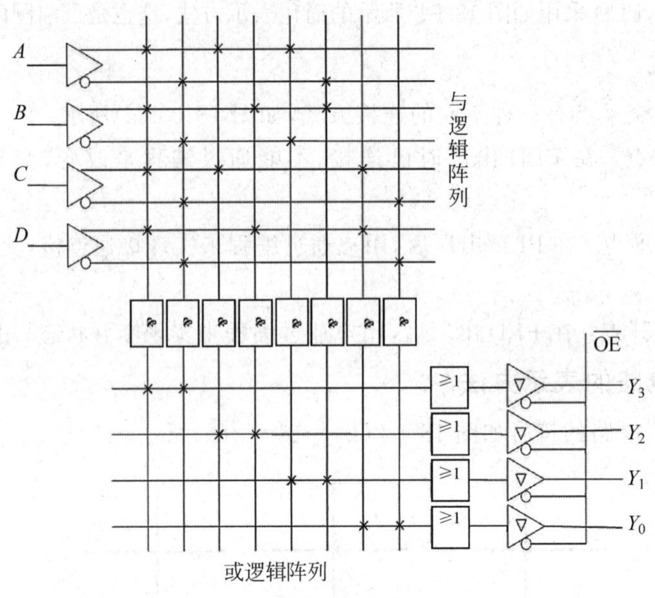

图 18-2-1　PLA 的基本电路结构

图中的与逻辑阵列最多可以产生 8 个可编程的乘积项,或逻辑阵列最多能产生 4 个组合逻辑函数。如果编程后的电路连接情况如图中所示,则当 $\overline{\mathrm{OE}}=0$ 时可得到:

$$Y_3=ABCD+\overline{A}\overline{B}\overline{C}\overline{D} \tag{18-2-1}$$

$$Y_2=AC+BD \tag{18-2-2}$$

$$Y_1=A\oplus B \tag{18-2-3}$$

$$Y_0=CD+\overline{C}\overline{D} \tag{18-2-4}$$

从图 18-2-1 可以看到,PLA 的基本结构提供了一定规模的与阵列和或阵列,生产时并未定义逻辑功能,只是为实现一定规模的逻辑运算提供了资源和可能,用户根据设计需要对与阵列和或阵列进行编程设定,从而得到某种特定的逻辑功能。

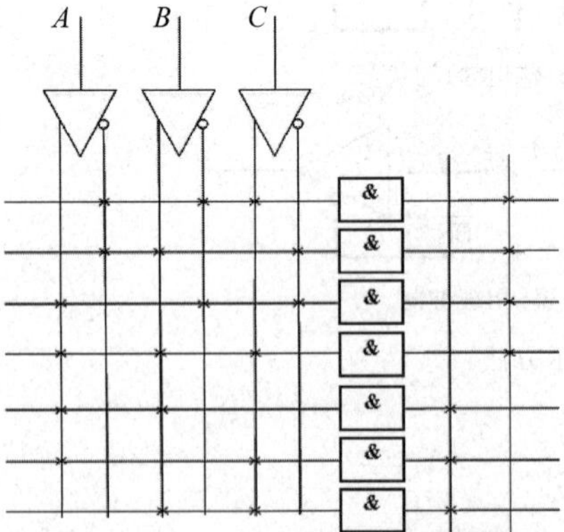

【例 18-2-1】 由 PLA 构成的逻辑电路如图 18-2-2 所示,试写出该电路的逻辑表达式,并确定其逻辑功能。

图 18-2-2　例 18-2-1 的 PLA 电路

【解答】 (1) 由图 18-2-2 可知,该电路有 7 个与项,根据或阵列得到输出逻辑表达式:

$$L_0=\overline{A}\overline{B}C+\overline{A}B\overline{C}+A\overline{B}\overline{C}+ABC$$

$$L_1=AB+AC+BC$$

(2) 列出真值表如表 18-2-1 所示。

表 18-2-1　例 18-2-1 电路的真值表

输入			输出	
A	B	C	L_1	L_0
0	0	0	0	0
0	0	1	0	1
0	1	0	0	1
0	1	1	1	0
1	0	0	0	1
1	0	1	1	0
1	1	0	1	0
1	1	1	1	1

(3) 由真值表看出该电路可以实现全加器的功能，A、B、C 分别为加数、被加数和低位进位数，L_0 为和数，L_1 为向高位的进位数。

18.2.2　可编程阵列逻辑

可编程阵列逻辑器件(PAL)早期采用双极型熔丝技术实现编程。除输入缓冲器外，PAL由可编程的与阵列、固定的或阵列和输出电路组成。由于只有与阵列可编程，因此 PAL 的编程相对简单。各种型号 PAL 的门阵列规模有大有小，但基本结构类似。

图 18-2-3 所示为一个简单的 PAL 结构图，它有 4 组 10×3 位的可编程与阵列，4 个输入信号和 1 个输出反馈信号产生 10 个与阵列的输入变量，每 3 个乘积项构成一组固定或阵列，共有 4 组输出。

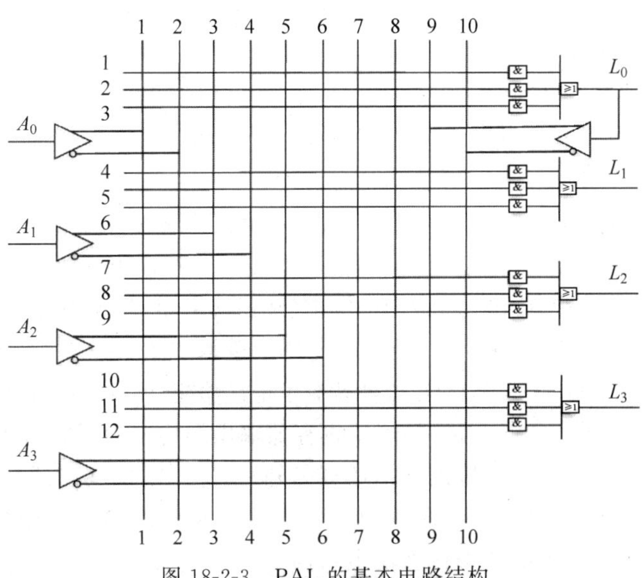

图 18-2-3　PAL 的基本电路结构

PAL 与阵列所有交叉点都由熔丝连通，编程时保留有用的熔丝，断开无用的熔丝。为了增加使用的灵活性及扩展器件的功能，PAL 器件有几种不同的输出和反馈结构。

PAL 器件的结构及输入、输出和乘积项的数目均已由制造商固定，其每一个输出所需的乘积项数量由或阵列固定，典型的逻辑功能设计需要 3～4 个乘积项，而现有器件中一般有

7～8 个乘积项。PAL 问世至今，大约有几十种结构，一般可以分为以下 3 种基本输出类型。

1. 专用输出结构

专用输出结构如图 18-2-4 所示，图中输出部分采用或非门，也有些 PAL 器件输出端采用互补输出结构。专用输出结构 PAL 的特点是所有设置的输出端只能作输出使用，输出只由输入来决定，适用于组合逻辑电路。PAL10H8、PAL10L8、PAL14L4、PAL16C1 等都是专用输出结构的器件。

2. 可编程输入/输出结构

可编程输入/输出结构如图 18-2-5 所示，这种结构的输出端接一个可编程控制的三态缓冲器，三态缓冲器的控制信号由与逻辑阵列的一个乘积项给出。当 EN＝0 时，三态缓冲器处于高阻态，I/O 端作为输入端使用；当 EN＝1 时，三态缓冲器被选通，I/O 端作为输出端使用；同时，输出端又经过一个互补输出的缓冲器反馈到与逻辑阵列上。反馈能否起作用，由与门的编程决定。PAL20L10、PALL16L8 等属于可编程输入输出结构的 PAL 器件。

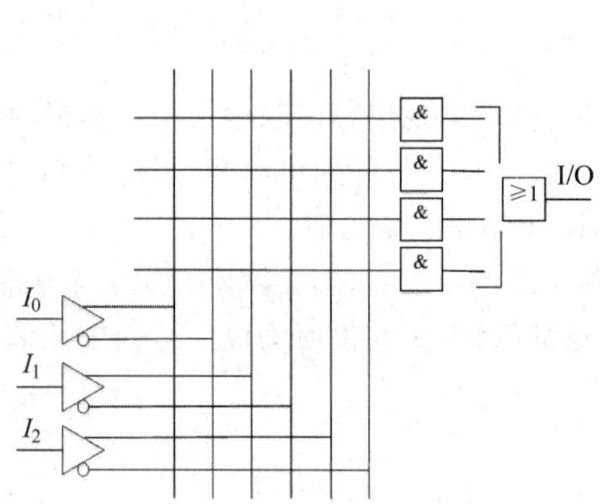

图 18-2-4　PAL 专用输出结构

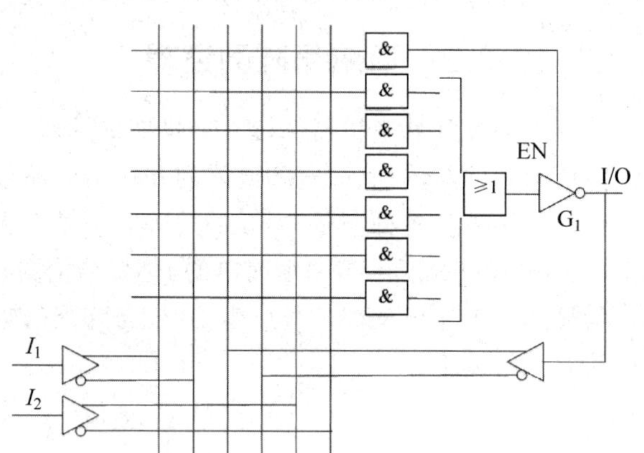

图 18-2-5　PAL 可编程输入/输出结构

3. 寄存器输出结构

PAL 的寄存器输出结构如图 18-2-6 所示，它在输出三态缓冲器和与或逻辑阵列的输出之间串进了由 D 触发器组成的寄存器，触发器的状态经过互补输出的缓冲器反馈到与逻辑阵列的输入端。当 CLK 上升沿到达时，将或门的输出(乘积项之和)存入 D 触发器，并通过三态缓冲器送至输出端，同时反馈到与门阵列。例如，将与阵列逻辑按图 18-2-6 所示的情况编程，则得到 $D_1=I_1Q_1+\bar{Q}_2$、$D_2=I_2\bar{Q}_1$。这样 PAL 器件就有了记忆功能，可以实现各种时序逻辑电路。

PAL16R4、PAL16R6、PAL16R8 等属于寄存器输出结构。为了容易实现对寄存器状态的保持操作，借助异或功能，寄存器输出结构还有另外一种形式，即在与或输出和寄存器输入之间增加异或门，如图 18-2-7 所示，这样也便于对与或逻辑阵列输出的函数求反。PAL20X8、PAL20X10 等属于带异或功能的寄存器输出结构。

4. 算术选通反馈结构

在图 18-2-7 的基础上加入反馈选通电路，得到如图 18-2-8 所示电路。反馈选通电路可以产生 $A+B$、$\bar{A}+B$、$A+\bar{B}$、$\bar{A}+\bar{B}$ 4 个反馈量，并送至与门逻辑阵列的输入端，这样就可以得到更多的逻辑组合。PAL16X4、PAL16A4 等属于算术选通反馈结构的 PAL 器件。

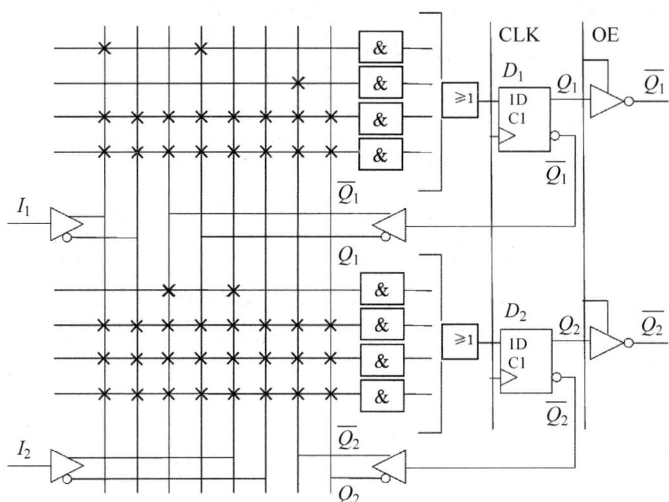

图 18-2-6　PAL 寄存器输出结构

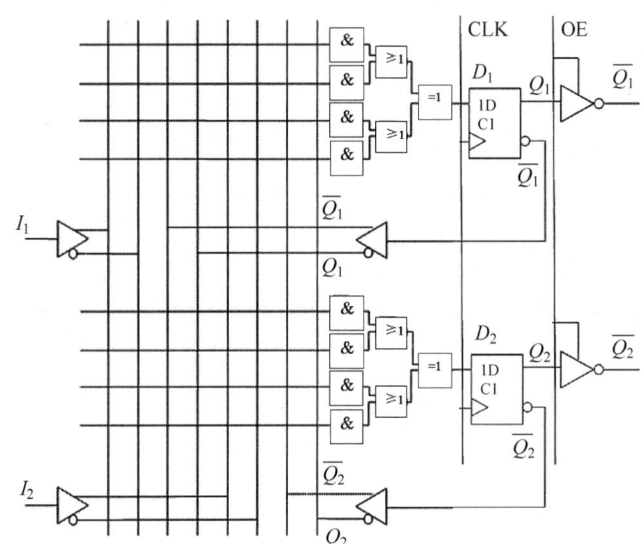

图 18-2-7　PAL 带异或功能的寄存器输出结构

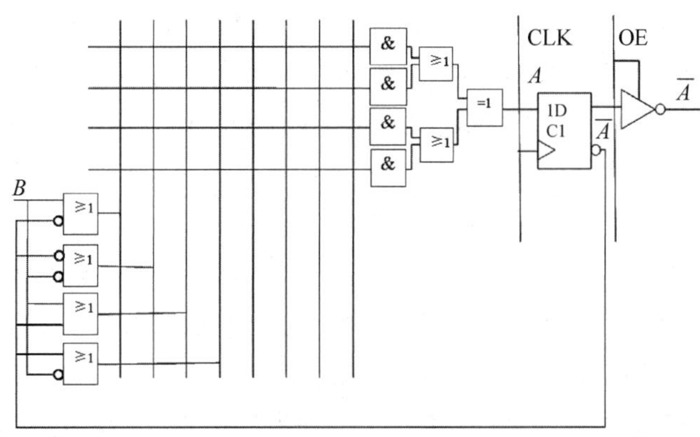

图 18-2-8　PAL 算术选通结构

【例 18-2-2】 用图 18-2-3 所示 PAL 实现下列逻辑函数：

$$\begin{cases} L_0 = AB\overline{C} + \overline{A}\overline{B}C\overline{D} \\ L_1 = A\overline{B}C + A\overline{C}\overline{D} + BC\overline{D} \\ L_2 = \overline{A}\overline{B}C + A\overline{B}\overline{C} \\ L_3 = AB\overline{C} + \overline{A}\overline{B}C\overline{D} + B\overline{C}D + AC\overline{D} \end{cases}$$

【解答】 这组逻辑函数均为简化的逻辑表达式，有 4 个输入变量，4 个输出。固定或阵列的每一个输出包含 3 个乘积项，而 $L_0 \sim L_2$ 三个表达式各包含 3 个以下乘积项，满足输出端对乘积项数目的要求，可以直接编程实现。L_3 表达式包含 4 个乘积项，不能直接编程实现，但其前两项正好为 L_0，即

$$L_3 = AB\overline{C} + \overline{A}\overline{B}C\overline{D} + B\overline{C}D + AC\overline{D} = L_0 + B\overline{C}D + AC\overline{D}$$

因此，将 L_0 反馈到输入端作为 L_3 的输入就可以实现。编程后的逻辑图如图 18-2-9 所示。

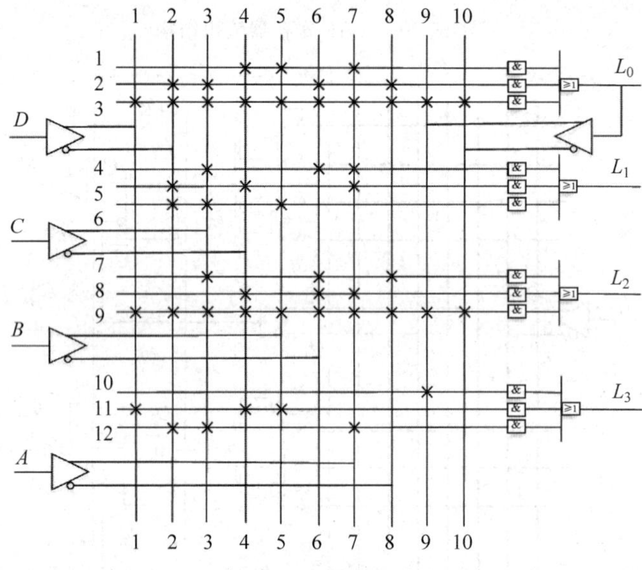

图 18-2-9 例 18-2-2 中编程后的 PAL 电路

18.2.3 通用阵列逻辑(GAL)

通用阵列逻辑 GAL(Generic Array Logic)是采用 E^2CMOS 工艺制造的大规模专用数字集成电路，是专用集成电路 ASIC 的一个重要分支。与 PAL 的区别在于 GAL 有输出逻辑宏单元(Output Logic Macro Cell，OLMC)，从而在设计和使用上为用户提供了较大的灵活性。通过编程可将 OLMC 设置为不同的工作状态，使同一种型号的 GAL 器件能实现 PAL 器件所有的输出电路工作模式，增强了器件的通用性。

1. GAL 电路结构

GAL 由输入缓冲器、可编程的与阵列、固定的或阵列和可编程的输出逻辑宏单元 OLMC、输出缓冲器等构成，GAL16V8 的逻辑图如图 18-2-10 所示。

GAL16V8 有 8 个输入缓冲器(左侧 8 个缓冲器)、8 个三态输出缓冲器(右侧 8 个缓冲器)、8 个输出反馈/输入缓冲器(中间 8 个缓冲器)。可编程与阵列由 8×8 个与门构成，共有

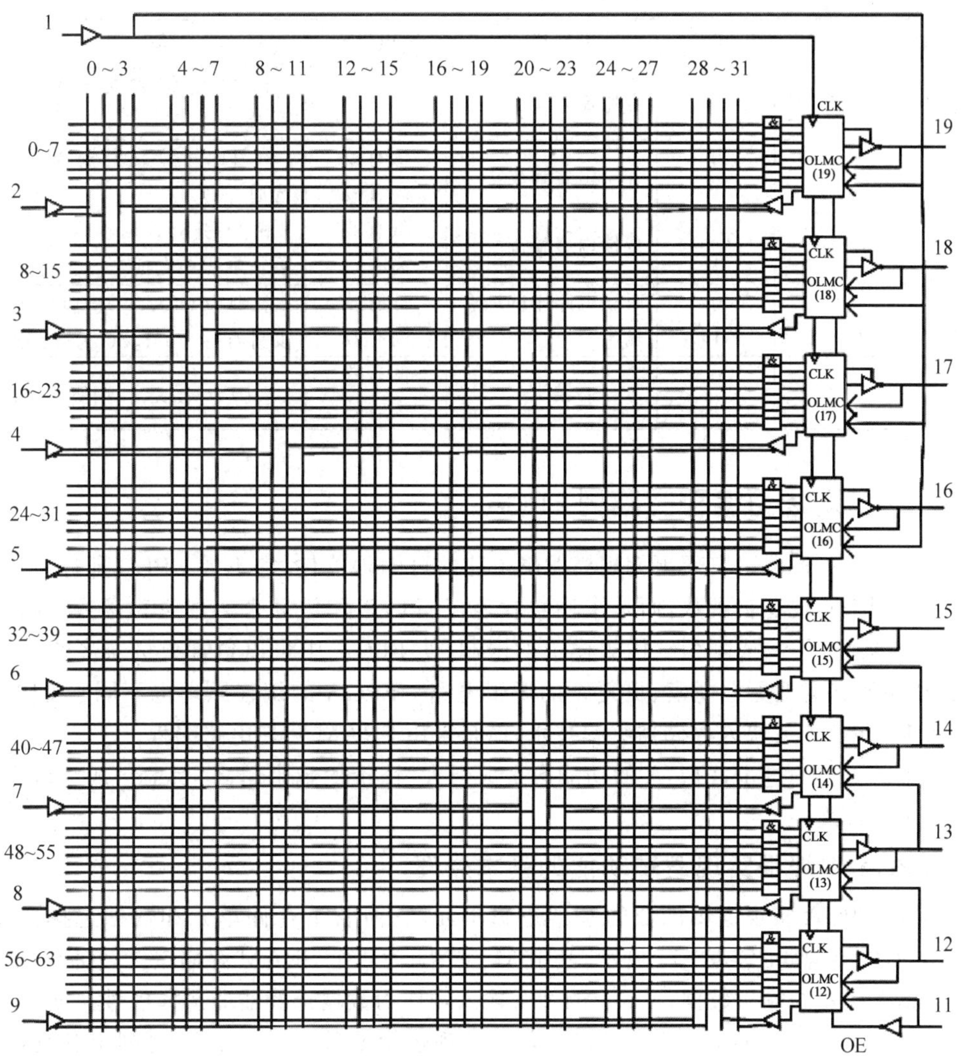

图 18-2-10　GAL16V8 的逻辑图

64 个乘积项，每个与门有 31 个输入端。每个交叉点上设有 E^2CMOS 编程单元，其结构和工作原理与 E^2PROM 的存储单元相同。图中还包括 8 个输出逻辑宏单元(OLMC12～19，其中包括或门阵列)，此外还有时钟和输出选通信号。在 GAL16V8 中，除了 8 个引脚(2～9)固定作输入外，其他 8 个引脚(12～19)可设置成输入模式或输出模式，所以 GAL16V8 最多可有 16 个引脚作为输入端，8 个引脚作为输出端，这也是器件型号中 16 和 8 这两个数字的含义。

2. GAL 的工作模式

通过结构控制字 OLMC 可以配置成 5 种不同的工作模式，即专用输入模式、专用组合输出模式、反馈组合输出模式、时序电路中的组合输出模式以及寄存器输出模式，其 5 种工作模式如表 18-2-2 所示。

表 18-2-2　OLMC 的 5 种工作模式

SYN	AC0	AC1(n)	XOR(n)	工作模式	输出极性	备　注
1	0	1	—	专用输入	—	1 和 11 引脚数据输入，三态门不通
1	0	0	0 1	专用组合输出	低有效 高有效	1 和 11 引脚数据输入，三态门选通
1	1	1	0 1	反馈组合输出	低有效 高有效	1 和 11 引脚数据输入，三态门由第一乘积项选通
0	1	1	0 1	时序电路中的组合输出	低有效 高有效	1 引脚为 CLK，11 引脚为 $\overline{\mathrm{OE}}$，至少另有一个 OLMC 为寄存器输出
0	1	0	0 1	寄存器输出	低有效 高有效	1 引脚为 CLK，11 引脚为 $\overline{\mathrm{OE}}$

18.2.4　现场可编程门阵列 FPGA

FPGA 是另一种可以实现更大规模逻辑电路的可编程器件，它不像 CPLD 那样采用可编程的与或阵列来实现逻辑函数，而是采用查找表(LUT)工作原理来实现逻辑函数，这种逻辑函数实现原理避开了与或阵列结构规模上的限制，使 FPGA 中可以包含数量众多的 LUT 和触发器，从而能够实现更大规模、更复杂的逻辑电路。FPGA 的编程原理也不同于 CPLD，它不是基于 E^2PROM 或快闪存储器编程技术，而是采用 SRAM 实现电路编程。

随着生产工艺的进步，FPGA 的功能愈来愈强大，性价比越来越高，目前已成为数字系统设计的首选器件之一。

1. FPGA 中编程实现逻辑功能的基本原理

LUT 是 FPGA 实现逻辑函数的基本逻辑单元，它由若干存储单元和数据选择器构成。2 输入 LUT 的结构如图 18-2-11 所示，其中 $M_0 \sim M_3$ 为 4 个 SRAM 存储单元，它们存储的数据作为数据选择器的输入数据；LUT 的 2 个输入端作为数据选择器的选择信号。该 LUT 可以实现任意 2 变量组合逻辑函数。例如，若要实现逻辑函数 $L=A+\bar{B}$，可列出其真值表如表 18-2-3 所示。用图 18-2-11 的 LUT 实现时，将变量 A 和 B 分别连接 S_1 和 S_0，同时将真值表 18-2-3 中逻辑函数 L 的 0、1 值按由上到下的顺序分别存入 $M_0 \sim M_3$ 的 4 个 SRAM 单元中，得到图 18-2-12。此时，LUT 的输出便实现了该逻辑函数，即 $Y=L$。由此看出，只要改变 SRAM 单元 $M_0 \sim M_3$ 中的数据，就可以实现不同的逻辑函数。这就是 FPGA 可编程特性的具体体现，其逻辑功能的编程就好像向 RAM 中写数据一样容易(图中未画编程电路)。同时看到，LUT 相当于以真值表的形式实现给定的逻辑函数。

表 18-2-3　L 的真值表

A	B	L
0	0	1
0	1	0
1	0	1
1	1	1

在 FPGA 中实现该逻辑函数时需要完成以下编程任务。

(1) 将 FPGA 的 I/O 引脚上的输入变量 A 和 B 通过可编程连线资源连接到 LUT 的 S_1 和 S_0。

(2) 将真值表中 L 的函数值写入 LUT 中对应的 SRAM 单元中。

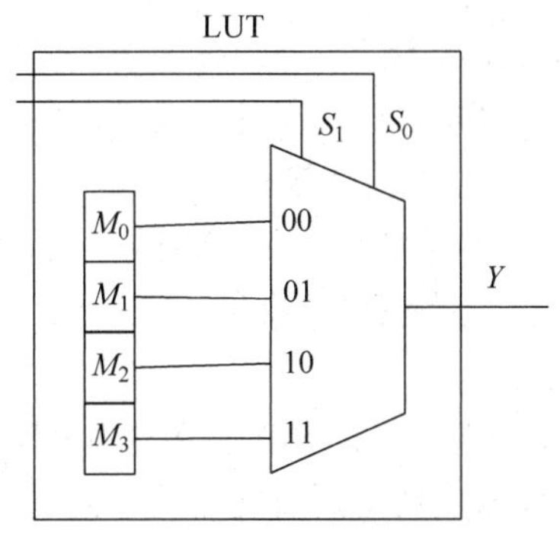

图 18-2-11 2 输入 LUT 结构图

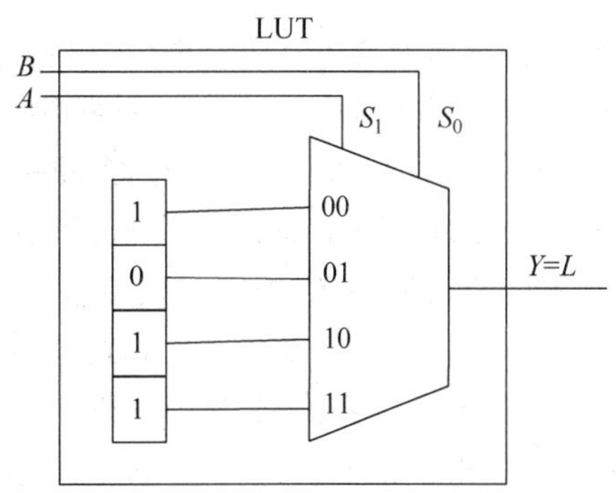

图 18-2-12 实现逻辑函数 L 的 LUT

(3) 将 LUT 的输出 Y 通过可编程连线资源连接到 FPGA 的 I/O 引脚上，作为逻辑函数 L 的输出。

实际上，上述的 LUT 也可以看作是一个 4×1 位的 SRAM，S_1S_0 为 2 位地址码输入。这样，每输入一组 AB 信号进行逻辑运算，就相当于输入一个地址进行查表，找出地址对应的内容输出，在 Y 端便得到该组输入信号逻辑运算的结果，查找表(LUT)因此得名。

目前 FPGA 中大多使用 4～5 个输入、1 个输出的 LUT。当变量数超过一个 LUT 的输入数时，可以将多个 LUT 扩展连接以满足更多变量数的要求。下面还是以 2 变量 LUT 为例，说明在 FPGA 中如何扩展连接实现一个 3 变量的逻辑函数。

用一个小规模的 FPGA 实现逻辑函数 $F=F_1+F_2=AB+\bar{B}C$，该逻辑函数的真值表如表 18-2-4 所示。编程后 FPGA 中一部分逻辑块和连线资源的编程状态如图 18-2-13 所示。符号×表示纵横线交叉点上的可编程开关接通。连线资源将 I/O 引脚上的输入 A、B、C 和输出 F 连接到内部逻辑电路中，而内部逻辑块之间也通过连线资源实现连接。图中上方两个逻辑块被编程实现逻辑函数 $F_1=AB$ 和 $F_2=\bar{B}C$，右下角的逻辑块实现 $F=F_1+F_2$。逻辑块中的 0、1 值表示 LUT 中 SRAM 单元的编程数据，也就是表 18-2-4 中 F_1、F_2 和 F 的值。

表 18-2-4 逻辑函数真值表

AB	F_1	BC	F_2	F_1F_2	F
00	0	00	0	00	0
01	0	01	1	01	1
10	0	10	0	10	1
11	1	11	0	11	1

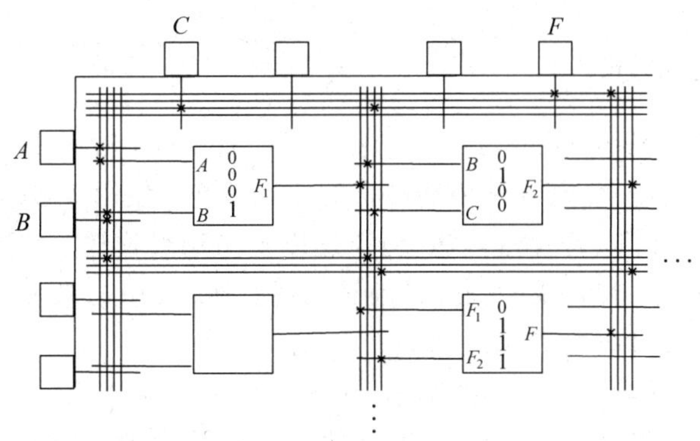

图 18-2-13 已被编程的 FPGA 中的一部分

在FPCA中,实现组合逻辑功能的基本电路是LUT,而触发器仍然是实现时序逻辑功能的基本电路。在LUT的基础上再增加触发器,便可构成既可实现组合逻辑又可实现时序逻辑的基本逻辑单元电路。FPGA就是由很多类似的基本逻辑单元来实现各种复杂逻辑功能的。

当用户通过原理图或HDL语言描述了一个逻辑电路后,FPGA开发软件会自动计算逻辑电路所有可能的结果(真值表),并把结果写入SRAM,这一过程就是编程。此后,SRAM中的内容始终保持不变,LUT就具有了确定的逻辑功能。由于SRAM具有数据易失性,即一旦断电,其原有的逻辑功能将消失,所以FPGA一般需要一个外部的PROM(或其他非易失性存储器)保存编程数据。上电后,FPGA首先从PROM中读入编程数据进行初始化,然后才开始正常工作。由于SRAM中的数据理论上可以进行无限次写入,所以,基于SRAM技术的FPGA可以进行无限次编程。

2. FPGA的结构简介

目前,FPGA产品种类繁多,各生产厂商的产品也各不相同,这里仅从构成FPGA的最基本原理出发,介绍FPGA的基本结构。在实际使用时,用户必须根据所选用的器件型号查阅相关的数据手册。

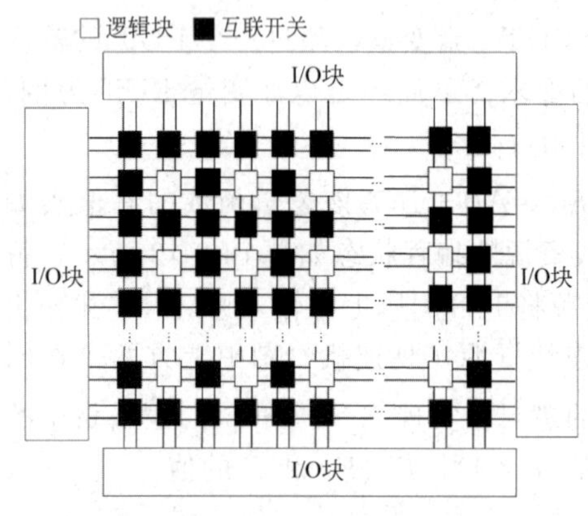

图 18-2-14　FPGA结构示意图

FPGA的一般结构如图18-2-14所示,它至少包含三种最基本资源:可编程逻辑块、可编程连线资源和可编程I/O模块。FPGA中逻辑块是以LUT为基础的,而CPLD中的逻辑块是以与或阵列为基础的;另外编程技术也不同,CPLD是基于E^2PROM或快闪存储器的编程技术,而FPGA则是基于SRAM的编程技术。

FPGA中的逻辑块排列成二维阵列,规模不同,FPGA所含逻辑块的数量也不同。连线资源在逻辑块行和列之间纵横分布,它包括纵向和横向连线以及可编程开关(互联开关)。逻辑块用来实现所需要的逻辑功能;连线资源用来实现逻辑块与逻辑块之间、逻辑块与I/O块之间的连接;I/O块是芯片外部引脚数据与内部数据进行交换的接口电路,通过编程可将I/O引脚设置成输入、输出和双向等不同的功能。

18.3　可编程的硬件描述语言VHDL

18.3.1　VHDL概述

VHDL的英文全名是Very-High-Speed Integrated Circuit Hardware Description Language,即超高速集成电路硬件描述语言,是硬件描述语言的业界标准。使用VHDL语言可以实现数字电子系统的行为级描述、RTL(寄存器传输级)描述以及结构级描述。在VHDL的语言中,数字系统的基本电路组件(如与门、或门、非门)的符号用实体(Entity)来描述。图18-3-1是一个四选一的逻辑电路图及其对应的Entity描述。

实体在VHDL中是构成所有设计的基础,它定义一个设计(或器件)中的所有输入/输出信号。实体的内部线路功能由构造体来描述,相当于逻辑符号内部的线路。在构造体中有各

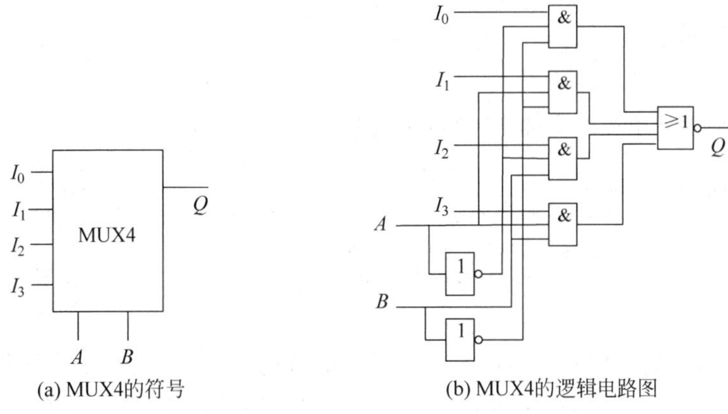

(a) MUX4的符号　　　　(b) MUX4的逻辑电路图

```
LIBRARY IEEE;
USE IEEE.STD_LOGIC_1164.ALL
ENTITY MUX4 IS
PORT (I0,I1,I2,I3,A,B:IN STD_LOGIC;
Y:OUT STD_LOGIC);
END MUX4;
ARCHITECTURE A1 OF MUX4 IS
BEGIN
Y<=I0 WHEN A='0' AND B='0' ELSE
I1 WHEN A='1' AND B='0' ELSE I2 WHEN A='0' AND
B='0' ELSE I3 WHEN A='1' AND B='1';
END A1;
```

(c) MUX4的VHDL描述

图 18-3-1　MUX4 的描述

式各样的说明(Statement),这些说明涵盖最低层的门级、次低层的 RTL 级和最高层的行为级,可以很完整地表现一个设计或器件的所有功能。

硬件描述语言 HDL 是 EDA 技术的重要组成部分,常见的 HDL 有 VHDL、Veilog HDL、System Veilog 和 System C 等,其中 VHDL 和 Veilog HDL 在现在 EDA 设计中使用最多,并得到大部分主流 EDA 工具(如 MAX+plusⅡ、QuartusⅡ)的支持。

VHDL 语言具有很强的电路描述和建模能力,能从多个层次对数字系统进行建模和描述,从而大大简化了硬件设计任务,提高了设计效率和可靠性;VHDL 具有与具体硬件电路无关和与设计平台无关的特性,并且具有良好的电路行为描述和系统描述能力;在使用 VHDL 进行电子系统设计时,设计者可以专心致力于其功能的实现,而不需要对不影响功能的、与工艺有关的因素花费过多的时间和精力。

18.3.2　VHDL 语言基本结构

1. VHDL 程序基本构成

一个完整的 VHDL 语言程序通常包含实体(Entity)、构造体(Architecture)、包集合(Package)、配置(Configuration)和库(Library)5 个部分。其中,实体用于描述所设计的系统的外部接口信号,构造体用于描述系统内部的结构和行为,包集合存放各数据模块都能共享的数据类型、常数和子程序等,配置用于从库中选取所需单元来组成系统设计的不同版本,库存放已编译的实体、构造体、包集合和配置,库可由用户生成或由 ASIC 芯片制造商提供,以便在设计中为大家共享。

2. 实体和构造体

1) 实体

任何一个基本设计单元的实体 ENTITY 都具有如下结构：

```
ENTITY <entity_name> IS                                                 --实体说明开始
    Generic(_parameter_name:_parameter_type = _default_value);          --类属参数说明
    Port (_input_name1, _input_name2: IN STD_LOGIC;
                        _out_name: OUT STD_LOGIC);                      --端口说明
END <entity_name>;                                                      --实体结束
```

其中，Generic 语句为类属参数说明，放在指定的端口 Port 之前，用于模块传递参数；Port 语句是对基本设计单元与外部接口的描述，也可以说是对外部引脚信号的名称、数据类型和输入输出类型的描述；端口方向有输入(IN)、输出(OUT)、双向(INOUT)、缓冲(BUFFER)和不指定方向(LINKAGE) 5 种。

VHDL 还定义了如下几种数据类型。

(1) 位(bit)：位的允许数值为 0 或 1。

(2) 布尔量(boolean)：一个布尔量只有 true 或 false 两种状态。

(3) 位矢量(bit_vector)：由一串用双引号括起来的位组成，如 signal a：bit_vector(0 to 3)。

(4) 字符(character)：字符允许的数据为 128 个 ASCII 码。

(5) 字符串(string)：由一串字符组成。

(6) 标准逻辑(std_logic)：由"0""1""Z"(高阻)和"_"(不关心输出)组成。

(7) 标准逻辑矢量(std_logic_vector)：由标准逻辑组成。

(8) 整数(integer)：整数型操作数的位宽为 32 位。

另外，VHDL 还有用户自定义数据类型，如 TYPE、SUBTYPE；复合数据类型，如数组 array 和记录 record 等。

2) 构造体

构造体 ARCHITECTURE 是一个基本设计单元的主体，它具体定义了设计单元的功能。构造体对其基本设计单元的输入/输出关系可以用 3 种方式进行描述，即行为描述(基本设计单元的数学模型描述)、结构描述(逻辑单元的连接描述)和这两种方法的混合使用。构造体必须跟在实体的后面，一个实体可以有多个构造体，具体结构如下：

```
ARCHITECTURE <identifier> OF _entity_name IS
    SIGNAL _signal_name1:STD_LOGIC;
    SIGNAL _signal_name2:STD_LOGIC;
BEGIN
    Process Statement(顺序处理语句);
    Concurrent Statement(并行处理语句);
    Component Instantiation Statement(元件例化语句);
END <identifier>;
```

一个结构体中可以有多个进程语句，各进程语句之间并行执行，一个进程语句内部包括若干语句，这些语句是顺序执行的。

3) 库和包集合

(1) 库

库是经编译后的数据的集合，它存放包集合定义、实体定义、构造体定义和配置定义，放在设计单元的最前面。IEEE 库中包含 4 个包集合：标准逻辑类型和相应函数(std_logic_1164)、数学函数(std_logic_arith)、符号数学函数(std_logic_signed)和无符号数学函数(std_logic_unsigned)。

使用库的语法如下：

```
LIBRARY IEEE;
USE IEEE. std_logic_1164. ALL;
USE IEEE. std_logic_arith. ALL;
```

(2) 包集合

包集合用来定义 VHDL 语言中所用到的信号定义、常数定义、数据类型、元件语句、函数语句和过程定义等，它是一个可以编译的单元，也是库结构中的一个层次。使用包集合，应在程序前加上如下语句：

```
USE LIBRARY_NAME. PACKAGE_NAME. ALL;
```

一个包集合由包集合定义和包集合体两部分组成，包集合的语法结构如下：

```
PAKAGE < pakage_name > IS
Constant Declarations;
Type Declarations;
Component Declarations;
END < pakage_name >;
PAKAGE BODY < pakage_name > IS
Constant Declarations;
Type Declarations;
Subprogram Body;
END < pakage_name >;
```

18.3.3　VHDL 语言规则

1. VHDL 的数据对象和运算操作符

1) 数据对象

VHDL 语言中的数据对象(Data Objects)主要包括以下 3 种：信号(Signal)、变量(Variable)和常数(Constant)。

(1) 信号包括输入/输出引脚信号以及 IC 内部缓冲信号，有硬件电路与之对应，故信号之间的传递有实际的附加延时。信号与变量形式类似，主要区别在于信号用来存储或传递逻辑值，而变量不能；信号能在不同进程间传递，而变量不能。信号的定义格式为

```
signal 信号名[,信号名]:数据类型[: = 表达式];
```

例如：

```
signal sys_clk:bit: = '0';
```

信号的 event 属性表示信号的状态发生改变。例如：if(clk'event AND clk='1')表示 clk 信号发生变化且现值为 1，即 clk 发生上升沿触发。

(2) 变量只是用来作为指针或存储程序中计算用的暂时值，故变量之间的传递是瞬时的，并无附加延时。其定义格式为

```
variable 变量名[,变量名]:数据类型[:= 表达式];
```

(3) 常数一旦被赋值,在整个程序中不再改变。其定义的格式为

```
constant 常数名[,常数名]: 数据类型[:= 表达式];
```

2) 运算操作符

运算操作符的种类包括数值运算、赋值运算与连接运算。

(1) 数值运算以运算优先权的高低分为逻辑运算、关系运算、算术运算以及其他运算。

(2) 赋值运算"<="可以完成数据的赋值操作。信号赋值可以出现在程序的任何地方,而变量赋值只能在进程中完成。例如:

```
signal D: bit_ vector(0 to 3);
D<= (0 =>'1' others =>'0');
```

(3) 连接运算符用来指定某种电路组件引脚与其对应端口信号的连接通路。命名连接方式是采用"=>"将命名的电路实体的引脚直接指向定义实体的信号,该符号总是指向定义实体的信号。最常用方法是通过引脚图(Port Map)或属性图(Generic Map)连接。

2. VHDL 的顺序语句和并行语句

1) 顺序语句

顺序语句(Sequential Statement)只能出现在过程(Procedure)、进程(Process)及函数(Function)中,其中所有的命令语句是按顺序执行的。整个过程、进程及函数本身被视为一个整体,一个并行的语句。VHDL 顺序执行语句主要有变量赋值"<="、条件语句(IF THEN、IF THEN ELSE、IF THEN ELSEIF、CASE IS WHEN)和循环语句(FOR LOOP、WHILE LOOP、WAIT)。

IF THEN ELSE 语句书写格式如下:

```
IF 条件 1 THEN
顺序语句 1;
ELSEIF 条件 2 THEN
顺序语句 2;
…
ELSEIF 条件 n THEN
顺序语句 n;
END IF;
```

CASE IS WHEN 语句书写格式如下:

```
CASE 条件表达式 IS
WHEN 条件表达式的值 =>顺序处理语句;
END CASE;
```

FOR LOOP 语句书写格式如下:

```
[标号]: FOR 循环变量 IN 循环范围 LOOP
    顺序语句;
END LOOP[标号];
```

WHILE LOOP 语句书写格式如下:

```
[标号]: WHILE 条件 LOOP
```

```
    顺序语句;
END LOOP[标号];
```

函数 FUNCTION 语句是顺序语句,它每次返回一个值。FUNCTION 的书写格式如下:

```
FUNCTION 函数名(参数 1,参数 2,...)
RETURN 数据类型 IS
BEGIN
    顺序处理语句;
RETURN 返回变量名;
END 函数名;
```

2) 并行语句

VHDL 中的并行语句(Concurrent Statements)包括进程语句、并发信号代入语句、条件信号代入语句、并发过程调用语句、块语句和元件例化语句等。

一个结构体中的多个进程语句是并行执行的,但每个进程内部是顺序执行的,进程之间通过信号传递信息。条件信号代入语句直接用于结构体中,根据不同条件将相应的表达式代入信号量,其格式如下:

```
_label:
_signal <= _expression WHEN _boolean_expression ELSE
           _expression WHEN_boolean_expression ELSE
           _expression;
```

选择信号代入语句对表达式进行测试,当表达式取不同值时,将不同的值代入信号量,其格式如下:

```
_label:
WITH _expression SELECT
    _signal <= _expression WHEN_constant_value,
    _expression WHEN_constant_value,
    _expression WHEN_constant_value;
```

并发过程调用语句可以出现在结构体中,而且是一种可以在进程之外执行的过程调用语句,其格式如下:

```
PROCEDURE 过程名(参数 1,参数 2,...)IS
[定义语句];
BEGIN
    顺序处理语句;
END 过程名;
```

在 PROCEDURE 结构中,参数可以输入也可以输出。PROCEDURE 语句可以出现在 PROCESS 语句中,且可以有多个返回值。块 BLOCK 语句是一个并发语句,其格式如下:

```
标号: BLOCK
[定义语句];
BEGIN
    并发处理语句;
ENDBLOCK 标号名;
```

在结构体的描述中,元件(COMPONENT)例化语句是基本的描述语句,它指定了构造体中所调用的是哪一个现成的逻辑描述模块。当结构体中引用已存在的模块时,首先用

COMPONENT 语句声明所引用的元件，然后用 COMPONENT_INSTANCE 语句将元件的端口映射(PORT MAP)成高层设计电路中的信号。

元件(COMPONENT)例化语句可以用高层次的设计模块调用低层次的设计模块，用简单的设计单元构成一个较复杂的逻辑电路。这种方法结构清晰，可以提高设计效率，将已有的设计成果方便地用到新的设计中。

习题 18

18-1　存储器中可以保存的最小数据单位是________。

18-2　ROM 是________存储器，RAM 是________存储器。

18-3　可以存储 256 字节数据的存储容量是________位。

18-4　PAL 的常用输出结构有________、________、________和________4 种。

18-5　PAL 是具有一个________的与阵列和一个________的或阵列的 PLD。

18-6　FPGA 采用________实现电路编程。

18-7　一个完整的 VHDL 语言程序通常包含________、________、________、________和________5 个部分。

18-8　下面是一个多路选择器的 VHDL 描述，试补充完整。

```
LIBRARY IEEE;
USE IEEE.STD_LOGIC_1164.ALL;
ENTITY bmux IS
    PORT( sel: __①__ STD_LOGIC;
        A,B: IN STD_LOGIC_VECTOR(7 DOWNTO 0);
          Y: __②__ STD_LOGIC_VECTOR( __③__ DOWNTO 0));
END bmux;
ARCHITECTURE bhv OF bmux IS
BEGIN
    y <= A when sel = '1' __④__
        __⑤__;
END bhv;
```

18-9　分析如题 18-9 图所示的逻辑电路，写出输出逻辑函数表达式。

18-10　试用 VHDL 语言设计一个带控制端口的加法器，用于完成两个位相量的相加，其电路系统示意图如题 18-10 图所示。

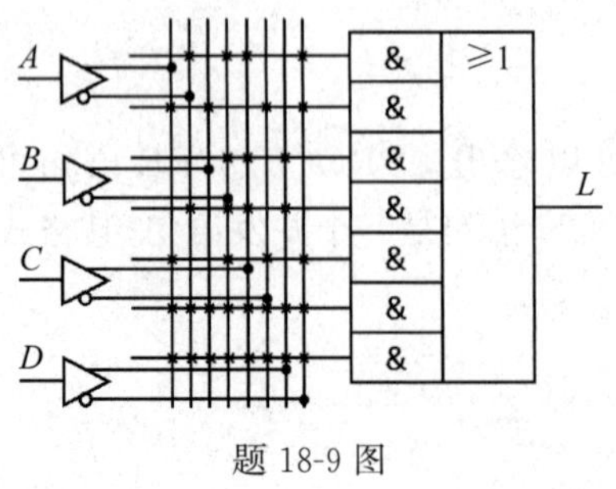

题 18-9 图

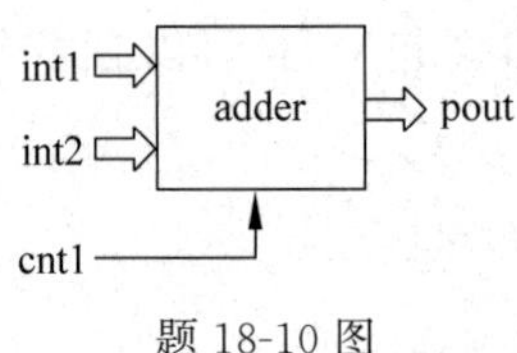

题 18-10 图

第4篇

常用电子元器件及测量仪器

电子产品是以电能为工作基础的相关产品，是将相关的电子元器件按特定的结构组织起来，用以完成指定功能的，而电子元器件是电子产品的基础，学习电子元器件的相关知识是分析、设计、维修电子产品的基础。检查元器件的好坏，测试电路的技术指标是否符合设计要求等，这些都离不开相关的测量仪器。测量仪器是设计、制造、维修电子产品的必备工具。

本篇包括第 19～20 章，主要内容有常用电路、电子元器件和常用电子测量仪器。

常用电路、电子元件

本章主要介绍常用电路元件、模拟电子技术元器件和数字电子技术元器件的基本知识。

19.1 电路分析常用元件

19.1.1 电阻器

电阻器的主要参数(标称阻值和允许误差)可标在电阻器上,以供识别。

通常固定电阻器的常用标注方法有直接标注法、文字符号法和色环标注法三种。

1. 直接标注法

用阿拉伯数字和单位符号(Ω、kΩ、MΩ 等)在电阻体表面直接标出阻值,用百分数或字母标出允许偏差的方法称为直接标注法,如图 19-1-1 所示。若直接标注法未标出阻值单位,则其单位默认为 Ω(欧姆)。

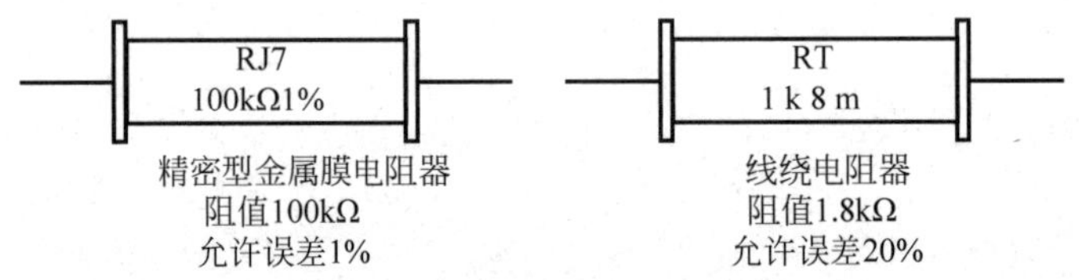

图 19-1-1 直接标注法示意图

2. 文字符号法

将阿拉伯数字和文字符号按照特定规律组合在一起表示标称阻值和允许误差的方法称为文字符号法。其标称阻值的组合规律是:用文字符号 R 表示阻值单位欧姆,用 k 表示阻值单位千欧,用 M 表示阻值单位兆欧,并且在标注中起小数点的作用;阻值的整数部分写在阻值单位文字符号前面,小数部分写在后面;阻值单位文字符号的位置代表标称阻值有效数字中小数点所在的位置。文字符号法允许偏差一般用Ⅰ、Ⅱ、Ⅲ表示。

3. 色环标注法

色环标注法是用不同的色环标注在电阻体上表示电阻器的标称阻值和允许偏差的一种标注方法。常见的色环标注法有四环法和五环法两种。四环法一般用于普通电阻器的标注,最靠近电阻器一端的第一条色环的颜色表示阻值的第一位有效数字,第二条色环的颜色表示第二位有效数字，第三条色环的颜色表示 10^n 倍乘数，第四条色环的颜色表示允许误差，如图 19-1-2(a)所示。五环法一般用于精密电阻器的标注，其第一、二、三条色环的颜色表示阻值第一、二、三位有效数字，第四条色环的颜色表示 10^n 倍乘数，第五条色环的颜色表示允许误差，如图 19-1-2(b)所示。

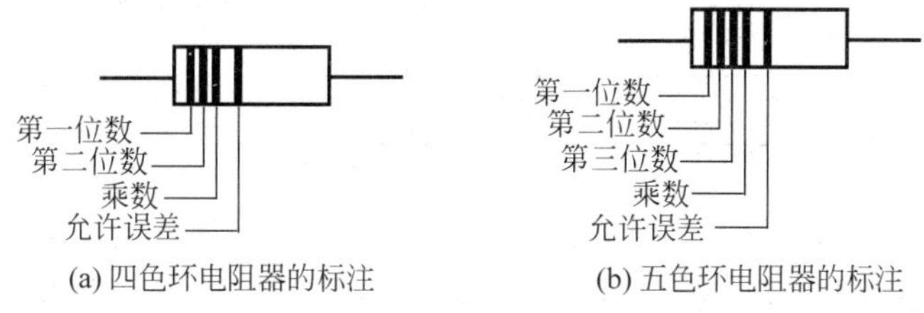

图 19-1-2 色环标注法示意图

色环标注法中各色环颜色所代表的有效数字或允许误差如表 19-1-1 所示。

表 19-1-1 色环标注法颜色的含义

颜色	棕	红	橙	黄	绿	蓝	紫	灰	白	黑	金	银
有效数字	1	2	3	4	5	6	7	8	9	0	—	—
误差	±1%	±2%			±0.5%						±5%	±10%

19.1.2 电容器

电容器的标称电容量通常有直标法、文字符号法、数字表示法和色标法四种表示方法。

1. 直标法

直标法是将标称电容量直接标注在电容器上的标注方法。直标法有两种情况，一种是标有容量单位，则直接读取；另一种是没标容量单位，其读法是凡容量大于 1 的无极性电容器，其容量单位为 pF，凡容量小于 1 的无极性电容器，其容量单位为 μF，凡有极性电容器，其容量单位为 μF。

2. 文字符号法

文字符号法是将容量的整数部分标注在容量单位前面，小数部分标注在容量单位后面，容量单位所占位置就是小数点位置。若在数字前标注有 R 字样，则表示容量为零点几微法。

3. 数字表示法

数字表示法是用三位数字表示电容器容量的大小，其中，前两位数字为电容器标称容量的有效数字，第三位数字表示有效数字后面零的个数，单位是 pF；若第三位数字是 9，有效数字应乘以 10^{-1}，如标有 229 的电容器表示容量为 22×10^{-1} pF。

4. 色标法

电容器色标法原则上与电阻器的色标法相同，颜色意义也与电阻器基本相同，其容量单位为 pF。当电容器引线在电容器的同一端时，电容器的色环顺序是从上到下。

19.1.3 电感器

电感器的参数通常有直标法和色标法两种表示方法。

1. 直标法

直标法是指将电感器的主要参数用文字直接标注在电感器的外壳上，其中，最大直流工作电流常用字母 A、B、C、D、E 等标注，字母和电流的对应关系如表 19-1-2 所示。

表 19-1-2　电感器标注字母与最大工作电流对应关系

字母	A	B	C	D	E
最大工作电流/mA	50	150	300	700	1600

2. 色标法

色标法是指在电感器的外壳涂上各种不同颜色的环，用来标注其主要参数。识读色环时，最靠近某一端的第一条色环的颜色表示电感量的第一位有效数字，第二条色环的颜色表示第二位有效数字，第三条色环的颜色表示 10^n 倍乘数，第四条色环的颜色表示允许误差，其数字与颜色的对应关系和电阻器的色环标注法相同，电感量的单位为 μH(微亨)。

19.1.4　变压器

变压器种类繁多。无线电与电子制作中较常用的有电源变压器、音频输入变压器、输出变压器、中频变压器、高频变压器、脉冲变压器等，其外形如图 19-1-3 所示。变压器的文字符号为 T，其电路符号如图 19-1-4 所示。

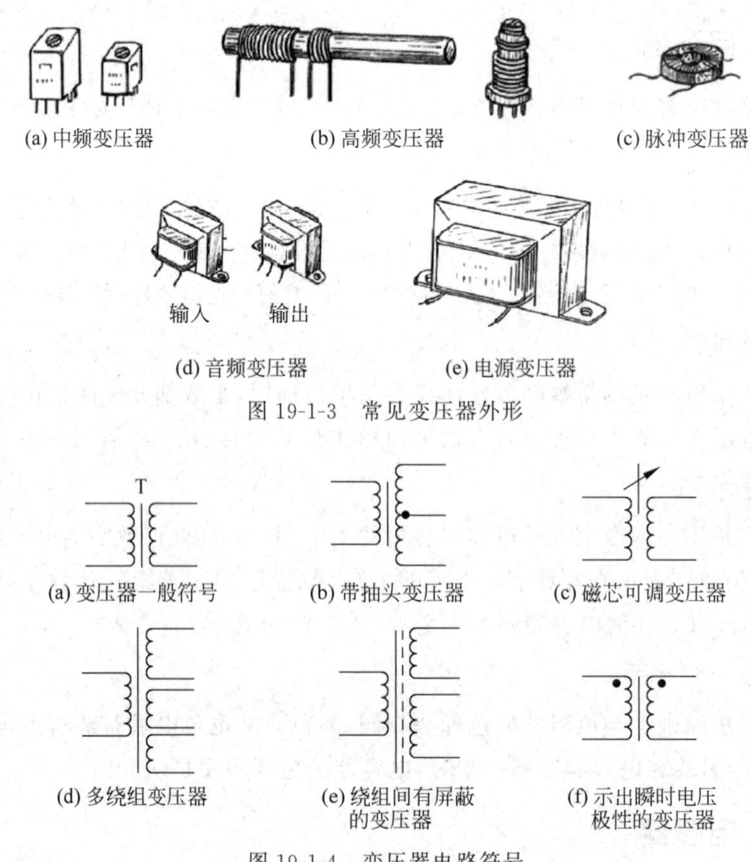

图 19-1-3　常见变压器外形

图 19-1-4　变压器电路符号

1. 变压器的型号识别

1）电力变压器

电力变压器的型号通常由表示相数、冷却方式、调压方式、绕组线芯等材料的符号，以及变压器容量、额定电压、绕组连接方式组成。

电力变压器的型号表示方法：基本型号＋设计序号—额定容量(kV·A)/高压侧电压。

电力变压器产品型号及其字母排列顺序及含义如下。

(1) 绕组耦合方式，含义分为独立(不标)、自耦(O 表示)。

(2) 相数，含义分为单相(D)、三相(S)。

(3) 绕组外绝缘介质，含义分为变压器油(不标)、空气(G)、气体(Q)；成型固体浇注式(C)、包绕式(CR)、难燃液体(R)。

(4) 冷却装置种类，含义分为自然循环冷却装置(不标)、风冷却器(F)、水冷却器(S)。

(5) 油循环方式，含义为自然循环(不标)、强迫油循环(P)。

(6) 绕组数，含义分为双绕组(不标)、三绕组(S)、双分裂绕组(F)。

(7) 调压方式，含义分为无励磁调压(不标)、有载调压(Z)。

(8) 线圈导线材质，含义分为铜(不标)、铜箔(B)、铝(L)、铝箔(LB)。

(9) 铁芯材质，含义分为电工钢片(不标)、非晶合金(H)。

(10) 特殊用途或特殊结构，含义分为密封式(M)、串联用(C)、起动用(Q)、防雷保护用(B)、调容用(T)、高阻抗(K)、地面站牵引用(QY)、低噪音用(Z)、电缆引出(L)、隔离用(G)、电容补偿用(RB)、油田动力照明用(Y)、厂用变压器(CY)、全绝缘(J)、同步电机励磁用(LC)。

2）中频变压器

晶体管收音机(调幅)中的中频变压器的命名方法由以下三部分组成。

(1) 主称，用几个字母组合表示名称、特征、用途。“T”表示中频变压器，“L”表示线圈或振荡线圈，“T”表示磁性磁芯式，“F”表示调幅收音机用，“S”表示短波段。

(2) 外形尺寸，用数字表示。“1”表示 $7mm\times7mm\times12mm^3$，“2”表示 $10mm\times10mm\times14mm^3$，“3”表示 $12mm\times12mm\times16mm^3$，“4”表示 $20mm\times25mm\times36mm^3$。

(3) 序号，用数字表示。“1”表示第一中放用中频变压器，“2”表示第二中放电路用中频变压器，“3”表示第三中放电路用中频变压器。

3）低频变压器

低频变压器的型号命名法由以下三部分组成。

(1) 主称，用字母表示。“DB”表示电源变压器，“CB”表示音频输出变压器，“RB”或“TB”表示音频输入变压器，“GB”表示高频变压器，“HB”表示灯丝变压器，“SB”或“ZB”表示音频(定阻式)输送变压器，“SB”或“EB”表示音频(定压式或自耦式)输送变压器，“KB”表示开关变压器。

(2) 功率，用数字表示。

(3) 序号，用数字表示。

2. 判别变压器参数的方法及步骤

1）分辨变压器参数

从外形识别：常用变压器的铁芯有 E 形和 C 形两种。E 形铁芯变压器呈壳式结构(铁芯包裹线圈)，采用 D41、D42 优质硅钢片作铁芯，应用广泛；C 形铁芯变压器用冷轧硅钢带作铁芯，磁漏小，体积小，呈芯式结构(线圈包裹铁芯)。

从绕组引出端子数识别：电源变压器常见的有两个绕组，即一个初级绕组和一个次级绕组，因此有四个引出端。有的电源变压器为防止交流声及其他干扰，初、次级绕组间往往加一个屏蔽层，其屏蔽层是接地端。因此，电源变压器接线端子至少是 4 个。

从硅钢片的叠片方式识别：E 形变压器的硅钢片是交叉插入的，E 片和 I 片间不留空气隙，整个铁芯严丝合缝。音频输入、输出变压器的 E 片和 I 片之间留有一定的空气隙，这是区别电源和变压器的最直观方法。至于 C 形变压器，一般都是电源变压器。

2）功率的估算

变压器传输功率的大小取决于铁芯的材料和横截面积。不论是 E 形壳式结构，或是 E 形芯式结构(包括 C 形结构)，横截面积均是指绕组所包裹的那段芯柱的横断面(矩形)面积。在测得铁芯截面积 S 之后，即可按 $P=S^2/1.5$ 估算出变压器的功率 P。式中 S 的单位是平方厘米(cm^2)。

3）变压器各次级绕组最大电流的确定

变压器次级绕组输出电流取决于该绕组漆包线的直径 D。漆包线的直径可从引线端子处直接测得。测出直径后，依据公式 $I=2D^2$，可求出该绕组的最大输出电流。式中 D 的单位是毫米(mm)。

注意：①变压器的参数，国内的标准与国外的标准是有差异的；②选择材质时也要注意，材质不同，做出来的产品整体参数也会不同。

19.1.5 继电器

继电器的种类较多，如电磁式继电器、舌簧式继电器、启动继电器、限时继电器、直流继电器、交流继电器等。在电子电路中用得最广泛的就是电磁式继电器。常见继电器的外形如图 19-1-5 所示。

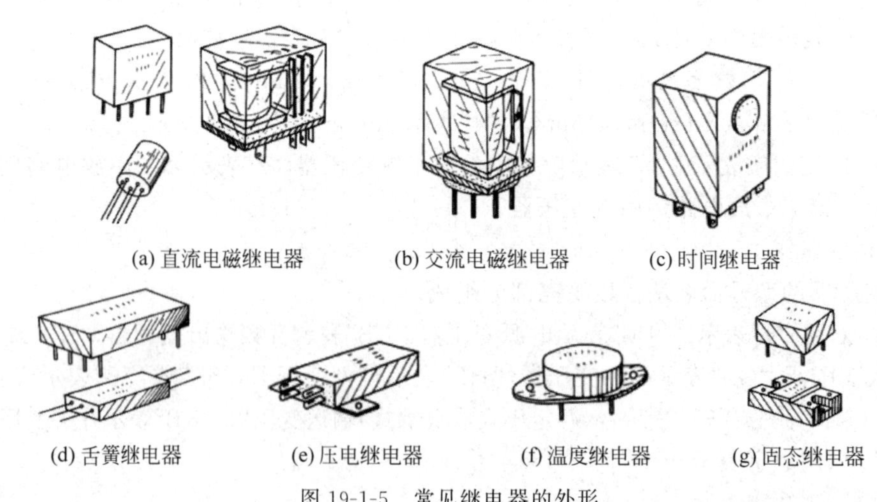

(a) 直流电磁继电器　(b) 交流电磁继电器　(c) 时间继电器

(d) 舌簧继电器　(e) 压电继电器　(f) 温度继电器　(g) 固态继电器

图 19-1-5　常见继电器的外形

继电器的“常开、常闭”触点区分方法：继电器线圈未通电时处于断开状态的静触点，称为“常开触点”；处于接通状态的静触点称为“常闭触点”。电磁式继电器可分为直流与交流两种。凡是交流电磁继电器，其铁芯上都嵌有一个铜制的短路环，而直流继电器没有。

继电器触点的常用符号如表 19-1-3 所示。

表 19-1-3　继电器触点的常用符号

符　号	说　　明	符　号	说　　明
	动断（常闭）触点		先断后合转换触点
	中间断开的双向触点		先合后断转换触点
	双动合触点	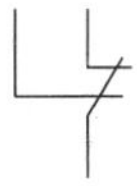	双动断触点
	动合（常开）触点，此符号也可作为开关符号		延时闭合的动合触点
	延时断开的动合触点		延时闭合动断触点
	延时断开动断触点		

1. 继电器的技术参数

继电器的技术参数有额定工作电压、直流电阻、吸合电流、释放电流以及触点切换电压和电流。

2. 继电器测试

1）测触点电阻

用万能表的电阻挡，测量常闭触点与动点电阻，其阻值应为 0；而常开触点与动点的阻值应为无穷大。由此可以区别出哪个是常闭触点，哪个是常开触点。

2）测线圈电阻

可用万能表 R×10Ω 挡测量继电器线圈的阻值，从而判断该线圈是否存在开路现象。

3）测量吸合电压和吸合电流

用可调稳压电源给继电器输入一组电压，且在供电回路中串入电流表进行监测。慢慢调高电源电压，听到继电器吸合声时，记下该吸合电压和吸合电流。为求准确，可以多试几次求平均值。

4）测量释放电压和释放电流

同上述一样连接测试，当继电器发生吸合后，再逐渐降低供电电压，当听到继电器再次发生释放声音时，记下此时的电压和电流，可尝试多次取得平均值。一般情况下，继电器的释放电压约在吸合电压的 10%～50%，如果释放电压太小（小于 1/10 的吸合电压），会对电路的稳定性造成威胁，工作不可靠，故不能正常使用。

19.2　模拟电子技术常用元件

19.2.1　半导体分立元件

1. 半导体二极管

对于半导体 PN 结，按材料分有锗、硅或砷化镓；按结构分有点接触、PN 结、PIN、肖特基势垒、异质结；按原理分有隧道、变容、雪崩和阶跃恢复等。光通信发展后，出现发光、光电、雪崩光电、PIN 光电、半导体激光等二极管。

2. 半导体三极管

半导体三极管从结构上可以分为 NPN 型和 PNP 型两类。

3. 半导体场效应管

半导体场效应管简称场效应管，主要有两种类型：结型场效应管和金属—氧化物半导体场效应管。中国半导体器件型号命名由五部分(场效应器件、半导体特殊器件、复合管、PIN 型管、激光器件的型号命名只有第三、四、五部分)组成。五个部分意义如下。

第一部分：用数字表示半导体器件有效电极数目。2 表示二极管，3 表示三极管。

第二部分：用汉语拼音字母表示半导体器件的材料和极性。表示二极管时，A 表示 N 型锗材料、B 表示 P 型锗材料、C 表示 N 型硅材料、D 表示 P 型硅材料。表示三极管时，A 表示 PNP 型锗材料、B 表示 NPN 型锗材料、C 表示 PNP 型硅材料、D 表示 NPN 型硅材料。

第三部分：用汉语拼音字母表示半导体器件的内型。P 表示普通管、V 表示微波管、W 表示稳压管、C 表示参量管、Z 表示整流管、L 表示整流堆、S 表示隧道管、N 表示阻尼管、U 表示光电器件、K 表示开关管、X 表示低频小功率管($f \leqslant 3\text{MHz}$，$P_c \leqslant 1\text{W}$)、A 表示高频大功率管($f > 3\text{MHz}$，$P_c > 1\text{W}$)、T 表示半导体晶闸管(可控整流器)、Y 表示体效应器件、B 表示雪崩管、J 表示阶跃恢复管、CS 表示场效应管、BT 表示半导体特殊器件、FH 表示复合管、PIN 表示 PIN 型管、JG 表示激光器件。

第四部分：用数字表示序号。

第五部分：用汉语拼音字母表示规格号。

4. 晶闸管

可控硅(Silicon Controlled Rectifier，SCR)也称晶闸管。常见晶闸管的外形如图 19-2-1(a)所示，其内部的掺杂情况如图 19-2-1(b)所示，电路符号如图 19-2-1(c)所示。

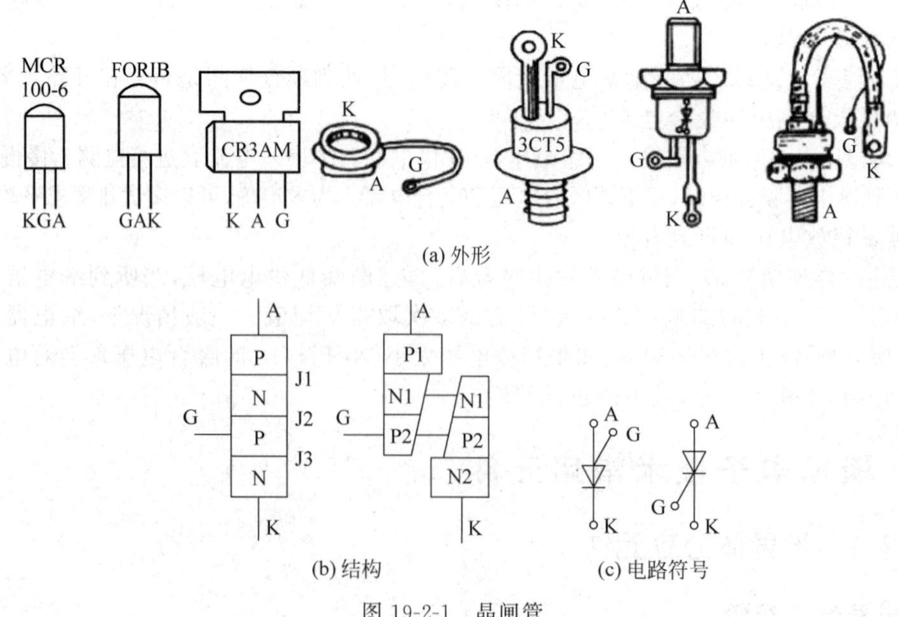

图 19-2-1　晶闸管

可控硅分单向可控硅和双向可控硅两种。国产晶闸管型号命名主要由四部分组成，第一部分用字母 K 表示主称为晶闸管；第二部分用字母表示晶闸管类别；第三部分用数字表示晶闸管额定通态电流值；第四部分用数字表示重复峰值电压级数。具体含义如表 19-2-1 所示。

表 19-2-1　国产晶闸管的型号命名方法

第一部分：主称		第二部分：类别		第三部分：额定通态电流		第四部分：重复峰值电压级数	
字母	含义	字母	含义	数字	含义	数字	含义
K	晶闸管（可控硅）	P	普通反向阻断型	1	1A	1	100V
				5	5A	2	200V
				10	10A	3	300V
				20	20A	4	400V
		K	快速反向阻断型	30	30A	5	500V
				50	50A	6	600V
				100	100A	7	700V
				200	200A	8	800V
		S	双向型	300	300A	9	900V
				400	400A	10	1000V
				500	500A	12	1200V
						14	1400V

19.2.2　半导体集成元件

1. 三端稳压器

三端稳压器主要有两种，一种输出电压是固定的，称为固定输出三端稳压器；另一种输出电压是可调的，称为可调输出三端稳压器，其基本原理相同，均采用串联型稳压电路。在线性集成稳压器中，由于三端稳压器只有三个引出端子，具有外接元件少、使用方便、性能稳定、价格低廉等优点，因而得到广泛应用。

三端集成稳压器的外形及引脚排列如图 19-2-2 所示。三端稳压器的通用产品有 78 系列（正电源）和 79 系列（负电源），输出电压由具体型号中的后面两个数字代表，有 5V、6V、8V、9V、12V、15V、18V、24V 等挡位。输出电流以 78（或 79）后面加字母来区分，L 表示 0.1A，M 表示 0.5A，无字母表示 1.5A，如 78L05 表示 5V/0.1A。

2. 集成运算放大器

国标统一命名法规定，集成运算放大器的型号由字母和阿拉伯数字两大部分组成。字母在首部，统一采用 CF 两个字母，C 表示国标，F 表示线性放大器，其后的数字表示集成运算放大器的类型。

按照集成运算放大器的参数分类，分为通用型、高阻型、低温漂型、高速型、低功耗型和高压大功率型；按外形的封装样式分类，分为双列直插式（DIP）、扁平式（即 SSOP）和单列直插式（即 SIP），如图 19-2-3 所示。

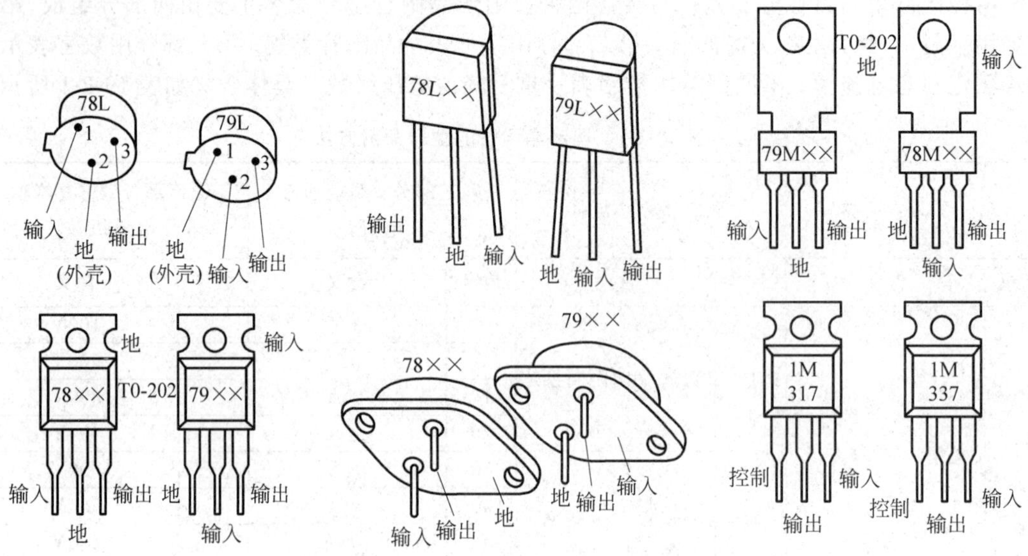

图 19-2-2　三端集成稳压器的外形及引脚排列

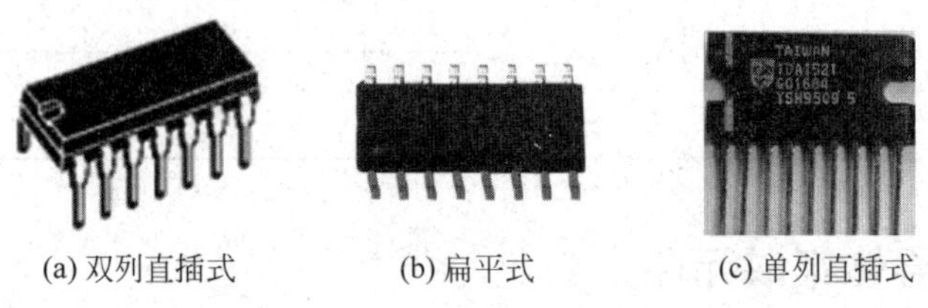

(a) 双列直插式　　(b) 扁平式　　(c) 单列直插式

图 19-2-3　集成运算放大器外形的封装样式

19.3　数字电子技术常用元件

19.3.1　逻辑门电路

将门电路的所有器件及连接导线制作在同一块半导体基片上，构成集成逻辑门电路。TTL 集成电路芯片有以下系列产品：74LS 系列、74ALS 系列、74AS 系列和 54/74HC 系列。

19.3.2　组合逻辑电路元件

组合逻辑电路中常用的逻辑门如表 19-3-1 所示。

表 19-3-1　逻辑门说明

序号	名称	GB/T 4728.12—1996		国外流行图形符号	曾用图形符号
		限定符号	国标图形符号		
1	与门	&	&		
2	或门	≥1	≥1		+

续表

序号	名称	GB/T 4728.12—1996		国外流行图形符号	曾用图形符号
		限定符号	国标图形符号		
3	非门	：入 ：出	1 或 1	或	或
4	与非门		&		
5	或非门		≥1		+
6	与或非门		& ≥1		+
7	异或门	=1	=1		⊕
8	同或门	=	=1 或 =1		⊖ 或 ⊕

1. 常用的门电路芯片

(1) 7400——TTL2 输入端四与非门(引脚排列如图 19-3-1 所示)。

(2) 7402——TTL2 输入端四或非门。

(3) 7404——TTL 六反相器(引脚排列如图 19-3-2 所示)。

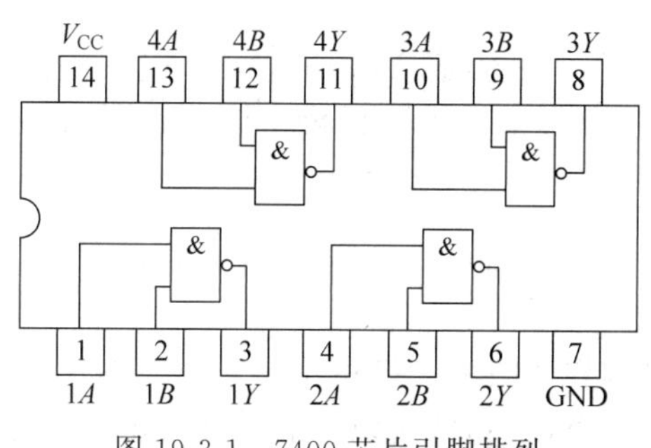

图 19-3-1 7400 芯片引脚排列

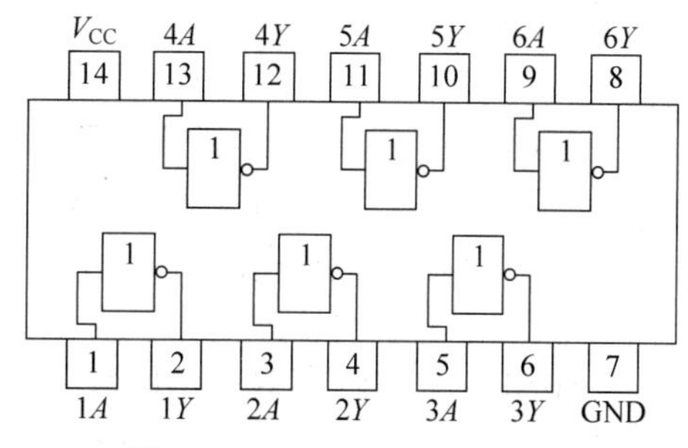

图 19-3-2 7404 芯片引脚排列

(4) 7408——TTL2 输入端四与门。

(5) 7410——TTL3 输入端三与非门。

(6) 7420——TTL4 输入端双与非门。

(7) 7421——TTL4 输入端双与门。

(8) 7432——TTL2 输入端四或门。

(9) 7454——TTL 四路输入与或非门。

(10) 7455——TTL4 输入端二路输入与或非门。

(11) 7486——TTL2 输入端四异或门。

2. 组合电路芯片

（1）74LS138——TTL3 线-8 线译码器/复工器（引脚排列如图 19-3-3 所示）。

（2）74LS147——TTL10 线-4 线 8421BCD 码优先编码器（引脚排列如图 19-3-4 所示）。

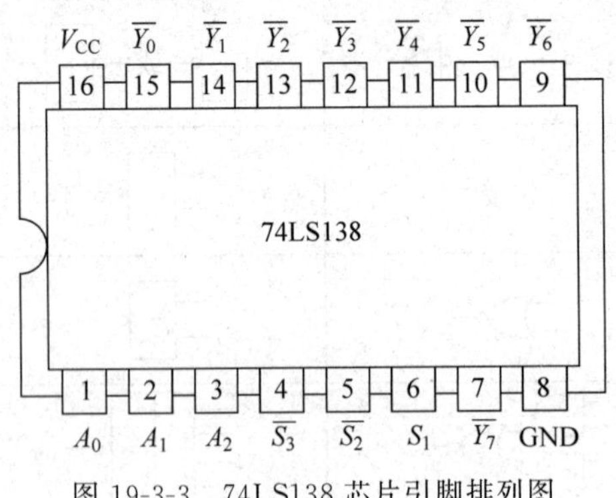

图 19-3-3 74LS138 芯片引脚排列图

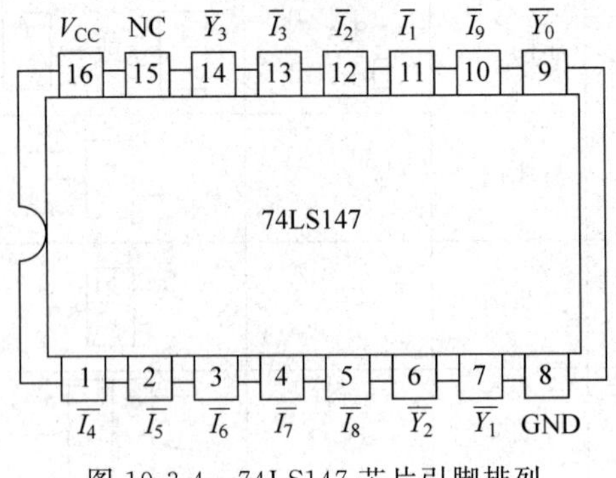

图 19-3-4 74LS147 芯片引脚排列

（3）74LS148——TTL8 线-3 线优先编码器（引脚排列如图 19-3-5 所示）。

（4）74LS247——TTL 集电极开路输出的 BCD-7 段 15V 输出译码/驱动器（引脚排列如图 19-3-6 所示）。

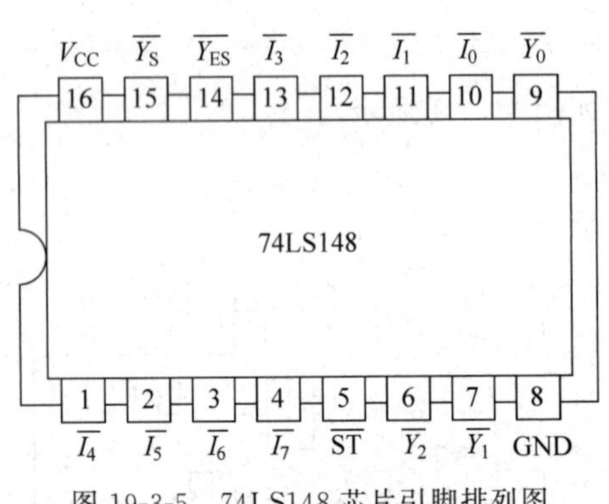

图 19-3-5 74LS148 芯片引脚排列图

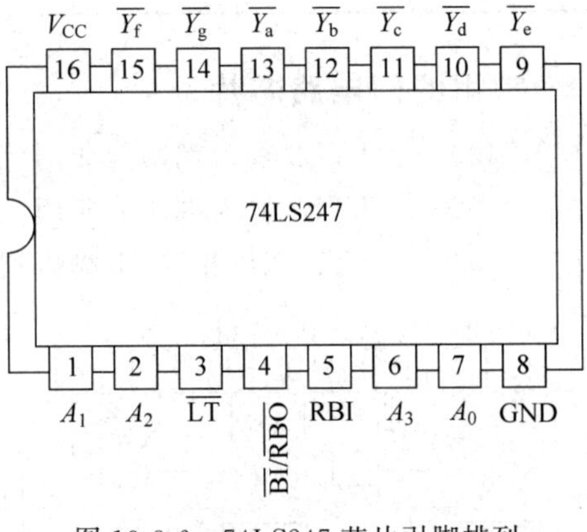

图 19-3-6 74LS247 芯片引脚排列

（5）74LS183——TTL 双进位保留全加器（引脚排列如图 19-3-7 所示）。

（6）74LS42——TTL 二-十进制译码器/BCD 译码器（引脚排列如图 19-3-8 所示）。

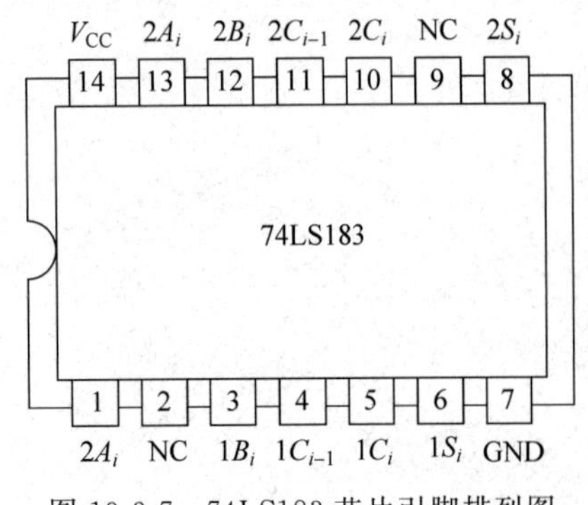

图 19-3-7 74LS183 芯片引脚排列图

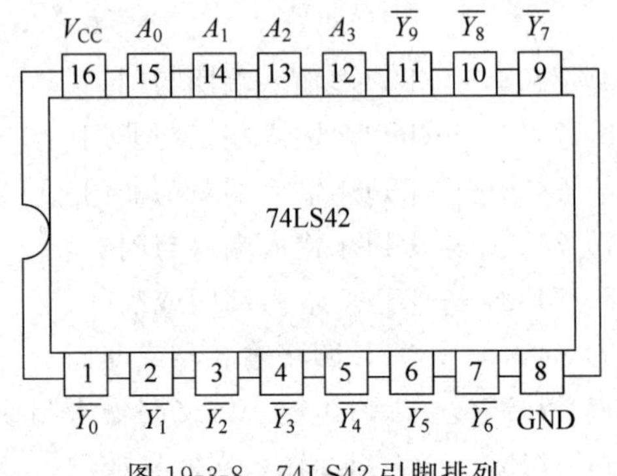

图 19-3-8 74LS42 引脚排列

(7) 74LS85——TTL 四位数字比较器(引脚排列如图 19-3-9 所示)。

(8) 74LS153——TTL 双 4 选 1 数据选择器(引脚排列如图 19-3-10 所示)。

(9) 74LS151——TTL8 选 1 数据选择器(引脚排列如图 19-3-11 所示)。

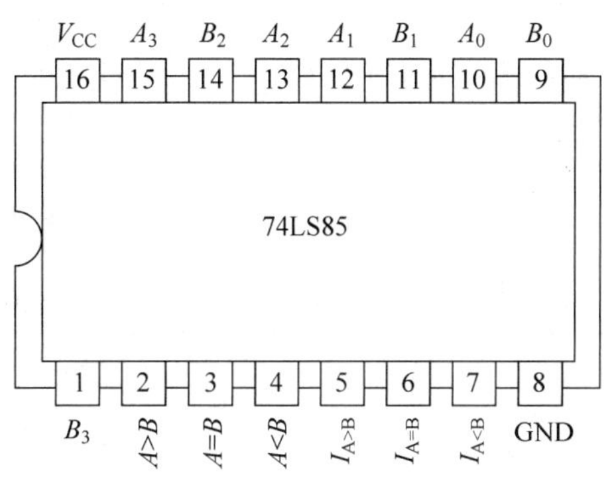

图 19-3-9　74LS85 引脚排列

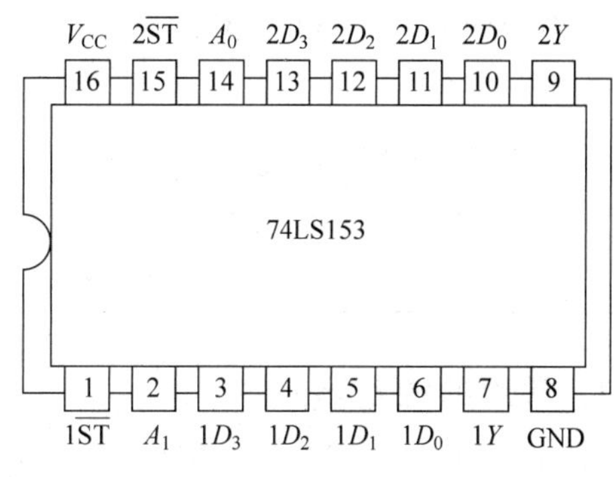

图 19-3-10　74LS153 引脚排列

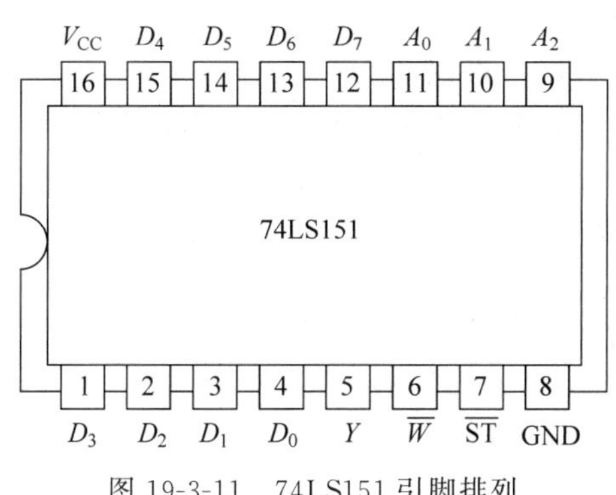

图 19-3-11　74LS151 引脚排列

19.3.3　时序逻辑电路元件

时序逻辑电路中常用的触发器如表 19-3-2 所示。

表 19-3-2　触发器说明

序号	名　　称	图 形 符 号	特性方程	功能
1	基本 RS 触发器	S—S, R—R, Q, $\overline{Q}$ 或 $\overline{S}$—S, $\overline{R}$—R, Q, $\overline{Q}$	$\begin{cases} Q^{n+1}=S+\overline{R}Q^n \\ \overline{S}+\overline{R}=1 \end{cases}$	置 0 置 1 保持
2	同步 RS 触发器	S—1S, CP—C1, R—1R, Q, $\overline{Q}$	$\begin{cases} Q^{n+1}=S+\overline{R}Q^n \\ R\cdot S=0 \end{cases}$ CP=1 期间有效	置 0 置 1 保持
3	主从 RS 触发器	S—1S, CP—C1, R—1R, Q, $\overline{Q}$	$\begin{cases} Q^{n+1}=S+\overline{R}Q^n \\ R\cdot S=0 \end{cases}$ CP 下降沿到来时有效	置 0 置 1 保持

续表

序号	名称	图形符号	特性方程	功能
4	边沿 D 触发器	D—1D, CP—>C1, Q, $\overline{Q}$ 或 D—1D, CP—o>C1, Q, $\overline{Q}$	$Q^{n+1}=D$ CP 边沿触发	置 0 置 1
5	边沿 JK 触发器	J—1J, CP—>C1, K—1K, Q, $\overline{Q}$ 或 J—1J, CP—o>C1, K—1K, Q, $\overline{Q}$	$Q^{n+1}=J\overline{Q^n}+\overline{K}Q^n$ CP 边沿触发	置 0 置 1 保持 翻转

1. 常用的触发器芯片

(1) 74LS107——TTL 带清除主从双 JK 触发器。

(2) 74LS109——TTL 带预置清除正触发双 JK 触发器。

(3) 74LS112——TTL 带预置清除负触发双 JK 触发器。

(4) 74LS73——TTL 带清除负触发双 JK 触发器。

(5) 74LS74——TTL 带置位复位正触发双 D 触发器(引脚排列如图 19-3-12 所示)。

(6) 74LS76——TTL 带预置清除双 JK 触发器(引脚排列如图 19-3-13 所示)。

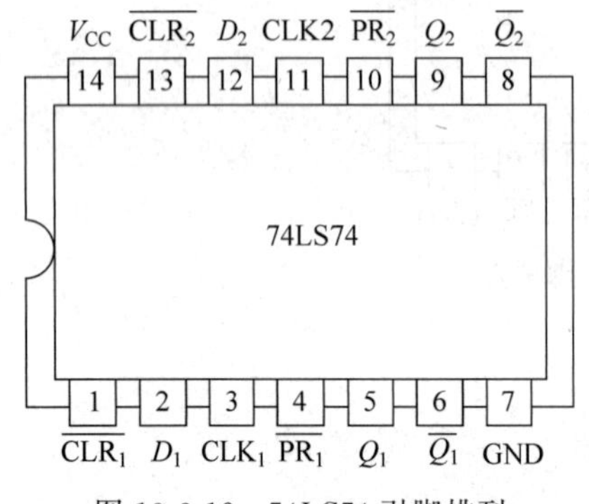

图 19-3-12 74LS74 引脚排列

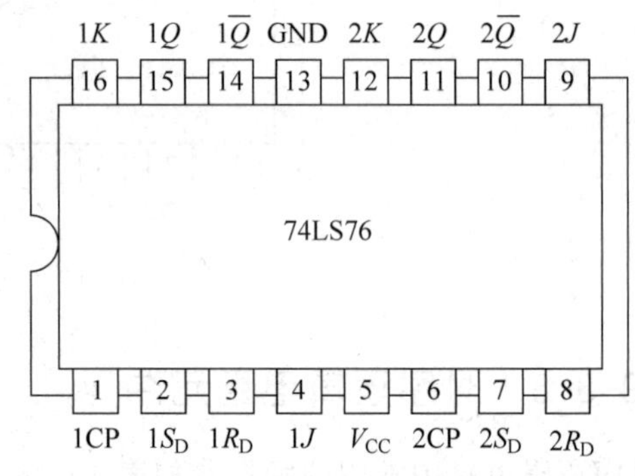

图 19-3-13 74LS76 引脚排列

2. 时序电路芯片

(1) 74LS121——TTL 单稳态多谐振荡器。

(2) 74LS160——TTL 可预置 BCD 异步清除计数器(引脚排列如图 19-3-14 所示)。

(3) 74LS161——TTL 可预置四位二进制异步清除计数器。

(4) 74LS162——TTL 可预置 BCD 同步清除计数器。

(5) 74LS163——TTL 可预置四位二进制同步清除计数器。

(6) 74LS169——TTL 二进制四位加/减同步计数器。

(7) 74LS190——TTLBCD 同步加/减计数器。

(8) 74LS191——TTL 二进制同步可逆计数器。

(9) 74LS193——TTL4 位二进制同步可逆计数器(引脚排列如图 19-3-15 所示)。

(10) 74LS221——TTL 双/单稳态多谐振荡器。

(11) 74LS290——TTL 二/五分频十进制计数器。

（12）74LS293——TTL 二/八分频四位二进制计数器。

（13）74LS166——TTL 八位移位寄存器（引脚排列如图 19-3-16 所示）。

图 19-3-14　74LS160 引脚排列

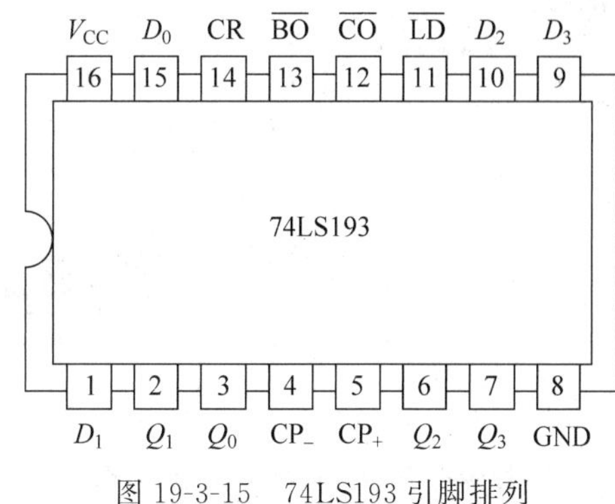

图 19-3-15　74LS193 引脚排列

19.3.4　555 定时器

标准的 555 芯片集成有 25 个晶体管，2 个二极管和 15 个电阻并通过 8 个引脚引出，DIP-8 封装结构如图 19-3-17 所示，各引脚的功能如表 19-3-3 所示。

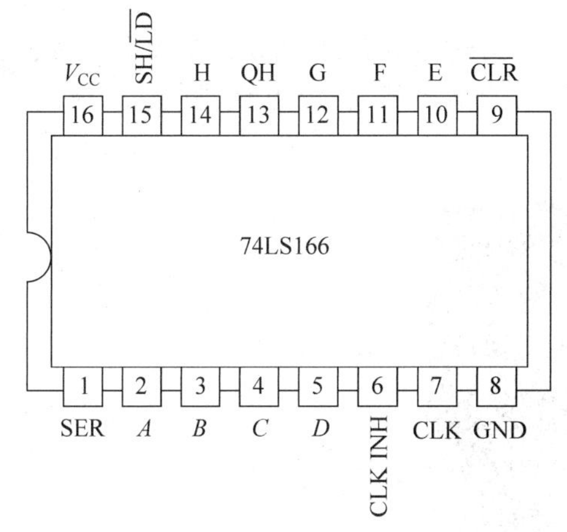

图 19-3-16　74LS166 引脚排列

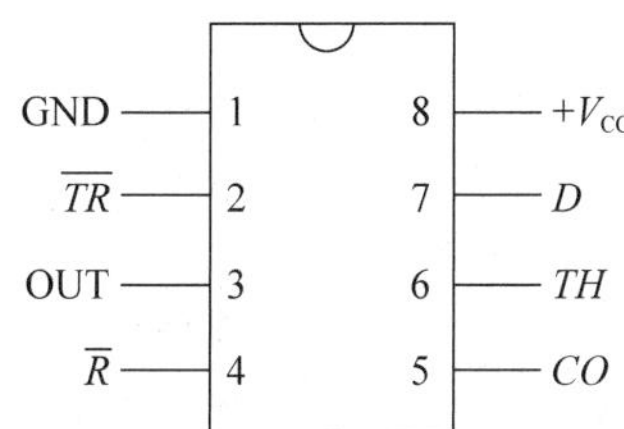

图 19-3-17　555 定时器引脚排列

表 19-3-3　555 定时器引脚功能说明

引脚	名　称	功　　能
1	GND(地)	接地，作为低电平(0V)
2	$\overline{TR}$(触发)	当此引脚电压降至 $1/3V_{CC}$(或由控制端决定的阈值电压)时输出端给出高电平
3	OUT(输出)	输出高电平($+V_{CC}$)或低电平
4	$\overline{R}$(复位)	当此引脚接高电平时定时器工作；当此引脚接地时芯片复位，输出低电平
5	CO(控制)	控制芯片的阈值电压(当此引脚接空时，默认两阈值电压为 $1/3V_{CC}$ 与 $2/3V_{CC}$)
6	TH(阈值)	当此引脚电压升至 $2/3V_{CC}$(或由控制端决定的阈值电压)时输出端给出低电平
7	D(放电)	内接 OC 门，用于给电容放电
8	$+V_{CC}$(供电)	提供高电平并给芯片供电

第20章 常用测量仪器

本章主要介绍常用测量仪器的基本知识，主要包括数字万用表的测量方法、使用时的注意事项、保养和选购时应考虑的技术指标；函数信号发生器的技术参数和使用方法；双通道示波器的使用方法、电量测量过程和使用时的注意事项。

20.1 数字万用表

20.1.1 简介

数字万用表主要功能就是对电压、电阻和电流进行测量。DT9205A数字万用表面板说明如图20-1-1所示，它可以对直流电压、交流电压、直流电流、交流电流、阻值、二极管/三极管的极性、电容容值等进行测量。

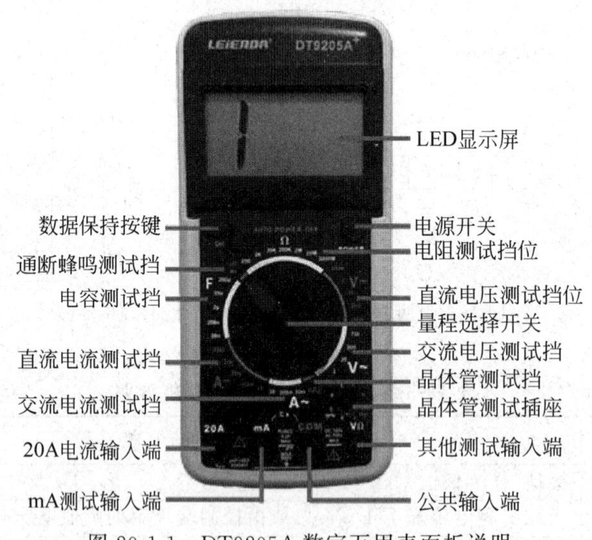

图20-1-1 DT9205A数字万用表面板说明

20.1.2 使用方法

数字万用表相对来说属于比较简单的测量仪器。使用前，应认真阅读有关的使用说明书，熟悉电源开关、量程开关、插孔、特殊插口的作用。

(1) 将ON/OFF开关置于ON位置，检查9V电池，如果电池电压不足，将显示在显示器上，此时需更换电池。如果显示器没有显示，则按以下步骤操作。

(2) 测试笔插孔旁边的符号表示输入电压或电流不应超过指示值，这是为了保护内部线路免受损伤。

(3) 测试之前，功能开关应置于所需要的量程。

1. 直流电压的测量

(1) 将黑表笔插入 COM 插孔，红表笔插入 V/Ω 插孔。

(2) 将功能开关置于直流电压挡 V－量程范围，并将测试表笔连接到待测电源(测开路电压)或负载上(测负载电压降)，红表笔所接端的极性将同时显示在显示器上。

(3) 查看读数，并确认单位。

注意：

(1) 如果不知被测电压范围，将功能开关置于最大量程并逐渐下降。

(2) 如果显示器只显示"1."表示过量程，功能开关应置于更高量程。

(3) "▲ DC 1000V"表示不要测量高于 1000V 的电压，显示更高的电压值是可能的，但有损坏内部线路的危险。

(4) 当测量高电压时，要特别注意避免触电。

2. 交流电压的测量

(1) 将黑表笔插入 COM 插孔，红表笔插入 V/Ω 插孔。

(2) 将功能开关置于交流电压挡 V～量程范围，并将测试笔连接到待测电源或负载上，测量交流电压时没有极性显示。

注意：

(1) 当测量高电压时，要特别注意避免触电。

(2) "▲ AC 750V MAX"表示不要输入有效值高于 700V 的电压，显示更高的电压值是可能的，但有损坏内部线路的危险。

3. 直流电流的测量

(1) 将黑表笔插入 COM 插孔，当测量最大值为 200mA 的电流时，红表笔插入 mA 插孔，当测量最大值为 20A 的电流时，红表笔插入 20A 插孔。

(2) 将功能开关置于直流电流挡 A－量程，并将测试表笔串联接入到待测负载上，电流值显示的同时，将显示红表笔的极性。

注意：

(1) 如果使用前不知道被测电流范围，将功能开关置于最大量程并逐渐下降。

(2) 如果显示器只显示"1."，表示过量程，功能开关应置于更高量程。

(3) "▲ UNFUSED 20A MAX"表示最大输入电流为 200mA，过量的电流将烧坏保险丝；20A 量程无保险丝保护，测量时不能超过 15s。

4. 交流电流的测量

(1) 将黑表笔插入 COM 插孔，当测量最大值为 200mA 的电流时，红表笔插入 mA 插孔，当测量最大值为 20A 的电流时，红表笔插入 20A 插孔。

(2) 将功能开关置于交流电流挡 A～量程，并将测试表笔串联接入到待测电路中。

注意：

(1) 如果使用前不知道被测电流的范围，将功能开关置于最大量程并逐渐下降。

(2) 如果显示器只显示“1.”,表示过量程,功能开关应置于更高量程。

(3) “▲ UNFUSED 20A MAX”表示最大输入电流为200mA,过量的电流将烧坏保险丝;20A量程无保险丝保护,测量时不能超过15s。

(4) 电流测量完毕后应将红笔插回V/Ω孔,若忘记这一步而直接测电压,表或电源会报废。

5. 电阻的测量

(1) 将黑表笔插入COM插孔,红表笔插入V/Ω插孔。

(2) 将功能开关置于Ω量程,将测试表笔连接到待测电阻上。

注意:

(1) 如果被测电阻值超出所选择量程的最大值,将显示过量程“1.”,应选择更高的量程。对于大于1MΩ或更高的电阻,要几秒钟后读数才能稳定,这是正常的。

(2) 当没有连接好时,例如开路情况,仪表显示为“1.”。

(3) 当检查被测线路的阻抗时,要保证移开被测线路中的所有电源,所有电容放电。被测线路中,如有电源和储能元件,会影响线路阻抗测试的正确性。

(4) 万用表的200MΩ挡位,短路时有10个字,测量一个电阻时,应从测量读数中减去这10个字。如测一个电阻时,显示为101.0,应从101.0中减去10个字,被测元件的实际阻值为100.0即100MΩ。

(5) 测量中可以用手接触电阻,但不要把手同时接触电阻两端(人体是电阻很大但有限大的导体)。

6. 电容的测量

连接待测电容之前,注意每次转换量程时,复零需要时间,有漂移读数存在不会影响测试精度。

(1) 将功能开关置于电容量程C(F)。

(2) 将电容器插入电容测试座中。

注意:

(1) 仪器本身已对电容挡设置了保护,故在电容测试过程中不用考虑极性及电容充放电等情况。

(2) 测量电容时,将电容插入专用的电容测试座中(不要插入表笔插孔COM、V/Ω)。

(3) 测量大电容时稳定读数需要一定的时间。

(4) 电容的单位换算:$1\mu F=10^6 pF$,$1\mu F=10^3 nF$。

7. 二极管测试及蜂鸣器的连接性测试

(1) 将黑表笔插入COM插孔,红表笔插入V/Ω插孔(红表笔极性为“+”),将功能开关置于→⊢挡、并将表笔连接到待测二极管,读数为二极管正向压降的近似值;肖特基二极管的压降是0.2V左右,普通硅整流管(1N4000、1N5400系列等)约为0.7V,发光二极管为1.8~2.3V;调换表笔,显示屏显示“1.”则为正常,因为二极管的反向电阻很大,否则此管已被击穿。

(2) 将表笔连接到待测线路的两端,如果两端之间电阻值低于约70Ω,内置蜂鸣器发声。

8. 三极管的增益测量

(1) 将黑表笔插入COM插孔,红表笔插入V/Ω插孔(红表笔极性为“+”),将功能开关

置于 ▶|— 挡。

（2）先假定 A 脚为基极，用黑表笔与该脚相接，红表笔分别接触其他两脚，若两次读数均为 0.7V 左右，再用红笔接 A 脚，黑笔接触其他两脚，若均显示“1.”，则 A 脚为基极，且此管为 PNP 管，否则需要重新假定基极引脚进行测量。

（3）集电极和发射极可以利用“hFE”挡来判断。先将挡位打到“hFE”挡，可以看到挡位旁有一排小插孔，分为 PNP 和 NPN 管的测量。前面已经判断出管型，将基极插入对应管型“b”孔，其余两脚分别插入“c”“e”孔，此时可以读取数值，即 β 值；再固定基极，其余两脚对调，比较两次读数，读数较大的管脚位置与表面“c”“e”相对应。

20.1.3　使用说明

仪表设有自动电源切断电路，当仪表工作时间约 30 分钟～1 小时，电源自动切断，仪表进入睡眠状态，这时仪表约消耗 7μA 的电流。

当仪表电源切断后若要重新开启电源请重复按动电源开关两次。

20.1.4　注意事项

为避免电击及人员伤害，请在使用前阅读说明书中的“安全信息”和“警告及注意点”。以下规范为一般性的通用规范。

（1）如果仪表损坏，请勿使用。使用仪表之前，检查外壳，并特别检查接线端子旁的绝缘。

（2）检查表笔是否有损坏的绝缘或裸露的金属；检查表笔的通断；在使用之前，应更换损坏的表笔。

（3）当非正常使用后，请勿再使用仪表，其保护电路有可能失效，当有所怀疑时，请将仪表送修。

（4）请勿在爆炸性气体、水蒸汽或多尘的环境中使用仪表。

（5）请勿在仪表端子上（两个输入端，或者任何输入端与大地）输入标示在仪表上的额定电压。

（6）使用之前，应使用仪表测量一个已知的电压来确认仪表是正常的。

（7）当测量电流时，连接仪表到电路之前，请关闭电路的电源。

（8）当维修仪表时，请只使用厂家标示或提供的部件。

（9）必须根据本手册规定的方法使用仪表，否则仪表所提供的保护措施可能会失效。

（10）当测量有效值为 30V 的交流电压、峰值达 42V 的交流电压或者 60V 以上的直流电压时，请特别注意，因为此类电压会产生电击的危险。

（11）保持测试者的手指一直在表笔的挡板之后。

（12）测量时，在连接红色表笔线前，应先连接黑色表笔线（公共端）；同样，当断开连接时，应先断开红色表笔线再断开黑色表笔线。

（13）当打开电池门时，请先把表笔从仪表上移开。

（14）当仪表的外壳打开或者松动时，请不要使用仪表。

（15）为避免得到错误的读数而导致的电击危险或人员伤害，请在仪表指示低电压时，马上更换电池。

（16）不要测量第Ⅱ类 600V 以上或其他更高类别的电压。

（17）过压装置类别按 IEC61010-1-2000。仪表的设计能够防护在下列类别的设备中出现的瞬变高电压。

① CATⅠ高压低能量电路,如电子电路或复印机。

② CATⅡ 固定装置供电的设备,如电视机、个人计算机、便携工具和家用电器。

③ CATⅢ 固定安装设备,如配线板,馈电线和短路保护电路、大型建筑的照明系统。

20.2 函数信号发生器

20.2.1 简介

信号发生器用于产生被测电路所需特定参数的电测试信号。信号源可以根据输出波形的不同,划分为正弦波信号发生器、矩形脉冲信号发生器、函数信号发生器和随机信号发生器四大类。各种波形曲线均可以用三角函数方程式表示。能够产生多种波形,如三角波、锯齿波、矩形波(含方波)、正弦波的电路被称为函数信号发生器。

下面以 DF1636A 型功率函数信号发生器为例,对其使用方法进行简单的介绍。该仪器的外形结构如图 20-2-1 所示。

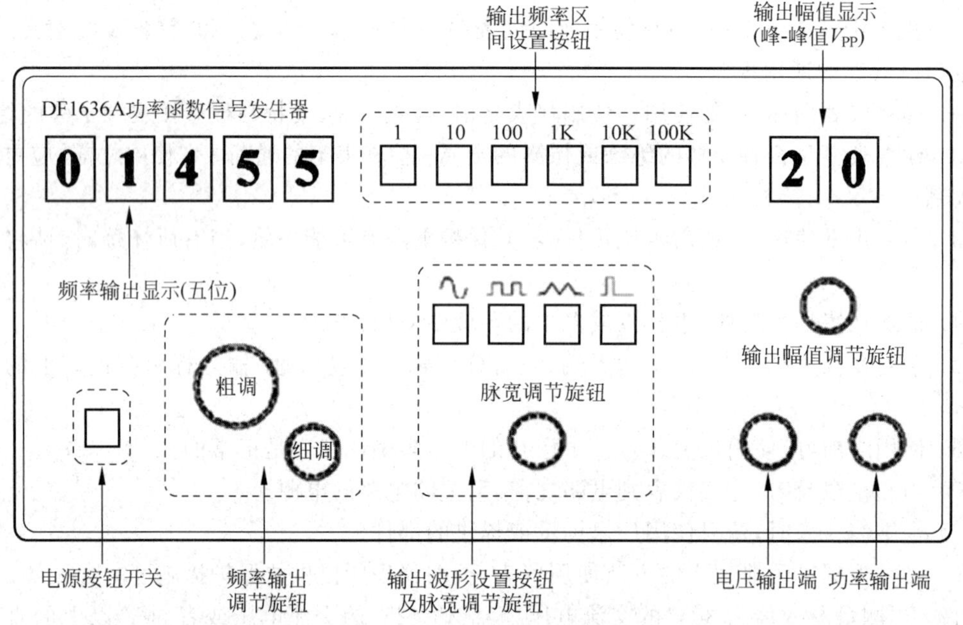

图 20-2-1 DF1636A 型功率函数信号发生器面板说明

20.2.2 技术参数

DF1636A 型功率函数信号发生器的主要技术参数如下。

(1) 输出波形:正弦波、三角波、方波、脉冲波。

(2) 输出频率:分为六个频率区间,范围为 0.1Hz～100kHz;五位 LED 数码显示。

(3) 输出幅度:正弦波和三角波输出幅度≤45V_{PP},(V_{PP} 指峰—峰值,即正的最大值加负的最大值),方波输出幅度≤32V_{PP}。

(4) 功率输出(使用功率输出端):输出频率低于 20kHz 时,最大功率输出为 10W,输出频率大于 20kHz 时，最大功率输出为 5W(负载阻抗 10Ω，此时的功率输出是指峰-峰值下的情形，因此在使用该仪器时，切记勿使仪器过载)。

(5) 输出衰减：分为 20dB、40dB、60dB(当需要小信号输出时使用)。

(6) 方波占空比：50%±5%(不可调)。

20.2.3 使用方法

DF1636A 型功率函数信号发生器使用方法如下。

(1) 按下电源按钮开关，接通电源，此时频率输出显示器和电压输出显示器亮，最好预热 10min 再使用该仪器。

(2) 设置频率输出区间。例如，按下“输出频率区间设置”中的“10K”按钮开关。

(3) 设置输出波形。例如，按下“输出波形设置”中的“正弦波”按钮开关。

(4) 调节输出频率。输出频率粗调和细调联合在一起进行调节，例如，输出频率调节为 1.455kHz(使用这两个调节旋钮时，动作要缓)。

(5) 调节输出幅度。例如，旋转输出幅度调节旋钮，使输出显示为 $20V_{PP}$，此时，该仪器输出正弦波，频率 1.455kHz，输出峰-峰值 20V。

(6) 选择功率输出端输出即可(功率输出端带负载能力强一些，其他与电压输出端相同)。

20.3 双通道示波器

示波器是一种用途十分广泛的、用来测量交流电或脉冲电流波形状的电子测量仪器，由电子管放大器、扫描振荡器、阴极射线管等组成。利用示波器能观察各种不同信号幅度随时间变化的波形曲线，还可以用它测试各种不同的电量。

20.3.1 分类

按照信号的不同，示波器分类如下。

(1) 模拟示波器：采用的是模拟电路(示波管，其基础是电子枪)，电子枪向屏幕发射电子，发射的电子经聚焦形成电子束，并打到屏幕上。

(2) 数字示波器：综合数据采集、A/D 转换、软件编程等一系列技术制造出来的高性能示波器。数字示波器的工作方式是通过模拟转换器(ADC)把被测电压转换为数字信息。

按照结构和性能不同，示波器分类如下。

(1) 普通示波器：电路结构简单，频带较窄，扫描线性差，仅用于观察波形。

(2) 多用示波器：频带较宽，扫描线性好，能对直流、低频、高频、超高频信号和脉冲信号进行定量测试。借助幅度校准器和时间校准器，测量的准确度可达±5%。

(3) 多线示波器：采用多束示波管，能在荧光屏上同时显示两个以上同频信号的波形，没有时差，时序关系准确。

(4) 多踪示波器：具有电子开关和门控电路的结构，可在单束示波管的荧光屏上同时显示两个以上同频信号的波形。但存在时差，时序关系不准确。

(5) 取样示波器：采用取样技术将高频信号转换成模拟低频信号进行显示，有效频带可达 GHz 级。

(6) 记忆示波器：采用存储示波管或数字存储技术，将单次电信号瞬变过程、非周期现象和超低频信号长时间保留在示波管的荧光屏上或存储在电路中，以供重复测试。

（7）数字示波器：内部带有微处理器，外部装有数字显示器，有的产品在示波管荧光屏上既可显示波形，又可显示字符。被测信号经模/数（A/D）变换器送入数据存储器，通过键盘操作，可对捕获的波形参数的数据进行加、减、乘、除、求平均值、求平方根值、求均方根值等运算，并显示出答案数字。

20.3.2 使用方法

下面以 SR-8 型双踪示波器为例介绍其使用方法。

1. 面板装置

SR-8 型双踪示波器的面板如图 20-3-1 所示。其面板装置按其位置和功能通常可划分为 3 大部分：显示、垂直（Y 轴）、水平（X 轴）。下面分别介绍这 3 个部分控制装置的作用。

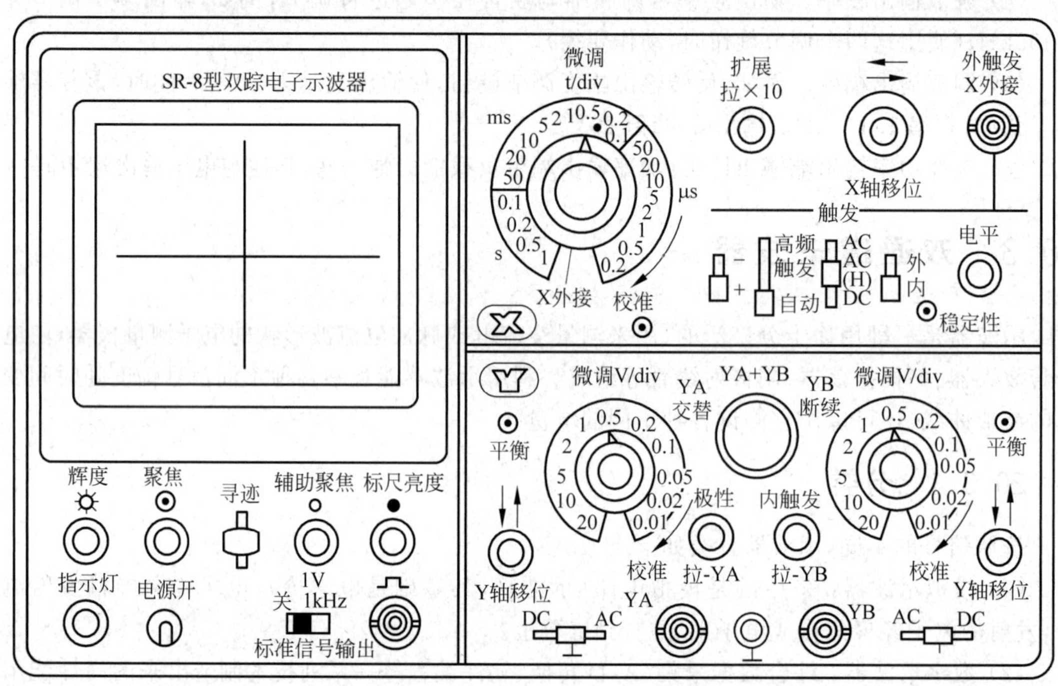

图 20-3-1　SR-8 型双踪示波器的面板

1）显示部分主要控制件

（1）电源开关。

（2）电源指示灯。

（3）辉度：调整光点亮度。

（4）聚焦：调整光点或波形清晰度。

（5）辅助聚焦：配合聚焦旋钮调节清晰度。

（6）标尺亮度：调节坐标片上刻度线亮度。

（7）寻迹：当按键向下按时，使偏离荧光屏的光点回到显示区域，寻找光点位置。

（8）标准信号输出：1kHz、1V 方波校准信号由此引出。加到 Y 轴输入端，用以校准 Y 轴输入灵敏度和 X 轴扫描速度。

2）Y 轴插件部分

（1）显示方式选择开关：用以转换两个 Y 轴前置放大器 YA 与 YB 工作状态的控制件，具有四种不同作用的显示方式。

① “交替”：当显示方式开关置于“交替”时，电子开关受扫描信号控制转换，每次扫描都轮流接通 YA 或 YB 信号。被测信号的频率越高，扫描信号频率也越高，电子开关转换速率也越快，不会有闪烁现象。这种工作状态适用于观察两个工作频率较高的信号。

② “断续”：当显示方式开关置于“断续”时，电子开关不受扫描信号控制，产生频率固定为 200kHz 方波信号，使电子开关快速交替接通 YA 和 YB。由于开关动作频率高于被测信号频率，因此屏幕上显示的两个通道信号波形是断续的。当被测信号频率较高时，断续现象十分明显，甚至无法观测；当被测信号频率较低时，断续现象被掩盖。因此，这种工作状态适合于观察两个工作频率较低的信号。

③ “YA”“YB”：显示方式开关置于“YA”或者“YB”时，表示示波器处于单通道工作，此时示波器的工作方式相当于单踪示波器，即只能单独显示“YA”或“YB”通道的信号波形。

④ “YA＋YB”：显示方式开关置于“YA＋YB”时，电子开关不工作，YA 与 YB 两路信号均通过放大器和门电路，示波器将显示出两路信号叠加的波形。

（2）“DC-⊥-AC”：Y 轴输入选择开关，用以选择被测信号接至输入端的耦合方式。置于“DC”位置是直接耦合，能输入含有直流分量的交流信号；置于“AC”位置实现交流耦合，只能输入交流分量；置于“⊥”位置时，Y 轴输入端接地，这时显示的时基线一般用来作为测试直流电压零电平的参考基准线。

（3）“微调 V/div”：灵敏度选择开关及微调装置。灵敏度选择开关是套轴结构，黑色旋钮是 Y 轴灵敏度粗调装置，自 10mV/div～20V/div 分 11 挡。红色旋钮为细调装置，顺时针方向增加到满度时为校准位置，可按粗调旋钮所指示的数值，读取被测信号的幅度。当此旋钮反时针转到满度时，其变化范围应大于 2.5 倍，连续调节“微调”电位器，可实现各挡级之间的灵敏度覆盖，在做定量测量时，此旋钮应置于顺时针满度的“校准”位置。

（4）“平衡”：当 Y 轴放大器输入电路出现不平衡时，显示的光点或波形就会随“V/div”开关的“微调”旋转而出现 Y 轴方向的位移，调节“平衡”电位器能将这种位移减至最小。

（5）“↑↓”：Y 轴位移电位器，用以调节波形的垂直位置。

（6）“极性、拉 YA ”：YA 通道的极性转换按拉式开关。拉出时 YA 通道信号倒相显示，即显示方式（YA＋YB）时，显示图像为 YB－YA。

（7）“内触发、拉 YB ”：触发源选择开关。在按的位置上（常态）扫描触发信号分别取自 YA 及 YB 通道的输入信号，适用于单踪或双踪显示，但不能够对双踪波形作时间比较。当把开关拉出时，扫描的触发信号只取自于 YB 通道的输入信号，因此适用于双踪显示时对比两个波形的时间和相位差。

（8）Y 轴输入插座采用 BNC 型插座，被测信号由此直接或经探头输入。

3）X 轴插件部分

（1）“t/div”：扫描速度选择开关及微调旋钮。X 轴的光点移动速度由其决定，从 0.2μs～1s 共分 21 挡级。当该开关“微调”电位器顺时针方向旋转到底并接上开关后，即为“校准”位置，此时“t/div”的指示值，即为扫描速度的实际值。

（2）“扩展、拉×10”：扫描速度扩展装置，是按拉式开关，在按的状态作正常使用，拉的位置扫描速度增加 10 倍。“t/div”的指示值也应相应计取。采用“扩展、拉×10”适于观察波形细节。

(3) “→←”：X 轴位置调节旋钮，是 X 轴光迹的水平位置调节电位器，是套轴结构。外圈旋钮为粗调装置，顺时针方向旋转基线右移，反时针方向旋转则基线左移。置于套轴上的小旋钮为细调装置，适用于经扩展后信号的调节。

(4) “外触发、X 外接”：插座采用 BNC 型插座。在使用外触发时，作为连接外触发信号的插座；也可以作为 X 轴放大器外接时信号输入插座。其输入阻抗约为 1MΩ。外接使用时，输入信号的峰值应小于 12V。

(5) “触发电平”旋钮：触发电平调节电位器旋钮。用于选择输入信号波形的触发点。具体来说，就是调节开始扫描的时间，决定扫描在触发信号波形的哪一点上被触发。顺时针方向旋动时，触发点趋向信号波形的正向部分，逆时针方向旋动时，触发点趋向信号波形的负向部分。

(6) “稳定性”：触发稳定性微调旋钮。用以改变扫描电路的工作状态，一般应处于待触发状态。调整方法是将 Y 轴输入耦合方式选择“AC-⊥-DC”开关置于地挡，将 V/div 开关置于最高灵敏度的挡级，在电平旋钮调离自激状态的情况下，用小螺丝刀将稳定度电位器顺时针方向旋到底，则扫描电路产生自激扫描，此时屏幕上出现扫描线；然后逆时针方向慢慢旋动，使扫描线刚消失。此时扫描电路即处于待触发状态。在这种状态下，用示波器进行测量时，只要调节电平旋钮，即能在屏幕上获得稳定的波形，并能随意调节选择屏幕上波形的起始点位置。少数示波器，当稳定度电位器逆时针方向旋到底时，屏幕上出现扫描线；然后顺时针方向慢慢旋动，使屏幕上扫描线刚消失，此时扫描电路即处于待触发状态。

(7) “内、外”：触发源选择开关。置于“内”位置时，扫描触发信号取自 Y 轴通道的被测信号；置于“外”位置时，触发信号取自“外触发、X 外接”输入端引入的外触发信号。

(8) AC、AC(H)、DC：触发耦合方式开关。DC 挡是直流耦合状态，适合于变化缓慢或频率甚低(如低于 100Hz)的触发信号。AC 挡是交流耦合状态，由于隔断了触发中的直流分量，因此触发性能不受直流分量影响。AC(H)挡是低频抑制的交流耦合状态，在观察包含低频分量的高频复合波时，触发信号通过高通滤波器进行耦合，抑制了低频噪声和低频触发信号(2MHz 以下的低频分量)，免除因误触发而造成的波形晃动。

(9) “高频、常态、自动”：触发方式开关。用以选择不同的触发方式，以适应不同的被测信号与测试目的。“高频”挡，频率甚高(如高于 5MHz)，且无足够的幅度使触发稳定时，选该挡，此时扫描处于高频触发状态，由示波器自身产生的高频信号(200kHz 信号)对被测信号进行同步，不必经常调整电平旋钮，屏幕上既能显示稳定的波形，操作方便，又利于观察高频信号波形。“常态”挡，采用来自 Y 轴或外接触发源的输入信号进行触发扫描，是常用的触发扫描方式。“自动”挡，扫描处于自动状态(与高频触发方式相仿)，不必调整电平旋钮也能观察到稳定的波形，操作方便，有利于观察较低频率的信号。

(10) “+”“−”：触发极性开关。在“+”位置时选用触发信号的上升部分，在“−”位置时选用触发信号的下降部分对扫描电路进行触发。

2. 使用前的检查

示波器初次使用前或久藏复用时，有必要进行一次能否工作的简单检查和进行扫描电路稳定度、垂直放大电路直流平衡的调整。示波器在进行电压和时间的定量测试时，还必须进行垂直放大电路增益和水平扫描速度的校准。

3. 使用步骤

通过示波器可以观察各种不同电信号幅度随时间变化的波形曲线，在这个基础上示波器还可以应用于测量电压、时间、频率、相位差和调幅度等电参数。下面介绍用示波器观察电信号波形的使用步骤。

1）选择 Y 轴耦合方式

根据被测信号频率的高低，将 Y 轴输入耦合方式选择“AC-⊥-DC”开关置于 AC 或 DC。

2）选择 Y 轴灵敏度

根据被测信号的大约峰—峰值（如果采用衰减探头，应除以衰减倍数；在耦合方式取 DC 挡时，还要考虑叠加的直流电压值），将 Y 轴灵敏度选择 V/div 开关（或 Y 轴衰减开关）置于适当挡级。实际使用中如不需读测电压值，则可适当调节 Y 轴灵敏度微调（或 Y 轴增益）旋钮，使屏幕上显现所需要高度的波形。

3）选择触发（或同步）信号来源与极性

通常将触发（或同步）信号极性开关置于“+”或“−”挡。

4）选择扫描速度

根据被测信号周期（或频率）的大约值，将 X 轴扫描速度 t/div（或扫描范围）开关置于适当挡级。实际使用中如不需读测时间值，则可适当调节扫速 t/div 微调（或扫描微调）旋钮，使屏幕上显示测试所需周期数的波形。如果需要观察的是信号的边沿部分，则扫速 t/div 开关应置于最快扫速挡。

5）输入被测信号

被测信号由探头衰减后（或由同轴电缆不衰减直接输入，但此时的输入阻抗降低、输入电容增大），通过 Y 轴输入端输入示波器。

20.3.3 常见现象

1. 没有光点或波形

（1）电源未接通。

（2）辉度旋钮未调节好。

（3）X 轴、Y 轴移位旋钮位置调偏。

（4）Y 轴平衡电位器调整不当，造成直流放大电路严重失衡。

2. 水平方向展不开

（1）触发源选择开关置于外挡，且无外触发信号输入，则无锯齿波产生。

（2）电平旋钮调节不当。

（3）稳定度电位器没有调整在使扫描电路处于待触发的临界状态。

（4）X 轴选择误置于 X 外接位置，且外接插座上无信号输入。

（5）双踪示波器如果只使用 A 通道（B 通道无输入信号），而内触发开关置于“拉-YB”位置，则无锯齿波产生。

3. 垂直方向无展示

（1）输入耦合方式“DC-⊥-AC”开关误置于接地位置。

（2）输入端的高、低电位端与被测电路的高、低电位端接反。

（3）输入信号较小，而 V/div 误置于低灵敏度档。

4. 波形不稳定

(1) 稳定度电位器顺时针旋转过度,致使扫描电路处于自激扫描状态(未处于待触发的临界状态)。

(2) 触发耦合方式 AC、AC(H)、DC 开关未能按照不同触发信号频率正确选择相应挡级。

(3) 选择高频触发状态时,触发源选择开关误置于外挡(应置于内挡)。

(4) 部分示波器扫描处于自动挡(连续扫描)时,波形不稳定。

5. 垂直线条密集或呈现一个矩形

t/div 开关选择不当,致使扫描频率远远小于信号频率。

6. 水平线条密集或呈一条倾斜水平线

t/div 开关选择不当,致使扫描频率远远大于信号频率。

7. 垂直方向的电压读数不准

(1) 未进行垂直方向的偏转灵敏度(V/div)校准。

(2) 进行 V/div 校准时,V/div 微调旋钮未置于校正位置(即顺时针方向未旋足)。

(3) 进行测试时,V/div 微调旋钮调离了校正位置(即调离了顺时针方向旋足的位置)。

(4) 使用 10∶1 衰减探头,计算电压时未乘以 10 倍。

(5) 被测信号频率超过示波器的最高使用频率,示波器读数比实际值偏小。

(6) 测得的是峰—峰值,正弦有效值需换算求得。

8. 水平方向的读数不准

(1) 未进行水平方向的偏转灵敏度(t/div)校准。

(2) 进行 t/div 校准时,t/div 微调旋钮未置于校准位置(即顺时针方向未旋足)。

(3) 进行测试时,t/div 微调旋钮调离了校正位置(即调离了顺时针方向旋足的位置)。

(4) 扫速扩展开关置于拉(×10)位置时,测试未按 t/div 开关指示值提高灵敏度 10 倍计算。

20.3.4 测试应用

1. 电压的测量

利用示波器所做的任何测量,都可归结为对电压的测量。示波器可以测量各种波形的电压幅度,既可以测量直流电压和正弦电压,又可以测量脉冲或非正弦电压的幅度。更有用的是它可以测量一个脉冲电压波形各部分的电压幅值,如上冲量或顶部下降量等。这是其他任何电压测量仪器都不能比的。

1) 直接测量法

所谓直接测量法,就是直接从屏幕上量出被测电压波形的高度,然后换算成电压值。定量测试电压时,一般把 Y 轴灵敏度开关的微调旋钮转至“校准”位置上,这样,就可以从 V/div 的指示值和被测信号占取的纵轴坐标值直接计算出被测电压值。所以,直接测量法又称为标尺法。

(1) 交流电压的测量

将 Y 轴输入耦合开关置于 AC 位置,显示出输入波形的交流成分。如交流信号的频率很低时,则应将 Y 轴输入耦合开关置于 DC 位置。

将被测波形移至示波管屏幕的中心位置，用 V/div 开关将被测波形控制在屏幕有效工作面积的范围内，按坐标刻度片的分度读取整个波形所占 Y 轴方向的度数 H，则被测电压的峰-峰值 V_{PP} 可等于 V/div 开关指示值与 H 的乘积。如果使用探头测量，应把探头的衰减量计算在内，即把上述计算数值乘 10。

例如示波器的 Y 轴灵敏度开关 V/div 位于 0.2 挡级，被测波形占 Y 轴的坐标幅度 H 为 5div，则此信号电压的峰—峰值为 1V。如是经探头测量，仍指示上述数值，则被测信号电压的峰-峰值就为 10V。

(2) 直流电压的测量

将 Y 轴输入耦合开关置于“地”位置，触发方式开关置“自动”位置，使屏幕显示一水平扫描线，此扫描线便为零电平线。

将 Y 轴输入耦合开关置 DC 位置，加入被测电压，此时，扫描线在 Y 轴方向产生跳变位移 H，被测电压即为 V/div 开关指示值与 H 的乘积。

直接测量法简单易行，但误差较大。产生误差的因素有读数误差、视差和示波器的系统误差(衰减器、偏转系统、示波管边缘效应)等。

2) 比较测量法

比较测量法就是用一个已知的标准电压波形与被测电压波形进行比较求得被测电压值。

将被测电压 V_x 输入示波器的 Y 轴通道，调节 Y 轴灵敏度选择开关 V/div 及其微调旋钮，使荧光屏显示出便于测量的高度 H_x 并做好记录，且 V/div 开关及微调旋钮位置保持不变。去掉被测电压，把一个已知的可调标准电压 V_s 输入 Y 轴，调节标准电压的输出幅度，使它显示与被测电压相同的幅度。此时，标准电压的输出幅度等于被测电压的幅度。比较法测量电压可避免垂直系统引起的误差，因此提高了测量精度。

2. 时间的测量

示波器时基能产生与时间呈线性关系的扫描线，因此可以用荧光屏的水平刻度来测量波形的时间参数，如周期性信号的重复周期、脉冲信号的宽度、时间间隔、上升时间(前沿)和下降时间(后沿)、两个信号的时间差等。

将示波器的扫速开关 t/div 的“微调”装置转至校准位置时，显示的波形在水平方向刻度所代表的时间可按 t/div 开关的指示值直读计算，从而较准确地求出被测信号的时间参数。

3. 相位的测量

利用示波器测量两个正弦电压之间的相位差具有实用意义。用计数器可以测量频率和时间，但不能直接测量正弦电压之间的相位关系。利用示波器测量相位的方法很多，下面仅介绍双踪法。

双踪法是使用双踪示波器在荧光屏上直接比较两个被测电压的波形来测量其相位关系。测量时，将相位超前的信号接入 YB 通道，另一个信号接入 YA 通道，选用 YB 触发，调节 t/div 开关，使被测波形的一个周期在水平标尺上准确地占满 8div，这样，一个周期的相角 360°被 8 等分，每 1div 相当于 45°，读出超前波与滞后波在水平轴的差距 T，按式(20-3-1)计算相位差 φ：

$$\varphi = 45°/\text{div} \times T(\text{div}) \tag{20-3-1}$$

例如，$T=1.5\text{div}$，则 $\varphi=45°/\text{div}\times1.5\text{div}=67.5°$。

4. 频率的测量

用示波器测量信号频率的方法很多，下面仅介绍周期法。

对于任何周期信号，可用前述的时间间隔的测量方法，先测定其每个周期的时间 T，再用式(20-3-2)求出频率 f：

$$f=1/T \tag{20-3-2}$$

20.3.5 注意事项

为保证仪器操作人员的安全和仪器安全，仪器在安全范围内正常工作，测量波形准确、数据可靠，应注意以下事项。

(1) 通用示波器通过调节亮度和聚焦旋钮使光点直径最小以使波形清晰，减小测试误差；不要使光点停留在一点不动，否则电子束轰击一点易在荧光屏上形成暗斑，损坏荧光屏。

(2) 测量系统、被测电子设备接地线必须与公共地(大地)相连。

(3) 通用示波器的外壳、信号输入端 BNC 插座金属外圈、探头接地线、AC 220V 电源插座接地线端都是相通的。如仪器使用时不接大地线，直接用探头对浮地信号进行测量，则仪器相对大地会产生电位差，电压值等于探头接地线接触被测设备点与大地之间的电位差，这将给仪器操作人员、示波器、被测电子设备带来危险。

(4) 测量开关电源、UPS、电子整流器、节能灯、变频器等类型产品或其他与市电 AC 220V 不能隔离的电子设备进行浮地信号测试时，必须使用 DP100 高压隔离差分探头。

(5) 示波器使用中的其他注意事项如下。

① 避免频繁开机、关机。

② 如果发现波形受外界干扰，可将示波器外壳接地。

③ “Y 输入”的电压不可太高，以免损坏仪器，在最大衰减时也不能超过 400V。“Y 输入”导线悬空时，会受外界电磁干扰出现干扰波形，应避免出现这种现象。

④ 关机前先将辉度调节旋钮沿逆时针方向转到底，使亮度减到最小，然后再断开电源开关。

⑤ 在观察荧屏上的亮斑并进行调节时，亮斑的亮度要适中，不能过亮。

参 考 文 献

[1] 张虹.电路与电子技术[M].5版.北京：北京航空航天大学出版社，2015.
[2] 吴建强.电路与电子技术[M].北京：高等教育出版社，2015.
[3] 姚缨英.电路分析与电子技术基础(Ⅰ)——电路原理[M].北京：高等教育出版社，2018.
[4] 孙杰.电路基础[M].哈尔滨：哈尔滨工程大学出版社，2018.
[5] 霍亮生.电子技术基础[M].北京：清华大学出版社，2019.
[6] 叶丽.电子技术基础[M].2版.北京：北京工业大学出版社，2011.
[7] 林平.电路分析与电子技术基础(Ⅰ)——模拟电子技术基础[M].北京：高等教育出版社，2018.
[8] 童诗白.模拟电子技术基础[M].5版.北京：高等教育出版社，2015.
[9] 陈永强.模拟电子技术[M].北京：人民邮电出版社，2016.
[10] 傅丰林.模拟电子线路基础[M].北京：高等教育出版社，2015.
[11] 林平.电路分析与电子技术基础(Ⅰ)——数字电子技术基础[M].北京：高等教育出版社，2019.
[12] 马俊兴.数字电子技术[M].哈尔滨：哈尔滨工业大学出版社，2011.
[13] 李文渊.数字电路与系统[M].北京：高等教育出版社，2017.
[14] Thomas L. Floyd.数字电子技术(英文版)[M].10版.余璆，改编.北京：电子工业出版社，2014.
[15] 康华光.电子技术基础：数字部分[M].6版.北京：高等教育出版社，2014.
[16] 阎石.数字电子技术基础[M].6版.北京：高等教育出版社，2016.
[17] 汤秀芬.数字电子技术基础[M].北京：北京邮电大学出版社，2014.
[18] 林红.电工电子技术[M].2版.北京：清华大学出版社，2011.

参考文献